제2판

기계계열 공학도와 기술자를 위한

최신 용접공학

한준영, 민태국, 박명학 공저

B.C.Info

Preface

1976년부터 오늘까지 기능사과정, 기능장과정, 기술사과정, 많은 기업 등에서 용접강의를 하면서 갈증을 느껴왔었다.

어떻게 하면 학생들과 산업현장의 기술자들이 용접을 쉽게 이해할 수 있는 교재를 만들어 볼까 하는 마음에서 현 저서를 집필해왔다.

본 용접 교재에서는 각종 금속재료 접합기술의 필요를 감안하여 최근 개정한 한국산업규격에 따라 다음과 같은 내용으로 편찬되었으며, 추후 개편시에는 용접설계시공, 용접야금 등을 추가할 예정임을 밝혀둔다.

1. 교재의 구성은 피복금속아크용접에서 가스용접, 특수용접, 각종금속용접, 용접검사, 용접안전, 용접자동화 순으로 수록하였다.
2. 교과 내용은 기초에서부터 현장기술자의 용접에 대한 이해를 돕기 위하여 학습내용을 가급적 쉽게 구성하고자 노력하였다.

따라서 본 교재로 학습함으로써 일반용접에서 특수용접까지의 관련 이론 지식을 공부하여 산업현장에서 바로 응용할 수 있는 능력을 터득하기 바라며, 나날이 발전되는 새로운 용접접합 기술의 습득에도 소홀함이 없도록 하여 산업현장에서 중추적인 역할을 담당하는 우수한 기술자로 거듭나기 바란다.

끝으로 본서의 출판에 도움주신 복두출판사 대표님 이하 직원 분들께 감사를 드린다.

저자 씀

Contents

제1장
용접총론

1. 개 요

용접은 고대 서양에서는 그리스, 동양에서는 진시황 시절에도 이미 사용된 것으로 볼 수 있다. 당시에는 납접을 위주로 이루어졌으며 철을 사용한 시기부터는 단접을 이용하여 금속접합을 하였다. 고대 바빌로니아에서 수메르인들이 땜질로 이어붙인 청동검, 각종 금속공예품 등을 만든 것이 발굴되었고, 이집트에서는 숯불 속에 철광석을 넣어서 가열한 후 망치로 두드려 접합한 제품들이 있다. AD 400년경의 인도에서는 대장간에서 철판을 단접해서 철기둥(이 기둥은 약 7 ~ 8 [m] 높이이고, 상부는 30 [cm], 하부는 40 [cm]로 6 [ton]이나 나가는 거대한 기둥)을 제조하였으며, BC 500년경에는 아일랜드에서 금판으로 제작된 상자의 이음부를 겹쳐서 단접한 제품이 발견되었으며, 비슷한 것들이 로마, 영국 등에서도 발견되고 있다.

현대적 의미의 용접은 1774년 용접에서 중요한 역할을 하는 산소라는 원소가 발견됨으로서 큰 계기가 되었다. 1836년 영국의 화학자 에드몬드 데이비(Edmund Davy)가 가스용접의 주요 연료인 아세틸렌의 성분에 관하여 이론적인 설명을 하였고, 1860년 프랑스화학자 E.M.베르텔로(Berthelot)가 아세틸렌의 정확한 구성과 특성을 밝혀냈고, 1862년 독일의 뵐러(Friedrich Wohler)는 탄화칼슘을 가지고 아세틸렌을 만들어 냈다. 이를 근거로 1887년 용접토치 개발과 1892년 아세틸렌 생산이 미국에서 상용화됨으로써 가스용접기법이 널리 보급되었다. 아크용접 기법은 1810년 영국의 험프리 데이비(Humphrey Davy)경이 배터리를 이용하여 두 개의 탄소막대 사이에서 불꽃이 일어나는 것을 실증하여 보였는데, 이는 아크용접의 선구적 연구였으며, 1831년 마이클 패러데이(Michael Faraday)가 발전기를 발명하게 되고 1839년 전압을 일으키는 단일극을 발명한 것을 기초로 1860년경 영국인 Wilde가 아크용접의 초기라고 부를 수 있는 방법의 특허를 받았다. 1885년 Nikolai N. Benardos와 Stanislav Olszewaski가 증기 엔진으로 발전기를 돌려서 일으킨 전기로 탄소 아크용접을 하여 영국에서 특허를 받고, 1887년부터 영국 공장에서 아크용접을 사용하여 각종 기구를 생산하기 시작하였다. 테르밋용접은 1903년 독일의 Hans Goldschmidt가 발명했는데, 이는 알루미늄 가루와 산화철이 발열하여 용접하는 것으로 철로를 용접하는 데 사용되었다.

용접이 산업에서 본격적으로 쓰이게 된 것은 미국의 주도로 20세기 산업이 활기를 띠면서부터인데, 1913년 Avery와 Fisher가 아세틸렌 실린더를 개발하여 간편하게 이동을 하며 용접을 할 수 있게 되었고, 1919년에는 용접이 하나의 산업으로 미국용접협회(American Welding Society)가 설립되었다. 1924년 처음으로 전체가 용접으로 완성된 철제 집이 지어졌다.

이론적으로 용접이 보급된 것은 1933년 링컨사(Lincoln Electric Co)가 용접 전문서적인 "Procedure Handbook of Arc Welding Design and Fabrication"을 출판하여 보급했으며, 1948년 오하이오 주립대학에서 대학과정에서는 처음으로 용접과를 만들었다.

특히 구리나 알루미늄 등의 비철금속 용접은 1920년대에 와서 구리합금이나 각각의 재료에 맞는 다양한 전기 용접봉이 개발됨으로써 가능해졌고, 마그네슘과 스테인레스강을 용접하기 위하여 1942년 불활성가스텅스텐아크용접(Gas Tungsten Arc Welding : GTAW)이 개발되었다. 현재 가장 효과적인 용접기법 중의 하나인 불활성가스 금속아크용접(Inert Gas Metal Arc Welding : MIG)은 1948년 개발되었으며, 1954년의 플라스마 아크용접(Plasma Arc Welding : PAW), 1965년 이산화탄소 레이저(CO_2 lasers)용접을 비롯하여 가장 최근인 2000년에는 이스라엘에서 100만분의 1초 안에 2백만 암페어를 일으키며 용접 시 열을 전혀 발생시키지 않는 자기진동 용접(Magnetic Pulse Welding : MPW)까지 개발되고 있다.

금속의 접합기술중 야금적 접합법인 용접에 의한 접합은 많은 장단점에도 불구하고 기계공업의 급속한 발전과 더불어 금속공작에 있어 중요한 역할을 하고 있으며 그 응용은 교량, 건축, 선박, 압력용기, 항공기, 발전설비, 토목기계, 전자제품, 원자로 등에 이르기까지 널리 이용되고 있다.

2. 용접 분류

금속을 접합하는 방법은 크게 기계적 접합법과 야금적 접합법으로 분류할 수 있다. 기계적 접합법은 접합형태에 따라 임시적 접합과 반영구적 접합으로 구분할 수 있으며, 임시적 접합에는 볼트이음(bolt joint), 핀이음(pin joint), 코터이음(cotter joint), 키이이음(key joint) 등 다수가 있고, 반영구적 접합의 종류로는 리벳이음(rivet joint), 시이밍, 가열끼우기, 비금속을 이용하는 접착접합(Adhesive Bonding), 소성변형을 이용하는 S. P. R(Self Pierce Rivet) 등이 있다. 야금적 접합은 영구적 접합으로 접합면에 에너지를 가하여 국부적으로 용융시키던지 또는 접합부위에 압력을 가하는 방법으로 주물, 단조, 용접 등이 있다.

용접은 접합 시의 금속 상태에 따라서 융접(fusion welding), 압접(pressure welding) 및 납접(soldering, brazing)으로 분류하는 방법이 있다.

① 용접(fusion welding)

접합하려는 두 금속재료 즉 모재(base metal)의 접합부를 가열하여 용융 또는 반용융 상태로 하여 모재만으로 또는 모재와 용가재(filler metal)를 융합하여 접합하는 방법이다.

② 압접(pressure welding)

접합부분을 적당한 온도로 가열하거나 또는 냉간 상태에서 압력을 주어 큰 소성변성을 일으켜 접합시키는 방법이다.

③ 납접(brazing and soldering)

모재를 용융하지 않고 모재보다도 용융점이 낮은 금속을 용융시켜 접합하는 방법으로 접합면 사이에 표면장력의 흡인력이 작용되어 접합된다. 땜납의 용융점이 450 [℃] 이하일 때를 연납땜(soldering)이라 하고, 450 [℃] 이상일 때를 경납땜(brazing)이라 한다.

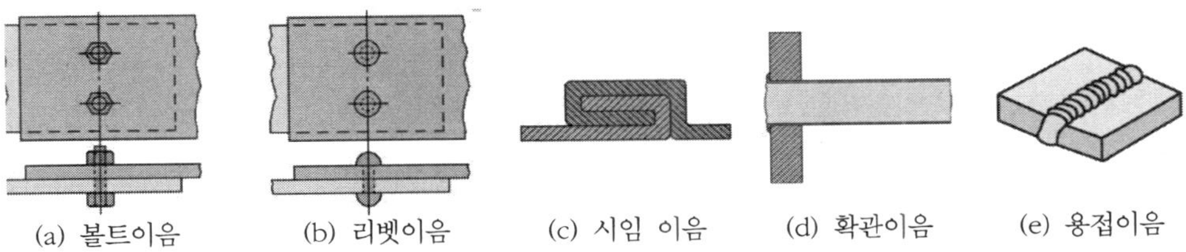

[그림 1-1] 접합이음의 종류

3. 용접(welding) 원리

금속과 금속을 서로 충분히 접근시키면 이들 사이에는 뉴턴의 만유인력 법칙에 따라 금속원자 간의 인력이 작용하여 서로 결합하게 된다. 원자의 결합을 이루기 위하여 원자 간격을 10nm(1 Å = 10^{-8} [cm])로 접근시켜야 하는데 이는 평상시에 일어나지 않는다. 그 이유는 일반적인 조건에서의 금속표면에는 산화막과 표면의 올록볼록 형상이 원자간의 접합간격을 막고 있기 때문이다. 따라서 일반적으로 용접이란 접합하고자 하는 금속의 접합부분에 존재하는 방해물질을 제거하여 결합시키는 과정이라고 할 수 있다.

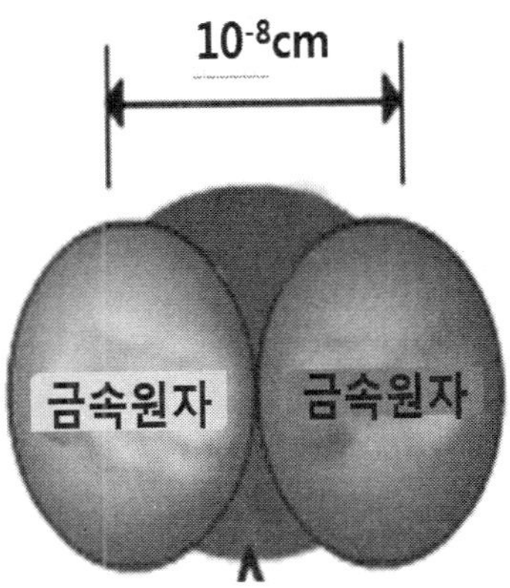

4. 금속 접착 접합(Metal Adhesive Bonding)

금속접착 접합은 용접이나 납땜과 대체될 수는 없으나 많은 경우에 열적 접합방법의 보완으로서 재료 면이나 시공 특성상 다른 접합방법이 불가능한 곳에서 유용하게 사용될 수 있다. DIN 16920 "접착재료 가공"에서는 "접착(Adhesive bonding)이란 두 개(혹은 여러 개)의 파트를 합성재료에 의해 물리적인 결합 혹은 화학적 반응에 의해 강화되고, 표면접착(adhesion)과 응집력(cohesion : 중간 혹은 내부 molecular bonding face)의 결과 서로 접합하는 것"이라고 접착의 정의를 내리고 있다.

금속접착 접합의 장점으로는 열에 의한 조직의 변화가 없고, 다종재료의 조합에 의한 접합이 가능하며, 매우 얇은 판재의 접합도 가능하다. 또한 진동에 의한 충격완화에 도움이 된다.

금속접착 접합의 단점으로는 시공기간이 길며, 접착 전 접착부위에 대하여 세밀한 표면처리가 요구되며, 내열성이 약하고, 강도 계산 및 보수가 어렵다. 또한 접착강도는 오직 접착 면에만 의존함으로서 접착강도가 낮게 된다.

초기 접착강도가 높고 접착 후 사용 분위기에서 시간이 경과하여도 안정된 접착이 형성되기 위해서는 접착제/피착재 계면에서 분자간의 계면접촉(interfacial contact)이 필수적이며 또한 계면에서 고유접착력이 있어야 한다. 아울러 고유접착력의 세기와 성질이 매우 중요하다. 이같이 접착제/피착재의 계면에서 작용하는 고유의 힘(intrinsic force)을 접착 메카니즘이라 한다. 금속접착 물성의 3요소로는 접착력(Adhesion), 유지력(Cohesion/holding power), 택(Tack)이 있으며 이는 상호 유기적인 연관성을 갖는다. 또한 금속접합모재와 그것의 표면층의 특성은 접착제의 선택 외에 접착접합의 강도를 결정한다. 최적의 접착 층을 형성하기 위해 복합 접합시스템에 영향을 주는 요인은 표면층에서는 불순물(오염), 흡착층(adsorption layer), 경계층(interface layer)이 있으며 기하학적인 구조에서는 기하학적인 표면, 진표면, 유효표면(active surface), 표면구조(surface structure) 등이 영향을 미친다.

금속접착제의 종류로는 고온에서도 높은 강도를 나타내며, 장시간동안 큰 하중에서 견딜 수 있는 구조용 접착제로 페놀수지계, 에폭시수지계, 페놀-니트릴고무계 등이 있으며, 구조용과 비구조용의 중간 특성을 가지며, 어느 정도 외력에 대해서 적응력이 있는 준구조용 접착제로 페놀수지, 요소수지, 폴리아마이드, 실리콘, 우레탄계 등이 있고, 온도상승에 따라 접착력이 급속히 저하되는 특성이 있고, 저온이 되면 높은 강성을 나타내는 비구조형 접착제로 초산비닐계, 아크릴계, 고무, 녹말, 아교, 카세인 등이 있다.

금속접착의 조직적인 구성을 위해서는 ① 충분한 접착면 존재 ② 응력집중을 피할 것 ③ 틈응력(gap load)이 없어야 한다. 금속접착 품질은 시공방법의 실질적인 과정을 고려하여 2개의 중요한 요소(Adhesion과 Cohesion)에 의하여 결정된다.

최근 환경 친화재료, 고기능성 재료 적용과 같이 환경 및 기능이 강조되는 접착제 사용이 더욱더 요구 되고 있는 실정이며 이에 맞추어 환경친화 접착재료로는 유기 용제형이 아닌 아크릴 에멀전형 수용성 접착제가, 그리고 고기능성재료로는 점용접 등과 같이 야금적 접착이 아닌 고분자 재료를 사용하여 강성이나 접착성능 등이 우수한 접착제 등의 확대 적용이 예상되고 있으며 기술개발 연구도 활성화 되고 있는 추세이다.

기계 및 여타 완제품을 단일 편으로 만들지 않고 여러 편의 부품을 제작하여 조립하고 체결하는 이유를 다음과 같이 들 수 있다.

① 완제품을 단일 편으로 만들 수 없을 때
② 다수의 부품을 만들어 조립하고 체결하는 것이 용이하고 경제적일 때
③ 부품별로 관리 및 수리하는 것이 용이하고 경제적일 때
④ 바이트절인부와 생크(shank)와 같이 제품부위에 따라 다른 성질을 요할 때
⑤ 부품을 운반하여 현지에서 조립 및 체결이 용이하고 경제적일 대

[표 1-1] 용접분류(용접법)

분류	용접법 종류	용접법 영문표기	약호
아크용접	아크용접	arc welding	AW
	비피복 금속 아크용접	bare metal arc welding	BMAW
	탄소 아크용접	carbon arc welding	CAW
	탄소 아크용접-가스	carbon arc welding-gas	CAW-G
	탄소 아크용접-보호	carbon arc welding-shield	CAW-S
	탄소 아크용접-2개탄소전극	carbon arc welding-twin	CAW-T
	일렉트로 가스 아크용접	electro gas welding	EGW
	플럭스코어드아크용접(CO_2가스복합와이어아크용접, 논가스 아크용접)	flux cored arc welding	FCAW
	가스보호 금속 아크용접(MIG용접, CO_2가스솔리드와이어아크용접)	gas metal arc welding	GMAW
	가스보호 금속 펄스아크용접	gas metal pulsed arc welding	GMAW-P
	가스보호 금속 단락아크용접	gas metal short circuiting arc welding	GMAW-S
	플라즈마 아크용접	plasma arc welding	PAW
	피복금속 아크용접	shield metal arc welding	SMAW
	스터드 아크용접	stud arc welding	SW
	서브머지드 아크용접	submerged arc welding	SAW
	서브머지드 아크용접-시리즈	submerged arc welding-series	SAW-S
가스용접	산소가스용접	oxyfuel gas welding	OFW
	공기아세틸렌 가스용접	air acetylene welding	AAW
	산소아세틸렌 가스용접	oxyacetylene welding	OAW
	산소수소 가스용접	oxyhydrogen welding	OHW
기타용접	전자빔용접	electron beam welding	EBW
	전자빔용접-고진공	electron beam welding-high vacuum	EBW-HV
	전자빔용접-중진공	electron beam welding-medium vacuum	EBW-MV
	전자빔용접-저진공	electron beam welding-non vacuum	EBW-NV
	일렉트로 슬래그용접	electro slag welding	ESW
	유동용접	flow welding	FLOW
	레이저빔용접	laser beam welding	LBW
	테르밋용접	thermit welding	TW
	원자수소 용접	atomic hydrogen welding	AHW

[표 1-2] 용접분류(압접 및 납접)

분류	용접법 종류	용접법 영문표기	약호
본드접합	금속 접착접합	adhesive bonding	ABD
유도압접	유도가열압접	induction welding	IW
충돌압접	퍼커션 용접	percussion welding	PEW
가스압접	가스압접	pressure gas welding	PGW
저항용접	저항용접	resistance welding	RW
	프로젝션용접	projection welding	PW
	저항 심용접	resistance seam welding	RSEW
	저항 심용접-고주파	resistance seam welding-high frequency	RSEW-HF
	저항 심용접-유도가열	resistance seam welding-induction	RSEW-I
	저항점용접	resistance spot welding	RSW
	플래시용접	flash welding	FW
	업셋용접	upset welding	UW
	업셋용접-고주파	upset welding-high frequency	UW-HF
	업셋용접-유도가열	upset welding-induction	UW-I
고상용접	고상 용접	solid-state welding	SSW
	압출용접	coextrusion welding	CEW
	냉간압접	cold welding	CW
	확산용접	diffusion welding	DFW
	폭발용접	explosion welding	EXW
	단접	forge welding	FOW
	마찰용접	friction welding	FRW
	열간압접	hot pressure welding	HPW
	롤러압접	roll welding	ROW
	초음파용접	ultrasonic welding	USW
연납땜	연납땜	soldering	S
	침지 연납땜	dip soldering	DS
	노내 연납땜	furnace soldering	FS
	유도가열 연납땜	induction soldering	IS
	적외선 연납땜	infrared soldering	IRS
	인두 연납땜	iron soldering	INS
	저항 연납땜	resistance soldering	RS
	가스토치 연납땜	torch soldering	TS
	웨이브 연납땜	wave soldering	WS
경납땜	경납땜	brazing	B
	아크 경납땜, 블럭 경납땜	arc brazing, block brazing	AB, BB
	탄소아크 경납땜	carbon arc brazing	CAB
	확산 경납땜	diffussion brazing	DFB
	침지 경납땜	dip brazing	DB
	플로우 경납땜	flow brazing	FLB
	노내 경납땜	furnace brazing	FB
	유도가열 경납땜	induction brazing	IB
	적외선 경납땜	infrared brazing	IRB
	저항 경납땜	resistance brazing	RB
	가스토치 경납땜	torch brazing	TB

[표 1-3] 절단 및 열가공 분류

분류	절단법의 종류	절단법 영문표기	약호
	열절단	thermal cutting	TC
아크절단	아크절단	arc cutting	AC
	에어 탄소아크 절단	air carbon arc cutting	AAC
	탄소아크절단	carbon arc cutting	CAC
	미그아크절단	gas metal arc cutting	GMAC
	티그아크절단	gas tungsten arc cutting	GTAC
	금속아크절단	metal arc cutting	MAC
	플라스마 아크절단	plasma arc cutting	PAC
	피복금속아크절단	shielded metal arc cutting	SMAC
전자비임절단	전자비임절단	electron beam cutting	EBC
레이저 절단	레이저 절단	laser beam cutting	LBC
	레이저 절단-에어	laser beam cutting-air	LBC-A
	레이저 절단-증발	laser beam cutting-evaporative	LBC-EV
	레이저 절단-불활성가스	laser beam cutting-inert gas	LBC-IG
	레이저 절단-산소	laser beam cutting-oxygen	LBC-O
가스절단	산소절단	oxygen cutting	OC
	분말플럭스절단	chemical flux cutting	FOC
	분말철분절단	metal powder cutting	POC
	산소가스절단	oxyfuel gas cutting	OFC
	산소아세틸렌절단	oxyacetylene cutting	OFCA
	산소수소절단	oxyhydrogen cutting	OFCH
	산소LNG절단	oxynatural gas cutting	OFCN
	산소프로판절단	oxypropane cutting	OFCP
	산소-아크절단	oxygen arc cutting	AOC
	산소창절단	oxygen lance cutting	LOC
용사	용사	thermal spraying	THSP
	아크용사	arc spraying	ASP
	불꽃용사	flame spraying	FLSP
	플라스마용사	plasma spraying	PSP

5. 용접 장단점

가. 장점

① 이음 형상이 자유롭고 구조가 간단하며 작업소음이 적다.
② 절삭부분이 적어 재료절감 및 작업공정 단축이 가능하여 경제적이다.
③ 이음효율이 높고 기밀, 수밀, 유밀성이 우수하다.
④ 두께에 관계없이 거의 무제한으로 접합할 수 있고 이음강도가 높다.
⑤ 작업이 비교적 간단하여 작업의 자동화가 용이하다.
⑥ 보수가 쉽다.
⑦ 이종금속의 접합이 가능하다.
⑧ 중량이 경감되며 복잡한 형상의 제품도 조립이 용이하다.

나. 단점

① 국부적인 급열, 급랭으로 수축변형 및 잔류응력이 생기기 쉽다.
② 고온의 열이 발생하여 모재의 재질이 변질되기 쉽다.
③ 응력이 집중되기 쉬워 노치부 등에서 균열이 발생하기 쉽다.
④ 내부결함이 생기기 쉽고, 용접부의 품질검사가 곤란하다.
⑤ 용접사의 기능 수준에 따라 용접부의 강도에 미치는 영향이 크다.
⑥ 보호구의 착용과 안전 대책이 필요하다.

제2장
피복금속 아크용접

제1절 개 요

1. 아크용접

아크용접은 1801년에 데이비(Davy)가 전기아크를 발견하고, 1877년에 발명된 전기발전기로 시작되어 1881년에 톰프슨(Elihu H. Thompson)에 의해서 용접기로 개발되었고 두개의 금속을 서로 맞보게 한 후 하나의 금속으로 만드는 작업으로 맞대기용접이라 불리었다. 실제 아크용접은 1887년에 탄소전극을 사용하는 구조를 만들어낸 소련의 베르나도스(N. V. Bernados)에 의해서 개발되었다. 이 방법은 탄소전극과 금속 끝단 사이에 아크를 발생시켜서 금속을 가열해서 융합할 수 있는 상태로 만들었고 더 좋은 탄소 전극의 개발은 전기적으로 더욱 안정되게 만들어서 탄소아크 용접을 향상시켰다. 금속전극은 1885년에 슬라비아노프(N. G. Slavianoff)에 의해서 시도되어 1905년 플럭스-피복전극의 발명으로, 금속전극이 성공했다. 1905년 이후 보호아크용접에서 휴대용 용접기와 자동용접기의 생산은 용접을 비약적으로 발전시켰다. 아크용접의 종류는 [표 2-1]과 같다.

피복금속 아크용접(그림 2-1)은 피복된 용접봉(전극봉)과 용접모재사이에 교류 또는 직류 전압을 걸고 아크를 발생시키면, 아크를 통하여 강한 전류(약 10 [A] ~ 500 [A])가 흐르며 이 강한 전류가 금속증기나 그 주위의 각종 기체분자를 해리하여 양이온과 전자로 해리시켜 양이온은 음극으로 전자는 양극으로 끌려가게 된다. 아크전류는 강한 열(5,000 ~ 6,000 [℃])을 발생시키고 이 열에 의해 용접봉은 녹아서 금속증기 또는 용적(globule)이 되며, 동시에 모재도 녹아서 용융지(molten weld pool)를 형성한다. 용접봉의 금속증기 또는, 용적이 용융지에 흡착되어 모재의 일부와 융합하여 용접금속(weld metal)을 형성하는 과정으로 용극식 또는 소모식 용접방법이다. 과거에 대부분의 전극은 비피복 전극이었다. 비피복 전극의 아크는 제어하기 어렵고 너무 빨리 냉각되어 용착비드는 대기에서 산소와 질소를 흡수해서 깨지기 쉽고 결함이 많은 용접이 된다. 대부분의 현대적인 전극은 피복되어 있다.

용접봉의 피복제는 아크열에 의해 용해되며 용해된 피복제는 아크의 안정, 용착금속의 탈산정련, 용착금속에 합금첨가 등 용접작업을 원활하게 도와준다. 특히 용접 중 피복제에서 발생된 가스는 용융금속을 대기와 차단시켜 비드를 보호하고 일정하게 냉각시킨다. 슬래그 또한 절연체로 작용함으로써 스스로 용착 비드의 윤곽을 형성하는 것을 돕는다.

[표 2-1] 아크용접 종류

전극	아크	용접 종류
비소모전극	비보호아크	탄소아크용접
	보호아크	원자수소용접 TIG용접
소모전극	비보호아크	금속아크용접 스터드용접
	보호아크	피복금속아크용접 잠호용접 MIG용접 탄산가스아크용접 보호스터드용접

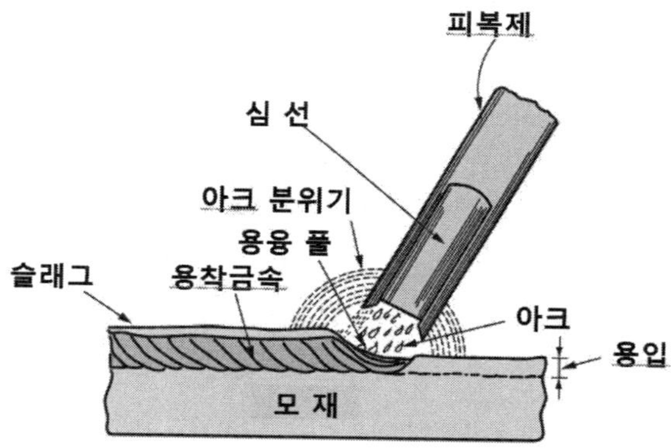

[그림 2-1] 피복금속 아크용접 원리

2. 용접회로

용접회로는 용접에서 용접용전기가 용접기, 홀더선(holder cable), 용접봉홀더, 용접봉, 아크, 모재 및 접지케이블, 용접기로 되돌아오는 경로를 용접회로라 한다.(그림 2-2)

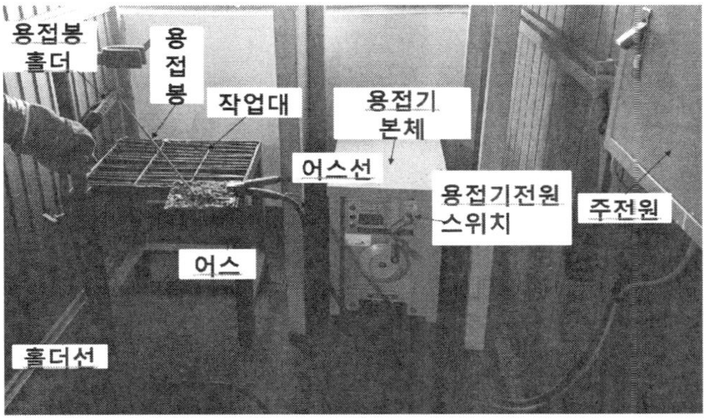

[그림 2-2] 아크용접회로 구성

제2절 | 용접 아크

1. 아 크

아크는 용접봉과 모재사이에 전압을 걸고 용접봉 끝부분을 모재에 살짝 접촉시켰다가 떼는 순간에 불꽃 방전에 의해 원호(arc) 모양으로 청백색의 강한 빛을 내는 부분을 말한다. 아크는 저전압 대전류의 방전에 의해 발생하는 플라즈마로서, 고온이고 강한 빛을 발생하므로 용접용 전원으로 사용된다. 아크의 중심부에 있는 지름이 작고 백색에 가까운 아주 밝은 부분을 아크중심(arc core)이라 하며 이 부분의 길이를 아크길이(arc length)라 한다. 중심부위를 둘러싼 담홍색부분을 아크기둥(arc column) 또는 아크흐름(arc stream)이라 하며 그 외부를 둘러싼 불꽃(황색부분)을 아크불꽃(arc flame)이라 한다. 아크용접에서는 모재와 용접봉이 각기 전극의 역할을 하게 되는데 모재와 용접봉 중 어느 것이 각각 양극 또는 음극이 되는가와 모재와 용접봉의 성질에 따라 용접의 성능이 달라지게 된다. 아크용접에 있어서 직류전원을 사용하면 직류용접(DC arc welding)이라 하고, 교류전원을 사용하면 교류용접(AC arc welding)이라 한다.

가. 아크 컬럼

아크컬럼은 직류의 양극인 +와 음극인 − 사이에서 생성되며 전자와 이온의 특성 때문에, 열의 세 가지 영역이 아크 스트림에서 분리된다. 즉 음극영역, 플라즈마 영역 그리고 양극영역이 그것이다. 그 세 가지 영역 중에서, 양극영역은 대략 열이 5,500 [℃]에서 6,000 [℃]로 고열 영역이다. 열의 발생은 양극부에 대한 전자의 집진과 전자의 전류-운반량의 결합으로 이루어진다. 플라즈마 영역은 주로 이온화된 가스칼럼을 통과하는 몇몇 전자와 많은 이온의 원자 충돌의 결과로써 가열된다. 음극은 주로 이온 충격을 받기 쉬운데, 이는 아크칼럼에서 중간 온도의 상태에서 발생된다. 아크는 열을 생산하는 가장 효과적인 수단 중의 하나로 아크에 주입되는 전기 에너지의 대략 50 [%]는 열에너지의 형태로 되며, 아크에서 방출된 에너지의 대략 2/3가 항상 양극에 있다. 아크용접에서 사용되는 아크 동력원의 또 다른 형태는 교류(ac)이다. 교류가 사용될 때에는, 아크칼럼에서 열이 일반적으로 양극과 음극영역 사이에서 동등해서, 중간 열영역은 플라즈마 영역에 있다.

아크에서 전압은 음극부의 전압강하(Vk), 아크기둥 전압강하(Vp), 양극부의 전압강하(VA)로 구분할 수 있으며 아크전압은 아래와 같이 표시할 수 있다.

$$Va = Vk + Vp + VA$$

2. 용접극성(Polarity)과 자기쏠림

가. 용접극성

아크용접에서는 모재와 용접봉이 각기 전극역할을 하게 되는데 모재와 용접봉 중 어느 것이 양극 또는 음극이 되는가와 모재와 용접봉의 성질에 따라 용접의 성능이 달라진다. 아크용접을 위한 동력원의 기본 형태는 직류(발전기, 정류기)와 교류 변압기이다. 직류는 교류와 다르게 양극(+)과 음극(-)이 정해져 있다. 그리고 각 극에서 발생하는 열의 량이 다르다. 직류인 경우 양극(+)에서 발생하는 열량이 아크 전체 발열량의 60 ~ 75 [%]이며, 음극(-)에서 발생하는 열량은 아크 전체 발열량의 25 ~ 40 [%]로 양극에서 발생하는 열량이 음극에서 발생하는 열량보다 훨씬 많다. 그 이유는 전자가 음극에서 양극으로 흐르기 때문(전류는 양극에서 음극으로 흐르고 전자는 이와 반대)에 전자의 충격을 받는 양극에서 발열량이 많다. 따라서 용접봉을 연결할 때 전원을 고려하여야 한다. 그러나 교류인 경우 양극과 음극이 주파수에 의해 바뀌므로 발생하는 열량은 각 극에서 거의 비슷하다. 직류(DC)전원을 사용하는 경우 용접봉을 음극(-)에, 모재를 양극(+)에 연결한 경우를 직류정극성(Direct Current Straight Polarity : DCSP, DC Electrode Negative : DCEN)이라 하는데 이 경우는 용접봉의 용융이 늦고 모재의 용입(penetration)이 깊어진다. 반대로 용접봉을 양극(+)에, 모재를 음극(-)에 연결한 경우를 역극성(Direct Current Reverse Polarity : DCRP, DC Electrode Positive : DCEP)이라 하는데 이때는 용접봉이 전자의 충격이 더 세므로 용접봉의 용융속도가 빠르고 모재의 용입이 얇아지게 된다. 교류용접은 60 [Hz]를 사용함으로 전류방향이 1초간 사용주파수만큼 변화하는데 극성과 주파수가 동일 횟수로 변화하므로 아크용접 시 아크유지와 발생에는 전압이 필요하고 교류용접에서는 1초 동안 사용주파수의 2배에 상당하는 만큼 아크전압은 0이 되므로 비피복 용접봉(bare electrode) 사용시 아크가 소멸하여 안정성이 저하되므로 용접이 불가하다. 피복금속 아크용접봉 사용시에는 고온으로 가열된 피복제로부터 이온을 발생시켜 아크유지를 용이하게 함으로 교류전원에서도 안정하게 아크발생이 가능하다. 교류에서 발생하는 열량은 직류정극성(깊은 용입)과 직루역극성(얕은 용입)의 두 가지 특징을 동시에 발생시켜 열량은 각극에서 거의 비슷하여 전극의 지름은 비교적 작아도 되며 용입이 DCSP와 DCRP의 중간 형태를 형성한다. 극성의 선정은 용접봉과 용접의 종류에 따라 전극, 보호가스, 모재의 재질과 모양, 용접봉 심선의 재질, 피복제의 종류, 용접이음의 형상, 용접자세에 따라서 고려 선정한다.

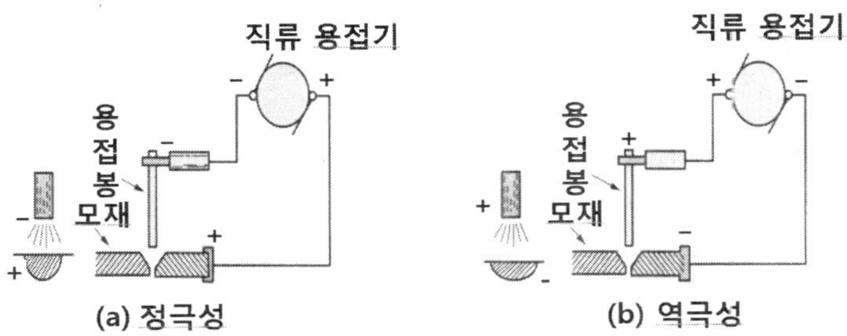

[그림 2-3] 극성과 용입

나. 자기 쏠림(magnetic arc blow)

자기쏠림은 용접 중에 아크가 용접봉 방향에서 한쪽으로 쏠리는 현상을 말하며 일반적으로 직류아크 용접에서 비피복 아크 용접봉을 사용했을 때 특히 심하다. 전류가 전도체를 흐를 때, 직각 판에서의 전도에 주위를 에워싸는 자속(magnetic flux)을 발생시킨다. 자속의 중심은 전도체 중심에 위치한다. (그림 2-4)

자기력선은 전극, 아크칼럼 그리고 모재주위에서 원을 이룬다. 자기장에는 세 가지 영역이 있다. 그 첫 번째 장은 전극을 통과하는 전류에 의해서 만들어진다. 두 번째 장은 어스에 의해서 모재에서 형성된다. 그 세 번째는 기본 금속과 접촉하는 전극 아크 칼럼에 의해서 형성된다. 전류는 아크 칼럼을 통해서 금속으로 이동한다. 이들 자기장의 세 가지 형태 중에서, 어스에 의한 모재에 형성된 두 번째 형태가 아크 칼럼에서 앞으로 조금 잡아당기기 때문에 바람직하다. 첫 번째 형태와 마지막 형태는 제어되어야 한다. 자속은 금속에서 그리고 아크 갭에 걸쳐서 생성된다. 아크칼럼은 주로 갭에 걸쳐서 영향을 받는다. 용접으로 금속을 접합할 때, 자기장이 아크 갭에서 집중될 기회는 점점 더 작아진다. 용접으로 이음의 갭을 채울 때, 그것은 아크 앞의 자속을 민다. 자속이 이동하는 한, 어떠한 아크쏠림도 용접을 방해하지는 않을 것이다. 그러나 자속이 정지하면, 그것은 쌓이고 상당한 힘의 자기장이 형성된다. 자속 형성에 의한 자기력 집중에서 잡아당기면 아크 칼럼의 편향을 발생시킨다. 용접봉의 끝단에서 모재까지 아크를 운반하는 이온화된 가스는 유연성 있는 전도체로써 작용한다. 예정된 경로에서 아크를 잡아당기는 자속의 집중을 자기쏠림이라고 부른다. 자기쏠림이 집중되는 경향이 있는 영역은 출발점과 정지점 그리고 박스나 프레임의 코너 안쪽과 같은 장소이다. 용접중 아크쏠림의 발생은 불완전한 용해, 융합불량, 용입불량, 과도한 스패터 발생 등의 용접결함을 발생시킨다.

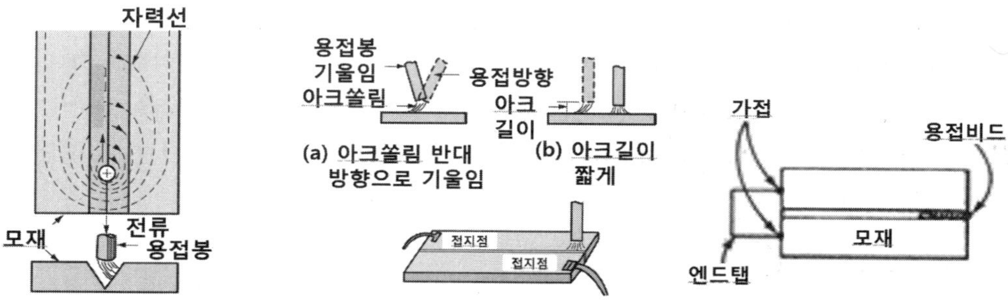

[그림 2-4] 아크쏠림과 아크쏠림 방지방법

따라서 이와 같은 용접결함을 방지하기 위한 아크쏠림을 방지대책은 다음과 같다.

① 접지점을 2개로 사용하거나, 또는 용접부로부터 최대한 멀리한다.
② 교류용접을 사용한다.
③ 아크쏠림이 가장 많이 발생하는 용접선의 시종단부(1/8 ~ 1/4)에 엔드탭(end tap, Run-out tabs)을 설치하여 용접부에 결함이 생기지 않도록 한다.
④ 가접 부분이나 혹은 이미 완성된 용접 부분으로 용접(후퇴법)한다.
⑤ 짧은 아크를 사용한다.
⑥ 용접봉의 형태 또한 자기장에 영향을 미치므로 용접 전류, 용접봉 크기, 피복제의 종류, 피복제의 두께, 용접위빙 폭을 줄인다.

3. 금속 용적이행(Mechanism of Transfer)

금속이행은 용접봉 선단과 모재(base metal)와의 접촉에 의해 용접봉이 용융되어 모재로 금속의 이동이 발생하는 것으로 이를 용적이행이라고도 한다. 용적이행은 여러 가지 형태로 발생된다. 용융금속의 이행형태에 있어 변수로 작용하는 것은 용접재료, 보호가스, 용접조건 등을 들 수 있으며 용적이행에 작용하는 힘으로 중력, 표면장력, 전자기력, 항력 등이 있다. 표면장력은 보호가스 조성에 따라 변화하며 보호가스 조성은 단락기간과 횟수에 큰 영향을 준다. 가스의 빠른 팽창으로 만들어진 힘과 모재의 표면 장력의 감소로 만들어진 모세관 현상 인력은 또한 금속이행에 도움이 된다. GMAW에서 용융금속이 이행하는 양상(mode)은 크게 자유비행이행과 브리징이행 두 가지가 있다. 자유비행이행은 와이어선단에서 생성된 용적이 와이어로부터 이탈되어 금속방울상태로 아크기둥을 걸쳐 용융지로 이행하는 형태 용적의 크기에 따라 입상용적 이행과 스프레이 이행으로 분류된다. 브리징이행은 단락이행과 연속브리징이행으로 분류하나 금속이행을 크게 단락이행, 입상용적이행, 스프레이이행으로 분류할 수 있다.

[표 2-2] 금속이행 현상

이행현상 명칭	용접종류	이행현상 명칭	용접종류
1) 자유비행이행		2) 브리징이행	
★입상용적이행		* 단락 이행	GMAW(단락조건),SMAW
* 드롭이행	저전류GMAW	* 연속 브리징 이행	용가재 첨가하는 용접
* 반발이행	CO_2 GMAW	3) 슬래그 보호이행	
★스프레이 이행		* 플럭스유도 이행	SAW
* 프로젝티드이행	중저전류 GMAW	* 기타 이행	SMAW, FCAW ,ESW
* 스트리밍 이행	중전류 GMAW		
* 회전 이행	고전류 GMAW		

가. 단락이행(short circuit transfer)

단락이행은 와이어 선단에 형성된 큰 용적이 용융지와 순간적으로 접촉하여 가교를 형성한 상태에서 용융금속이 표면장력의 작용으로 용융지(모재)로 흘러내리는 형태인데 가교가 형성된 상태에서는 전기적 단락이 발생하기 때문에 이를 단락이행이라고 하고 보호가스 조성에 관계없이 저전류, 저전압 조건에서 나타난다.

용접봉 선단에서 모재(base metal)로 금속의 이동은 매 1/400초마다 모재와 접촉한다. 단락 효과 혹은 금속의 역학은 기본적으로 다양한 힘에서 초래된다. 하나는 전자석의 힘으로, 이것은 핀치 오프 효과(pinch-off effect)를 발생시킨다. 또 다른 효과는 기전력이다. 이온-전자 이동으로 초래된 또 다른 힘은 용접봉에서 모재로 그 금속에 직접적이다. 특히 평평한 용접 위치에서, 중력, 가스의 빠른 팽창으로 만들어진 힘과 그리고 모재의 표면 장력의 감소로 만들어진 모세관 현상 인력은 또한 금속의 이동에서 도움이 된다. 표면장력은 보호가스 조성에 따라 변화하고 보호가스 조성은 단락기간과 횟수에 큰 영향을 준다.

용접봉의 단락은 4개의 기본 단계를 가진다. 즉 아크발생단계, 용적성장단계, 용적접촉단계 그리고 용적이행 단계가 그것이다(그림 2-5). 아크 칼럼이 용접봉과 모재 사이에 형성된 이후에, 용접봉 선단과 목적 영역은 가열되어 금속을 가소성으로 만들며 모재에서 용접봉의 가열된 선단과 가열된 장소의 변형을 일으켜 용접봉 금속이 모재와 접촉하게 된다. 와이어 선단에 형성된 용적이 충분히 성장하지 못한 상태에서 용융지와 접촉하게 되면 전기저항이 급격히 저하하고 용접 아크컬럼은 꺼진다. 따라서 단락과 동시에 용접전압은 수직으로 감소되고 용접전류는 단락이 유지되는 동안 급격히 상승한다. 용융금속은 단락이 유지되는 동안 중력과 용융지로부터 흡입력(표면장력)에 의해 용융지로 이동하고 단락 말기에는 단면적이 적어지면서 전류밀도가 증가하여 저항 열에 의한 단락부의 온도상승과 전자기력에 의한 핀치효과가 추가되어 용융 금속의 이행은 더욱 촉진되어 와이어와 용융지가 분리된다. 용융지와 와이어가 분리되는 순간 아크는 재생성 되면서 아크전압 상태로 급상승하고 전류는 아크가 유지되는 동안 점차적으로 감소하여 최종적으로 아크전류 상태로 한주기가 마감된다. 이 4단계 주기는

1/400 초만큼 짧은 시간에 발생한다. 단락이행과정에서 전류는 상승과 하강을 반복하고 상승 및 하강속도는 용접전원 인덕턴스에 의해 결정한다. 전압은 낮은 아크 전압에 근거하는데, 이는 14 ~ 26 [V] 범위에 있다. 단락이행은 맨용접봉, 저수소계 용접봉 저전류, 이산화탄소아크용접 저전류를 사용할 때 많이 볼 수 있다.

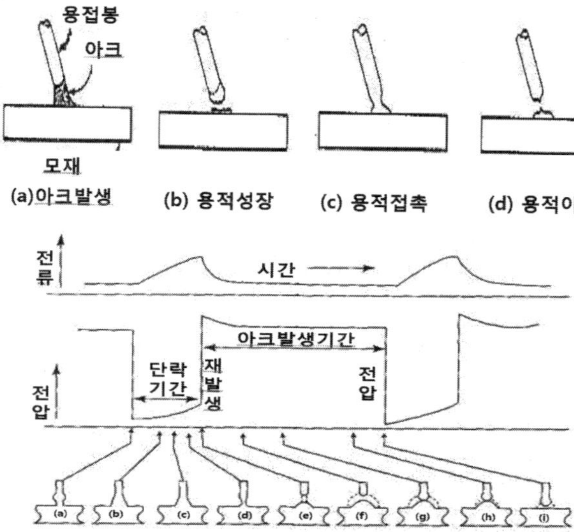

[그림 2-5] 단락이행 과정과 전류, 전압변화

나. 입상용적이행(globular transfer)

GMAW에서 전류가 비교적 낮은 경우에는 보호가스 조성에 관계없이 입상용적 이행형태가 나타난다. 그러나 보호가스가 CO_2나 He일 경우에 사용 가능한 용접전류 전범위에서 입상용적이행이 나타난다. 입상용적이행은 핀치효과형이라고도 하며 용접에서 용적의 직경이 용접와이어 직경보다 크다는 것과 용적이 용융지에 직접 접촉하지 않는다는 것이 특징인데 와이어 선단에서 와이어직경의 2 ~ 3배정도의 크기로 성장된 용적이 중력에 의해 이탈되어 초당 수개에서 수십 개씩 용융지로 자유낙하되는 형태로 아크길이가 짧아지면 전압이 낮아지고 급격한 전류상승을 동반하여 용적이 급격히 가열되고 폭발성으로 분산되기 때문에 심한 스패터 발생이 이루어진다. 입상용적이 안정을 이루기 위해서는 용적이 완전히 이탈될 수 있을 정도의 아크길이를 유지할 필요가 있다. 입상용적 이행에 있어 보호가스 조성은 용적이행 및 아크 안정성에 커다란 영향을 미친다. Ar가스를 주성분으로 하는 조성에서는 용적이 구형이며 아크는 용적 전체를 감싸고 있어 이행이 매우 안정적으로 이루어진다. CO_2가스인 경우에 아크가 용적의 하단부에만 집중되어 용적에는 전자기적인 반발력이 작용하여 용적이 매우 불규칙하고 큰 스패터가 다량 발생한다. Ar가스 주성분은 드랍(drop : 저전류GMAW)이행이며, 이산화탄소가스 주성분은 반발이행으로 구분한다.

입상용적이행은 저수소계 용접봉 고전류, 서브머지드 아크용접, MIG용접 저전류, 이산화탄소아크용접 고전류에서 볼 수 있다.

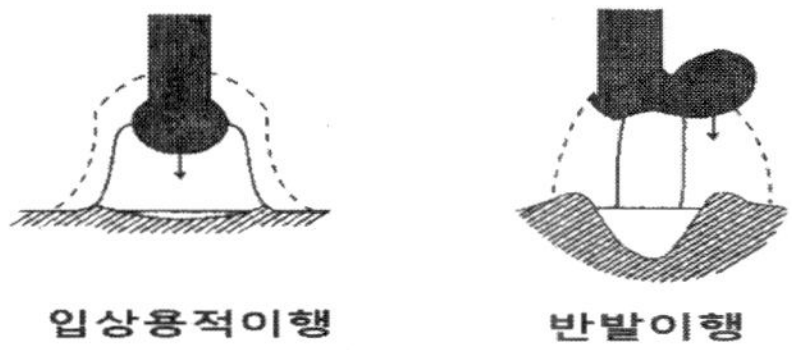

[그림 2-6] 입상용적 이행의 종류

다. 스프레이이행(spray transfer)

스프레이이행은 분무형 또는 폭발형이라고도 하며 피복제의 일부가 가스화되어 미세한 용적이 용접봉 끝에서 분무와 같이 날려 모재로 옮겨가는 방식이며 스프레이이행에서 전압은 보통 20 ~ 40 [V]이다. 전압의 증가는 용접봉 선단에서 금속의 입자를 파열시킨다. 전류가 높을수록 입자 크기는 더 미세해진다. 사실, 스프레이 형태로 용접봉 선단을 떠난 입자는 페인트 스프레이건에서 방출된 페인트와 같은 외형을 가진다. 용접봉의 표면을 떠나는 전자는 금속이행의 짧은 아크에 의해 전자를 떠나는 것 보다 더 빠른 속도를 가진다. 이 높은 속도는 용접봉의 표면에서 입자들이 더 쉽게 날아오르게 하면서, 용접봉의 선단 표면 밑에 작은 공기주머니를 만든다고 여겨진다. Ar가스를 주성분으로 하는 보호가스 분위기에서는 용접전류가 증가함에 따라 특정 전류에서 용적의 크기가 급격히 변한다. 이 전류를 천이전류라 한다. 용접전류가 천이전류보다 낮을 경우에 입상용적이행이 나타나고 그 이상일 때 와이어 직경보다 작은 용적이 초당 수백회정도의 높은 빈도수로 이행현상이 나타난다. 이것을 스프레이이행이라고 하는데 입상용적이행이 스프레이이행으로 바뀌는 천이전류는 용접재료의 화학조성 및 와이어 직경에 따라 [표 2-3]과 같다.

[표 2-3] 용접재료 및 직경에 따른 천이전류

용접 와이어 종류	와이어직경	보호가스	천이전류 [A]
연강	0.9	Ar + 2% O_2	165
	1.2		220
	1.6		275
스테인레스강	0.9	Ar + 2% O_2	170
	1.2		225
	1.6		285
알루미늄	0.8	Ar	95
	1.2		135
	1.6		180

스프레이 이행은 고산화티탄계, 일메나이트계, 고셀룰로스계 등 피복금속아크 용접봉을 고전류로 사용할 때 많이 볼 수 있다.

(1) 프로젝티드 이행

와이어직경과 비슷한 크기의 둥글고 작은 용적이 와이어선단부에서 빠른 속도로 모재로 방출된다. 이 형태는 스프레이이행으로 천이한 초기 이행형태로 와이어 끝이 뾰쪽하지 않다. 중저전류 GMAW에서 볼 수 있다.

(2) 스트리밍 이행

프로젝티드 이행조건에서 전류를 증가시키면 나타나는 형태로 와이어 선단이 연필심과 같이 뾰쪽한 모양을 하고 뾰쪽한 와이어 끝으로부터 매우 미세한 용적이 빠르게 형성되어 용융지로 투사되기 때문에 외관상 액체가 흐르듯이 연속적으로 이행하는 것처럼 보인다. 중전류 GMAW에서 나타난다. 아크가 안정되며 소음이 매우적다.

(3) 회전이행

스트리밍 이행조건보다 높은 전류에서 발생하는 이행형태로 저항열과 아크열에 의해 용융된 와이어 끝이 전자기력의 영향을 받아 나선형 궤적을 그리면서 빠른 속도로 용융지를 이동하는 형태로 고전류 GMAW에서 볼 수 있다. 불안정한 회전이행 조건으로 용접이 되며 아크가 불안하고 대형 스패터를 발생한다.

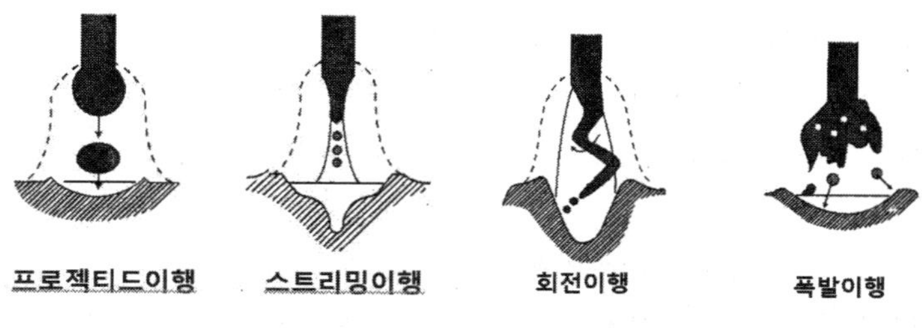

[그림 2-7] 스프레이 이행의 종류

4. 용접봉 용융속도(Melting Rate)

용접봉의 용융속도는 단위시간당 소비되는 용접봉의 길이 또는 무게이며 영향을 주는 요소는 "아크전류", "용접봉쪽의 전압강하"이며 아크 전압과는 관계가 없다. 실험결과에 의하면 아크용접에 있어서 용접봉 심선에 흐르는 전류에 의한 저항발열은 용접봉의 비용융량을 증가시키며 지름이 달라도 동일종류 용접봉의 경우에 심선의 용융속도는 전류에만 비례하고 지름에는 관계없으며 심선의 화학성분이 같아도 피복제의 종류에 따라 약간 차이가 난다.

용융속도 = 아크전류 × 용접봉쪽 전압강하

5. 용접입열(Weld Heat Input)

아크용접에 있어서 용접봉 심선과 모재의 용융에 직접 소요되는 열량으로 순입열의 1/4 ~ 1/2정도가 용융효율(melting efficiency)로, 이는 열전도율 × (용융온도 − 초기온도(용접전 판의 예열온도))에 의존하여 용접부에 주어지는 열량이다. 용접부의 열적현상을 좌우하는 주요 요소로서는 냉각속도, 응고속도, 열영향부의 크기, 최고온도 분포, 용접부의 조직 및 기계적성질의 건전성에 영향을 주며 다음과 같이 나타낼 수 있다.

$$H = \frac{60EI}{V}(Jouel/cm)$$

H : 아크가 용접의 단위길이 1 [cm]당 발생하는 전기적 에너지

E [V] : 아크전압 → 20 ~ 40 [V]　　I [A] : 아크전류 → 50 ~ 400 [A]

V [cm/min] : 용접속도 → 8 ~ 30 [cm/min]

용접입열과 용접속도에서는 입열량이 증가하면 용접속도를 증가시키거나 전류를 감소시켜 낮출 수 있다. 즉 아크전류(A)를 크게 하면 용접속도(V)를 증가하여 입열량을 조절할 수 있다. 용접입열은 최대, 최소의 용접조건을 선정 할 수 있다.

6. 용접봉 용착효율(Deposition Efficiency)

용접봉 소모중량에 대한 용착금속의 중량비로서 피복금속아크용접봉은 일반적으로 용착효율이 60 [%]정도인데, 그 이유는 용접봉 홀더에 물려있는 마지막 5 [cm]정도 손실 17 [%]와 피복제가 타서 없어지는 것과 스패터 손실이 27 [%]이기 때문이다. 각종 용접의 용착효율은 다음 표와 같다.

[표 2-4] 용착효율

용 접 방 법	용착효율 [%]	용 접 방 법	용착효율 [%]
피복금속아크 용접	55 ~ 75	TIG 용접	100
서브머지드 아크용접	95 ~ 100	플라즈마 아크 용접	100
일렉트로 슬래그용접	95 ~ 100	플럭스 코어드 와이어 용접	80 ~ 85
MIG 용접	90 ~ 95		

제3절 아크 용접기

1. 개 요

아크용접기는 직류 용접기, 교류 용접기, 교류 정류 용접기가 있다. 직류 용접기는 이동형으로 박판용접에 적합하며 효율적으로 사용할 수 있다. 교류 용접기는 낮은 작동 유지비용 및 초기 비용을 가지며 단상 즉 60 [Hz] 전류를 사용할 수 있고 조용하게 작동한다. 정류기는 교류 변압기의 효율성을 결합해서 조용하게 작동되며 매우 효율적인 직류 용접기로 사용된다. 용접기의 구비조건으로는 견고한 구조 및 취급이 간단해야 하며, 전격위험을 낮추기 위해 무부하 전압(AC : 70 ~ 80 [V], DC : 40 ~ 60 [V])이 높지 않고, 사용 중 온도상승이 적어야 된다. 또한 역율, 효율이 좋고, 가격이 저렴하며, 사용경비가 적고, 전류조정이 용이하며, 용접 중 전류값 변동이 작고, 단락되었을 때 흐르는 전류가 너무 높지 말아야 한다. 또한 아크발생 및 유지가 용이하고 아크가 안정되어야 하고 사용중 온도상승이 적고 절연이 완전하여 위험성이 적어야 된다. 아크용접기의 종류는 [표 2-5]와 같다.

[표 2-5] 아크용접기의 종류

- 아크용접기
  - 교류아크용접기 (AC arc Welder)
    - 가동철심형
    - 가동코일형
    - 탭 전환형
    - 가포화 리액터형
  - 직류아크용접기 (DC arc Welder)
    - 발전형
    - 정류기형

2. 용접기 특성

용접기는 아크를 안정시키는데 필요한 외부특성 곡선을 가져야한다. 외부특성 곡선이란 부하전류와 단자전압의 관계곡선으로 수하특성, 정전압특성 또는 상승특성이 이용되고 있다. 일반 전기회로는 옴의 법칙에 따라 동일저항에 흐르는 전류는 전압에 비례(I = V/R)하나 아크의 경우는 전류가 작은 범위(100 [A])에서 전류가 증가하면 아크저항이 작아져서 아크전압도 낮아지는 특성이 있다. 이와 같은 현상을 부저항 특성 또는 부특성이라 한다. 부특성은 전류가 낮을 때 나타나며 전류가 100 [A]정도 이상의 큰 용접기에서는 아크길이가 일정하면 아크전압은 아크전류의 증가와 더불어 약간씩 높아지는 경향이 있다.

가. 수하특성(drooping characteristic)

수동 아크용접에서는 일반적 동력전원으로 사용되는 정전압 전원으로는 용접에 적절한 아크를 얻을 수가 없다. 따라서 아크를 안정하게 발생·지속시키기 위해서는 부하전류의 증가와 더불어 단자전압이 저하하는 특성이 필요하다. 이와 같은 특성을 수하특성이라 한다. 수하특성 곡선을 갖는 용접은 아크길이를 일정하게 유지하는 것이 곤란한 수동 용접법에 적용된다.(그림 2-8)

나. 정전류 특성(constant current characteristic)

정전류 특성은 아크길이에 따라서 전압이 변동하여도 아크전류는 거의 변하지 않는다. 실제 피복금속 아크용접 작업을 할 때에는 아크길이가 시시각각으로 변한다. 그러나 정전류 특성의 용접기를 사용하면 아크길이가 변해도 아크전류의 변동이 적다. 그러므로 수동 아크용접기는 수하특성인 동시에 정전류 특성을 가진다. 전류의 변동이 적다는 것은 용접입열의 변동이 적다는 것으로 용입불량이나 슬래그 섞임 등의 결함을 방지하기에 좋은 장점이 있다. 정전류 특성을 사용하는 용접법으로는 피복금속아크용접, TIG용접, 스터드용접, 플라즈마 아크용접 등이 있다.

다. 정전압 특성(constant voltage characteristic)

정전압특성은 용접기 출력단자에 연결된 부하 혹은 용접기의 내부저항에 관계없이 일정한 출력전압을 유지하는 특성으로 CP특성이라고도 한다. 실제로는 부하전류의 증가와 더불어 다소간의 전압강하가 일어난다. 통상 100 [A]의 전류증가 시 2 ~ 3 [V]의 전압강하가 일어난다. 이 특성은 와이어 송급속도가 전압에 의해 정해지게 된다. 만일 아크길이가 용접기에 정해 놓은 값보다 짧으면 자동적으로 전류가 상승해서 용접선이 빨리 녹고 아크길이가 길어지면 전류는 감소하여 와이어 녹는 율보다 빨리 공급하게 된다. 다시 말하면 아크전압이 일정하여 용접 와이어의 송급속도가 정해지면 전류크기도 자동적으로 정해져 아크길이가 일정하게 유지하게 된다. 이와 같은 특성을 아크자기제어특성이라 한다. MIG용접과 같은 전류밀도가 클 때 잘 나타나며 소모전극식 자동 및 반자동용접(GMAW, FCAW

등)에 적합하다.

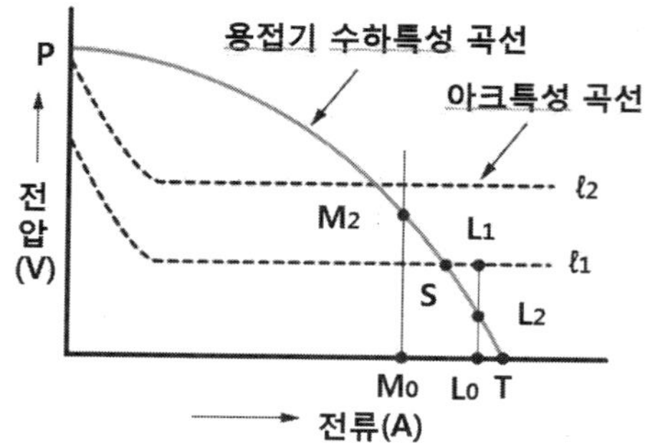

[그림 2-8] 수하특성 곡선

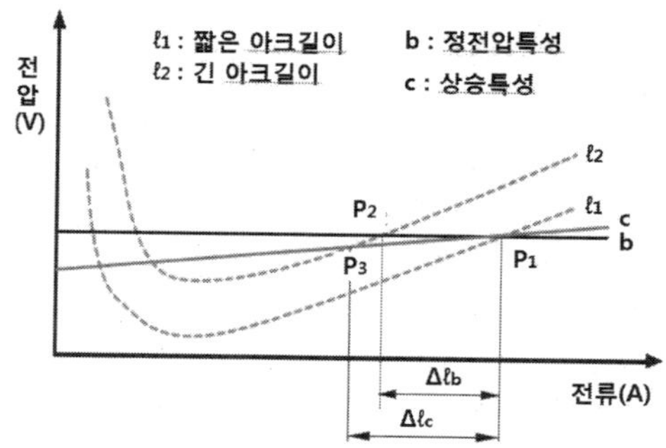

[그림 2-9] 정전압 특성곡선

라. 상승특성(rising characteristic)

전류의 증가에 따라서 전압이 약간 높아지는 특성으로 불활성가스 금속아크 용접이나 이산화탄소 아크용접과 같이 전류밀도가 대단히 높은 자동이나 반자동 용접에서는 정전압 특성이나 상승 특성으로 아크의 안정을 자동적으로 유지할 수 있다.

마. 절연회복특성

교류 아크에서 1사이클에 2번 전류 및 전압의 순간 값이 0이 되어 아크발생이 중단되고 용접봉과 모재간은 절연이 된다. 이때 이온화된 아크기둥을 둘러싼 보호가스에 의해 절연을 방지하여 전류가 잘 흐르게 하는 특성이다.

바. 전압회복특성

아크가 발생되는 동안 아크전압은 매우 낮다. 그러나 아크가 꺼진 후 용접봉과 모재간 전압은 매우 높아진다. 일단 아크가 꺼진 다음 다시 아크를 발생시키려면 매우 높은 전압이 필요하며 이때 아크용접 전원은 아크가 중단된 순간에 아크회로의 과도전압을 급속히 상승 회복시켜 아크의 재발생을 쉽게 한다.

사. 용접기 출력제어 방식 및 적용

용접전원의 출력제어 방식은 1960~1970년대에는 용접변압기의 1, 2차권수비를 기계적 수동조작에 의한 출력전압 조정방식인 탭전환 및 슬라이드 트랜스방식을 사용하였다. 이 방식은 구성이 간단하고 출력파형이 좋으나, 출력조정이 단계적으로 되어 용접중의 전류조정이 곤란하고 전원 변압변동의 보상 및 원격조정이 곤란하나, 간편한 350 [A] 이하의 CO_2/MAG 반자동용접에 적합하다. 70년대 이후에는 반도체 제어방식으로 변환 발전되어 70 ~ 80년대에는 자기증폭기(위상제어가능 주파수 10 ~ 수 [Hz])의 사용 및 통상 3상교류를 입력으로 하고, 변압기와 사이리스터를 6상 반파 정류회로로 구성하여 위상제어에 의해 출력을 제어하는 것으로 리액터에 의해 출력파형의 평활 및 용적의 제어를 행한다. 그 밖에 출력신호를 궤환하여 외부조건 변동에 대한 출력의 안정화 및 출력특성의 제어를 하는 경우도 있다. 이와 같은 사이리스터(정류기)에 의한 출력전압 제어방식인 사이리스터 위상제어형(위상제어가능 주파수 100^{-1} [kHz] 미만)을 주로 사용하였다. 이 방식은 출력조정이 연속으로 되고 대전류화가 용이하여 자동용접, 로봇용접 등의 대전류용접(1000 [A])이 가능하다. 그러나 출력제어의 응답속도에 한계가 있다. 1990년대까지는 교류입력을 직류로 변환한 후 제어하는, 용접용변압기를 트랜지스터의 입력측에 설치하는 형식(아날로그 제어)인 CHOP 제어방식인 파워트랜지스터형(위상제어가능 주파수 수 [kHz]까지)이 사용되었으며 90년대 이후에는 용접용변압기를 트랜지스터의 출력측에 설치하는 형식(인버터 제어)인 트랜지스터 인버터형(위상제어가능 주파수 수십 [kHz]까지)이 보편화되어 사용되고 있다. 전력전자의 대표적 소자인 싸이리스터(Thyristor)가 용접전원의 출력특성 제어소자로 사용되기 시작하면서 용접기의 전력전자화가 시작되었고, 현재까지 용접기의 출력 특성 제어는 싸이리스터를 이용한 위상제어형이 주류를 이루고 있다. 그러나 최근 들어서 국내에 소개되는 용접기는 인버터 제어형이 아니면 신제품이 아닌 것으로 들릴 만큼 많은 분야에서 인버터 용접기가 소개되어 있고, 제작회사의 개발 방향 역시 고성능 인버터 제어형 용접기에 맞추어져 있다.

3. 용접기 부속장치

가. 핫 스타트 장치

용접 비드를 만들시 용접시작부에는 모재의 냉각으로 인하여 용접입열량이 부족하게 되고 이는 시작부의 비드불량을 만드는 원인이 된다. 따라서 용접 시작부분의 전류를 높여주는 장치를 핫스타트 장치이다. 이 장치를 사용할 시에는 아크 발생을 손쉽게 하며 기공의 발생을 방지한다. 또한 비드의 이음을 개선하며 아크 발생 초기의 비드용입을 양호하게 한다.

나. 전격 방지 장치

아크용접기는 아크를 안정시키기 위하여 무부하전압이 40 ~ 80 [V]가 되므로 감전의 위험이 크다. 따라서 감전을 방지하기 위하여 용접작업을 하지 않을 때에는 보조변압기에 의해 용접기의 2차 무부하 전압을 20 ~ 30 [V]정도로 유지하고 용접봉을 모재에 접촉한 순간에만 릴레이가 작동하여 무부하전압을 유지시켜 아크발생을 용이하게 하여 용접사를 전격의 위험으로부터 보호하는 장치이다. 전격방지 장치는 높은 장소, 도전체의 분위기, 좁은 장소 등에서 용접할 때는 반드시 부착하여 사용함이 좋다.

[그림 2-10] 전격방지기

다. 고주파 발생장치

아크용접기에서 안정한 아크를 얻기 위하여 사용주파의 아크전류에 고전압(2000 ~ 3000 [V])의 고주파(300 ~ 1000 [Kc])를 중첩시키는 방법으로 고주파 발생장치를 사용하면 아크손실이 거의 없어 아크가 안정되어 용접이 쉬우며 무부하전압을 낮출 수 있다. 또한 전원입력을 적게 하여 역률 개선과 전격의 위험이 적어지며, Tig용접시 전극봉을 모재에 접촉시키지 않아도 아크를 발생시킬 수 있다.

라. 원격 제어장치

원거리에서 용접을 하기위해서는 전류나 전압의 원격조정이 필요하다. 원격제어장치에는 전동기 조작형과 가포화 리액터형이 있다.

4. 교류아크용접기(AC arc Welder)

가. 교류아크용접기의 특성

교류용접에 대한 초기의 노력은 일반적인 60 [Hz] 전류보다 더 높은 주파수를 필요로 했다. 아크흐름에서 완전한 이온화를 만드는 용접봉 피복의 개선은 교류를 활용할 수 있는 방법으로 60 [Hz] 전류의 사용을 이끌었다.

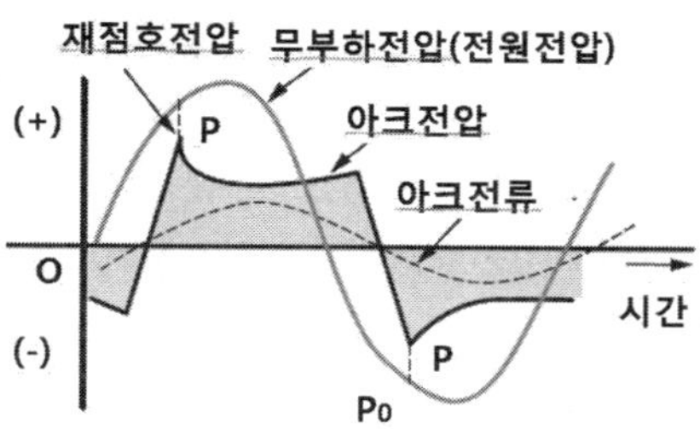

[그림 2-11] 교류아크 전압과 전류파형

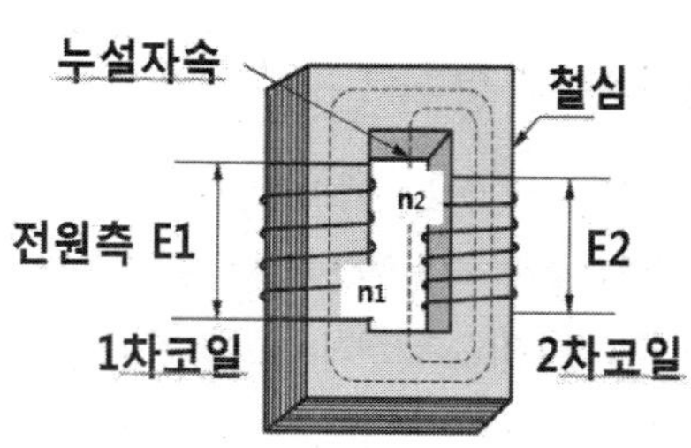

[그림 2-12] 교류변압기 원리

교류변압기는 1, 2차회로를 가지고 있다. 1차회로는 2차회로와 독립적이며 그 둘 사이의 연결은 전자기 유도에 의해서이다. 1차회로는 60 [Hz] 동력을 받아서 승압하는데, 이것은 1차코일 주위에 직각을 이루는 자기장을 만든다. 그런 후 전류를 증가시키면서, 이들 힘의 라인은 제2감기에서의 힘을 유도한다. 전류의 출력은 힘의 라인을 결합시키면서 제1감기에 2차코일을 가까이 움직임으로써 혹은 회로에 리액터 코일을 삽입함으로써 조절될 수 있다. 만일 리액터 코일이 회로에 삽입된다면, 일반적으로 2차코일의 전극 쪽에 맞는 것이다. 만일 리액터가 조정을 위해 사용된다면, 그것은 탭 리액터를 조절할 수 있는 코일을 가진 리액터 혹은 전류출력을 제어하는 가감 저항기를 가진 리액터가 될 수 있다. 보통 교류아크 용접기는 일종의 변압기이나 2차전류를 통과시킬 때 즉, 용접할 때 단계적으로 2차전압이 떨어지는 특성을 갖도록 설계되어 있다. 그러므로 교류아크용접기는 아크를 안정시키기 위하여 회로에 리액턴스 코일을 넣어 리액턴스(reactance)를 크게 함으로써 아크부분의 저항변화로 생기는 2차전류의 변화를 적게 하고 있다. 리액턴스(reactance)를 크게 하고 회로전압을 높임으로써 용접기의 효율이 25 ~ 40 [%]정도로 나타나게 된다. 교류용접기는 직류용접기에 비하여 안정성이 떨어지나 가격은 1/3 ~ 1/4 정도이므로 직류용접기보다 널리 사용되고 있다. 변압기 용접기는 일반적으로 교류 동력에 한정되어 있다.

나. 교류아크용접기의 종류

교류용접기는 일종의 변압기이며, 그 구조가 비교적 간단하고, 가격도 싸고 효율적이며, 보수도 용이하므로 널리 사용되고 있다. 또 자기쏠림 방지에도 효과가 있다. 교류 용접기에는 전류 조정 방법에 따라서 다음 용접기가 주로 사용되고 있다.

(1) 탭(Tap) 전환형 교류아크용접기

탭전환형용접기는 1차코일과 2차코일을 철심에 감은 것으로, 용접전류는 1차코일과 2차코일의 감김수 비율을 변경시켜 조정한다. 용접전류는 전환 탭을 옮겨 조정하여야 하기 때문에 다소 불편하다.

(2) 가동 철심형 교류아크용접기

가장 널리 사용되고 있는 용접기로 [그림 2-14]와 같이 변압기 철심이외에 좌우로 이동할 수 있는 가동철심을 설치하여, 철심의 위치에 의하여 누설자속을 가감할 수 있도록 되어 있다. 가동철심형 교류아크용접기는 용접에 적합한 낮은 전압, 큰 전류를 공급하도록 설계되었으며, 1차코일은 교류전원에 연결하고 2차코일은 70 ~ 100 [V]의 낮은 전압으로 한다.

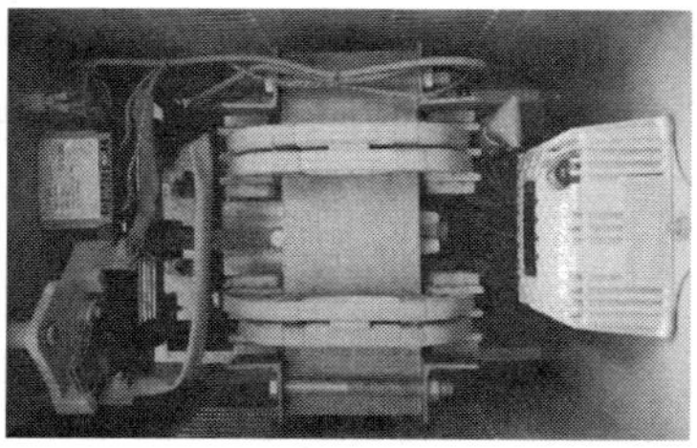

[그림 2-13] 가동철심형 용접기 내부

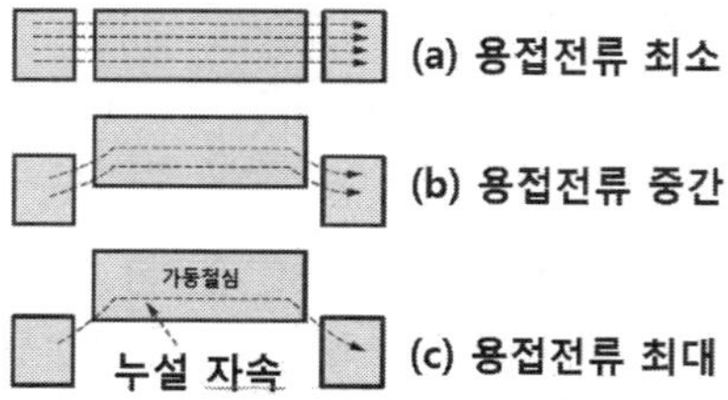

[그림 2-14] 가동철심과 누설자속

(3) 가동코일형 교류아크용접기

[그림 2-16]과 같이 용접기내에 1차코일과 2차코일이 있어, 그중 하나를 이동시켜 두 코일 사이의 거리를 자유로이 조절하여, 누설자속에 의한 전류를 세밀하게 연속적으로 조절하는 형식이다. 1차코일을 교류전원에 연결하고, 가동핸들로 1차코일을 이동시켜 2차코일과 거리를 조정하면 리액턴스(reactance)가 변해 필요한 2차코일 측의 전류를 얻는 용접기이다.

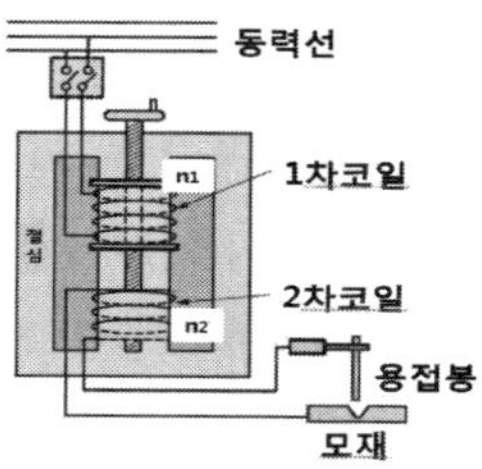

[그림 2-15] 가동 코일형 교류아크용접기

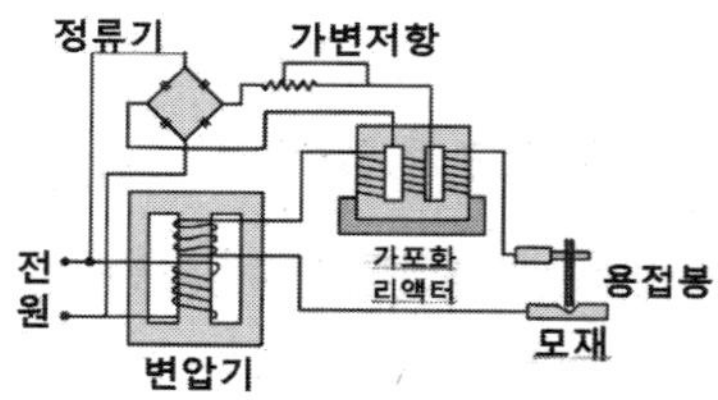

[그림 2-16] 가포화 리액터 교류아크용접기

(4) 가포화 리액터형 교류아크용접기

[그림 2-17]과 같이 정전압 변압기와 가포화 리액터(saturable reactor)를 조합한 것으로서, 직류여자(excite)코일을 가포화 리액터 철심에 감아놓았다. 2차전류 회로에 리액터가 직렬로 연결되어 있어 이 리액터를 별도의 전원인 정류기로서 여자하고 그 자기회로의 포화도를 변화시켜 전류를 조정한다. 전류조정을 직류여자전류의 증감에 의하여야함으로 가동부가 필요 없으며, 가변저항을 사용함으로서 용접전류의 원격조정을 할 수 있어 편리하다.

(5) 교류아크용접기 규격

교류아크용접기의 규격은 KSC 9602에 규정되어 있으며 [표 2-6]은 교류아크용접기의 용량과 규격에 대해 나타내었다. 아래 표에서 AW는 교류 아크용접기(Alternating current arc Welder)의 약자이며 180, 200 등의 숫자는 용접기의 정격사용율으로 허용범위 내에서 낼 수 있는 용접기의 최대전류값을 나타내는 것이다.

[표 2-6] 교류아크용접기 규격

종 류	정격 2차 전류 [A]	정격 사용율 [%]	정격 부하전압 저항강하 [V]	정격 부하전압 리액턴스 강하[V]	2차 전류 최고값 [A]	2차 전류 최소값 [A]	최고 2차 무부하 전압 [V]	사용용접봉의 지름[∅]
AW180	180	40	29	0	180 이상 200 이하	35 이하	85 이하	3.2 이하
AW200	200		32	0	200 이상 220 이하	50 이하		2 ~ 3.2
AW300	300		35	0	300 이상 330 이하	60 이하		2.5 ~ 5
AW400	400		40	0	400 이상 440 이하	80 이하		3.2 ~ 6
AW500	600	60	40	0	500 이상 550 이하	100 이하	95 이하	4 ~ 8

다. 용접기 사용률, 역률, 효율

(1) 정격사용률과 허용사용률

정격사용률은 용접기의 정격 2차전류 값으로 용접 시 아크를 발생시킬 수 있는 시간으로 10분을 기준시간으로 한다. 예로 정격사용률 40 [%]는 정격 2차전류를 사용하여 용접시 10분 중 4분은 아크를 유지하고 6분간은 아크휴식시간으로 이를 준수하지 않으면 용접기 소손의 원인이 된다.

$$\text{정격사용률}(\%) = \frac{\text{아크시간}}{\text{아크시간} + \text{휴식시간}} \times 100(\%)$$

허용사용률은 정격 2차전류보다 낮은 전류로 용접시 정격사용률보다 얼마나 많은 시간을 용접할 수 있는가를 알아볼 수 있는 공식으로 허용사용률 값이 100 [%]를 넘을 시에는 시간제한 없이 아크를 발생시킬 수 있다.

$$\text{허용사용률}(\%) = \frac{(\text{정격2차전류})^2}{(\text{실제용접전류})^2} \times \text{정격사용율}(\%)$$

(예제) 정격2차전류 300 [A], 정격 사용률은 40 [%]의 아크용접기로 200 [A]의 용접 전류를 사용하여 용접할 경우의 허용 사용률은?

$$\text{허용사용률}\ [\%] = \frac{(300A)^2}{(200A)^2} \times 40 = 90\ [\%]$$

* 이 경우에는 90 [%]이므로 용접기로 아크발생 지속시간은 9분이고 1분간은 아크를 발생시키지 말아야 한다.

(2) 역률(power factor)과 효율(efficency)

용접기 전원입력에 대하여 아크쪽의 입력과 2차측 내부손실합의 비율을 역률이라 하고 아크쪽의 입력과 2차측 내부손실합에 대하여 아크쪽의 입력비율을 효율이라 하며 계산식은 아래와 같다. 일반적으로 용접기 역률이 높다는 것은 주어진 전력을 고스란히 쓰지 못하고 전압강하로 인해 손실되거나 용접기 내부에서 손실되는 전력량이 많다는 것을 의미한다. 즉 역률이 높으면 효율이 나쁜 용접기인 것이다. 따라서 역률을 개선하기 위하여 1차측에 콘덴서를 설치하면 1차전류를 감소시켜 전원입력을 작게 하여 전기요금을 싸게 할 수 있으며, 배전선의 재료를 절감할 수 있다. 또한 전압 변동률이 작게 되며, 전원용량이 작아지면서 같은 용량이면 여러 개의 용접기를 접속할 수 있는 이점이 있다.

$$* \text{ 역률}(\%) = \frac{\text{소비전력 [Kw]}}{\text{전원입력 [Kw]}} \times 100 = \frac{(\text{아크전류} \times \text{아크전압}) + \text{내부손실합}}{(\text{2차무부하전압} \times \text{아크전류})} \times 100$$

$$* \text{ 효율}(\%) = \frac{\text{아크출력 [Kw]}}{\text{소비출력 [Kw]}} \times 100 = \frac{(\text{아크전류} \times \text{아크전압})}{(\text{아크전류} \times \text{아크전압}) + \text{내부손실합}} \times 100$$

(예제) 용접기에서 1차전압 200 [V], 무부하전압 80 [V], 아크전압 30 [V], 아크전류 300 [A], 내부손실(동 · 철 기타) 4 [kW]일 경우 역률과 효율은?

(풀이) ① 아크출력 = 30 V × 300 A = 9.0 kW ② 전원입력 = 80 V × 300 A = 24.0 KVA
③ 소비출력 = 아크출력 + 내부손실합 = 9.0 kW + 4.0 kW = 13.0 kW

$$* \text{ 역율}(\%) = \frac{\text{소비전력 [Kw]}}{\text{전원입력 [KVA]}} \times 100 = \frac{9.0\text{ [Kw]} + 4.0\text{ [Kw]}}{24.0\text{ [KVA]}} \times 100 = 54\ [\%]$$

$$* \text{ 효율}(\%) = \frac{\text{아크출력 [Kw]}}{\text{소비출력 [Kw]}} \times 100 = \frac{9.0\text{ [Kw]}}{9.0\text{ [Kw]} + 4.0\text{ [Kw]}} \times 100 = 69\ [\%]$$

라. 교류 아크용접기 종류별 특성

[표 2-7]은 교류 아크용접기의 종류별 특성을 비교하였다.

[표 2-7] 교류아크용접기의 종류별 특성

용접기 종류	특 성
가동 철심형	1. 가동 철심으로 누설 자속을 가감하여 전류를 조정한다. 2. 광범위한 전류 조정이 어렵다. 3. 미세한 전류 조정이 가능하다. 4. 현재 가장 많이 사용한다. 5. 중간 이상 가동 철심을 빼내면 누설 자속의 영향으로 아크가 불안정하게 되기 쉽다. (가동 부분의 마멸로 철심에 진동 발생)
가동 코일형	1. 1차, 2차 코일 중의 하나를 이동, 누설 자속을 변화하여 전류가 조정된다. 2. 아크 안정도가 높고 소음이 없다. 3. 가격이 비싸며 현재 사용이 거의 없다.
탭 전환형	1. 코일의 감긴 수에 따라 전류가 조정된다. 2. 적은 전류 조정 시 무부하 전압이 높아 전격의 위험이 크다. 3. 탭 전환부 소손이 심하다. 4. 넓은 범위는 전류 조정이 어렵다. 5. 주로 소형에 많다.
가포화 리액터형	1. 가변 저항의 변화로 용접 전류가 조정된다. 2. 전기적 전류 조정으로 소음이 없고 기계 수명이 길다. 3. 원격 조작이 간단하고 원격 제어가 된다.

5. 직류 아크용접기(DC Arc Welder)

가. 직류 아크용접기 종류

직류아크 용접기에는 발전기식과 정류기식이 있으며, 발전기식 직류용접기의 직류 발전기 용량은 보통 150 [A], 200 [A], 400 [A]이다. 용접기가 사용되는데 예측되는 최대 전류 조건과 시간의 길이는 발전기 크기를 결정한다. 직류용접기를 위한 원격제어는 여진기 회로에서의 단순 가감 저항기에서부터 여진조절기와 일련의 필드 탭의 결합까지의 범위에 걸친 몇몇 형태가 있다. 몇몇 유용한 아크 용접기는 작업장이나 혹은 공장에서 먼 거리에 기계를 위치할 수 있게 해주는 리모트 컨트롤 유닛을 장착하고 있다. 이들 유닛은 작업자가 전류를 조절하거나 혹은 재조절하기 위해 작업영역에 오르거나 내려가거나 들어가거나 혹은 나와야 할 때에 유용하다.

(1) 발전형 직류아크용접기

발전형 직류용접기에는 엔진구동형과 모터구동형이 있다. 엔진구동형의 특징은 완전한 직류를 얻을 수 있으며 옥외나 교류 전원이 없는 곳에서 사용한다. 그러나 회전으로 소음이 나고 고장이 나기 쉬우며 보수가 어렵고 고가이다. 모터구동형의 특징은 전원을 얻을 수 있는 야외에서 사용되며 완전한 직류를 얻는다. 또한 경량소형으로 이동, 관리, 보수가 용이하며 값이 싸다.

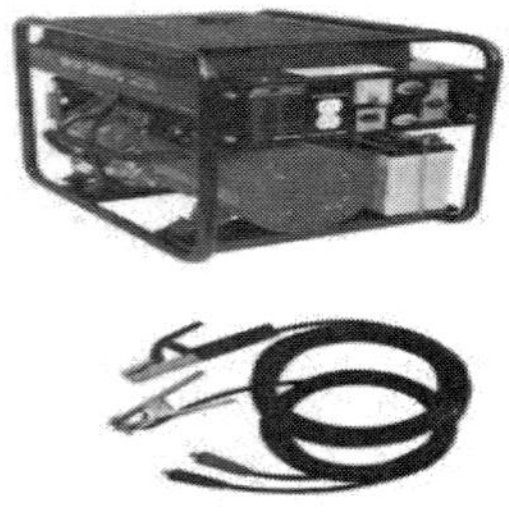

[그림 2-17] 발전형 직류용접기

(2) 정류기형 직류아크용접기

정류 동력 공급은 제2코일의 전극 쪽에 설치된 한 방향 전류 다이오드(diode)를 가지는 교류 변압기이다. 이 다이오드는 오직 한 방향으로 전류를 흐르게 한다. 정류용접기는 쉽게 교류나 DCRP를 공급할 수 있다. 정류기식 직류 아크용접기에 이용되는 정류기에는 세렌(selenium)정류기, 실리콘(silicon)정류기, 게르마늄(germanium)정류기 등이 있다. 실리콘 다이오드는 정류 특징을 무기한으로 유지하는데 거의 영구적이다. 세렌 정류기는 실리콘 다이오드 보다 더 크고 많은 공간을 차지한다. 또한 빨리 노화를 일으켜서 쉽게 손상되고 습기나 증기에 의해 침식되기 쉽다. 3상교류에서 반도체 정류기는 한쪽 방향으로는 전류를 잘 통하게 하고 다른 방향으로는 저항을 크게 하여 적은 전류만 통해도 온도를 상승시켜 발열 효과를 더욱 크게 할 수 있다. 정류기형 용접기의 특징으로는 직류를 얻는 데 회전 부분이 없으므로 소음이 없으며 취급이 간편하고 가격이 저렴하다. 또한 교류를 정류하므로 완전한 직류를 얻기 어려우나 무부하손실이 적으며, 보수나 점검이 발전기형보다 간단하다. 정류형 직류아크 용접기는 수동 아크용접 및 TIG 용접, MIG 용접, CO_2 용접 등에 널리 이용된다.

나. 직류 아크용접기 규격

직류아크 용접기의 규격은 KSC 9603에 규정되어 있으며 [표 2-8]은 직류아크 용접기의 용량과 규격에 대해 나타내었다. 아래 표에서 DW는 직류 아크용접기(Direct current arc Welder)의 약자이며 180, 200 등의 숫자는 용접기의 정격사용율 허용범위 내에서 낼 수 있는 용접기의 최대전류값을 나타내는 것이다.

[표 2-8] 직류아크 용접기 규격

종 류	정격 출력 전류 [A]	정격 사용률 [%]	정격 부하 전압 [V]	출력 전류 A		최고 무부하 전압 [V]
				최대값	최소값	
DW-150	150	40	26	정격 출력 전류의 100% 이상 110% 이하	정격 출력 전류의 20% 이하	85 이하
DW-200	200		28			
DW-300	300		32			
DW-400	400		36			
DW-500	500	60	40		정격 출력 전류의 30% 이하	95 이하
DW-600	600		44			
DW-800	800					
DWT-100	100	40	14		정격 출력 전류의 10% 이하	85 이하
DWT-150	150		16			
DWT-180	180		17.2			
DWT-200	200		18			
DWT-300	300		22			
DWT-400	400		26			
DWT-500	500	60	30			95 이하

6. 교류와 직류 아크용접기 특징

[표 2-9]는 교류와 직류 아크용접기의 항목별로 비교한 것을 나타낸 것이다.

[표 2-9] 교류 아크용접기와 직류 아크용접기 비교

비교 항목	교류 아크용접기	직류 아크용접기
아크의 안정	약간 불안정	우수하다
비 피복봉 사용	불가능	가능
극성 변화	불가능	가능
아크 쏠림 방지	가능	불가능
무부하 전압	높다 (약 70 ~ 80[V])	약간 낮다 (약 40 ~ 60[V])
전격 위험	많다	적다
역률	나쁘다	좋다
구조	간단하다	복잡하다
유지	쉽다	약간 어렵다
고장	적다	많다
소음	작다	크다

7. 인버터 용접기

인버터(Inverter)의 사전적 의미는 [거꾸로 하다] [전도시키다] [역변환] 등으로 정의된다. 대체로 전력변환에서 교류를 직류로 변환시키는 것을 정변환(Converter), 직류를 교류로 변환시키는 것을 역변환(Inverter)으로 부르고 있는데 현재 개발되어 사용되고 있는 인버터 제어형 용접기는 한 장비내에서 교류 → 직류 → 교류 → 직류변환을 동시에 행하고 있으므로 엄밀한 의미에서는 인버터와 콘버터가 함께 섞여있는 전력변환기로 볼 수 있다. 하지만 장비의 특성을 현저히 개선시키는데 있어 중요한 역할을 하는 부분이 직류를 교류로 바꾸는 과정에서 이루어지므로 보통은 인버터 제어형 용접기 또는 인버터 용접기로 부르고 있다. 전력변환에 사용되는 장비와 방법은 여러 형태가 있을 수 있으나 최근의 동향은 반도체 고속스위칭(Switching)소자를 응용하는 것이 주류를 이루고 있으며, 대표적인 소자로는 싸이리스터(Thyristor), 트랜지스터(Transistor), SCR(Silicon Controlled Rectifier), GTO(Gate Turn-off thyristor), IGBT(Insulating Gate Bipolar Transistor) 등이 있다. IGBT는 고속스위칭 성능과 고전압, 대전류 처리능력을 함께 가진 신형 반도체 소자로 변환 주파수의 고주파화를 가능케 하고 인버터 장치에 있어서 단락방지 시간의 단축 및 각종 전력변환장치의 소형량경화를 가능케 한 첨단 소자이다. 사용소자를 결정하는 중요한 요소로는 전압 및 전류용량, 제어가능 스위칭 속도에 의해 결정되는 주파수 범위 등이 있다.

인버터 제어식 직류용접 전원의 구성은 보통 AC to DC Recifier, DC to AC Inverter, AC to DC Rectifier의 세 가지 변환장치로 이루어져 있다. 상용주파수(50/60 [Hz])를 가진 3상 또는 단상의 교류전원이 입력되면 전파정류기(Full Wave Rectifier)에 의해 DC로 변환된다. 이 DC를 콘덴서를 이용하여 평활시킨 후 인버터를 사용하여 고주파의 구형파(Square Wave AC)로 변환시킨다. 다음에 변압기에서 적정한 전압으로 강압한 후 재차 정류시켜 최종적으로는 직류 리액터에 의해 평활시킨 DC를 공급하게 된다. 이때 용접전원의 요구특성에 맞게 정전류 또는 정전압의 어느 특성도 제공할 수 있도록 궤환 제어방식으로 인버터의 스위칭 주파수나 폭을 제어한다. 이러한 제어방법은 펄스화된 출력도 가능케 해준다.

인버터 제어방식의 특징과 장점을 이해하기 위하여 현재 널리 쓰이는 싸이리스터 위상 제어방식과 사용빈도는 많지 않지만 펄스(Pulse)제어를 위해 사용되고 있는 초퍼(Chopper) 제어방식을 비교해 보면, 싸이리스터 위상제어 방식은 상용전원 전압의 점호 위상각 제어만으로 출력전류, 전압을 제어하기 때문에 제어응답 속도는 상용주파수의 배수로 한정되게 되나 회로구성이 매우 간단한 특성을 가지고 있다. 초퍼(Chopper) 제어방식은 2차측 전류를 반도체 소자로 스위칭하여 출력을 제어하는 것으로 제어의 정밀성, 응답속도 개선, 펄스화는 가능해졌으나 스위칭 주파수가 가청 주파수대에서 운전되므로 불쾌한 소음을 발생하고 변압기도 과거와 같은 대형이므로 소형 경량화를 실현할 수 없다. 인버터 제어식 용접기는 제어주파수가 높다는 것과 1차측 제어방식이어서 싸이리스터 위상제어 방식과 초퍼 위상제어 방식에 비교하여 다음과 같은 우수한 특성을 갖고 있다.

(1) 소형경량화가 가능

용접기에서 보통 1차적으로 무게를 차지하는 것은 주변압기와 필터, 인덕터 이다. 따라서 용접기의 무게와 크기를 줄이기 위해 많은 노력이 행해졌는데 예를 들면 변압기의 구리 권선을 알루미늄제로 대체한 것 등이 바로 그러한 것이다. 기존의 용접기들은 송전선의 주파수인 50 [Hz]나 60 [Hz]에서 동작되는 변압기를 사용했는데, 변압기의 크기는 적용 주파수에 역비례 하므로 인버터 용접기들은 기존의 용접기에 비해 크기와 무게를 75 [%]정도 줄이는 것이 가능하게 되었다. 이에 관계된 전기식은 다음과 같다.

$$E = \alpha * B * S * N * F$$

E = 유기 전압 　 α = 상수 　 B = 자속 밀도 　 S = 변압기 철심의 단면적
N = 변압기 코일의 권선수 　 F = 주파수

상기 식에서 주파수 F를 높이면 철심단면적 또는 권선수를 적게 할 수 있으므로 철심의 크기나 권선의 크기를 줄일 수 있게 된다. 인버터 제어식에서는 변압기를 상용 주파수의 수십 ~ 수백 배에 달하는 수 [kHz] ~ 수십 [kHz]에서 동작시켜 철심 단면적과 권선수를 큰 폭으로 줄일 수 있으므로 종래의 싸이리스터 제어식보다 변압기를 소형경량화 할 수 있다. 또한 출력전류의 리플(Ripple) 주파수가 높고, 스위칭 Off 시간이 짧기 때문에 출력 측 평활회로의 인덕턱스(Inductance)가 적어도 되므로 직류리액터의 소형경량화가 가능해진다. 실제로 용접기의 중량을 비교해 보면 같은 용량의 기존 용접기에 비해 약 1/4에 불과한 실정이다.(예 : 136 Kg / 300 A : 35 Kg / 300 A)

(2) 고속제어 가능

싸이리스터 제어방식의 경우 그 응답속도는 상용주파수의 수배 정도가 한도이나 인버터 제어방식은 앞서 말한 것과 같이 제어 주파수를 상용주파수의 수십 ~ 수백 배 정도까지 끌어 올릴 수 있으므로 응답속도가 현격히 상승한다. 예를 들어 인버터 용접기를 기존의 3상 싸이리스터 용접기와 비교해 보면 100 [A]까지의 3상 싸이리스터 용접기의 13 [ms]($13 * 10^{-3}$ [sec])에 비해 2 [ms]로 매우 빠르고, 피크치에서 피크치로의 전류변동이 5 [A]정도로 극히 부드럽다. 이 결과 느린 응답속도를 가진 일반 싸이리스터 용접기에 비해 아크 발생이 쉽고, 용적(Droplet)의 크기가 일정하며 스패터가 크게 줄고 더 깊은 용입과 함께 균일한 용착으로 비이드 외관이 고와지는 등 여러가지 개선된 특성이 나타나게 된다.

(3) 용접품질

인버터 용접기는 고속제어(High-Speed Control)를 할 수 있으므로 일반 용접기에 비해 용접전류의 변화를 극도로 적게 할 수 있으며 따라서 5 [A]정도의 적은 전류에서도 아크를 안정되게 유지할 수

있다. 같은 전류치에서 기존의 일반적인 용접기는 안정된 아크를 얻기가 힘들다. 어떤 인버터 용접기들은 입력이 단상 또는 삼상이어도 동시에 사용이 가능한데 이것은 전력이 AC에서 DC로 정류되어 변환되기 때문이다. 입력전류의 질도 변압기 정류식 용접기보다 낮아도 되며 출력전류는 일정하게 나온다. 앞에서도 언급했다시피 단상 싸이리스터 용접기는 늦은 응답속도 때문에 피크치에서 피크치까지의 전류 변동폭이 40 [A] ~ 100 [A] 정도이다. 이러한 큰 전류 변동폭은 더 많은 스패터와 함께 일정하지 못한 용착을 야기하게 되며 따라서 용접부의 품질 또한 떨어지게 된다. 인버터 용접기의 빠른 응답과 미세한 제어는 미그용접과 티그용접의 펄스기능에 응용할 수 있으며 펄스의 정밀한 제어를 가능하게 해준다.

최근에 개발된 대부분의 인버터들은 펄스가 자동적으로 조절되도록 되어 있다. 용접사는 단지 용접프로그램을 선택함으로써 안정된 용접조건을 얻을 수 있는 것이다.

(4) 효율

인버터 제어식은 변압기 등이 소형화되기 때문에 손실이 적어지고 입력을 낮출 수 있다. 또한 제어가 1차 측에서 행해지기 때문에 무부하에서의 손실과 전력낭비를 크게 줄일 수 있는 이점이 있다. 종래의 용접기에 비해 인버터 용접기는 에너지의 효율성에서 뿐만 아니라 디자인이나 생산성 및 용접품질에서 매우 뛰어나며 결과적으로 기존의 용접기를 대체할 수 있는 미래의 용접기로 각광받고 있다.

제4절 | 아크 용접봉(electrode)

1. 개 요

용접봉은 용접모재의 접합을 위해 필요하며, 용접부 품질을 좌우하는 중요한 것으로 용가재라고도 한다. 또한 모재와 용접봉사이에서 아크를 발생하므로 전극봉이라고도 한다. 금속아크용접(Metal Arc Welding)의 용접봉에는 비피복용접봉(Bare Electrode)과 피복용접봉(Covered Electrode)이 사용되는데, 비피복용접봉은 주로 자동, 반자동 용접에 사용되고 피복용접봉은 주로 수동아크용접에 사용된다. 피복금속아크용접에서 비피복 용접봉은 전극으로 오랫동안 사용되었다. 그러나 1912년에 피복금속아크용접봉에 대한 실험이 이루어졌고, 1929년 처음 상업적으로 사용되었다. 피복용접봉의 개발은 쉽게 용접할 수 있고 용접강도를 증가시키기 때문에, 아크용접의 광범위한 사용을 일으켰다. 피복금속아크용접봉은 피복제의 무게가 전체의 10 [%] 이상인 용접봉으로 그 한쪽 끝은 홀더에 물려 전류를 통할 수 있도록 심선의 길이를 25 [mm] 정도 노출시키고 다른 쪽은 아크발생이 쉽도록 약 3 [mm]

이하가 노출되어 있다. 용접봉 피복제는 작업성과 용접성을 고려하여 많은 재료로 만들어진다. 일반적으로 사용되는 재료로는 나트륨, 규산염, 이산화티타늄, 페로망간, 페로실리콘, 아스베스트, 탄산칼슘, 셀룰로오스 등 다수이다.

2. 피복금속 아크용접봉 분류

가. 용접부 보호방식에 따른 분류

피복제가 연소한 다음 발생하는 물질이 용접부를 보호하는 방식에 따라 가스발생식, 슬래그생성식, 반가스발생식 등이 있으며, 피복제를 용도에 맞게 잘 혼합하여 심선에 도포한다.

(1) 슬래그 생성식(slag shield type)

피복제 성분이 주로 규사, 석회석 등 무기물로, 연소하여 슬래그로 생성되어 용접부를 덮어 보호하는 방식으로, 유럽에서 발달하였다. 용적이나, 모재의 주위를 액체의 용제 또는 슬래그로 둘러싸서 공기와 직접 접촉을 하지 않도록 보호하는 방식이다. 이 형식의 용접봉에 속하는 용접봉의 피복제는 주로 무기물로 되어 있기 때문에, 이 피복제로 도포된 용접봉을 무기물식 용접봉이라고도 한다. 슬래그 생성식은 용접작업 중에 산화물이 피복제와 결합되어 슬래그의 생성이 많으므로 이것에 익숙하지 않은 사람은 슬래그와 용융금속과의 구별이 곤란하며 작업 중 슬래그가 용융 금속 속에 말려 들어가 슬래그의 섞임을 발생시키기 쉬운 결점이 있으므로 주의하여야 한다.

(2) 가스 발생식(gas shield type)

피복제 성분이 주로 셀룰로우즈 등 유기물로 연소에 의해서 발생된 일산화탄소, 수소, 탄산가스 등의 환원가스나 불활성가스에 의해 용융금속부를 보호하며 용접을 하는 것으로 피복제에 유기물이 많아 유기물식 용접봉이라고도 한다. 이 형식은 주로 미국에서 발달한 것으로 종래에 사용해 오던 슬래그 생성식과 비교하면 아크전압이 높아지는 경향이 있고, 용접봉으로부터 아크가 세게 분출되므로 종래의 용접 작업상태와 매우 달라진다.

가스발생식의 특징을 보면 전자세 용접에 적당하며 용착 금속위에 덮인 슬래그는 쉽게 제거되나 스패터가 많이 발생되고 아크가 세게 분출되는 관계로 용입이 깊고, 안정된 아크를 얻을 수 있다. 용접속도는 슬래그 생성식에 비하여 대단히 빠르고 작업능률이 양호하나 용접 전류의 선정, 운봉법 등을 잘못하면 언더컷을 일으키기 쉽고, 비드 표면의 파형이 거칠게 되기 쉬우므로 충분히 주의하지 않으면 안 된다.

(3) 반가스 발생식(semi gas shield type)

반가스 발생식은 슬래그 생성식과 가스 발생식의 특징을 합한 것으로 슬래그 생성식에 환원성가스, 불활성가스를 발생하는 유기물을 소량 가한 것이다.

나. 모재 재질에 따른 분류

모재의 재질에 따라서 사용하는 용접봉의 종류는 연강(탄소강), 고장력강, 저합금강, 주철, 스테인레스강, 표면경화용, 동합금, 니켈합금, 알루미늄 등으로 분류한다. 연강봉 피복금속 아크용접봉에 대하여는 KSD 7004에 규정되어 있다.

(1) 연강용 피복금속 아크용접봉

심선은 용접균열을 방지하기 위하여 탄소함량이 극히 적으며 황(S)이나 인(P)등의 불순물을 적게 함유한다. 또한 규소(Si)의 양을 적게 하여 림드강(Rimmed Steel)로 제조하고 있다. 피복제가 산성으로 되면 작업성은 향상되나 내균열성이 나빠져서 용착금속에 균열이 가기 쉽고 염기성으로 되면 작업성은 떨어지나 내균열성은 향상된다.

(2) 고장력강용 피복금속 아크용접봉

고장력강은 연강의 강도를 높일 목적으로 연강에 적당한 합금원소를 첨가한 저합금강(Low Alloy Steel)으로써 엄밀히 말하면 저합금 고장력강(low alloy high-strength steel)이다. 이와 같은 고장력강은 강도, 내식성, 내충격성, 내마모성 등을 요구하는 구조물에 적합하다.

(3) 주철피복용접봉

주철은 C : 1.7 ~ 3.5 [%], Si : 0.6 ~ 2.5 [%], Mn : 0.2 ~ 1.2 [%], P$\leq$0.5, S$\leq$0.1 [%]의 화학성분을 가지며 이외에 Ni, Cr, Mo 등을 포함하고 있다. 주철용접은 주로 주물결함의 보수 또는 파손된 주물의 수리에 이용되며 취성이 많으므로 용접이 곤란하여 용접할 때는 예열, 후열을 해야 한다.

(4) 내식성 용접봉(corrosion-resistant electrodes)

내식성 용접봉에 사용되는 넘버링 시스템은 연강 용접봉에 사용된 것과 유사하다. 숫자가 시작할 때 접두어 E는 전기용접봉을 가리킨다. 예로써, E308-16에서

E = 전기용접봉, 308 = 18 [%] 크롬과 8 [%] 니켈,
1 = 전자세, 6 = 교류나 혹은 직류역극성을 말한다.

내식성 용접봉의 분류법은 용접금속에 의해서가 아니라 용접될 금속의 화학적 분석에 의해서 결정된

다. 그러므로 모든 모재가 용접봉에 부합하는 것은 아니다. 일반적으로 내식성 용접봉은 4 [%]이상의 크롬과 50 [%]미만의 니켈을 함유하고 있다.

(5) 비철 용접봉(nonferrous electrodes)

비철 용접봉은 용접될 모재의 화학적 혼합물에 의존한다. 주요 비철 용접봉은 구리, 알루미늄, 청동, 그리고 니켈 등이다.

구리 용접봉의 혼합물은 저강도 전해질이나 산화구리를 위해서 인청동 A, 고강도 전해질 혹은 인청동 C이다. 가장 일반적으로 사용되는 알루미늄 아크 용접봉은 95 [%]의 알루미늄과 5 [%]의 규소를 함유하며 열처리를 하거나, 열처리를 하지 않은 알루미늄의 모든 합금을 용접할 수 있다. 알루미늄청동 용접봉은 용착금속의 강도에 근거해서 세 가지 분류법을 가진다. 구리로 균형을 맞추면서 8 [%] 알루미늄, 1 [%] 아연을 가지고 있는 알루미늄청동 용접봉은 탄성이 좋으며 특히 다른 금속의 이음이나 혹은 모재에 강한 표면을 붙일 때 적절하다. 9 ~ 10 [%] 알루미늄과 3 ~ 5 [%] 아연을 함유한 알루미늄청동 용접봉은 한층 더 강력하여 베어링 용접작업 등에서 유용하다. 12 ~ 13 [%] 알루미늄과 3 ~ 5 [%] 아연을 함유한 알루미늄 청동 용접봉의 용착 비드는 부식에 매우 내성이 있으며 수리용 다이와 같은 용접에 바람직하다. 니켈 용접봉은 최소 50 [%]의 니켈을 함유하고 있다. 니켈 베이스의 용접봉은 모넬(monel), 인코넬, 니켈-크롬 합금, 그리고 하스텔로이를 용접할 수 있다.

다. 용융금속 이행형식에 따른 종류

(1) 단락형 이행

접촉 단락형이라고 하며 용융된 금속방울이 용융 푸울에 닿는 순간 표면장력의 도움으로 모재로 이행하는 방식이다.

(2) 스프레이형 이행

분무상 이행이라고도 하며 피복용접봉에서 주로 볼 수 있는 형태이다. 이것은 피복제가 타면서 생기는 피복통 내부의 가스폭발의 힘과 아크 힘에 의해 용접봉 끝의 용융금속이 세차게 불리어 작은 입자로 용접부에 이행하는 형식이며 다른 이행형에 비해 비드외관이 아름답다. 그러나 전류가 너무 낮거나 슬랙의 유동성이 나쁘면 용융반응이 작게 분열되지 않아 스프레이 형식이 되지 않는 경우가 있다. 이 계통에는 일미나이트계, 고산화티탄계 등이 있다.

(3) 글로뷸러형 이행

핀치효과형이라고도 하며 이것은 용접봉 끝에서 비교적 큰 용적이 단락되지 않고 이행하는 형식으로 이의 원인은 원주 상에 흐르는 전류 소자 간에 흡입력이 작용하여 원기둥의 지름이 가늘어 지면서 작은 용융 방울이 모재에 내려오는 형식이다. 피복제가 두꺼운 저수소계 용접봉, CO_2가스아크용접,

서브머지드아크용접, MIG용접 등에서 볼 수 있다.

3. 피복금속 아크용접봉 특성

피복금속아크용접봉은 용착금속의 모든 성질을 우수하게 하여야하며, 용접작업이 용이하며 심선보다 피복제가 약간 늦게 녹아야 된다. 또한 값이 싸고 경제적이어야 하며, 용접봉 저장 중에 변질되지 않으며, 습기에 용해되지 않아야 한다. 용접시 유독가스를 발생하지 않으며, 슬래그가 용이하게 제거되어야 한다. 연강용 피복금속 아크용접봉의 심선은 KSD3550에 규정되어 있다. 심선은 전기로, 평로 또는 전로로 제강한 강괴(ingot)를 열간압연과 냉간인발에 의하여 제조된다. 또한 용착금속의 균열을 방지하기 위하여 극히 저탄소이며 P, S 등의 불순물을 적게 하고 있다. 또 규소의 양을 적게 한 림드강(rimmed steel)이 사용되며 화학성분으로는 C, Si, Mn, P, S, Cu 등이 함유되어 있다.

좋은 심선으로서 갖추어야 할 사항은 C, Si, P, S 등의 화학적 함유량이 적어야 되며, 심선을 현미경으로 보았을 때 그 조직이 균일하고 유해한 불순물이 없으며 S와 Mn을 소량 포함하고 저탄소 림드강이어야 한다. 적당한 심선의 구별방법은 아래와 같다.

① 심선을 화학적으로 분석하여 그 성분을 분별한다.
② 심선을 현미경 시험을 통해서 그 성분의 균일성을 분별한다.
③ 심선만으로 직류정극성으로 용접하여 본다.
④ 심선을 산소 아세틸렌 불꽃으로 녹여본다.

심선의 직경은 1.4 ~ 8.0 [mm] 등이 있으나 3 ~ 6 [mm]의 범위가 많이 사용되며, 길이는 대체로 230 ~ 900 [mm]이다. 심선의 재질에서 탄소는 적게 하여 경화를 막고 연성을 준다. 망간은 탈산의 역할을 하나, 많으면 재질이 경화된다. 인은 상온취성을 일으키고, 황은 고온취성을 일으킨다. 실제로 사용되고 있는 심선의 화학성분은 불순물의 함량을 최소화하여 P 및 S은 0.015 [%] 이하, Cu는 0.05 [%] 이하이다.

[표 2-10] 연강용 피복금속 아크용접봉 심선성분(KSD3550)

종 류	기 호	화학성분 [%]					
		C	Si	Mn	P	S	Cu
1종	SWR11	0.09 이하	0.03 이하	0.35 ~ 0.65	0.020 이하	0.023 이하	0.2 이하
2종	SWR21	0.10 ~ 0.15	0.03 이하	0.35 ~ 0.65	0.020 이하	0.023 이하	0.2 이하
직경(mm)	1.4, 1.6, 2.0, 2.6, 3.2, 4.0, 4.5, 5.0, 5.5, 6.0, 6.4, 7.0, 8.0						
길이(mm)	230, 250, 300, 350, 400, 450, 550, 700, 900						

가. 피복제(flux)의 작용

용접봉 피복제는 용접불량을 발생시키는 산소, 질소 그리고 공기 중의 다른 불순물을 용융금속과 결합되지 못하게 하는 가스실드로 용착금속을 보호한다. 피복금속 아크용접봉은 용접조건에 따라 여러가지 피복제가 혼합되어 사용되며 역할은 다음과 같다.

① 중성 또는 환원성 분위기를 만들어 대기가스의 침입을 막아 용융금속을 보호한다.
② 교류용접기에서 순간적으로 전류가 끊어졌을 때에도 피복제 연소가스의 이온화에 의하여 아크를 계속 발생시켜 안정된 아크를 얻을 수 있다.
③ 용융점이 낮은 적당한 점성의 가벼운 슬래그를 형성하여 용착금속의 급냉을 방지한다.
④ 용착금속의 탈산정련 작용을 한다.
⑤ 용착금속에 적당한 합금원소를 첨가하여 용접부 재질을 개선한다.
⑥ 용적(Globule)을 미세화하고 용착효율(Deposition Efficiency)을 향상시킨다.
⑦ 용착금속의 응고와 냉각속도를 느리게 하여 기공 등의 결함을 예방하고 용접부의 기계적 성질을 좋게 한다.
⑧ 위보기 등 기타자세의 용접을 쉽게 한다.
⑨ 슬래그 제거를 쉽게 하고 비드 외관을 좋게 한다.
⑩ 전기 절연작용으로 감전위험을 방지한다.

나. 피복배합제의 종류

피복배합제는 여러가지 기능을 가진 유기물, 무기물 분말을 그 목적에 따라 적당한 비율로 혼합 후 적당한 고착제를 사용하여 심선에 도포하여 용접봉으로 사용된다. 종류에는 아크안정제, 가스발생제, 슬래그생성제, 탈산제, 고착제, 합금첨가제, 유동성증가제, 슬래그 박리성의 증가제 등이 있다.

(1) 아크 안정제

아크가 부드러운 느낌을 주고 잘 꺼지지 않도록 하려면 피복제성분이 아크열에 의하여 이온화하기 쉬워야 한다. 특히 교류용접시 아크 재발생 전압은 낮은 것이 좋으므로 안정제를 사용하면 전압이 강하되면서 아크가 안정된다. 아크안정제의 종류에는 산화티탄(TiO_2), 규산나트륨(Na_2SiO_3), 석회석($CaCO_3$), 규산칼륨(K_2SiO_3) 등이 사용된다.

(2) 가스 발생제

아크열에 의해 분해된 CO, CO_2, H_2O 등의 가스를 발생시켜 아크분위기를 대기로부터 보호하여 용착금속의 산화 및 질화를 방지한다. 원료로서는 셀룰로오스(cellulose) 등의 유기물, 석회석($CaCO_3$), 탄산바륨($BaCO_3$), 돌로마이트 등 탄산염 광물, 목탄 등이 있다.

(3) 슬래그 생성제

용융점이 낮은 가벼운 슬래그를 형성하여 용접부 표면을 덮어 용착금속의 질화 및 산화를 방지하고 용융금속의 냉각속도를 느리게 한다. 슬래그생성제의 종류에는 운모, 석면, 산화철, 루틸(TiO_2), 일미나이트, 이산화망간, 석회석, 규사, 장석($K_2O \cdot Al_2O_3 \cdot 6SiO_2$), 형석(CaF) 등이 있다.

(4) 탈산제

용융금속중의 산화물을 탈산 정련한다. 탈산제의 종류에는 규소철(Fe-Si), 티탄철(Fe-Ti), 망간철(Fe-Mn) 등이 있다.

(5) 합금 첨가제

용융금속 중에 합금원소를 첨가하여 용접부의 재질을 개선한다. 합금첨가제의 종류에는 Mn, Si, Ni, Mo, Cr, Cu, V 등이 있다.

(6) 고착제

심선과 피복제를 고착시키는 역할을 한다. 물유리(규산나트륨 : Na_2SiO_3), 규산칼륨(K_2SiO_3) 아교, 고무, 해초, 젤라틴(gelatin) 등이 있으며, 섬유질이 있는 석면을 혼합하기도 한다.

다. 연강용 피복금속 아크용접봉의 KS에 따른 분류 및 특성

연강용 피복 아크 용접봉의 종류는 KSD 7004의 규정에 따라 표시하는데, 표기된 각 위치는 다음의 의미를 갖는다.

E 43 △ □

E : 전기용접봉(Electrode : E, 고장력강용은 D),
43 : 순용착금속의 최저인장강도 Kgf/mm^2
△ □ : 피복제 계열 (극성도 표시)

용접봉의 머리글자에서 우리나라는 E(eletrode)를 사용하나, 일본은 D(Denki)를 사용하며 최소 인장강도의 단위는 같다. 미국도 E(eletrode)를 사용하나, 인장강도 단위를 kgf/㎟ 대신에 Klb/in^2(ksi) 단위를 사용한다.

[표 2-11]

한국	일본	미국
E4313	D4313	E6013
D5016	D5016	E7016

용접봉 선택에는 용접봉의 내균열성, 아크의 안정성, 스패터링, 슬래그의 성질 등을 고려하여야 한다. 용접봉의 내균열성은 염기도가 높을수록 내균열성이 우수하고, 작업성은 저하되며 산성도가 높을수록 내균열성은 저하되고, 작업성은 우수하다. 아크의 안정성은 알칼리 및 알칼리토류의 성분이 많을수록 아크전압을 낮게 하여 아크가 안정된다. 스패터링은 슬래그 점성이 너무 크면 스패터 발생이 많아져 용착효율이 떨어진다. 슬래그의 성질은 용융점, 응고온도, 점성 및 표면장력에 영향을 받으며 표면장력이 약할수록 용융 금속을 잘 덮어준다.

(1) 용접봉의 작업성

피복금속 아크용접봉을 사용하여 수동용접을 할 때 용접하기 쉬운 것을 작업성이 좋다고 하는데 용접사는 일반적으로 작업성이 좋은 것을 선호한다. 작업성에 대하여는 KSB 0895-1971에 규정되어 있으며 용접봉의 직접 작업성으로는 아크안정 상태, 아크발생의 용이, 용접봉 용융상태, 슬래그 상태, 스패터의 크기 및 양 등이 있으며 간접 작업성으로는 부착슬래그의 박리성과 제거의 난이도, 기타 용접작업의 난이도를 들 수 있다. 작업성이 좋은 피복금속 아크용접봉의 순서로는 티탄계, 고셀룰로스계, 고산화철계, 일미나이트계, 저수소계 순이다.

(2) 용접봉의 용접성(Weld ability)

용접봉의 용접성은 내균열성의 정도, 용접후의 변형여부, 내부의 용착결함, 용착금속의 기계적 성질 등을 말한다. 용접성이 좋은 피복금속 아크용접봉의 순서로는 위 작업성 용접봉의 역순이다. 일반적으로 용접성이 좋은 용접봉은 작업성이 떨어지는 경향이 있다. 그러나 용접사가 용접봉을 선택할 때는 가능한 용접성이 좋은 용접봉을 선택하여야 한다.

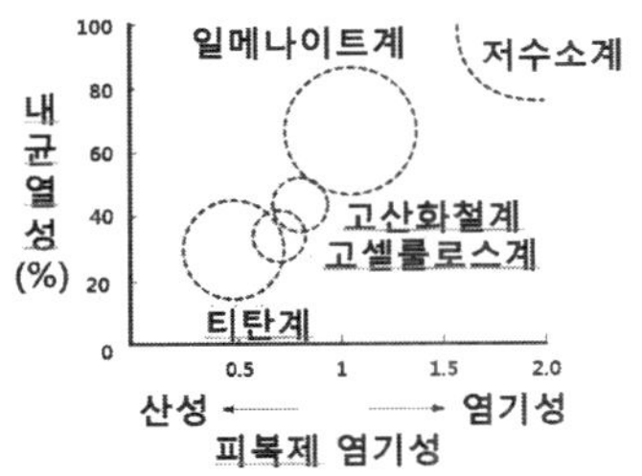

[그림 2-18] 용접봉 내균열성 비교

(3) 탄소당량(Carbon Equivalent, Ceq, C.E)

탄소강의 조성 중에서 용접성에 가장 큰 영향을 미치는 것은 탄소(Carbon)이다. 탄소 이외에 합금원소의 영향은 탄소를 등가로 환산한 '탄소당량(Ceq ; Carbon Equivalent)'으로 표시할 수 있다. 따라서 전체 합금강의 효과는 탄소당량이란 용어로 표현될 수 있으며, 합금원소에 따라 나타날 수 있는 여러가지 영향은 탄소당량식을 이용하여 판단 할 수 있다. 철강에서 합금원소는 경화능을 증가시키기 위해서 첨가될 수 있다. 이는 임계냉각 속도와 변태온도를 낮추기 때문이다. 이러한 합금원소에는 C, Mn, Mo, Cr, Ni, V. Si 등이 있다.

탄소당량은 열영향부(HAZ)의 경화기준으로서만이 아니라 실제의 용접시공에서 용접재료의 선택이나, 예열이나 용접후열처리 등의 여부를 판단하는 기준(탄소당량 0.44 [%] 이상은 예열 및 후열 필요)으로 널리 사용되며, 강재의 저온 균열 감수성 평가, 경도, 구조용강의 용접열영향부 경화성 판정, 탄소강의 비드밑균열(Under Bead Cracking) 판정, 저합금강의 용접성 판정 등에 사용될 수 있다. 탄소당량은 낮을수록 용접성이 좋은 것이다.

① 탄소당량 산출식

탄소당량은 그 용도에 따라 여러 가지로 표현될 수 있다.

1) 미국 기계기술자협회(ASME) 및 재료시험협회(ASTM)에서 정한 계산식은 다음과 같다.

$$CE = C + Mn/6 + (Cr + Mo + V)/5 + (Ni + Cu)/15$$

예제를 통해 실제 계산을 해보면

재질 : SA516-70, 두께 : 60 [mm], 분석방법 : Heat Analysis,

C.E SPEC 요구사항 : Max. 0.45 [%]일 때

CE = C + Mn/6 = 0.3 + 1.2/6 = 0.5% 〉 0.45% 이므로 C와 Mn 함유량을 더 낮추어야 한다.

2) 일본용접학회 규격(WES 3001)으로는 다음의 식이 있다.

$$Ceq = C + Mn/6 + Si/24 + Ni/40 + Cr/5 + Mo/4 + V/14 \ (\%)$$

3) 저합금강의 용접성을 판정하는데 사용되는 탄소당량식 중의 하나는,

$$Ceq = \%C + \%Mn + \%Si + \%Cr + \%V + \%\ Ni + Cu$$ 인데,

여기서 탄소당량값이 낮을수록 용접성이 좋은 것이다. 탄소당량식은 실험적으로 결정되는 것이므로 실험자에 따라 그 식의 구성이 다소 다르다.

② 탄소당량과 최고경도와의 관계

탄소당량과 최고 경도와의 사이에는 일반적으로 비례관계가 성립하고 Ceq가 클수록 Hmax도 커진다.

$$Hmax = (666Ceq + 40) \pm 40 = Hv$$

취화가능 정도의 척도로 최고경도(Hmax)를 사용하며, 저합금강, 고장력강은 Hmax가 높아 용접 열영향부의 경도 중에서 용접본드 근접한 부분에 생기는 가장 높은 경도값이다.

(4) 용접봉의 종류별 특성

연강용 및 고장력강용 피복금속 아크용접봉은 KS D 7004 및 KS D 7006 등에 규정되어 있다. 용접봉의 종류별 특성은 아래와 같으며 용접봉 선정 시에는 각 용접봉의 특성을 잘 고려하여 결정하여야 한다.

① 일미나이트계 피복금속 아크용접봉(E4301)

우리나라에서 가장 많이 생산되고 있으며 그 주성분으로 일미나이트($FeOTiO_2$)를 30 [%] 이상 포함하고 있다. 가장 많이 사용되는 용접봉으로 슬래그 생성계 용접봉이며 전자세용접이 가능하다. 슬래그는 비교적 유동성이 좋고 용입 및 기계적성질도 양호하다. 특히 내부결함이 적고 X선 시험성적도 양호하다. 중요한 일반 기기 및 구조물의 용접에 사용된다.

② 고셀룰로오스계 피복금속 아크용접봉(E4311)

구조물의 아래보기, 수직, 위보기자세 용접에 적합한 전 자세 용접봉으로 피복제 중에 유기물(주로 셀룰로스)을 약 30 [%] 이상 함유한다. 가스보호식 용접봉으로 아크가 강렬하고 스패터링이 비교적 많다. 피복의 두께가 얇으며, 용입이 깊고, 가스에 의한 산화, 질화가 적다. 스패터가 심하고 비드파형이 거칠며 습기를 흡수하기 쉬워 기공발생 우려가 있다. 슬래그 양이 극히 적어 위보기 자세 또는 좁은 틈의 용접에 작업성이 좋다. 용접 중 높은 전류를 사용하면 용착금속에 나쁜 영향을 주므로 다른 종류의 용접봉보다 약간 낮은 전류값을 사용한다.

③ 라임 티타니아계 피복금속 아크용접봉(E4303)

이산화티탄을 약 30 [%] 이상 포함하고 슬래그 생성계이며 피복제가 두껍다. 슬래그 유동성이 좋고 비드외관이 깨끗하며 언더컷이 적고 슬래그 제거가 쉬우며 전 자세 용접이 가능하다. 비드외관이나 작업성이 양호하며 기계적 성질도 우수하여 최근에는 더욱 발달되고 있다.

④ 고산화 티탄계 피복금속 아크용접봉(E4313)

피복제에 30 [%] 이상의 산화티탄을 함유한 슬래그생성계 용접봉으로 아크는 조용하고 스패터링이 적다. 작업성이 극히 좋으며 슬래그제거가 용이하다. 전 용접자세에 사용되고 수직 하진용접도 가능하다. 특히 용접외관과 작업성에 좋은 특징이 있다. 또 용입이 얕아 박판용접에는 좋으나 고온균열이 많아 중요부재의 용접에는 잘 사용되지 않는다.

⑤ 저수소계 피복금속 아크용접봉(E4316)

석회석($CaCO_3$), 탄산칼슘, 불화칼슘 등의 염기성 탄산염을 주성분으로 하므로 용착금속 중의 수소함유량은 타용접봉에 비해 현저히 적다(약 1/10 정도). 피복의 두께가 두껍고 아크의 길이가 짧고, 끊어지기 쉬워서 아크가 불안정하며 슬래그의 유동성도 나쁘며, 균열감수성이 낮고, 비드가 거칠며, 비드 시작점 또는 비드이음에는 기공이 생기기 쉬우므로 짧은 아크길이를 유지하며 운봉에 주의를 해야 한다. 일반적으로 작업성이 나쁘기 때문에 특수한 운봉법이 필요하다. 그러나 용착 금속은 연성과 인성이 좋기 때문에 균열에 대한 감수성이 특히 좋아서 후판 구조물의 첫층용접, 혹은 구속도가 큰 구조물, 고장력강 및 중탄소강의 용접에 사용된다.

⑥ 철분 산화티탄계 피복금속 아크용접봉(E4324)

E4313에 약 50 [%]의 철분을 가한 것으로 고산화티탄계의 우수한 작업성과 철분계의 고능률을 겸비시킨 용접봉이다. 두꺼운 피복으로 되어 있어 작업하기 쉽고 특히 용착 속도가 크므로 작업능률이 좋다. 용입이 얕고, 스패터가 적으며 아래보기 수평 필릿 용접에 적합하다. 접촉(contact) 용접이 가능하다.

⑦ 철분 저수소계 피복금속 아크용접봉(E4326)

E4316에 철분을 가해서 보다 높은 능률을 꾀한 용접봉이다. 철분을 30 ~ 50 [%] 함유한 것으로 용착 속도가 크고 작업 능률이 좋다. 아래보기 및 수평 필릿 용접에서 작업성이 좋고 기계적 성질도 대단히 우수하다.

⑧ 철분 산화철계 피복금속 아크용접봉(E4327)

산화철(30 ~ 45 [%])을 주성분으로 하고 여기에 규산염을 첨가한 것으로 산성 슬래그를 생성한다. 용착효율이 크고 능률화시킨 것으로 슬래그 제거가 용이하며 작업성이 좋다. 스패터는 적고, 용입은 양호하여 E4324보다 깊으며 이행방식은 스프레이형이다. 중력식 수평필릿 아크용접에 많이 사용되고 있다.

(5) 피복금속 아크용접봉 관리

피복금속 아크용접봉은 일반적으로 습기에 대하여 민감하다. 습기는 기공 또는 균열의 원인이 된다. 특히, 저수소계 용접봉의 경우에는 흡습시 수소가 많아져 기공이 일어나기 쉽고, 내균열성이나 강도가 저하하며, 셀룰로오스계는 피복이 떨어지게 된다. 용접봉의 보관장소로는 지면보다 높고, 건조한 장소를 택하며, 통풍이 잘되고 진동이나 하중에 의해 떨어지지 않아야 한다. 용접봉의 관리는 탄소강용 용접봉은 대기와 차단된 용기 속에 밀봉된 상태로 구매되어야 하며, 사용 전에 최소한 1시간 이상 120 ~ 150 [℃]의 온도에서 가열하여 사용한다. 스테인리스강용은 사용 전에 최소한 1시간 이상 250 ~ 300 [℃] 온도에서 가열하여 사용한다. 가열건조로에서 빼낸 용접봉은 최소 20 ~ 140 [℃] 정도 유지되는 용기 속에 보관해야 하며 저수소계 용접봉은 300 ~ 350 [℃]로 1시간 ~ 2시간정도 건조 후 사용해야 한다. 재건조는 1회를 초과할 수 없다. 물에 젖었던 용접봉은 충분히 건조되어져도 절대 사용할 수 없다. 또한 용접봉을 사용하기 전에 편심상태를 확인한 후 사용하여야 하는데 이때의 편심률은 3 [%] 이내이어야 한다.

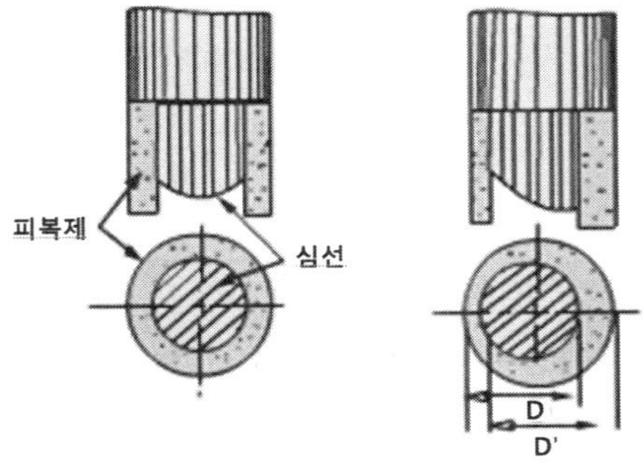

[그림 2–19] 피복제의 편심상태

$$\text{편심률}(\%) = \frac{D' - D}{D}$$

* D' : 편심의 지름이 큰 길이, D : 편심의 지름이 작은 길이

제5절 | 피복금속 아크용접법

1. 아크용접 기구

가. 용접전원

아크용접에서는 모재와 용접봉이 각기 전극의 역할을 하게 되는데 도재와 용접봉 중 어느 것이 각각 양극 또는 음극이 되는가와 모재와 용접봉의 성질에 따라 용접의 성능이 달라지게 된다. 아크용접에서 직류전원을 사용한 경우를 직류용접(DC arc welding)이라 하고 교류전원을 사용한 경우를 교류용접(AC arc welding)이라 한다. 아크를 발생시키는 전원은 직류와 교류를 다 사용할 수 있다.

나. 용접봉 홀더(electrode holder)

용접전류를 케이블에서 용접봉으로 전하는 기구로 용접봉 끝부분을 물고 용접을 진행하는데 사용되며, 전류를 케이블에서 용접봉으로 전하므로 감전사나 전격의 위험이 없도록 용접봉을 무는 부분을 제외한 다른 부분은 철저히 절연되어야 한다. 홀더의 규격(KSC 9607)에 의하면 A형, B형이 있으며, B형 홀더는 손잡이 부분 외에는 전기적으로 절연되지 않고 노출된 것이며, A형은 손잡이 외의 부분까지 절연체로 싸놓은 것으로서 200호, 300호, 400호, 500호 등이 있으며 사용율은 70 [%]이고 사용전류는 100 ~ 500 [A]이다.

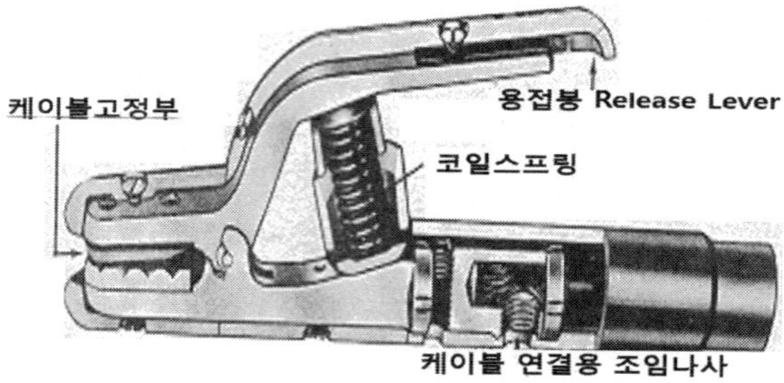

[그림 2-20] 용접홀더

[표 2-12] 용접봉 홀더 종류(KSC 9607)

종류	정격2차 전류 [A]	용접봉 지름 [mm]	홀더케이블 단면적 [mm²]
125호	125	1.5 ~ 3.2	22
160호	160	3.2 ~ 4.0	(30)
200호	200	3.2 ~ 5.0	38
250호	250	4.0 ~ 6.0	50
300호	300	4.0 ~ 6.0	(50)
400호	400	5.0 ~ 8.0	60
500호	500	6.4 ~ (10.0)	(80)

다. 용접 보호구

아크용접 작업중 발생하는 자외선 · 적외선 및 스패터로부터 눈, 얼굴, 머리를 보호하는 장비로 손잡이가 달려있는 것을 핸드시일드(hand shield)라 하고 머리에 착용하는 것을 헬멧이라 한다. 안면 보호장치는 아크용접에서 방출되는 열을 막아주며, 치핑작업중 뜨거운 슬래그로부터 안면을 최대한 보호할 수 있다. 헬멧과 핸드실드는 차광렌즈(filter lenz)를 장착하고 있으며 광선의 99.5 [%]를 차단할 수 있다. 렌즈의 차광도는 용접의 종류 및 사용전류에 달려있다. 연납땜 2번, 피복아크용접 10번~11번, 경납땜 3 ~ 4번, 가스용접 4 ~ 8번, TIG(비철)용접 11번, 산소절단 3 ~ 6번, TIG(철재)용접 12 ~ 14번 등이 사용된다. 차광렌즈에 의해 보호된 눈에도, 개인의 민감도에 따라서, 8시간에서 18시간 정도로 용접을 한다면 아크용접에서 발생한 자외선은 눈에 통증을 일으킬 수 있다.

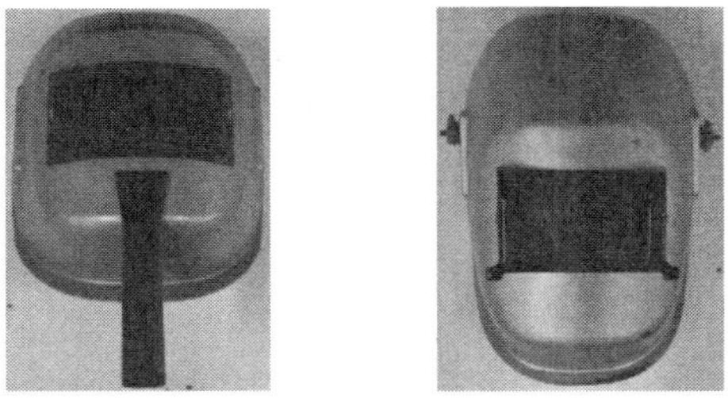

(a) 핸드쉴드 (b) 헬 멧

[그림 2-21] 용접 보호구

[표 2-13] 아크종류에 따른 차광번호

아크종류	용접전류 [A]	용접봉지름 [mm]	차광도번호
금속아크	30 이하	0.8 ~ 1.2	6
금속아크	30 ~ 45	1.0 ~ 1.6	7
금속아크	45 ~ 75	1.2 ~ 2.0	8
헬리아크	75 ~ 130	1.6 ~ 2.6	9
금속아크	100 ~ 200	2.6 ~ 3.2	10
금속아크	150 ~ 250	3.2 ~ 4.0	11
금속아크	200 ~ 300	4.8 ~ 6.4	12
금속아크	300 ~ 400	4.4 ~ 9.0	13
탄소아크	400 이상	9.0 ~ 9.6	14

라. 용접용 케이블(welding cable)

용접기에 사용하는 전선에는 전원에서 용접기에 연결하는 1차측 전선과 용접기에서 피용접물까지의 2차측 전선이 있다. 전극홀더, 리드선 소켓, 그리고 지면부착물, 용접전류를 작업장에 전달해 주는 리드선은 매우 유연성이 있으며 구리나 알루미늄 와이어로 만들어졌다. 와이어는 외부를 고무피복으로 강화된 직물피복에 의해서 절연되어 있다. 알루미늄 케이블은 구리 케이블이나 리드선의 대략 1/3의 무게이다. 그러나 알루미늄 케이블에 대한 전류 운송량은 케이블의 대략 60 [%]이다. 적절한 알루미늄 케이블의 크기는 유사한 구리 용접리드선에 대한 더 높은 단계에 이름으로써 결정될 수 있고 그리고 전류량은 대략 똑같아진다.

[표 2-14] 용접용 케이블 규격

정격2차전류	1차케이블지름 [mm]	2차케이블단면적 [mm^2]
200	5.5	38
300	8	50
400	14	60

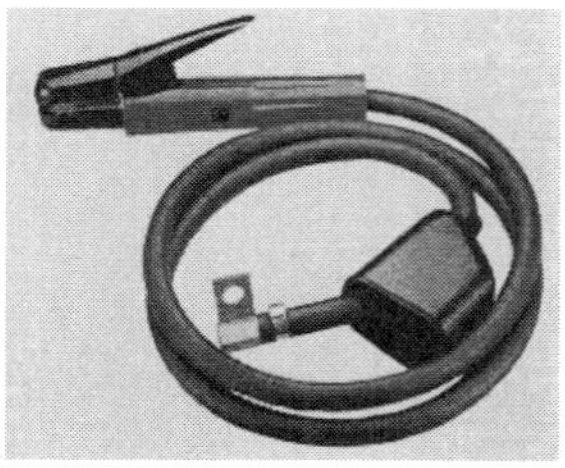
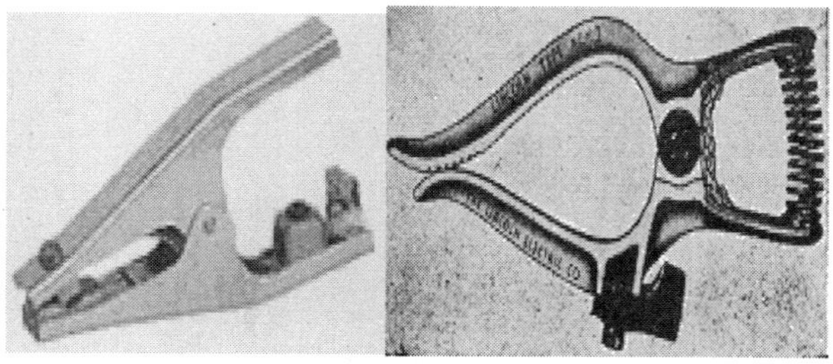

[그림 2-22] 용접케이블 및 접지클램프

마. 퓨즈(Fuse)

용접기의 1차측에는 퓨즈를 붙인 안전스위치를 설치하여 작업자 및 용접기의 사고를 예방하여야 한다. 정격 퓨즈용량은 1차입력을 전원전압으로 나누면 퓨즈의 용량을 구할 수 있다.

$$\text{정격 퓨즈용량} = \text{1차입력}\,[kVA] \,/\, \text{전원전압}$$

예제) 용접기 입력 20 [KVA], 전원 [200V]일 때 퓨즈는 몇 A가 좋은가?

$$\text{퓨즈용량} = \frac{\text{1차입력}\,[KVA]}{\text{전원전압}\,[V]} = \frac{20{,}000\,[VA]}{200\,[V]} = 100\,[A]$$

바. 접지클램프(earth=ground clamp)와 케이블커넥터(connector)

접지 클램프는 용접기와 모재를 접속하는 것으로 저항열을 발생시키지 않도록 해야 한다. 커넥터는 길이가 긴 용접용 전선을 이어서 사용할 때 연결하는 장치이다. 용접봉과 용접 기 사이의 회로를 완성하는 지면 클램프는 일반적으로 금속의 크기에 따라서, 클램프, 볼트 혹은 몇몇 다른 방법으로 용접되는 금속에 고정된다. 일반적으로 연결은 깨끗하게 그리고 설치하기 쉽게 이루어져야 한다. 만일 아크 용접이 용접 테이블에서 이루어진다면, 그 테이블은 지면 클램프를 케이블에 직접 볼트로 조임으로써 고정된다.

사. 용접 보호의

작업자를 보호하기 위한 용접장갑, 발덮개, 앞치마 등이 있는데 이들 중에는 석면제품이 많으므로 유의하여야 한다. 인근 작업자를 보호하기 위한 차광막도 필요하며 또한 국소 환기장치도 필요하다. 용접장갑은 아크 칼럼에서 나오는 열뿐 아니라 자외선과 적외선 및 치핑작업 동안 화상으로부터 손을 보호한다. 장갑은 용접 과정 동안 닳을 수 있으며 빠르게 질이 저하될 수 있기 때문에 용접작업

중에는 뜨거운 금속을 줍거나 쥐는데 사용해서는 안된다. 용접사가 입는 작업복은 주로 긴소매의 면 셔츠와 긴 바지로 구성된다. 신발은 안전화를 사용하여야 한다.

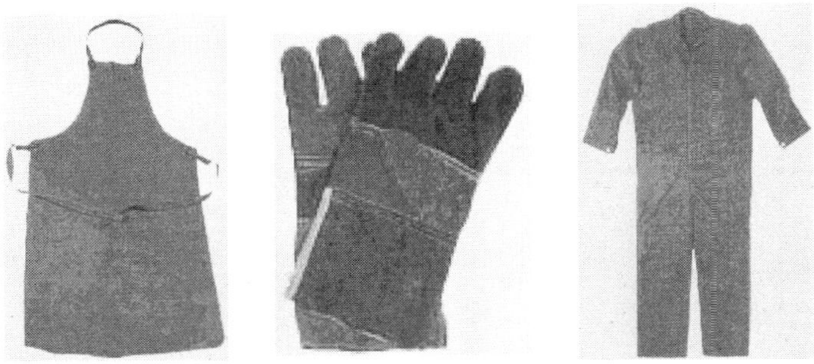

[그림 2-23] 보호의

아. 용접용 공구

작업용 부속품은 용접비드 청결 부속품 아니면 안전 부속품이라는 두 그룹으로 나누어진다. 용접비드를 깨끗하게 하기위한 주요 도구는 치핑해머와 와이어 브러쉬가 있다. 치핑해머는 끌 형태로 슬래그 제거를 돕기 위해서 한 끝이 뾰족하다. 와이어 브러쉬는 슬래그의 작은 입자를 제거하는 것으로 일반적으로 나무에 빽빽한 스틸 와이어가 심어져 있다. 물론 전동와이어 휠브러쉬가 유용할 때는 와이어 브러쉬 대신에 사용될 수 있다. 이들 외에 단조용집게, 줄, 핸드그라인더, 전류계, 측정자, 각도기 등이 필요하다.

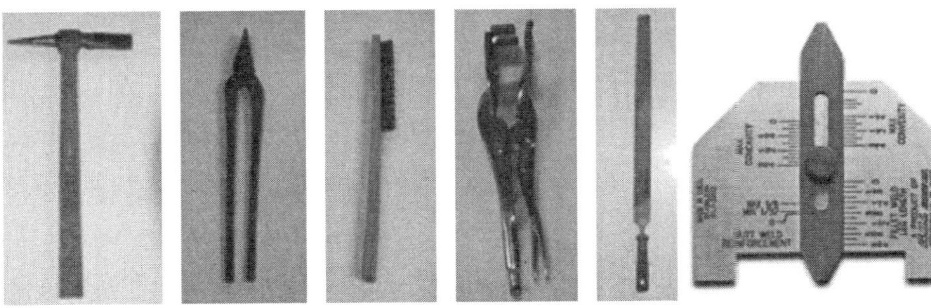

[그림 2-24] 용접용 공구

자. 용접용지그와 고정구

용접을 쉽게 하기 위해서 각종지그와 고정구가 필요하다. 용접이 진행되면서 용접부의 간격이 좁아지는 것을 감안하여 벌려놓기 위해 스페이서(spacer)를 사용하며, 원통을 용접할 때 작업자가 원통을 돌아가면서 용접하기가 불편하므로 원통을 회전시키면서 용접할 때 동심 원통조립용 지그와 원통용 회전지그를 사용한다. 또한 모재를 세워 두기 위하여 플랜지(flange) 고정을 하며 용접 중 모재의 움직임을 방지하기 위하여 누름판을 모재위에 올려놓는다. 지그의 사용효과는 용접작업을 용이하게 하며 제품의 마무리 정도를 향상시킨다. 또한 작업능률이 향상되고 용접변형을 억제시킬 수 있다.

(a) 용접포지셔너

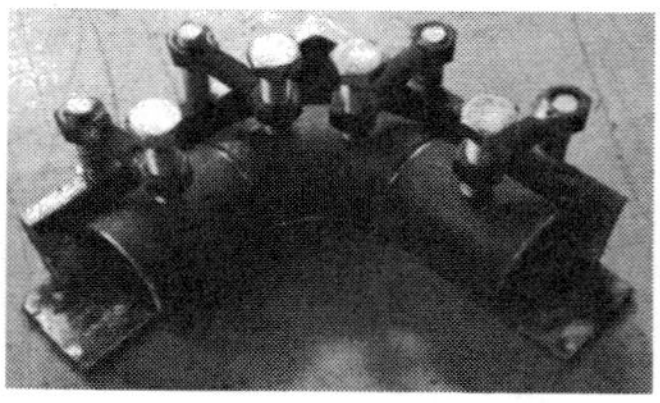

(b) 용접용 고정구

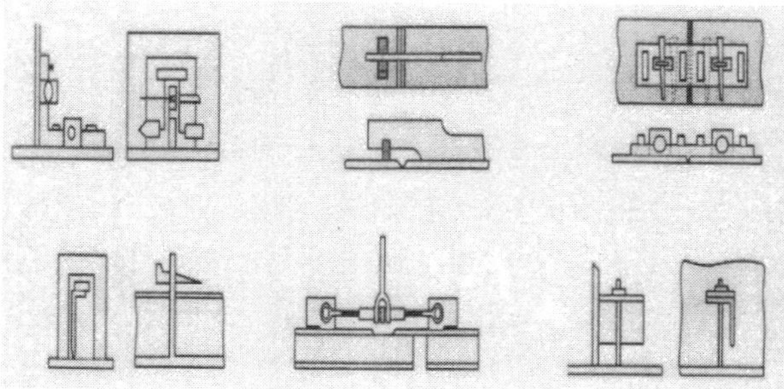

(c) 각종 가접용지그

(d) 회전용접용 지그

[그림 2-25] 각종 용접용 지그

차. 환기장치

논가스 와이어, 이산화탄소 복합와이어, 피복금속 아크용접봉의 용접에서 산화철, 규산, 산화칼슘, 산화망간 등의 가스, 흄 등이 발생한다. 또 알루미늄, 스테인레스강, 황동, 청동, 납합금 및 아연 도금판 등을 용접할 때에는 유해가스에 유의해야 한다. 또 플라즈마 제트 절단에는 산화질소가 생성하는 위험이 있고, CO_2용접에서는 우리 몸에 해로운 일산화탄소가 발생하므로 아크발생 부근에 후드를 설치하여 용접 시 발생하는 가스를 빨아내야 한다.

2. 아크용접 작업

아크용접은 용접봉, 플럭스(flux), 피복가스, 기타 장비에 의해 여러가지 종류로 구분된다. 용접봉은 비피복선(bare wire)을 사용하거나 플럭스(flux) 물질로 약하게 또는 강하게 피복되어진 것을 사용한다. 비피복 전극은 용접이 잘되지 않으므로 잘 사용하지 않는다.

가. 용접 작업준비

용접기를 설치 시 아래의 장소에 설치해서는 안된다.

① 옥외의 비바람이 치는 장소
② 주위온도가 -10 [℃] 이하인 장소
③ 유해 부식성이 있는 장소
④ 수증기 또는 습도가 높은 장소
⑤ 기름이나 증기, 먼지가 많은 장소
⑥ 휘발성가스가 있는 장소
⑦ 진동이나 충격을 받는 장소

용접기 설치 후에는 다음사항을 점검하도록 한다.

① 용접기가 전원에 잘 접속되어 있는지 점검한다.
② 결선부의 나사가 풀어진 곳이나 케이블에 손상된 곳이 없는지 점검한다.
③ 회전부나 마찰부에 윤활유가 주유되어 있는지 점검한다.
④ 용접기 케이스에 접지선은 이어져 있는지 점검한다.

이상의 점검을 끝낸 다음 이상이 없으면 전원스위치를 넣고 용접전류를 조정한다.

나. 용접작업

피복금속 아크 용접과정에서, 주요 문제는 세 가지 변수에 의해서 제어된다. 이들 변수 중 첫 번째는 비드를 만드는데 필요한 이동속도이다. 또 다른 두 변수는 전류와 전압특성이다. 수동용접에서, 용접사는 이동속도, 아크길이 및 용접전류를 제어한다. 용접금속은 용접봉 선단이 녹아서 아크를 가로질러 용융 풀로 이동되는 것과 동시에 아크의 강력한 열에 의해서 모재와 같이 녹는다. 수동용접을 위한 전류범위는 보통 15 ~ 500 [A]이고 전압은 비피복이나 혹은 박피복 용접봉으로 14 ~ 24 [V]의 범위이며 그리고 후피복 용접봉으로는 20 ~ 40 [V]의 범위이다.

(1) 아크 발생법과 중단법

아크를 발생시킬 때에는 용접봉 끝을 모재에서 10 [mm] 정도 되게 하여 아크발생 위치를 정한 다음, 핸드실드(헬멧)로 얼굴을 가리고 재빨리 용접봉을 모재에 접촉시키면서 3 ~ 4 [mm] 끌어올리면 아크가 발생한다. 아크 발생법은 그림의 (a)와 같이 용접봉 끝으로 모재 위를 살짝 찍는 것과 같은 기분으로 운봉하는 찍는 법(tapping method)과 그림 (b)와 같이 용접봉으로 모재 위를 긁는 기분으로 운봉하는 긁는 법(scratch method)이 있다. 초심자에게는 긁는 법이 알맞다. 아크를 중단할 때에는 용접을 정지하려는 곳에서 아크길이를 짧게 하여 운봉을 정지시켜서 정지용접봉을 2~3회 돌려 크레이터를 채운 다음 재빨리 용접봉을 들어낸다. 용접봉을 그냥 분리시켜 아크를 정지하면 크레이터가 메워지지 않아 불순물, 편석 발생, 냉각중 균열발생의 우려가 생긴다.

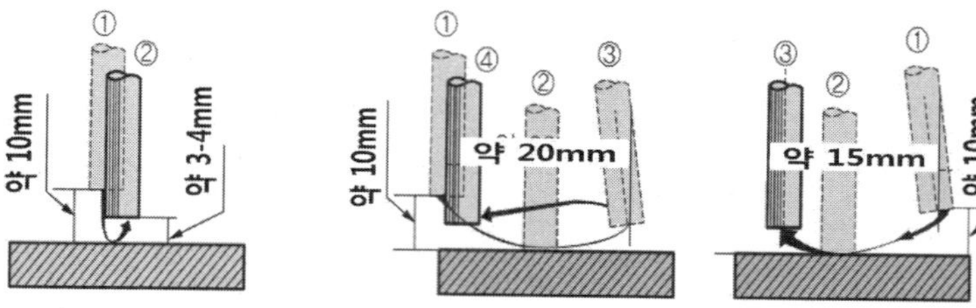

(a) 찍기법 (b) 긁기법

[그림 2-26] 아크 발생법

(2) 아크길이 유지

아크길이는 아크가 발생될 때 모재에서 용접봉까지의 거리를 말하며 아크전압(arc voltage)과 밀접한 관계가 있다. 아크용접에서 아크길이는 용접결과에 큰 영향을 미치므로, 아크길이를 알맞게 유지하는 것이 무엇보다 중요하다. 아크길이가 알맞지 않으면 용입이 불량하게 될 뿐만 아니라 외기의 영향을 받아 용착금속의 성질이 불량하게 된다. 아크길이가 길면, 아크가 불안정하여 용입이 나빠지거나 산소나 질소가 침투하여 재질을 약화시킬 뿐만 아니라 기공이나 균열의 원인이 되며, 아크길이가 짧으면 아크의 지속이 어렵고 발생열도 작아 용입 불량의 원인이 된다. 아크길이를 항상 일정하게 유지하려면, 아크를 용접선 위를 따라 나가는 동시에, 용접봉이 녹아 짧아진 만큼 모재 쪽으로 보내야 한다. 이 두 가지 동작은 동시에 일정한 속도로 행해지는 관계로, 아크길이를 일정하게 유지하는 것이 쉽지 않다. 보통 아크길이는 아크발생음으로 판단하는데 아크길이가 알맞으면 '바작 바작'하는 기름에 튀기는 소리와 같이 규칙적인 소리를 낸다. 그러나 아크가 길면 불규칙적인 소리를 낸다.

(3) 기타 용접작업 시 고려사항

① 용접봉 각도(welding angle)

용접봉의 각도는 용접봉과 용접선과 이루는각도로서 용접봉과 수직선 사이의 각도인 진행각과 용접봉과 이음방향에 나란히 세워진 수직평면(또는 수평평면)과의 각도인 작업각이 있다. 용접각도는 용융금속과 발생가스의 분출방향에 영향을 주어 용융슬래그를 불어내며, 용융금속의 용착상태에 영향을 주어 용접품질을 좌우 할 수 있다.

② 용접 전류(welding current)

용접전류가 강하면 스패터가 많아지며 용융속도가 빨라져 언더컷이 발생할 수 있으며 전류가 약하면 용융속도가 늦고, 용입 불량 또는 오버랩(overlap)이 발생될 수 있다.

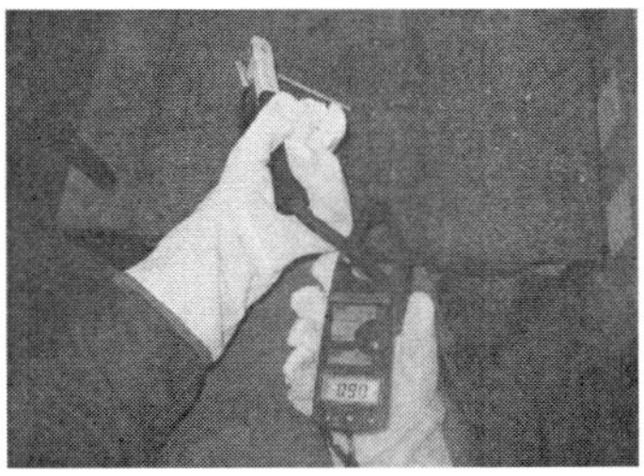

[그림 2-27] 용접전류 측정 방법

③ 용접 속도(welding speed)

모재에 대한 용접선 방향의 아크이송 속도를 운봉속도, 용접속도라 한다. 용접속도는 용접봉의 종류 및 전류값, 이음모양, 모재의 재질, 위빙(weaving)의 유무에 따라 변화하며 아크의 전류 및 전압을 일정하게 하고 용접속도를 증가시키면 비드폭은 감소한다. 용입은 적정 속도에서는 증가하나 적정속도 이상에서는 감소한다.

④ 운봉법(straght bead, weaving bead)

용접봉 운봉방법에는 직선운봉과 위빙운봉이 있다. 직선운봉은 용접부에 결함 발생이 적으나 넓은 비드를 만들기 위해서는 위빙운봉이 필요하며 위빙방법에는 원형, 반원형, 타원형, 부채꼴형 등이 있으며 위빙폭은 용접봉지름의 3배 이하로 한다.

⑤ 용접자세(welding position)

아크용접이 수행될 때 네 가지 기본자세가 있다. 아래보기(F : flat position), 수평(H : horizontal position), 수직(V : vertical position) 그리고 위보기자세(O : over head position)이다. 그 네 개 중에서, 아래보기자세가 용접속도가 빠르고, 경제적이며 결함이 적게 발생한다. 그러나 아래보기자세에서 용접할 수 없는 경우가 많다. 만일 용접이 수직자세에서 이루어진다면, 용접사는 상향이나 혹은 하향 방향으로 그 비드를 형성시킬 것을 결정할 수 있다. 하향용접은 용입이 그렇게 뛰어나지 않고 그리고 상향용접보다 훨씬 더 빠르기 때문에 박판에 선호된다. 만일 용접되는 금속이 6mm 이상이라면 용접은 상향 방향으로 이루어져야 한다. 위보기 자세에서의 용접은 용접사가 떨어지는 스패터에 화상을 입지 않도록 주의해야 한다.

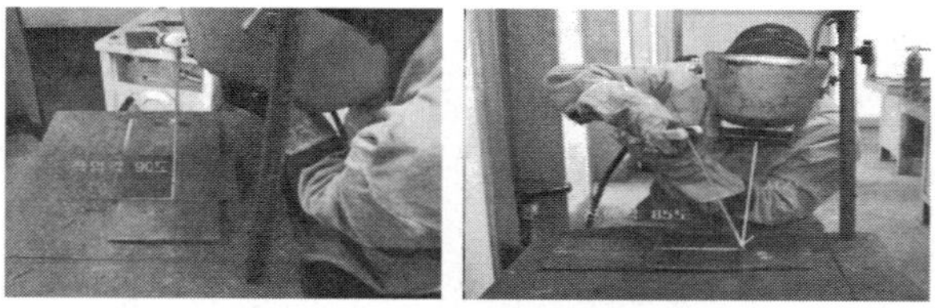

(a) 아래보기자세

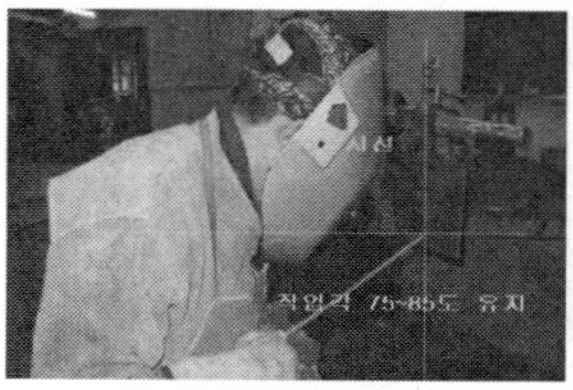

(b) 수직자세

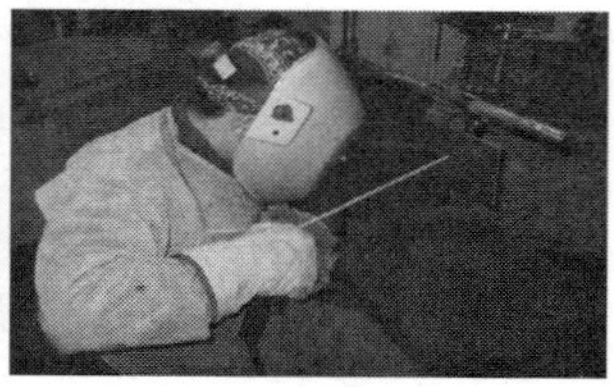

(c) 수평자세

[그림 2-28] 각종 용접자세

3. 용접결함 종류와 방지대책

용접결함은 작업자의 미숙이나 용접 조건 설정이 좋지 않아 발생한다. 용접결함의 종류로는 기공, 피트, 언더 컷, 슬래그혼입, 균열 등이 있으며, 용접 결함이 발생하지 않도록 주의해서 용접 작업을 해야 한다. [표 2-15]는 각종 용접 결함과 대책을 나타낸 것이다.

[표 2-15] 용접 결함의 종류

결함의 종류	결함의 모양	원 인	방지대책
기공	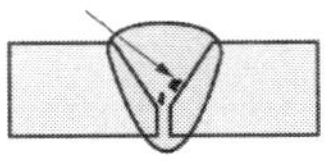	- 용접부 습기, 녹, 먼지, 페인트, 유류 등 이물질 - 용접봉건조불량 - 전류가 높고 아크길이가 길 때 - 용접속도과대	- 습기, 이물질제거 등 - 용접봉 건조 - 적정전류, 아크길이조정 - 용접속도 조정
피트	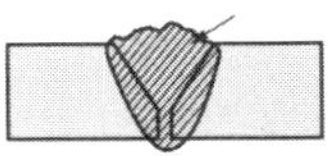	- 모재에 탄소, 망간, 황 등 과다 - 용접부 습기, 녹, 먼지, 페인트, 유류 등 이물질 - 후판 또는 급랭용접시	- 염기도가 높은 봉 사용 - 이음브 청소 - 예열 및 봉 건조
슬래그혼입	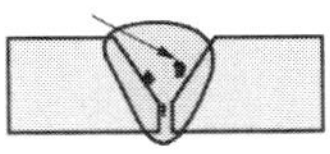	- 슬래그제거 불량 - 용접이음 부적절 - 봉각도 부적당 - 전류과소, 운봉부적절 - 운봉속도 느릴 때	- 전층 슬래그제거 철저 - 루트간격을 적정조절 - 예열, 봉각도 조절 - 전류세게, 운봉조절 - 운봉속도 빠르게
용입불량	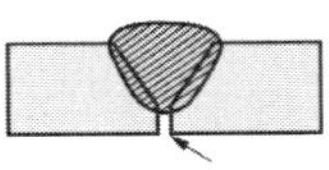	- 이음설계 불량 - 용접속도가 너무 빠를 때 - 용접전류가 너무 낮을 때 - 용접봉 선택불량	- 루트간격, 홈각도 조정 - 용접속도 느리게 - 용접전류를 높임 - 용접봉 굵기 조정
언더컷	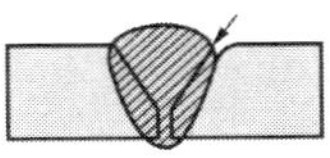	- 용접전류가 높을 때 - 아크길이가 길 때 - 부적당한 용접봉 사용 - 용접속도가 너무 빠를 때 - 부적절한 운봉법사용	- 용접전류를 낮춘다. - 적정 아크길이 조정 - 적정한 용접봉 사용 - 용접속도를 줄인다. - 적정 운봉법사용
오버랩	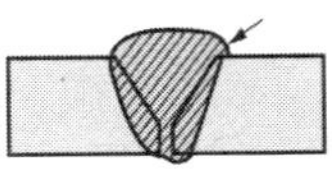	- 용접전류가 낮을 때 - 부적당한 용접봉 사용 - 용접속도가 너무 느릴 때 - 부적절한 운봉법사용	- 용접전류를 높인다. - 적정한 용접봉 사용 - 용접속도를 빠르게 - 적정 운봉법사용
균열	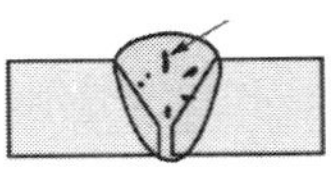	- 모재에 탄소, 망간, 황 등 과다 - 이음강성이 큰 경우 - 부적당한 용접봉사용 - 용접부 급냉 - 용접전류 및 속도 과대 - 아크길이 부적당	- 적정 모재선택 - 예열, 피닝, 적정비드배치 - 적당한 용접봉사용 - 용접부 예열, 후열, 급냉방지 - 용접전류 및 속도 조정 - 아크길이 조정
스패터	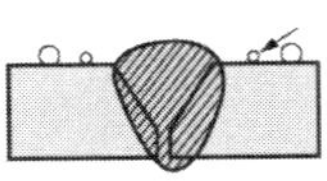	- 용접전류가 높을 때 - 용접봉 건조 불량 - 아크길이가 너무 길 때 - 운봉법 불량	- 용접전류를 낮춘다. - 용접봉 건조 - 아크길이 조정 - 적정 운봉법 사용

제3장 가스용접

제1절 | 개 요

1. 가스용접 원리

가스용접은 아세틸렌가스(C_2H_2, 3,430 [℃]), 프로판가스(C_3H_8, 2,820 [℃]), 수소가스(H_2, 2,900 [℃]), 메탄가스(CH_4, 2,700 [℃]), 부탄가스(C_4H_{10}) 등의 가연성(자연성)가스와 산소 또는 공기 등의 지연성가스를 혼합한 혼합가스의 연소열을 이용하여 금속을 용융 접합하는 방법이다. 가스용접의 역사는 [표 3-1]과 같다.

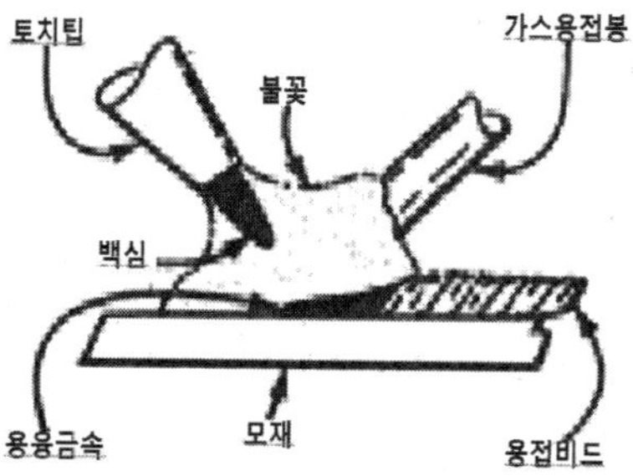

[그림 3-1] 가스용접

[표 3-1] 가스용접의 역사

개발 연도	국명	개발자	개발내용
1774년	영국	조셉 프레슬리	공기에서 산소 분리
1815년	영국	험프리 데이비	아세틸렌가스 최초 발견
1836년	영국	에드몬드 데이비	아세틸렌가스 생성
1895년	프랑스	르 샤틀리에	가스용접이론 제창
1897년	영국	리치몬드	공기수소 용접기 개발
1901년	프랑스	푸세, 피카아르	산소-아세틸렌 토오치 발명
1903년	프랑스	푸세	저압식 용접기 개발
1905년	영국	요트란트	가스절단기 발명

2. 가스용접 장단점

가. 장점

① 전기가 필요 없으며 설비운반이 편리하다.
② 설비비가 싸고, 박판용접에 적당하다.
③ 가열범위를 조정하기 쉬워 금속의 응용범위가 넓다.
④ 유해광선이 적다.

나. 단점

① 폭발, 화재위험이 크다.
② 열의 집중성이 좋지 않아 용접속도가 느리며 변형이 심하다.
③ 탄화 및 산화될 우려가 많아 신뢰성이 적으며, 기계적 성질이 떨어진다.

제2절 | 가스용접 작업

1. 가스 종류 및 특성

가. 산소

산소는 1774년 영국의 프리스틀리(Priestley)에 의해 발견되었다. 그 후 프랑스의 라보아지에 의해 산소라 명명되었다. 공기 중에 21 [%]가 산소이며 무색, 무취, 무미의 기체로, 비중 1.105, 융점 −219 [℃], 비점 −183 [℃]이며, 대부분의 원소와 화합하여 산화물을 생성한다.

산소의 제조는 물의 전기분해에 의한 방법과 산소의 대량제조를 위한 공기액화 분류에 의한 방법이 있다. 전기분해 방법에서는 물이 가성소다와 물의 분해를 통해서 전류를 보냄으로써 수소와 산소로 분류된다. 고비용 때문에 이 방법은 크게 이용되지 않는다.

나. 프로판 가스

프로판가스는 가스절단용과 예열용으로 많이 쓰이며 공기보다 무거우며(비중 1.5), 액화되었을 때 물보다 0.5배 무겁다. 액화하기 쉽고, 가스부피의 1/250 정도로 압축할 수 있어 용기에 넣어 수송이 편리하다. 상온에서 기체이며 무색투명하고 약간의 냄새가 난다. 온도변화에 따른 팽창율이 크고 물에 잘 녹지 않는다. 증발잠열이 101.8 [kcal]로 크다. 쉽게 기화하며 발열량(약 12,000 [kcal])이 높으며 열효율이 높은 연소기구의 제작이 쉽다. 연소할 때 필요한 산소의 량은 1 : 4.5 비율이 필요하다.

다. 아세틸렌

(1) 아세틸렌의 특성

순수한 C_2H_2가스는 무색, 무취이나 불순물(인화수소, 황화수소, 암모니아 등)을 포함하고 있어 악취가 난다. 탄소와 수소가 화합된 3중결합 불포화 탄화수소인 불안정가스로서 대단히 잘 타며 폭발위험이 크다. 비중은 0.8965로서 공기보다 가볍고 산소보다 무거우며 액체에 잘 용해된다. 용해량은 15 [℃] 1 [kgf/㎠]에서 물에는 같은 양, 석유 2배, 벤젠 4배, 알콜 6배, 아세톤 25배이다. 가연성가스로서 산소와 혼합연소 시 3000 ~ 3500 [℃]정도의 높은 열을 발생한다.

(2) 아세틸렌 폭발 위험성과 영향

아세틸렌은 불안정한 가스로서 산소와 아세틸렌의 혼합비가 85 [%] : 15 [%]일 때 가장 위험하며, 40 [%] : 60 [%]일 때 안전하다. 온도는 406 ~ 408 [℃]에서 자연발화가 되며 505 ~ 515 [℃]에서 폭발이 일어나고 780 [℃]에서는 산소없이도 자연폭발 한다. 따라서 아세틸렌 용기를 보관할 시는 보관온도가 40 [℃] 이하가 되어야 하며 60 [℃] 이상은 위험하다. 압력은 2기압에서는 충격진동에 의한 폭발이 있으며, 1.5기압은 위험하고, 1.3기압 이하에서 안전하다. 아세틸렌 불순물중에서 인화수소의 함량이 0.02 [%]이면 폭발위험이 있으며 0.06 [%]에서는 자연폭발이 일어난다. 아세틸렌이 건조상태의 120 [℃] 부근에서 구리, 은, 수은 등과 접촉되면 아세틸렌구리, 아세틸렌은, 아세틸렌수은 등의 화합물이 생성되어 맹렬한 폭발성화합물인 아세틸라이트가 생성되므로 배관이나 용접부품의 경우 구리의 함유량이 62.8 [%] 이상의 합금을 사용하면 안된다. $2Cu + C_2H_2 = Cu_2C_2 + H_2$의 폭발성화합물은 습기, 녹, 암모니아가 있는 곳에서 생성되기 쉽다. 이 금속화합물은 충격이나 가열에 의해 폭발의 위험성이 있으므로 화기로부터 5 [m] 이상 떨어져야 한다.

(3) 아세틸렌의 제조

아세틸렌은 카바이드(CaC_2)에 물을 접촉시켜 아세틸렌(C_2H_2)가스를 발생시킨다.

$$CaC_2 + 2H_2O = C_2H_2 + Ca(OH)_2$$

카바이드(CaC_2) 1 [kg]에서는 이론적으로 아세틸렌(C_2H_2)가스를 348 [L] 발생시킬 수 있다. 카바이드가 아세틸렌을 발생시킬 수 있는 KS규격은 1호 290 l , 2호 260 l , 3호 230 l , 4호 200 l 이다. 발생기의 분류에는 가스의 압력에 따라 고압식(수주 15,000 [mm]까지), 중압식(수주 700 ~ 1300 [mm]까지 0.07 ~ 1.3기압), 저압식(수주 700 [mm] 0.07기압 이하)이 있고 운반의 기능에 따라 고정식, 이동식이 있다. 그리고 기종의 유무에 따라 유기종식, 무기종식이 있으며 카바이드와 물을 작용시키는 방법에 따라 투입식, 주수식, 침지식이 있다. 발생기에서 생산한 아세틸렌(C_2H_2)가스는 청정기(물리적 청정법, 화학적 청정법)를 거치게 하여 가스내의 석회분말, 수분, 황화가스, 인화가스의 조정 등을 통해 불순물을 제거시킨 후 수봉식 안전기를 거쳐 용해아세틸렌으로 제조되어 사용된다. 용해아세틸렌의 저장용기는 강철제로서 이 내부에 칼슘 규산염의 혼합물, 규조토, 목탄분말, 석면 등과 같은 다공질물질로 채워져 있고 여기에 아세톤(15 [℃] 1 [kgf/㎠]에서 아세틸렌을 25배 용해)을 흡수시킨 다음 아세틸렌가스를 15 [℃] 15 [kgf/㎠]으로 충전 용해시킨 것을 말한다. 15 [℃] 15 [kgf/㎠]으로 충전된 용해아세틸렌 1 [kg]은 905 [l]의 아세틸렌가스를 발생시킨다.

(예제) 15 [kg/㎠] 15 [℃]에서 아세틸렌병의 무게가 61 [kg]이고 빈병의 무게가 56 [kg]이라면 용기에 들어있는 C_2H_2의 양은 얼마인가?

* 아세틸렌량 = (사용전 무게 − 사용후 무게) × 905 l = (61 − 56) × 905 l = 4525 l

2. 가스용접 설비

산소아세틸렌을 사용한 가스용접에 쓰이는 설비는 가스용기, 압력게이지, 가스호스, 용접토치, 팁, 가스운반차, 가스용접용 작업대, 가스 메니폴드 설비 등으로 구성된다.

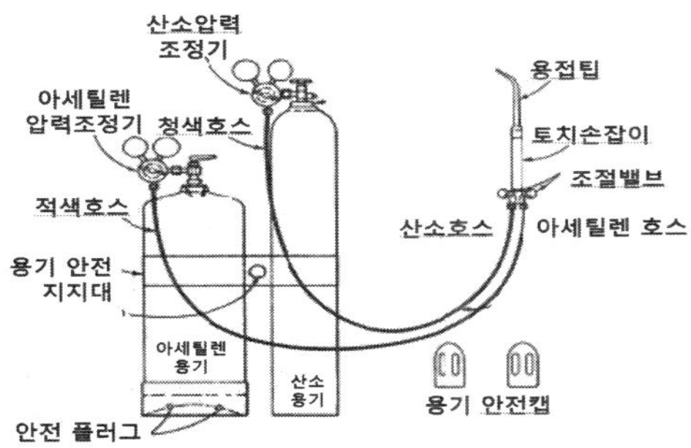

[그림 3-2] 산소아세틸렌 용접설비 구성

가. 용기

가스용접에 쓰이는 산소는 액체산소와 기체산소로 구분할 수 있다. 기체산소 용기는 강철제로 35 [℃], 150 [kgf/㎠]으로 산소가 충전되어 있으며 용기의 표면에는 녹색으로 도색되어 있고, 내용적은 33.7 [l], 40.7 [l], 46.7 [l]의 3종류가 있다. 용기내의 산소량은 용기내 용적 × 고압가스 게이지 압력으로 알 수 있으며, 충전구는 오른나사(숫나사)이다. 산소용기 안전장치는 완전하게 잠그거나, 열 수 있게 작동되는 이중밸브이다. 산소용기의 취급에 있어서는 용기가 운반되는 동안에는 밸브가 가장 위험하다. 안전캡은 밸브의 파손가능성을 막기 위해서 나사로 고정되어야 한다. 아세틸렌 용기는

15 [℃] 15 [kgf/㎠]으로 가스가 충전되어 있으며 용기표면에는 황색으로 도색되어 있고, 충전구는 왼나사(암나사)이다.

[표 3-2] 산소용기 종류

용기크기 [l]	내용적 [l]	용기직경 [mm^2]		용기높이 [mm]	용기중량 [kg]
		외경	내경		
5,000	33.7	206	187	1,285	61
6,000	40.7	235	216.7	1,230	71
7,000	46.7	235	218.5	1,400	74.5

(예제) 35 [℃] 150 [kgf/㎠]으로 압축된 내용적 40.7 [l]인 봄베내 산소량은?

* 산소량 = (용기내 고압게이지 압력 × 용기 내용적) = 150(kgf/㎠) × 40.7 l = 6105 l

(1) 산소와 아세틸렌 용기 취급시 주의사항

① 운반 중 충격을 주지 말아야 한다.
② 연소할 염려가 있는 기름이나 먼지를 피해야 한다.
③ 가스병은 세워서 사용해야 한다.
④ 가스병은 화기로부터 멀리 두어야 한다.
⑤ 직사광선은 피하고 그늘진 곳에 두어야 한다.
⑥ 밸브의 개폐는 천천히 해야 하며 이동할 때는 밸브를 잠근다.
⑦ 가스의 누설시험은 비눗물로 사용한다.
⑧ 밸브를 열 때는 1/4 ~ 1/2만 회전하여 연다.
⑨ 밸브가 얼었을 때는 따뜻한 물을 사용해야 한다.

나. 압력조정기

가스용접용 압력게이지는 가스용기 내부의 압력을 표시하는 고압게이지와 용접 시 사용 중 압력을 표시하는 저압게이지가 있다. 압력조정기의 구비조건은 아래와 같으며, 압력조정기 취급 시 유지류가 접촉되지 않도록 하여야 한다.

[그림 3-3] 가스용접 압력조정기와 브루동관

(1) 압력 조정기의 구비조건

- ○ 동작이 예민할 것
- ○ 조정압력과 방출압력과의 차이가 적을 것
- ○ 빙결하지 않을 것
- ○ 가스의 방출량이 많아도 유량이 안정될 것
- ○ 조정압력은 용기내의 가스량이 변화하여도 항상 일정할 것

다. 가스 집중장치 설비

매니폴드 시스템은 산소저장실과 아세틸렌저장실을 용접작업장과 별도로 설치하여 용접작업시 발생할 수 있는 화재, 폭발 등의 재해발생 시 작업자를 보호하기 위한 설비이며, 적은 수의 용기설치 만으로도 용기수보다도 많은 작업자가 동시에 작업을 할 수 있는 장점이 있다.

라. 도관

가스용접용 도관은 강관, 스테인리스 강관, 고무호스 등이 있으며 크기는 내경이 6.3 [mm], 7.9 [mm], 9.5 [mm]의 3종류가 있다. 가장 많이 사용되는 것은 7.9 [mm]이고 도관길이는 5 [m]를 사용한다. 산소도관은 90 [kgf/㎠]의 내압시험을 거치며 흑색 또는 녹색으로 도색되어 있다. 아세틸렌도관은 10 [kgf/㎠]으로 내압시험을 하며 적색으로 도색되어 있다. 도관 내의 청소는 고압의 압축공기를 사용하며 도관의 연결은 호스밴드(hose bend)를 사용하여 가스가 누출되지 않도록 하여야 한다.

마. 가스용접 토치

가스용접토치는 손잡이, 혼합실, 팁으로 구성되어 있다. 가스용접 토치의 분류는 압력에 의해 저압식, 중압식, 고압식토치가 있으며 구조상의 차이에 따라 프랑스식과 독일식 토치로 구분하기도 한다.

(1) 프랑스식 토치(B형, 가변압식 토치)

① 인젝터와 본체가 일체로 되어 니들밸브에 의해 압력유량을 조절한다.

② 팁이 작아 갈아 끼우기가 편리하다.

③ 가볍고 작업이 용이하다.

(2) 독일식 토치(A형, 불변압식 토치)

① 팁의 머리에 인젝터와 혼합실이 있다.

② 인젝터에 니들밸브가 없다.

③ 가스 흐름의 길이가 짧아 역화가 적다.

* 인젝터 타입 : 용접 토치에서 고압의 가스가 벤투리관 효과에 의해 저압의 가스를 끌어내는 방식

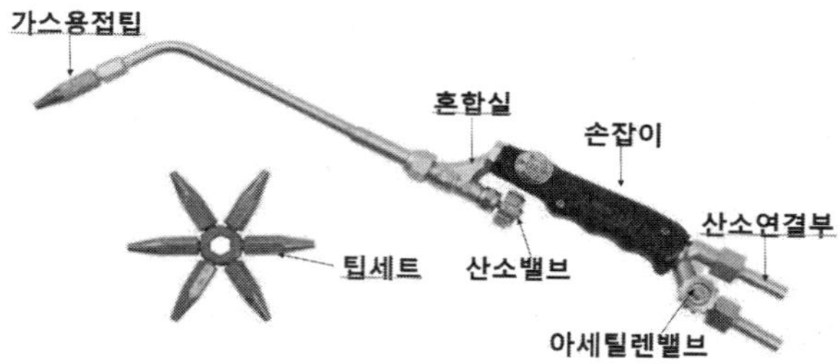

[그림 3-4] 프랑스식 가스용접 토치와 팁세트

용접에 사용되는 팁 구멍의 직경은 금속의 종류와 용접될 금속의 두께에 따라서 변경된다. 가스용접용 팁의 능력에서 프랑스식 팁은 표준불꽃으로 용접할 때 1시간에 소비하는 아세틸렌의 양(l)으로 #50, #100, #200, #300 등으로 표시하며 독일식 팁은 연강판 용접을 기준으로 팁이 용접할 수 있는 판두께(mm)로 #1, #2, #3 등으로 표시한다.

바. 가스용접 부속품

산소 아세틸렌 용접에 대한 부속품은 보호와 작동으로 나뉜다. 보호 항목은 보호안경, 용접장갑, 그리고 팔카버, 발카버 등이 있다. 작동 항목으로는 점화라이터, 팁크리너, 가스 세이버 그리고 작동하는데 도움이 되는 그 외 다른 기구 등이다. 용접 보안경은 가스용접 불꽃과 용해된 용접 풀로부터 방출된 자외선이나 적외선으로부터 작업자를 보호한다. 또한 용접 보안경은 스패터에서 작업자를 보호하며 용해된 용접 풀에 의해 만들어진 섬광을 감소시킨다. 용접보안경은 조절 헤드밴드, 초록색이나 갈색의 필터렌즈, 그리고 필터렌즈를 보호하기 위해 각 면에 투명렌즈로 구성되어 있다(그림 3-5). 렌즈는 번호 1에서 14까지 범위의 명암도를 가진다. 가스용접에 대한 평균 명암도는 용접사의 광 민감도 특성에 따라 3에서 8까지의 범위이다. 가장 일반적으로 사용되는 명암은 넘버 4와 5이며 넘버 8에서 14까지의 농도범위의 명암은 보통 전기아크용접에서 사용된다. 용접장갑, 팔카버, 발카버 그리고 재킷등 보호피복은 가죽, 석면, 혹은 불연성 피복으로 만들어진다. 점화라이터는 산소 연료 불꽃의 점화기이다(그림 3-6). 스파크라이터는 가스컵과 가스를 점화할 수 있는 부싯돌로 구성되어 있다. 가스용접 팁은 청결해야 하며 이를 위해서 팁 클리너를 사용한다. 팁크리너를 사용시에는 산소를 미세하게 분출하면서 팁구멍보다 한치수 작은 와이어를 사용하여, 팁구멍을 넓히지 않도록 특별한 주의가 요구된다.

3. 가스용접 작업

가. 가스용접 불꽃 및 특성

(1) 탄화불꽃

아세틸렌 과잉불꽃, 환원불꽃이라고도 하며 아세틸렌의 양이 산소보다 많은 불꽃으로 산화나 급열을 피하기 위해 스텐레스강, 알루미늄, 모넬메탈 등에 사용되며 금속표면에 침탄작용을 일으키기 쉽다.

(2) 산화불꽃

산소과잉불꽃이라고도 하며 산소의 양이 아세틸렌양보다 많은 불꽃으로 금속을 산화시키는 성질이 있어 구리, 황동 용접에 사용되고 있다. 또한 중성불꽃에 비하여 백심근방데서의 연소가 보다 완전히 이루어지므로 어느 정도 온도가 높아 간단한 가열이나 가스절단 등에는 사용되고 있으나 산화성 분위기를 만들기 때문에 보통 가스용접에서는 사용하지 않는다.

(3) 중성불꽃

표준불꽃이라고도 한다. 산소와 아세틸렌의 혼합비율이 1 : 1 정도로 아세틸렌이 완전 연소하여 생긴 불꽃을 말한다.

나. 가스용접 재료

(1) 가스용접봉(KS D 7005)

GA46
└──→ 용착금속의 최소 인장강도가 46(kgf/㎟)

* NSR → 응력제거 안함, SR → 응력제거 (625±25 [℃] 풀림 응력제거)

가스용접봉의 크기는 아래의 공식으로 산출할 수 있다.

$$D = \frac{T}{2} + 1 \quad [\text{T : 모재 두께}]$$

(예제) 가스용접 용접봉 ø2.6일 때 용접할 수 있는 강판의 두께는?

2.6 = T ÷ 2 + 1, T = (2.6-1) × 2 = 3.2 ∴ 3.2 mm

[표 3-3] 가스(Gas) 용접재료

분류	품명	치수 (mm)	규격	봉 및 와이어 화학성분 일례(%)						
				c	Si	Mn	P	S	Cu	Al
탄소강용	TGS-40	선경 : 1.0-5.0 길이 : 1000	KS GA46 AWS R45 JIS GA46	0.08	0.02	0.45	0.013	0.010	0.20	0.005

(2) 가스용접 용제

가스용접 용제는 고탄소강, 비철금속 용접 중에 생성된 산화물과 유해물을 용융시켜 슬래그로 만들거나 산화물의 용융온도를 낮게하기 위하여 사용한다. 고탄소강 용접에 사용되는 용제로는 붕사, 붕산, 중조, 탄산소다 등이 있으며 주철에는 붕사 + 중탄산소다 + 탄산소다, 구리합금은 붕사, 알루미늄에는 염화리튬, 염화칼리, 염화나트륨, 플루오르화 칼륨, 황산칼륨 등이 쓰인다. 연강 가스용접에서 용제(flux)를 사용하지 않는 이유는 용접중 불용성 산화물의 생성이 적고, 중성불꽃(표준불꽃)을 사용하면 환원성분위기가 있다. 또한 표면의 산화철 자체가 약간의 용제역할을 하기 때문이다.

다. 가스용접 작업법

산소와 아세틸렌의 연소는 5단계로 이루어진다. 먼저, 용기내 압력이 압력조정기에 의해서 사용압력으로 방출되며 그 가스는 도관에 의해서 토오치로 이동된다. 가스는 혼합실에서 혼합되고 이 혼합가스는 대기로 방출된다. 그런 후에 점화불꽃이 제공되면 연소가 진행된다. 가스용접 작업방법으로는 토치의 진행방법에 따라 전진법과 후진법이 있다. 전진법은 토치불꽃이 우측방향에서 좌측방향으로 진행하며 용접비드는 팁 뒤에서 형성된다. 후진법(후퇴법)은 토치불꽃이 좌측방향에서 우측방향으로 이동하는 것으로 용접비드는 팁 앞에서 형성된다. 장단점은 아래 표와 같다.

[표 3-4] 전진법과 후진법 비교

구분	전진법	후진법
열이용률	나쁘다	좋다
용접속도	느리다	빠르다
비드모양	매끈하다	거칠다
소요 홈의 각도	크다	작다
용접변형	크다	작다
모재 두께	얇다	두껍다
용착금속 냉각	급랭	서랭
산화정도	심하다.	약하다.
용착금속조직	거칠다	미세하다

라. 가스용접 안전

가스용접 작업에서는 폭발, 화재, 화상, 가스중독 등의 재해가 발생할 수 있어 주의가 요구된다. 특히 가스용접 작업 중에 토치 취급의 잘못으로 순간적으로 불꽃이 토치의 팁끝에서 "빵빵" 소리를 내며 불길이 나왔다 곧 정상이 되든가 또는 완전히 불길이 꺼지는 역화현상을 일으킬 수 있다. 역류는 토치 팁의 끝이 막히게 되면 높은 압력의 산소가 아세틸렌 호스쪽으로 흘러 안전기로 들어가는 현상으로 매우 위험한 상황을 만들 수 있다. 인화는 팁의 끝이 순간적으로 막히게 되어 혼합실까지 불꽃이 타들어가는 현상을 말한다. 역류, 역화의 원인으로는 팁이 막혔을 때, 팁끝이 모재와 접촉되었을 때, 팁이 과열되었을 때, 아세틸렌 가스압력이 낮을 때), 팁의 죔이 완전하지 않았을 때, 석회가루, 먼지, 이물질 등으로 팁 구멍이 막혔을 때 주로 발생한다. 가스용접에서 가스 중독 방지대책으로는 직접 흡입하지 않도록 풍향이나 작업자세를 고려하여야 하며, 흡기 및 배기장치를 설치하여 환기를 철저히 하여야한다. 또한 마스크 등 안전보호구를 필히 착용한다.

제4장 납접합법

제1절 개 요

1. 특징과 원리

가. 납 접합의 특징

납 접합은 접합하는 재료(모재)를 용융하지 않고 접합부의 틈새에 용가재를 모세관현상에 의해서 유입시켜 냉각, 응고하면서 접합하는 방법이다. 원리로는 모재를 용융시키지 않지만, 미시적으로 모재와 용가재의 반응에 의해서 접합부 계면에서 합금층의 생성 혹은 모재의 용융현상 등과 같은 복잡한 반응이 일어난다. 이때 용가재는 접합하는 모재보다 융점이 낮고, 모재와 잘 맞는 합금 또는 순금속을 많이 쓴다. 납 접합은 사용하는 용가재(filler metals)의 융점이 미국에서는 427[℃](800[°F]) 이상, JIS 및 국제표준화기구(ISO)에서는 450[℃] 이상인 것을 사용할 경우를 경납땜(brazing)이라 하고 450[℃] 이하의 용가재(solder metals)를 쓰는 경우를 연납땜(soldering)이라고 한다. 그러나 450[℃]라는 온도는 편의적으로 결정한 것이고, 특별한 물리적 의미는 없다.

모재보다도 저융점의 용가재를 사용하여 용접하는 브레이즈 용접(Braze Welding)은 흔히 공정용접(Eutectic Welding) 혹은 저온용접이라고 부르지만, 용융 금속이 표면장력에 의한 것이 아니고 틈 사이를 메우는 것이므로 브레이징과는 차이가 있다. 납땜은 분자간의 흡인력에 의한 결합이므로 본드(bond) 결합이라고도 하며, 이 결합을 만족하게 하기 위하여 피접착 금속의 접착 표면을 깨끗이 하고 산화를 방지하며 불순물을 제거하기 위해 여러가지 용제(flux)를 사용한다.

납접합의 최대 특징은 모재를 용융할 필요가 없고, 모재의 열영향이 적어 모재의 특성 변화를 최소화 할 수 있다는 것이다. 따라서 접합에 동반하는 모재의 열화성질이 적고, 복잡한 형상의 대부분이 접합되고, 정밀접합이 가능하다는 것이다. 또 용가재의 종류를 다양하게 선택할 수 있기 때문에, 이종재료나 특수한 재료의 접합도 잘되는 것이다. 한편 용가재의 공급과 가열을 각각 다른 공정으로 할 수 있고, 여러 부분을 동시에 접합할 수 있기 때문에, 대량생산 및 자동화가 쉽고, 융점이 다른 용가재를 사용하여 납접합 공정을 여러 공정으로 나누어 접합을 행하는 스텝 납땜이나, 경우에 따라서는 납 접합을 재가열하여 접합을 이탈하는 등의 특징을 가지고 있다. 납접합 기술은 과학 및 공업기술의 발달과 더불어 현재 첨단기술을 구사하고 있는 항공우주 산업기기, 원자력기기를 필두로 하여, 가공기기, 가전기기, 가정 잡화류에 이르기까지 산업분야나 의료분야에서 활용되어 제품의 제조과정에 필요불가결한 기술로 되어있다. 예를 들면 가전제품에서 냉각기나 펌프 등의 Ag 브레이징 및 Cu 브레이징, 자동차공업에서 열교환기나 배관의 Al 브레이징 및 동브레이징, 항공기산업에서 엔진 및 배관의 Ni 브레이징이 사용되고 있다. 또한 우주항공기를 대표하는 미국의 스페이스 샤틀에서도 브레이징에 의한 접합이 많이 적용되고 있고, 주로 Ag, Au, Pd, Ni 등과 같은 특수 삽입금속이 사용되고 있다. 이와 같이 브레이징에 의한 접합기술이 급속히 각 산업분야에서 활용되고 있는 요인으로는

① 모재를 거의 용융시키지 않고 저온에서 접합이 이루어지므로, 모재의 열영향부가 미소하여 모재의 특성 변화를 최소화할 수 있다.
② 이종금속 및 이종재료 간의 접합이 쉽다.
③ 아주 작은 부품이나 복잡한 부품으로 정밀하게 접합할 수 있다.
④ 접합부는 도전성이 있고, 기밀한 상태로 밀봉이 가능하다.
⑤ 여러 개소에 대하여 동시에 접합이 가능하다.
⑥ 자동화가 용이하므로 접합 조립기술로서의 생산기술에 응용할 수 있다.

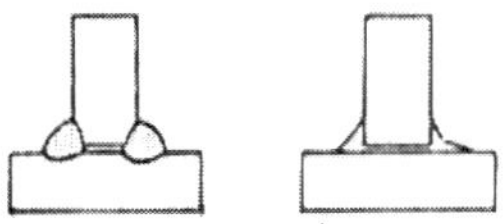

[그림 4-1] 용접과 납접합의 비교

나. 납 접합의 원리

용융상태의 용가재와 고체의 모재가 접촉하여 거기에서 접합이 성립하도록, 용가재와 모재사이에 무엇인가 상호작용이 일어나야 한다. 납접의 가장 기본적인 과정은 용융한 삽입금속이 모재 표면에 젖는(Wetting) 과정이다. 젖음에 의해서 접촉된 고상의 모재와 용융 삽입금속의 계면에서는 모재의 성분원소가 삽입금속 쪽으로 용출하거나, 삽입금속의 원소가 모재 안으로 확산할 것이다. 이 결과에 의해서 계면에서 모재표면이 일부 용융하거나, 합금층을 형성하는 등의 과정을 거쳐서 접합이 이루어진다. [그림 4-2]는 일반적인 브레이징의 접합과정을 모식적으로 나타낸 것이다. 고체가 진공 중에서 그 표면이 청정한 경우에, 고체표면에 존재하는 원자는 내부의 원자와 같이 주위를 타 원자로 둘러쌓여 있지 않으므로, 불완전한 결합손을 가진 활성상태로 된다. 이것이 표면에너지로서 작용하고,

타원자를 끌어들일 수 있는 구동력(Driving Force)인 동시에 액체금속이 젖게 되는 근본적인 원인이다. 그러나 공업재료의 표면에는 일반적으로 복잡한 흡착층 및 산화물층 등이 존재하고, 또한 청정한 표면을 대기 중에 방치하거나, 가열하면 표면에너지에 의해서 공기 중의 산소 등과 같은 가스들이 흡착하여 흡착층 및 산화물 층을 형성한다. 따라서 금속표면은 결합에너지가 포화하게 되어 그 표면은 불활성 상태가 되어 액상금속이 젖기가 힘들게 된다. 이 때문에, 금속을 브레이징할 때는 우선 후락스나 환원성 분위기의 이용, 혹은 진공 분위기 중에서 가열 등으로 산화물면이 활성화가 되면, 모세관현상에 의해서 공급된 용융 삽입금속은 모재의 표면에 젖게 된다. 표면이 불활성상태인 세라믹스를 브레이징할 때는 모재 표면에 메탈라이징(Metalizing) 처리를 실시하거나, 삽입금속 중에 모재 성분과 반응을 잘 일으키는 활성금속을 첨가하는 것에 의해 젖음성을 증가시킨다. 이러한 전 과정은 모재 및 용가재의 종류, 가열, 냉각조건 등 납접합 조건에 의해 다르다.

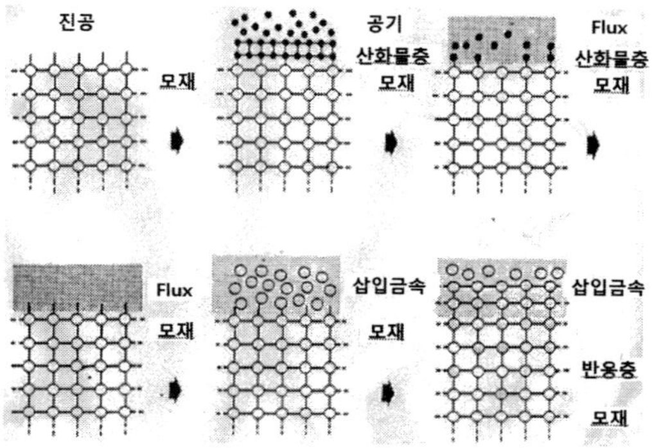

[그림 4-2] 납 접합과정의 모식도

(1) 용융금속의 젖음 현상

액체가 고체와 접촉할 때 고체표면 위에 액체가 부착되던가, 스며드는 상태를 젖는다고 한다. 고체금속에 대한 용융 금속의 젖음성(Wettability)는 납접에서 본질적으로 중요하고 접합과정의 핵심이 된다.

[그림 4-3]에서 θ를 접촉각이라 부르고, 이 값으로부터 젖음성의 양부를 결정할 수 있다. 즉, θ의 값이 작으면 그 액체는 잘 젖는 것을 표시하고, 액체가 잘 퍼져 가는 것을 나타낸다. 반대로 θ값이 큰 경우에는 잘 적셔지지 않고, 동시에 잘 퍼지지도 않는다. 수은의 θ값은 물의 경우보다 크다. 일반적으로 수은의 표면장력은 물에 비하여 아주 크기 때문에 같은 유리에서도 수은은 젖음성이 나쁘고, 퍼짐성(Spreadability)도 나쁘다. 이상의 결과로부터 젖는다는 것은 액체와 고체 사이에 부착력과 액체자체의 응집력과의 비라고 할 수 있다.(Adams 설)

액체가 고체표면을 적신다는 현상은 액체와 고체의 접촉면에서 부착장력(액체의 부착 일)이 액체자신이 가지는 응집력(액체의 표면장력)보다 큰 경우에 일어나는 것이고, 그 역인 경우에는 젖지 않는다.

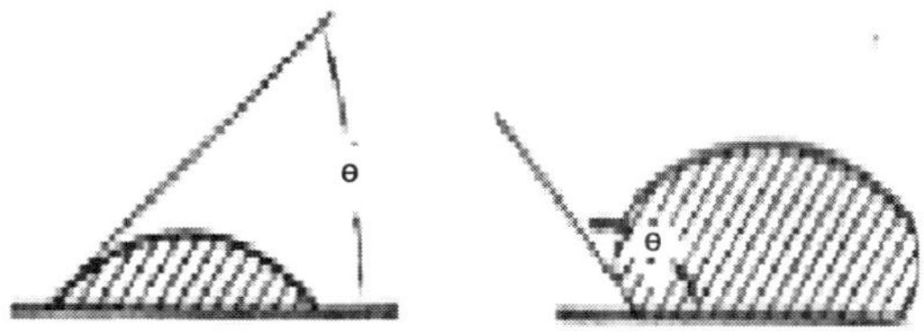

[그림 4-3] 납 접합의 젖음상태

(2) 접합간격으로 용융 삽입금속의 유입

용융 삽입금속은 접합부의 좁은 틈 사이로 모세관현상에 의해서 흘러 들어간다. 틈 사이로 흘러 들어간 용융 삽입금속의 선단에는 젖음에 의해서 요철(Meniscus)이 형성되고, 모세관현상의 구동력인 모세관압력이 발생한다. 용융금속의 유입퍼짐성은 가열온도, 비열, 열전도도, 분위기 등에 따라 변화한다. 상승높이에는 벽면의 표면조도가 크게 영향을 미친다. 벽면의 표면조도가 큰 편이 상승높이가 높다. 이것은 표면조도가 클수록 용융금속과 고체금속과의 실접촉 면적이 증가하여 용융금속의 부착일량이 증가하기 때문이다.

다. 접합 면 계에서 반응

접합은 용융 삽입금속과 모재표면이 서로 접촉한 후 반응하여 이루어진다. 일반적으로 용융 삽입금속에 의해 모재표면이 일부 용융(용해)한다. 이 반응의 율속기구는 모재의 원자가 용출에 의해서 일어나는 계면반응기구와 용융 삽입금속 속에 융점저하 원소가 모재쪽으로 확산에 의해서 일어나는 확산율속기구가 있다. 이러한 확산율속기구는 모재 및 삽입금속의 조합에 따라 다를 것으로 생각된다. 접합계면부의 조직은 다양하게 변할 뿐만 아니라, 가열온도 및 가열시간에 따라서 복잡하여 진다. 실제에는 여러 성분이 포함된 삽입금속과 모재를 이용하기 때문에 접합부와 조직은 아주 복잡하다.

2. 장·단점

(1) 장점

① 동종금속이든 이종금속이든 접합이 다양하게 가능하다.
② 재료 원가절감이 가능하다.
③ 크기 및 두께가 다른 제품의 접합이 용이함에 따라 다양한 부품의 설계가 가능하다.
④ 다른 접합보다 비교적 강한 접합강도를 가진다. 철과 비철을 브레이징 할 경우 접합부의 인장강도가 모재보다 강한 경우가 있다.
⑤ 납접후 깨끗한 이음부를 얻을 수 있어 그라인딩이나 줄질 등 기계적 가공을 할 필요가 없다.
⑥ 접합부가 금속 야금학적인 접합이기 때문에 연성, 내충격성, 내진동성, 기밀성, 열전도성, 내식성

등 다양한 특성을 가지게 납접합이 가능하다.

⑦ 대량 생산제품은 자동브레이징/솔더링 기계에 의하여 자동화가 용이하다.

(2) 단점

① 땜납온도와 이음접합부의 형상에 따라 접합력이 약화될 수가 있다.

② 납접후 이음새의 금속을 부식시킬 수 있다.

③ 이음부의 청정, 적정한 용제 사용이 필요하다.

3. 용가재(Insert metal or Filler metal)

가. 용가재의 성질

용가재를 선택하거나, 합금설계를 하고자 할 때에는 용가재가 갖추어야 할 기본적인 성질을 파악하는 것이 급선무일 것이다. 그 성질로서는 젖음성, 융점이 가장 중요하지만, 그 외에도 용도에 따라서 필요한 성질이 있다. 기본적인 성질은 다음과 같다.

① 젖음성이 좋고, 적당한 유동성을 가질 것

② 융점이 낮고, 적당한 용융폭을 가질 것

③ 접합온도에서 증발하기 쉬운 성분이 적을 것

④ 접합 시에 각 성분이 액상에서 분리되지 않을 것

⑤ 접합부의 기계적 성질 및 내식성이 사용목적에 적당할 것

⑥ 판이나 선재로 가공하기 쉬울 것

(1) 젖음성(Wettability)

이것은 모재와 삽입금속의 조합 및 플락스에 크게 영향을 미친다. 모재와 고용체 혹은 금속간화합물을 이루는 성분이 포함되어 있는 삽입금속은 젖음성이 양호하다고 말할 수 있다. 그러나 모재 중에 Al, Ti, Cr 등과 같이 안정한 산화물을 만들기 쉬운 원소가 함유된 경우에는 강력한 플락스를 사용하던가, 도금등과 같은 표면처리를 하여 젖음성을 개선할 필요가 있다.

(2) 융점(Melting point)

주로 공정점이나 최저 융점의 조성인 삽입금속이 최적이라고 말할 수 있다. 삽입금속의 설계 시에 융점을 저하시키기 위하여 융점저하 원소를 많이 넣는 것이 좋을 것으로 기대하지만, 일반적으로 저융점 원소가 다량 함유하면, 삽입금속 자체의 성질이 경하고 취약하여 가공성이 불량하고, 접합강도

에도 문제가 발생할 가능성이 있으므로 많이 넣지 않는 것이 좋다. 일반적으로 용융온도 범위가 큰 삽입금속은 가열속도가 느리면 저융점 금속과 고융점 금속이 분리하기 쉽고, 유동성이 좋지 않기 때문에 될 수 있는 한 급속으로 가열하는 편이 좋다. 공정조성과 같이 용융온도 범위가 좁은 삽입금속은 대체로 유동성이 양호하여 좁은 간격에도 잘 파고든다. 이 삽입금속은 미리 접합 간격을 고정한 부품의 제조에 사용되고, 가열속도의 영향은 거의 없다.

(3) 삽입금속의 강도

이음부의 강도는 삽입금속 자체의 강도 이외에 접합부의 간격, 접합이음부의 형상, 가열온도 등에 의해서 변화하므로, 자체 강도를 강화하여도 효과는 적다. 그러나 접합부간격이 넓은 경우에는 삽입금속 자체의 강도가 중요하다.

4. 용제(Flux)

납접은 용융 삽입금속이 청정한 모재표면과 접속하여 상호반응에 의해서 이루어진다. 만약, 양쪽의 사이에 산화막이나 기름과 같은 오염층이 존재하면 젖음성이 저해되어 완전한 접합이 이루어질 수가 없다. 일반적으로 공업금속재료의 표면에는 항상 산화피막 및 오염층이 덮혀 있고, 전처리과정에서 제거하더라도 납접과정에서 가열되면 모재는 다시 산화된다. 따라서 용융삽입금속을 순수 모재표면에 적시려고 하면, 접합온도에서 모재가 산화하는 것을 방지할 필요가 있다. 이 목적에 사용되는 것이 용제이다. 용제가 가져야 할 구비 조건은 다음과 같다.

① 화학적으로 활성이고, 청정능력(산화물 제거능력)이 강할 것
② 피복성 및 삽입금속과 치환성이 양호할 것(재산화 방지 및 결함 방지)
③ 용제 자체의 유동성과 젖음성이 좋을 것
④ 활성온도 범위는 납접온도의 상한과 하한범위 보다 넓어야 하고, 장시간 유지할 수 있는 내열성을 가질 것
⑤ 도포성이 좋고, 가열 중에도 벗겨지지 않을 것
⑥ 잔사 제거가 용이하고, 부식성이 없을 것
⑦ 인체 및 기기류에 대하여 안전하고 가격이 저렴할 것
⑧ 합금원소나 유효성분이 첨가 가능할 것
⑨ 반응속도가 빠를 것(고주파브레이징)
⑩ 전도성이 있을 것(저항브레이징)
⑪ 수분을 함유하지 않을 것(용융브레이징)

현실적으로는 모든 조건을 만족하기 힘들기 때문에 납접작업에 따라서 필요한 조건을 만족한 용제를 선택하여야 한다.

5. 납땜 방법

납땜 작업은 이음면의 청정, 조립, 가열 및 후처리로 이루어진다. 이음면은 탈지, 솔질, 약품청정 등으로 전처리를 하고 적당한 용제를 도포한 후, 미리 선정된 가열 방법을 이용하여 소정온도로 일정시간 유지하여 납땜을 한다. 또, 부식성 용제를 사용하였을 때는 납땜 후에 잔류 슬랙을 제거하여야 한다. 그리고 납땜용 가열장치를 선택할 때는 납땜하는 이음의 형상, 치수, 수량, 신뢰성 등에 대해서 종합적 견지에서 검토할 필요가 있다.

가. 납땜법의 종류

납땜 작업은 그 가열 방법에 따라서 인두납땜에는 땜인두, 가스인두, 전기인두가 있으며, 불꽃납땜에는 용접토오치, 납땜토오치, 특수토오치가 있다. 침지납땜에는 금속욕조, 화학약품욕조가 있으며 전기납땜에는 아크가열, 저항가열, 고주파 유도가열 등이 있으며 노중납땜으로는 가스로, 경유로, 중유로, 전기로 등이 사용된다.

[표 4-1] 납땜법의 종류

납땜법	종 류	비 고
인두납땜	땜인두, 가스인두, 전기인두	
불꽃 납땜	용접토오치, 납땜토오치, 특수토오치	
침지 납땜	금속욕조, 화학약품욕조	
전기 납땜	아크가열, 저항가열, 고주파 유도가열	
노중 납땜	가스로, 경유로, 중유로, 전기로, 진공로	

(1) 인두납땜(soldering iron)

일반적으로 저온의 연납땜에 널리 사용되는 가장 간단한 장치며, 가열된 인두에서의 열전도에 의해 모재를 가열하고 땜납을 용융하여 납땜하는 방법이다. 납땜 온도가 높은 경납땜이나 열용량이 너무 큰 피용접물 등에는 부적당하다. 땜인두는 대부분 순동을 사용하며, 특수한 것은 소량의 티타늄(Ti), 규소(Si)를 함유한 동합금 또는 니켈(Ni)나 철(Fe) 등으로 도금하여 내식성, 내구성을 좋게 한 것도 사용된다.

(2) 가스 납땜(gas brazing)

토치 램프, 산소-아세틸렌 불꽃, 산소-프로판 불꽃 등으로 가열하여 납땜하는 방법이다. 일반적으로 가스 불꽃은 약간 환원성의 것이 좋으며, 용제는 이음면과 땜납의 양쪽에 도포하여 사용된다. 이음에는 불꽃의 외측을 대고 속불꽃은 닿지 않게 한다. 또 부품의 치수, 형상 및 열용량에 따라서 예열도 한다. 너무 과열하면 납땜의 확산 및 산화를 초래하기 쉬우며, 용제의 녹는 정도를 보고 이음의 온도를 추정할 수 있다.

(3) 저항 납땜(resistance brazing)

납땜할 이음부에 용제를 바르고, 납땜재를 삽입하여 저항열로 가열하는 방법이다. 구조상 두 종류가 있으며 하나는 전극에 탄소 또는 흑연을 사용하여, 전극에 발생한 저항열로 납땜부를 가열하는 간접가열법과 전극에 텅스텐, 동합금 등을 사용하여 납땜부의 저항열을 이용하여 납땜하는 직접가열법이 있다. 이 방법에서는 스폿 용접이 곤란한 금속의 납땜에 적당하다.

(4) 로내 납땜(Furnace brazing)

로내 납땜은 전열이나 가스 불꽃 등으로 가열된 로내에서 납땜하는 방법이다. 이 방법은 온도 조절이 균일하므로, 정밀 이음이 가능하며, 납땜재는 미리 이음면에 삽입하여 로내에 넣는다. 비교적 작은 부품의 대량 생산에 적합하며, 또 분위기는 수소와 해리 암모니아 가스를 사용할 때가 많다.

(5) 침지 납땜(dip brazing)

침지 납땜은 이음면에 땜납을 삽입하여, 미리 가열된 염욕(salt bath)에 침지하여 가열하는 방법과 납땜부를 용제가 들어있는 용융땜조에 침지하여 납땜하는 두 방법이 있다.

(6) 고주파 납땜

땜납과 용제를 삽입한 틈을 고주파 전류를 이용하여 가열하는 납땜법이다. 자성이 있는 금속에서는 유도전류에 의한 가열이 주가 되며, 비자성의 금속에서는 과전류에 의한 가열이 주가 된다. 이 방법은 가열시간이 짧고 작업이 용이하나, 국부가열에 의한 변형이 있다.

[그림 4-4] 자동 납땜 작업

나. 납땜 분위기

적절한 가스시일드(shielding atmosphere)에서 납땜을 하게 되면 산화방지 또는 산화물의 환원 작용에 의해 땜납의 흐름이 좋아져서 용제를 사용하지 않아도 납땜을 할 수 있다. 이것은 부품의 형상이나 성질상 용제를 사용할 수 없을 때 또는 땜납 후에 잔류 용제의 제거처리를 할 수 없을 때 이용된다. 납땜에 사용되는 분위기로서는 진공분위기와 가스분위기로 대별할 수 있다. 가스분위기로서는 연료가스의 변성가스, 암모니아가스, 질소가스, 불활성가스가 있다. 이와 같은 분위기의 기본적인 역할은 로내의 산소불입을 낮추거나, 수소가스에 의한 환원작용으로 가열 중에 산화를 방지하는 것이다. 중성가스, 불활성가스 및 진공분위기는 산소분압을 낮추는 역할을 하고, 변성가스 및 암모니아가스는 수소의 환원작용으로 산화를 방지한다. 분위기를 사용하면, 후락스를 사용하지 않아도 무산화 분위기에서 접합이 가능하며, 잔류후락스 혹은 슬래그의 처리가 필요하지 않고, 열교환기 등과 같은 복잡한 부품을 동시에 다량 납땜할 수 있는 이점이 있다. 특히, Ti, Zr의 순금속 및 합금 등과 같이 후락스를 사용하여도 산화피막 때문에 브레이징이 곤란한 모재의 브레이징에 이용되고, 스테인레스강의 브레이징에도 많이 이용되고 있다.

수소가스를 함유한 분위기를 사용하는 경우 로재료의 수명을 고려하여, 1100 [℃] 이하로 작업하는 것이 좋다. 보통 대형로인 경우, 600 ~ 700 [℃]에서는 고순도 불활성가스를 흘려보내고, 이 온도 이상에서 수소를 치환하여 사용하는 것이 좋다. 가열 승온시에 저온측에서는 산화할 염려가 있으므로, 저온쪽은 가급적 급열하는 것이 좋다. 산소가 함유된 Cu(무산소동, 탈산동은 제외), Ti, Zr, Nb, Ta 등은 수소를 흡수하여 취화하는 경향이 있으므로 일반적으로 수소분위기를 사용하지 않는다. 수소가스라고 하면 대부분의 사람들은 폭발이라는 이미지를 먼저 생각하지만, 수소가스의 폭발 한계치(공기와 혼합비) 4 ~ 75 [%]와 발화점 530 [℃]를 이해하고, 밀폐상태를 피하기만 하면 조용한 연소만이 일어날 뿐이다. 일반적으로 사용되는 가연성가스와 폭발한계치는 다음 [표 4-2]와 같다. 특히, 밀폐된 작은 작업장에서는 누출된 수소에 의해서 이 한계치에 달하는 경우가 많기 때문에 조심하여야 한다.

[표 4-2] 공기중에서 가스의 폭발 한계치

가스명	수 소	메 탄	이산화탄소	프로판	부 탄	암모니아
최저치 [%]	4	5	12	22	2	13
최고치 [%]	75	15	75	73	85	26

제2절 | 연납땜과 경납땜

1. 연납땜(soldering)

가. 개요

용점이 450 [℃] 이하인 땜납재를 연납이라 한다. 연납은 일반적으로 주석(Sn), 주석-납(Sn-Pb) 합금, 납(Pb) 또는 필요에 따라 안티몬(Sb), 은(Ag), 비소(As) 및 비스무트(Bi) 등을 함유한다. 연납 중에서 가장 많이 사용되는 것은 주석-납 합금이며(주로 주석-납 합금을 '땜납'이라고 한다.), 알루미늄, 특수강, 주철 등의 일부 금속을 제외하고는 철강, 동, 니켈, 납, 주석 및 이들 합금의 접합에 널리 쓰인다.

연납은 경납(hard solder)에 비해 기계적 강도가 낮으므로 강도를 필요로 하는 부분에는 부적당하다. 그러나 용융점이 낮고 납땜(soldering)이 용이하기 때문에 전기부품의 접합이나 기밀, 수밀을 필요로 하는 곳에 널리 사용된다.

나. 연납재

연납은 62% Sn − 38% Pb에 가까운 조성의 것을 사용하나, 납관 접합용에는 융해 온도구역이 넓은 성분이 쓰인다. 자기용 땜납에는 주석-납-아연(Sn-Pb-Zn) 합금이 쓰이며, 납-카드뮴(Pb-Cd)계, 아연-카드뮴(Zn-Cd)계도 있다. 또 저융점 납땜으로는 비스무트-카드뮴-납-주석(Bi-Cd-Pb-Sn) 합금은 융점이 60 ~ 100 [℃]의 것도 있다. 그러나 다른 땜납에 비해 강도가 작고 취약하다. 주로 전기부품의 납땜에 쓰인다. 땜납의 형상으로는 봉 모양, 선 모양, 실 모양 등이 있으며, 특별한 것은 중공으로 된 선재 내부에 용제를 꽉 채운 것과 입자상의 땜납재에 용제를 혼합한 페이스트(phaste) 모양의 것이 있다.

다. 용제

용제의 형상으로는 상온에서 페이스트(Paste)상, 액상의 것이 많이 시판되고 있다.

(1) 염화아연($ZnCl_2$)

가장 많이 사용되는 염화아연액을 만들려면 염산을 사기그릇에 넣고 그 속에 아연을 넣어서 포화 용액으로 한다.

(2) 염산(HCl)

진한 염산을 물로 희석시킨 것이며, 아연도금 강판의 납땜에 사용된다.

(3) 염화암모늄(NH_4Cl)

산화물을 염화물로 만드는 작용이 있으며, 염화아연에 혼합하여 사용된다.

이 외에 송진, 인산, 페이스트 등도 사용된다.

2. 경납땜(brazing)

가. 개요

Brazing에 의한 금속의 접합기술은 이미 BC 3000년경 고대 바빌로니아(babylonia)에서 귀금속의 장식품을 만드는 데에 이용되어져 왔다. 근대에 와서는 1950년 후반 N.Re dns 등이 탄소강의 Ag 브레이징을 개발한 이후부터 브레이징에 관한 연구가 활발하게 되었다. 즉, 삽입금속 및 플락스의 개발, 삽입금속과 모재의 젖음성, 브레이징의 가열법과 분위기 조절, 접합 이음부의 설계 등에 대해서 계통적인 연구가 시도되었다. 그 결과, 최근에 이르러서는 스테인레스 파이프의 금브레이징에 의한 로케트 부스타(Rocket Booster)의 제작, LSI의 프린터배선, 파인세라믹스와 금속을 브레이징하여 이용되고 있고, 첨단기술에 없어서는 안될 중요한 접합기술로 주목을 받고 있다.

나. 용가재의 종류

현재 용가재로는 Ag, 인동, Au 및 Pd 용가재를 귀금속 용가재라고 부른다. 한편, AWS, DIN 규격으로는 상기의 용가재 이외에도 전자관용 용가재, 저Ag 용가재가 개발, 제조, 시판되고 있다.

(1) Ag 용가재

Ag 용가재는 귀금속 용가재중에서도 가장 대표적인 것으로, 접합온도가 타 용가재에 비교하여 낮고, 모재의 열영향부가 적으며, 각종 재료에 대한 접합작업이 쉽고 접합성이 우수하기 때문에, IC의 실장 등과 같은 전자제품의 접합, 공업기기, 설비 등의 대형부재의 접합을 비롯하여, 세라믹스나 Ti합금과 같은 신소재의 접합에 널리 사용되고 있다. 이 용가재의 기본조성은 Ag-Cu-Zn의 3원계이다.

이 3원계 조성을 기본으로 하여 작업성, 접합강도, 내식성 등의 사용목적에 따라서 Cd, Ni, In, Sn, Mn 등이 첨가된 합금이 개발되었다. 한편, 증발성이 강한 Zn을 뺀 Ag-Cu 2원계를 기본조성으로 하는 진공용 용가재도 있다. Cd을 첨가하면 융점이 아주 낮아지고, 젖음성을 양호하게 한다. 또한, 스테인레스강의 접합시 내식성을 개선시키는 효과가 있다. Sn은 Cd 대신에 융점을 낮추기 위하여 첨가된다. Cu합금 및 Ag합금에 5 [%] 정도 첨가하면 액상선 온도를 약 25 [℃] 낮출 수 있지만, 그 이상 첨가하면 취약하게 되어 가공성이 불량하게 된다. 또한, 철합금 및 Ni합금에 대하여 젖음성을 개선한다. Li은 삽입금속과 모재의 계면에 모이는 경향이 있다. 이 작용은 유동성을 증대시키고, 모재의 산화피막을 환원시키기 때문에 젖음성이 촉진된다. 특히, Al 및 Ti이 소량 함유된 합금에 유효하다. Ag용가재는 Ag-Cu-Zn-Cd계, Ag-Cu-Zn계, Ag-Cu-Zn-Cd-Ni 및 Ag-Cu-Zn -Ni계, Ag-Cu-Zn-Sn 및 Ag-Cu-Zn-Ni계, Ag-Cu-Zn-Mn 및 Ag-Cu-Zn-Cd- Mn-Ni계, Zn 및 Cd을 함유하지 않은 계 등이 있다.

(2) Cu 및 황동(Cu-Zn) 용가재

황동 삽입금속은 가격이 저렴하고, 가공성이 양호하여 동, 동합금과 철강재료의 접합에 많이 이용되고 있다. Cu-Zn합금의 융점 및 가공성 등으로부터, 삽입금속의 Zn량은 40 [%] ~ 60 [%] 정도가 적당한 것으로 판단된다. Sn은 유동성을 좋게 하고, 내식성을 향상시키지만, 1 [%] 이상 첨가하면 연성을 저하시킨다. Mn은 강도와 내식성을 향상시킨다. Ni은 강도와 내식성을 향상시킨다. 10 [%] 이상 첨가하면 은백색으로 되지만, 융점이 높게 된다. 한편, Zn의 증발을 방지하기 위하여 Si을 첨가하는 경우가 있고, Fe, Pb 등의 불순물은 억제할 필요가 있다. 황동용가재는 보통 붕사-붕산계의 고융점 플락스를 사용하여, 화염브레이징, 로브레이징, 고주파브레이징으로 시공하지만, Zn은 휘발성이 강하므로 과열하지 않도록 주의할 필요가 있다. 또한 진공브레이징이나 진공 중에서 사용하는 제품에는 적합하지 않다. 융점은 850 ~ 1050 [℃]정도이다. 황동납의 결점은 전기 전도도가 낮고, 진동에 대한 저항이 적으며, 전해 작용을 받기 쉽다. 또한 아연의 증기압이 높으므로 납땜 작업 중 과열하면 아연이 증발하여, 이음부에 공공이 생겨서 이음부의 강도가 낮아진다. 따라서 1,000 [℃] 이상으로 가열하면 안된다.

양은납은 구리-아연-니켈(Cu-Zn-Ni) 합금이며, 니켈(Ni) 함유량이 많을수록 융점이 높고 색깔이 희게 된다. 보통 성분은 47% Cu - 11% Zn - 42% Ni이며, 융점이 높고 강인하므로 동, 황동, 니켈 합금 철강 등의 납땜에 널리 사용된다.

순동 용가재는 무산소동으로 제조된다. BCu-1은 융점 직상인 1095 [℃]에서 유동한다. 일반적으로 브레이징은 환원분위기(수소, 암모니아가스)나, 진공 중에서 행한다. Cr, Al, Ti과 같은 안정한 산화물을 만들기 쉬운 원소가 들어 있는 합금을 브레이징할 경우에는 고순도의 분위기 중에서 하거나 플락스를 사용할 필요가 있다.

BCu-1A는 BCu-1의 분말상의 것이고, BCu-2는 동산화물을 바인더로 사용한 것이다. BCuZn-2,

3, 5는 Sn를 첨가하여 내식성 및 유동성을 향상시킨 것이지만, Sn이 너무 많으면 취약하게 된다. BCuZn-6,7은 Ni을 첨가하여 강도와 내식성을 증가시킨 것이다.

(3) 인동(Cu–P) 용가재

Cu-P합금은 동 및 동합금에 대하여 플락스의 사용없이 낮은 온도에서 접합이 가능한 삽입금속이지만, 경도가 높고, 취약하여 가공성이 불량할 뿐만 아니라 접합이음부의 연성 및 인성이 아주 낮다. 이와 같은 결점을 보완하기 위하여 Ag이 첨가되었다. Ag을 첨가하면 유동성이 증가되고, 가공성도 개선된다. 기본조성은 Cu-P계 및 Cu-Ag-P계가 있고, P는 약 5 ~ 7.5 [%]의 범위에서 첨가된다. 이 합금의 최대 특징은 자체플락스(Self Flux)작용이 있다는 것이다. 인동납은 동이나 동합금의 납땜에 널리 사용된다. 이음부의 전기 전도도 및 기계적 성질이 좋고 황산 등에 대한 내식성도 우수하나, 철강 또는 니켈을 10 [%] 이상 함유한 합금의 땜납에 사용하면 취약하므로 주의해야 한다. 동과 동을 납땜할 때에는 용제가 필요 없으나 동합금에는 용제를 사용하며, 융점은 705 ~ 925 [℃] 정도이다.

(4) Au 용가재

금(Au)을 주성분으로 하는 용가재로 공업용, 보석용, 반도체용 등 많은 종류가 있다. 공업용 용가재는 내열 내식재료를 구성하고 있는 Ni, Co, Mo, Ta, Nb, W 등에 대하여 접합성이 양호한 것이 특징이다. 또한 저융점 원소를 함유하지 않았기 때문에 계면에서 합금반응이 일어나기 힘들다. 따라서 얇은 구조물을 조립하는 경우 정밀도가 높은 접합이 가능하다.

JIS에 규정된 삽입금속의 종류에서 BAu-1, 2, 11은 Au-Cu합금으로 내식성, 내산화성이 우수하다. 특히, BAu-2는 융점이 낮고, 유동성이 좋다. BAu-4는 Au-Ni합금으로 고온 기계적 성질이 우수하고, 내식성, 내산화성이 우수하여 항공기나 로켓트 등에 많이 사용된다.

(5) Ni 용가재

Ni 삽입금속은 Ni에 융점을 낮추기 위하여 공정조성을 이루는 B, Si 및 P을 첨가하고, 기계적 성질을 증가시킬 목적으로 Cr, Co 등을 첨가한 합금이다. 접합이음부는 고온강도가 높고, 내식성 및 고온 내산화성이 우수하므로, 항공기, 각종 엔진, 터빈, 원자로 등에 많이 사용되고, 앞으로 전망이 기대되는 삽입금속이다. 종래에는 선재나 판재로 가공하기 힘들기 때문에 분말상이나, 결합재를 사용한 성형상으로 사용되어 왔지만, 최근에는 급속응고법을 이용하여 비정질합금인 테이프상태로 제조하여 사용하고 있다. 브레이징은 보통 진공분위기나, 수소와 같은 환원성 분위기에서 행하여진다. 이 용가재는 Fe합금 및 Ni합금과 심한 반응을 일으키는 경우가 많다. B등은 모재의 입계에 확산하여, 입계를 액화시켜 이음부의 기계적 성질 및 내식성을 저하시키는 경우가 많다.

(6) Al 용가재

이 삽입금속의 기본조성으로서는 Al에 융점저하 원소인 Si을 첨가한 Al-Si계와, 여기에 Mg을 첨가한 Al-Si-Mg계가 있다. Al-Si 2원계는 공정상태를 표시하고, 11.7% Si에서 공정점을 이룬다. 일반적으로 공정점 근처의 조성을 택하고 있다.

Al은 표면에 형성된 산화피막이 안정하고, 견고하여, 플럭스에 의해서 제거가 곤란하기 때문에 브레이징하기가 아주 힘들다. 그래서 Al합금을 중심재로 하고, 한쪽 면 혹은 양면에 삽입금속을 클래드하여 사용하는 경우도 있다. 이것을 브레이징시트(Brazing Sheet)라고 하고, 보통 불활성 분위기 혹은 진공분위기에서 사용된다. 주로 자동차의 라지에타 및 열교환기, Homir.comb구조와 같은 접합면적이 넓은 경우에 사용된다. 알루미늄납은 알루미늄(Al)을 주성분으로 하고 규소(Si), 구리(Cu) 등을 합금한 알루미늄 합금이며, 융점은 660 [℃] 정도이며, 모재와의 융점의 차이가 작으므로 납땜 작업의 온도관리를 주의해야 한다. 고력 알루미늄 합금은 융점이 낮으므로 납땜을 할 수 없다. 따라서 이들 합금은 보통 아연계 합금 등의 알루미늄 땜납이 사용된다.

다. 용제의 종류

용제의 형상으로는 상온에서 분말상, 페이스(Paste)상, 액상의 것이 많고, 때에 따라서는 가스 상태의 것도 있지만, 항상 가열하면 액화한다. 용제는 주로 다음과 같은 재료를 적당히 배합한 것이 시판되고 있다.

(1) 붕사($Na_2B_4O_7.10H_2O$)

결정수를 함유하고 있기 때문에 약 495 [℃](673 [K])로 가열하여 단독붕사($Na_2B_4O_7$)로 만들어 사용한다. 융점은 760 [℃](1033 [K])이고, 은삽입금속, 동 및 황동삽입금속과 같이 융점이 높은 삽입금속에 삽입된다. 산화물에 잘 용해할 뿐만 아니라 , 장시간에 걸쳐서 금속표면을 산화로부터 방지한다. 그러나 용해 후의 점성이 비교적 높은 것이 결점이기 때문에, 식염, 붕산, 탄산나트륨 등과 혼합하여 사용된다. 알루미늄, 마그네슘, 크롬, 베릴륨 외에는 흔히 사용되고 있다.

(2) 붕산(H_3BO_3)

원래 청정재로 사용하여 왔지만, 고온에서 유동성이 좋아 용제에 혼입되기 쉽다. 붕사에 비하여 산화물이 용재작용이 약하기 때문에 붕사를 약 30 [%] 배합하여 사용한다. 이렇게 배합하면 융점이 845 [℃]에서 760 [℃]로 낮아진다. 또한 접합 후의 슬래그의 박리성을 증가시킬 목적으로 사용한다. 용도는 붕사와 유사하다.

(3) 빙정석($3NaF\ AlF_3$)

Al 및 Na의 불화물이고, 불순물의 용해력이 강하다.

(4) 염화제1동(Cu_2O)

붕사와 혼합하여 주철의 브레이징에 사용한다. 이것은 탈산제로써 작용하여 주철면의 흑연을 산화시켜 브레이징을 용이하게 한다.

(5) 염화리듐(LiCl)

Al 및 Mg의 브레이징용 용제의 주요 성분이다.

그 외에 Cr, Al 등의 난용융성의 산화물의 제거에는 불화나트륨(NaF) 및 불화칼륨(KF) 등의 불화물이 사용된다. 대표적인 용제의 성분에는 염화리튬, 염화나트륨, 염화칼륨, 불화리튬, 염화아연 등이 있으며, 이것을 적절히 배합하여 사용한다.

[표 4-3] 연납땜과 경납땜의 비교

구분	브레이징(BRAZING)	솔더링(SOLDERING)	웰딩(WELDING)
작업온도	450 [℃] 이상	450° [℃] 이하	450 [℃] 이상
작업후 모재형태	상하지 않음	상하지 않음	상할 수 있음
작업후 변형정도	거의 없음	거의 없음	심함
작업후 잔류응력	없음	없음	있음
주요 가열원	가스저항, 유도가열, 로, 적외선 등	인두, 초음파, 오븐, GAS 등	플라스마, 전자빔, 아크, 저항, 레이저 등
강도	좋음	나쁨	좋음
외관	좋음	좋음	나쁨
자동화 가능성	좋음	좋음	좋음
다부품 접합	양호	양호	나쁨
기밀성	양호	양호	양호

라. 이음부의 설계(Joint Design)

브레이징 접합이음부의 설계에서 가장 중요한 것은 이음부의 면적을 크게 하는 것이다. 겹치기 형상을 기본으로 한 형상에서는 접합면적이 접합강도와 밀접한 관계를 가진다. 일반적으로 접합면적은 판두께의 3 ~ 5배 정도를 채용한다.

(1) 이음부의 기본 형상

브레이징에서는 모재를 거의 용융시키지 않고, 접합하기 때문에, 가열에 의한 모재의 열영향부가 문제가 되는 경우는 거의 없다. 그러나 일반적으로 삽입금속의 강도는 모재에 비교하여 약하기 때문에 이음부의 형상은 접합재의 강도에 크게 영향을 미친다. 이음부의 형상을 선택할 때는 사용목적에 따라 요구되는 성질(기계적 성질, 전기적 성질, 내식성 등), 모재의 종류, 삽입금속의 종류, 플락스 및 분위기, 부품의 형상, 접합방법 등을 충분히 고려한 다음 결정해야 한다.

브레이징 이음부의 형상은 겹치기형(Lap Joint) 및 맞대기형(Butt Joint)과 이들 형상을 변형한 스카프형(Scarf Join) 및 조합한 맞대기-겹치기형이 있고, 실제 브레이징 작업시는 기본 형상을 응용하거나 조합한 형상을 채택하는 경우가 많다.

맞대기 형상은 접합면적이 모재의 단면적과 동일하여, 접합강도가 일반적으로 약하다. 그래서 이 형상은 삽입금속의 강도 혹은 접합강도가 모재 보다 큰 경우에 채용되는 경우가 많다. 또한, 피접합면의 평활도 및 평형도가 접합재의 건전성에 큰 영향을 준다. 맞대기 형상을 변형한 스카프형(Scarf Joint)은 모재의 단면적을 일정하게 하고, 모재와 동일한 두께를 가진 접합재를 얻을 수 있으면서, 접합면적을 맞대기형 보다 크게 할 수 있다는 이점이 있다. 스카프 각도는 각각 45°, 39°, 22.5°, 19.5°이면, 모재의 단면적에 대한 접합면적의 비는 1.4, 2.0, 2.6, 3.0으로 변화한다. 스카프의 각도를 작게 하면 접합면적을 크게 할 수 있음을 알 수 있다. 이 형상은 박판접합에는 곤란하고, 보통 후판접합에 이용되는 경우가 많다. 단점으로서는 가공이 어렵다는 점이다. 또한 브레이징 작업시 스카프의 각도를 준 끝 부분이 파열되기 쉽고, 용융삽입금속의 흐름성이 나쁠 경우에는 접합결함이 발생하기 쉽기 때문에 가공 및 조립 등에 주의를 요한다. 맞대기-겹치기형(Butt-Lap Joint)은 맞대기형과 겹치기형의 조합한 형상으로, 최대 접합강도를 유지하면서, 동일한 모재의 두께를 유지하기 위해 고안된 형상이다. 이 형상은 모재의 가공이 더 필요하다는 점이 있지만, 작업시 지지대가 필요하지 않는다는 이점도 있다.

(2) 이음부 설계방안

① 응력집중 상태를 피하기 위한 형상의 설계방안

접합재에 하중이 걸리면, 이음부는 모재와 재질이 다르고, 크기 형상 등의 차이에 의해서 불연속점이 되어, 응력집중 부위로 작용한다. 더욱이, 정적인 하중하에서 모재에서 파단하도록 설계한 접합재일지라도, 하중의 방향이 변하거나, 반복하중을 부가하는 경우, 이음부에서 응력이 집중되어 이음부에서 파단하는 경우가 발생한다. 따라서 이음부형상을 설계할 때에는 이음부에 걸리는 응력집중을 가능한 분산시키는 형상을 먼저 생각하여야 한다. 전형적인 이음부보다는 삽입금속의 양을 약간 많이 사용하여 필렛을 형성시켜, 집중응력을 분산하는 것도 가능하다.

② 용융삽입금속의 흐름을 고려한 설계방안

용융삽입금속은 적당한 틈 사이에서는 흘러 들어가지만, 만약 부분적으로 간격이 넓은 곳이 있으면 정지한다. 이런 현상은 특히 모서리 부분에서 많이 발생한다. 예를 들면, [그림 4-5]의 (a)와 같은 모서리 부분에서 틈 사이의 간격이 커지면 용융삽입금속이 채워지지 않고, (b)와 같이 모서리가 직각이 되는 경우도 모서리 부분에서 보이드로 남는다. 이와 같이 모서리 부분에서는 될 수 있는 한 (c)와 같이 라운드지게 하는 것이 최선의 방법이라고 할 수 있다.

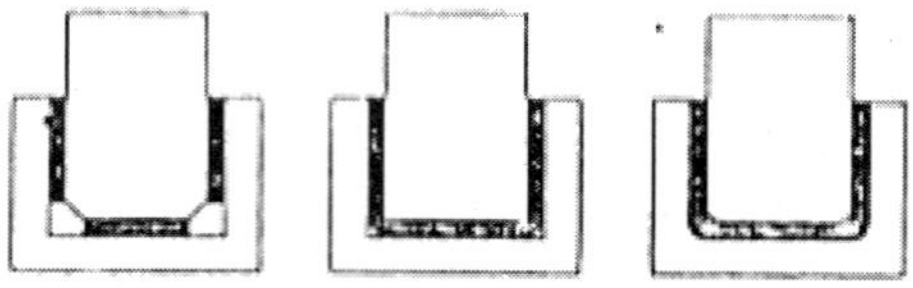

(a) 불량 (b) 불량 (c) 양호

[그림 4-5] 이음형상과 용융금속의 흐름

또한, 적정한 간격을 유지한 경우라도, 플락스 혹은 삽입금속 및 플락스에서 발생한 가스, 용융한 플락스, 내부에 존재했던 공기 등이 빠져나갈 곳이 없으면, 용융삽입금속의 흐름은 멈추기가 쉽다. 이런 경우 외관상으로는 문제가 없는 것처럼 보이지만, 실제로는 용융삽입금속의 흐름이 불량하여 보이드 등이 존재하는 경우가 많다. 예를 들면, [그림 4-6]과 같은 형상을 브레이징할 때처럼 공기 혹은 가스 누출구멍을 고려하면, 용융삽입금속의 흐름에는 문제가 없다.

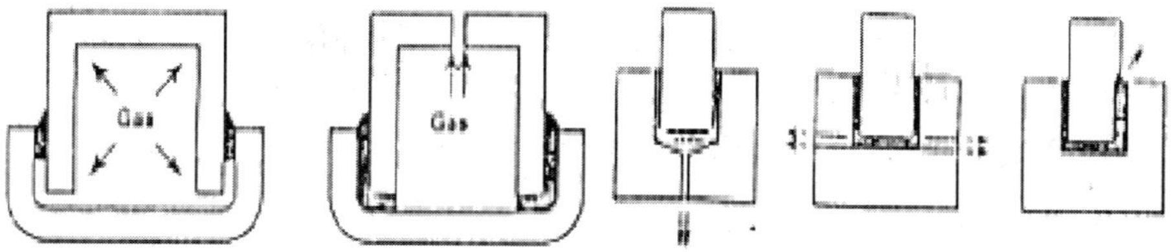

[그림 4-6] 이음형상과 가스누출

③ 삽입금속의 배치에 대한 고려

용융삽입금속의 흐름에 대한 설계 방안과 더불어 고려해야 할 점은 삽입금속의 배치에 대한 설계방안이다. 특히 설치형 삽입금속의 경우에는 삽입금속을 어디에 놓는가에 따라서 이음부의 강도는 물론 용융삽입금속의 흐름 및 접합결함의 발생과도 밀접한 관계가 있다. 따라서 이음부 형상의 설계, 단계에서 삽입금속의 형태 및 위치를 검토할 필요가 있다. 간단한 예로서, 판상의 삽입금속을 사용하는 경우 플락스 및 공기가 용융삽입금속과 더불어 외측으로 빠져나가게 되어야만, 삽입금속으로 완전히 채워져서 보이드가 발생하지 않는다. 특히 양모재 사이에 두께 차가 있으면, 얇은 모재쪽 온도의 상승속도가 빠르기 때문에 두꺼운 모재의 온도가 삽입금속의 용융온도에 도달하기 전에 얇은 모재 쪽은 이미 용융삽입금속과 반응하여 나머지 용융삽입금속의 흐름을 저해하거나 모재의 얇은 부분이 완전히 용융하는 에로죤(Erosion) 현상이 일어난다. 따라서 삽입금속은 얇은 모재와 접촉하지 않도록 설계하거나, 삽입금속을 배치하기 위한 Groove를 설계할 때는 두꺼운 모재 쪽에 설치해야 한다.

(3) 접합부 간격의 설계방안

브레이징 이음부의 강도는 접합부의 간격(Clearance)과 깊은 관계가 있다. Gas형 플락스를 사용하는 경우, 접합부 간격이 좁을수록 전단강도가 증가하고 있고, 삽입금속 본래의 전단강도 보다 높은 값을 나타낸다. 접합재의 강도가 삽입금속의 본래의 강도보다 크게 되는 것은 접합부에서 우선 소성변형이 일어나지만, 항복응력이 더 큰 모재의 영향으로 접합부 근방에서 소성변형을 일으키기 위해서는 더욱 큰 응력이 필요하기 때문이다. 그러나 너무 좁으면, 용융삽입금속의 흐름이 나쁘게 되고 접합결함이 발생하게 되어 도리어 강도를 저하하게 된다. 최대의 강도를 얻기 위한 접합부 간격을 결정할 때에는 다음과 같은 사항을 고려해야 한다. 동일한 간격에서도 플럭스 혹은 분위기, 모재의 표면상태, 모재 및 삽입금속의 종류, 용융 삽입금속과 모재와의 반응성, 접합부의 기하학적 형상 등에 따라서 접합강도는 변화한다. 특히 이종재료 간의 브레이징인 경우에는 팽창계수의 차를 고려하여야 한다. 같은 간격이라도 사용한 플럭스의 종류에 따라 변화한다. 이것은 플럭스 및 분위기에 따라서 용융삽입금속의 흐름이 다르기 때문이다. 즉 분위기가 나쁠 때에는 적당한 용융삽입금속의 흐름을 얻기 위해서는 보다 넓은 간격이 요구된다. 그러나 너무 넓으면, 플럭스와 용융삽입금속과 혼합이 일어나 접합강도를 저하시킨다.

일반적으로 용융삽입금속은 모세관현상에 의해 흘러 들어간다. 만약, 모재에 표면이 너무 매끄러우면, 용융삽입금속이 균일하게 분산되지 않을 것이다. 그 결과 보이드가 생기고 접합강도는 저하한다. 반면에 표면조도가 너무 크면, 평균 접합부 간격이 넓어질 뿐 아니라, 일정 부분만 브레이징이 되어 역시 강도저하의 요인이 된다. 일반적으로 표면조도는 0.7 ~ 2.0 [μm]정도가 적당하다. 특히 접합부 간격이 0 인 경우 및 압력을 가하는 상태의 경우는 어느 정도의 표면조도가 유지되어야 한다. 모재의 성분 중에 산화하기 쉬운 Al, Ti 등과 같은 성분이 포함된 경우는 산화피막 때문에 용융삽입금속의 젖음성이 불량하게 된다. 따라서 이러한 금속의 함유량이 증가할수록 접합부 간격을 넓게 하여야 한다. 융점이 일정한 순금속 및 공정합금인 삽입금속은 고액 공존구간을 갖는 삽입금속 보다 접합부 간격을 좁게 하는 것이 좋다. 또한, 모재와 용융삽입금속이 서로 반응성이 좋은 경우는 액상의 유동성을 저해하는 경향이 있으므로, 반응성이 없는 경우 보다 넓은 접합부 간격이 요구된다. [표 4-4]는 삽입금속과 모재의 조합에 따른 적정한 접합부 간격을 나타낸다. 접합부 길이가 긴 경우에는 접합부의 끝점에 도달하기 전에 응고할 우려가 있으므로 짧을 때 보다 접합부 간격을 넓게 하여야 한다. 더욱이 모재와 용융삽입금속과의 반응성이 좋을 경우에는 더 넓게 하여야 한다. 특히 이종재료 간을 접합할 경우에는 열팽창계수 차이에 의해서 상온에서 설정한 간격과 접합온도에서 간격은 변화한다. 따라서 접합온도에서 적정간격을 조립 시에 설정할 필요가 있다.

[표 4-4] 모재-삽입금속의 조합과 적정 집합부 간격(단위 : [mm])

LM BM	강	동합금	탄소강
동삽입금속	-	-	0.05 이하
황동삽입금속	0.07 ~ 0.38	0.07 ~ 0.33	0.05 ~ 0.25
인동삽입금속	0.05 ~ 0.25	0.07 ~ 0.38	-
은삽입금속	0.05 ~ 0.38	0.05 ~ 0.38	0.02 ~ 0.12

제5장 절단 및 가스가공

제1절 | 가스절단

1. 원 리

금속을 사용하기 적당한 크기로 절단하는 방법은 가스절단, 플라즈마(Plasma)절단, 분말(Powder)절단, 레이저 절단, 수중절단 등이 있으며 가스가공법으로는 가우징, 스카핑 등이 있다. 가스절단은 금속과 산소 가스와의 반응열을 이용해서 금속을 절단하는 방법이다. 절단토치에서 나온 가스 불꽃으로 강재를 800 ~ 1000 [℃]로 예열하여 화구의 중심에서 순도가 높은 고속의 산소를 분출시키면 강철은 급격한 연소작용을 일으켜 산화철이 되며 강열한 반응열을 발생한다. 산화철은 강재보다 녹는점이 낮기 때문에 산소의 분출력에 의해 산화철이 밀려나며 절단이 된다. 절단기 끝에는 탈착이 되도록 나사로 된 노즐이 달려 있어 절단할 재료의 두께가 두꺼울수록 노즐 구멍의 지름이 큰 것을 사용하는데, 절단속도는 강재의 두께가 두꺼울수록 느리고 얇을수록 빠르다. 보통 강철의 가스절단은 몇 mm에서 수백 mm 두께의 강재를 절단할 수 있는데 절단시 철강의 화학반응은 다음과 같다.

$Fe + 1/2O_2 = FeO + 64\ kcal$ …… 제1반응식

$2Fe + 3/2O_2 = Fe_2O_3 + 190\ kcal$ …… 제2반응식

$3Fe + 2O_2 = Fe_3O_4 + 266\ kcal$ …… 제3반응식

2. 가스절단 조건

가스절단이 원활하게 되기 위해서는 금속의 산화물 또는 슬래그가 모재보다 저온에서 녹고, 유동성과 모재로부터의 박리성이 좋아야 하며 모재의 연소온도가 용융온도 보다 낮아야 하며, 모재 함유성분 중의 불연소물이 적어야 한다. 따라서 탄소강의 절단이 용이한 이유는 철의 연소온도(1350 [℃])가

그 용융온도(1530 [℃])보다 낮고, 산화물과 용융 철이 융합한 슬래그의 용융온도는 그보다 훨씬 낮다. 그리고 슬래그의 유동성이 극히 양호하고, 절단을 방해하는 불순물이 적기 때문이다. 주철이나 스테인리스강, 비철금속 등이 절단에 부적합한 이유로 주철에서는 융점이 연소온도 및 슬래그의 융점보다 낮고, 또한 주철중의 흑연은 강의 연속적인 연소를 방해한다. 스테인리스강이나 알루미늄의 경우는 절단 중에 생기는 Cr_2O_3 또는 Al_2O_3가 모재보다 훨씬 고융점의 내화물이므로, 점도가 큰 슬래그가 절단 표면을 덮어 산소와 모재간의 반응을 방해하기 때문이다.

가. 절단 토치

용기 또는 발생기에서 보내진 아세틸렌과 산소를 혼합가스로 만들고, 이 혼합가스를 연소시켜 불꽃을 형성해서 용접 또는 절단을 할 수 있도록 하는 기구를 말하며, 손잡이, 혼합실, 산소 및 아세틸렌 벨브, 팁으로 구성되어 있다. 토치의 용량은 아세틸렌의 압력을 기준으로 저압식과 중압식으로 분류한다. 저압식 토치는 산소와 아세틸렌을 혼합하여 예열용 가스를 만드는 부분과 고압의 산소만을 분출하는 부분으로 나누어진다. 저압식 토치에서는 아세틸렌의 압력이 산소의 압력에 비하여 매우 낮기 때문에 예열용 산소를 작은 분출구로부터 방출시켜 그 흡인력으로 아세틸렌을 끌어내는 구조(인젝터식)로 되어 있다. 이 방식에는 니이들밸브에서 산소의 양을 조절하는 가변압식과 니이들 밸브가 없는 불변압식이 있다. 중압식 토치는 예열가스의 혼합방식에 따라 팁 혼합식과 토치 혼합식이 있다.

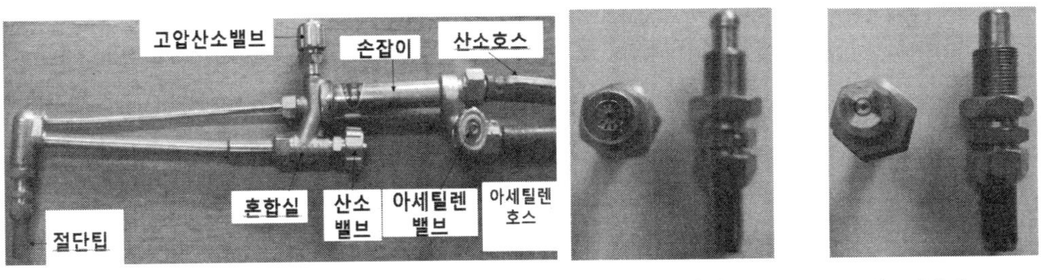

(a) 절단토치 (b) LPG용 절단팁 (c) C_2H_2용 절단팁

[그림 5-1] 절단토치와 팁의 종류

(1) 토치의 크기에 따른 분류

① 소형 토치 : 전장이 300 ~ 350 [mm], 무게 400 [g] 내외

② 중형 토치 : 전장이 400 ~ 450 [mm], 무게 500 [g] 내외

③ 대형 토치 : 전장이 500 [mm] 이상, 무게 700 [g] 내외

(2) 토치의 구조에 따른 분류

① A형 토치 : 독일식, 불변압식

② B형 토치 : 프랑스식, 가변압식

(3) 예열용으로 사용하는 아세틸렌가스 압력에 따른 분류

① 저압식 토치 : 아세틸렌 공급 압력이 0.07 [kg/㎠] 미만에 쓰이는 인젝터식이다.

② 중압식 토치 : 아세틸렌 공급 압력이 0.07 ~ 1.3 [kg/㎠] 범위에서 사용하는 토치로 등압식 토치라고도 한다.

③ 고압식 토치 : 아세틸렌 공급압력이 1.3 [kg/㎠] 이상에서 사용하는 토치로 용해아세틸렌 또는 고압 아세틸렌발생기에서 사용되며 일반적으로 사용하지 않는다.

3. 절단작업

예열불꽃은 중성불꽃을 사용하여 절단 개시점을 예열한다. 팁의 끝에서 모재 표면까지의 간격은 예열불꽃의 백심 끝이 모재표면에서 약 1.5 ~ 2.5 [mm]가 되게 한다. 연소온도가 되면 절단산소를 분출시켜 뒷면까지 완전히 절단하여 절단선에 따라 토치를 이동시킨다. 예열불꽃의 세기는 산소의 압력과 아세틸렌의 압력에 의해 결정되는데 예열불꽃이 너무 크면 모재상부가 용융되어 불규칙한 면이 생기며 절단간격이 크게 된다. 또한 예열불꽃이 너무 약하면 절단속도가 감소되고 절단이 중단되기 쉬우며 절단간격이 크게 된다. 절단속도는 산소의 압력, 판의 두께, 산소의 순도, 재질 등에 따라 좌우된다.

[그림 5-2] 가스절단작업

가. 가스 절단면의 특성

탄소강의 가스 절단면은 급랭에 의하여 소입 경화되며, 그 정도는 재질, 판두께 등에 따라 달라진다. 일반적으로 연강에서는 경화가 적으나 고장력강에서는 크게 경화되어 냉각 중에 절단면에 미세한 균열이 발생되기도 한다. 절단면 부근의 현미경 조직은 용접 열영향부(HAZ)의 것과 비슷하며 과열로 조립화 되어 있다. 절단면은 국부적인 가열과 냉각으로 소성변형과 잔류응력이 발생한다. 가스절단에 의한 변형은 [그림 5-2]와 같다.

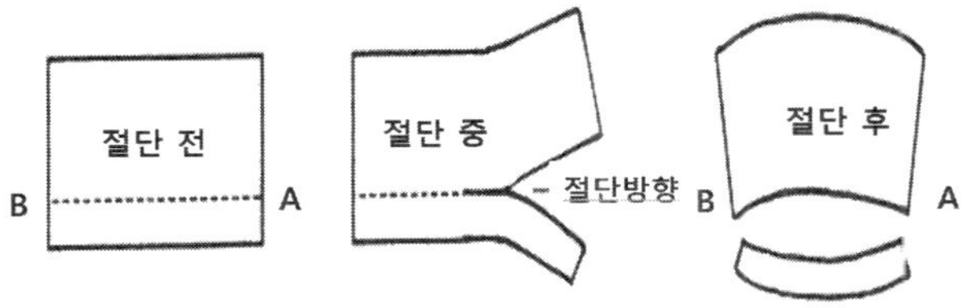

[그림 5-3] 절단 변형

나. 절단속도를 좌우하는 인자

절단속도는 가스절단의 양부를 결정하는데 중요한 인자로 이것에 영향을 미치는 관련 인자는 산소압력, 모재온도, 산소순도, 팁형상 등이 있다. 산소압력에서는 일반적으로 절단산소의 압력이 높고, 산소소비량이 많으면 절단속도는 비례적으로 증가한다. 그러나 후판에서 팁구경이 작으면 절단속도가 늦어 판두께에 따라·산소압력과 팁구경을 선정하여야 한다. 모재온도에서 절단속도는 모재의 온도가 높을수록 증가한다. 산소의 순도가 낮아지면 절단속도가 현저하게 낮아지고, 절단면의 외관도 나빠진다. 이것은 절단표면에서 산소 불순물 슬래그가 산소의 확산을 방해하고, 과산소의 반응을 지연시키기 때문이다. 절단토치에서 분출구의 형상은 절단에 매우 중요한 영향을 미친다. 아래 그림에서 (a)는 일반 가스절단용으로 분류속도가 크며 (b)는 다이버젠트형 노즐이라 하며, 분류속도가 음속 이상으로 일반 가스절단용에 비해 산소소비량이 같을 때 절단속도를 20 ~ 40 [%] 증가시킬 수 있다. (c)는 가우징용으로 분류속도가 작으며 (d)는 후판 절단용으로 분류속도가 보통이다.

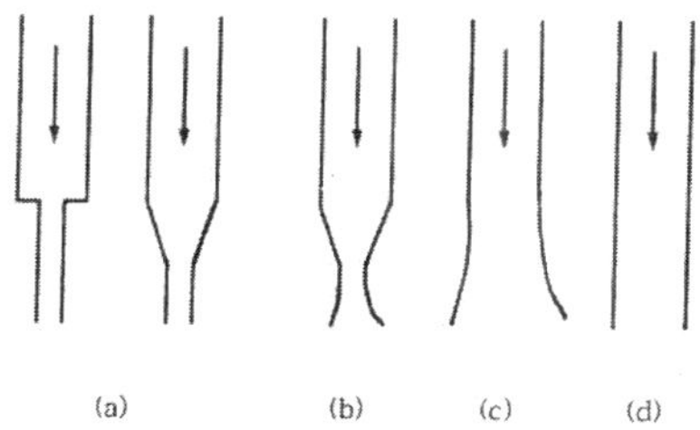

[그림 5-4] 절단팁 분출구의 형상

(1) 가스 절단속도가 너무 느리거나 빠를 때 절단면의 품질

절단면의 품질은 절단면 윗 모서리의 용융정도, 평면도, 표면조도, 노치유무, 슬래그, 직진도, 개선면의 각도 등의 형상 요인에 따라 등급 기준이 결정된다. 양질의 절단면을 얻기 위해서는 절단재의 두께에 따라 예열불꽃의 상태, 절단산소의 유량, 절단 도 및 절단토치 등을 적절히 선정해야 한다. 절단속도가 빠를 때에는 드래그가 크게 되고, 표면 모서리의 바로 밑이 파이게 되다. 절단속도가 느릴 때에는 표면이 과열되어 표면의 모서리가 둥글게 되며, 밑부분에 요철이 생기기도 한다. 또한, 슬래그가 절단면에 단단히 부착하기도 한다.

(2) 드래그(DRAG)와 절단폭(Kerf)

드래그는 절단에서 절단 가스의 입구(소재의 표면)와 출구(소재의 이면) 사이의 거리를 말한다. 대부분의 경우 철강 재료의 절단은 산소를 사용하며, 절단노즐과 인접한 표면에서의 산소량과 이면에서의 산소량은 동일할 수가 없다. 이러한 차이는 상하부의 연소조건을 변화시키기 때문에 절단면에서는 표면에 비하여 이면의 절단작용이 지연된다. 즉, 노즐에서 먼 위치인 하부로 갈수록 산소압의 저하, 슬래그와 용융물에 의한 절단 생성물 배출의 곤란, 산소의 오염, 산소 분출 속도의 저하 등에 의하여 산화작용이 지연된다. 그 결과 절단면에는 거의 일정한 간격으로 평형된 곡선이 나타나며, 그것을 지연곡선(DRAG LINE)이라고 하고, 절단 진행방향으로 측정한 1개의 드래그선에서 표면과 이면의 거리를 드래그(DRAG)라고 한다. 드래그길이는 주로 절단속도, 산소소비량 등에 의하여 변화하며 절단면 말단부가 남지않을 정도의 드래그를 표준드래그 길이라고 하는데, 보통 판두께의 20%정도이다. 절단폭(Kerf)은 절단공정에서 용융 및 배출 작용에 의하여 형성된 간극을 말한다.

$$\text{드래그}(\%) = \text{드래그 길이}(mm)/\text{판두께}(mm) \times 100$$

[표 5-1] 표준 드래그 길이

판두께(mm)	12.7	25.4	51	51-152
드래그 길이(mm)	2.4	5.2	5.6	6.4

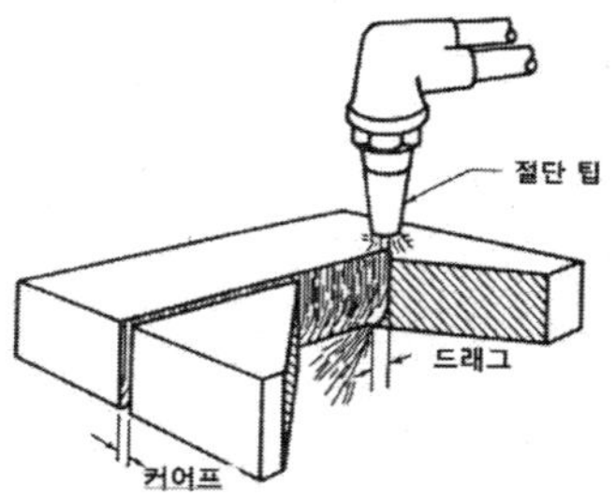

[그림 5-5] 드래그와 절단폭

4. 자동가스 절단기

자동가스 절단기는 절단토치를 자동으로 이송시키는 주행대차에 설치한 것인데 절단방향을 손으로 조작하는 반자동식과 모든 조작이 자동적으로 되는 전자동식이 있다. 반자동식은 주로 소형물이나 곡선의 절단에 쓰이고 전자동식은 직선절단이나 형절단 등에 사용된다.

[그림 5-6] 자동절단기 작업현장

제2절 | 기타절단

1. 플라스마 절단(Plasma Arc Cutting : PAC)

가. 절단원리

플라스마는 가스를 고온으로 가열 시 가스가 전기전도성을 가진 원자와 전자로 분리된 상태로 열적 핀치효과와 자기적 핀치효과에 의해 약 20000 ~ 30000 [℃] 이상의 고온을 얻을 수 있게 된다. 플라스마 절단은 산화물이 모재보다 고융점을 갖는 알루미늄, 스테인리스강, 주철 등의 절단에 매우 유용하다. 현재는 공기중에서의 플라스마 절단시 발생되는 흄, 소음, 분진 등의 공해를 방지하기 위하여 플라스마 토치의 주변에 물을 분사하는 절단법이 활용되고 있다.

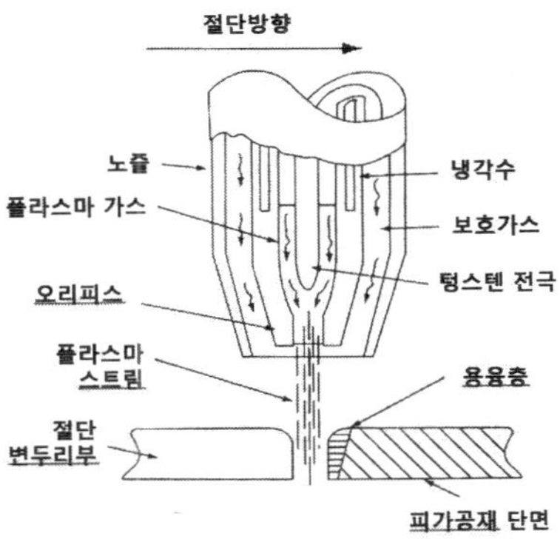

[그림 5-7] 플라스마 절단 원리

나. 장 •단점

(1) 장점

① 비교적 얇은 판에서 열 변형이 적고, 고속으로 절단할 수 있다.

② 예열이 불필요하며 작업성이 좋으며 금속은 물론 비금속 재료의 절단이 용이하다.

(2) 단점

① 장치가 비싸고 절단 홈(Kerf)이 비교적 넓다.

② 절단면에 경사각이 생기는 문제 때문에 30 [mm] 이상의 두꺼운 부재에 대한 절단은 특수한 경우에만 한정하여 적용하는 것이 좋다.

③ 절단시 소음과 분진의 발생이 심하여 집진장치 등의 조치가 필수적이며 소모품의 수명이 짧다.

[표 5-2] 가스절단과 Plasma 절단의 특징 비교

종류	연 강	스테인레스강
가스 절단	• 철과 산소의 반응열을 이용하므로 양질의 절단을 할 수 있으며 경제적이다 • 후판에 유효하며 박판의 가스 절단시 비틀림이 크다.	• 가스절단은 스테인레스강에 대해서 절단면 상태 등이 거칠게 되어 부적당하다. • 철분 분말절단은 가능하나 절단면에 대하여는 열처리가 필요하다.
Plasma 절단	• 약 15mm 이하 판재의 절단은 고속 고온에서 이루어지므로 가스절단시 보다 비틀림 발생이 적다. • 15mm 이상의 절단은 절단속도가 급감되어 절단면이 거칠어 가스절단이 유리하다. • 소음, 빛, 흄 등이 강렬해 대책이 필요하다. • 가스절단 설비에 비해 고가이다.	• 알곤, 수소 등의 가스 플라스마에 의해 박판부터 후판까지 양호한 절단이 가능하다.

다. 플라스마 발생방식

플라스마 발생 방식에 따라 플라스마 아크절단법과 플라스마 제트절단법으로 구분된다. 플라스마 아크절단법은 텅스텐 전극과 모재 사이에 플라스마를 발생시키는 이행형 아크플라스마 절단이고 플라스마 제트절단법은 텅스텐 전극과 노즐사이에서 아크를 발생시키는 비이행형 아크 플라스마 절단법으로 절단하려는 재료에 전기접속을 하지 않음으로 금속은 물론 비금속에도 사용된다. 알루미늄, 스테인레스강, 고합금강 등의 절단 시 작동가스로는 Ar과 H_2의 혼합 가스나 Ar, H_2, N_2의 혼합가스가 사용되고 있으며, 일반강의 절단에는 공기나 산소가 많이 사용된다. 그 외에 N_2, H_2 등도 경우에 따라서는 사용되고 있지만 이러한 작동 가스는 절단효율, 품질 및 소용 경비에 크게 영향을 미치기 때문에 적절한 선택이 필요하다. 또한 활성 가스는 토치의 전극을 소모시키기 때문에 소모율을 최소화 시키고 사용수명을 최대로 연장하기 위하여 가스의 종류 및 공급방법이 다양하게 연구되고 있으며 작동가스의 공급방식에 따라 선회류식과 축류식으로 구분된다. 절단토치의 구조는 작동가스에 따라 상이하다. 텅스텐 봉을 전극으로 사용하는 경우 Ar+H_2 및 N_2를 작동가스로 하고, 선회류 방식과 축류방식의 어느 쪽도 사용할 수 있으나 통상 Ar+H_2용으로는 축류방식을 많이 사용한다. 그러나 공기와 산소를 작동가스로 하는 경우에는 노즐로서 Cu에 Hf이나 Zr을 삽입한 것을 사용하며 이때는 음극점을 고정시키기 위해 선회류 방식이 사용된다.

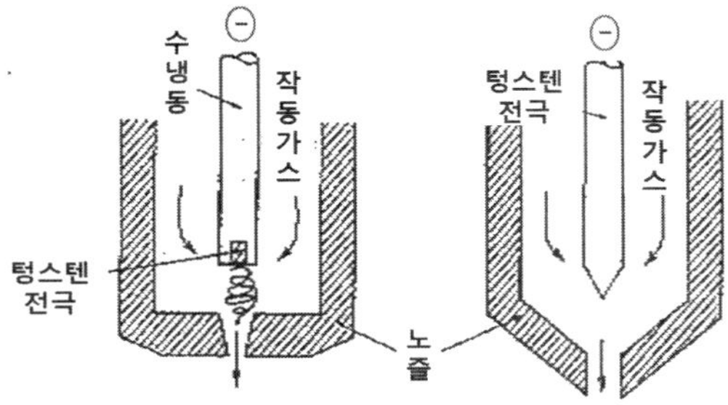

(a) 선회류식 (b) 축류식

[그림 5-8] 작동가스 공급방식

라. 시리즈아크(SERIES ARC) 발생원인

열적핀치효과는 작동가스 자체의 흐름에 영향을 받는다. 즉 작동가스의 유량이 적거나 작동가스의 기류가 산란되는 경우에는 노즐부의 냉각이 비효율적으로 되어, 열적핀치효과를 충분히 살릴 수 없게 된다. 이 경우에 플라스마화한 기체가 노즐과 전기회로를 만들어 시리즈아크(더블 아크)를 만들 수 있다.

시리즈아크는 플라스마 절단이 갖는 본질적인 현상으로서, 이 현상이 생기면, 노즐이 파손되고 심하면 전극도 파손되어 더 이상의 절단작업을 수행할 수 없게 된다. 플라스마 토치노즐은 열적핀치효과에 의해, 플라스마 아크로부터 전기적으로 그리고 열적으로 차단되어 있다. 그런데 어떤 원인으로 인해, 이 차단효과가 붕괴되면, 플라스마 아크의 전류는 절단재 → 노즐 → 전극으로(전류는 플러스에서 마이너스로 흐른다.) 흐르게 된다. 이러한 전류에 의해 생긴 아크를 시리즈 아크라고 한다. 이때 노즐구멍을 통과하여 흐르는 전류에 의해 플라스마아크(메인아크)도 존재하기 때문에, 시리즈 아크가 발생할 때에는 결국 2개의 플라스마 아크가 존재하게 된다. 2개의 플라스마 아크, 즉 더블아크가 존재하는 것이다. 그림에서 화살표는 전류의 흐름을 표시하고 있다. 한편 작동가스의 흐름은 반대로 되어 있는 것에 주의한다. 시리즈아크는 노즐의 허용전류 이상으로 전류를 흐르게 한 경우, 노즐에서 수냉효과, 플라스마와 보호가스 종류, 플라스마 가스유량, 노즐에 부착되는 스패터(spatter), 전극의 수명이 다해, 노즐내부에서 전극이 녹아 파손된 경우 등 제요소가 원인이 된다.

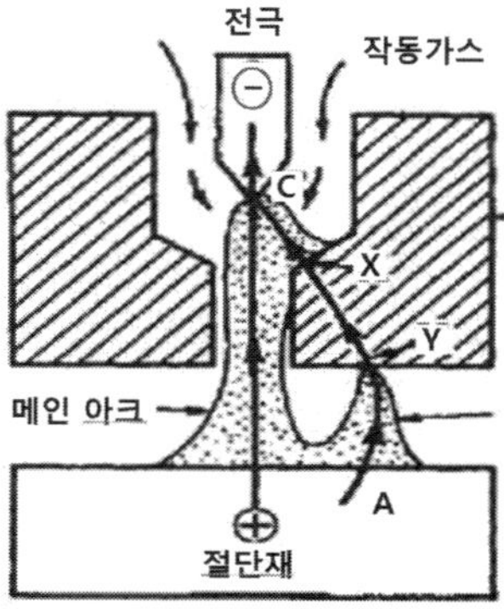

[그림 5-9] 플라스마 시리즈 아크

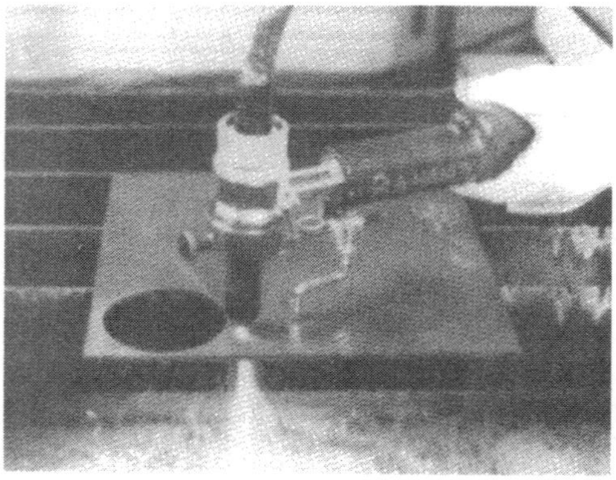

[그림 5-10] 플라스마 절단작업

마. 절단품질에 영향을 미치는 요소

작동가스의 종류, 절단전류, 토치높이, 절단토치의 고유특성, 가스공급선의 길이 및 유량 등이 품질에 영향을 미친다. 따라서 이러한 인자들을 실험적으로 확인하여 조합함으로서 용도에 적합한 조건을 선정하는 것이 바람직하다.

바. 플라스마 절단작업

일반적으로 플라스마 가스로 공기를 사용하고 수동 적용되는 저전류 플라스마 절단 시스템과 플라스마 가스로 질소를 사용하고 자동 적용되는 고전류 플라스마 절단 시스템으로 나뉜다. 플라스마 절단작업은 플라스마 용접의 키홀 모드와 매우 흡사하다. 절단시에는 키홀이 닫혀서는 안된다. 플라스마 아크 입열은 매우 높아 열을 충분히 빠르게 밖으로 이동시킬 수 없다. 고속도의 플라스마 분사는 용융금속을 날려버려 절단부를 만든다. 플라스마 아크절단법은 모든 자세에 사용될 수 있고 구멍을 뚫거나, 가우징에도 사용된다. 구멍을 뚫는 능력은 대개 두께절단 능력의 반정도이다. 또한 플라스마 아크 절단은 수중 금속절단에도 사용되며 모든 금속을 절단할 수 있다. 플라스마 아크 절단으로 절단할 수 있는 금속으로는 알루미늄, 황동, 청동, 동, 아연도금강, 코팅 또는 페인트칠된 강, 연강, 스테인리스강 등이다. 플라스마 아크절단은 단계절단, 형상절단, 겹침절단 등에 사용된다. 겹침절단은 산소 아세틸렌 절단보다 훨씬 효과적이다. 절단면 끝의 품질은 가스절단의 경우와 비슷하거나 더 우수하다. 절단폭은 산소 아세틸렌 절단의 경우보다 좁고 절단각은 약 90°이다. 고전력 장치에서 발생된 소음수준이 높아서 작업자는 귀보호구를 착용해야 하지만 저전력 절단의 경우에는 필요치 않다. 고전력 절단의 경우, 다량의 흄 및 미세한 분진이 생성되기 때문에 부분적인 배기가 필요하다. 고전력 절단은 물탱크에서 행해지며 절단시 생긴 용융금속이 물에 떨어지므로 대기중으로 방출되는 흄의 양을 줄일 수 있다. 아크와 용융금속으로부터 작업자를 보호하도록 보호복을 꼭 착용해야 한다.

차광면은 후판(heavy-duty)절단에 맞는 No.9 필터 차광유리를 사용해야 하며 저전압 절단시에는 좀 더 밝은 차광유리를 사용해도 된다.

2. 금속분말 절단(Metal Powder Cutting : MPC)

가. 개요

주철, 스테인리스강, Al합금 또는 비금속(콘크리트) 등은 보통의 가스절단이 곤란하나 철분이나 플럭스의 미세한 분말을 연속적으로 절단산소에 혼입, 공급하여 예열불꽃 중에서 연소반응시켜 절단재의 산화물을 용해 제거하여 연속적으로 절단을 행하는 것이다. 분말의 절단능력은 분말의 조성, 형상 및 건조정도에 영향을 받게 된다. 최근에는 플라스마 아크절단법이 크게 진보되어 분말가스 절단법의 많은 부분을 대신하고 있다.

나. 종류

분말절단법의 종류로는 철분절단과 용제절단이 있다.

(1) 철분절단법(반응열 이용)

200 [mesh] 정도의 철분에 Al분말을 배합한 미세분말을 압축공기 또는 질소가스로 공급하는 방식으로 철분의 연소열로 절단부의 온도를 높여 녹이기 어려운 산화물을 용융 제거하여 절단하는 방법이다. 철분말의 산화나 연소는 산소스트림에 훨씬 더 높은 온도를 제공한다. 산소스트림에 철분말을 사용하면 모재는 예열없이도 절단할 수 있다. 철분 분말절단은 주철이나 스테인리스강의 절단에 가장 광범위하게 사용되나, 많은 양의 분진을 발생시킨다. 절단속도는 산소 절단에서와 비슷하다. 두께 25mm 이상의 두꺼운 재료의 경우에는 한 치수 큰 노즐을 사용해야 한다. 분말은 절단 표면에 스케일을 남기지만 표면이 냉각되면 쉽게 제거할 수 있다.

(2) 용제절단법

용제절단은 금속분말 절단법에서 철 분말을 사용하는 것과 같은 방법으로 탄산염(탄산소다) 및 중탄산염을 주성분으로 한 용제 분말을 이용한 절단법으로 융점이 높은 알루미늄, 스테인리스강 등의 절단이 가능하다.

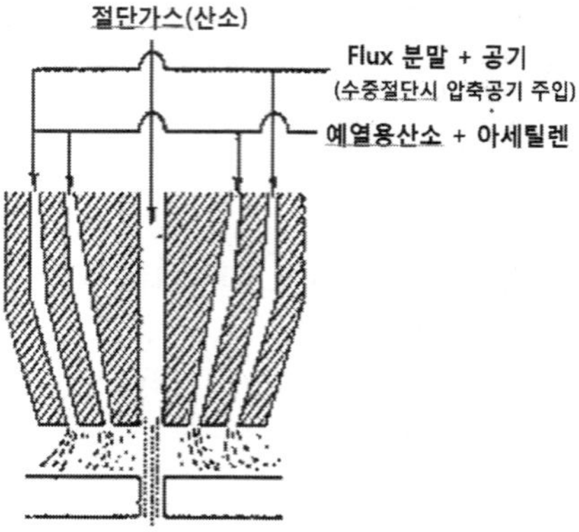

[그림 5-11] 분말 절단작업

3. 산소창 절단(Oxygen Lance Cutting : LOC)

소모성 창을 통하여 공급된 산소를 사용하는 산소 절단법이다. 산소창은 절단지점까지 산소를 운반하는 튜브나 파이프 길이 이다. 산소창 절단과 보통의 화염절단 토치의 주된 차이점은 발화 온도에서 재료의 예열 화염이 없다는 것이다. 절단할수록 랜스는 소모된다. 산소창 절단은 주로 제강소에서 고온 금속 절단에 사용된다. 강은 충분히 가열되면 산소에 의해 급속히 산화되어 절단된다.

4. 연삭 워터제트 절단(Abrasive Water Jet Cutting : AWJ)

연삭 워터제트 절단은 빠른 침식으로 재료를 절단한다. 아주 미세한 연삭제를 포함한 고속(마하 2.5 속도)고압의 워터제트가 절단될 재료를 때리면 재료는 급속히 침식되고 화염절단 표면과 아주 흡사한 절단이 된다. 물의 스트림이 열절단에서 산소스트림과 같은 방식의 역할을 한다. 워터제트 절단은 기계가공 또는 접촉절단 시스템에 비하여 많은 장점이 있다. 열이 생기지 않으므로 절단표면에 금속학적 변화가 일어나지 않으며 열변형, 절단공구 마모도 문제가 되지 않는다. 금속 뿐만 아니라 플라스틱, 목재, 마분지, 유리, 천, 고무와 석재 등 모든 재료를 절단할 수 있다.

5. 피복금속 아크절단(Shielded Metal Arc Cutting)

피복아크 절단은 피복용접봉을 사용하는 절단공정이다. 필요장비는 피복아크용접에 사용되는 것과 동일하다. 피복금속 아크절단법은 거친 절단면 때문에 대개 용접준비에는 사용되지 않으며 절단작업이 다른 방법을 이용할 수 없거나 비상시에만 사용된다. 특수 전극을 사용하면 가우징에도 사용될 수 있다.

6. 가스텅스텐 아크절단(GTAC)

텅스텐 전극과 실드가스를 사용하는 절단법이다. 장치는 가스텅스텐 아크 용접기와 동일하며, 절단은 주로 박판금속에 사용되고 거의 모든 금속 절단에 사용 될 수 있다. 하지만 플라즈마 아크 절단에 의해 대체되고 있으므로 현재 널리 사용되지는 않는다.

7. 수중 가스절단

수중절단에는 가스절단과 아크절단이 있으나 직류용접기를 이용한 산소아크절단이 많이 사용되고 있다. 산소아크절단은 금속 중공관을 전극으로 하여 피 절단물과의 사이에 아크를 발생시켜 피 절단물을 용융시키고, 금속 중공관 중에서 산소가스를 분출시켜 용융금속을 날리면서 절단한다. 여기에서 산소가스는 용융금속과의 사이에 화학반응을 일으키고 용융점의 열보전 작용도 한다.

수중 가스절단 토치의 구조는 일반 가스절단 토치의 둘레에 공기장막을 만들기 위한 장치가 추가되어 있다. 공기장막의 역할은 절단시 절단면에 물이 닿는 것을 막고 예열 불꽃을 안정시켜 절단이 원활하게 이루어지도록 하는 것이다.

이외에 수중에서 점화를 할 수 없기 때문에 점화용 보조팁이 있어 토치를 수중에 넣기 전에 보조팁에 점화를 한다. 연료가스로는 수소, 아세틸렌, LPG, 벤젠 등이 쓰이고 있는데 그중에서 수소가 주로 사용된다. 작업을 시작할 때 예열불꽃의 점화는 약품이나 아크를 써서 수중에서 행한다. 일반 가스절단보다도 예열용 혼합가스 유량이 약 4~8배 더 요구되며 절단산소의 분출구는 1.5~2배로 한다. 보통 수중절단은 물깊이 45 [m]까지 가능한 것으로 되어있다.

가. 아크-산소 수중절단법

기본원리는 산소 아세틸렌 절단과 동일하다. 아크 산소 절단에 있어서는 절단될 물질과 전극봉 사이의 전기 아크로 예열한다. 아크의 열 에너지는 산소 아세틸렌 불꽃보다 훨씬 강하므로 아크 산소법의 예열은 거의 순간적이다.

그러므로 아크가 되는 순간 고속의 산소 줄기가 예열된 지점에 부딪치면 산소 아세치렌 절단과 동일한 현상이 일어난다. 전류 아크를 유지하면서 절단 예정선으로 전극봉을 움직여 나가면 예열, 산화 및 연소된 금속의 제거가 연속적으로 계속 일어난다.

나. 아크 수중 절단법

아크 절단 법은 아크열을 절단선을 따라 금속에 가하여 녹이는 방식으로 피복된 용접봉으로 철, 혹은 비철금속을 절단할 때에 사용한다. 금속아크 절단법으로 알려진 이 방법은 6mm 이하의 철판 및 구리, 니켈, 동, 망간, 청동 등의 비철 금속을 절단할 때에 산소를 사용하는 것 보다 우수하다. 아크절단은 40 [V], 300 [A]의 전원 및 3/16" 인치의 전극봉을 사용하면 6mm까지의 철판은 전극봉을 임의의 절단선을 따라 끌어가는(드라그) 법으로 절단 할 수 있다. 드라그 기술은 작업 속도가 빠르고 간단하다는 이점이 있다. 더 두꺼운 철판을 절단하려면 톱을 쓰는 것과 같이 느리고 짧은 동작으로서 용융된 금속을 절단부에서 먼 쪽으로 밀어 내어야만 한다. 이 톱 쓰는 기술을 잘 이용하면 큰 전극봉과 많은 전류가 소요되며 드라그 기술도 쓸 수 없는 여러 가지의 두꺼운 철판에 대해서도 금속아크 절단법을 사용할 수 있다.

8. 레이저 절단

가. 개요

레이저 절단은 렌즈로 접속된 레이저빔을 피 가공물에 조사하여 조사된 부위를 용융점 이상으로 가열하고 가스분사를 이용해 재료의 용융 또는 증발된 부분을 불어내는 것이다. 가스분사의 영향으로는 물리적 화학적 반응, 열전도, 가스와 용융물 사이의 표면장력 등이 용융물의 유동성에 영향을 주며, 가스 분사의 압력과 분출형상은 용융물의 제거에 영향을 미친다. 절단 노즐은 연속적으로 균일하게 효과적인 가스분사의 운동에너지를 절단부에 작용시켜 용융물이 효과적으로 제거되도록 하는 역할을 한다. 이때 노즐의 직경, 재료와의 거리, 노즐의 형상 등이 변수로 고려된다. 절단용으로 사용되는 레이저로는 연속발진과 펄스기능을 갖는 CO_2 레이저와 Nd:YAG 레이저가 사용되며 같은 모드의 빔인 경우 Nd:YAG 레이저는 초점깊이와 초점크기에서 CO_2레이저보다 10배나 우수하여 주로 정밀가공에 사용되며, CO_2 레이저는 고출력을 요하는 가공작업에 이용된다.

나. 레이저 절단의 특징

① 레이저 빔을 한 점으로 접속시킬 수 있고 가스절단 및 플라즈마 절단용 열원에 비하여 매우 높은 에너지 밀도를 얻을 수 있기 때문에 금속, 비금속의 국소부분을 단시간 내에 높은 온도로 가열할 수 있어 고속절단이 가능하다.

② 절단 홈이 [㎛] 단위의 매우 좁은 절단폭으로 열변형이 극소이며 열영향부가 좁은 정밀절단과 연질재료의 절단도 가능하다.

③ 극히 제한된 부분에만 높은 밀도의 에너지를 부여할 수 있기 때문에 재료에 의한 의존성이 거의 없다.

④ 비접촉가공이므로 절단할 재료에 기계적인 힘을 가하거나 공구의 마모를 수반하지 않는다.

⑤ 레이저 빔의 분배에 의하여 하나의 발진기를 이용하여 여러 장소에서 동시작업을 수행할 수 있다.

⑥ 투명체를 통하여 에너지를 전달할 수 있어 밀봉용기 속 가공도 가능하다.
⑦ 대부분의 레이저 절단은 용융을 동반하는 가공이므로 미세한 열영향부 또는 변형이 나타난다.
⑧ 레이저 절단은 한 대의 레이저 장치로 절단, 용접, 표면가공 등의 복합적인 가공을 할 수 있으며 다품종생산에 적합하고 무인 작업화가 가능하다.
⑨ 광파이버를 사용하여 원거리까지 에너지를 전송할 수 있다.
⑩ 시스템 가격이 고가여서 설비의 초기투자비가 높다.
⑪ 광학부품의 오염이 절단품질의 저하에 큰 영향을 줄 수 있다.
⑫ 소모부품 가격이 다소 고가이며 후판의 절단가공 시 절단속도가 떨어진다.

다. 레이저 절단 방법

(1) 레이저 절단의 종류

① 승화절단

레이저에 의해 절단시킬 부분의 금속을 비등점 이상으로 가열하여, 증발시켜 제거시키는 방법이다. 금속의 증발에 필요한 에너지는 용융에 요구되는 에너지보다 매우 크므로 두꺼운 금속의 절단은 이러한 기구에 의존하는 경우에는 대부분의 에너지가 증발잠열에 소요되그로 절단속도가 느리다. 이 경우에는 증발된 금속이 이온화하여 플라즈마를 형성시키므로 레이저에너지를 흡수 및 차단시켜 효율적이지 못하다. 주조, 종이, 목재, 플라스틱 등의 재료에 적용되며 연소를 방지하기 위해 보호가스를 사용한다.

② 용융절단

레이저에 의해 모재를 용융점 이상으로 가열시킴과 동시에 레이저빔 조사방향으로 헬륨, 아르곤 등 불활성 가스나 혹은 질소와 같은 중성가스를 고속으로 불어주어 용융 금속을 제거시키는 방법이다. 이 방법은 증발 기구에 의한 경우보다 큰 에너지를 필요로 하지 않고 많은 양의 용융 금속을 제거시킬 수 있다.

③ 연소 절단

활성화 반응가스에 의해 절단시킬 금속에 산소를 취입시켜 가열된 금속의 산화작용으로 인하여 금속의 용융 및 증발에 필요한 에너지의 일부를 공급하는 방법이다. 이들 가스들이 용융금속을 분출시키는 역할을 겸하고 있어서 불활성가스를 취입시켜 절단시키는 경우보다 약 40 [%]의 절단속도를 증가시킬 수 있다. 이러한 방법의 경우에 두꺼운 금속의 절단도 가능하며 또한 고속절단에서 산화물로 영향 받는 구역이 작음은 물론 열영향 구역도 작아서 열처리시킨 강재의 절단에 적당하다. 그러나 산소 취입에 의한 절단에서는 절단속도에 하한선이 있어서 이 속도 이하에서는 지나치게 연소시킨다.

(2) 레이저 절단의 분류

① 레이저 열 절단

산업 현장에서 레이저절단은 CO_2레이저와 Nd:YAG레이저가 주로 사용된다. 레이저 절단의 절단폭은 특히 대출력 레이저를 사용하는 경우를 제외하면 수십 ~ 수백 [㎛] 정도이다. 금속재료는 용융온도 영역이 넓고 용융금속의 유동성이 좋아 용융절단에 적합하다. 일반적으로 Ar을 사용하는 비반응 레이저 절단은 융점 및 열전도율이 낮은 재료에 쓰이며 절단효율은 낮지만, 고압의 불활성 가스를 사용하기 때문에 양질의 절단면을 얻을 수 있다. 산소를 이용하는 반응 레이저 절단의 경우에는 산화반응이 부가적으로 발생하기 때문에 절단속도가 증가하여 반응 생성열이 큰 철강재료의 고속절단에 적당하다. 그러나 자기연소(self-burning) 현상이 발생하며 절단면이 거칠어지는 경향이 있다.

② 레이저 광화학 절단

엑시머(excimer) 레이저와 같은 자외선 레이저를 이용하면 유기재료의 분자결합을 광화학적으로 분해할 수 있으며, 레이저광의 에너지를 열로 변환시켜 재료를 용융 및 증발시키는 절단과는 달리 레이저 광화학 절단에서는 열영향과 열변형이 없는 높은 품질의 시공이 가능하다. 또한 재료에 따라 결합에너지가 상이한 것을 이용하여 선택적인 재료에 이용되기도 한다. 예를 들면 종래의 기계적 방법으로는 거의 불가능한 가는 금속선의 절연 피복을 쉽게 벗길 수 있다. 레이저에 의한 광화학 절단은 아직 명확히 규명되지 않은 부분이 많다. 임계 출력 이하에서는 광화학적 해리보다도 열가공이 지배적이고 레이저의 파장이 짧은 경우 광자 에너지가 크고 침투깊이가 얕아진다.

라. 레이저 절단 공정

(1) 절단 홈의 형성

레이저절단에서 양호한 절단 홈의 형성은 절단품질과 관련하여 가장 중요한 과정이며 절단 노즐을 포함한 가공장치, 절단조건 및 절단할 재료와 크게 관련이 있다. 연속파 CO_2 레이저로 철강재료를 절단할 경우에는 물리적인 용융반응과 산화반응이 동시에 일어나므로 절단부 선단에서는 이들 두 반응의 우선순위에 의하여 절단부 형성기구가 다르게 된다. 일반적으로 철강재료의 산화반응 속도는 약 15 [m/min] 정도로 알려지고 있으나, 레이저절단의 이송속도는 이보다 늦은 5 ~ 10 [m/min] 정도이다. 그러므로 최초로 레이저 에너지에 의하여 용융절단이 개시되면 그 다음 순간에는 보조가스의 산화 작용이 일어남과 함께 절단속도가 급격히 증가하게 된다. 그러나 산화반응만으로는 반응이 일어나기 위한 임계에너지를 충족시키기 어려우므로 절단 선단온도는 저하하여 결과적으로 산화반응의 감소를 수반한다. 그 다음 순간에는 후속되는 레이저 에너지에 의한 용융 절단이 다시 주반응이 되면서 앞서의 반응을 반복하게 되므로 절단 단면에는 규칙적인 줄무늬가 나타나게 된다.

(2) 절단에 필요한 에너지

레이저 절단에서 절단을 수행하는 에너지에는 레이저 에너지(Q_L)와 산화반응열(Q_R)이 있다. 철강재료의 절단에서 저속영역은 철의 산화발열인 Q_R이 중요한 절단 에너지로 사용되지만, 고속 조건에서는 산화 반응의 불안정으로 Q_R이 저하한다. 이에 반하여 Q_L은 절단 속도에 무관하고 주어지는 조건에 따라 일정한 에너지가 절단할 재료에 적용된다. 그러므로 저속절단에서는 산화 반응열이 절단의 주체가 되지만, 고속절단에서는 레이저에너지의 역할이 한층 더 증가한다.

(3) 절단면의 온도

레이저 절단 홈은 폭이 좁기 때문에 드로스의 유동저항이 커지고, 그 결과 판의 이면에 드로스가 부착되기 싫다. 스테인레스강의 절단이 전형적인 예로서 용융금속의 점성이 클 경우는 상태가 특히 심각해지며, 이 경우 위에 얇은 연강판을 겹쳐 절단하면 용융된 FeO에 의하여 용융금속의 점성이 저하되기 때문에 드로스의 부착을 줄일 수 있다. 드로스의 점성은 온도 상승과 함께 지수 함수적으로 저하된다.

(4) 절단 속도

절단 속도가 느리면 입열에너지의 과다로 인하여 절단부 자기연소량이 지나치게 많으므로 절단 홈의 폭이 매우 넓으며 하복 드로스의 형성과 함께 절단면이 거칠어져 품질이 떨어진다. 절단 속도가 빠르면 입열에너지의 부족으로 인하여 아래 부분에 다량의 드로스를 형성하거나 절단이 불가능하게 된다.

(5) 펄스 절단

박판의 펄스 절단은 통상 연속절단이 어려운 저속 영역에 이용되기 때문에 자연적으로 절단속도는 늦다. 펄스 주파수를 높이면 연속절단과 유사한 고속절단도 가능하지만, 이 경우는 펄스 절단 특유의 저입열 및 낮은 절단 후 변형특성을 얻을 수 없다. 따라서 일반적으로 100 ~ 수백 [Hz] 정도의 펄스주파수를 이용하여 저속절단을 하며, 펄스절단에 적용되는 절단범위는 연속 절단의 경우와는 달리 실용면에서 저속영역의 한계가 없다. 이와 같이 연속절단과 펄스절단은 서로 다른 특징을 가지며, 실제의 가공에서는 절단 형성 및 판두께에 따라 이들을 분리하여 사용하거나 어떤 조합을 선택하는가 하는 것이 중요하다.

펄스 절단에서는 펄스 주기에 따라 절단면이 고온으로 가열된다. 따라서 증발 절단의 경향이 강하고 기본적으로는 하나의 펄스마다 구멍가공을 반복하는 것처럼 되며, 펄스의 이동량을 충분히 작게 하면 연속 레이저절단보다도 오히려 매끄러운 절단면을 얻을 수 있다. 다단 펄스 주파수가 어느 정도 이상이 되면 펄스가 꺼지는 주기에 충분하게 냉각되지 않기 때문에 연속파 레이저 절단과 같은 절단이 된다. 한편 펄스를 이용하면 국부적으로 단시간에 고온가열을 할 수 있기 때문에 Al과 Cu

등 열전도가 높아 절단이 어려운 재료도 절단할 수 있다. 그러나 재료의 증발에 의해 에너지가 소비되므로 가공속도는 크게 저하된다.

(6) 절단 능력

레이저에 의한 재료의 절단능력은 절단할 재료의 종류, 레이저의 종류, 빔 품질, 분사가스의 종류와 압력 등에 의하여 변한다. 다른 조건이 일정하다면 최대 절단속도는 레이저의 출력이 클수록 또는 판두께가 얇을수록 증가한다. 연속파에 의한 박판의 절단은 하한속도가 존재하는데, 이 한계속도 이하에서는 앞에서 언급한 바와 같이 절단이 가능하더라도 이면에 다량의 드로스가 부착되는 등 절단 품질이 낮아진다.

[그림 5-12] 레이저 절단작업

제3절 | 가스가공

1. 에어 아크 가우징(Air Carbon Arc Gouging : CAC, CAC-A)

가. 원리 및 특징

홈파기 작업은 종래에는 밀링, 세이퍼, 드릴링 머신 등에 의한 기계적 방법과 산소, 아세틸렌, 수소, 프로판, 메탄, 등을 이용한 가스열에 의한 방법, 텅스텐, 피복 전극봉, 카본전극 등을 이용하는 아크열에 의한 방법이 있으며 최근에는 레이저 절단, 워터 제트절단을 이용한 절단법 등도 소개되고 있다. 가우징은 산소 Gougng, Metal Arc Gouging, Air Cabon Arc Gouging, Plasma Arc Gouging 등을 이용하여 구멍확장, 절단, 홈파기, 비드제거 등 여러 가지 형상에 따라 그 사용 용도가 다양하고, 중공업, 조선, 건설분야에서 널리 사용되고 있다.

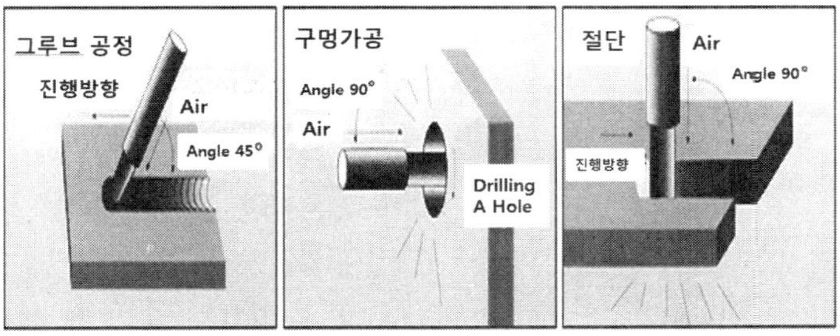

[그림 5-13] 가우징 작업

나. 가우징 장비

가우징 토치는 수동식, 반자동식 및 자동식이 있다. 토치에는 압축공기를 내보내는 공기 통로와 분출구가 있는 것이 특징이다 또한 공기의 분사를 제어할 수 있는 밸브가 장치되어 있으며 반자동식은 캐리지 위를 움직일 수 있도록 장치되어 있다.

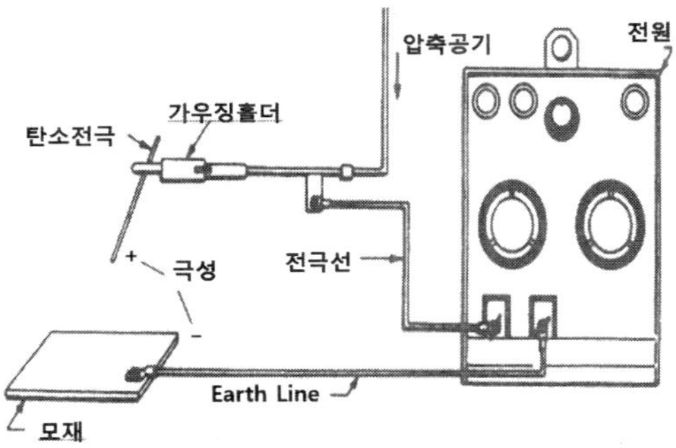

[그림 5-14] 가우징 장비

(1) 탄소전극

전극은 비소모성 탄소봉으로 구리피복이 되어 있다. 전극의 크기(직경)는 만들고자 하는 개선이나 형상에 따라 결정하는 것이 좋고, 직경은 5 [mm]부터 12 [mm]까지 보통 사용되고 있다. 탄소전극으로는 DC용 동도금 가우징봉, DC용 맨살 가우징봉, AC용 동도금 가우징봉이 있으며 가장 많이 사용되는 것이 DC용 동도금 가우징봉(3.2 ~ 19.1 [mm])인데 동을 도금한 이유는 가우징 진행중에 봉의 형태를 그대로 유지시키며 따라서 일정한 홈을 파는데 도움이 되고 봉의 부식을 방지하고 높은 전류를 사용할 수 있게 한다.

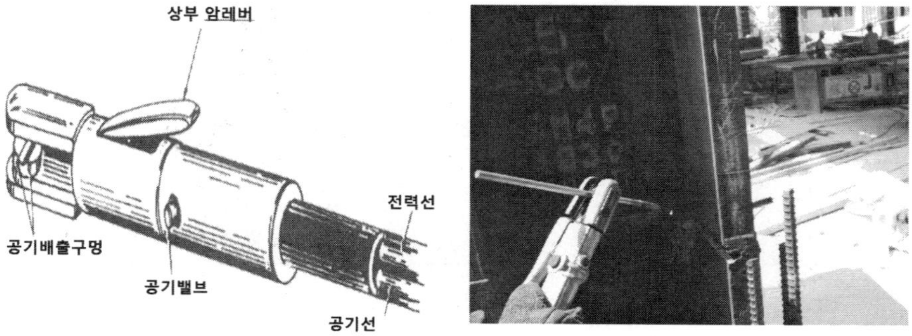

[그림 5-15] 가우징 토치

(2) 압축공기

에어 탄소 아크 가우징을 하려면 5 ~ 7 Kgf/Cm^2(80 ~ 100 psi)의 압력을 가진 압축공기가 필요하며 이는 용융된 금속을 날려 보낼 수 있을 정도로 충분한 양과 속도를 유지해야 한다. 불충분한 경우에는 면이 불량해지고 탄소가 잔류하게 되어 용접불량의 원인이 되기도 한다. 작업속도가 너무 빠르면 탄소화합물이 잔존하는 경우가 있고, 작업속도가 너무 느리면 절단면이 거칠게 된다. 공기의 배출이 적절하지 못하면 모서리에 슬래그가 쉽게 부착된다.

다. 작업방법

처음에 아크를 발생시킬 때는 가우징봉을 모재에 접촉시켜야 한다. 그러나 피복아크 용접과는 달리 봉을 들어 올려 아크길이를 유지할 필요는 없으며 그대로 밀고 나가면 용융금속이 압축공기에 불려 나간다. 이 기법은 아주 간단하며 많은 양의 금속을 효과적으로 제거할 수 있어서 홈을 만들기 쉽다. 단점은 공기가 용융금속을 밀어 낼 때 높은 전류(2000 [A])와 고압의 공기(5 ~ 7 [Kgf/cm^2])를 사용하여 불려나가는 금속이 아주 먼 거리까지 날아가고, 소음도 아주 심하다. 홈의 크기는 전극의 직경 크기에 따라 결정되고, 깊이는 봉의 각도와 이동속도에 따라 결정된다. 상대적으로 빠른 속도를 내려면 봉의 각도를 눕혀야 하고, 이때 얕은 홈을 만들게 된다. 깊은 홈을 만들기 위해서는 봉의 각도는 모재의 직각 방향에 가깝도록 한다. 이런 봉의 각도는 탄소 오염을 일으킬 수 있다. 용융금속에 의해 탄소가 섞이더라도 공기가 흘러서 탄소가 많이 섞인 금속을 제거하여 탄소가 오염된 홈의 부분은 약간만 남게 된다. 숙달되지 못한 기량이나 불충분한 공기흐름은 탄소가 금속에 섞이게 하여 금속학적인 문제를 일으킨다. 예를 들어 경도를 높게 하여 균열을 일으킬 수 있다. 가우징 봉의 위빙은 가우징 폭을 넓히는 효과가 있다. 이렇게 하므로서 용접물의 수정에 효과적일 수 있다. 그러나 봉의 4배를 넘어서는 안된다. 홈의 표면은 상대적으로 산화물이 없는 상태이기 때문에 별다른 준비없이 바로 용접에 들어갈 수 있다. 그러나 탄소가 많은 표면은 그라인딩으로 홈의 표면을 청결하게 할 필요가 있다. 그리고 고강도, 저합금강의 경우처럼 균열에 민감한 재질은 그라인딩이나 다른 표면처리 방법이 필수적이다.

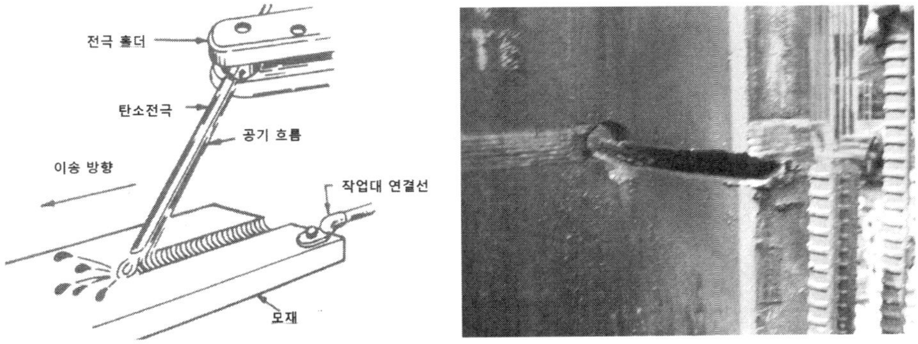

[그림 5-16] 가우징 작업 방법

2. 가스 가우징(Oxygen Gas Gouging)

가스 가우징은 산소아세틸렌 절단 토오치를 이용하여 가스 화염열과 절간산소를 이용하는 가우징 방법이다. 필요한 온도는 연료가스 및 산소의 연소에 의한 가스 화염에 의해 유지된다.

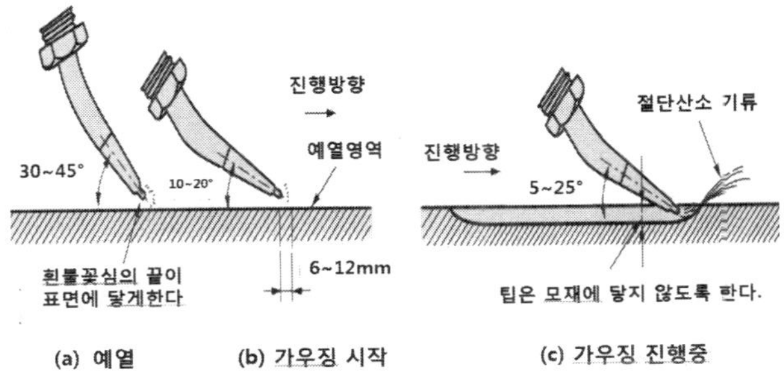

[그림 5-17] 가스 가우징 작업

3. 스카핑(Scarfing)

스카핑은 가능한 얕고 넓게 표면을 타원형 모양으로 깎아 내는 방법으로서 강재 표면의 결함 균열 등을 제거하기 위해 사용한다. Scarfing 작업에는 열간 scarfing과 냉간 scarfing이 있다. 또한 시작점의 예열시간을 단축시켜 작업진행을 원활하게 할 목적으로 지름 5 [mm] 정도의 연소 보조봉이 사용되고 있다.

제4절 용 사

1. 개 요

용사는 소재 표면에 선 또는 분말형태의 용사재료를 고온의 열원으로 용융시키면서 고속분사 및 충돌시켜 급냉응고 적층한 피막을 표면에 형성하는 방법이다.

용사법은 1910년대, 스위스의 M. U. Schoop가 별개의 연소열원으로 가열된 압축공기의 제트내에 용융된 납을 공급한 용탕식 용사법을 시작으로, 화염을 이용한 가스식 용사(Gas Flame Thermal Spray), 아크 열원을 이용한 전기식 용사(Arc Thermal Spray)가 실용화되었다. 초기의 용사에는 Zn 등과 같이 주로 내식성이 양호한 연금속 피막이 사용되었으나, 시간의 경과와 함께 경금속피막이 주류를 이루게 되었다. 1950년대는 플라즈마 제트가 개발됨에 따라 그 용사온도가 10,000 [K]의 플라즈마 용사법(Plasma Thermal Spray)으로 발전되었다. 또한 우주항공 산업의 발달로 새로운 내화재료가 폭넓게 이용되기 시작하였고, 폭발용사(Detonation Thermal Spray)같은 새로운 기술이 개발되었다. 그 후, 1973년에 진공 플라즈마 용사(Vacuum Plasma Spraying, VPS)가 개발되면서 용사기술이 산업전반에 걸쳐 폭 넓게 응용되기 시작하였으며, 1980년 개발된 고속화염용사(High Velocity Oxy-Fuel Spraying, HVOF)는 혁신적인 개발이었다고 할 수 있다.

현대의 복잡한 기술은, 여러 가지의 기능을 가지는 재료를 필요로 하고 있다. 단일 소재로 다양한 기능을 발휘하는 재료를 제작하는 것은 어려운 일이다. 하지만 소재가 가지고 있는 특성을 살리면서 재료표면에 피복이 가능하다면, 단일소재의 결함을 보완할 수 있으며, 새로운 기능을 부여할 수 있다. 용사는 성질이 다른 재료로 기재표면에 피막을 형성하는 기술로 기재가 보유하고 있는 특성을 살리고, 결함을 보완할 수 있으며, 재료기능의 다양화 및 고도화를 가능하게 하는 표면처리법의 하나이다. 용사법을 이용하면 고속으로 두꺼운 피막형성이 가능하며, 금속, 세라믹, 유리 및 플라스틱 등의 재료를 사용할 수 있다. 이러한 방법은 내마모성 내식성 내산화성 또는 열, 전기절연성이 우수한 피막을 형성시킴으로써 소재의 성능을 개선하는 기술로서 각종 기계부품, 항공기, 로켓 등의 내열 피복용으로 사용되고 있다.

2. 용사원리

용사는 단시간에 입자의 가열, 가속, 용융, 충돌, 변형, 응고 및 냉각의 과정을 반복한다. 공정의 제어는 피막의 수명 및 품질에 직접적인 영향을 미치기 때문에 용융입자 및 가스의 유동현상을 반드시 파악하여야 한다. 즉, 고부가가치 용사피막을 얻기 위하여서는 반드시 입자 및 가스의 속도, Vortex와 입자의 관계, 용융입자의 직경 및 온도, Barrel길이 및 직경에 따른 화염의 유동현상, 화염의 길이 및 온도, 연소현상, 입자의 입도분포 등 국부적인 연구가 요구된다. 모든 용사는 곱게 분리된 금속성 또는 비금속성의 물질을 용해 또는 반용해 상태로 면의 전체에 분사한다. 용사재료를 gun 속에 넣고 gun은 그 물질들을 유연한 상태나 용해된 상태로 가열시킨다. 그 때 압축된 가스가 분출되면서 이 물질들을 접착면으로 가속시키게 된다. 가열에 사용되어지는 열원은 연소에너지(산소, 수소, 아세틸렌, 프로판)또는 전기에너지 등이 사용되어진다. 최근에는 기술의 발전으로 HAMS(High-frequency Arc Metal Spray : 고주파 아크 메탈 용사), 플라즈마용사를 사용하게 된다.

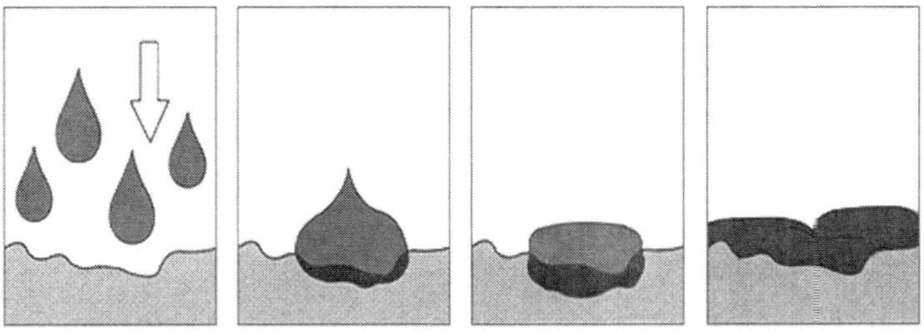

(a) 용융입자 비행 (b) 표면에 충격 접착 (c) 열 확산 (d) 소결

[그림 5-18] 용사 원리

3. 용사법 종류

용사법의 종류에는 연소가스에 따라 화염용사법, 고속화염용사법이 있으며 전기적인 방법으로는 전기 아크 용사, 플라즈마 용사, 선폭 용사, 전열폭발분체 용사, 레이저 용사가 있으며 기타 용사법으로 저온용사법이 있다.

[표 5-3] 용사법의 종류

- 용사
  - 연소가스
    - 화염용사
      - 용선식 용사
      - 용봉식 용사
      - 분말식 용사
    - 고속화염용사
      - HVOF 용사
      - HVAF 용사
    - 폭발 용사
  - 전기
    - 전기아크용사
    - 플라즈마용사
      - 대기 플라즈마 용사
      - 감압 플라즈마 용사
      - 가압 플라즈마 용사
    - 선폭용사
    - 전열폭발분체 용사
    - 레이저 용사
  - 기타
    - Cold spray

가. 연소 가스식 용사

연소 가스식 용사법은 가장 초기에 Schoop에 의해 개발된 박막공정기술로서 3 ~ 5 [mm]의 직경을 가진 와이어를 다양한 속도조절 모터를 이용하여 공급하는 동시에 공기터빈을 이용하여 공급된 산화연료는 다목적제트 폭발화염(multi-jet combustion flame)을 만들어 용사재를 용융시키고, 건(gun)의 팁에서 가스제트를 만들어 용융입자들을 모재에 100 [m/s]의 속도로 뿜어낸다. 연료가스는 아세틸렌을 주로 사용하며, 어떤 금속에서는 프로판가스나 수소가 더 좋은 경우도 있다. 용사장치는 휴대용이고 수동으로 직접 원하는 위치에 적용가능하다. 일반적으로 가장 신뢰할 수 있는 공정과정은 자동으로 조절되는 로봇 등에 의하며, 용융화염용사법과 고속화염 용사법으로 구분된다.

1) 화염용사법(Flame spraying)

화염용사는 산소와 연료가스를 1 : 1 ~ 1.1 : 1의 비율로 사용하며 화염온도는 3000 ~ 3350 [K]이고 화염속도는 80 ~ 150 [m/sec]이다. 연료가스와 산소의 유동속도 및 압력은 토치형상에 의해 영향을 받는다. 화염용사에서는 산소-아세틸렌과 같은 혼합가스의 연소에 의한 화학에너지로 용사재료를 가열한다. 용사재료가 분말이 아닌 선 및 봉의 형태로 공급되는 형식을 각각 용선식 화염용사 및 용봉식 화염용사라고 한다. 이들 방법의 기본적인 원리는 동일하지만 용사재료를 공급하는 형식이 다르다. 이 용사법의 특징은 코팅두께 : 0.7 [mm] ~ 2.5 [mm], 입자속도 : 150 [m/sec], 화염온도 : 3,100 [℃]로 생성된 열에너지를 효율적으로 사용할 수 있으며 높은 효율과 고품질의 코팅효과를 얻을 수 있다.

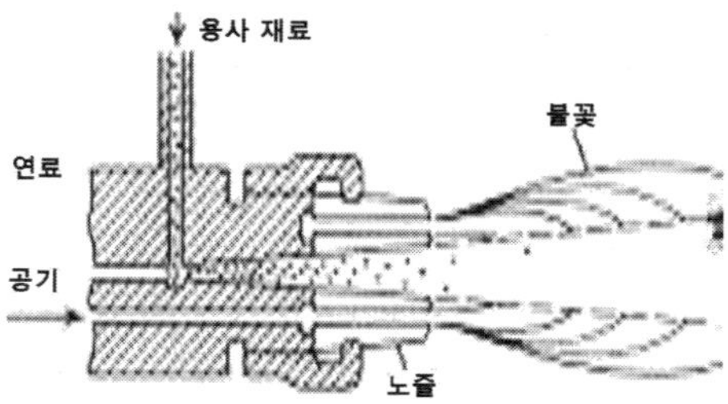

[그림 5-19] 화염 용사법

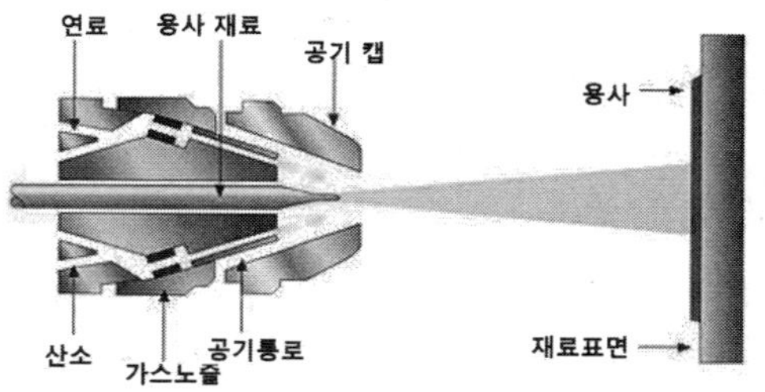

[그림 5-20] 용선식 & 용봉식 용사법

(1) 용선식 화염용사(Wire spraying)

용선식 화염용사는 산소와 아세틸렌 등 혼합가스 화염중에 선재 용사재료를 연속적으로 송급하여 선단부를 가열 용융시키고 압축공기로 분사시킨 미세입자를 소재표면에 부착, 적층시켜 피막을 형성하는 기술이다 이 용사장치는 토치, 작동가스 공급장치, 선재공급장치, 압축공기 공급장치 등으로 구성된다. 용선식 용사는 Al, Zn 및 Al-Zn합금 등에 의한 철강의 방식피막, Mo이나 고탄소강 등의 용사에 의한 내마모성 피막의 형성, 각종장치, 기기의 소모부재 치수회복을 위한 오버레이 용사 등에 응용도 이루어지고 있다. 이 방법에서 선재의 공급속도는 80 ~ 600 [g/min]이며 선재의 직경은 3 ~ 6 [mm]이다.

(2) 용봉식 화염용사(Rod spraying)

용봉식 화염용사는 화염중에 Al_2O_3, Cr_2O_3 등의 세라믹 분말을 소결하여 만든 직경 3 [mm], 길이 300 [mm] 정도의 봉을 송급하여 용사하는 방법이다 용봉식 화염용사를 이용하여 선제형태로 만들기 어려운 세라믹이나 플라스틱 등의 유사피막 제조가 가능하게 되었다.

(3) 분말용사(Powder spraying)

분말식 화염용사는 산소-연료가스에 의한 화염중에 분말형태의 용사재료를 송급하고 이것을 용융 비행시켜 소재표면에 피막을 만든다. 이 방식은 금속, 세라믹. 서메트 등 용사 가능한 재료의 종류는 많지만 용사입자의 가속이 화염의 분사에 의해 이루어지기 때문에 비행속도가 비교적 느리고 형성되는 피막은 다공질이 되기 쉽다 피막의 치밀성, 결합성 등을 향상시키기 위하여 화염을 압축 공기 제트 등으로 가속하고 용사입자를 고속 비행시켜 용사하는 방법도 있다. 분말 공급속도를 50 ~ 100 [g/min]으로 유지하고 가스 유동속도를 3 ~ 5 [L/min]으로 한다. 대기중에서 용사거리는 120 ~ 250 [mm] 정도이지만 모재 형상에 따라 다르다. 모재는 화학성분 표면처리 표면마스크 및 표면온도를 고려한다. 피막의 접착력은 NiAl 피막의 경우 60 [mPa], 자용성 합금의 경우에는 70 [mPa], 세라믹피막은 15 [mPa], 그 밖의 다른 재료에서는 30 [mPa] 정도이다. 기공은 10 ~ 20 [%] 정도 함유하지만 자용성합금의 피막에서는 기공이 존재하지 않는다. 피막 두께는 100 ~ 2500 [um] 정도이다. 연소가스로는 산소와 프로필렌의 혼합가스를 이용하여 고속화염을 발생시킴으로서 용사분말의 용융과 가속효과를 높혀 더욱 치밀한 피막을 만드는 고속화염 용사기술도 개발되었다. Ni-Cr-B-Si로 대표되는 자용성 합금의 용사피막에서는 용사 후 산소-아세틸렌 불꽃, 고주파 또는 열처리 등으로 용융처리를 하여 피막의 치밀화와 소재와의 합금화에 의한 금속 결합을 도모하는 방법인 용사 용융법이 있다. 분말은 화학성분과 밀도, 융점, 용융시 잠열 등과 같은 물리적 성질, 분말형상, 분말크기와 크기분포를 고려하여야 한다. 분말 용사법의 특징으로는 화염의 온도는 약 3,100 [℃]이고, 용융입자의 비산속도는 50 ~ 60 [m/sec]이며 코팅 두께는 약 0.51 [mm]의 얇은 코팅에 적합하다. 강이나 주철의 표면 경화용(Hard Facing)으로 널리 사용하고 일부 융점이 낮은 세라믹 용사작업에도 탁월한 성능을 발휘한다.

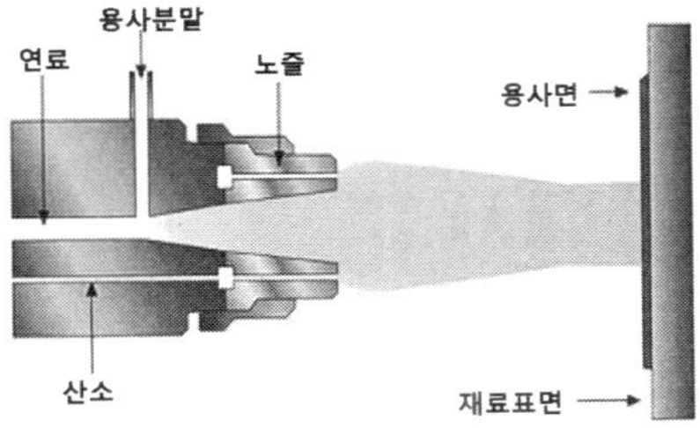

[그림 5-21] 분말 용사법(Powder spraying)

1) 고속화염 용사법

고속화염 용사법으로는 HVOF(High-Velocity Oxygen Fule spraying)과 폭발용사법이 있다.

(1) HVOF(High-Velocity Oxygen Fule spraying)

고속화염 용사는 연료가스를 산소와 함께 고압에서 연소시켜 고속제트를 발생시키는 것이다. 분말은 공급가스로 제트에 주입되고 작동가스는 연소실에서 연소되어 노즐을 통하여 토치 밖으로 분사되며 연소실과 노즐은 수냉시킨다. 작동가스로는 아세틸렌, 등유, 프로판, 프로필렌, 수소, 메칠아세틸렌-프로파디엔(mapp) 등과 산소를 혼합한 가스를 사용한다. 산소-아세틸렌을 사용하면 최고 3440 [K], 산소-프로필렌을 사용하면 3170 [K]까지 온도를 증가시킬 수 있다. 한편 분사되는 제트의 속도는 2000 [m/s] 정도이다. 분말입자에 사용되는 분말은 탄화물 종류이며 분말은 토치 축을 따라 수평으로 공급되지만 어떤 경우는 방사상으로 공급되기도 한다. 분말의 공급가스로는 N_2가 사용되며 공급속도는 20 ~ 80 [g/min]이고 용사거리는 150 ~ 300 [mm]이다. 탄화물을 피복한 경우 접착력은 90 [mPa] 이상이고 1 [%] 이하의 기공이 존재하며 피막두께는 통상 100 ~ 300 [um]이다.

HVOF 용사법의 장점으로는 우수한 접합강도를 지니는 코팅층이 제조가능하여 내구성 및 제품 수명연장이 가능하며 또한 높은 경도를 지닌 치밀한 코팅층이 형성되어 우수한 내마모 특성을 지닌다. 더불어 높은 입자속도로 인해 코팅층 내에 압축 잔류응력이 발생함으로서 수 [mm] 이상의 후막형성이 가능하여 피로 특성 및 열충격 저항성이 향상된다. 단점으로는 산화물의 용사가 불가능하다.

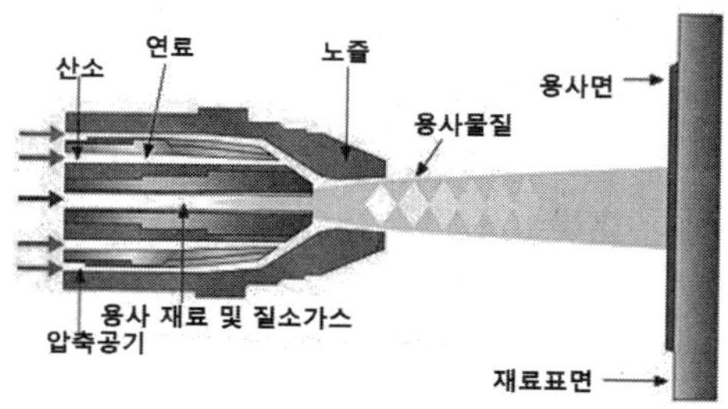

[그림 5-22] HVOF(High-Velocity Oxygen Fule spraying)

(2) 폭발 용사법(Detonation-Gun spraying, D-gun spray)

폭발 용사법은 수냉되는 내부직경이 25 [mm] 정도인 긴 관과 작동가스 공급부, 점화장치 및 분말 공급부로 되어 있다. 폭발용사는 산소와 아세틸렌을 관에 공급하고 분말을 주입한 후 가스를 폭발 연소시켜 고온, 고속의 화염을 만들고 이것을 열원으로 하여 분말을 용융시킴과 동시에 용융된 입자를 가속시켜 피복한다. 폭발 후 잔류가스는 N_2가스를 도입하여 관 밖으로 배출시킴으로써 1회가 완료되며 통상 점화 플러그를 이용하여 초당 1 ~ 15회 폭발시킨다. 폭발용사에 적합한 재료는 Co를 배합한 WC-Co, Ni 또는 Ni-Cr를 배합한 Cr_3C_2-NiCr, Al_2O_3, Cr_2O_3 등이다. 피막형성은 간헐적으로 행해지고 용사입자의 비행속도가 빠르기 때문에 치밀하고 결합성이 높은 피막을 얻을 수 있다. 용사과정에서 소재의 열영향이 작아 열응력이 작지만 열 압력파에 의한 변형이 발생하기 쉽다. 작동가스는 O_2와 아세틸렌 또는 프로판-부탄의 혼합가스를 이용하며 아세틸렌이 45 [%]인 경우에는 최고온도가 4500 [K]에 이른다. 폭발파동은 2930 [m/s] 입자속도는 폭발용사에서 750 [m/s] 초폭발용사에서 900 [m/s] 정도이다. 사용되는 관의 길이는 450 ~ 1350 [mm] 직경은 21 ~ 25 [mm]이다. 통상점화 속도는 1 ~ 5 [cycle/s] 사용되는 분말입자의 크기는 50 [um]이다. 분말공급속도는 16 ~ 40 [g/min]이며 공급가스로는 질소 또는 공기를 이용한다. 또한 용사거리는 100 [mm]정도이며 통상 대기 중에서 실시한다. 폭발용사로 WC-Co 피막을 만드는 경우에는 0.5 [%]정도의 기공이 존재하며 접착력은 83 [mPa] 이상이다. 또한 Al_2O_3피막에서는 기공이 2 [%]정도 존재하고 70 [mPa]의 접착력이 얻어진다.

나. 전기식 용사

두 개의 반대극성을 가진 wire를 특정한 각의 형태로 만들어 전극으로 운용되며, 그들의 끝부분에서 아크가 발생하게 되어있다. 약 6000 [°K]의 온도로 발생된 열 에너지는 와이어를 용융시키고 용융금속은 고압의 제트기류에 의해 분무되어 스프레이형태의 기류로 공급되어 코팅된다. 아크토치는 3상 변압기에 의해 각종 금속의 공급된 특징에 의해 용융점, 전기 전도도 등에 따라 변화시킬 수 있게 디자인되어 있으며 전압 20 ~ 40 [V], 아크전류 200 ~ 300 [A], wire process : 50 [kg/h]정도의 특징을 나타낸다. 전기식은 방전에너지를 이용하는 것으로써, 아크용사법, 플라스마 용사법, 선폭용사법, 전열폭발 분체 용사법, 레이저 용사법 등으로 분류된다.

(1) 전기아크 용사법(Arc spraying)

아크용사(Arc Spray AS)는 2개의 선재를 전극으로 사용하여 전극 끝부분에서 아크를 발생시켜 재료를 용융시킴과 동시에 압축공기 제트로 분사 및 비행시켜 피막을 형성하는 기술로서 개발된 방법이다. 이 방법은 아크로 재료를 용융시키기 때문에 고능률 용사가 가능하고 대형소재의 피막형성, 소모재의 오버레이 용사 등에 적당하다. 반면에 용사재료는 전도성이 요구되고 아크열에 의해 재료의 성분이 변화하므로 미리 조성을 조정한 선재를 사용할 필요가 있다. 용사재료는 전도성이 있는 Zn과 Al선재 등이 주류를 이루며 현재는 대부분에서 심선이 사용되고 있다. 심선은 표피와 용가재로 구성되며 Co표피의 내부에 WC-W2C 용가제가 있는 형태이다 와이어의 직경은 2 ~ 5 [mm]이며 용사 중에 형성된 용융입자의 속도는 대략 150 [m/s]이다. 전력은 5 ~ 10 [kW]이고 아크온도는 280 [A]의 아크전류에 의해 약 6000 [K]까지 상승하며 아크전압은 20 ~ 40 [V]이다. 용사 특성으로서 부착속도는 50 ~ 300 [g/min], 용사거리는 50 ~ 170 [mm]이다. 분무가스의 압력은 0.2 ~ 0.7 [mPa]이고 분무가스 유량속도는 1 ~ 80 [m^3/h]이다. 아크용사에 의한 접착력은 Zn과 Al피막에서는 10 ~ 30 [mPa]이고 NiAl 피막에서는 70 [mPa]에 이른다. 통상 기공은 5 ~ 15 [%] 존재하며 피막 두께는 100 ~ 1500 [um]이다.

전기아크 용사법의 특징은 전기아크에 의해 와이어의 끝이 용융되면 압축공기나 불활성 가스에 의해 모재에 분사되며 전기전도도가 양호한 재료만 용사가 가능하다. 금형 보수작업 및 내부식용으로 아연, 알루미늄, 그 합금 등을 용사하는데 사용되며, 최근에는 자동차 및 에어콘용 핀튜브에 아연용사로 널리 사용되며 또한 열효율이 높고, 용사속도가 빨라서 모재에 열 영향을 거의 주지 않기 때문에 종이, 플라스틱, 석재, 나무, 필름 등 열에 변형되기 쉬운 모재 용사에 적합하다.

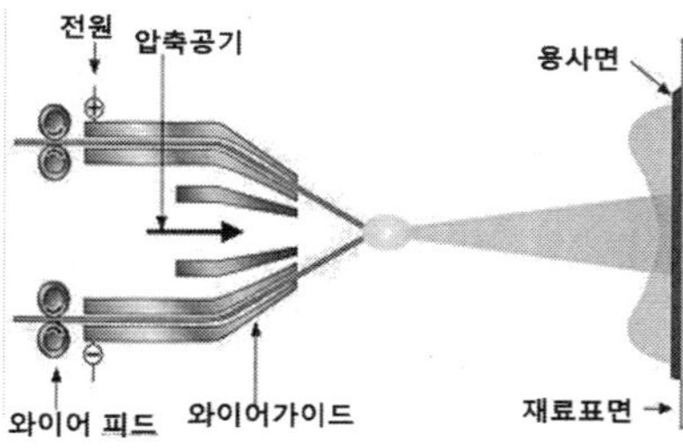

[그림 5-23] 전기아크 용사법(Arc spraying)

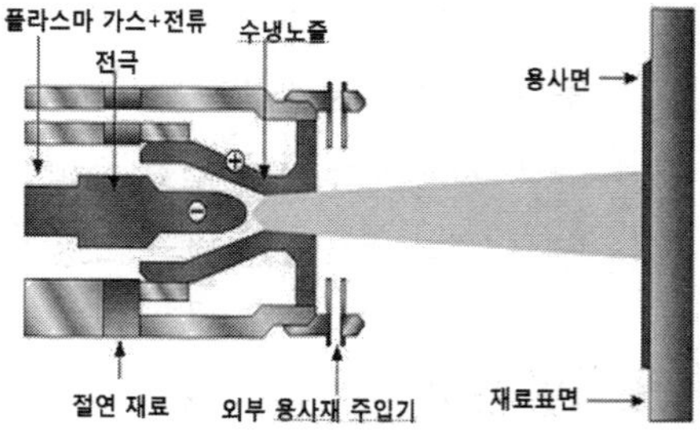

[그림 5-24] 플라즈마 용사법(Plasma spraying)

(2) 플라스마 용사법(Plasma spraying)

플라스마 용사기법은 고주파 전기아크를 이용하여 가스를 전자, 중성자, 양자로 이온화시켜서 플라스마를 형성하고, 이온화된 플라스마가 재결합하면서 16,500 [℃]의 고열을 발생시키고, 650 [m/sec]의 비산속도로 용사재료를 용융하여 코팅층을 형성시킨다. 플라스마 용사에 사용되는 가스는 불활성 가스로서 주로, 아르곤과 수소를 사용한다. 플라스마 용사법의 특징으로는 열에너지를 집중시키고, 아크의 안전성이 양호하며 산소-아세틸렌 용사에 비해 고품질의 코팅을 얻을 수 있는 기법으로 코팅층의 접착강도, 탄성계수, 파단계수 등의 특성치가 높다. 용사기법 중 코팅의 용착에 있어서 가장 신뢰성이 있는 기법으로 금속, 비금속 탄화물, 산화물, 붕화물, 질화물 등을 유기 플라스틱이나 유리등에도 용사할 수 있으며 세라믹 코팅 장비 중 가장 고품질을 얻을 수 있는 기법이다.

(3) 대기 플라스마 용사(Atmospheric Plasma Spary, APS)

대기 플라스마 용사는 Ar, He, N_2 등의 가스를 이온화시킨 플라스마를 노즐로 배출시켜 초고온, 고속의 플라스마제트를 열원으로 하는 피막형성 기술이다. 플라스마 발생장치는 Cu로 된 원형의 양극과 W로 된 음극으로 구성되며 발생장치는 작동가스를 플라스마 제트로 형성한다. 분말은 가스로 공급되어 화염속으로 분출된다. 용융된 분말입자는 플라스마 제트 내에서 가속되고 소재에 충돌하여 피막을 형성한다. 플라스마 작동가스로 Ar을 사용하며 노즐출구 근방에서 제트의 온도와 유속은 매우 높다 따라서 Ni, 고탄소강, 스테인레스강 등 종래부터 사용가능한 재료뿐만 아니라 Mo, Ta, W 등의 고용점 금속이나 ZrO_2 마그네시아, 탄화규소, 탄화티타늄 등과 같은 고용접 세라믹의 용사도 가능하다. 일반적으로 Ar 또는 Ar+H_2, Ar+He, Ar+N_2의 혼합가스를 사용하는 경우 유량은 40 ~ 50 [NL/min]이며 장치에 따라서는 80 [NL/min]까지 되기도 한다. 플라스마 온도는 약 14000 [K]이며 노즐 출구의 속도는 800 [m/s]에 달한다. 세라믹 재료로 플라스마 용사한 경우의 접착력은 15 ~ 25 [mPa]정도지만 Mo, NiAl 또는 NiCrAl과 같은 합금이나 금속의 경우는 70 [mPa] 이상으로 접착력이 강하다. 용사피막의 기공은 1 ~ 10 [%]정도 밖에 존재하지 않기 때문에 의도적으로 기공이 더 존재하도록 하기도 한다. 피막의 두께는 50 ~ 500 [um]이다.

(4) 진공 플라스마 용사

진공플라스마 용사(VPS) 장치는 플라스마 토치와 아크 발생기로 구성되며 플라스마 토치는 작동가스가 공급되는 진공노즐로 되어 있다. 분말은 송급구에 의해 플라스마 제트내로 공급된다. 용사 전에 소재표면을 가열 및 세척하기 위해 이행아크를 사용한다. 플라스마 작동가스는 Ar+H_2, +He 및 Ar+H_2, +N_2를 혼합한 혼합가스를 사용하고 속도는 90 ~ 200 [Nl/min]이다. 통상 플라스마의 온도는 10000 ~ 15000 [K], 속도는 1500 ~ 3500 [m/s]에 이른다. 플라스마 제트의 길이는 250 [mm]로서 APS의 경우 보다 더 길며 전력은 일반적으로 80 [kW] 이상으로 APS보다 높다. 용사분말 입자의 크기는 5 ~ 25 [um] 정도이고 다른 인자는 APS와 같다. 노즐 내부의 압력이 분말 공급장치의 압력보다 높으면 분말주입이 어려워지기 때문에 분말 주입시 주의해야 한다. 용사거리는 300 ~ 400 [mm]이며 진공분위기는 용사 전은 약 1.3 [Pa] 용사동안은 0.655 ~ 13.3 [Kpa]이다. 소재를 이행아크에 의해 예열, 세척하는 방법으로 다음의 2가지 방법이 있다. 먼저 모재가 양극이 되는 양극형식에서는 특별히 용융되는 부분이 없이 모재의 모든 표면에 아크가 전달된다. 그러나 모재가 음극이 되는 음극형식에서는 모재중 전자의 일함수가 작은 부위에서 용융이 일어난다. 금속 산화물은 순금속보다 일함수가 작기 때문에 이 방법으로 금속모재의 산화물을 용융시켜 제거 할 수 있다. 용사 전 예열 세척한 후 이행아크 전도성의 모재를 사용해야 하며 그 밖의 다른 인자는 APS와 같다. 합금 피막의 접착력은 80 [mPa] 이상으로 일반적인 에폭시수지 시험으로는 측정이 불가능하다. 기공은 대략 1 ~ 2 [%] 이하이며 피막두께는 150 ~ 500 [um]이다.

(5) 분위기 제어 플라스마 용사

불활성가스 챔버에서 플라스마 용사하는 방법을 불활성가스 플라스마 용사라고 한다. 분위기 제어 플라스마 용사는 플라스마 토치부에 분말 주입구가 있고 토치는 피복 노즐로 보호되어 있다. 피복 노즐은 챔버안에서 깊이 조절이 가능하고 챔버노즐은 수냉된다. 회전하는 모재가 입구를 통하여 챔버내로 도입되고 작동가스는 출구를 통하여 배출된다. 아크 플라스마의 작동가스와 전력은 APS와 같고 SPS의 경우 플라즈마 토치에 부착된 피복노즐은 각도가 10 ~ 18도 길이가 90 ~ 110 [mm]이며 이외의 다른 인자는 APS와 같다 용사 분말은 SPS와 IPS에서 Be과 같은 유독성 재료 또는 산화하기 쉬운 재료인 Ti, Ta 등을 사용한다. SPS의 경우 100 ~ 130 [mm] IPS 또는 ATCS에서는 100 ~ 250 [mm]이다. SPS의 경우 보호가스는 N_2, He이며 피복가스의 유속은 50 ~ 150 [Nl/min], 분위기는 Ar, He, N_2가스로 한다. SPS로 WC-Co와 NiCrSiB을 피복하는 경우의 접착력은 20 ~ 45 [mPa]이다. 피막의 두께나 기공은 대기 플라스마와 비슷하지만 금속을 피복할 경우는 산소가 더 적게 함유된다. 산화물분위기의 온도제어 용사로 피복하는 경우에는 두께 1000 ~ 2000 [um]까지 결함이 없는 미세조직을 얻을 수 있다.

다. 저온(Cold spray) 용사법

저온용사(Cold Spray 혹은 Kinetic Spray) 코팅공정은 보통 1 ~ 50 [um]의 입도를 가진 금속이나 복합재료 분말을 압축가스(He, N_2, 공기 혹은 혼합가스)의 초음속 제트로 가속시켜 분말소재의 소성변형과 결합에 충분한 속도인 임계속도(보통 300 ~ 1300 [m/s])에 도달하여 코팅을 형성하는 기술이다. 코팅 형성기구는 일반적으로 고속충돌이 분말의 얇은 금속 산화막을 파괴하여 순간적으로 높은 압력과 온도에 의해 원자간 결합을 형성하는 것으로 알려져 있다. 따라서 일반적으로 순수한 고상상태의 공정으로 이해되고 있으며 나노소재 코팅기술이나 일체화 성형공정기술로 많은 관심을 받고 있다. 코팅공정에서 압축가스를 최대 600도까지 가열하면 같은 가스압력에서 가스속도의 증대로 인하여 충돌입자의 부착율을 증가시킬 수 있다. 저온분사의 장점으로는 화염이나 플라즈마 용사법과 같이 고온에서 반용융 또는 용융된 소재를 기판에 분사하는 방법이 아니기 때문에 코팅할 소재의 물성을 그대로 유지할 수 있고, 기판과 반응이 일어나지 않기 때문에 변형이나 변질이 없으며 플라스틱이나 알루미나 같은 기판에 산화력이 높은 구리나 알루미늄 등의 금속을 공기 중에서 산화되지 않고 코팅할 수 있어 높은 전기 전도도를 얻을 수 있는 후막 제조가 가능하다. 금속판재에 산화물이 형성되지 않고 금속 재료가 코팅이 되기 때문에 부착력이 매우 우수하고, 초음속으로 가속되는 미립자들의 영향으로 판재에 코팅된 후막이 가공경화를 일으켜 벌크보다 더 큰 경도를 가질 수 있다. 압축공기를 사용하기 때문에 다른 용사방법에 비해 제조원가가 줄어든다는 경제적인 이점이 있다. 단점으로는 세라믹과 같은 경도가 높은 재료에는 연성 바인더를 사용해야 하며 생화학 반응을 일으키는 재료에는 사용할 수 없다. 가스를 고압, 고소비율로 헬륨을 사용하는데 있어 헬륨은 고가이며, 재사용이 불가하기 때문에 비경제적이며 개발된 역사가 길지 않아, 축적된 자료가 부족하다.

[표 5-4] 용사기법의 종류와 특징

열원	용사방법		화염온도 [K]	입자속도 [m/s]	용사 원리	용사재료
연소가스	화염용사	용선식	~ 3300	~ 200	산소와 아세틸렌의 혼합가스를 열원으로 이용하며, 용사재료에 따라 용선, 용봉, 분말용사로 구분함.	금속, 합금
		용봉식	~ 3300	~ 200		세라믹, Cermet
		분말식	~ 3300	~ 200		금속, 세라믹, 플라스틱
	고속화염용사	HVOF, HVAF	~ 3300	~ 900	고압의 산소와 탄화수소 등의 가스를 화염원으로 이용하며, 용사분말이 초고속으로 모재에 충돌	금속, 합금, Cermet
		폭발	~ 3300	~ 900		금속, 세라믹, Cermet
전기	아크용사		~ 5500	~ 250	2개의 금속 와이어 사이에 아크를 발생시켜 와이어를 용융	금속, 합금
	플라즈마용사	대기	~ 16000	~ 450	전극사이에 불활성 가스를 방전하여 플라즈마를 발생하는 용사법으로, 분위기압력에 따라 대기, 감압 및 가압용사로 구분한다.	금속, 합금, 세라믹, Cermet
		감압	~ 5000	~ 700		
		가압	~ 4000	~ 300		세라믹, 금속간 화합물
	선폭용사		~ 5500	~ 800	콘덴서에 전하를 순간적으로 방전하여 폭발	금속, 합금
	전열폭발 분체용사		~ 5500	~ 900	고전압 및 방전류를 이용	전도성세라믹, 금속
	레이져 용사			~ 250	레이저를 용사의 열원으로 사용	금속, 합금, 세라믹, Cermet
기타	Cold spray 용사		~ 500	~ 1200	용사재료의 용융온도 보다 낮은 가스를 초음속으로 분사	금속, 플라스틱, Cermet

4. 용사재료

용사재료는 용사방법의 개발에 따라 다양한 재료가 개발되었으며, 최근에는 복합 용사재료 개발에 많은 연구가 진행되고 있다. 용사재료로서, 순금속과 합금금속, 산화물과 탄화물, 질화물 등의 세라믹계, 금속간 화합물계, 플라스틱계로 나누어지며, 재료의 형태는 용사법에 따라 와이어, 봉, 분말, 액체로 구분되어 있다. 분말의 경우 용융시간을 고려하여 입경을 일반적으로 수 [㎛] ~ 100 [㎛]정도로 하고 있다. [표 5-5]에 용사재료의 물리적인 특성을 나타내었다.

[표 5-5] 용사재료의 물리적인 특성

용사재료	밀도 [g/cm³]	융점 [℃]	열전도율 [cal/cm·s·K]	전기저항률 [Ω · cm]	열팽창률 [$K^{-1}\times10^6$]
Al	2.70	660	0.57	2.50×10^{-6}	23.2
Cu	8.85	1083	0.95	1.67×10^{-6}	16.5
Fe	7.87	1535	0.19	9.71×10^{-6}	11.8
Ti	4.50	1683	0.05	43.2×10^{-6}	8.6
Mo	10.28	2620	0.33	5.0×10^{-6}	4.8
W	18.70	3410	0.42	$5.0\times10-^{-6}$	4.5
SiC	3.10	2700	0.019	$1.0\times10^{-4\sim6}$	3.1
TiC	4.94	3250	0.085	61×10^{-6}	6.4
WC	15.10	2720	0.144	19.2×10^{-6}	3.7
ZrB_2	6.09	3200	0.167	9.7×10^{-6}	5.9
MoS_2	6.24	2020	0.116	21.6×10^{-6}	8.25

가. 금속계 재료

열전도율이 뛰어나고 재료 중심부에 용융시간이 매우 빠른 특징을 가지고 있으며, 금속 및 세라믹 표면을 강화하기 위한 결합 층 코팅과 모재의 내식, 내마모, 내열 및 내고온 산화성 등의 향상을 위한 기능성 코팅에 사용된다. 강재의 부식방지용으로 알루미늄, 아연 및 알루미나-아연 합금이 주로 사용된다. 알루미늄과 동은 전도성이 코팅재료로 사용되며, Ni-Cr합금은 내식성에 우수하여 고온에서 내산화성인 고강도 재료로 사용되고, Cr-Al합금은 내식성 및 내고온 산화성에 사용된다. Ni-Al합금은 용융시 다량의 열을 방출하여 모재표면을 가열하기 때문에 밀착성이 양호한 코팅을 얻을 수 있으며, Mo, W 등의 고융점 금속은 고온재료 및 내마모 재료로 사용된다.

나. 세라믹계 재료

열전도율이 금속에 비해 낮고, 일반적으로 온도 및 약품에 대해 매우 안정적이고, 경도가 높기 때문에 고온 및 내마모성을 요구하는 표면처리에 사용된다. 산화물 재료로서 자주 사용되는 Al_2O_3는 열전도율이 가장 높은 특성을 가지고 있으며, 금속재료에 비해 양호한 밀착성을 가지기 때문에 내마모성이 우수하지만 충격에는 약하다. 하지만, TiO_2를 첨가하면 코팅의 기공률이 감소하고 치밀한 코팅을 얻을 수 있다. ZrO_2는 열전도율이 작고 열팽창률계수가 금속에 가깝지만 온도에 의해 결정계 변화와 밀도변화가 동시에 일어나 코팅표면에 균열을 일으킨다. 텅스텐, 티타늄, 및 크롬 등의 탄화물은 고경도의 특성을 가지고 있으며, 처음 산소와의 반응에 비교적 낮은 온도를 가진다.

다. Cermet계 재료

탄화물(TiC, ZrC, B_4C, WC), 산화물(Al_2O_3, ZrO_2, ThO_2)등의 고융점 세라믹과 Fe, Mo, Ni, Co 및 Cr등의 금속을 소결복합 재료로서 기계적성질이 우수하여 절삭공구, 내열용 부품의 코팅에 사용되며, 부식환경에는 내식성이 우수한 Ni, NiCr 및 CoCr 등을 첨가하여 사용한다. 일반적으로, 혼합비 및 세라믹 분말의 입경이 코팅특성에 많은 영향을 미친다. WC-Co계는 500[℃] 이하에서 변형이 일어나지 않지만, 500[℃] 이상에서는 W_2C 및 Co_3W_3C로 변형이 일어나는 특성을 가지고 있으므로 저온・고속용사법이 필요하다. Cr_2C_2계는 약 820[℃]의 고온에도 내마모성이 우수하지만, 코팅의 미세구조가 MoB-Ni계는 고온의 환경에 사용에 적합하며, MoB표면에 Ni를 진공상태에서 코팅하여 사용한다.

라. 플라스틱계 재료

플라스틱 재료는 내약품성과 내구성이 좋은 방식성 코팅을 얻을 수 있다. 또한 용제를 사용하지 않고 코팅을 할 수 있기 때문에 대형 형상물의 코팅이 가능하지만, 용사에 적합한 재료의 제약이 많다. 용사공정에서 용융온도와 분해온도가 달라야 하며, 공기와의 반응으로 완전용융이 일어나지 않아야 하며, 점성이 낮아야 한다. 또한 모재를 재료의 융점온도까지 예열하는 공정이 반드시 필요하다. 재료에는 용사시 가열에 의해 내교가 연화하여 코팅 층을 형성하는 가연성 수지(폴리에틸렌, EVA, 나일론)와 가열에 의해 연화와 동시에 분자간의 결합을 강화하는 열경화성 수지(에폭시)가 있다.

5. 용사활용

용사코팅은 각종 건축물, 기계장치, 기구 등의 부재, 부품의 표면에 모재 보다 고도의 성능 혹은 모재의 기능을 나타낼 수 있는 역할을 부여하는 것을 목적으로 한다. 즉, 부재 및 부품의 내식성, 내마찰성, 내열성, 단열성 등의 성질을 향상 시킬 수 있다. 그리고 표면의 전도성, 전기절연성, 열방사성, 이온 전도성 등 모재가 가지고 있지 않는 기능을 부여할 수 있다. 용사코팅 층의 효과는 단일성능을 향상시키는 것 뿐 만 아니라, 결과적으로 복합적인 특성을 부여함으로서 모재의 성능향상을 동시에 만족시키는 것이다. 현대에는 자동차 디젤엔진, 항공기용 엔진, 기계 산업, 발전분야 등 그 적용분야가 급속하게 증대되고 있다.

제6장
압접법

제1절 저항용접(Resistance Welding)

1. 개 요

용접하려고 하는 재료를 서로 접촉시켜 전류를 흐르게 하여, 이때 발생하는 저항열로 접합면의 온도가 높아졌을 때 가압하여 용접하는 방법을 전기저항 용접이라고 한다. 일반적으로 열전도도가 적은 것이 전기저항 용접에 좋다. 저항용접은 1875년 영국의 쥬울(Joule)이 최초로 시도하였고, 1886년 미국의 E.톰슨이 제작 특허를 취득하였다. 저항용접기의 대표적인 1900년경 점용접기가 출현한 초기에는 주방용품인 냄비 손잡이에 사용되었던 리벳 대신으로 사용되었다. 그 후 2차 세계대전 중에 항공기, 자동차, 기타 군수품과 무기 등 대량 생산의 필요성으로 리벳을 대신하여 점용접을 적용하는 것이 진행되고, 알루미늄 합금재에 사용하는 정밀한 저항용접기까지 출현하게 되었다. 또한, 알루미늄 합금재의 용접에 필요한 대전류를 얻기 위한 전원으로 단상교류부터 3상교류를 이용한 연구가 진행되었고 콘덴서식, 3상 정류식, 3상 저주파식 등의 저항용접기가 개발되었다. 현재 저항용접기는 피용접물의 두께가 수 [㎛]인 초정밀용접부터 수[mm] 두께의 판을 용접 할 수 있는 용접기까지 출현하였다. 제어장치는 전자공업의 발달과 함께 진공관에서 트랜지스터로 발달하였고 집적회로(IC)를 이용한 제어장치로 발전하여 현재는 컴퓨터를 이용한 제어방법까지 이르러 작업자의 숙련을 그다지 필요치 않는 자동화로 발전되고 있다. 공장에서는 점용접의 지그로 로봇까지 사용되고 있으며, 운반 및 용접의 품질관리 등을 중앙제어로 집중관리 되고 있다. 미래에는 전자공업을 비롯한 관련기술의 발달로 고도의 자동화 및 신뢰성 있는 저항용접기가 출현될 것으로 생각된다.

2. 용접 원리

저항용접에서는 두 가지 요소가 용접을 수행한다. 즉 접합되는 두 개의 금속사이에서 발생하는 전기저항열과 가압력이다. 도체에 전류를 흐르게 하면 도체내부의 전기저항에 의하여 열 손실을 일으킨다. 저항용접은 발열손실을 적극적으로 이용하는 용접기술로, 즉 도체에 전류를 흘리면 아래식에 제시된 바와 같은 열이 발생하게 된다. 이때 전기저항은 피용접 재료의 고유저항 일뿐만 아니라 전극을 포함하여 저항용접 장치 2차회로 전체의 저항이다. 용접부에서의 발열효율을 높이기 위하여 저항 용접법에서는 가능한 한 전기전도도가 높은 전극을 사용하게 되는데 전기전도도가 높으면 전극재료의 강도가 낮아지기 때문에 이 두 가지 요소를 만족할 수 있는 합금재료를 써야한다. 저항용접에서 발생되는 저항열은 쥬울(Joule)의 법칙에 따르며 다음 식으로 계산한다.

$$Q = 0.238 I^2 RT = 0.24 I^2 RT$$

여기서 Q = 저항열 [Cal], I = 전류 [A], R = 저항, T = 통전 시간 [Sec]

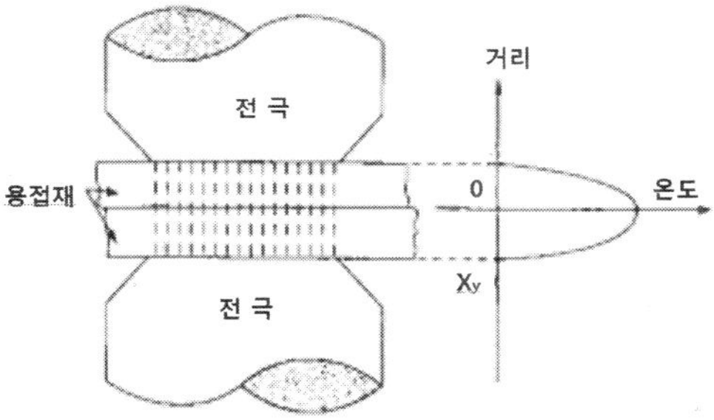

[그림 6-1] 저항용접부의 온도분포

저항용접 공정은 통전시간이 매우 짧아 생산성이 높기 때문에 생산현장에서 널리 사용되고 있다. 저항열은 전류의 제곱에 비례하고, 회로저항과 전류를 흘린 시간인 통전시간에 비례한다. 전류가 흐르는 부위의 단면적이 적을수록 발열량이 증가하기 때문에 동일한 전류로 용접하는 경우에도 통전 경로의 단면적이 감소하면 전류 밀도가 증가하는 효과를 얻을 수 있다. 저항용접에서 서서히 가열하면 열이 방산되어 접촉면의 온도를 높이는데 시간이 많이 걸릴 뿐만 아니라 가열면이 산화되기 쉽다. 이런 관계로 전기저항 용접은 아크 용접에 비해 많은 전류를 단시간에 흐르게 하는 것이 필요하며 정밀한 제어장치가 요구된다. 용접온도는 아크온도보다 저온이나 작업속도가 빠르며 또한 용접부의 안정성이 큰 특징이 있다. 일반적으로 고유저항이 크고 열전도도가 적으며 용융점이 낮고 소성구역의 온도 범위가 넓은 금속일수록 저항용접이 쉽다. 재질이 다른 이종금속 사이를 용접할 경우는 금속의 고유저항, 열전도도, 용융온도 등을 고려하여 접촉면에 형상 및 전극사이의 거리등을 결정한다. 저항용접기는 용접에 필요한 저전압, 대전류를 공급하도록 제작되어 있으며 용접부를 가압하기 위한 가압장치 및 제어장치가 부착되어 있다.

3. 장·단점

가. 장점

① 리벳이나 볼트이음같이 돌기가 없어 표면이 평평하다.
② 용접봉이나 용제를 쓰지 않아도 가능하므로 경제적이다.
③ 작업속도가 매우 빠르다.
④ 가열 영역이 용접부 근처에만 한정되므로 열 변형이 적다.
⑤ 자동용접으로 용접기 조정을 하는 것 이외에는 숙련된 기술이 필요 없다.

나. 단점

① 아크용접에 비해 대전류를 필요로 한다.
② 용접시 대전류 사용으로 용접기 및 수전 설비의 규모와 투자비가 크다.
③ 용접부의 급랭현상으로 기계적 성질이 낮다.
④ 용접부 접합상태가 외관으로 판정이 안되며 적당한 비파괴검사가 없다.

4. 저항용접 특징 및 용도

저항용접에서 용접부의 온도는 발생열과 열방산의 차이에 의해 결정된다. 발열량은 전류값, 통전시간, 재료의 고유저항에 의존하며 열방산량은 용접부재의 용적, 열전도율, 비열 등에 관계가 된다. 그러므로 용융점이 높은 금속, 고유저항이 적은 금속, 열전도도가 큰 금속들은 용접이 곤란하다. 예를 들어 구리나 알루미늄 등은 연강에 비해 큰 전류와 짧은 통전시간이 요구된다. 저항용접은 다른 접합법과 비교하여 작업능률이 대단히 우수하며 용접봉이나 용제도 필요치 않다. 심용접의 경우는 아크용접의 3 ~ 5배 속도이며 환봉플래시 용접은 아크용접의 수십 배의 능률을 올리고 있다. 조작은 거의 기계적이고 사람의 기능에 별로 영향을 받지 않는 편으로 대량생산에 적당하다. 현재 전기저항 용접은 아크용접법에 이어 광범위하게 쓰여지며 자동차, 항공산업, 가전제품, 제관공업 등에 널리 이용되고 있다.

[표 6-1] 각종 금속 상호간의 저항 용접성

종 류	연강	도금 연강	스테인레스강	니켈 합금	알루미늄 합금	마그네슘 합금	티탄	구리	황동	인청동
연강	A	C	C	C	D	D	X	D	D	D
도금 연강		C	D	D	X	X	X	D	D	D
스테인리스강			A	B	X	X	X	D	D	D
니켈 합금				A	X	X	X	D	D	D
알루미늄 합금					B	B	X	C'	C'	C'
마그네슘 합금						A	X	C'	D	D
티탄							A	X	X	X
구리								D	C	D
황동									C	A
인청동										B

주) A : 우수, B : 양호, C : 가능, C' : 특수장치로 가함, D : 불량, X : 불능

5. 저항용접 종류

저항용접의 종류는 아래와 같이 다양하지만 실용적으로 많이 쓰이는 기법은 점용접, 심(seam)용접, 돌기용접으로 대별할 수 있다.

[표 6-2] 저항용접의 종류

<table>
<tr><td rowspan="8">저항용접</td><td rowspan="4">겹치기 저항용접</td><td>점용접(spot welding)</td></tr>
<tr><td>시임용접(seam welding)</td></tr>
<tr><td>돌기용접(projection welding)</td></tr>
<tr><td>롤러 점용접(roll spot welding)</td></tr>
<tr><td rowspan="4">맞대기 저항용접</td><td>플래시용접(flash butt welding)</td></tr>
<tr><td>업셋용접(upset butt welding)</td></tr>
<tr><td>맞대기 시임용접(butt seam welding)</td></tr>
<tr><td>방전충격용접(percussion welding)</td></tr>
</table>

가. 저항 용접기의 구조적 형태에 의한 분류

(1) 정치형 저항 용접기

정치형은 각부를 전부 일체화하고 가압장치와 전원장치를 고정하여 두는 형으로, 범용기로서 이용되

고 있다. 자동차 제조 이외에도 박판의 조립 현장에서는 상당히 널리 이용되고 있다. 가압용 에어 실린더가 상부에 위치해 있어서 가압 및 용접 시 수직 하강 운동을 함으로서 용접 시 전극의 통전성을 우수하게 하고 있다.

(2) 포터블형 저항 용접기

저항 용접기 전체는, 가압통전부(건부)와 전원부(변압기부), 전력제어부(타이머 · 콘덕터부), 및 1차 케이블과 2차 케이블부(2차 도체부)로 나누어진다. 가압 · 통전부는 건프레임과 가압실린더, 전극홀더, 전극 및 기동 스위치로 구성된다. 전원부는 용접 변압기와 가압실린더 제어용 공압기기, 냉각수의 입구 등에서 전력제어부는 통전시간과 용접전류치 등을 설정하기 때문에 타이머부와 이것을 직접 제어하는 대전류 스위칭소자로 구성된다. 변압기 부착 건타입은 가압 · 통전부와 전원부를 일체화하여 구성한 것으로, 기본적으로는 일체화하는 것에 의해 소모품의 2차 케이블 레스화가 도모되고 있다.

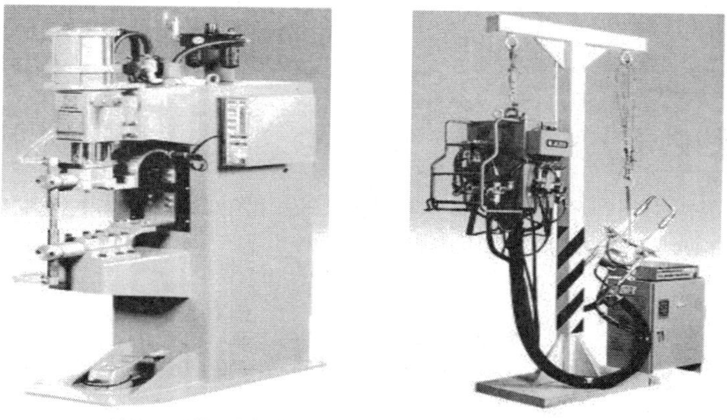

(a) 정치형 저항 용접기 (b) 건.변압기 분리형 포터블 저항 용접기

[그림 6-2] 저항 용접기 종류

6. 용접 공정변수와 영향

저항용접성에 영향을 미치는 공정변수들은 여러가지가 있으며 각각의 용접법에 따라서 관리해야 할 내용도 차이를 가지고 있다. 용접 품질에 영향을 주는 공정변수들은 ① 적당한 크기의 전류, ② 알맞은 통전시간, ③ 적당한 가압력 등 기본적인 것들은 물론 전류파형, 전극의 냉각조건, 통전회수, 피용접재의 표면상태와 재질 등이 있다. 그밖에도 용접장치, 용접전극의 형상 등이 용접품질에 영향을 준다. 한편 심용접에서는 이상과 같은 변수들 이외에 회전 전극을 사용하였을 때 발생하는 요소가 추가되며, 돌기 용접에서는 성형된 돌기의 크기와 형태 및 용접전류가 용접성에 영향을 준다.

가. 용접전류

전류는 다른 인자들에 비하여 열의 발생에 커다란 영향을 미친다(주로 고류를 사용). 발열량(Q)은 통전전류(I^2)에 비례하므로 판 두께가 두꺼울수록, 열전도가 큰재료(구리, 알루미늄 등)일수록 큰 전류가 필요하다. 전류가 너무 낮으면 너켓 형성이 작고 용접강도도 작아진다. 그러나 전류가 너무 높으면 용접강도가 증가하지만 적정 값을 넘는 과도한 전류값에서는 모재를 가열시키고 압흔을 남기며, 심한 경우는 용접부 추출(expulsion)을 시키며, 너켓 내부에 기공 또는 균열이 발생한다. 또한 판의 벌어짐 현상(sheet split), 코로나본드(corona bond) 및 스파크가 발생한다. 용접전류의 영향 가운데서도 중요한 관리항목은 통전과정에서의 전류변화이다. 일반적으로 생산현장에서는 점용접기 한대를 단독 사용하는 것보다는 하나의 전원에 접속된 여러 대의 용접기가 동시에 작업을 진행하는 경우가 많다. 그 결과 동시에 몇대의 용접기가 통전주기에 들어가면 전원전압의 저하와 함께 출력전류의 하강을 유발하고, 그것은 또 용접부의 강도저하를 일으키므로 주의하여야 한다.

저항용접에서 전류파형은 교류형 용접기, 정류형 용접기 또는 컨덴서 방전형 용접기 등에 의하여 구분되지만, 동일 용접기에서도 통전방법을 변화시키면서 용접전류를 결정할 수 있는 장치가 있다.

나. 통전시간 및 유지시간

저항용접에서 용접부의 형성에 미치는 발열량은 시간에 비례하고 있다. 용접에서 대전류로 짧은 시간동안 용접을 실시하는 경우와 소전류로 긴 시간 용접하는 것이 같은 효과를 주어야 하지만, 전극과 소재의 열전달 영향을 받아 전혀 다른 결과를 가져온다. 용접시간의 적절한 선정을 하지 않으면 건전한 용접부를 얻을 수 없다. 용접시간을 낮추고 전류를 높이면 원통형 너깃이 형성되기 쉬울 뿐만 아니라, 스패터와 용접부 내부기공의 발생가능성을 높인다. 한편 저전류, 장시간 조건에서 용접을 실시하면 너깃 형성량이 불충분하여 용접부의 강도하락을 일으킨다. 용접생산성을 위하여는 다소 높은 용접전류에서 짧은 통전시간과 유지시간을 적용하는 경우가 많다. 동일전류로 통전시간을 2배로 하면 발열량도 2배이므로 열전도가 좋은 재료는 대전류로 통전시간을 짧게 하고, 일반강판은 약간 낮은전류에 통전시간은 길게 한다. 통전시간은 발열에 있어서 중요한 인자가 된다. 일반적으로 통전시간을 너무 길게 하면, 열손실이 많아지며 아울러 불필요한 부분을 가열하게 되고, 모재가 부풀어 올라 재질 변화를 가져오게 된다. 통전시간이 너무 짧으면 가열부가 작아지며, 국부에 한하여 용융되므로 충분한 용접이 곤란하다. 따라서 통전시간은 적정전류 밀도에서 용융온도에 달하는 최소한의 시간이 되도록 하는 것이 중요하다. 유지시간은 너켓(Nugget)에 결함이 없고 응고하도록 하는 역할을 한다. 따라서 유지시간은 건전한 용접이 이루어지는 조건의 하한 영역을 적용하는 것이 바람직하다.

다. 전극 가압력

전극에서 모재로의 용접전류는 전극의 가압력에 의하여 이루어지며 공압, 유압 또는 기계적인 장치로 힘을 인가한다. 가압력은 용접부에 단압효과를 주며, 다공질이나 내부균열을 방지하는 작용을 하며 용접초기에 피용접재 - 전극 및 피용접재 - 피용접재 사이의 접촉면을 밀착시킨다. 또한 접촉부에서 초기 접촉저항을 감소시키며 용접이 진행됨에 따라 내부의 용융된 금속이 비산되는 것을 방지하기도 하고 안정된 너깃을 형성하게 한다. 가압력은 클수록, 전류와 모재, 모재와 모재 사이의 접촉저항이 작아지므로 발열량은 저하한다. 가압력이 낮으면 용착금속이 불안정하여 용접부에 기포 또는 균열이 발생하고 단압효과 부족으로 용접강도가 낮아진다. 또한 판사이에 비산, 분출하는 현상이 생기게 된다. 가압력은 용접이 진행되는 동안 지속적으로 유지되나, 용도에 따라서 일정한 가압력을 유지하는 방법, 초기 접촉저항의 감소를 위하여 높은 가압력으로 예비 압력을 인가하고 용접 중 일정한 가압력을 병행하는 방법, 초기 접촉저항의 감소를 위하여 높은 가압력으로 예비압력을 인가하고 용접 중 일정한 가압력을 병행하면서 용접과정의 마지막 단계에서 큰 힘으로 단조가압을 인가하는 방법이 있다. 가압력은 동일 용접전류에서 전류밀도에 큰 영향을 줌으로 항상 용접 전류와 함께 고려해야 할 사항이다. 일정한 용접조건에서 전극의 가압력만을 변화시키면서 용접을 실시할 때 얻어진 용접부의 강도변화는 가압력의 증가에 따라 용접부의 접촉면적 증대가 발열에 영향을 주기 때문에 인장전단강도의 하락을 초래한다.

라. 전극재

전극(electrode)은 피용접부에 큰 용접전류와 높은 가압력을 공급하고, 용접부의 표면을 냉각하는 역할을 하며, 일반적으로 전극소재(electrode materials)로서 요구되는 성질은 다음과 같다.

① 전기 전도도가 높을 것
② 기계적 강도가 크고, 경도 특히 고온에서 경도가 높을 것
③ 열전도율이 높을 것
④ 가능한 피용접재와 합금되기 어려울 것

마. 저항용접 결함

저항용접의 결함종류에 따른 원인과 영향은 아래와 같다.

[표 6-3] 저항용접 결함과 원인 및 영향

결함	원인	영향
과대한 용접파임	1. 부적절하게 드레스된 전극 표면 (전극선단이 많이 작음) 2. 전극가압력의 부족 3. 과전류에 의한 부적절한 발열 4. 높은 접촉저항	1. 용접부 주위의 금속두께 감소에 따른 용접강도손실 2. 외관 불량
표면용해 (깊은 용접파임과 동반)	1. 때가 끼고 더러운 모재 2. 낮은 전극 가압력 3. 모재의 잘못된 정렬 4. 높은 용접전류 5. 전극의 부적절한 드레싱 6. 가압과 통전의 부적절한 설정	1. 용액의 비산에 기인한 용접강도 감소 2. 표면을 통해서 연장된 용접 구역의 넓은 홈 3. 표면으로부터 돌출물을 제거하는 작업공수 증가 4. 짧은 전극 수명 5. 잦은 전극 드레싱으로 인한 생산시간 지연
불규칙한 용접현상	1. 전극 상하의 어긋남 2. 좋지 못한 전극마모 3. 플랜지의 외주에 관한 부적당한 전극	1. 접촉표면의 변화와 금속용액 비산에 기인한 용접강도 감소
전극이 모재에 눌러 붙음 (표면용해와 동반)	1. 때가 끼고 더러운 모재 2. 낮은 전극 가압력 3. 높은 용접전류 4. 부적절한 전극재질 5. 가압과 통전의 부적절함	1. 외관 불량 2. 감소된 녹 저항 3. 용액비산에 기인한 용접강도 감소 4. 누적 영향으로 전극수명 단축
균열, 깊은 파임, 핀홀	1. 과도한 발열로 인한 용융금속의 비산 2. 충분히 응고하지 않은 상태에서 가압력을 제거했을 때의 용융금속의 비산 3. 부적절한 전극정렬 4. 지그의 정렬 불량으로 인한 가압력이 모재에 균일하게 전달되지 못함	1. 용접부위가 장력을 받는 부품 또는 불완전한 균열이 용접부까지 연장되면 피로강도 감소 2. 균열 또는 깊이 파인부분에 부식

바. 플래시(flash) & 스패터(spatter)의 발생요인 및 대책

스패터는 전극과 소재의 계면에서 발생하는 표면 스패터(surface spatter)와 판과 판의 계면에서 발생하는 내부 스패터(expulsion)로 구분된다. 스패터가 발생하면 용접부의 표면품질 저하는 물론 너겟내부에서도 응고 균열이나 기공의 결함을 유발할 가능성이 높아진다.

플래시(flash)는 판 사이 또는 외표면이 과열되어서 용융금속이 비산하는 현상이다.

용접 초기통전에 있어서 flash나 spatter 발생원으로는 용접전류의 과대, 통전시간의 초과, 너무 낮은 가압력 및 가압시간 부족, 전극선단의 오염 및 형상불량, 또는 피용접재 표면의 오염, 전극 끝이 피용접물에 완전히 닿기 전에 용접전류가 흐르는 경우, 펄스제어의 불량 등이며 이에 대한 대책으로는 용접전류 및 통전시간 과대를 피하도록 하고 적당한 가압력을 선정하고 형상불량의 전극선단을 고운 사포 등으로 수시로 가공을 해준다. 모재와 전극의 용착한계 상한선 이상의 조건으로 용접할 경우에는 용접부의 강도는 충분히 확보되지만 입열량이 증가하여 스패터가 심하게 발생되며, 압흔이 깊어지며, 전극 소모도 심해지므로 용착한계 상한선을 넘지 않도록 용접조건을 선정한다. 저항용접시에는 인버터식 용접기를 사용함으로써 flash 및 spatter 발생을 방지할 수 있으며 용접전류 전후에 작은 전류를 흘려 예열 또는 후열을 주는 slope control 제어법이 유효하다.

제2절 점용접(Spot Welding)

1. 원 리

점 용접은 저항용접 중 가장 간단하고 일반적으로 사용하는 방법이다. 마주보는 두 전극의 사이에 결합시키고자하는 두 금속 판재를 넣고, 두 전극이 접촉하여 발생되는 저항열로 점용접을 한다. 용접은 전류가 흐르는 한 개 또는 다수의 전극을 통해 이루어지며, 압력은 기계식 또는 공압식으로 가압한다. 접합강도는 겹치는 재료표면의 거칠기와 청결도에 의존하므로 기름, 페인트, 두꺼운 산화막은 용접전에 제거하여야 한다. 그러나 균일하고, 얇은 산화막이나 이물질 들은 크게 영향을 미치지 않는다.

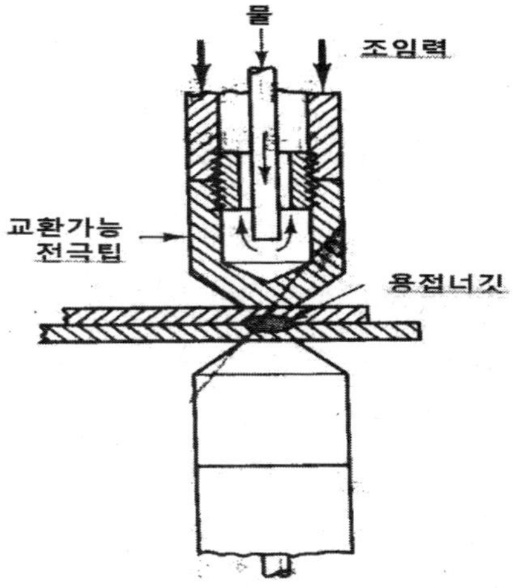

[그림 6-3] 점용접의 원리

2. 장•단점

가. 장점

① 리벳이나 볼트이음같이 돌기가 없어 표면이 평평하다.
② 용접봉이나 용제를 쓰지 않아도 가능하므로 경제적이다.
③ 강도를 떨어뜨리고, 변형을 일으키기 쉽게 하는 구멍이 필요 없다.
④ 작업속도가 매우 빠르다.
⑤ 자동용접으로 용접기 조정을 하는 것 이외에는 숙련된 기술이 필요 없다.
⑥ 가열 영역이 용접부 근처에만 한정되므로 열 변형이 적다.
⑦ 용접과정에서 아크용접과 같은 유해한 자외선을 발생하지 않는다.

나. 단점

① 아크용접에 비해 대전류를 필요로 한다.
② 용접시 대전류로 용접기 및 수전 설비의 규모와 투자비가 크다
③ 용접부크기와 접합상태를 외관으로 판정이 안되며, 적당한 비파괴검사가 없다.
④ 용접전류, 통전시간, 가압력, 전극형상, 용접재의 재질과 두께 등에 따라 용접조건을 선정할 필요가 있다.
⑤ 점 용접부는 너깃주위의 노치현상 때문에 기계적 성질이 낮다.

3. 용접기 구성

점용접은 용접전류, 통전시간, 가압력의 3대 요소로 구성된다. 용접전류는 대전류가 필요하다. 너겟이 클수록 용점부의 강도도 커진다. 통전시간은 같은 전류로 통전시간을 배로 하면 발열량도 배가되고 전극이나 모재 주변으로 손실되는 열량도 배가된다. 그러므로 Cu, Al 등과 같이 열전도도가 좋은 재료는 되도록 대전류로 통전시간을 짧게 한다. 한편 강판과 같이 열전도도가 나쁜 재료는 그렇게 대전류를 사용하지 않고 통전시간을 길게 하는 것이 좋다. 전극의 가압력은 클수록 유효발열량이 떨어진다. 전극과 모재, 모재와 모재 사이에 접촉저항은 전극의 가압력이 클수록 작아진다. $Q = 0.24I^2Rt$에서 R이 작아지면 발열량 Q도 작아지게 된다. 따라서 가압력이 작을 때는 접촉저항이 커지므로 통전 된 순간 과열된 부분에서 공간이 생긴다. 그러므로 적당한 가압력이 필요하다.

가. 점용접기의 기본 구성

점용접 방법은 저항 발열을 이용하여 금속 재료를 용접하는 방법의 일종이다. 통상은 그림과 같이,

수냉 동전극으로 용접부를 상하로 가압하여, 이 상하 전극간에 집중하여 흐르는 1초 이내의 극히 단시간 전류에 의한 집중 발열(Joule열)로 판 표면과 뒷면의 전극에 의한 냉각 작용을 이용하여 접합부만을 용융시켜, 이곳에 용접 너깃(Nugget)을 생성시킨다. 점용접부의 저항치는 극히 적은, 겨우 100 [μΩ](10^{-4} [Ω])정도로, 점용접부에 충분히 집중 가열을 하여 양호한 용접부를 만들기 때문에 수천 ~ 수만 [A]라는 대전류를 필요로 한다. 그리고 이 대전류를 공급하는 문제로 저항 용접기의 2차 케이블(용접 케이블)이 결국 커지므로, 전극을 고정하는 가압부도 강성이 높은 것이 요구된다. 또 저항 용접시 전압은 팁간 전압에서 1 ~ 2 [V]정도, 전극 팁부, 2차 케이블부를 포함해도 겨우 10 [V]정도 밖에 되지 않는다. 이 때문에 용접에 필요한 대전류를 효율적으로 공급하기 위해 용접부와 주전원(공급 전압 220 [V] 또는 440 [V])간에는 적당한 변압기가 삽입된다. 통상, 이 변압기의 2차 전압은 수 [V] ~ 20 [V]로 설정되고 있다. 그리고 용접 전류치와 통전시간 등은 전류치가 작은 1차 측에서 제어되는 것이 일반적이다.

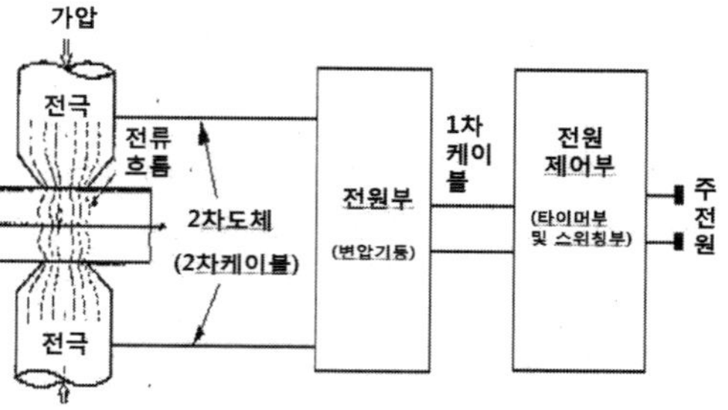

[그림 6-4] 점용접기의 구성

나. 점용접기의 종류

(1) 단상교류 용접기

단상교류 용접기는 싸이리스터 제어방식으로 싸이리스터는 양극(ANODE), 음극(CATHODE) 및 게이트(GATE) 전극으로 구성된다. 상용주파수인 60 [Hz] 전원을 용접기 변압기에 의해 저전압, 대전류로 변환하면 되기 때문에 구조가 간단하며 값이 저렴하여 현장에 가장 많이 사용되고 있다.

(2) 정류용접기

단상 또는 3상 전원을 대전력 소자를 이용하여 정류한 다음 얻어진 맥동 직류를 용접에 사용하며 출력전류의 최대치가 실효치와 유사하기 때문에 발열 효율이 좋고 박판재료나 열전도도가 높은 재료 등 열 시정수가 낮은 재료의 용접에 유리하다.

(3) 컨덴서 방전 용접기

내부에 대용량의 컨덴서가 설치되어있으며 컨덴서에 저장된 전기 에너지를 이용하며 한번의 방전에 의해 1회 용접이 이루어진다. 매우 짧은 시간에 고전류가 흐르기 때문에 저항열이 용접부에서 모재로 전도되는 양을 최소화 할 수 있는 장점이 있으며 열전도도가 높은 알루미늄 합금이나 아연 도금강 등 표면 처리된 박판재료의 용접에 적합하다.

(4) 인버터 직류용접기

용접기의 경량화와 전류의 고속 제어를 위해 인버터 회로가 사용되며 3상 교류 입력 전원을 제어소자인 싸이리스터 또는 IGBT 등을 이용하여 고주파 변환시킨다. 고주파 전력은 변압기를 통해 용접에 필요한 저전압 대전류로 변환 된다. 장점은 너깃이 안정적으로 형성되는 전류 범위가 넓으며, 스패터 발생 확률이 적다. 또한 변압기의 소형, 경량화가 가능하며 고속제어가 가능하다. 단점으로는 직류를 얻기 위하여 정류기가 필요하며 용접기 가격이 비싸며, 전극극성이 고정되어 양극쪽에서 오목하게 손상을 입기 쉽고 교류와 비교하여 전극 수명이 짧다. 또한 도금강판에서 극성때문에 용접이 매우 곤란하거나 불가능하며, 재료에 따라서 너깃이 판 두께 방향으로 치우치거나 용접결함으로 발생한다.

(5) 인버터 교류 용접기

인버터 직류용접기에서 2차측 정류기를 제거한 것으로 장점은 단상교류 전원용 변압기를 그대로 사용이 가능하며 인버터 직류 용접기보다 가격이 싸고 안정된 너깃이 형성되는 전류 범위가 넓고 스패터 발생 확률이 적다. 또한 2차측 전류 주파수 변경 및 고속제어가 가능하다. 단점은 변압기를 소형, 경량화하지 못한다는 점이다.

(a) 공압식 점용접기

(b) 마이크로 점용접기

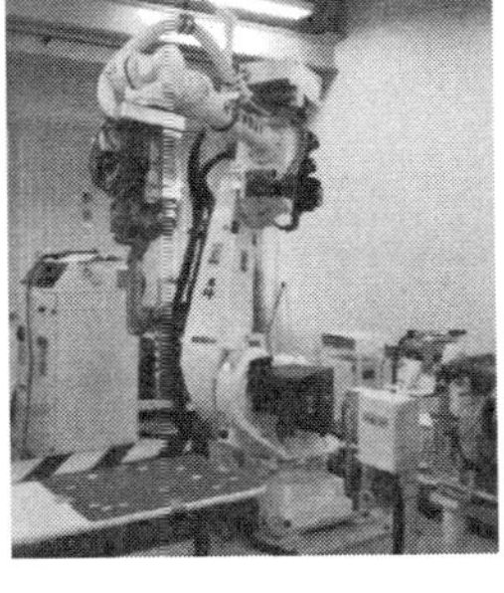

(c) 로봇 점용접기

[그림 6-5] 점용접기의 종류

다. 점용접 조건

일반 저항용접의 결과에 미치는 요인으로는 용접전류, 통전시간, 가압력, 모재의 표면형태, 전극의 재질 및 형상 등이 있는데, 이 중 점용접에 가장 큰 영향을 미치는 것으로는 용접전류, 통전시간, 가압력으로 이를 점용접의 3요소라 한다.

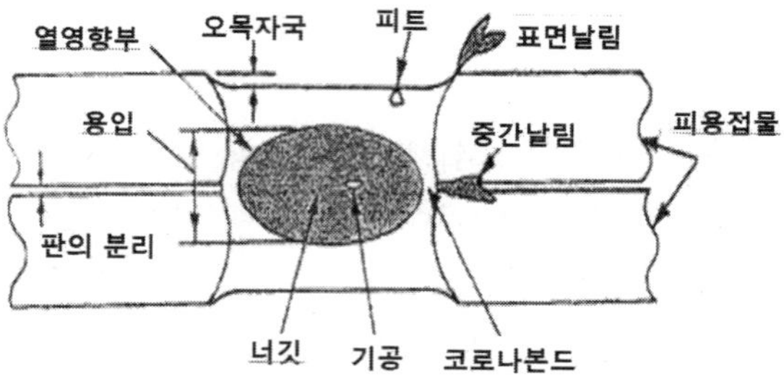

[그림 6-6] 점용접부의 각부 명칭

(1) 용접전류(Welding Current)

용접전원으로는 직류와 교류가 있으며 주로 사용되는 것은 교류이다. 전류의 강약은 용접결과에 큰 영향을 미친다. 전류가 약하면 용융부(너겟)가 작아져서 용입이 불량하게 되며 그에 따라 용접부는 충분한 강도를 가지지 못한다. 전류가 너무 세서 과열된 경우에는 용융금속이 밖으로 나오게 되며 가압력에 의해 표면에 오목한 자국이 생기게 된다. 이외에 금속조직도 약화되어 강도가 저하된다. 일반적으로 판두께가 두꺼울수록 열용량이 크며 소요의 너겟도 커야하므로 전류값을 크게 하지 않으면 안된다.

(2) 통전시간(Resistance Welding Time)

용접시간은 맞대기 용접에 비하여 가열면적이 좁으므로 대단히 짧다. 같은 전류로 통전시간을 배로 하면 발열량도 배가 되고 전극이나 모재 주변으로 손실되는 열량도 배가된다. 그러므로 구리, 황동, 알루미늄 등과 같이 열전도도가 좋은 재료는 되도록 대전류로 통전시간을 짧게 해야 한다. 그러나 강판 같은 재료는 그렇게 대전류를 사용치 않고 통전시간을 더 늘리는 것이 좋다. 통전시간의 제어는 사람이 적당히 하는 방법과 타이머에 의한 방법이 있다.

(3) 가압력(Electrode Force)

전극과 모재, 모재와 모재사이의 접촉저항은 가압력이 클수록 작아지며 결과적으로 발열량도 작아지게 되어 용접결과가 좋지 않다. 또한 가압력이 작으면 접촉저항 분포가 불균일하여 스파크가 일어나서 불량 용접부를 형성하게 된다. 그러므로 좋은 용접을 위해서는 적정한 가압력이 요구되며 모재의 표면은 평탄하고 깨끗해야 한다.

(4) 전극(Electrode)

전극재료로는 보통 동 및 동 합금이 사용되고 있다. 용접변압기의 2차측에서 연결된 상부아암(Upper Arm) 및 하부아암(Lower Arm)에는 각각 전극 홀더(Holder)가 있으며 전극 홀더 선단에는 전극 팁(Tip)이 끼워져 있고 내부로는 냉각수가 흐르도록 되어있다. 점용접시 전극의 역할은 가압의 역할, 통전의 역할, 냉각의 역할, 부품을 고정하는 역할이 있으며 점용접 전극으로서 갖추어야 할 요구조건은 고유저항이 작아서 통전시 발열이 작게 될 것이며 용접시의 피용접재와 전극 접촉면에서 열량을 잘 흡수하여야 하며 고온에서 경도와 강도가 높고, 연속 사용에 의한 마모와 변형이 작아야 한다.

점용접용 전극 손상의 원인으로는 고온마모와 변형, 전기적 손실, 화학적 손실이 있다. 고온 마모와 변형은 전극 고유저항에 의한 발열, 전극과 피용접재 표면 사이의 발열, 너깃으로부터의 열전도 등에 의하여 전극선단의 온도가 상승하여 마모나 변형이 쉽게 일어나는 것이며 전극선단의 고온문제는 냉각방식, 전극선단의 형상, 피 용접재의 재질과 표면상태, 용접조건(전류, 통전시간, 가압력) 및 단위시간당의 용접횟수 등에 크게 좌우된다. 전기적 손실은 용접부의 표면상태가 나빠서 국부적으로 통전하여 국부 가열 되거나, 가압력이 부족하여 국부 통전 및 국부 과열하여 전극이 부분적으로 손상되거나 표면 날림이 생기면서 손상되는 것이며 화학적 손실은 산화물이나 표면처리 물질이 전극 선단에 부착하거나, 가압력과 고온으로 인하여 재료의 일부가 전극으로 확산하게 된다. 이에 따라 전극 표면이 합금화되어 전기전도도와 열전도도가 저하하면서 전극 선단의 온도가 과도하게 상승하여 손상을 입는 것이다. 전극의 수명은 진동 용접성 그래프와 같이 적정한 용접전류와 통전시간 및 압력조건에서 점용접을 연속적으로 수행하고, 용접된 판재를 분리시켜 너깃의 직경을 측정하여 용접성을 판단하며 너깃의 직경이 기준값 이하로 감소하게 되면 이를 전극의 수명으로 정의 한다. 너깃의 직경은 얇은 쪽 모재두께의 3.5 ~ 4배, 모재 두께의 20 [%] 이상으로 전극의 수명은 판재의 표면처리에 의해 크게 영향을 받는다.

라. 적용

소형제품에는 로커-암(rocker-arm) 점용접기를 사용하고, 대형의 용접물에는 프레스형 점용접기를 사용한다. 용접속도가 빠르기 때문에 박판을 이용한 용접제품의 대량생산에 적합하여 스테인레스 주방용기의 손잡이 용접, 박판을 주로 이용하는 금속가구의 가공, 여러 개의 전극을 사용하는 자동차 차체의 결합에 점용접이 많이 사용된다. 점용접은 자동화가 쉽게 이루어져, 제품의 자동화 생산라인 중에 투입될 수 있다.

[표 6-4] 탄소강 점용접 조건 예(단상 교류식)

판두께 [mm]	전극팁 치수 (d) [mm]	용접조건									너겟지름	최소 인장 전단 강도 [kg/mm²]
		사이클(60[Hz])				가압력			전류			
		용접	냉각	뜨임	총계	A급 용접	B급 용접	C급 용접	용접 (A)	용접 (B)	Dw [mm]	
0.23	3.2	3	6	3	12	100	73	48	11900	9900	1.9	49.5
0.26	3.2	3	6	3	12	100	75	50	12100	10000	2.2	4747.0.0
0.29	3.2	3	6	3	12	110	80	52	12200	10200	2.2	43.0
0.32	3.2	3	7	1	13	115	85	53	12300	10300	2.3	42.5
0.35	3.4	4	7	3	14	125	90	85	12400	10400	2.4	42.0
0.40	3.4	4	7	4	15	145	105	65	12600	10500	2.6	38.0
0.45	3.4	4	8	4	16	165	120	75	12800	10700	2.8	37.5
0.50	3.8	4	8	4	16	190	140	90	12900	10800	3.0	35.5
0.55	3.8	4	9	4	17	220	160	105	13000	11000	3.2	35.0
0.60	4.0	4	10	4	18	250	185	120	13200	11100	3.4	33.0
0.65	4.2	5	10	5	20	285	210	140	13300	11200	3.6	32.0
0.70	4.2	5	11	5	21	330	240	160	13400	11400	3.8	32.0
0.75	4.8	5	12	5	22	360	270	185	13500	11500	4.0	32.0
0.80	4.8	5	13	5	23	390	295	200	13600	11600	4.2	32.0
0.85	5.0	5	15	5	25	430	325	220	13700	11700	4.4	32.5
0.90	5.2	6	16	6	28	465	350	235	13800	11800	4.7	33.0
1.00	5.8	6	20	6	32	535	405	275	15900	12000	5.1	34.5
1.20	6.8	7	30	10	47	685	510	340	14300	12200	5.9	36.0
1.40	7.6	9	41	15	65	820	620	415	14700	12500	6.7	38.0
1.60	8.6	11	52	21	84	965	730	465	15100	13800	7.5	39.0
1.80	9.5	15	56	28	99	1160	840	555	15600	13200	8.3	38.0
2.00	10.5	19	87	36	142	1250	940	630	16300	13900	9.2	38.0
2.23	12.0	26	112	48	186	1460	1100	730	17500	14900	10.4	39.0
2.60	13.5	33	165	61	259	1680	1260	850	18900	11600	11.6	37.0
2.90	14.2	39	205	75	319	1880	1420	950	20600	17400	12.9	37.5
3.20	15.2	46	244	92	382	2030	1580	1060	22400	18900	14.1	38.0
3.50	15.8	53	284	110	477	2170	1740	1170	24300	20400	15.3	38.5
4.00	16.0	64	352	145	561	2300	2000	1380	26300	21000	17.3	39.0

[표 6–5] 각종 재질별 용접성

분류	Al	ST	MS	BM	Sn	Zn	Cu	BC	NS	PB	Ni	NC	M	WM	Pb
Al	B(A)	E	E	E	D	D	D	D	C	D	D	D	D	X	E
ST	R	A	A	D(C)	C(B)	C(B)	E(C)	C	C(B)	D(C)	C(B)	C(B)	C(B)	D	E
MS	R	A	A	C	B	B	D(C)	C(B)	D	C(B)	B	B	B	B	E
BM	R	D(C)	C	D	D	D	E	D	D	E(D)	D	D	D	X	E
Sn	D	C(B)	B	D	C(B)	C(B)	D	C	C(B)	D(C)	C(B)	C(B)	C(B)	E	D
Zn	D	C(B)	B	D	C(B)	C(B)	E(D)	D(C)	C(B)	D(C)	C(B)	C(B)	C(B)	E	D
Cu	D	E(D)	D(C)	E	D(C)	E(D)	C(B)	C	C	C(B)	C	C	D(C)	X	E
BC	D	C	C(B)	D	C(B)	D(C)	C(B)	C(B)	C(B)	C(B)	B	B	C(B)	X	E
NS	C	C	B	D	D	D	C	B	B	B	B	B	B	X	E
PB	D	D(C)	C(B)	E(B)	C(B)	D(C)	C(B)	B(A)	B(A)	B(A)	B	B	C	X(B)	E
Ni	D	C(B)	B	D	C(B)	B	C	B(A)	B	B	A	B(A)	B(A)	C	E
NC	D	C(B)	B	D	C(B)	B	C	B	B	B	B(A)	A	B(A)	C	E
M	D	C(B)	B	D	C(B)	C(B)	D(C)	C	B	C(B)	B(A)	B(B)	A	X	E
WM	X	D	B	X	E	E	X	X	X	X	C	C	X	D(C)	X
Pb	E	E	E	E	D	C	E	E	E	E	E	E	E	X	C

* 주 (1) Al: 알루미늄 ST: 스텐레스 MS: 연강 BM: 흑피연강 Sn: 석도금강판 Zn: 아연드금강판 Cu: 동 BC: 황동 NS: 양은 PB: 인청동 Ni: 니켈 NC: 니켈크롬 M: 모넬 WM: 텅스턴몰리브덴 Pb: 납
(2) A : 용접양호 B : 용접보통 C : 용접약간불량 D : 용접불량 E : 용접불가
(3) X 표시는 용접 시험 미실시로 용접성 판단 불가
(4) ()내의 표시는 CONDENSER TYPE 에 적용.

제3절 | 시임용접법(Seam Welding)

1. 개 요

시임 용접은 점용접을 연속적으로 하는 것으로 점용접의 전극 대신 원판상의 롤러를 전극으로 사용하여 용접전류를 공급하면서 전극을 가압 회전시켜 용접하는 방법이다. 시임 용접용 롤러가 회전할 때 공급 전류의 일부는 먼저 용접된 부분에 흐르고 일부는 롤러 전극 사이에 흐르게 되어 공급 전류가 큰 것이 필요하다. 그러나 연속적으로 많은 전류가 통하면 용접 판재에 너무 많은 열이 생겨 용접부 전체가 용융되므로 통전을 단속적으로 하여 냉각시간을 주는 방식이 사용되고 있다. 때로는 엷은 판재에 연속적으로 전류를 통하여도 좋은 결과를 줄 때가 있다. 통전법에는 단속통전법,

연속통전법 및 맥동통전법이 있으나 모재가 가열되므로 단속적인 통전을 행하는 경우가 많다. 주로 기밀, 수밀, 유밀을 필요로 하는 용기, 긴 파이프 등 연속적인 작업에 쓰인다.

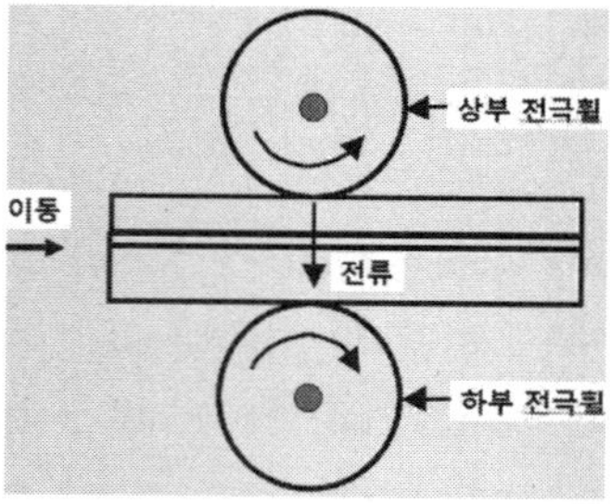

[그림 6-7] 시임용접 원리와 전극

2. 시임용접기 종류

Seam 용접기의 주요한 구성요소는 용접변압기, 가압장치, 전극, 시간 제어장치, 전류조정기, 전극 구동장치로 구성되어있다. 시임용접기는 기밀용접, ROLL SPOT용접, 판접합 용접 등에 사용된다. 용접기 형식으로는, 기본적으로 피 용접물에 따라서 횡시임, 종 시임용접기로 크게 구별되지만 구동 방법이나 전극의 냉각방법에 따라서도 구별된다.

시임용접기의 분류는 본체형식에 의해 ① 횡형 ② 종형 ③ 유니버살형, 구동방법에 의해 ④ 너얼구동 ⑤ 기어구동 ⑥ 너얼-기어구동, 구동형태에 의해 ⑦ 상하구동 ⑧ 편측구동 ⑨ 모재에 의한 구동, 냉각방법에 의해 ⑩ 외부냉각 ⑪ 내부, 전극판 두께에 의해 ⑫ 보통전극 ⑬ 박전극으로 구분한다. 또한 전극롤러가 암(Arm)에 직각으로 되어있어 원통모양의 원주이음에 사용되는 원둘레 시임용접기, 전극롤러가 암과 평행하게 되어 있어 길이방향의 이음에 적당한 세로 시임 용접기(Longitudinal Seam Welder), 세로 또는 가로로 전극을 자유롭게 교환할 수 있게 만든 유니버설 시임용접기(Universal Seam Welder) 등이 있다.

3. 각종 Seam 용접방법

가장 많이 사용되고 있는 형상은 겹치기 시임방법이고, 그 외에도 많은 방법이 사용되고 있다.

가. 겹치기 Seam Welding

가장 기본적인 형태로 두장의 피용접재를 원판형 전극으로 접합하는 방식이다.

나. Mash Seam Welding

겹침량을 일반적으로 모재 두께의 1 ~ 1.5배로 조절하고 용접과정에서 미끄럼방지를 위하여 별도의 고정 장치가 필요하다.

다. 맞대기 Seam Welding

단순 맞대기 박막 첨가 및 Wire 첨가 맞대기 방법이 있다.

라. Wire Seam Welding

Zn 또는 Sn 도금강재의 Seam 용접에 많이 사용되고 있다. Wire Seam 용접법은 도금강재에서 문제가 되는 원판전극의 표면에 Zn 또는 Sn이 부착되어 합금층을 만들기 때문에 용접성을 저하시키게 되는데 용접에 한번 사용된 전극 와이어는 폐기시킴으로써 항상 새로운 전극을 사용하는 것과 같은 효과를 얻을 수 있다. 캔의 제조과정에서는 빼놓을 수 없는 매우 중요한 용접법이라 할 수 있다.

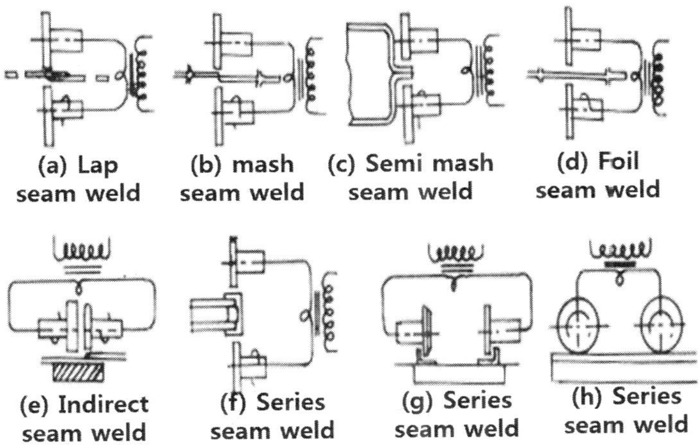

[그림 6-8] 시임용접 종류

4. Seam 용접조건 및 용도

전극의 도전율은 구리의 75 [%] 이상으로 되어야 한다. 전극부에는 발열이 많아 내부 또는 외부에서 물로 냉각한다. 용접전류는 점용접전류의 1.5 ~ 2.0배, 가압력은 1.2 ~ 1.6배로 하고 1 [mm]의 연강판에는 전류 15000 [A]와 가압력 400 [Kg], 통전시간 및 정지 시간은 각각 1/20초 정도이다. 전극은 동제 원판상으로서 보통 250 [mm] 전후의 것이 사용되며 그 밖에 둥근 것, 평평한 것 등도 있다. 연속하여 많은 전류를 공급하면 용접판에 주는 열량이 많아져서 용접부 전체가 용융 상태에 이르러 용접부

표면이 롤러에 의하여 흠 모양으로 떨어져 나가기 쉽다. 이 결함을 방지하기 위하여 용접할 때 전류를 차단하여 전극을 가압한 대로 정지시키고 용접부가 냉각한 후에 전류를 차단한 채로 롤러 전극을 다음 용접 위치까지 전진시키다. 통전시간과 단속시간의 비율은 철강의 경우에 1:1 경합금의 경우에는 1:3 정도로 한다.

5. Seam 용접검사

필로 테스트는 심용접의 강도를 결정하기 위한 가장 일반적인 테스트이다(그림 6-9). 구멍을 봉하는 위에서 금속 두 조각을 심용접하는 것을 필요로 한다. 적절한 배관 부속품은 니플로 이루어지고 혹은 함께 두 조각의 심용접으로 용접된다. 수압이나 혹은 기압은 부속품을 통해서 펌프되어 구멍을 필로 형상으로 확대시킨다. 필로가 파열되는 압력이 기록되어 모재의 파괴 강도와 비교한다.

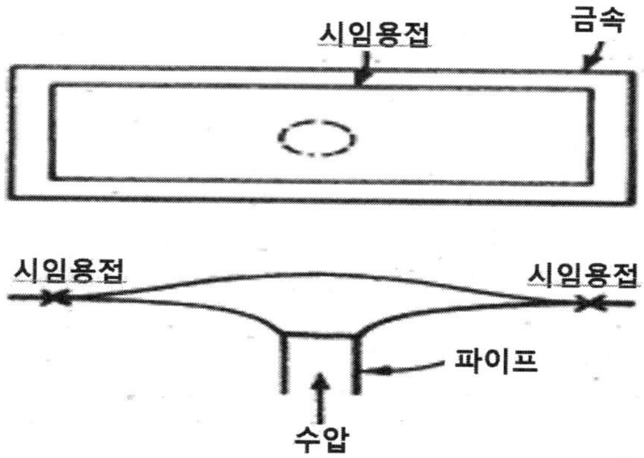

[그림 6-9] 시임용접 필로우 검사

[표 6-6] 연강판의 시임용접 조건

판두께		전극		최소랩	용접조건						피치
		선단폭	두께		시간			가압력	속도	전류	
					on	off	주기				
[mm]	[inch]	[mm]		[mm]	(사이클)			[kg]	[mm/min]	[A]	[mm]
0.4	0.016	〈5	〉9	10	2	2	4	220	1,950	10,000	2.17
0.5	0.021	"	"	11	2	2	4	250	1,900	11,000	2.13
0.6	0.024	"	〉10	12	2	2	4	280	1,850	11,500	2.04
0.8	0.031	〈6	〉11	13	3	2	5	340	1,800	13,000	2.50
1.0	0.040	"	〉12	13	3	3	6	400	1,750	14,000	2.92
1.2	0.048	〈7	"	14	4	3	7	450	1,650	16,000	3.20
1.4	0.055	〈8	〉13	15	4	4	8	500	1,600	17,000	3.57
1.6	0.062	"	〉14	16	4	4	8	560	1,550	18,000	3.48
1.8	0.070	〈9	〉15	17	5	5	10	620	1,450	18,500	3.85
2.0	0.078	"	"	18	6	6	11	670	1,400	19,500	4.35
2.4	0.094	〈11	〉18	19	7	7	13	780	1,280	20,000	4.55
2.8	0.109	〈12	〉20	21	9	9	15	890	1,200	21,000	5.00
3.2	0.125	〈13	"	22	11	11	18	1,000	1,150	22,000	5.90

주) 1. 피용접재는 열간압연후 산으로 닦고 가볍게 기름을 바른 연강판, 인장강도, 30 ~ 32kg/mm^{2}에 해당 용접시 표면 상태는 스케일. 그리스, 산화물, 페인트, 먼지를 제거.

2. 용접 시간은 전원 주파수 60 사이클의 수를 나타낸다. 따라서 10 사이클이면 1/6초에 해당

3. 최소랩은 겹친 길이

[표 6-7] 알루미늄 합금판의 시임용접 조건

판두께	전류	시간(사이클)		전극압력	피치	속도	용접폭
	[A]	on	주기	[kg]	[mm]	[mm/min]	[mm]
0.4	22,000	0.5 ~ 1	3.5	227	1.20	1,250	2.3
0.5	24,000	0.5 ~ 1.5	4.5	245	1.27	1,000	2.5
0.6	26,000	1 ~ 1.5	5.5	270	1.41	1,035	2.8
0.8	29,000	"	"	310	1.59	915	3.0
1.0	32,000	1.5 ~ 2.5	7.5	345	1.82	885	3.5
1.3	36,000	1.5 ~ 3	9.5	390	2.13	795	4.0
1.6	38,500	2 ~ 3.5	11.5	435	2.50	"	4.8
2.0	41,000	3 ~ 5	15.5	495	2.85	640	5.6
2.6	43,000	4 ~ 6.5	20.5	560	3.23	580	6.6
3.2	45,000	5.5 ~ 9.5	28.5	610	3.55	490	8.1

6. 시임용접 활용

시임 용접은 기밀, 수밀, 유밀성을 요하는 각종 이음부에 적용되고 있으며 모재의 종류로는 탄소강, 스테인레스강, 알루미늄 합금, 니켈합금 등이 쓰이고 있다. 용접가능한 판 두께는 약 0.2 ~ 4.0 [mm]정도이다. 최근 특성이 서로 다른 이종금속의 활용도를 높이기 위해 이종금속간의 접합성능을 확보하기 위한 기술개발에 대한 요구가 증가하고 있으며, 특히 알루미늄 합금은 질량이 가볍고 비강도가 높아서 자동차의 경량화를 목적으로 박판 알루미늄/강재와 이종재료의 접합기술개발이 활발히 진행되고 있다. 접합하려는 박판 용접 모재의 주위에 코일을 설치하여 펄스전류를 급격히 흘려서 고밀도의 자속을 발생시키고 와전류가 흐르게 하여 이 와전류의 줄(Joule)열로 가열된 용접모재를 전자력으로 서로 간에 강하게 밀어 붙여서 용접이 진행되는 전자 시임용접법은 용접 후 열에 의한 용접모재의 변형이나 잔류응력이 작고 가압에 의한 효과 때문에 용접부의 접합계면이 파도형태를 지니며 인장전단 시험 시 모재에서 파단이 일어나는 접합강도를 가짐으로서 자동차용 부품, 액체냉각용 부품, 전지용 부품, 빌드업 프린트 배선판 등의 제작에 많이 사용될 전망이다.

제4절 프로젝션 용접(Projection Welding)

1. 원 리

용접하려고 하는 금속판의 한쪽 또는 양쪽에 돌기부분(Projection Part)을 만들어 놓고 돌기를 통하여 압력을 가하면서 전류를 통하게 하면 전류 및 압력이 집중되므로 집중 열이 발생하여 용접되게 한 것을 프로젝션 용접이라고 한다. 일명 돌기 용접이라고 한다. 전극은 평평한 것을 사용하며 점용접과 같은 방법으로 전류를 통하고 용접하므로 점용접의 일종이라고 볼 수 있다. 프로젝션 용접을 하면 돌기부가 가열되어 그 형상이 변화하면서 용접면적이 증가되므로 과열되는 일이 적다. 열용량이 심하게 차이나는 박판과 후판을 함께 용접할 때에는 두꺼운 판재를 프로젝션 가공하여 얇은 판과 같이 용접할 수 있다. 프로젝션 가공의 높이는 대체로 판재의 1/3 정도로 한다. 판의 두께 2 [mm]인 연강판에 대하여는 돌출부의 높이를 약 1 [mm] 정도하고, 전극압력은 500 [Kg], 용접전류는 13,000 [A], 통전시간은 1/2초 정도로 하고, 같은 조건의 스테인레스강에 대하여는 전극압력 800 [Kg], 전류는 10,000 [A] 정도로 한다. 경도와 전기 전도도가 증가하면 압력은 증가하고 전류는 감소한다.

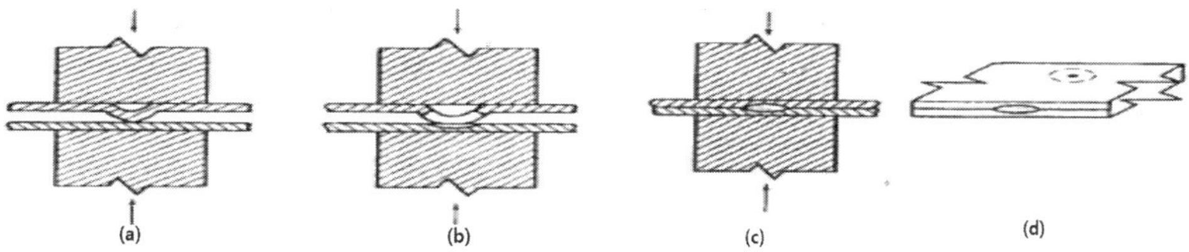

(a) 예비 압력 인가 (b) 통전 시간 (c) 통전 및 압착 (d) 용접완료

[그림 6-10] 프로젝션 용접의 원리

2. 장·단점

가. 장점

① 용접재의 특성 즉 두께, 강도, 재질이 다른 금속도 양호한 용접부를 얻는다.
② 동시에 수개의 용접이 가능하고, 작업속도가 빨라 능률적이다.
③ 전극의 면적이 넓어 강도나 열 전도면에서 유리하고 전극의 소모가 적다.
④ 너깃의 크기 및 간격이 작은 용접이 가능하다.
⑤ 열용량의 차이가 많은 금속의 접합에서도 좋은 열평형이 얻어진다.

나. 단점

① 용접기 용량이 커야 하므로 설비가 비싸다.
② 모재 용접부에 정밀도가 높은 돌기(Projection)를 만들어야 하기 때문에 공정수가 증가하여 제조원가의 상승요인이 된다.
③ 프로젝션은 전류가 통하기 전의 가압력에 견디어야 하며 다른 판재가 충분히 가열될 때까지 녹지 않아야 한다.

3. 프로젝션 용접 조건

가. 돌기(Projection) 성형

돌기는 전류를 집중시키는 역할을 하며 용접이 진행되는 동안에도 가압력 및 전류통로가 되므로 우수한 용접부위를 확보하려면 적합한 돌기의 형상을 선정해야 하며, 용접전류를 흘리기 전에 인가되는 예비압력에도 어느 정도 형상을 유지하도록 강성이 있어야 한다. 또한 돌기 체적은 다른 용접재료와 열평형이 유지되도록 충분하여야 하고 돌기의 성형이 용이하고 금형의 마모가 적어야 하며 돌기

성형시 판재는 변형이 발생하지 않아야 한다.

돌기용접에서 통전면은 돌기의 직경과 직접적인 관계가 있으며 이러한 통전면의 변화는 전류밀도를 변화시켜 용접부 형상에 영향을 미친다. 용접 후 너깃(용접부)의 직경은 돌기의 초기 냉각 붕괴면의 직경과 상당히 유사하고 초기 너깃의 형성에 필요한 임계전류치도 냉간 붕괴면의 증가에 따라 증가한다.

나. 공정변수

돌기 용접과 같은 저항용접은 판과 판을 밀착시킨 후 전류를 인가하여 발생하는 저항열을 접합에너지로 이용하는 공정이며 돌기용접은 돌기와 판의 접촉부위가 용융되므로, 접촉면의 상태와 면적, 용접전류, 통전시간, 전극 가압력, 전극의 재질 등은 용접부의 형성에 큰 영향을 준다.

(1) 용접전류

돌기용접에서는 동일 재질 및 두께에 대한 용접에너지는 점용접보다 적으며 용접 전류의 증가는 용융부의 크기 증가와 용접부의 강도를 상승시킨다. 그러나 과도한 전류는 돌기와 판 사이에서 과열에 의한 스패터가 발생되므로 용착금속의 양을 낮추어서 용접 품질에 악영향을 미친다.

(2) 통전시간

돌기용접에서 통전시간은 같은 모양의 돌기를 가진 조건에서는 돌기의 수에 무관하며 하나의 용접부위를 할 때는 점용접 보다 더긴 통전시간과 낮은 용접전류를 사용한다.

(3) 전극 가압력

전극의 가압력은 재료의 돌기모양 수에 따라 가압력이 다르며 용접시 전류밀도는 통전 전에 돌기 붕괴 정도에 따라 변한다. 통전 초기에 돌기의 용융이 시작되면 적당한 가압력을 유지하다가 적정 영역 내에서 가압력을 높이면 용접재 상호간의 초기 통전면이 확대되기 때문에 스패터 발생이 없는 너깃을 얻을 수 있다. 즉 용접과정에서 돌기가 붕괴되는 속도와 전극의 가압력이 동등 이상 되지 않으면 용접재를 적절히 압착시킬 수 없기 때문에 용접부의 형성 직전에 이미 용융된 금속의 비산을 일으켜 용접품질이 감소한다.

(4) 전극 재질

전극재료로는 높은 전기전도도와 강도가 요구되어 보통 동 및 동합금이 사용되며 고온에서도 기계적 성질이 저하되지 않는 재료가 쓰이나 돌기용접에서는 전극이 평편하고 체적이 크기 때문에 점용접 전극의 재료에 비하여 특성이 다소 낮아도 용접에 큰 영향이 없는 것으로 알려져 있다.

(5) 프로젝션 용접기

프로젝션 용접기는 점용접기의 전극부를 개조하여 그대로 사용할 수도 있으나 일반적으로 동시 다점용으로 설계되고 전극 가압면적이 넓기 때문에 가압력이 큰 공기가압식이 사용된다.

4. 프로젝션 용접 용도

프로젝션 용접은 점용접과 달리 동시에 여러 점을 용접하기 때문에 대단히 능률이 좋고, 돌기부의 형상을 연구하면 견고한 이음을 얻을 수 있다. 주로 강판, 스테인레스강, 니켈합금의 용접에 쓰이며, 이종 금속끼리의 용접도 가능하다. 용도로는 프레스 가공품을 비롯한 기계 가공품 전반에 걸쳐 널리 사용되고 기타 자동차 부품, 전기기구 등의 제작에도 이용되고 있다.

제5절 | 기타 저항 용접법

1. 맞대기 저항용접(Butt Welding)

맞대기 저항용접은 금속봉, 선, 판 등의 단면을 맞대고 접합하는 방법이다. 맞대기 저항용접에는 모재를 압력으로 접촉시키고 대전류를 주어 저항열로 가열되었을 때 다시 가압하여 접합하는 upset 맞대기 용접과 적당한 거리로 벌려 놓은 상태에서 대전류를 주어 flash를 발생시키고 접근시켜 접촉 압력을 점차로 증가시키면 저항열에 의하여 가열되고 용접이 완료되는 flash 맞대기 용접이 있다.

가. 업셋 맞대기 용접법(Upset Butt Welding)

(1) 원리

업셋맞대기 용접은 저항용접 중에서 가장 먼저 개발된 것으로 그 원리는 전류를 통하기 전에 모재를 가압하여 서로 접촉시키고 대전류를 흐르게 하여 접촉부의 전기저항열이 단접온도에 달하였을 때 다시 가압하여 접합시키는 방법이다. 이때 용접부분은 고온으로 되고 열소성(Heat Plasticity) 상태로 되어 있으므로 가압하면 접촉부는 볼록형으로 부풀어 모재의 길이가 다소 짧게 된다. 업셋 용접은 강철선, 동선, 알루미늄 등의 일반작업에서 선재의 접합에 사용되는 일이 많고 각종 단면, 봉재, 각재, 판재, 파이프 등의 접합에 사용된다.

(2) 용접기

모재에 용접전류를 공급하는 전극과 클램프장치, 모재에 압력을 주어 업셋(Upset)만큼 이동하도록 하는 고정대와 이동대, 용접 변압기 및 전극까지의 2차 접속, 가압제어기구 및 전기제어 장치로 되어있다. 가압의 형태는 수동식이 많이 쓰이고 일반적으로 스프링 가압(Spring Pressure), 대형기계에서는 공기압, 유압, 수압 등이 사용되고 있다. 전극은 전기 전도도가 좋은 순구리, 또는 구리합금의 주물로 만들어 지고 있다. 대기중에서 용접을 하면 직경이 큰 용접 중 접합면에 산화물이 생기는 경우가 많으므로 보통 직경 10 [mm] 이내, 단면적으로 따져 1 ~ 500 [mm^2]이 적당하다.

(3) 특징 및 용접조건

맞대기 용접에서는 가스 압접법과 같이 개재하는 산화물 등이 용접 후에도 남아있기 쉽다. 특히 용접 전에 이음부의 가공이 중요하며 업셋 버트용접은 플래시 버트 용접에 비해 가열속도가 늦고 용접시간이 긴 단점이 있으나 불꽃의 비산현상이 없고 용접부가 매끈하며 용접기가 간단하고 가격이 싼 장점이 있다. 대체로 큰 단면의 것이나 비대칭형인 것, 또는 가압력에 의해 휘어지기 쉬운 얇은 관이나 박판 등은 용접이 곤란하다.

[표 6-8] 업셋 용접조건

용 접 법	가압력 [kg/cm^2]		전류밀도 [A/mm^2]	
	연강	구리합금	연강	구리합금
업셋 용접	200 ~ 350	150 ~ 250	20 ~ 60	150 ~ 700

나. 플래시 버트 용접(Flash Butt Welding)

(1) 원리

[그림 6-12]에서 보는 바와 같이 용접할 재료를 서로 접촉시키기 전에 적당한 거리에 놓고 서서히 접근시키면서 대전류를 통전시킨다. 용접재료가 서로 접촉하면 돌출된 부분에서 전기회로가 생겨 이 부분에 전류가 집중되어 스파크(Spark)가 발생됨에 따라 접촉부가 백열상태로 된다. 용접물이 더욱 접근됨에 따라 다른 접촉부가 같은 방식으로 스파크가 생겨 모재가 가열됨으로써 반용융상태가 된다. 적당한 고온에 도달하면 강한 압력을 가하여 접합시키며, 용접부의 면적이 클 때 또는 이음면의 가공상태가 좋지 않을 때는 붙었다 떼는 것을 계속 반복하여 스파크를 발생시킨다. 자동차공업 등의 축, 프레임 용접 및 환봉의 이음, 레일, 드릴용접 등에 널리 이용된다.

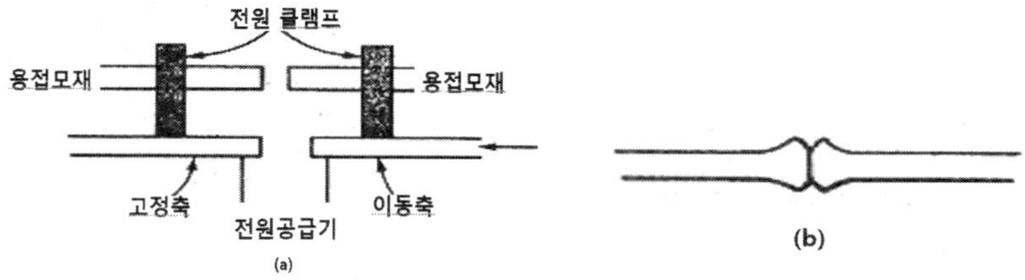

(a) 용접시스템 (b) 용접완료후 이음부

[그림 6-11] 플래시 용접

(2) 용접기

플래시 용접기는 업셋 용접기와 거의 같은 것으로 용접변압기, 전극 클램프 장치, 플래시 속도 제어기구, 고정대 및 이동대, 전기제어장치 등으로 구성되어 있다.

(3) 특징

플래시 용접은 업셋용접에 비해 가열범위가 좁고 열영향부가 적음 또 고능률로 전력의 소비가 적어 경제적이다. 용접의 특징은 다음과 같다.

① 가열범위 및 열영향부가 좁다.
② 플래시 과정에서 산화물이 제거되므로 이음의 신뢰성이 높다.
③ 용접면을 정확하게 가공할 필요가 없이 어느 정도 거칠어도 된다.
④ 용접속도가 빠르다.
⑤ 대형물의 용접에 적합하다.
⑥ 불꽃이 비산되고 용접부가 매끈하지 못하다.

2. 고주파 저항 용접(High-frequency Resistance Welding)

가. 개요

고주파(전기저항)용접은 높은 주파수(450 [kHz] 정도)의 전류를 용접 대상물에 통전하여 그때 발생하는 저항열로 가열된 용접부에 압축력을 가하여 접합하는 방법이다. 고주파용접은 직접 용접 대상물에 전류를 흐르게 하여 용접열을 얻는 고주파 저항용접(High Frequency Resistance Welding : HFRW)와 용접물에 직접 전류를 흐르지 않고 인덕션코일(Induction Coil)에 의해 모재에 유도된 전류의 열을 이용하여 용접을 실시하는 고주파 유도용접(High Frequency Induction welding : HFIW)으로 구분된다. 두 가지 방법 모두 전류가 공급되는 방식의 차이만 있고 고주파 전류에서 발생되는 저항열로 용접을 실시하는 점에서 기본원리는 같다. 용접조건에 따라 별도의 Upsetting Force를 가하기도 하며,

국내에서는 주로 Bending 등의 성형과정에 고주파가 많이 이용되고 있다. 고주파 용접에서는 전류가 표면으로 집중되기 때문에 상대적으로 낮은 전류만으로도 용접을 실시할 수 있다. 즉, 그만큼 용접열이 집중되는 위치를 조절하기 쉽고, 에너지의 집중이 좋아서 용접속도가 빠르다.

나. 고주파 용접 원리

(1) 표피효과(Skin effect)

일반적으로 강에 전류가 흐르면 전도되는 부분에 균일하게 열이 발생하지만 고주파 용접은 전류가 용접재의 표면에 집중되므로 열의 집중이 발생하고 이에 따른 전류의 침투깊이도 표면에 국한되게 된다. 이러한 현상을 표피효과라 한다. 강종별로 전류 침투깊이는 온도와도 밀접한 관계를 가지고 있다.

(2) 근접효과(Proximity effect)

고주파 용접전류는 용접부에 따라 표면에 가장 가까운 회귀회로를 구성하면서 흐르게 된다. 즉, 인접한 두 금속의 표면을 따라 고주파가 흐르게 되고, 이 부분에 열이 발생하여 용접을 가능하게 하는 것이다. 이러한 현상을 근접효과라 부른다. 표피효과와 근접효과는 주파수가 커질수록 강하게 나타난다. 고주파 용접에서 에너지집중이 좋고 좁은 열 영향부를 만들 수 있는 것은 이 두 가지 효과 때문이다.

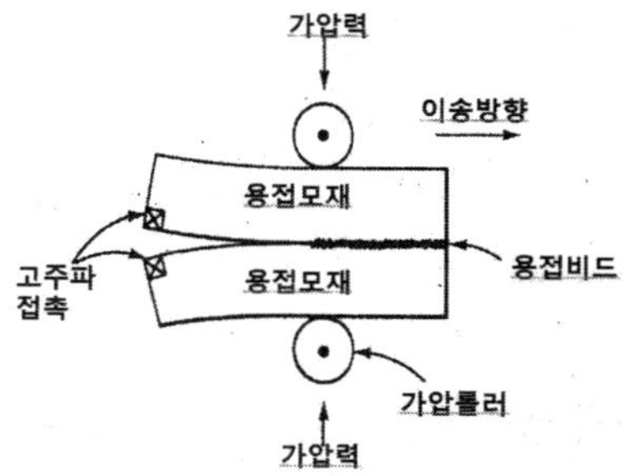

[그림 6-12] 고주파 용접 원리

다. 장•단점

(1) 장점

① 매우 좁은 열 영향부(HAZ)를 얻는다.

② 용접부의 성능개선을 위한 열처리가 거의 필요없다.

③ 효율이 좋아 낮은 전력으로 빠른 용접(10 ~ 20 [m/min])을 실시할 수 있다.

④ 용접시간이 짧아 대량생산이 가능하고 자동화 생산이 용이하다.
⑤ 강종의 제한이 거의 없고 용접두께의 폭이 넓다.
⑥ 주조조직이 잔류하지 않고 열간가공된 조직과 같은 미세조직이 얻어진다.
⑦ 단접에 의하여 용접을 수행하기 때문에 용접결함의 발생빈도가 작다.
⑧ 용접부의 산화나 변형의 위험이 작다.

(2) 단점

① 열집중이 심하고 용접이음부의 정확한 맞춤작업이 필요하다.
② 높은 고주파 전류를 사용하므로 주변 공장기기에 영향을 줄 수 있다.
③ 고주파에 대한 작업자의 안전관리에 주의해야한다.
④ 튜브, 파이프 등의 형상 용접물로 제한을 받는다.

라. 고주파 저항용접 종류

(1) 고주파 유도용접(High frequency induction welding)

고주파 유도용접은 주로 튜브와 파이프의 제작에 적용된다. Strip을 미리 롤포밍을 하고 용접기에 장착한다. 유도코일에 의해 유도된 저항열로 모재가 가열되면 성형롤러 사이로 통과시키면서 압력을 가하면 맞댐부분이 용접부가 되어 용접을 완료시키는 것으로 용접 과정에서 불순물을 포함하게 되는 용융금속은 용접 부 양쪽 방향으로 밀려 나오게 된다. 업셋금속은 용접이 완료된 후 모재를 기준으로 깨끗이 제거되어야 한다. 용접과정에서 모재 전체를 가열하게 되므로 경제적이지 못하여 박판의 용접에 주로 적용된다. 후판의 경우에는 고주파저항용접이 경제적으로 더 유리하다.

(2) 고주파 저항용접(High frequency resistance welding)

기본적인 용접과정은 HFIW와 거의 유사하지만 전류가 공급되는 방식에서 차이가 있다. 유도 전류에 의해 가열되는 HFIW와는 달리 직접 Sliding Contact에 의해 전류가 공급되는 것이 차이점이다. Tube Diameter나 Wall Thickness에 따른 용접효율의 차이가 거의 없고 Pipe나 Tube뿐만 아니라 어떠한 형상의 용접물도 용접이 가능하다. 또한 원하는 이음부분만 전류가 흘러 부분적인 가열이 가능하므로 용접효율이 좋다.

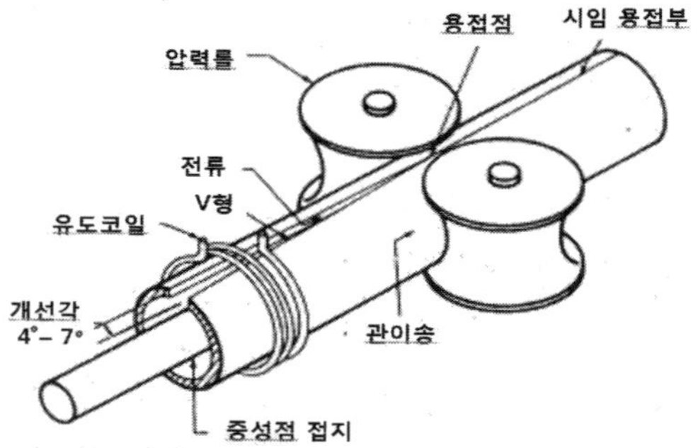

[그림 6–13] 고주파 유도용접

마. 적용

고주파 저항용접 공정은 구리와 그 합금, 니켈과 그 합금, 알루미늄, 그리고 많은 형태의 강을 접합하는데 사용될 수 있으며, 그 공정은 특히 맞대기용접이나 맞대기 심용접과 함께, 튜빙(tubing)의 용접에 대부분 이용된다. 고주파 용접법이 적용되는 대표적인 제품으로는 용접강관(Pipe)과 H-Beam 등이 있는데 국내에서 생산되는 강관의 약 70 [%] 이상이 이 방법으로 제조된다.

용접이 이루어지기 위해서는 용접부는 반드시 용접 진행 방향에 수직하고 두 접촉면이 평행하게 놓여 져야 한다. 이렇게 해야 균일한 가열이 이루어 질 수 있으며, 접합면에 수직하게 압력이 가해져야 하고 용접 중에 전단력(Shearing Force)이 작용하면 기공, 오염, 열간균열(Hot Tearing) 등의 결함이 발생할 수 있다. 비금속 개재물이 많은 재료용접은 매우 힘들거나 불가능한 것들이 많다. 이종금속의 용접도 가능하지만 용융점의 차이가 큰 금속일 경우 용접 온도의 제한이 있어 적용상의 주의를 요한다.

3. 퍼커션 용접(Percussion Welding)

퍼커션 용접은 콘덴서에 축적된 전기적 에너지를 극히 짧은 시간(1/1000초 이내) 내에 방출시켜 이때 생기는 아크로 접합부를 집중 가열 후 작업물을 가압장치에 의해 충격적으로 가압하여 용융, 단접시키는 용접법이다. 이 방법은 용접에 소요되는 시간이 매우 짧기 때문에 주로 알루미늄, 구리 등과 같이 산화되기 쉬운 금속선이나 서로 다른 종류의 금속선을 접합하는데 적당하다.

제6절 | 고상용접(Solid State Welding)

1. 개 요

고상용접이란 2개의 금속면을 원자와 원자의 인력이 작용할 수 있는 거리까지 접근시키고 기계적으로 밀착하는 용접을 말하며 Roll용접, 냉간압접, 마찰용접, 폭발용접, 초음파용접, 확산접합 용접, 브레이징 등이 있다. 저탄소강은 일반적으로 용접성이 우수하지만 완전한 접합강도와 용접부에서의 결함을 방지하기 위해서는 많은 주의가 필요하다. 용접부의 기계적 성질은 그 미세구조에 따라 좌우되는데, 이 구조는 모재의 화학조성, 용접조건 그리고 후열처리에 의하여 결정이 된다. 이와 같이 용융용접에 의한 저탄소강의 접합부는 저탄소 함량으로 응고균열에 대한 저항이 높다. 그러나 탄소함량이 증가함으로써 용접성은 저하하여, 0.3 [%] 이상에서 용접부는 과열, 과냉, 저온균열과 기공에 취약하게 된다. 구조용강에 있어서는 용접성에 대한 일반적인 기준이 없으므로 이러한 재료는 모재와 용접부의 기계적성질, 고온 및 저온균열성, 열간 및 냉간가공성 등을 고려하게 된다. 그러나 가장 중요한 것은 용접부의 신뢰도이다. 탄소강과 저합금강에 있어서, 용접은 높은 강도를 얻을 수 있어야 하며 접합부에서 모재의 원래 특성을 유지하고 결함이 없어야 할 것이다. 이와 같은 결함은 모재의 융점 이하에서 접합을 실시하는 고상접합으로 충분히 억제할 수가 있다. 고상접합에서는 근본적인 미세조직의 결정화도 피할 수 있으며 고온균열과 같은 결함의 위험도 배제할 수 있다. 고상접합은 기존의 용접으로는 접합이 불가한 소재, 용접기술의 적용이 곤란한 복잡한 형상, 복합기능 소재, 고품질 및 고정밀성이 요구되는 소재 등의 접합이 가능하다.

2. 확산 용접(Diffusion Welding)

가. 확산접합의 정의와 원리

접합(Joining)이란 2개의 물체를 연결한다는 의미로, 최근에는 용접(Welding)과 접합(Bonding)으로 구별하여 쓰는 경향이 있다. 용접은 모재를 용융시켜 2개의 물체를 연결하는 의미로서 주조 조선, 자동차와 같은 구조물을 제작하는 경우에 많이 사용되고 있으며, 접합은 모재를 용융시키지 않고 2개의 물체를 연결하는 의미로서 전자부품과 같은 소형제품에 널리 사용되고 있다. 그리고 용접과 접합의 또 다른 구별로써 용접은 선 즉 2차원적으로 두 물체를 연결하는 것이고, 접합은 면 즉 3차원적으로 연결하는 것이다. 차세대의 접합기술로서는 고성능화, 고능률화, 고정밀화라는 관점으로부터 선용접보다 면접합이 더욱 각광을 받을 것으로 생각된다. 더욱이, 최근 연구 개발되고 있는 신금속 즉 초내열합금(superalloy), 결정제어합금(예를 들면, 일방향 응고 합금, 단결정합금, 공정합금 등), 금속기 섬유강화합금(Metal Matrix Fiber Teinforced Alloy) 등에 용융용접을 적용하는 경우, 용접균열, 재열균열등과 같은 문제가 발생할 뿐만 아니라, 모재의 본질적인 강화기구를 소실하는 것이 큰 문제점으로 지적할 수 있다. 따라서 이와 같은 신금속재료의 접합에는 용융용접 대신에 모재를 거의 용융시키지 않는 면접합이 이용되고 있다. 면접합으로는 고상확산 접합법(diffusion Bonding), 브레이징법(Brazing), 천이액상 확산접합법(Transient Liquid Diffusion Bonding) 등이 있다. 천이액상 확산접합법은 접합과정중 일시적으로 액상을 등온응고(Isothermal Solidification)시켜 접합하는 방법이다. 확산용접 방법의 원리는 고온에서 두 금속을 맞대어 놓고 높은 압력을 가했을 때 계면의 용융이나 매크로적인 변형, 두 금속의 외형적인 움직임 없이 계면의 접합이 일어나는 접합방법으로 가열, 가압수단을 이용하여 고체상태에서 원자를 인력권 내에 접근시킴으로써 금속결합(metalic bonding)이 이루어져 접합된다. 그러나 공업재료는 표면에 오염층이 존재하고 평활하지 못하기 때문에 일정한 온도로 가열하고 압력을 주어야만 확산접합이 가능하다. 이 방법은 될 수 있는 한 접합부의 변형을 줄이기 위해, 접합압력은 작게 한다. 접합모재에 따라서는 고상의 용가재를 사용하여 접합부의 확산을 촉진시키는 경우도 있다. 확산용접을 시행하는 과정에서 접합되는 두 계면 사이에 Filler metal을 삽입하기도 하고 그렇지 않기도 하는데 이에 따라 다음 두 가지로 구분된다. 확산접합법은 고상확산접합(insert재를 사용하는 경우와 사용하지 않는 경우)과 액상확산접합(확산납땜법이라고도 함) 및 납땜법이 있다.

고상 확산접합은 전 과정을 통하여 전부 고상상태로 접합이 진행되지만, 액상확산접합 및 납땜법은 가열하여 접합온도에 도달하였을 때에 insert재가 용융한다. 납땜법은 이후 곧 냉각되지만 액상확산접합은 접합온도에서 그대로 유지되며, insert재중의 융점강화 원소를 모재중에 확산시켜 접합부를 응고시킨다.

확산접합의 접합과정에서 insert재를 사용하지 않은 확산접합에서는 3단계의 접합기구 모델에 의해 접합부의 형성과정이 설명될 수 있다. 제 1단계에서, 항복현상이나 크리프변형과정에 의해 접촉부가 변형하고 계면의 넓은 범위에 걸쳐 밀착이 생긴다. 이 단계에서 접합계면부는 기공(void)을 가진 결정입계로 된다. 제 2단계에서는 확산이 변형보다도 중요하게 되어, 기공의 대부분이 입계확산에 의해 소실된다. 동시에 계면결정입계의 이동이 일어나서, 잔류기공의 대부분은 입내에 잔류된다. 최종단계에서는 원자의 체적확산이나 표면확산에 의해 잔류 기공이 소실된다. 이것은 기공으로부터 기공 밖으로의 공공확산이다. 실제의 계에서는 이들의 단계가 중복하여 발생하고 있다. 한편, 대기에 접촉되는 표면에는 산화물층 및 수증기의 흡착층이 형성된다. 그 밖에 유지, 먼지 등과 같은 고체 또는 액체의 부착물도 있다. 따라서 충분한 확산접합부를 얻기 위해서는 이와 같은 표면 오염층을 제거해 둘 필요가 있다. 확산용접은 개발단계에 있는 기술로 원자력산업, 항공기 산업, 냉동산업 등에 부분적으로 응용되고 있으며, 강도가 높은 초내열 주조합금, 결정제어 합금 등에 많이 적용되고 있다.

나. 확산접합법의 장점과 단점

확산접합은 보통의 용접방법이나 납땜법에 비하여 많은 장점을 가지고 있으나 동시에 많은 단점도 있다.

(1) 장점

① 접합부는 용융용접의 문제점으로 지적되는 주조조직이 없다.

② 고체상태에서 거의 소성변형이 생기지 않도록 가압하여 접합하므로 치수가 거의 변하지 않아 정밀 접합이 가능하다.

③ 접합부의 물리적, 화학적 성질도 확산접합온도에서 어닐링한 모재의 각 성질과 대등하다.

④ 접합후의 잔류응력과 변형이 다른 용접법보다 작다.

⑤ 고융점 금속, 내열합금, 활성금속, 분석 강화 합금과 같은 용융용접이 곤란한 재료도 비교적 쉽게 접합이 가능하다.

⑥ 용융용접으로는 거의 용접이 곤란한 이종금속간 및 금속/세라믹 재료간의 접합이 가능하다.

⑦ 접합과 열처리를 동시에 실시 가능하다.

⑧ 재결정 이하의 온도로 접합하여 용융용접에서 발생하기 쉬운 균열, 기공, 취화부 등의 용접결함이 없다.

⑨ 면과 면의 접합이므로 모재의 두께와 관계가 없고 접합속도가 빠르다.

⑩ 1개의 제품에 대해서 다수의 복잡한 형상을 갖는 접합체를 동시에 접합하는 것이 가능하다.

⑪ 적당한 삽입금속을 사용하면 금속간화합물이 없는 접합부를 얻을 수 있다.

(2) 단점

① 일반적으로 접합에 필요한 시간이 보통의 용접이나 납땜과정보다 길다.

② 장치의 가격이 비싸고, 경제적으로 생산될 수 있는 부품의 크기가 제한을 받는다.

③ 많은 부품이 동시에 처리될 수 있으나, 생산성이 높지 않다.

④ 품질보증을 위한 적절한 비파괴 검사기술이 없다. 특히 이음부의 설계품질을 보증할 수 없다.

⑤ 모든 구조용 합금에 적합한 용가재와 공법이 아직 개발되어 있지 않다.

⑥ 접합면의 가공에 압접이나 납땜법에 비해 훨씬 주의를 요한다.

⑦ 진공 등 적절한 보호분위기가 필요하다.

다. 확산용접 조건과 단계

확산용접의 조건으로는 접촉되는 면이 기계적으로 친화도가 있어야 하며, 접촉면에서 불순물의 분해가 Metallic bonding을 방해하지 않을 정도이어야 한다.

확산용접 과정은 먼저 접합을 위해 모재들을 접촉시킨 상태로 국부적으로 모재 면이 접촉되고 가열과 가압에 의해 고온 크립변형과 유사한 소성변형이 일어나 각종 표면피막이 파괴되고 국부적으로 순수한 금속표면이 나타난다. 이 현상은 시간이 경과함에 따라 순수금속끼리 접촉하는 면적이 증가하여 간다. 동시에 모재 상호간에 원자가 이동하는 확산현상이 일어나며 접촉부는 금속결합을 이루지만, 미접촉부는 가늘고 긴 보이드로 존재한다. 보이드는 계면에너지를 감소시키기 위하여 구형으로 변화한다. 접합이 진행됨에 따라서 입계확산에 의해 보이드는 점점 소실되고 직선형상의 입계는 입계의 에너지를 낮추기 위하여 이동한다. 입계가 이동하고 체확산에 의해 보이드가 거의 소실한다. 이 과정에서는 결정립의 성장이나 재결정현상이 생기는 경우가 많다. 각종 산화피막이나 표면피막은 일반적으로 고용하든가 미세화되고 모재에 분산한다. 그러나 이종금속간의 접합은 접합계면 근처에서 금속간화합물이 형성되는 경우가 많아 접합과정이 복잡하다. 보이드 소실과정은 크게 변형, 확산, 증발로 나눌 수 있다. 변형에 의한 보이드의 변화는 초기에 접촉부의 소성변형에 의하여 보이드 크기가 작아지고, 고온에서 유지하는 동안 크립변형에 의해 더욱 작아진다. 확산기구는 확산형태에 따라, 모재내부 혹은 계면에서 보이드 내로 체확산, 보이드 계면으로부터 표면확산, 입계확산이 있으며, 보이드 내의 원자들이 충진됨으로써 보이드가 축소된다. 확산속도는 체확산, 입계확산, 표면확산 순으로 빠르다. 또한, 모재에 증기압이 낮은 원소가 함유되어 있는 경우 보이드 내에는 진공상태이므로 표면에 있는 원자가 증발에 의해 보이드 내를 충진함으로써 보이드가 축소된다.

라. 확산 접합장치

확산접합장치는 Hot press식, retort식 및 Hip식이 있으며 그 밖에 저항용접과 같이 저항접합법도 있다. 기본적으로 접합실을 진공 혹은 가스 분위기로 하기 위한 분위기장치, 접합부를 가열하는 가열시스템, 접합계면에 압력을 부가하기 위한 압력시스템으로 구성된다. 가열시스템은 진공실내에서 가열하는 내부가열방식과 진공실 외부에서 가열하는 외부가열방식이 있다. 외부 가열방식은 밀폐된 금속용기 내에 접합물을 장입하고 용기만을 진공으로 하여 용기만을 외부로부터 가열 가압하는 방식이다. 외부 가열방식의 하나로 HIP(Hot Isostaric Press)을 사용한다. HIP 방식은 균일성이 좋지만, 대형 부재를 접합하려면 장치가 아주 커야한다는 결점이 있다. 접합분위기는 $10^{-2} \sim 10^{-4}$ [Pa]의 진공이나, Ar 등의 불활성 혹은 H_2등의 환원성분위기가 이용된다. 가열계는 내부가열의 경우, Mo이나 Graphite의 저항발열체 및 고주파 가열 등이 이용된다. 외부가열식의 경우는 적외선 image로나 니크롬 발열체등도 사용하고, 가압계로는 유압펌프를 많이 사용되고 있다. 한편 접합할 물체를 대기중에서 저항가열하고 필요에 따라 보호가스를 사용하면서 롤로 가압하는 롤본드(roll bond) 방식도 있다. 적용 예로는 확산접합 공정은 황동/강, Ni/강, Ni/강/STS316 등과 같은 클래드 강판의 제조와 널리 활용되고 있으며 성능이 매우 양호하고 제조단가도 저렴하기 때문에 고가인 종래의 단조품과 대체되고 있다. 또한 열간 정수압이나 열팽창 가압을 이용하여 클래드 구조의 원통이나 3중관 제작에도 이용되고 있다. 복잡한 부품인 임펠러, 블레이드 등과 같은 회전체, 피팅의 제작에도 이용된다. 저항가열에 의한 T형 패널 제작, 허니컴접합에서는 굴곡판과 평판에 스페이서(spacer)를 끼워서 가열 압연 접합 후에 스페이서를 제거하는 방법이나 도포한 평판을 적층접합한 후에 비접합부를 밀어내는 방법으로 제작 가능하다.

(1) HIP에 의한 확산접합

등방가압이 가능한 열간 정수가압 장치(HIP 장치)가 개발되어 실용화되고 있다. HIP 장치의 특성을 적극 활용하여 고상 확산접합을 적용하면 복잡한 형상의 면접합이나 분말과 벌크(bulk)재의 접합, 이종재료의 접합, 여러 개의 동시접합 등이 가능하다.

(2) SPF/DB법

이 접합법은 초미세조직에 의한 초소성(super-plastic)현상이나 변태 초소성현상을 활용하여 가공과 동시에 접합하는 접합법으로 Ti합금이나 2상스테인레스강에서 적용되고 있다. Ti-6Al-4V 합금은 초소성 현상에 의해 변형이 쉽고 확산접합성이 우수하므로 가공과 동시에 접합한다.

(3) 상온계면 접합법

상온계면 접합법은 아직까지 연구단계에 있는 방법으로 표면을 수 nm의 정밀도로 평활하게 가공하고 10^{-9} [Pa]정도의 초고진공하에서 가열하거나 압력을 거의 가하지 않는 상태에서 접합하는 방법이다. 전기 전자부품 또는 기능재료나 비정질합금과 같은 산소재의 접합은 될 수 있는 한 가열하지 않는 조건하에서 접합하는 것이 이상적이기 때문에 최근에는 상온계면 접합이 시도되고 있다.

마. 접합성에 영향을 미치는 인자

(1) 접합면의 표면상태

접합면의 평활도(표면조도)와 청정도는 접합성 및 접합강도에 미치는 영향이 매우 크다. 금속의 표면은 다양한 흡착층, 산화피막, 가공층 등이 존재하여 소성변형과 모재 원자의 이동을 방해하므로 접합성과 접합강도에 영향을 미친다. 이중에서도 특히 산화피막이 가장 문제가 된다. 재료에 따라서 산화피막의 치밀도와 산소의 고용도가 각각 다르기 때문에 접합부에서 산화피막의 거동도 다르다.

접합면의 마무리 연마에는 기계적 방법과 화학적 방법으로 대별할 수 있으나 대체로 기계적 마무리 가공한 것이 안정하고 양호한 결과가 얻어진다. 또한 최적 평활도는 접합온도 및 압력에 영향을 미친다.

(2) 접합분위기의 영향

대부분 금속들은 대기 중에서 확산접합하는 경우 가열 유지하는 동안 산화가 발생하기 때문에 접합은 불활성 가스 및 진공 분위기에서 행한다. 특수한 경우에는 수소와 같은 환원성 분위기가스를 사용하는 경우도 있다. 접합 분위기의 가스성분 및 산화피막의 분해에 의해서 발생한 가스 성분들은 접합과정 중에 방출되거나 고용하지만 미방출 가스는 보이드 내에 잔류하고 잔류량은 금속에 따라 접합온도에서 가스성분의 고용도가 다르기 때문에 차이가 발생하며, 미분해 산화피막은 보이드 내에 개재물로 잔류한다. 특히 불활성 가스인 Ar은 접합부 내의 보이드에 잔류하여 접합결함이 발생할 우려가 있다. 또한 접합면의 주위를 GTA 또는 GMA 공정으로 용접한 후에 대기 중에서 가열, 가압하여 확산접합하여도 양호한 결과를 얻을 수 있다.

(3) 표면거칠기의 영향

표면거칠기의 접합정도는 buff 연마쪽이 가장 인장강도가 높으며, 거칠기가 커짐에 따라 접합강도는 저하한다.

(4) 접합온도

접합온도는 접합성에 미치는 인자중에 가장 중요한 인자이다. 접합온도가 높을수록 소성변형이 쉽게 되어 접합면적이 빠르게 증가한다. 접합온도가 증가할수록 원자의 확산속도가 지수적으로 증가하여 보이드가 빠르게 소실되고, 접합완료시간이 단축된다. 또한 표면피막 혹은 산화피막을 구성하는 원소의 고용도가 증가하여, 접합온도가 높을수록 피막이 분해하고 모상으로 고용하는 속도가 증가하므로, 접합이 빠르게 이루어질 뿐만 아니라, 양호한 접합을 얻을 수 있다. 접합온도는 모재의 상변태 및 재결정 현상이 발생하여 특히 모재의 물성, 기계적 성질에 악역향을 줄 수 있기 때문에 접합성과 모재의 변화를 고려하여 적정한 접합온도를 설정하여야 한다. 접합 가능한 온도는 시간, 접합압력, 표면상태 등에 따라서 변화하지만 비교적 변형이 미소하고 실용적인 시간 범위에서 접합 가능하다.

(5) 접합압력

압력을 부과하는 목적은 크게 두 가지가 있다. 첫째는 접합할 면의 미세한 표면 돌기부분을 소성변형시켜 평활한 면으로 만들고, 둘째는 산화피막을 파괴시켜 순수 금속표면이 나오도록 한 다음 순수 금속표면끼리 접촉이 가능하도록 하는 데에 있다. 확산접합은 원래 접합할 면만을 국부적으로 소성변형시켜 접합을 달성하는 공정이므로 모재의 형상변화가 없는 범위의 압력을 부과하는 것이 바람직하다. 최적 접합압력은 온도와 시간과의 밀접한 관계를 가지고 모재의 조직학적 특성 등에 따라서 온도와 최적 접합압력과의 상관관계는 급속하게 변화한다. 또한 같은 재료라도 표면조도, 표면 오염층(산화피막)의 두께에 따라서 달라진다.

(6) 접합시간

접합시간은 온도와 압력에 따라서 결정된다. 실제공정에서는 보통 수초에서 수 시간 정도이다. 특히 온도와 압력 이외에도 접합할 면의 표면상태, 삽입금속의 사용 등이 접합시간에 영향을 미친다.

(7) 모재의 조직에 의한 영향

확산접합은 1차적으로 접합계면에 접촉부가 소성변형에 의해 접합이 이루어지므로 모재의 소성변형

특성과 관련된 고온경도, 가공경화 특성, 결정구조와 경우에 따라서 재결정 상변태, 석출 등도 확산접합의 중요한 인자가 된다. 접합성에 미치는 합금원소의 영향을 살펴보면 다음과 같다. 융점저하 원소는 원자의 확산, 크립변형을 활발하게 하여 접합과정을 촉진하는 경향이 있다. 또한 합금원소는 접합과정 중 접합계면에서 산화피막의 거동에 영향을 미친다. 특히 용매원소보다 산소와 친화력이 강한 원소의 영향이 아주 크고 고농도인 경우는 견고한 합금원소의 산화피막이 형성되어 접합성에 영향을 미친다.

(8) 삽입재(Insert)의 영향

다음과 같은 목적 때문에 모재 사이에 삽입금속을 넣는 경우가 많다.

① 원자의 확산을 촉진하여 저온 단시간에 접합이 가능하도록 한다.
② 모재보다 연질인 삽입금속을 사용하여 낮은 압력에서도 표면 변형을 촉진시켜 접합이 가능하도록 한다.
③ 이종금속간 확산접합에서 금속간 화합물의 생성을 방지하기 위해 사용한다.
④ 모재와 합금화, 즉 고용강화 혹은 석출경화에 의해 접합부 강도를 향상시킨다.
⑤ 팽창계수 차이가 큰 이종금속간 접합의 경우, 접합온도에서 냉각시 발생하는 열응력을 완화시킬 목적으로 사용한다.
⑥ 산화하기 쉬운 금속을 접합하는 경우 접합전에 Au, Ag 등을 도금하여 청정표면을 얻기 위해 사용된다.

삽입금속은 이종금속간의 접합이나 고융점 재료 및 산화성이 강한 재료의 접합에 많이 사용된다. 삽입금속의 형태로는 포일(foil), 분말 및 전기도금, 이온도금, 증착, 용사 등과 같은 표면피복층이 있다. 이중에서 포일이 가장 많이 사용되고 Ag을 표면에 피복하면 대기중에서도 양호한 접합성을 얻을 수 있다. 삽입금속의 두께가 너무 두꺼우면 층상으로 잔존하여 접합부의 기계적성질 및 물리적, 화학적성질을 저하시킬 우려가 있다. 일반적으로 10 ~ 100 [㎛]의 두께가 사용되지만 10 [㎛] 정도가 바람직하다.

바. 이종금속간의 확산용접

이종금속간의 접합에서는 동종금속 접합의 접합인자와 더불어 이종금속간의 확산과 반응이 중요한 인자로 작용하는 경우가 많다. [표 6-9]는 이종금속간의 접합과정에서 발생하는 다양한 문제점을 정리한 것이다.

[표 6-9] 이종금속간의 접합과정에서 발생하는 문제점

계 면 현 상		접합 재료	비 고
상 (phase)	금속간화합물	Al/Fe, Al/Cu, Al/Ti, Be/Cu, Be/Fe, Cu/Ti, Cu alloy/Fe, Ti/Fe, Zr/ /Fe	높은 경도로 인한 접합강도 저하
	산화물	Cu(무산소동)/Ni, A/Ti	산화물에 의한 접합강도 저하
	탄화물	STS/Fe, Ti · 15 Mo · Zr/Fe	CrC와 TiC, ZrC에 의한 접합강도 저하
확 산	커켄달 효과	Brass/Cu, Cu/Ni, NBsPI/Ni, Nb/Ni	기공에 의한 접합강도 저하
	용융온도 차이에 의한 확산 저하	Mo/Fe, A/Fe	접합강도 저하
	산화막에 의한 확산 저하	Mo/Fe, A/Ti, Be Cu/monel Cu alloy/Fe, Mo/Fe	접합강도 저하
	용해도 저하	Cu/Fe	접합강도 저하
	결정입계 침투	Cu/STS	피로강도 저하
소성변형		WC · Co/Fe, stellite/Fe, /Fe, Cu/Fe	과변형시 접합강도 저하
열 응 력		WC · Co/Fe, Mo/STS	

접합계면에서 계면반응에 의한 금속간 화합물, 산화물, 탄화물 등의 형성으로 접합강도가 저하하는 경우가 종종 발생한다. 확산으로 인하여 발생하는 문제로는 확산 속도 차이에 의해 확산속도가 빠른 쪽의 모재에서 보이드가 발생하는 것, 융점 차가 큰 금속 조합에서 한 쪽이 확산속도가 아주 느려 접합성이 불량한 것, 산화가 쉬운 금속이 있을 경우 접합 중 형성된 산화피막에 의해 확산이 느려져 접합성이 불량한 것, 고용도가 적어 순금속 상이 형성되어 접합강도가 낮아지는 것, 입계확산에 의한 입계침식으로 접합부의 피로강도가 낮아지는 것 등이 있다. 이종금속 접합에서는 상호고용도의 관점으로부터 반응에 의해 접합부 근처에 형성되는 조직학적인 특성을 살펴볼 필요가 있다. 크게 분류하면 ① 상호 고용하는 계와 ② 전혀 고용하지 않는 계가 있다. 전혀 고용하지 않는 계로는 Ag/Fe, Ag/Ni 등이 있다.

Al/Cu 접합부는 3층의 금속간화합물이 형성되어 있다. 금속간화합물의 종류와 접합부의 형상에 따라 다르지만 이 합금 조합에서는 화합물층 두께가 10 [㎛] 이상 두꺼워지면 접합강도가 저하한다. Cu/Ni는 전율 고용하는 조합이지만 상호확산계수의 차에 의해 보이드가 형성된다. 또한 강중의 불순물인 산소에 의해서 접합계면에 검고 직선 형상으로 보이는 산화물층이 형성된다. 이 산화물층은 무산소동을 사용하면 형성되지 않지만, 보이드는 접합온도를 낮추어 상호확산 양을 적게 하는 방법을 강구하여야 한다. Fe/Cu 접합부는 철의 결정입계에 Cu가 확산하여 있는 것을 볼 수 있다. 이와 같은 이종금속 조합에서는 상호확산에 의해 접합부 근방이 고용강화 효과에 의해 강화되어 모재에서 파단 하는 경우가 발생한다. 이와 같은 문제는 삽입금속을 사용하면 개선할 수 있다.

또한 접합금속의 열팽창계수 차이로 인하여 냉각시의 열응력에 의한 균열이 발생하는 경우가 많다. 균열 방지법으로는 연결의 삽입금속을 사용하여 응력을 흡수 또는 완화시키거나 열팽창 계수 차이를

점진적으로 적게 하는 삽입금속들을 조합하여 완화시키는 방법이 있다. 이외에 상변태를 이용하는 방법이 있다. 즉 모재에 마르텐사이트 변태 등을 일으키도록 하면 변태응력과 열응력이 서로 보완되어 응력을 완화시킬 수 있다. 경도차가 큰 금속의 조합에서는 경도가 높은 금속이 소성변형이 어려워 접합성이 불량한 경우가 많다.

사. 확산용접의 활용

확산용접은 개발단계에 있는 기술로 원자력산업, 항공기산업, 냉동산업 등에 부분적으로 응용되고 있으며, 강도가 높은 초내열 주조합금, 결정제어 합금 등에 많이 적용되고 있다.

제7절 | 마찰용접(Friction Welding)

1. 원 리

마찰용접은 1954년에 구소련의 선반공 A.I.Chudikov가 마찰용접 실험에 성공하고 1956년경부터 VNIESO(구소련연방 전기용접 연구소)에서 연구개발이 진행되어, 1960년대 중반부터 실용화되었다. 마찰용접(Friction welding, FRW)을 고상용접 혹은 마찰압접이라고 불리기도 한다.

기본 원리는 접합하고자 하는 두 재료를 마찰 용접기에 고정하여 한쪽은 고정시켜 두고 다른 한쪽은 고속으로 회전 가압시켜 금속원자와 원자간의 인력이 작용할 수 있는 거리에까지 접근시키면서 가압시킨다. 이때 마찰면은 접합에 필요한 충분한 온도에 도달하고 접촉부에서는 온도상승에 의하여 소성유동이 일어나며, 또한 마찰 추력을 사용함으로써 용접이 이루어지는 것이다. 마찰용접의 인자로는 회전축의 초기 회전수, 관성 모멘트, 가압력이 된다.

2. 용접방법

마찰용접의 용접조건은 접합부에 금속간 화합물이 생기는 경우나, 열처리재의 접합에서는 접합부의 강도가 낮거나 균열이 잘생기므로 가압력은 작게, 가열시간을 길게 하여 Burr를 크게 생성시켜서 접합부의 금속간 화합물을 제거하고 급냉을 피하며 경화부를 배제하여 우수한 품질을 확보한다. 가압력은 2 ~ 8 [Kgf/mm^2]이고 최대 원주속도는 1 ~ 5 [m/sec]로 원주속도가 낮아지면 마찰토크가 불균일하게 되고, 높으면 과열현상이 일어난다. 가장 많이 사용되는 용접기는 일본에서 주로 사용되는 Brake 방식과 미국에서 주로 사용하는 Flywheel 방식이 있다.

[그림 6-14] 마찰용접

마찰용접에서 회전속도는 일반적으로 중요한 인자는 아니나 속도가 너무 낮으면 torque가 매우 커지기 때문에 재료의 고정, 불균일 Upsetting 및 소재의 파손 등과 같은 문제가 생긴다. 실제 사용되는 용접기는 통상 300 ~ 650 rpm정도이다. 경화능이 높은 재료에는 높은 회전 속도와 낮은 입열량이 요구된다. 가열시간이 길어지면 예열효과 때문에 냉각속도가 늦어지며 담금질균열을 방지할 수 있다. 이와 반대로 이종재료의 용접 시에는 저속(짧은 가열시간)회전함으로써 취약한 금속간 화합물의 형성을 방지 할 수 있다. 그러나 실제로는 마찰 용접기의 가압력을 변화시킴으로써 가열시간을 조절할 수 있다. 아래에 설명한 바와 같이 가열시간이 길어지면 부작용이 발생하게 되므로 가열시간의 조절보다는 가압력의 변화를 통한 용접 조건의 조절이 좋다.

압력은 용접부의 온도 기울기, 소요의 구동력 및 축 방향의 길이 감소량을 지배하게 된다. 이때의 압력은 용접대상 재료와 이음부의 형상에 따라 달라진다. 가열시의 압력은 산화를 방지하기 위해 마주한 면을 충분히 밀착시킬 수 있을 정도로 높아야 한다. 일정한 회전속도에서 압력이 낮으면 충분한 발열이 생기지 않게 되며 압력이 높으면 국부적으로 고온으로 가열되어 급속히 재료의 축방향 길이가 짧아지게 된다.

가열 시간이 너무 길면 생산성이 떨어지고 재료의 손실이 많아지며 가열 시간이 너무 짧으면 불균일하게 가열됨과 동시에 산화물이 잔류하며, 계면상 접합되지 않는 부분이 생기게 된다.

[표 6-10] 마찰용접기 용접조건

용접 재료	지름 [mm]	회전수 [rpm]	접촉 압력 [kg/mm^2]	upset압력 [kg/mm^2]	용접시간 [sec]
연강	12	3000	3.5	3.5	7
stainless 강	25	3000	8.5	11	7
공구강	19	4000	10.5	14.0	10
동	25	6000	3.5	77.5	18
stainless강-연강	19	3000	5.2	10.5	10
aluminum	19	3800	2.8	4.5	6
합금강	9.5	5000	17.5	28.0	10
Ti	19	10,000	0.56	6.0	20 ~ 25

3. 마찰용접기 종류

가. 제동식(Brake type) 마찰용접기

Direct drive friction welding, Conventional friction welding, Brake welding 등으로 불리기도 하며, 이는 모재의 일단을 고정하고 다른 쪽을 구동축에 결합된 축에 부착하며, 일정한 회전수로 회전을 계속하고 축 방향으로 가압하면서 마찰시킨다. 마찰부가 적당한 온도로 가열되었을 때 Brake에 의해 회전축을 급정지시켜 접합을 완료하며, 회전축을 정지시킨 후 압력을 일정하게 유지하는 일정 가압방식과 더 높은 Upset 압력을 가하는 가변 가압방식이 있다. 이 방식은 회전수, 가압력, 업셋량(Upset) 또는 가열시간이 주요변수로 작용한다.

나. 플라이휠(Flywheel Type, Inertia Drive Type)식 마찰 용접기

Flywheel에 회전 에너지가 축적되어 자유 회전하고 있는 축에 부착된 모재의 단면을 정지된 모재면 쪽으로 가압하면 Flywheel의 관성에 의한 회전 에너지는 마찰 면에서 열을 발생시킨다. 발생된 열은 두 모재를 국부적으로 용융시키며 소모되고 급속히 회전 운동이 감소되어 자연히 정지되어 압접이 완료된다.

다. 2축 회전식 용접기

고정축도 회전하고 이 축에 관성 판을 붙여서 최종적으로 두 축이 회전하도록 한 것이 이방식의 특징이다. 적당한 회전 질량을 갖는 종동축에 부착된 모재를 구동축의 회전 모재 쪽으로 밀게 되면 접촉면의 마찰력 때문에 종동축은 회전하게 되고 또 가속되어 구동축의 회전수가 상승되면 모재 사이의 마찰 발열 과정이 끝나고 용접이 된다. 이 방식은 앞에서 설명한 두 방식과 달리 플래쉬를 제거할 수 있는 이점이 있다. 따라서 용접이 끝났을 때 기계 가공이 끝난 용접부가 얻어진다.

라. 위상제어 마찰 용접기

종래의 용접기에서는 일정한 위치에서 회전을 정지시킬 수 없기 때문에 용접 후 소재 사이의 상대적 위치가 정해져야 되는 제품의 용접이 불가능하였다. 이러한 문제를 해결하기 위해 컴퓨터를 이용한 위상제어가 가능한 마찰용접기도 개발되어 있다.

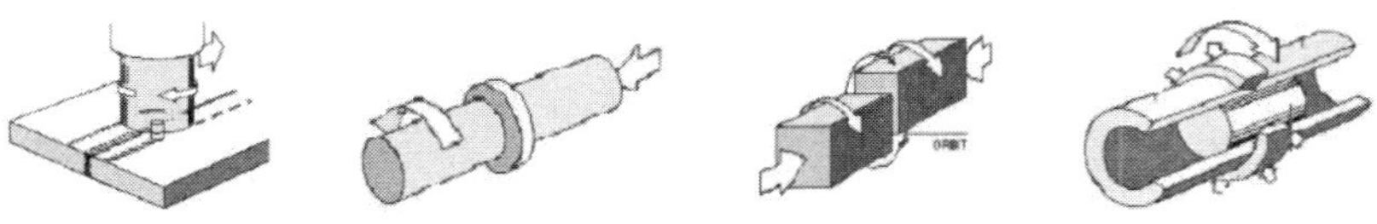

(a) 제동식　(b) 플라이휠식　(c) 2축 회전식　(d) 로터리식

[그림 6-15] 마찰용접기 종류

4. 마찰용접 특징 및 활용

일반적으로 공학에서는 마찰열의 발생이 바람직하지 않지만 예외적으로 마찰용접법은 마찰열을 이용하여 재료를 용접하는 것이다. 마찰용접은 액상용접에 의한 용접부보다 열영향부의 폭이 좁고 기계적 성질이 양호한 용접부를 얻을 수 있으며 취성재, 동종재, 이종재 등도 적절한 마찰용접조건에 의해 견고한 용접 이음부를 얻을 수 있다. 종래의 액상용접은 주위의 기체가 용융금속에 혼입되어 용접부가 기포결함을 보이거나 불균일한 열영향부(Heat affected zone)발생 등으로 변형과 강도저하 등을 초래하였다. 따라서 기존 용접방식의 결함을 제거하고 마찰열과 압력만으로 접합을 시키는 용접방식인 마찰용접이 현재 상당한 각광을 받고 있으며 마찰용접의 특징은 다음과 같다.

① 용가재, flux 또는 보호가스가 필요 없으며 작업환경이 깨끗하고 작업자의 숙련도가 요구되지 않으며 접합시간이 다른 접합법에 비하여 매우 짧다.
② 접합부분만 가열하여 에너지효율(전기저항용접의 1/5 ~ 1/10정도의 에너지)이 높고 열영향부가 매우 좁다.
③ 용접조건 설정인자가 작아 용접변수 제어가 용이하여 자동화가 용이하다.
④ 접합부의 강도가 모재이상이며 용접재의 치수 정밀도가 0.1 [mm]까지 가능하다.
⑤ 동종 및 다양한 이종재료의 용접이 가능하고 용융을 동반하지 않으므로, 용융과정에서 발생되는 취약한 화합물의 생성이 방지된다.
⑥ 접합하고자 하는 모재의 표면상태가 다른 접합에 비하여 까다롭지가 않다.
⑦ 회전을 이용하므로 접합재의 한쪽은 단면이 원형이어야 하는 형상에 대한 제한이 있다. 그러나 최근에 회전운동이 아닌 왕복운동에 의한 마찰용접장치의 개발로 모재에 대한 형상의 제한이 없어지게 되었다.
⑧ 양쪽 모재 사이의 상대적 위치(위상)를 일정하게 하는 것이 곤란하다.
⑨ 마찰 용접부의 인장강도와 피로강도는 일반적으로 모재와 동등하거나 그 이상이지만 충격인성은 낮은 경우가 많다. 특히 용접 열영향부의 비틀림, 압축 변형에 의한 플래쉬가 생기기 때문에 그 배출방향, 즉 축에 수직방향으로 모재의 섬유조직이 유동되어 인성이 낮다.

마찰용접은 스티어링 샤프트, 엔진밸브, 리어 액슬 하우징 등 자동차부품, 알루미늄가이드 롤러, 건설기계용 피스톤 로드 등 산업기계 부품제작에 활용된다.

제8절 | 초음파용접(Ultrasonic Welding : USW)

1. 개 요

Bob Stevenson은 1963년에 초음파로 조직을 분해하는 실험을 하다가 실수로 경화 폴리스틸렌이 붙어버린 것을 발견하게 되었다. 이는 초음파용접기를 개발하는 시초가 되었다. 초음파용접은 모재의 산화막을 제거한 다음 마찰에 의해 금속표면이 가열되어 이에 따른 연화에 의해 접합되고 가열이 되더라도 국소적으로 가열되기 때문에 야금학적 결합부가 얻어진다. 필요한 출력이 아크용접의 5 ~ 10 [%]로 충분한 경우가 대부분이며 접합부에 소모되는 금속이 필요 없기 때문에 다른 용접법에 비해 경제성이 매우 높다. 가압력과 진동에 의한 힘이 동시에 작용하기 때문에 용접할 면을 미리 청정하게 할 필요가 없으며, 용접 전의 단계에서 자연적으로 청정화가 되는 것이 간접적으로 증명되었다. 초음파용접은 통상의 방법으로는 용접하기 어려운 동종금속이나 이종금속의 용접에 널리 사용된다. 이 용접법은 반도체, 미세회로 전기접점의 형성에 대한 생산기술, 즉 소형모터, 알루미늄 포일 가공, Al합금의 조립, 휴대폰, 가전기기, 자동차산업, 항공산업 및 반도체산업에 사용되고 있다.

2. 용접 원리

초음파용접이란 고상용접의 일종으로서 2개 부재를 국부적으로 고주파 진동에너지와 압력을 가하여 용접하는 방법으로 변환기에서 발생되는 초음파진동이 용접재와 직접 접촉되어 있는 혼(음향극)을 통하여 모재에 전달된다. 용접시의 가압력은 음향극 단부에서 가해지고, 앤빌은 용접재를 지지하면서 가압력에 대한 반력을 부가하는 역할을 한다. 공진계의 혼(음향극)은 15 [kHz] 범위에서 철을 재료로 사용하면 혼단부에서는 약 0.1 [mm]의 진동진폭이 얻어진다. 그래서 혼은 초음파용접기의 핵심부품이라 볼 수 있다. 초음파용접은 2단계에 걸쳐서 접합이 되는데, 1단계는 2개의 재료 중 하나는 고정되고 하나는 횡진동을 하면서 용접부위의 산화막이 제거하는 것이고 2단계는 산화막이 제거된 뒤에 나오는 재료면의 분자들이 진동에너지와 압력에너지에 의해서 계면층에 나오게 되고 이 분자들이 결합력을 가지게 되어 용착하게 되는 단계로 나누어질 수 있다. 초음파용접에 사용되는 주파수 범위대는 15 [kHz] ~ 80 [kHz]의 주파수를 사용한다. 대부분의 초음파용접은 20 [kHz] 미만의 주파수영역을 사용하며, 초음파가 재료의 표면과 평행한 횡방향으로 가해지는 경우에는 금속재료의 용접에 사용되며, 재료 표면의 수직한 종방향으로 가해지는 경우에는 주로 플라스틱 재료의 용접에 사용된다. 횡방향 초음파 용접은 혼(horn) 또는 소노트로드(sonotrode)를 통해 겹쳐진 접합재에 압력을 가한 상태에서 접합재 표면의 수평방향으로 초음파 진동을 인가하여 접합면에 고상 용접부를 형성한다. 초음파 진동은 압전(piezoelectric) 소재의 진동자에서 발진하며, 진동자의 끝에 부착된 소노트로드는 미세한 초음파 진동을 수십 [㎛] 크기로 증폭시키는 역할을 한다. 소노트로드는 상부 접합재의 표면에 압력을 가해 구속시킨 상태에서 진동하기 때문에 상부 접합재와 하부 접합재의 접촉면은 소노트로드와 동일한 주파수로 진동하면서 마찰한다. 마찰에 의해 상부와 하부 접합재의 금속이 밀접하게 접촉하여 고상 용접부를 형성한다. 접합 과정에서 마찰열이 발생하여 접합면의 온도가 증가하지만, 초음파 용접부의 형성에는 큰 영향을 미치지 않는다. 그러나 초음파 용접 전에 예열 등으로 접합재의 온도를 증가시키면 고상 접합부를 용이하게 형성하거나 생산성을 높일 수 있다. 초음파 용접은 고상용접이기 때문에 동종재료 뿐만 아니라 이종 재료의 접합에도 적응할수 있고, 특히, 산화막을 제거하기 때문에 알루미늄과 같은 표면에 산화막을 형성하는 재료접합에 적용이 가능하며, 접합시간이 매우 짧기 때문에 생산성이 높다는 장점이 있다. 그러나 일반적으로 박판이나 와이어 접합 등의 소형제품으로 사용용도가 제한되고, 요철이 있는 소노트로드의 끝단과 접합재사이에 압력이 가해지므로 접합재 표면에 자국이 남게 된다.

종방향 초음파 용접은 주로 열가소성 플라스틱 용접에 사용되며 재료의 표면에 수직한 방향으로 초음파와 압력을 가해서 접합부를 형성한다. 소노트로드를 통해 압력과 초음파 진동을 가하면 플라스틱의 점탄성 특성에 의해 플라스틱 내부에서 열이 발생하여 용융되고 접합부가 형성된다. 플라스틱 접합을 효율적으로 수행하기 위하여 플라스틱 재료의 접합면에 돌출부를 가공하는 경우가 많으며, 이와 같은 돌출부는 초음파 에너지를 돌출부에 집중시키는 역할을 하기 때문에 플라스틱 재료의 크기가 큰 경우에 매우 효과적이다. 이와 같은 초음파를 이용한 플라스틱의 점탄성 발열은 용접뿐만 아니라 볼트형상의 금속부품을 플라스틱에 삽입하거나 볼트형상으로 만들어 기계적체결을 하는 경우에도 사용하고 있다.

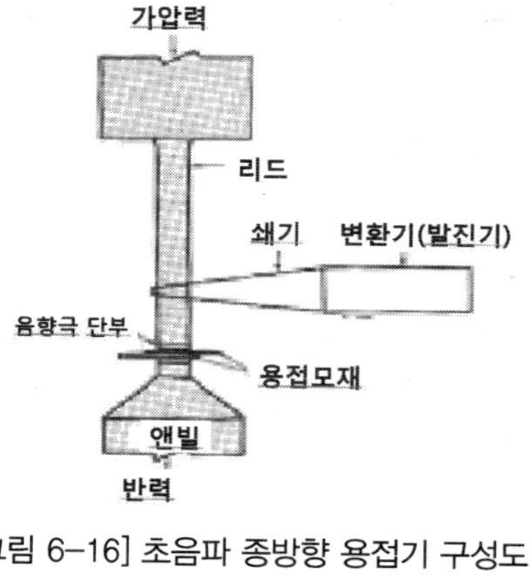

[그림 6-16] 초음파 종방향 용접기 구성도

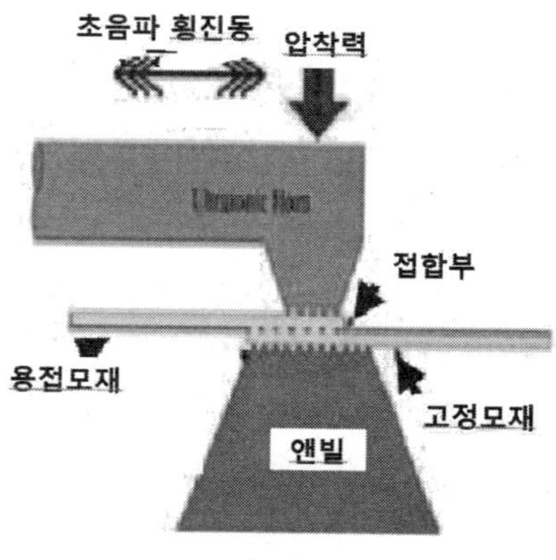

[그림 6-17] 초음파 횡방향 용접기 구성도

3. 용접장치 및 용접법 종류

초음파 용접기는 초음파영역의 높은 주파수를 공급하는 전원장치(고주파 발생장치)와 초음파진동자를 포함한 컨버터(converter), 진동을 증폭, 전달하는 부스터(booster)와 소노트로드 그리고 용접가압력을 유지하기 위한 앤빌(anvil)로 되어 있다. 컨버터, 부스터, 소노트로드 및 앤빌은 기계적 구성요소이기 때문에 이들을 합쳐서 트랜스듀서(transducer) 또는 용접헤드라고 부르기도 한다. 그러므로 초음파 용접기는 크게 초음파 용접 전원장치와 트랜스듀서(또는 헤드)로 구성되어 있다고 할 수 있다.

초음파 용접전원은 60 [Hz]의 전원을 이용하여 높은 주파수로 만든 다음 출력하는 전기적 주파수변환 및 증폭장치에 해당한다. 초음파 용접전원 즉 고주파 발생장치의 출력전력은 압전소자인 초음파 진동자에 인가된다. 초음파 진동자는 고주파 발생장치로부터 받은 전기적 압력크기와 주파수에 비례하여 에너지를 기계적 에너지로 변환시키는 역할을 한다.

초음파 진동자에서 발생한 미세한 초음파진동은 부스터와 소노트로드를 통해 증폭되어 접합재에 전달된다. 소노트로드는 초음파 주파수를 동진하여 그 진동을 접합재에 전달하는 역할을 한다. 소노트로드의 재질은 강성과 경도가 높은 철강재료를 사용하며, 초음파 주파수에 공진할 수 있도록 형상을 설계하는 것이 중요하다.

일반적으로 초음파는 20 [kHz] 이상의 주파수 영역을 말하지만, 초음파 용접에서는 10 ~ 80 [kHz] 영역의 주파수를 사용한다. 고주파 발생장치는 싸이리스터나 트랜지스터를 사용하여 주파수를 변환한다. 싸이리스터는 응답속도가 비교적 느리기 때문에 20 [kHz] 이상의 초음파 영역으로 변환시키기 어렵지만 대용량 제어에 적합하며, 트랜지스터는 20 [kHz] 이상의 높은 주파수 영역에서 효율적으로 사용될 수 있으나 출력전력이 커지면 가격도 높아진다. 와이어 본딩 공정과 같이 미세접합에 사용하는 경우에는 40 [kHz] 이상의 트랜지스터 제어형 초음파 발생장치가 널리 이용된다.

가압장치는 소노트로드를 통해 용접재에 힘을 가해 접합면을 압착시키며, 주로 스프링이나 공압을 이용하여 압력을 가한다. 초음파 용접으로 점용접 뿐만 아니라 시임(seam)용접을 할 수 있으며, 시임용접의 경우에는 소노트로드의 끝에 룰러(roller)를 부착하고 모터를 이용하여 접합재를 이송시키며 연속적으로 용접한다.

종방향 초음파의 경우에도 유사한 장치를 사용하며, 부스터와 소노트로드를 이용하여 초음파발진장치의 진동을 증폭 및 용접할 재료에 그 진동을 전달한다. 횡방향 초음파 용접장치에서 사용하는 소노트로드는 접합재의 표면에서 미끄러짐을 방지하기 위하여 소노트로드의 끝(가장자리)에 요철을 형성하지만, 종방향 초음파 용접장치에서는 외부 압력과 초음파 진동이 같은 방향으로 작용하며 그 결과 접합재에 구속할 필요가 없기 때문에 소노트로드의 끝에 요철을 가공할 필요가 없다. 초음파 용접법의 종류는 아래와 같다.

가. 점용접(Spot welding)

음향극과 앤빌 사이에서 가압하여 용접재에 순간적으로 진동 에너지를 부여함으로써 점용접부가 얻어진다. 점용접부의 형상은 대략 타원형으로, 용접부가 겹치게 함으로써 연속 용접부를 얻을 수 있으며, 이 경우에는 최소 25mm에 5 ~ 10점의 용접부가 얻어진다. 만약 밀폐(leak - tight)할 필요가 있을 때에는 용접부의 간격을 더 조밀하게 할 수도 있다.

나. 환영용접(Ring welding)

폐쇄루프를 형성하는 용접법으로서 통상 원형이지만 정사각형, 직사각형, 타원형 등의 용접부가 얻어진다.

다. 선용접(Line welding)

선용접은 점용접이 변형된것으로 용접대상재를 앤빌과 음향극 사이에 고정하여 용접한다. 음향극은 용접부가 존재하는면에 평행으로 진동하며 용접선과 가압력의 작용방향과는 수직을 이룬다. 그 결과 폭이 좁이 좁고 직선적인 용접부가 얻어지는데, 한 용접 사이클당 150mm의 용접부가 얻어진다.

라. 연속 시임용접(continuous seam welding)

회전하는 디스크형의 음향극과 롤러 또는 평면앤빌 사이에서 용접부가 얻어진다. 음향극이 연속적으로 이동하는 형식과 용접대상재가 연속적으로 이동하는 형식이 있다.

[그림 6-18] 각종 초음파 용접기

4. 용접재료

초음파 용접에서는 초음파 진동에너지에 의해 고상접합부가 형성되기 때문에 대부분의 금속재료에서 양호한 접합부를 얻을 수 있다. 초음파 용접의 적용범위는 용접재의 두께에 의해 제한되는데 이는 초음파 용접기의 출력 용량 때문이다.

알루미늄이나 구리와 같이 연한 재질의 경우에 접합재의 최대두께는 2.5 [mm]정도이고 강재의 경우에는 1 [mm]정도가 최대두께이다. 종방향 초음파용접은 플라스틱의 용융에 의해 접합부가 형성되므로 열가소성 플라스틱의 접합에 적용하며, 열경화성 플라스틱에는 적용할 수 없다. 플라스틱의 초음파용접은 점탄성 발열에 의해 플라스틱이 용융되기 때문에 플라스틱의 물성치인 손실계수(loss factor)에 의해 점탄성 발열량이 결정된다. 그러므로 집합재로 사용하는 플라스틱의 손실계수로부터 용접성을 판단할 수 있다. 일반적으로 알루미늄 합금, 구리 합금, 탄소강과 스테인레스강, 금, 은 등의 재료는 쉽게 용접되지만, 용융점이 높은 내화금속(refractory metal)은 용접성이 나쁘다.

가. Al 합금

Al은 비교적 쉽게, 즉 주조, 압출, 압연, 단조 또는 열처리 등 재료의 이력에 관계없이 어느 경우에도 용접할 수 있으며, 다른 대부분의 금속, 예를 들어 게르마늄, 규소 및 주로 반도체 재료와 용접할 수 있다.

나. Cu 합금

Cu와 그 합금은 용접성이 좋다. 여기서, Cu의 열전도도가 좋다는 것은 용융용접과 달리 초음파용접의 저해인자이며, 용접 시에는 재료의 표면 상태가 특히 중요하다.

다. 철과 강

주철, 저탄소강, 공구 및 다이(die)강, 오스테나이트계 스테인리스강 등의 경우에도 용접성이 상당히 좋으며, 용접시의 출력은 Al이나 Cu보다 더 높아야 한다.

라. 귀금속

금, 은, 백금, 팔라듐 및 그 합금과 같은 귀금속도 쉽게 용접할 수 있으며, 대부분의 귀금속은 다른 금속이나 게르마늄, 규소 등의 재료와 우수한 용접성을 갖는다.

마. 고용점 금속

Mo, Cb, Ta, W 및 그 합금과 같은 고융점재료는 초음파용접으로 용접하기 어려운 재료이나, 표면의 오염이나 내부결함이 없을 때는 용접이 가능하다.

바. 기타 금속

Ni, Ti, Zr, Be, Mg과 그 합금도 포일일 경우에는 쉽게 용접된다. 금속포일이 아닌 와이어는 유리나 세라믹 또는 규소를 스프레이한 층에 쉽게 용접되는데, 이러한 용접은 반도체산업에서 매우 유용하다.

5. 용접조건

초음파 용접은 다양한 재료에 적용할 수 있고 재료의 두께에 의해 적용 범위가 제한되기 때문에 용접조건의 범위는 매우 넓다. 그러므로 재료의 종류와 두께에 따라 초음파 출력과 주파수, 압력 및 용접시간을 변화시켜야 한다. 초음파 주파수는 용접장비에 따라 다르지만 대부분 고정된 주파수로 진동 및 출력하도록 되어 있다. 또 초음파 장치의 출력범위는 수십 W에서 수천 W에 이르며, 접합할 재료의 종류와 크기와 형식을 결정하여야 한다. 초음파 출력, 압력, 용접시간의 상호관계는 초음파 용접부이외의 부분에서 손실되는 진동이나 기타 손실을 무시한 팁은 마찰력 μp에 대하여 진동속도 v로 진동하므로 출력 W는 다음 식으로 주어진다.

$$W = \mu p v \qquad v = w\zeta$$

여기서 μ : 상대 운동하는 면의 마찰계수 p : 가압력
v : 팁의 진동속도 w : 각주파수
ζ : 진동진폭

이다.

따라서 재료에 투입되는 초음파에너지 E는 다음과 같이 나타낼 수 있다.

$$E = \int W dt = \int \mu p v dt$$

위의 식으로부터 접합조건 팁(Tip)의 진동속도, 가압력, 용접시간의 곱으로 나타낼 수 있음을 알 수 있다. 더욱이 마찰계수 μ는 시료나 팁의 표면상태, 시료의 고정방법 등에 관계되는 것으로 가압력 p와 진동속도 v는 시료의 재질, 경도, 치수 등에 따라 결정된다. 이 μ, p, v는 각각 접합과정 중에 변화하지만 접합성을 향상시키기 위해서는 접합재의 종류나 치수에 따라 p와 v를 조절하여야 한다.

6. 용접영향 요소

초음파용접에서 여러 가지 요소가 용접에 영향을 미치는데 초음파 출력은 소노트로드를 진동시키기 위한 초음파 에너지로서 진폭의 크기를 의미하기도 한다. 용접과정에서는 소노트로드에서 일정한 진폭을 용접할 재료를 인가하여야 하며 최대 진폭크기가 50 [㎛]에 달하기도 하지만 소재종류, 두께 및 접합조건에 따라 달라진다. 초음파 출력이 너무 작으면 냉접이 발생할 가능성이 높다. 또 초음파 출력이 과도하면 접합부에서 지나친 변형 발생과 결함을 유발한다. 용접할 소재를 인가하는 초음파 진동 부여시간은 재료와 두께에 따라 다르며 통상 2 ~ 3초 이하의 값이다. 용접시간이 지나치게 짧으면 냉접이 발생하여 반대로 용접시간이 길어지면 접합부에서 과도한 변형 발생에 의하여 용접불량을

일으킨다. 가압력은 소노트로드가 용접할 소재와 앤빌을 가하는 압력을 말하며 일반적으로 2 [kN] 이하의 값을 사용한다. 가압력은 재료의 종류, 치수 및 용접부의 품질 요구조건에 따라서 다르게 선정한다. 초음파 출력이 증가하면 가압력도 증가시켜야 한다. 왜냐하면 초음파 출력에 비해 압력이 낮을 경우 소노트로드와 접합할 재료사이에서 미끄럼 현상이 발생되기 쉽기 때문이다. 주파수 극박판 재료의 초음파 용접에서는 주파수를 높이고 진폭을 작게 하면 접합부 강도를 높일 수 있다. 한편 20 [kHz] 이상의 주파수를 사용하는 경우, 무부하 상태에서는 소음이 발생하지 않지만 용접을 할 때에는 가압력으로 인하여 소노트로드의 진동을 구속하기 때문에 주파수가 감소하고 소음이 발생할 수 있다. 따라서 초음파 용접시 청각을 보호하기 위한 안전보호구를 착용해야 한다.

혼의 선단은 구면으로 하고 그의 반지름 R은 상부시료 판두께 t의 50 ~ 100배가 적당하다. 판두께가 두꺼워지면 팁의 표면을 줄(file)로 그어 주어 마찰계수를 크게 함으로써 접합강도를 높일 수 있다. 용접할 재료의 표면 상태는 초음파 용접성에 영향을 미친다. 표면이 지나치게 거칠거나 오염이 심하면 접합 강도가 낮아지기 때문에 평활하고 청정한 표면을 유지하는 것이 필요하다. 횡방향 초음파용접은 마찰에 의해 접합할 재료 표면에 존재하는 산화막이나 불순물이 과다하면 용접부의 품질이 저하한다. 초음파 용접에서 앤빌은 소노트로드만큼 중요한 역할을 한다. 앤빌의 재질과 형상 및 구조적 안정성이 충분히 유지되었을 때 양호한 초음파 용접부를 얻을 수 있다. 초음파접합에서는 시료 사이의 상대운동이 필요하기 때문에 하부 재료(앤빌쪽)는 충분히 고정되어 움직이지 않아야 한다. 따라서 앤빌의 질량을 크게 하고 표면에 줄질(filing)을 한다. 재료에서는 길이가 긴 시료나 폭이 넓은 시료를 초음파 접합할 경우, 특정한 크기나 위치에서 접합이 곤란한 경우가 있다. 특히 상부재료의 길이가 종파의 1/4파장의 홀수배에 가까워지면 진동이 생기기 어려워지며, 접합이 거의 곤란하게 된다. 이에 대한 대책으로 접합점 근사방을 가압하거나 재료의 방향을 바꿔주는 것이 효과적이다. 재료의 단부를 겹쳐서 접합할 경우 겹침량 또는 겹치는 방식이 중요하며, 이것이 변하면 소성변형의 저항이 달라지기 때문에 부하변동이 생기게 된다.

[그림 6-19] 초음파용접 각종 혼(음향극)

7. 활용방안

초음파 용접은 이용하는 주파수의 크기에 따라 산업분야에 이용되어지고 있다. 주파수별로 살펴보면 다음 표와 같다.

[표 6-11] 초음파용접 주파수별 활용분야

주파수	사 용 전 력	활 용 분 야
20 [kHz]	3000 [watt]	전기, 전자 부품, 콘덴서 용접, LPB 용접, 자동차 전장업체의 자동차 배선 용접, 냉장고, 에어컨, 김치냉장고, 냉온정수기 같은 가전제품, 식품산업, 태양열 시스템, 자동화 전기회로 제작 등의 용접에 이용
35 [kHz]	35,600 [watt]	전기, 전자부품, LPB Welding , 콘덴서 외 작고 얇은 부품용접에 적합
	1200 [watt]	Cu의 Ni-strip이나 LIB의 Al- foil 또는 LPB
40 [kHz]	700 [watt]	2차전지 winder용 용접기

[그림 6-20] 초음파용접 공정과 제품(구리파이프와 집열판용접)

위 표에서 볼 수 있듯이 초음파용접은 전 산업분야에서 사용되고 있다. 특히 전자부품 같은 초정밀용접이 필요한 경우에 많이 사용되고 있다. 앞에서 말했듯이 최근엔 자동차 및 우주항공 산업분야에도 적용되는 추세에 있으며 대부분 자동화된 용접방식을 선택하고 있다. 현재 자동화 초음파용접기는 상하진동을 하는 방식이라 직선용접 등 간단한 용접에만 사용되고 있지만 차후에는 복합진동을 이용한 원형용접, 사각형용접, 타원형용접 등 여러 형태의 용접이 가능한 자동화 초음파용접기도 등장하게 될 것이다.

제9절 | 폭발용접(Explosion Welding)

1. 개 요

폭발용접은 화약폭발에 의한 충격에너지를 이용하여 금속을 접합시키는 방법으로서 화약폭발에 의해 생기는 순간적인 높은 에너지를 이용하는 접합법이다.

1944년에 처음으로 폭발용접이 관심을 끌기 시작하였고, 1960년경부터 미국 등에서 기초적 분야와 응용 면에 관하여 연구되기 시작하였다. 이후 1962년 Pilipchuk와 Bois가 2장의 금속판을 화약의 폭발에 의해서 생기는 순간적인 큰 압력을 이용하여 두 금속을 접합시키는 특허를 출원하면서부터 활용하기 시작한 폭발용접 기술은 현재 기술적, 상업적인 이점으로 인해 수요가 증가하고 있다. 적용 예로 거대한 판재의 클래딩을 포함하여 클래딩 노즐, 튜브와 튜브플레이트의 접합, 파이프와 파이프의 접합, 압력용기, 열교환기의 shield plate, 저장탱크, 반응관, 롤링밀 등의 플란트 및 기계류 등에 사용되고 있다.

폭발용접은 종래의 용접법으로는 용접이 곤란하거나 불가능한 것으로 생각되었던 이종금속에 대해서도 적용이 가능하고, 용접에 의한 열영향을 받지 않으면서 용접속도가 대단히 빠르다는 이점이 있다. 또한 융점의 차이가 커서 접합이 곤란한 금속을 폭발용접하면 이음부는 충분한 강도를 가지면서 용이하게 접합할 수 있는 것이 특징이다. 이러한 폭발용접은 일종의 고상용접인데 고상용접이란 접합면을 청정하고 기계적인 힘에 의하여 밀착시켜 원자와 원자의 인력이 작용할 수 있는 거리에 접근시켜서 접합하는 것을 고상용접이라 하며, 일명 압접이라고도 한다. 이것이 폭발용접을 폭발압접이라고도 불리는 이유이다. 고상용접에는 가열을 하지 않는 냉간압접과 가열하는 열간압접이 있으며, 열간압접에는 가열열원에 따라 전기저항용접, 가스압접, 단접, 마찰용접, 초음파용접 및 폭발압접 등이 있다. 대부분의 금속은 폭발용접이 가능하지만 폭발의 충격에 의해서 균열이 발생되기 쉽고 주철과 같이 취약한 금속 및 Mg을 함유한 알루미늄 합금(순 알루미늄과는 접합 가능함) 등은 폭발용접을 사용하기가 곤란하다. 시공상의 특징으로는 특별한 기계장치가 필요하지 않고 모재가 판재 혹은 파이프상이면 모재 두께에 제한 받지 않고, 어떠한 형태와도 가능하기 때문에 다품종 소량이 가능하다. 한편 접합시에 화약을 사용하기 때문에 취급에 있어서 주의를 요하고 큰 폭발음 때문에 용접장소의 제한을 받는다는 것이다.

2. 폭발용접 원리

폭발용접시의 기본적인 배열방법과 폭발용접시에 발생하는 폭발현상을 [그림 6-21]에 나타내었다. 모재와 용접하고자 하는 상대재를 적당한 간격으로 평형하게 배치한다. 이 상대재의 위에 완충재를 넣고 적당한 양의 폭약을 배열한 후 그 일단을 뇌관에 의해서 기폭시키면 촉발이 생기고 이 폭발력에 의해서 상대재는 특정한 각도 (5 ~ 30° 정도)로 모재와 충돌한다.

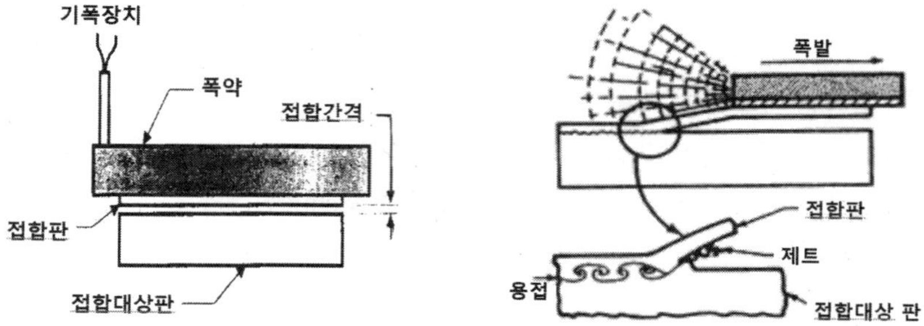

[그림 6-21] 폭발용접시 배열방법 및 폭발현상

충돌점에서는 양방의 금속이 매우 큰 변형속도와 고압에 의해서 금속표면의 산화피막과 흡착된 가스가 제거된다. 이와 같이 생성된 청정한 표면은 고압에 의해서 밀착하고 모재와 상대재는 완전하게 야금학적으로 결합된다. 폭발용접의 접합계면에는 특유의 물결모양 [그림 6-22]이 관찰되며 파의 크기는 붕괴조건에 따라서 다르고 파의 파장은 충돌각도가 크게 되면 길어지게 되지만 어떤 충돌 각도 이상으로 되면 물결모양은 소실하고 직선상의 계면으로 변한다.

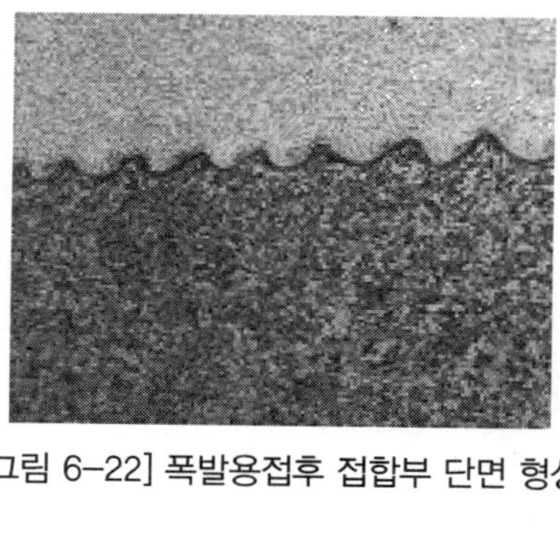
[그림 6-22] 폭발용접후 접합부 단면 형상

3. 장·단점

가. 장점

① 이종금속을 포함한 다른 방법으로 용접이 어려운 재료의 용접을 할 수 있다.

② 접합강도가 크며 6m＊2m 정도의 큰 면적의 용접도 할 수 있다.

③ 이중용기의 외벽과 내벽의 유해환경과 청정환경을 상호보완적으로 격리시킨다.
④ 조합에 따라 재료절감이 가능하며 융점차가 큰 이종금속의 고강도접합이 된다.
⑤ 다품종 소량 생산에 적합하다.

나. 단점

① 취급에 위험이 따르므로 훈련된 기술자가 필요하다.
② 용접장소에 제한을 받는다.
③ Mg을 함유한 알루미늄 합금은 용접이 불가하다.
④ 고속의 용접속도로 생산성은 높으나 계면관리가 어렵다.

4. 폭발용접법 종류

폭발 용접법으로는 두 모재의 전체 면에 걸쳐 접합시키는 전면 폭발용접법 외에 점이나 선모양으로 두 모재의 일부만을 접합하는 부분 폭발용접법도 있다.

부분 폭발용접법에 점폭발용접은 폭약과 뇌관을 봉입한 작은 약통(원통캡)을 사용하여 뇌관도선을 직렬로 결선하면 동시에 많은 점을 용접할 수 있다. 폭발후는 원형의 압접자국이 생기며 용접부는 그 주면만이 원모양으로 접합되며 중심부는 접합되지 않는다.

선폭발용접은 띠모양의 특수한 도폭 코드를 쓰며 이 코드 밑부분이 T모양의 압접자국이 생기며 띠모양으로 압접한다. 전체면의 폭발용접에서는 시공전후에 부재의 판두께 변화나 형상변화는 적으나 부분폭발용접에서는 폭약 바로 밑부분은 일반으로 10 ~ 20 [%]정도의 판두께가 감소된다. 폭약과 용접재의 사이에 고무나 플라스틱의 완충재를 설치하면, 이 압접의 흔적은 과히 심하지 않다.

전체면의 폭발용접이나 부분 폭발용접 다같이 평판 모양으로 폭발용접한 후 절단이나 굽힘가공을 할 수 있으며 또 모재가 원통이나 공, 기타 단순한 곡면으로 성형된 것이면 이들 성형품의 내면이나 외면에 적당한 폭발용접의 합침재를 설치하여 모재의 굽은 면에 따라 폭발용접을 할 수 있다.

평행판 폭발용접에서 폭발압접의 구성요소로는 지지대에 고정되어 설치되는 모재, 간격을 띄고 모재의 상부에 설치되어 화약 폭발시 날아와 접합 되어지는 합재, 초기 기폭을 위한뇌관, 폭약 등이 필요하고, 접합하고자 하는 금속면의 손상을 방지하기 위한 완충재는 필요에 따라 설치한다. [그림 6-23]은 합재와 모재사이의 이격거리가 일정한 값, 즉 평행을 유지한 상태에서 폭발압접을 수행하는 방식으로 선기폭 방식을 이용하여 평행한 두개 소재사이의 압접방식을 보여주고 있다. 주로 대형 판재의 압접에 사용된다.

경사판 폭발용접에서는 합재와 모재사이에 초기각(Static angle) α를 유지한 상태에서 폭발압접을 수행하여 재료를 집합하는 형태를 [그림 6-24]에서 보여주고 있다. 주로 소형판재의 압접에 사용되어진다.

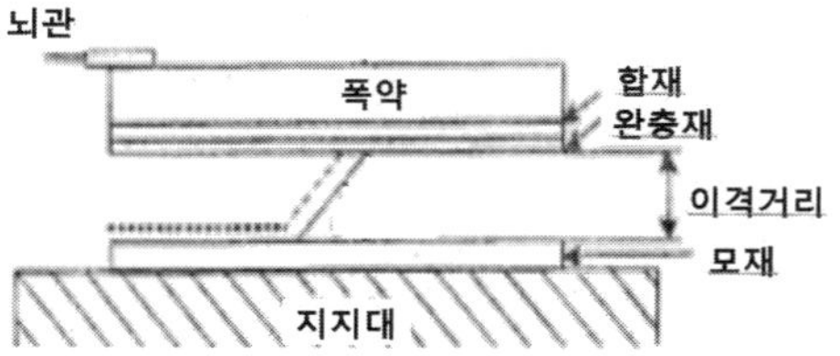

[그림 6-23] 평행판 압접 그림

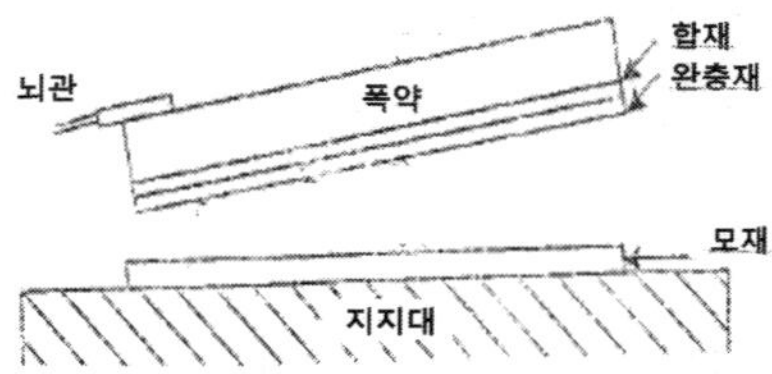

[그림 6-24] 경사판 압접

5. 폭발용접 활용

가. 유해성 물질 취급용 폭발용접

독성화학 물질이나 휘발성 물질을 안전한 곳으로 수송하기 위해 필요한 용기는 대부분 이중벽 구조를 갖고 있다. 이중용기의 외부벽과 안전한 환경의 벽이 폭발을 이용한 용접방법으로 서로 봉합되면 외벽으로부터 보호를 받은 이중 용기의 내벽이 깨끗한 환경에 노출되지만 샘플은 격리된 상태로 운반될 수 있다. 이중 용기를 이용한 폭발용접 방법의 가장 큰 장점은 이중 용기의 외벽과 내벽이 유해환경과 청정 환경을 상호 보완적으로 격리시킨다는 점이다.

나. 폭발용접한 클래드 노즐

이 경우는 linining이 부적합한 곳에 사용하고 있는 실정이다. 폭발 클래딩의 신뢰성 향상에 따라 폭발 클래드판의 사용은 세계 전역에 걸쳐서 현저히 증가하고 있다. 이 재료를 사용할 때의 중요한 이점은 아래와 같다.

① 비싼 금속의 경제적 이용과 보다 더 자유로운 플랜트 설계가 가능하다.
② 타 용접으로 곤란한 금속용접이 가능하며 고강도의 야금적 접합이 가능하다.
③ 판의 이용 가능한 크기와 두께를 다양하게 조절 가능하다.
④ 이음경계부에서 취석 발생을 방지할 수 있다.
⑤ 활성금속을 포함해서 재료선택의 폭이 넓어진다.
⑥ 소량의 판을 경제적으로 이용 가능하다.

이러한 이점으로부터 폭발 clad 제품은 중화학, 석유 화학 산업에서 경제적이고 신뢰성이 높은 압력용기의 제조가 가능하고 강도와 부식저항이 요구되는 산업에 폭 넓게 이용되고 있으며 열교환기, 굴뚝, 각종 column, 직경이 큰 파이프와 같은 반응성이 높은 용기에서 10년 이상 현장에서 사용하고 있다. 전기적 이종금속 이음부는 알루미늄 제련소에 주로 사용되고 있다. 구조용의 이종금속 이음부는 조선소에 많이 사용되는 데 그 이유는 강 선체와 Al합금 상부 구조물 사이에서 건전한 이음부를 만들 수 있기 때문이다. 여러 나라에서 건설중인 LNG탱크의 경우 알루미늄 저장 구형 탱크를 폭발압접하여 제조함으로써 단순화, 고속화, 경제성 및 신뢰성을 겸비한 구조물을 만들 수 있다. 원자력, 우주, 극저온 산업분야에서의 파이프 이종금속 이음부는 파이프 이음부의 신뢰성이 높기 때문에 널리 사용되고 있다.

다. Tube plates

전 범위의 클래딩 재료가 열교환기에 사용되고 보통 50 ~ 300mm backing재와 6 ~ 10mm로 가공된 두께의 클래딩 재료가 사용된다. 최대 3000mm 직경까지는 대부분의 cladding금속이 사용 될 수 있으며 Ti에서는 최대직경은 2800mm이다.

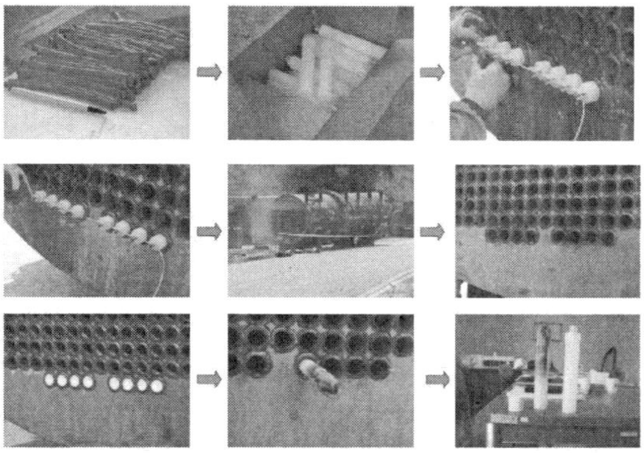

[그림 6-25] Tube 형태 Clad 강의 폭발용접

제10절 | 기타 압접법

1. 냉간압접(cold pressure welding)

냉간압접은 깨끗한 2개의 금속면을 1Å(10^{-8}cm) 이상의 거리로 원자들을 가까이 하면 자유 전자가 공동화하여 결정 격자점의 양이온과의 상호작용으로 금속원자를 결합시키는 방법으로 상온에서 단순히 가압만으로 금속 상호간의 확산을 일으켜 접합하는 방식이다. 냉간압접은 접합에 필요한 공구가 간단하며, 열 영향이 없으며 숙련이 불필요하다. 그러나 용접부가 가공 경화될 수 있어 철강재료의 냉간압접은 부적당하며 겹치기 압접에서 눌린 흔적이 남으며 압접부에 대한 비파괴 시험법이 없다.

2. 가스압접(gas pressure welding)

가스 압접은 접합할 부분을 재결정온도 이상이 되도록 가스불꽃으로 가열하여 접합 가능한 온도가 되었을 때 축방향으로 압축력을 가하여 압접하는 방법으로 가열 가스불꽃으로는 산소-아세틸렌 불꽃이 주로 이용되며, 작업하는 방식에 따라 밀착 맞대기 방식과 개방 맞대기 방식이 있다. 가스압접의 특징으로는 이음부의 탈탄층이 없으며, 장치가 간단하여 설비비, 보수비가 싸고, 전력이 불필요하다. 또한 용가재 및 용제가 필요하지 않으며 용접시간이 빠르고 기계적작업으로 숙련이 불필요하다.

3. 단접(forge welding)

단접은 적당히 가열한 2개의 금속을 접촉시켜 압력을 주어 접합하는 방법이다. 가열은 금속의 점성이 가장 큰 온도까지 하며, 가열할 때 산화가 되지 않는 금속이 단접에 좋다. 강의 단접 온도는 1200 ~ 1300℃가 좋다. 주철과 황동은 용융점이 다 되어도 경도가 변화하지 않다가 갑자기 용융되므로 단접할 수 없다. 단접에는 맞대기 단접, 겹치기 단접, 형 단접이 있으며 3대요인은 온도, 압력, 시간이다.

온도는 재결정온도 이상이어야 하며 압력은 접합면의 밀착도를 좋게 하는 필요 불가결의 인자로 산화방지, 피막의 파괴에 큰 효과가 있다.

제7장
보호가스 아크용접

제1절 개 요

1. 원 리

보호가스 아크용접에 대한 이론적인 발전은 대략 1890년에 시작되어, 이산화탄소가스가 비피복 용접봉 주위를 둘러싸고 있다는 아이디어에 대해 특허가 인정되었고 Henry M. Hobart와 Philip K. Bevers는 1930년에 특허를 인정받았는데, 그것은 텅스텐과 탄소전극봉을 가지고 헬륨이나 아르곤 중에서 용제 없이 금속아크용접을 할 수 있다는 것이다. 가스메탈 아크용접(GMAW)법은 그림에서 보는 바와 같이, 연속적으로 송급되는 와이어가 아크열에 의해 용융되어 아크기둥을 거쳐 용융지로 이행하게 되며, 용융부위는 가스노즐을 통하여 공급되는 실드가스에 의해 주위의 대기로부터 보호된다. 이 용접법은 사용되는 실드가스의 종류에 따라 크게 3종류로 분류된다. 즉, Ar과 같은 불활성가스를 사용하는 것을 MIG(Metal Inert gas)용접이라 하고, 순수한 탄산가스만을 사용하는 것을 CO_2가스 아크용접이라 한다. 그리고 CO_2와 Ar가스가 혼합된 가스를 사용하는 것을 MAG(Metal Active Gas)용접이라 한다.

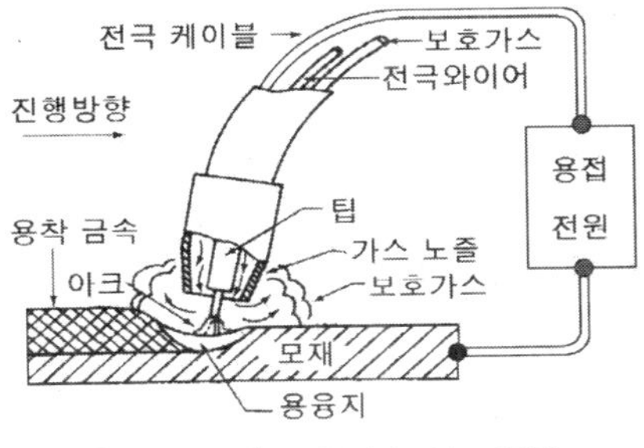

[그림 7-1] 보호가스 아크용접

2. 장 · 단점

가. 장점

① 용접기 조작이 간단하여 손쉽게 용접방법을 배울 수 있다.
② 용접봉을 갈아 끼울 필요가 없으므로 용접속도가 빠르다.
③ 슬래그가 없고 스패터가 최소로 되기 때문에 용접 후처리가 별로 없다.
④ 용착효율이 좋다(수동 피복금속아크용접 : 약 60 [%], MIG용접 : 약 95 [%]).
⑤ 서브머지드 아크용접과 달리 전자세 용접이 가능하다.
⑥ 피복 금속아크 용접보다 전류밀도가 크기 때문에 용입이 깊다.

나. 단점

① 장비가 다소 복잡하고 무거워서 이동하기가 곤란하고, 구조가 복잡하고 고장율이 높으며 가격이 비싸다.
② 토치가 용접부에 접근하기 곤란한 경우에는 용접하기 어렵다.
③ 슬래그가 없기 때문에 용착금속의 냉각속도가 빨라서 용접부의 금속조직과 기계적 성질을 변화시킬 수 있다.
④ 바람이 부는 옥외에서 가스가 보호역할을 충분히 못하므로 사용하기 힘들다.

3. 용적이행

용접봉으로부터 모재로 용융금속이 이행하는 형상은 다음과 같은 요인에 영향을 받는다. 용접봉의 사이즈, 실드가스의 종류, 용접전류 및 아크전압, 전극봉의 돌출길이(electrode extension) 등이며, 아크에서 용적이행에 영향을 미치는 요소는 핀치효과, 증발추력, 표면장력, 중력, 플라스마유력, 금속증기와 주위의 각종 기체분자 해리, 전류의 흐름 등이다. 용접와이어에는 아래 [그림 7-2]처럼 용접와이어에 소전류가 동일 방향으로 통전되고 있어 와이어 내부로 힘이 작용한다. 용접와이어 끝단에 형성되는 전극은 액체로서 유동성이 있으므로 힘이 가해지면 목이 생긴다. 한번 목이 발생하면 단면적의 감소에 따라 목에서의 전류밀도가 다른 곳보다 높아지므로 목은 가속도적으로 성장해서, 용적을 용접와이어에서 이탈시킨다. 이런 힘을 전자기적 핀치력이라고 한다.

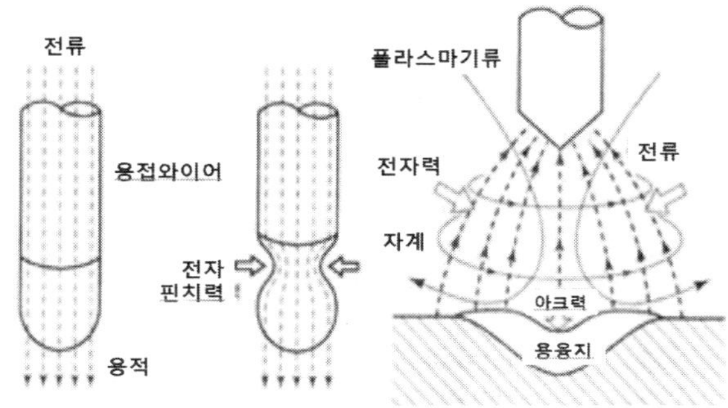

[그림 7-2] 플라스마 기류 발생의 예

아크주위에는 바깥쪽에서 안쪽을 향해 전자기력이 작용하므로, 이 전자기력에 따라 플라스마 기류가 발생한다. 플라스마 기류의 유속은 10 ~ 100 [m/sec] 정도이고, 아크형상에 따라 여러가지 경우를 생각할 수 있다. 아크 주위를 구성하는 가스는 이 고속기류에 따라 모재 방향으로 가속을 높이고 용융지에는 그 압력에 따른 패임이 발생한다. MIG용접에서의 아크 또는 용접와이어 선단에 형성되는 용적의 거동은 아래 그림처럼 실드가스의 종류에 따라 크게 변한다.

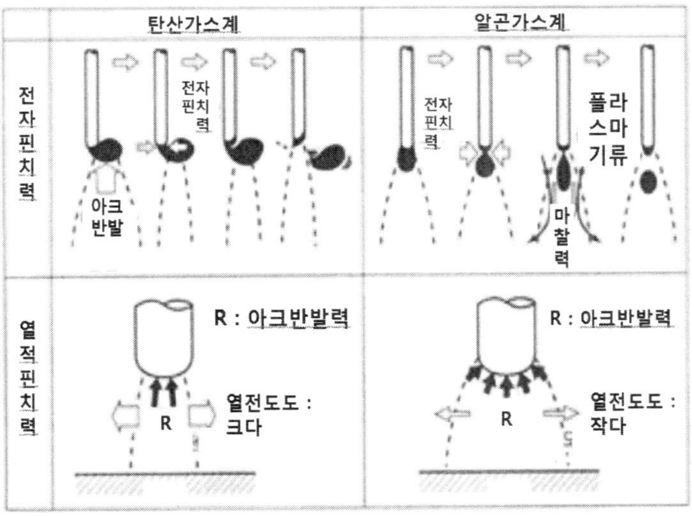

[그림 7-3] 용적이행에 미치는 실드가스의 영향

용적이행의 종류로는 브리징(bridging)이행, 자유비행 이행(free flight transfer), 단락이행, 글로뷸러 이행과 스프레이 이행으로 나타난다. 용적이행을 분류하면 아래 표와 같다.

[표 7-1] 용적이행 분류

용융금속 이행 상태			용접기법
자유비행이행 (free flight transfer)	입상용적 이행	드롭 이행	저전류
	〃	반발 이행	〃
	스프레이 이행	프로젝티드 이행	중저전류
	〃	스트리밍 이행	중전류
	〃	회전 이행	고전류
	〃	폭발 이행	〃
브리징(bridging)이행	단락 이행 연속 브리징 이행		단락조건 용가재 첨가

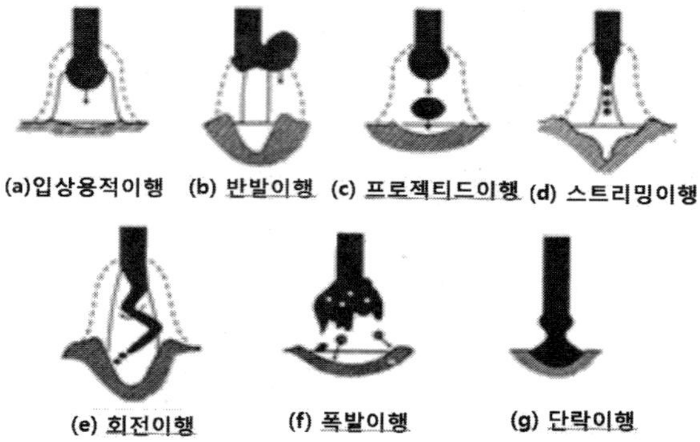

[그림 7-4] 가스보호 아크용접 용적이행 형상

가스보호 아크용접에서 용적이행의 종류와 특징은 아래와 같다.

가. 브리징(bridging) 이행

용접봉과 모재가 접촉되어 이행하는 형태로 종류로는 단락이행과 연속 브리징 이행이 있다.

나. 자유비행 이행(free flight transfer)

용적이 용융지로 이행 시 와이어와 모재 사이에 물리적인 접촉없이 아크를 통하여 이행하는 형태로 용적의 무게가 이행을 방해한 만큼 성장한 다음 중력에 의하여 분리되는 드롭이행(Drop transfer)과 용적하반부 좁은 영역에 아크가 집중되며 이로 인한 전자기적 반발 때문에 옆으로 치우쳐 이행하는 반발이행(Repelled transfer), 프로젝티드이행, 스트리밍이행, 회전이행, 폭발이행 등이 있다.

다. 단락 이행(Short circuit transfer)

와이어와 모재사이에 주기적(초당 약 20 ~ 200회 정도)으로 발생되는 단락에 의해 용융금속이 이행되며 탄산가스를 실드가스로 사용할 때 일어난다. 평균전류 및 입력에너지가 작아 전자세용접이 가능하며 주로 박판 용접에 적합하다. 소전류영역의 탄산가스 아크용접이나 MAG용접에서 단락이행은 용접와이어 선단에 형성된 용적이 아크기간의 후반에서 용융지로 단락하고, 그 용적은 표면장력에 의해 용융지로 떨어져 나감과 동시에 단락에 따라 아크저항이 없어지므로 전류가 증가하여(최근에는 이때의 전류를 적극적으로 제어하는 파형기술이 구사된다.) 전자기적 핀치력이 증가해서 용적에 목이 생긴다. 그리고 그 목은 가속도적으로 성장하고, 용적과 용융지사이의 단락이 끊어지면 다시 아크가 발생한다(아크재점호, reignition of arc). 발생한 아크는 아크기간의 경과와 동시에 용적이 성장하여 아크길이가 짧게 되어, 다시 단락하고, 이것을 반복하며 용접이 진행된다.

단락 아크용접의 전류범위는 와이어지름 0.9mm이면 200A 이하, 1.2mm이면 250A 이하, 1.6mm이면 300A 이하, 2.0mm이면 350A 이하이다. [그림 7-5] 그 때의 아크전압, 전류 및 용적이행 상황을 표시한 것이다. 보통은 1초간에 100회의 단락이 생긴다.

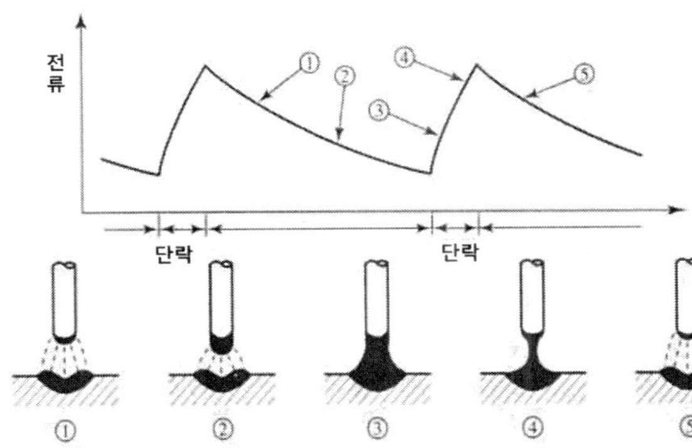

[그림 7–5] 단락이행

CO_2가스 아크용접 중 박판용접에서는 소전류가 아니면 용락이 생긴다. 또, 맞대기 제1층의 이파용접 또는 전자세용접에는 전류를 작게 하여야 한다. 따라서 작은 지름의 솔리드 와이어를 사용한다. CO_2가스 아크용접에서는 짧은 아크가 아니면 스패터가 매우 심하게 되고, 순간적 단락이 생기며, 보통의 용접전원에서는 단락전류가 과대하게 된다. 여기서 단락전류의 크기를 적당히 억제하기 위하여 용접전원에 유도저항을 부가한 것을 사용하여 스패터가 적은 단락 아크용접을 실현할 수가 있다. CO_2가스 단락 아크용접의 장점은 다음과 같다.

① 스패터가 없고, 아름다운 비드외관이 얻어진다.
② 아크가 온순하여 작업성이 향상된다.
③ 용접전류가 낮아도 되므로 전자세용접을 할 수 있다.
④ 용입이 비교적 얕아지므로 박판용접에 적합하다.
⑤ 이파용접이 잘되므로 뒷면을 깎아낼 필요가 없다.

라. 입상 이행(globular transfer)

MIG용접에서 전류가 비교적 낮은 경우에서 보호가스가 CO_2나 He일 경우, 사용 가능한 용접전류 전 범위에서 나타나며, Ar가스를 주성분으로 하는 조성에서는 용적이 구형이며, 이행이 매우 안정적으로 이루어지며 드롭(drop)이행이라 한다. 이행되는 용적의 직경이 용접와이어의 직경보다 큰 용적으로 용융되어 직접 접촉하지 않고, 와이어 선단에서 용적이 와이어의 직경 2 ~ 3배 정도 크기로 성장한 입적이 중력에 의하여 이탈되어 수 개에서 수십 개씩 용융지로 자유 낙하되어 모재로 이행한다. 아크가 불안정해지고 용입이 얕으며, 스패터가 많이 발생하고 위보기자세에는 사용이 불가능하다.

CO_2가스 아크용접에서는 이행입자가 용접와이어의 지름보다 다소 커진 공모양의 용적으로 되어 매초 몇 방울씩 와이어에서 모재로 옮겨지는 현상으로 중력이 이행에 큰 영향을 미친다. 전류밀도를 크게 하여 용적을 미세화 하려 하지만 자기적 핀치효과(pinch effect)의 영향으로 스프레이이행은 되지 않는다. 용적이행 시 스프레이이행보다 아크소리가 크고 스패터가 많이 발생되며 외관이 아름답지 못하다. 특히 단락이 생겼을 경우 아크가 불안정하여 스패터가 증가한다. 서브머지드 아크용접, 미그용접에서도 볼 수 있다.

마. 분무형 이행(spray transfer)

MIG 용접에서 가장 많이 사용되는 이행으로 불활성가스를 80 [%] 이상 사용하는 보호가스 분위기에서는 용접전류가 증가하여 천이전류 이상일 때 와이어의 직경보다 작은 용적들이 초당 수 100회 정도로 용융금속이 이행하는 현상이다. 스프레이 이행에서 전자기전력은 스프레이 이행에 영향을 미치는데, 와이어 축에 수직한 방향으로 작용하며 핀치효과가 있어 용적이 크게 성장하기 전에 와이어 선단으로부터 이탈시켜 용융지로 이행되게 한다. 용융이행 상태는 아크 기류 중에서 와이어가 고속으로 용융되어 미립자의 용적으로 분사되어 모재에 용착되게 한다. 스프레이 이행형태는 전류가 증가함에 따라 프로젝티드(projected)이행, 스트리이밍(streaming)이행 및 회전(rotation)이행 등으로 구분된다. 스프레이이행의 특징은 고전압, 고전류에서 얻어진다. 용착속도가 빠르고 능률적이며 용접입열이 크고, 용입이 깊기 때문에 3.2 [mm] 이상의 후판에 좋고 전자세용접이 가능하다.

바. 펄스아크 이행형태(Pulse arc transfer type)

펄스아크는 펄스발생장치에 의해 매초 50 ~ 100회 정도의 범위로 펄스전류를 용접전류에 겹치게 하는 방식으로 펄스아크 이행형태는 스프레이 이행 전류와 입상이행 전류범위 사이에서 이루어지는 형태로 용접봉으로부터 모재로의 금속이동 형태는 연속적이 아니고, 펄스전류 주기에 용융금속은 아크를 통해서 스프레이 이행형태로 용접된다. 펄스 아크의 특징은 밀도가 적어도 안정된 용적이행이 되어 작업성이 좋으며 스프레이 이행 용접전류보다 낮은 전류값에서 분무형 이동형태가 이루어지므로 용락의 염려가 있는 박판용접에 효과적이며 후판의 아래보기 이외의 자세용접에도 용이하다.

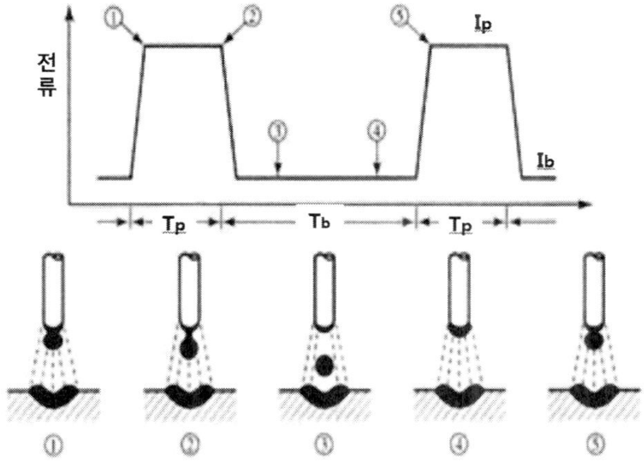

[그림 7-6] 펄스 MAG(MIG)용접과 이행 형태

위의 그림은 용접파형의 제어 방법과 용접이행 형상을 표시한 것으로 이 방법은 펄스 MAG(MIG)용접으로 대전류의 펄스 전류 Ip와 소전류의 베이스 전류 Ib를 주기적으로 반복시킨 전류파형의 제어방법으로 펄스 전류기간 Tp에서는 용적을 형성하는 동시에, Ip에 의한 강력한 전자기적 핀치력과 플라즈마 기류에 따라 용적을 용접 와이어 끝단에서 이탈시킨다. Ip 또는 Tp를 용접와이어의 재질이나 직경을 고려해 적절한 수치로 선정하는 것에 따라서, 용적은 펄스 주기와 같은 주기로 규칙적으로 용접와이어에서 이탈하고, 용융지에 단락하지 않고 모재로 이행해서 스패터는 전혀 발생하지 않는다. 이처럼 용적이 한 펄스당 한방울씩 규칙적으로 이행하는 것을 1펄스 1드롭(one pulse one drop)이라고 하며, 이 1펄스 1드롭이행은 사실상 프로젝션 이행에 속하게 된다. 또, 베이스 전류Ib는 아크를 추정하기 위해 이용될 수 있어, 용접전류나 아크전압은, 그 기간 Tb를 증감시켜 설정하므로 소전류영역에서도 프로젝션 이행이 안정하게 이행된다.

4. 보호가스(shielding gas) 종류 및 특성

보호가스는 용접봉과 용융금속이 대기에 의해 오염되는 것을 방지하는 역할을 하는 것으로 물리적, 화학적으로 안정된 기체를 말한다. 보호가스의 종류로는 Ar, He, CO_2, Ar+He, Ar+CO_2, Ar+He+CO_2, Ar+O_2, CO_2+O_2 등이 있다. 보호가스 선정 시에는 아크특성, 용적이행모드, 용입깊이, 비드형상, 용접속도, 언더컷 결함 발생정도, 청정작용, 용착금속의 기계적 성질, 용접비용 등에 상당한 영향을 끼치기 때문에 적절한 조성의 선택에 주의하여야 한다. 보호가스의 사용상 주의사항으로는 고순도 가스를 사용하여야 하고, 공기가 흡수하지 않도록 확인하며, 호스 연결부 가스누출 여부를 검사하여야 한다.

가. 아르곤(Ar)

1894년 영국의 과학자 레일리 경과 윌리엄 램지가 공기에서 분리했다. Ar은 주기율표 18족에 속하는 비활성 기체로 질소, 산소와 더불어 공기의 3대 성분중의 하나(약 0.9 [%])로, 무색, 무미, 무취이며 불활성 및 불연성가스이다. 대기압하에서는 -186 [℃]의 비등점을 나타내며 기체상태의 Ar은 물보다 약 1.4배 무겁다. Ar은 주로 공기액화 분리시스템에 의해 공기로부터 분리되며 매우 높은 순도의 제품을 대량으로 얻을 수 있다. Ar의 경우에는 질소와 달리 고온, 고압에서도 불활성이므로 특수용접이나 고부가성 특수강의 정련 등 고온에서의 분위기 가스로 사용된다. 용접에 사용되는 Ar가스의 순도는 최소 99.5 [%] 이상이어야 하며 활성이 크거나 내화성 재료일 경우는 99.997 [%] 이상이 요구된다. 흔히 이런 재료들은 사전에 Ar가스로 완전히 퍼지시킨 챔버내에서 용접한다. 실린더에는 1기압에서 약 6500 L 정도의 Ar이 140기압으로 압축되어 충전된다.

[표 7-2] 용접용 Ar가스 규격(KSM1122)

순도 [%]	수분 [mg/ l]	질소 [%]	수소 [%]	산소 [%]	비 고
99.9 이상	0.02 이하	0.1 이하	0.01 이하	0.002 이하	

Ar가스의 용접특성은 아크가 부드럽고 조용하여 아크발생이 용이하며, 헬륨에 비해 용입이 깊지 않고 적정하다. 또한 직류역극성과 결합 시 활성이 큰 금속을 용접할 수 있는 청정작용을 발생하고, 비중이 커서 적은 유량으로 차폐효과가 커서 아래보기자세 용접에 적합하며 박판 수동용접에 유리하다. 또한 Ar은 열전도성이 낮아서 아크 플라즈마가 중심부에 집중되어 아크밀도가 커진다. 아크밀도가 커지면 결과적으로 용접부 중심쪽에 비교적 좁고 깊은 종방향(젖꼭지 모양)의 비드를 만든다.

나. 헬륨(He)

헬륨은 원소기호 He, 원자번호 2인 무색, 무취의 불활성 희귀가스로 비중은 0.138이며 비등점은 -268.9 [℃]으로 우주에서 수소 다음인 두번째로 풍부하다. 공기 중에 미량(0.00052 [%])으로 존재하는 헬륨은 주로 0.5 ~ 3 [%]의 함량을 갖고 있는 천연가스로부터 심냉분리법에 의해 제조되고 있다.

용접에 사용되는 헬륨의 순도는 99.99 [%] 이상이어야 한다. 우수한 열전달 특성을 나타내므로 용입이 깊고 용접속도가 빠르며, 깊은 용입때문에 주로 두꺼운 모재에 사용되고 있지만 청정작용이 거의 없고 값이 비싸기 때문에 널리 사용되지는 않고 있다. 또 Ar과 동일한 차폐효과를 얻기 위해서는 헬륨의 유량이 Ar의 2 ~ 3배는 되어야 하는 것으로 알려지고 있다. 아크안정성은 직류에서 Ar보다 좋으며 아크온도가 Ar아크에 비해 높고 비중이 작아서 위보기 자세용접에 적합하다. 헬륨은 24.5eV의 이온화 전위를 가지고 있어 아크특성에 있어서는 헬륨의 이온화 에너지가 Ar보다 높기 때문에 용접전압을 높게 사용해야 한다. 또한 헬륨은 밀도가 공기의 0.14배로 공기보다 가벼우며, 열전도성이 높기 때문에 에너지가 아크 내에 균일하게 분산되어 타원형의 비드형상을 가지게 된다. 헬륨을 보호가스로 사용하면 Ar일 때보다 용입이 비교적 얕고 비드가 넓어진 형상이 된다. 그리고 헬륨가스만을 사용하면 안정된 스프레이 이행을 얻을 수 없기 때문에 스패터가 많이 발생하고, 비드외관이 거칠어진다는 단점이 있다.

다. 불활성 보호가스의 선택

일반적으로 Ar은 부드럽고 안정된 아크를 제공하며 용입은 헬륨에 비해 낮다. 경제성의 관점에서 보면 Ar의 가격이 더 싸고 적은 유량이 요구되며, 헬륨의 경우는 깊은 용입특성 때문에 알루미늄이나 구리처럼 열전도율이 높은 두꺼운 재료의 용접에 있어 보다 유리하다. 차폐가스의 유량은 보통 노즐의 크기에 따라 달라지는데 Ar가스의 경우 8 ~ 16 [l/min], 헬륨가스는 14 ~ 24 [l/min] 정도 된다. 과도한 가스의 공급은 오히려 와류를 일으켜 대기에 의한 용접부의 오염을 초래할 수 있다.

[표 7-3] 불활성가스의 용접특성

비교항목	Ar	He
Arc 안정성	좋다	나쁘다
입열	낮다	높다
Arc 발생	쉽다	어렵다
가스 소모량	shield가 좋음으로 적다	많이 소모
fume 발생 정도	적다	많다
청정작용	있다(DCRP, AC)	없다
판두께 적용	박판에 좋다	후판에 좋다
이종금속 용접	우수	보통
기타	수동용접에 적합	자동용접에 적합
무게(공기에 비해)	1.4배 무겁다	0.14배 가볍다

라. 이산화탄소 가스(CO_2)

이산화탄소는 공기의 약 0.03 [%]로 탄소원자 1개와 산소원자 2개가 공유결합을 하여 이루어져 있다. 일반적으로 무색투명, 무미, 무취이나 공기중의 농도가 높아지면 자극을 느낄 수 있다. 비중 1.529, 승화점 - 78.50 [℃]으로 상온에서는 약간 비활성인 기체이나, 고온에서는 다른 물질과 반응한다. 산소에 비해 물에 약 30배 정도 더 잘 녹으며, 물 1 [l]에 대하여 0 [℃]에서 1.71 [l], 20 [℃]에서 0.88 [l], 40 [℃]에서 0.53 [l] 녹는다. 물에 녹은 것을 탄산이라고 한다.

$$Ca(OH)_2 + CO_2 \rightarrow CaCO_3 + H_2O$$

탄산에 이산화탄소를 계속해서 접촉시키면 중탄산칼슘 $Ca(HCO_3)_2$을 생성하고, 액체는 투명해진다.

$$CaCO_3 + CO_2 + H_2O \rightarrow Ca(HCO_3)_2$$

이산화탄소의 용도에서 고체상태의 이산화탄소인 드라이아이스는 냉각제로 사용되며, 물에 녹여 탄산음료를 만드는데도 사용되고 불에 타지 않으면서 산소를 차단할 수 있기 때문에 소화기에도 사용된다. CO_2가스를 분리하는 기존의 기술에는 흡수법, 흡착법(PSA), 심냉법이 석유화학공업, 제철공업 등에 소규모로 상용화되어 있다.

CO_2가스 아크용접에서는 보호가스로 CO_2가스를 사용하는데 특성은 압축하여 냉각시키면 액화탄산가스가 되므로 고압용기에 넣어 사용한다. 22 [℃]에서 액화탄산 1 [Kg]을 완전히 기화하면 상온 1기압에서 약 510리터가 되며 용접 시 CO_2가스의 송급량은 대략 20 L/min 전후로 하여 25 [Kg]들이 용기에서는 약 10시간의 아크를 발생할 수 있다.

[표 7-4] 액체 이산화탄소 규격(KSM1105)

규격	KSM1105			JIS K 1106			비 고
종류	1호	2호	3호	1종	2종	3종	
CO_2부피 [%]	99.5 이상	99.5 이상	99.0 이상	99.0 이상	99.5 이상	99.5 이상	
수분 [%]	0.005 이하	0.505 이하	-	-	0.05 이하	0.005 이하	
냄새	-	-	무	무	무	무	

가스가 방출되는데 따라 액체는 계속 기화하여 압력이 유지되므로 게이지 압력으로는 용기내의 용량을 알 수 없으므로, 가스용량은 아세틸렌과 마찬가지로 중량을 달아 보아야 알 수 있다.

CO_2가스 배출시 액화가스가 기화에 따른 결로현상에 의해 압력계와 유량계가 얼어 버리므로 빙결이 되지 않도록 압력계에 전자식히터(Heater)가 부착된다.

용접용 CO_2가스는 용량 99.5 [%] 이상을 사용한다. 질소는 1 [%] 이상이 되면 용착금속이 질화에 의한 경화 및 기공발생의 원인이 되므로 0.1 [%] 이하, 수분의 중량 0.005 [%] 이하인 것이 좋다. 수분 함량이 많으면 연강 및 저합금강의 용착부에 은점이 발생하거나 저온균열이 생길 위험이 있다. 용접현장의 바람은 CO_2가스의 보호효과를 줄인다. 풍속이 2 [m/s] 이상에서는 CO_2가스의 유량을 증가하거나 칸막이 등으로 보호조치를 하여야 한다.

CO_2가스가 공기중에 3 ~ 4 [%] 있으면 두통이나 뇌빈혈이 생기고, CO가스가 0.01 [%] 이상 있으면 건강에 유해하므로 용기 또는 작은 방에서는 강제적인 환기를 시킬 필요가 있다. CO_2가스는 활성기체로서 GMAW으로 연강이나 합금강(Carbon and Low Alloy Steel) 용접 시에 다른 기체와 혼합되지 않은 순수한 상태로 사용된다. CO_2가스의 특징으로는 용접속도가 빠르고 용입이 깊으며 비드폭도 넓다. 값이 저렴하고, 구하기 쉬우며 매우 건전한 용접금속이 얻어져 연강용접에 많이 이용된다. 단점으로는 아크가 거칠고 스패터가 많이 발생하며 아크의 산화로 인해 용접부의 기계적성질은 나빠질 수 있으나 용접시 와이어의 송급속도를 크게 하여 아크전압을 낮추면 아크가 모재에 매몰된 것처럼 보이는 매몰아크(Buried Arc)가 발생함으로 용접비드 양쪽의 Wash 효과가 감소된다. CO_2가스를

사용하면 단락이행이나 글로뷸러이행만 나타나게 된다. 스프레이이행에는 Ar가스가 필요하며 CO_2가스만으로는 얻어지지 않는다. 글로뷸러이행을 사용할 경우에는 아크가 불안정하고 비드가 거칠며 아크소음이 크다. 또 스패터의 발생량이 많아지게 된다. 이러한 과다 스패터를 해결하기 위해 글로뷸러이행일 경우에는 매우 짧은 아크를 사용하여 매몰아크방식을 택한다. 이 방법은 용접 팁(Tip)이 거의 모재보다 낮은 위치에 놓여져서 스패터를 최소화하는 것이다.

마. 아르곤-헬륨(Ar-He) 가스

Ar-He가스를 혼합해서 사용하므로 두 가지 가스의 장점을 모두 얻을 수 있다. 즉 용입과 아크 안정성의 균형을 이룰 수 있으며, 헬륨에 Ar 25 [%]를 혼합하면 순 Ar만 사용할 때보다 용입도 깊고, 아크 안정성은 순 Ar을 사용할 때와 거의 같다. 또한 Ar일 때보다 용접입열이 크고 기공의 발생도 적으며, 헬륨 일 때보다 아크가 조용하고 조정이 쉽다. 그러므로 특별히 알루미늄, 구리-니켈 합금 같은 비철금속 후판용접에 적합하며 용접할 모재 두께가 두꺼울수록 헬륨의 함량을 증가시키면 된다.

바. 아르곤-헬륨-이산화탄소 가스(Ar-He-CO_2)

이와 같은 혼합가스를 사용하면 주로 단락형이행(Short circuiting)이 되고 오스테나이트 스테인리스강을 용접할 때 사용하며 일반적으로 헬륨 90 [%], 알곤 7.5 [%], 탄산가스 2.5 [%]를 혼합한 것을 사용한다. 이 혼합가스를 사용하면 비드표면 덧살이 아주 작아지므로 비드표면 덧살이 문제가 되는 용접에 아주 적합하며, 주로 스테인리스강 파이프 용접에 많이 이용된다.

사. 아르곤-수소 혼합가스

스테인레스강 튜브 등의 특정한 용도로 사용된다. 용접속도의 증가는 수소의 첨가량에 거의 비례하며, 이것은 아크전압의 증가에 기인한다고 볼 수 있다. 그러나 과도한 첨가는 기공을 일으킬 수 있다. 약 35 [%]까지의 수소첨가는 루트간격이 0.25 ~ 0.5 [mm]인 모든 두께의 스테인레스강 용접에 적용될 수 있는데 혼합가스가 이용될 수 있는 모재로는 스테인레스강, 니켈-구리 합금강, 니켈강 등이 있다. 가장 널리 이용되는 수소첨가량은 Ar 15% H_2 85%인데 이 혼합가스를 1.6 [mm] 두께의 스테인레스강 완전 맞대기 용접에 적용할 경우 용접속도는 헬륨을 사용했을 때와 유사되며 Ar보다는 50 [%] 정도 빠르다. 수동용접에 있어 수소는 5 [%]정도 첨가하면 때로 깨끗한 용접부를 얻을 수 있다.

아. 아르곤-산소(Ar-O_2) 가스

Ar은 분무형 이행(spray transfer)을 가능하게 하므로 MIG용접에서는 우수한 보호가스이다. 그러나 강이나 스테인리스강을 아래보기나 수평필릿 용접할 때 순 Ar을 사용하면 비드 가장자리에 언더컷을 발생시킨다. 이와 같은 현상을 방지하기 위해 Ar에 산소(O_2)를 1 ~ 5 [%] 첨가하면 산소에 의해 약간의 제한된 산화가 일어나 아크를 통과하는 용융금속의 온도를 증가시켜 액체상태의 시간을 길게 하며, 생성된 산화물은 일종의 flux역할을 하여 용접부 가장자리에 녹은 쇳물이 잘 스며들게 되어 언더컷이 없어지고 우수한 형태의 비드를 얻을 수 있다. 따라서 Ar+O_2의 혼합가스는 스테인리스강 용접에서는 일반적으로 많이 사용되고 연강이나 저합금강에서도 사용될 수 있으나 가격이 문제가 된다.

자. 아르곤-탄산가스(Ar-CO_2) 가스

불활성가스에 탄산가스와 같은 활성가스를 혼합해서 사용하면 용접성을 향상시킬 수 있다. Ar에 탄산가스(3 ~ 25 [%] 정도)를 혼합하면 아크가 안정되고 용융금속의 이행을 빨리 촉진시키며 스패터를 감소시킨다. 탄소강과 저합금강 용접에서는 용입의 형태도 변화시키며 또한 용융지 가장자리를 따라 용융금속의 유동성이 좋아서 언더컷을 방지한다. 이와 같은 이유로 Ar-CO_2가스는 주로 연강, 저합금강과 스테인리스강의 용접에 이용된다.

차. 아르곤-헬륨-이산화탄소(Ar-He-CO_2) 가스

이와 같은 혼합가스를 사용하면 주로 단락형 이행(Short circuiting)이 되고 일반적으로 헬륨 90%, 아르곤 7.5%, 탄산가스 2.5%를 혼합한 것을 사용한다. 이 혼합가스를 사용하면 비드표면 덧살이 아주 작아지므로 비드표면 덧살이 문제가 되는 용접에 아주 적합하며, 주로 스테인리스강 파이프 용접에 많이 이용된다.

5. 가스취급 주의사항

가. 아르곤, 헬륨 가스

고압가스 용기 취급시의 주의사항은 다음과 같다.

① 고압가스 용기는 끌거나, 옆으로 굴리거나 또는 떨어뜨리면 안되며 용기이송용으로 설계된 적합한 카트를 사용해야 한다.

② 용기 밸브보호용 캡을 이용하여 실린더를 들어 올리는 행위는 금지되어 있으며 사용중인 용기는 체인 등을 이용하여 항상 고정되어 있어야 한다.

③ 용기로부터 안전하게 가스를 사용하기 위해서는 적합한 압력조정기 또는 컨트롤 밸브를 사용해야 하며 용기로 가스가 역류되는 것을 방지하기 위하여 체크밸브를 사용해야 한다.

④ 사용자측 시스템의 배관 및 장비들은, 사용 압력을 견딜 수 있도록 설계되어야 한다.

⑤ 절대 실린더를 화염에 노출시키거나, 국부적으로 가열해서는 안된다.

⑥ 용기를 공정에 접속한 이후에는, 반드시 밸브는 천천히 그리고 주의하여 열어야 한다. 만약 용기

조작자가 밸브를 조작하기 힘들다면, 즉시 사용을 멈추고 공급업체에 연락한다.

⑦ 실린더 밸브 보호용 캡을 열기 위하여 렌치 또는 드라이버 등을 실린더 밸브 보호용 캡 구멍으로 끼워 넣어서는 안된다. 이러한 행위는 밸브를 손상하는 원인이 되어 누출을 유발할 수 있다. 단단히 죄여지거나 녹이 쓴 밸브 보호용 캡은 조절이 가능한 스트랩렌치(Strap-wrench)를 사용하여 열어야 한다.

⑧ 사용자들은 높은 농도로 아르곤이 축적되는 공간의 위험성(질식성)에 대해서 주의해야 한다.

나. 액화아르곤, 액화헬륨

액화가스 용기 취급시의 주의사항은 다음과 같다.

① 초저온 물질을 포함하고 있는 용기 또는 배관에서 보온재가 설치되어 있지 않은 부분에, 작업자의 피부가 닿지 않도록 주의해야 한다. 피부가 초저온 상태의 금속재질과 접촉하게 되면, 순간적으로 금속에 부착되고 떼려는 순간 피부가 손상될 수 있다.

② 용기는 세워진 상태에서 사용 및 보관되어야 한다. 용기를 떨어뜨리거나, 뒤집거나 뉘어서 굴리면 안된다.

③ 규정된 연결장치(Connection)만을 사용해야 하며 절대 아답터(Adapter)를 사용해서는 안된다.

④ 가스가 용기로 역류되는 것을 방지하기 위하여 체크밸브를 사용해야 한다.

⑤ 사용자측 시스템의 배관 및 장비들은, 사용 압력을 견딜 수 있도록 설계되어야 한다.

⑥ 만약 용기 조작자가 밸브를 조작하기 힘들다면, 즉시 사용을 멈추고 공급업체에 연락한다. 탄소강과 같은 금속은 낮은 온도에서 깨지므로, 쉽게 파손될 수 있다.

⑦ 액체 아르곤이 시스템 또는 배관에서 갇히는 것을 방지해야 하며, 이를 예방하기 위해서는 안전밸브를 설치해야 한다.

⑧ 모든 가스 배출배관은 건물 밖으로 향하여 설치할 것을 권장한다.

제2절 | 불활성가스 텅스텐 아크용접 (Inert Gas Tungsten Arc Welding)

1. 개 요

불활성가스 아크용접(inert gas arc welding)은 피복금속 아크용접이나 가스용접으로 용접이 곤란한 알루미늄, 마그네슘 등 반응성이 큰 금속용접에 고온에서 금속과 반응하지 않는 불활성가스(Ar, He 등)를 공급하여 용접한다. 용접하는 방법에 따라 불활성가스 텅스텐 아크용접(inert gas Tungsten arc welding)과 불활성가스 금속 아크용접(inert gas Metal arc welding)이 있다.

불활성가스 텅스텐 아크용접(inert gas Tungsten arc welding)은 약칭 "TIG" 또는 GTAW(inert gas tungsten arc welding) 용접이라 한다. TIG 용접은 1911년경 헬륨가스에 텅스텐 전극봉을 사용하는 방법이 고안되어, 1930년경에 마그네슘(Mg) 용접에 응용함으로서 실용화 단계에 이르렀으며, 1942년 미국 린데사에서 고주파 발생장치를 부착시킨 TIG용접기를 최초로 공개하였다.

TIG 용접 초기에는 불활성가스로 천연 헬륨(He)가스를 사용하여 헬리아크(heli arc), 헬리웰드(heli weld)라는 상품명으로 불리웠으며, 그 후 아르곤(Ar)가스가 더욱 우수함이 알려져 아르곤아크(Argon arc)라는 명칭이 사용되어 왔다.

불활성가스 텅스텐 아크용접(inert gas Tungsten arc welding)에서 아크발생은 텅스텐 전극봉(비소모성)을 사용한다. 이 방법에서 텅스텐은 거의 소모되지 않으므로 비용극식 아크용접 또는 비소모식 불활성가스 아크용접(nonconsumable inert gas arc welding)이라고도 한다. 또한 불활성 가스에 기타 가스를 혼합하여 사용될 수 있으므로 최근에는 가스 텅스텐 아크 용접(Gas Tungsten Arc Welding : GTAW)이라고도 한다. 용접전원은 직류와 교류를 사용하고 주로 3mm 이하 얇은 판 용접에 이용된다. 이 용접법은 모든 용접자세에 적용 할 수 있으며, 아크가 매우 안정되고 용접부 품질이 우수하여 산화나 질화 등에 민감한 알루미늄 합금 등 거의 대부분의 금속을 접합할 수 있어 항공기, 원자로 등의 제조에도 많이 응용되며 사용범위가 매우 넓다. 그러나 용융점이 낮은 금속 즉, 납, 주석 또는 주석합금 등의 용접에는 이용하지 않는다.

2. 용접 원리

TIG용접의 원리는 모재와 텅스텐전극 사이에 용접전원과 아크를 쉽게 발생시키기 위하여 고주파 발생장치가 접속되어 있으며, 모재 표면과 비소모성인 텅스텐 전극선단과의 사이에서 아크가 발생한다. 텅스텐전극 주변에는 가스노즐(gas nozzle)을 통하여 불활성가스가 분출되어 텅스텐 전극과 아크 및 용접중의 용융금속이 대기와 반응하지 않도록 완전히 차단하며 용접하는 방식이다. 용가재의 송급은 아크측면에서 수동 혹은 자동으로 일정한 속도를 유지하면서 첨가하여 용접한다. 박판의 용접에는 용가재를 첨가하지 않고 아크열로 모재 자체를 녹여서 용접하는 경우도 있다.

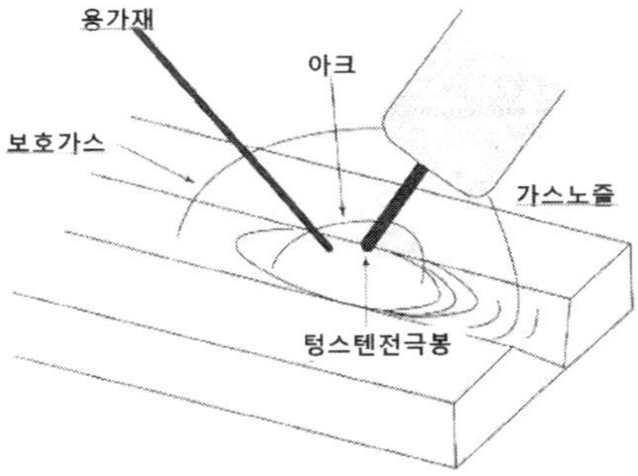

[그림 7-7] TIG용접의 원리도 및 용접

3. 장·단점

가. 장점

① 용접부가 불활성가스에 의해 대기와의 접촉에 의해 발생되는 산화, 질화 등을 방지할 수 있어 이종금속을 비롯한 거의 모든 금속에서 연성, 강도, 기밀성 등 용접부의 기계적 성질 및 내부식성이 우수하다.

② 모든 용접자세가 가능하며 특히 박판용접에서 능률이 좋다.

③ 불활성가스 분위기에서는 저전압에서도 아크가 안정되어 열의 집중효과가 양호하다.

④ 용접입열의 조정이 용이하여 박판에서 열에 의한 변형이 적고 변질이 적은 우수한 용착금속을 얻을 수 있다.

⑤ 열원과 용접봉이 분리되어 있어 독립적인 조절이 가능하다.

⑥ 용제(flux)가 불필요하여 슬래그가 없으며, 미려한 비드를 얻을 수 있다.

⑦ 보호가스가 투명하여 아크와 용융지 관찰이 쉬워 비철금속 용접이 용이하다.

나. 단점

① 불활성가스와 TIG용접기의 가격이 비싸 운영비와 설치비가 많이 소요된다.

② 바람의 영향으로 보호(shield)작용에 방해가 되므로 방풍대책이 필요하다.

③ 텅스텐 전극봉이 용접부에 녹아 오염될 경우 용접부가 취화되기 쉽다.

④ 수냉식 토치에서 물이 누설될 경우 오염이나 기공이 발생할 수 있다.

⑤ FCAW나 GMAW에 비해 좀 더 숙련된 기술이 요구된다.

⑥ 용가재나 모재의 세심한 클리닝이 요구된다.

⑦ 용융점이 낮은 금속 납, 주석 또는 주석합금 등의 용접에는 이용하지 않는다.

4. 용접장치 종류 및 구성

불활성가스 텅스텐 아크용접 장치는 용접전원(Power supply), 용접기 및 제어장치, 와이어송급장치(반자동 및 자동용접), 냉각수 송급장치, 용접토치, 비소모성 전극, 가스용기, 유량계 및 압력조정기 등이 있으며 전원으로는 교류나 직류가 사용되며, 그 극성은 용접에 큰 영향을 끼친다. 불활성가스 텅스텐 아크용접기로는 수동식, 반자동식 및 전자동식의 3종류가 있으며 TIG용접과 함께 가열된 용가재를 공급하는 핫(hot)와이어 공급식 TIG 용접이나 TIG 점용접기, 고전압 직류를 이용한 로봇용 TIG 용접기도 사용되고 있다.

가. 불활성가스 텅스텐 아크용접장치의 종류

불활성가스 텅스텐 아크용접은 수동식, 반자동식 및 전자동식의 3종류가 있다.

(1) 수동식 TIG 용접장치

수동식 TIG 용접장치는 용접토치, 용접기 및 제어장치, 압력조정기 및 유량계, 냉각수계로 되어 있다. 먼저 전원 스위치를 누르면 불활성가스와 냉각수가 용접토치에 흐르기 시작하여 용접토치와 피용접물 사이에 고주파와 아크를 발생시켜 용접을 한다. 용접을 한 다음 아크를 끊으면 냉각수 흐름이 정지하고, 또 가스세이버(gas saver) 중의 솔레노이드 밸브가 작동하여 불활성가스의 흐름은 수초 후에 정지된다. 필요시 원격제어기를 사용하여 용접전류를 원격제어하고, 접지 쪽에 붙인 2차 직렬저항을 이용하여 용접기의 용량보다 훨씬 낮은 전류를 얻을 수 있다.

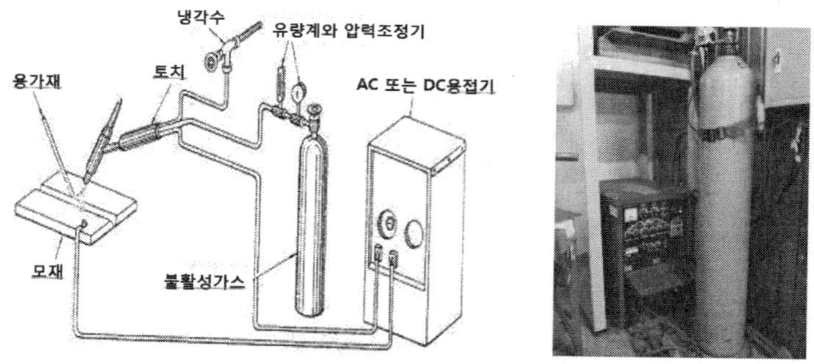

[그림 7-8] TIG 용접의 기본 장치도

(2) 반자동 TIG 용접장치

반자동 TIG 용접장치는 용접토치를 손으로 조작하고 용접와이어(filler wire)를 자동 송급한다. 필러 와이어는 속도 조정기의 작용으로 일정한 속도로 송급된다.

(3) 자동 TIG용접 장치

자동 TIG용접장치는 용접토치, 와이어 릴(wire reel) 및 제어장치가 한 대의 자동 주행장치에 설치되어 이동하거나, 피용접물이 이동하도록 되어 있다.

[그림 7-9] 자동 TIG용접 장비

5. 용접전원

가. 용접전원 및 극성

현재 사용되고 있는 TIG 용접전원은 정전류 특성인 AC 또는 DC이다. 이때 AC 또는 DC 용접기의 선택은 요구되는 용접특성 및 모재재질에 따라 좌우된다. TIG 용접기에는 교류, 직류겸용 정류기식과 직류용 정류기식 또는 직류 발전기식 등이 있다. TIG에 이용되는 전원은 직류 200 [A] 혹은 교류 500 [A]를 피용접물에 따라 선택하여 사용한다. 소요동력은 8 [kW] ~ 20 [kW]이다.

(1) 직류용접

직류용접의 극성에는 직류정극성(DCSP, DCEN)과 직류역극성(DCRP, DCEP)이 있으며 대부분은 직류정극성을 이용한다. 직류정극성에서는 전자(-)는 전극에서 모재로 이동하고, 양이온(+)은 모재에서 전극쪽으로 이동한다. 같은 크기의 전극봉으로도 전자의 증발효과로 인하여 발열이 적어 지름이 작은 전극에서도 높은 전류를 사용할 수 있다. 발열량을 비교해 보면 정극성의 경우 Arc 열량의 약 70 [%]가 모재쪽에 집중되는데 텅스텐봉에서 튀어나온 전자가 모재를 충격하는 것으로 볼 수 있어 모재쪽의 용입이 깊어지게 되며 비드폭은 역극성에 비해 좁아지게 된다. 주로 철강재료 용접에 사용한다.

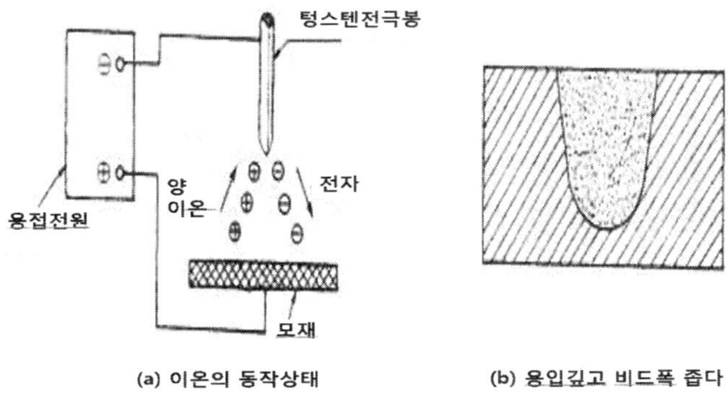

[그림 7-10] 직류정극성의 이온상태와 용입현상

직류역극성의 경우는 그 반대이다. 직류역극성에서는 모재에서 튀어나온 전자(-)가 전극봉을 충격하므로 과열되게 되며 따라서 지름이 큰 전극봉을 필요로 한다. 직류역극성의 전류용량은 직류정극성의 1/10정도 되며, 같은 전류에서는 직류정극성보다 4배 정도 사이즈가 큰 전극봉을 사용해야 한다. 그러므로 용입도 정극성에 비해 얇고 비드 폭도 넓어지게 된다. 직류역극성이 갖는 다른 특성은 모재표면의 청정작용(Cleaning Action)이다. 청정작용은 Ar가스이온이 모재 표면에 샌드블라스팅(Sand Blasting)을 하는 것과 같은 효과를 나타내는데 이 작용은 대부분의 금속재료에서 일어난다. 또한 전극이 가열되어 용착금속에 혼입되는 수도 있고 아크가 불안정하게 되어 용접조작이 어렵다. 직류정극성을 사용하거나, 헬륨 가스를 사용할 경우 거의 효과가 나타나지 않는다.

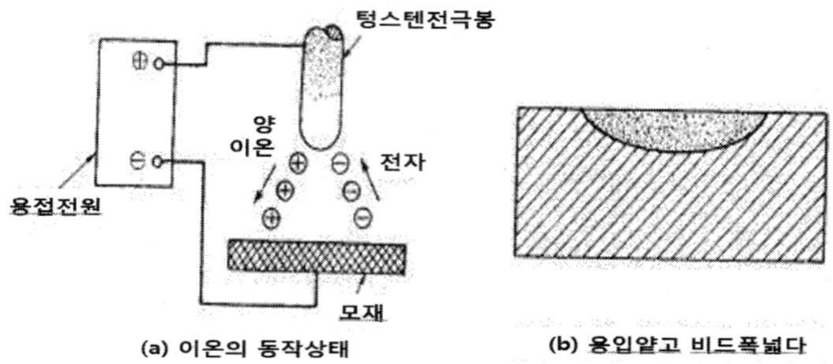

[그림 7-11] 직류역극성의 이온 움직임과 용입현상

(2) 교류용접

교류에 있어서는 용접전류의 극성이 주기적으로 역전된다. 따라서 교류는 직류역극성의 청정작용과 직류정극성의 깊은 용입 특성이 중간 정도로 나타나게 된다. 비교적 작은 전극을 사용하여도 되고 Ar가스를 사용하면 경합금을 용접할 수 있다. 그러나 교류에서는 용접중 아크가 끊어지기 쉬우므로 고주파(2000 ~ 3000 [V])의 약전류를 병용(ACHF)한다. 이럴 경우 전극봉을 모재에 접촉하지 않고도 Arc을 발생시킬 수 있으며 Arc가 안정되어 Arc길이가 다소 길어져도 Arc가 단락되지 않는다. 교류용접에서 주의할 것은 전극봉에 의한 정류작용이다. 텅스텐 전극과 보통의 금속모재는 전자 방출능이 다르므로, 이 사이에 교류를 걸면 교류가 부분적으로 정류되어 직류성분이 생겨, 이것 때문에 교류용접기의 2차측 전류가 불평형되어 용접기가 소손되거나, 아크가 불안정하게 되기 쉬우므로, 최대전류의 약 70 [%] 이하로 사용하거나, 변압기의 개로전압을 높이거나, 수 [MHz]의 고주파를 중첩시켜 아크의 안정성을 높이기도 한다.

(3) 펄스(인버터) 직류용접

펄스(Pulse)는 맥동이라고도 하며 아크전류가 최고치(Peak Value, High Value)와 최소치(Back ground Value, Low Value) 사이에서 반복적으로 변화하는 것을 의미한다. 펄스전원은 특정한 용도에 맞도록 출력전류의 파형을 제공하기 위해 최소 전류시간, 최고 전류시간 및 최고와 최소 전류치가 조정 가능하게 되어 있다. 직류펄스는 보통 직류정극성에 이용되며 2초당 1회에서 초당 20회 정도까지 펄스를 변화할 수 있다. 펄스용접에서 피크치의 펄스전류는 최소전류보다 2~10배 정도 되게 조정하는데 이 때문에 저전류에 의한 저입열과 높은 전류를 함께 쓰는 특성이 있다. 즉, 최소전류는 아크를 유지시켜 주면서 용접부를 냉각시켜 주는 역할을 하는 반면, 최대전류는 좋은 용융 및 용입특성을 얻을 수 있게 된다. 펄스전류 사용의 이점을 보면 주어진 평균 전류치에서 정상전류보다 깊은 용입을 얻을 수 있으며 입열과 변형에 민감한 재료에 특히 유용하다. 또한 서로 다른 두께의 재료 용접에도 같은 용입을 얻을 수 있으며 아주 얇은 판재의 용접도 가능하다. 이밖에 파이프의 원주용접 등 모든 자세에서 용접을 가능하게 해주고 루트 이음부의 갭(Gap)용접 시에도 유리하다. 펄스용접의 발전된 형태로 고주파를 첨가시킨 고주파 펄스용접이 있는데 약 20 [kHz] 정도의 고주파를 첨가하여 기존의 펄스파형을 미세화 시킨 것이다. 이점은 아크의 안정성 및 지향성이 좋고 아주 낮은 전류에서도 안정된 아크를 유지할 수 있다. 단점은 가격이 비싸고 사용 주파수가 사람의 가청영역일 경우 아크의 소음이 심하다.

[표 7-5] 재료의 종류와 TIG 용접의 극성

재료의 종류	고주파 병용 교류 (ACHF)	직류 정극성 (DCSP)	직류 역극성 (DCRP)
알루미늄 판두께 2.4 [mm] 이하	양호	불가능	가능
알루미늄 판두께 2.4 [mm] 이상	"	"	불가능
알루미늄주물	"	"	
마그네슘 판두께 3.2 [mm] 이하	"	"	가능
마그네슘 판두께 3.2 [mm] 이상	"	"	불가능
마그네슘주물	"		가능
스테인리스강	가능	양호	불가능
황동	"	"	"
탈산동	불가능	"	"
실리콘동	"	"	"
은	가능	"	"
은클래드	양호	불가능	"
하스텔로이합금	가능	양호	"
표면경화	양호	"	"
주철	가능	"	"
티탄	"	"	"
지르코늄	"	"	"
연강 판두께 0.8mm 이하	"	"	"
연강 판두께 0.8mm 이상	불가능	"	"
고탄소강 판두께 0.8mm 이하	가능	"	"
고탄소강 판두께 0.8mm 이상	"	"	"

6. 보호가스

보호가스는 용접봉과 용융금속이 대기에 의해 오염되는 것을 방지하는 역할을 하는 것으로 Ar이나 헬륨 또는 둘의 혼합가스가 많이 사용되며 Ar과 수소의 혼합가스는 특정한 용도에 사용된다. 용기내에는 1기압에서 약 6500l 정도의 Ar이 140기압으로 압축되어 충전된다. 헬륨은 천연가스로부터 얻으며 용접에 사용되는 헬륨의 순도는 99.99 [%] 이상이다. 우수한 열전달 특성을 나타내므로 용입이 깊고, 용접속도 또한 빠르며 깊은 용입 때문에 주로 두꺼운 모재에 사용되고 있지만 클리닝 작용이 거의 없고 값이 비싸기 때문에 널리 사용되지는 않고 있다. 또 Ar과 동일한 차폐효과를 얻기 위해서는 헬륨의 유량이 Ar의 2 ~ 3배는 되어야 하는 것으로 알려지고 있다. Ar-수소 혼합가스에서 용접속도의 증가는 수소의 첨가량에 거의 비례하며, 이것은 아크 전압의 증가에 기인한다고 볼 수 있다. 그러나 과도한 첨가는 기공을 일으킬 수 있다. 약 35 [%]까지의 수소첨가는 루트간격이 0.25 ~ 0.5 [mm]인 모든 두께의 스테인레스강 용접에 적용될 수 있는데 혼합가스가 이용될 수 있는 모재로는 스테인레스강, 니켈-구리 합금강, 니켈강등이 있다.

7. 용접 토치

용접토치는 아크를 일으키기 위한 전류, 차폐가스, 냉각수 등을 공급하는 역할을 한다. 전극봉에서 발생하는 열에 의해 토치의 온도가 상승하는 것을 억제하기 위해 물 또는 공기를 이용하여 냉각한다. 일반적으로 200 [A] 이하의 전류영역에서는 공랭식을 이용하며 200 [A] 이상의 고전류를 사용하는 경우는 냉각수를 사용한 수냉식을 이용한다. 헤드의 각도는 보통 120도이며 이 밖에 90도, 직선형 그리고 목 부분이 유연하여 각도 조정이 가능한 것도 있다. 또 노즐은 차폐가스를 용접부로 유도하는 역할을 하며 세라믹 또는 금속으로 만들어지는데, 세라믹 노즐은 값이 싸고 널리 이용되나 깨지기 쉬운 단점이 있고 금속제 노즐은 수명이 길며 용접 전류가 250 [A]를 초과하는 자동용접기 토치에 많이 쓰인다.

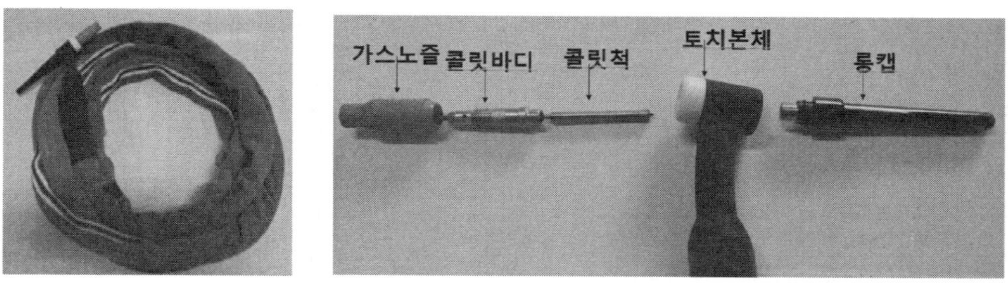

[그림 7-12] 공랭식 TIG용접 토치 및 부품

8. 전극봉

텅스텐봉은 용융점이 약 3,400 [℃]로 고온에 견디는 성질을 가지고 있어 TIG 용접에서 전극으로 사용하고 있으며 전극봉은 화학적인 세척과 부식 또는 지름을 연삭에 의하여 허용오차 범위로 유지한다.

[표 7-6] 텅스텐 전극봉의 종류

구분	색상	용도	사용전원	특징
순텅스텐봉	녹색	알루미늄	교류	가격이 싸다, 낮은 전류에 적합
토륨1% 텅스텐봉	황색	스테인레스강	정극성(DCEN) 역극성(DCEP)	가격이 비싸다, 수명이 길다. 전류전도성 양호하고 아크가 안정
토륨2% 텅스텐봉	적색	스테인레스강	정극성(DCEN) 역극성(DCEP)	토륨 1 [%]보다 수명이 길다. 항공기 부품과 같은 박판정밀용접에 적합
세륨 텅스텐봉	회색	스테인레스강	직류, 교류	순텅스텐봉에 비해 수명이 길다. 저전류전극봉, 정밀금형에 사용
란타늄 텅스텐봉	흑색/ 금색	스테인레스강	직류	사용특성은 EWCe와 비슷하고 철, 스텐레스, 알루미늄, 각종 금형용접에 사용.
지르코늄 텅스텐봉	갈색	모든금속	교류	텅스텐보다 수명이 길고, 오염이 잘 안됨
스트립 전극봉	푸른 밴드	모든금속	정극성(DCEN) 역극성(DCEP)	작은 직경으로 큰 전류 사용, 아크가 안정되고 수명이 길며 오염이 적다
	순텅스텐봉 + 2 [%] 토륨(두 전극봉의 장점 결합) 순텅스텐봉의 가장 자리에 2 [%] 토륨을 전길이에 삽입			
전극봉 지름	0.25, 0.5, 1, 1.6, 2.4, 3, 4, 4.8, 6.4 [mm]			
전극봉 길이	75, 150, 180, 460, 610 [mm]			

순텅스텐은 대개 교류용접에 사용된다. 지르코늄 합금은 교류용접에 우수하고 오염이 잘되지 않는다. 토륨 합금형은 순텅스텐봉과 방사능을 발생할 수 있는 토륨(thorium, ThO_2)이 1 ~ 2 [%] 함유된 것이 사용되는데 대부분 직류정극성에서 깊은 용입과 넓은 전류범위에서 양호한 아크발생 특성이 있다. 산업보건학적으로 이 전극이 사용될 때 방사선 물질인 토륨이 발생될 수 있는 가능성이 있지만 연구결과 공기중 농도는 매우 낮은 것으로 조사되었다. 주어진 전극크기에서 권장되는 전류는 용접이 음형태와 전류형태에 따라 변한다. 교류로 용접할 때 전류는 대개 전극지름의 100D * 1.25와 같다. 예를 들면, 지름 0.5 전극은 50 * 1.25 또는 62암페어가 필요하다. 텅스텐 전극의 크기는 전류 용량과 관계가 깊은데 크기에 비해 전류가 과대하면 봉끝이 녹아 떨어져 내리고 크기에 비해 전류가 작으면 Arc가 불안정하게 된다. Tig용접에서 텅스텐전극이 소손되는 이유는 과도 전류를 사용하면 전극봉의

끝이 녹기 쉬우며, 아크를 끊은 후 전극이 300[℃]까지는 10A당 1초 동안의 가스를 공급하여야 한다. 과소전류를 사용하면 낮은 온도로 인해 W이 부식되며 노즐 속에 산소가 침투하여 전극봉이 산화되어 용융지에 녹아 들어간다.

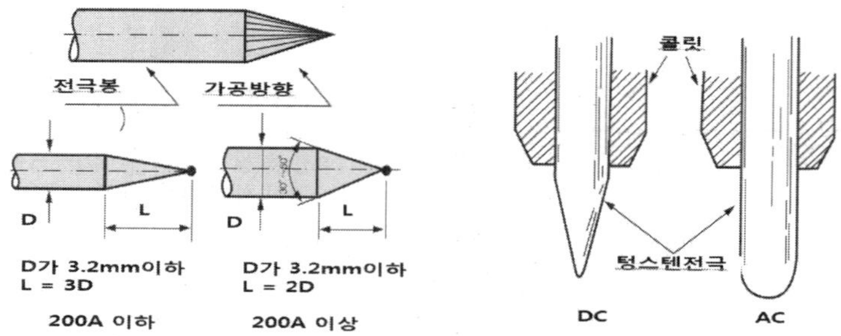

(a) 직류정극성 (b) 직류역극성

[그림 7-13] 텅스텐 전극봉 가공방법

텅스텐 전극봉의 형상은 비드 모양과 크기에 영향을 미치는데 선단의 경사각에 따른 비드 형상은 경사각도가 작으면 용입이 얕고 비드폭이 넓어지며 경사각도가 크면 용입이 깊고 비드폭은 좁아진다. 교류용접에서는 순텡스텐봉(EWP)이나 지르코늄텅스텐봉(EWZr)을 사용하는데 팁의 협상은 보통 반구형으로 만든다. 직류용접의 경우는 토륨텅스텐봉(EWTh), 세륨텅스텐봉(EWCe), 란타늄텅스텐봉(EWLa)을 사용하며 팁끝은 특정한 각도로 하여 사용한다. 직류정극성 용접에 있어 작은 직경의 팁은 선단을 가공하지 않고도 사용할 수 있지만 원추형으로 가공하여 사용할 경우 좋은 품질을 얻을 수 있다. 텅스텐 봉의 오염은 텅스텐 봉을 용융금속내에 집어넣거나 텅스텐 봉이 용가재와 접촉시 일어나며, 용접동안 또는 아크가 사라질 때 차폐가스가 부적절하거나 유량이 불충분하면 텅스텐 봉의 산화가 일어난다. 오염이 되면 아크특성에 나쁜 영향을 미치며 용착금속 내에 텅스텐 혼입이 일어날 우려가 있다. 텅스텐 봉이 오염되면 즉시 용접을 중단하고 오염부위를 제거 후 재가공하여 사용한다. 전극팁의 가공방법은 볼링(Bolling), 그라인딩, 화학연마가 있다. 볼링은 교류용접에 적합한 반구형 팁을 만들기 위해 용접 전에 교류(AC)나 직류역극성(DCRP)을 이용하여 수냉, 구리블록이나 다른 적합한 재료위에서 아크스트라이크를 일으켜 팁끝을 둥글게 하는 방법이다. 아크스트라이크를 일으키면 용접전류가 증가하면서 전극의 선단이 녹아 조그만 볼을 형성하게 된다. 이 볼의 크기는 텅스텐봉의 1.5배를 넘지 않아야 하며 그렇지 않을 경우 용접중에 볼이 녹아 떨어질 우려가 있다. 그라인딩은 그라인더를 사용하여 텅스텐봉을 가공하는 방법으로 Arc의 안정성을 높이기 위해서는 텅스텐봉을 그라인딩 휠의 축에 직각으로 하여 가공해야 한다. 이물질에 의한 텅스텐봉의 오염을 방지하기 위해서는 가능한 텅스텐봉 전용의 그라인딩 휠이 있는 것이 좋고 특히 토륨계열의 텅스텐봉을 가공할 때는 분진제거에 유의해야 한다. DC용의 토륨, 세륨, 란타늄합금 텅스텐봉은 대부분 이 방법으로 한다. 화학연마는 적열된 텅스텐봉 선단을 질산소다 속에 집어넣어 연마하는 방법이다. 가열된 텅스텐과 질산소다 사이에 화학반응으로 텅스텐봉 선단은 균일하게 침식되며 가열과 침지를 반복하면 침식량은 증가되어 원하는 선단각도를 얻을 수 있게 된다.

9. 용접 압력계 및 유량계

GTAW의 레귤레터는 압력계 및 유량계로 구성되어 있다.(그림 7-14 참조) 압력계는 용기내의 가스량을 표시하고 유량계는 사용자가 용접에 적용할 가스량을 나타낸다.

[그림 7-14] GTAW의 압력계 및 유량계

10. 용접재료 및 시공

가. 모재

거의 모든 금속에 GTAW의 적용이 가능하다. 특히 W, Mo, Ta, Nb, Cr 등의 고융점을 가진 내화성 재료와 티타늄합금, 지르코늄 합금, 하프늄(Hf) 등 활성이 큰 재료는 용접시 산화의 우려가 있으므로 GTAW가 유용하다. 탄소강, 저합금강, 스테인레스강, 내열강등의 경우는 12mm 이하까지 Ar을 사용하여 우수한 용접부를 얻을 수 있으며 모재가 두꺼워지면 헬륨을 첨가하는 것이 좋다. 구리합금은 높은 열전도율 때문에 용입이 큰 직류정극성을 이용하고 베릴륨동이나 알루미늄 청동은 표면의 산화물 제거를 위해 이용한다.

나. 용접봉

박판의 경우는 용접봉 없이 모재를 접합하지만 후판용접에서는 용접봉을 사용한다. 일반적으로 용접봉은 모재와 유사한 성분의 재료를 사용하며 규격에 표시된 최소 인장강도를 고려하여 사용한다. 용접봉의 직경은 규격에 따라 0.8 ~ 5.0 [mm] 범위에서 선정한다.

[표 7-7] 티그(Tig) 용접봉

분류	품명	치수(mm)	규격	봉 및 와이어 화학성분 일례(%)					
				C	Si	Mn	Cr	Ni	Mo
탄소강용	TGS-50	선경 : 1.2-3.2 길이 : 1000	KS YGT50 AWS ER705-6 JIS YGT50	0.08	0.82	1.52	--	--	--
	TGS-50G		Ks YGT50 AWS ER705-G JIS YGT50	0.09	0.70	1.50	--	--	--
	TGS-53		KS YGT50 AWS ER70S-3 JIS YGT50	0.07	0.65	1.18	--	--	--
	TGS-70S2		KS YGT50 AWS ER70S-2 JIS YGT50	0.05	0.50	1.09	--	--	--
저합금강용	TGS-80D2		KS YGT60 AWS ER80S-D2 JIS YGT60	0.08	0.63	1.85	--	--	0.5
내열강용	TGS-80SB2		AWS ER805-B2 JIS YGT1CM	0.10	0.43	0.44	1.27	--	0.43
	TGS-90SB3		AWS ER905-B3 JIS YGT2CM	0.10	0.40	0.42	2.33	--	0.93
스테인리스강용	T-2209		AWS ER2209	0.01	0.40	1.75	22.7	8.7	3.2
	---		AWS DIN x 15CrNi Mn188	0.07	0.80	7.1	18.0	8.0	--
	T-308		KS Y308 AWS ER308 JIS Y308	0.05	0.40	1.90	19.8	9.9	--
	T-308L		KS Y308L AWS 308L JIS Y308L	0.02	0.38	1.85	19.8	9.8	--
	T-308LSi		KS Y308LSi AWS ER308LSi JIS 308LSi	0.03	0.74	1.99	19.8	10.4	--
	T-309		KS Y309 AWS ER309 JIS Y309	0.05	0.36	1.82	23.6	13.3	--
	T-309L		KS Y 309L AWS ER309L JIS Y309L	0.02	0.38	1.92	23.5	13.8	--
	T-309LSi		KS Y309LSi AWS ER309LSi JIS Y309LSi	0.02	0.75	2.28	23.2	13.7	--
	T-310		KS Y310 AWS ER310 JIS Y310	0.10	0.42	1.73	26.8	20.9	--
	T-316		KS Y316 AWS ER316 JIS Y316	0.05	0.40	1.62	19.1	12.1	2.3
	T-316L		KS Y316L AWS ER316L JIS Y316L	0.02	0.39	1.89	18.6	11.8	2.2
	T-316LSi		KS Y316LSi AWS ER316LSi JIS Y316LSi	0.02	0.74	1.85	18.7	12.2	2.3
	T-347		KS Y347 AWS ER347 JIS Y 347	0.05	0.46	2.24	19.4	9.5	nb: 0.6

다. 아크 스타트

(1) 스크래치 또는 터치 스타트

토치를 모재로 가져가면서 텅스텐 전극과 모재를 가볍게 접촉시켰다가 재빨리 떼어내서 짧은 간극을 만들어 아크가 발생하는 방법이다. 수동용접 또는 기계용접에 이용되는 방법으로 간편하기는 하지만 전극이 모재에 고착되거나 텅스텐 봉의 오염 및 텅스텐 봉 혼입 등의 우려가 있다.

(2) 고주파 스타트

직류나 교류용접에 모두 이용될 수 있다. 교류아크에서는 전류가 1초 동안에 120회나 0이 되는 순간이 있으므로 아크가 끊어지게 된다. 따라서 2차측에 2000 ~ 3000 (V)의 고주파 고전압을 용접회로에 추가시켜 아크가 끊어지는 순간 용접봉과 모재사이에 고전압의 불꽃을 발생시켜, 용접봉과 모재사이의 공간에 있는 가스를 이온화시켜 아크를 발생, 유지되기 쉬운 상태로 하는 방법이다. 용접전류에 고전압, 고주파 전류를 사용 시 이점은 아래와 같다.

① 전극을 모재에 접촉시키지 않아도 아크가 발생한다.
② 아크가 안정되며 아크가 길어도 끊어지지 않으므로 육성용접이나 표면경화 작업에 용이하다.
③ 텅스텐 전극봉에 많은 열을 받지 않아 전극의 수명이 길다.
④ 일정지름의 전극에 대하여 광범위한 전류사용이 가능하며 전류범위가 크고, 보다 낮은 전류로 용접이 용이하다.

(3) 리프트-티그 방식

텅스텐봉을 모재에 접촉시켜놓은 후 떼는 순간 정해놓은 전류를 순간적으로 공급하여 아크를 발생시키는 방법이다.

(4) 기타 방법

고전압의 펄스를 응용한 펄스 스타트법과 고주파에 의해 토치 노즐과 전극사이에 파일러트 아크를 형성시킨 후 주 아크를 발생시키는 파일러트 아크 스타트법 등이 있다.

라. 모재 이음부 홈 형상

모재의 두께가 1 ~ 2 [mm]인 박판의 경우 간격없이 용접이 가능하지만 모재두께가 증가하면 간격을 주거나 홈가공을 하여 용가재와 함께 용접한다. 간격을 주는 경우 아크가 간격을 통해 이면에 도달하므로 용입이 증가한다. 모재두께가 증가하면 홈을 가공하여 용가재와 함께 용접하며 홈형상은 U, V, 2중-V, J 형태로 구분한다. 2중-V홈은 단면적을 줄일 수 있으나, 한쪽면 용접후 이면을 용접하므로 절차가 복잡해지는 단점이 있다. 그러므로 용접조건과 가용 가능한 설비를 고려하여 홈형상을 신중하게 설계하여야 한다. 홈의 초층 용접은 완전 용입상태가 되어야 하며, 만약 완전용입을 얻지 못하면 용접부와 모재의 경계부위에 응력 집중이 발생하여 균열이 발생할 수 있다. 또한, 용락 현상 방지를 위해 백킹판(Backing Plate)을 사용하기도 한다. 이음형상에 따라 홈의 형상과 단면적을 선정하며, 홈의 단면적은 가능한 작도록 설계하는 것이 바람직하다. 홈의 단면적이 증가하면 모재에 가해지는 입열량이 증가하여 열변형과 잔류응력 및 열영향부의 크기가 증가하며 용접횟수의 증가로 인해 소요시간과 재료의 사용량이 많아져 생산성이 감소한다.

마. Tig용접 뒷받침(Backing)

Tig용접에서 사용되는 뒷받침의 종류에는 ① 금속재 뒷받침, ② 불활성 가스받침, ③ 혼합 받침 등이 있다. 불활성 가스받침은 용접이면부 쪽을 용접할 때 용접부의 이면이 대기에 의해 오염되는 것을 방지하기 위해 불활성 가스를 이용해 보호시켜 주는 것을 말한다. 보호가스로는 아르곤이나 헬륨이 보통 사용되며 질소도 오스테나이트계 스테인레스강이나 구리 및 구리합금 등에 이용될 수 있다. 보호가스의 유량은 0.5 ~ 42 [l/min]정도 된다. 일반적으로 불활성 분위기를 얻기 위해서는 보호되어야 할 부위의 체적보다 4배 정도의 유량으로 플러싱을 해야 하며 일단 이면보호가 되면 용접 동안에는 약간의 압력만 유지할 정도로 공급해 준다.

바. 용가재 송급

용가재 송급장치는 모재와 유사한 재질의 소모성 용가재를 아크의 전방에서 공급하여 아크열로 용융시켜 용융부에 이행되도록 한다. 이때 용가재의 송급위치는 아크의 안정성과 용접품질에 영향을 미친다. 용가재의 송급위치는 아크중심 또는 약간 아래쪽이며, 아크의 위로 치우치면 용적의 부피가 증가하여 텅스텐 전극봉과 접촉할 확률이 높다. 아크의 아래쪽으로 치우치면 고체상태의 용가재가 용융풀에 접촉하므로 스패터 등이 발생하여 아크의 안정성을 저해할 수 있다. 그러므로 용가재의 송급위치를 정확하게 제어하고 정형롤러 등을 이용하여 용가재를 직선으로 만드는 것이 중요하다.

11. 용접결함

가. 텅스텐 혼입

텅스텐 혼입은 GTAW에서 잘 발견되는 결함으로, 전극으로부터 떨어져 나온 텅스텐 입자가 용착금속 내에 혼입되는 것이다. 이 결함이 발생하는 이유는 다음과 같다.

① 용융금속에 전극팁이 접촉될 때

② 전극의 뜨거운 팁과 용가재가 접촉할 때
③ 용융금속에서 발생한 스패터에 의해 전극팁이 오염될 때
④ 전극의 크기에 비해 과도한 전류를 사용할 때
⑤ 콜릿으로 부터의 적정거리를 넘어 전극이 노출되어 과열될 때
⑥ 전극과 콜릿사이의 부적절한 조임 상태일 때
⑦ 보호가스의 유량이 부적절하거나 바람 등으로 전극의 텁이 산화될 때
⑧ 전극의 균열이나 갈라짐 등의 결함이 발생될 때
⑨ 부적절한 혼합가스의 사용
⑩ 아크종료 후 전극이 300 [℃]까지는 10 [A]당 1초 동안의 가스를 공급하지 않을 때
⑪ 과소 전류를 사용하면 낮은 온도로 인해 텅스텐이 부식
⑫ 노즐 속에 산소가 침투하여 전극봉이 산화되어 용융지에 녹아들어 갈 때 등이다.

나. 보호가스 부족

Tig용접시 불활성가스를 용접 전, 후에 약간씩 유출시켜야 하는 이유는 용접 전에는 도관이나 토치에 있는 공기를 배출시키기 위해서이고, 용접 후에는 가열된 상태의 용접부가 산화 혹은 질화 및 텅스텐 전극의 산화도 방지하기 위해서이다. 가스유량이 부족하게 되면 텅스텐 혼입, 기공, 산화막, 개재물, 용융부족, 균열 등 각종 결함을 초래하게 된다. 결함 발생정도는 모재의 특성에 따라 크게 연관되는데, 특히 티타늄, 알루미늄, 니켈, 고장력강 등의 경우는 심각한 손상을 입게 된다.

다. 아크 원더링

Tig용접에서 아크 원더링의 원인은 Ar가스에 공기가 혼입되었거나, 전극의 끝이 오염물로 불량할 때, 전극의 전류밀도가 낮거나, 자기에 의한 영향 등이다.

라. 아크쏠림

아크쏠림 발생시 현상은 아크가 불안정하고, 용입불량 및 용착금속의 재질변화가 일어나며, 슬래그 섞임 및 기공 등의 결함이 발생된다. 아크쏠림의 방지책으로는 접지점을 용접부보다 멀리하고 가접을 크게 한다. 아크길이를 짧게 하고 후퇴법으로 용접한다. 시편모재에 End tap을 사용하고 직류용접기대신 교류용접기를 사용한다.

[표 7-8] GTAW에서 발생하기 쉬운 결함 및 대책

결함	원인	대책
과다한 전극소모	1. 부적절한 가스 유량 2. 역극성의 사용 3. 전류용량에 맞지 않은 전극봉사용 4. 토치의 과열 5. 전극의 오염 6. 냉각동안 전극의 산화 7. 산소나 이산화탄소가 함유된 가스사용	1. 가스 유량의 증가 2. 큰 직경의 전극 또는 정극성사용 3. 큰 직경의 전극 사용 4. 콜릿과 밀착여부 점검 5. 오염부위의 제거 6. 아크중지후 10초정도 가스흐름 유지 7. 적절한 가스로의 교체
아크 불량	1. 모재의 오염 2. 이음부의 협소 3. 전극의 오염 4. 긴 아크	1. 화학적 세척제, 와이어 브러시, 연마재 등으로 제거 2. 홈의 확장, 전극과 모재 사이의 거리단축, 전압감소 3. 오염 부위의 제거 4. 짧은 아크 유지
기공	1. 수소, 질소, 공기, 수증기 등 불순물이 보호가스에 함유 2. 결함이 있는 가스 호스의 사용 또는 호스 이음부의 풀림 3. 모재면의 기름막	1. 아크 발생전에 가스 라인의 공기청소 및 습분제거. 99.99% 이상 순도의 보호가스 사용 2. 호스 및 이음부 점검하여 누설여부 확인 3. 화학세척제를 사용하여 제거
텅스텐에 의한 모재오염	1. 전극을 접촉시켜 아크 발생 2. 전극의 용융 및 모재로의혼입 3. 텅스텐 봉의 용융금속 접촉	1. 고주파 스타트 방식사용, 보조 구리판을 이용한 아크 발생 2. 전류나 직경을 낮춰 사용, 토륨 또는 지르코늄 함유 텅스텐 봉 사용 3. 용융금속과 적정한 거리유지

12. TIG용접 발전

가. Laser－TIG 하이브리드 용접

Tig용접에 의한 레이저 하이브리드 용접은 텅스텐전극을 사용하므로 공정이 단순하여 하이브리드 용접의 효시가 되었다. 1978년 영국 임페리얼 컬리지(Imperial College)의 스틴(Steen)과 이부(Eboo) 등에 의하여 처음 제안된 기술로 레이저 복합용접의 시초이다. 이 기술은 텅스텐전극을 사용하여 스패터 발생이 거의 없고 아크가 안정되어 복합용접에 유리하다. 그러나 이 방법은 레이저빔 흡수효율은 향상시키지만, 별도의 첨가 재료가 없기 때문에 이음부 간격 허용도 및 용융량 등에는 큰 효과가 없다. 특히 용접비드의 화학성분 조절에 의한 용접부 특성제어가 곤란하다.

나. CO_2 Laser－TIG 하이브리드 용접

CO_2레이저는 절단, 열처리 및 용접 등 가공용으로 가장 먼저 상용화된 대출력 레이저이다. 따라서

CO_2레이저와 TIG의 하이브리드 용접에 관한 연구가 가장 먼저 상용화되었다. Steen에 의하여 하이브리드용접의 개념이 처음 소개된 이후, 1985년 일본 기리(GIRI)의 마쓰다(Matsuda)에 의하여 연구가 되었다. 그는 최대 출력 5 [kW]의 CO_2레이저 및 300 [A]급 TIG 용접기를 사용하여 레이저 출력, 아크전류, 용접속도, 레이저-아크간 거리 및 레이저빔의 초점거리 등에 관한 영향을 평가하였다. 레이저빔과 아크의 거리는 가급적 짧을수록 효과가 크며, 최대 용입을 보이는 초점거리는 아크 파워에 따라 변화하였다. 또한 하이브리드 용접에서는 고속용접에서도 언더컷 혹은 humping 비드가 형성되지 않았으며, 레이저 단독에 비하여 1.3 ~ 1.6배의 깊은 용입을 얻을 수 있다고 보고하였다. 1996년 독일 프라운호퍼연구소(Fraunhofer Institute)의 바이엘(Beyer)은 TIG 하이브리드용접을 자동차의 판넬제조에 적용하여 4 [kW] CO_2레이저와 200 [A] TIG의 하이브리드에 의하여 두께 1 [mm] 및 2 [mm] 강판의 맞대기이음부를 10 [m/min]의 속도로 용접하였다. 이를 재단레이저용접(TWB : Talilor Welded Blank)이라 한다.

다. Nd:YAG Laser – TIG 하이브리드 용접

대출력 Nd:YAG 레이저는 1990년대 이후에 용접에 본격적으로 이용되기 시작하였다. Nd:YAG 레이저는 CO_2레이저에 비하여 파장이 짧기 때문에 광섬유 전송이 가능하여 하이브리드 용접에 유리하여 최근 관련연구가 활발히 진행 중에 있다. Nd:YAG 레이저와 TIG의 하이브리드 용접에 관한 연구는 1994년 독일 프라운 호퍼연구소(Fraunhofer Institute)의 딜타이(Dilthey)에 의하여 처음 시도되었다.

2000년 캐나다 Powerlasers-advanced technologies center의 Hongping Gu는 3 [kW]급 Nd:YAG 레이저와 300 [A]급TIG를 복합화 하여 7090 [g/m^2]의 아연이 양면에 도금된 두께 0.8 [mm] 강판의 겹치기 이음부를 용접하여 그 결과로서 5.5 [m/min]의 용접속도에서도 아연증기에 의한 기공이 전혀 발생하지 않았으며, 레이저 빔이 아크 중심에서 약간 떨어진 레이저 후행 용접이 적당하다는 것을 확인하였다. 특히 레이저 선행일 때는 아크가 불안정하고 용융금속이 텅스텐전극봉에 융착되는 문제점이 있다고 보고하였다.

TIG 하이브리드 용접은 별도의 첨가재료가 없기 때문에 이음부 간극에 대한 허용도 완화를 기대하기는 어렵다. 그러나 MIG용접에 비하여 아크가 안정되고 용접부 품질이 우수하여 TIG용접 혹은 플라즈마 아크용접이 적용되는 고급강의 용접에 적용 가능성이 클 것으로 예상되며 특히 레이저와 아크의 동축화가 용이하여 용접헤드가 간단하므로 높은 품질을 요구하는 정밀용접 분야에 넓게 적용이 가능할 것으로 예상된다.

제3절 불활성가스 금속 아크용접(Inert Gas Metal Arc Welding)

1. 개 요

불활성가스 금속아크 용접법은 용접봉인 전극와이어를 연속적으로 보내어 아크를 발생시키는 방법으로 용극식 아크용접법 또는 소모식 불활성가스 아크용접법이라고 한다. 미국에서 1948년에 비철금속을 용접하기 위해 개발한 용접법으로 Ar과 CO_2와 또는 산소를 혼합한 MAG(Active gas metal arc welding)으로 발전되었다. 용접상품명으로 에어코매틱 용접법, 시그마 용접법, 필러아크 용접법, 아르고노트 용접법 등으로 불린다. 표면 산화막의 청정작용도 있어 알루미늄이나 마그네슘 등의 경합금에 플럭스가 불필요하다.

MIG용접의 특징은 전류밀도가 대단히 큰 것이며, 피복금속 아크용접의 약 6배, TIG용접의 약 2 ~ 3배, 서브머지드 아크용접과 같은 정도의 높은 전류밀도를 사용한다. 또한 MIG용접은 TIG용접에 비하여 용접속도가 매우 빨라서 고능률적이므로 주로 두께 3[mm] 이상의 두꺼운 판의 용접에 사용한다. 이 용접법의 개발로 인하여 종래에 용접이 곤란하거나 불가능했던 Al합금, Mg합금, Cu합금, Ni합금, Ti합금 등의 용접에 많이 이용된다.

2. 용접 원리

MIG용접은 지름 1.0 ~ 2.4[mm]의 비피복 와이어(전극선 또는 심선)를 일정한 속도로 토치의 노즐에서 송급하여, 와이어의 선단과 피용접물 사이에 금속아크를 발생시키는 방법으로 아크 및 용융금속은 불활성 가스의 흐름 속에 있어서 공기로부터 차단되어 보호된다. 전원은 정전압 특성의 직류아크용접기로서 가는 와이어를 써서 전류밀도를 높이고 와이어 송급은 일정속도 송급방식으로 하는 특징이 있다. 아크는 안정되고 그 중심의 원추부는 금속증기가 발생하고 있으며 와이어의 용적이 고속도로 용융 풀에 투사된다. 전류밀도가 어느 한계값 이상이 되면 매초 수 10 ~ 100개에 가까운 미세한 용적이 전극에서 고속으로 스프레이 이행되므로 비드표면의 리플(ripple)은 매우 작고 TIG용접에서 볼 수 없는 아름다운 비드가 만들어지며, 아크가 강한 지향성을 갖게 되므로 아래보기, 수직, 위보기 등 어떠한 자세에도 쉽게 용접을 할 수 있는 이점이 있다.

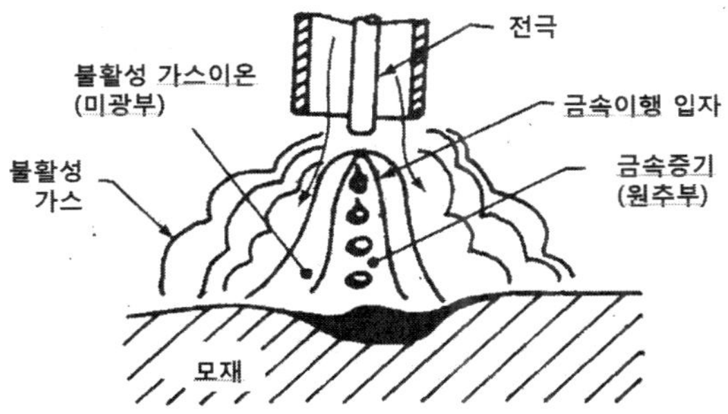

[그림 7-15] MIG용접 용적이행

3. 장·단점

가. 장점

① 직류 역극성일 때 청정작용이 있어 모든 금속의 용접이 가능하다.
② 용제를 사용하지 않으므로 slag가 없어 용접 후 청소가 필요 없다.
③ 아크가 안정되고 스패터 발생이 적어 합금성분 손실이 적다.
④ 전자세용접이 가능하다.
⑤ 연성, 강도, 기밀성 및 내열성 등 용착금속 품질이 우수하다.
⑥ 용착효율이 좋다(TIG 용접보다 2~3배 정도 능률적임).
⑦ 피복금속 아크용접보다 전류밀도가 크기 때문에 용입이 깊고 고능률이다.
⑧ 용접기 조작이 간단하여 손쉽게 용접방법을 배울 수 있고 용접속도가 빠르다.

나. 단점

① 장비구조가 복잡하고 고장율이 높으며 가격이 비싸다.
② 토치가 용접부에 접근하기 곤란한 경우에는 용접하기 어렵다.
③ 슬래그가 없어 용착금속의 냉각속도가 빨라 용접부의 금속조직과 기계적 성질을 변화시킬 수 있다.
④ 바람부는 옥외에서는 보호가스가 역할을 충분히 하도록 방풍대책이 필요하다.

4. MIG 용접장치

MIG용접에는 반자동식과 자동식이 있으며, 반자동식은 토치의 조작을 손으로 하고 전극선을 자동 송급하는 것이고, 자동식은 토치의 조작과 와이어 송급을 자동적으로 하는 방식이다. MIG용접의 주요 구성요소는 전원, 직류용접기, 용접토치, 용접와이어, 와이어송급장치, 보호가스계, 제어장치, 기타 보호기구 및 지그(jig)나 고정기구 등이다.

가. 반자동 MIG 용접장치

토치가 손으로 조작되기 때문에 복잡한 구조물 용접에 적합하고, 작업의 범위가 광범위하여 가장 일반적으로 많이 사용된다. 용접기의 용량은 박판용으로 정격전류 값 200 [A], 300 [A], 350 [A]정도이고 후판용으로 정격전류 500 [A] 이상을 사용한다. 용접기의 구성은 용접 전원, 와이어 송급장치, 제어장치, 용접토치, 가스유량계, 원격전류, 전압조정기, 제어장치 등이다.

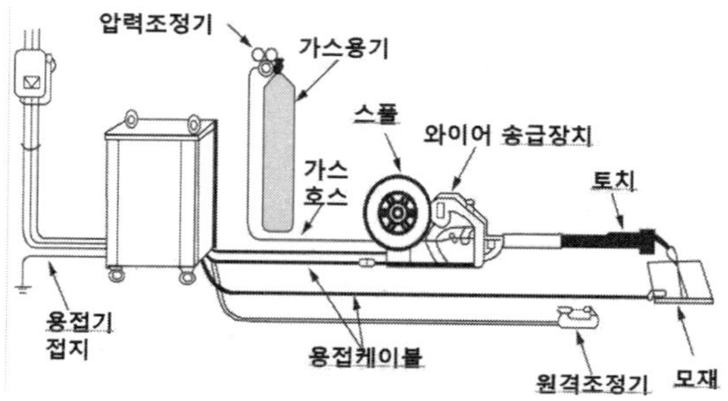

[그림 7-16] 반자동 MIG용접 장치

나. 자동 MIG 용접장치

토치의 조작과 와이어 송급을 자동적으로 하는 용접기로 규격화된 제품 용접에 사용한다. 자동식 용접기는 용접속도가 빠르고 용착효율이 높으며 능률이 매우 좋아 제품 생산비를 최소화시킬 수 있다. 용접사의 기량 숙달이 비교적 쉬우며 반자동 용접에 비하여 좋은 품질의 용접을 얻을 수 있다. 주요 용접장치로는 전원장치(power source), 제어장치(controller), 와이어 송급장치(wire feeder), 자동 토치(torch), 자동이송기구 등이다.

다. 전원(power supply)

MIG용접은 피복금속 아크용접과 달리 아크 자기제어를 하여야 하므로 이 특성에 적합한 정전압특성 또는 상승특성을 갖춘 용접기로 직류역극성(DCRP)을 사용한다. MIG용접 중에 버언백(burn back)이 발생하면 와이어가 팁과 함께 녹아 버린다. 정전압 특성의 용접기를 사용하면 버언백과 단락의 폭이 넓어져 전류의 변화 폭이 커져서 와이어가 모재에 단락하기 전에 급속히 용융되어 단락이 예방되고, 버언백도 방지된다. 수하특성 용접전원을 사용하면 버언백(burn back)이 많이 발생하여 사용하기가 곤란하다.

라. MIG 용접 제어장치

제어장치의 역할은 보호가스제어, 용접전류 제어, 냉각수 순환기능 등이다. MIG용접을 하기위해 토치 스위치를 누르는 순간 즉시 전자밸브가 작동되어 가스가 흐르고, 전자개폐기에 의해 전류가 전극와이어로 통전되는 동시에 와이어 송급장치의 롤러로부터 와이어가 토치로 송급되어 아크를 발생시키고, 용접이 끝나고 제어 기능이 완전히 멈추는 시점까지 용접전류와 전압을 순간적 또는 수 초간에 고저의 변화를 주거나 와이어 송급속도와 가스유출 시간을 조절하여 시작점과 크레이터 부위에 용접 결함을 방지하는 기능을 갖는다. 제어장치의 제 기능을 보면 아래와 같다.

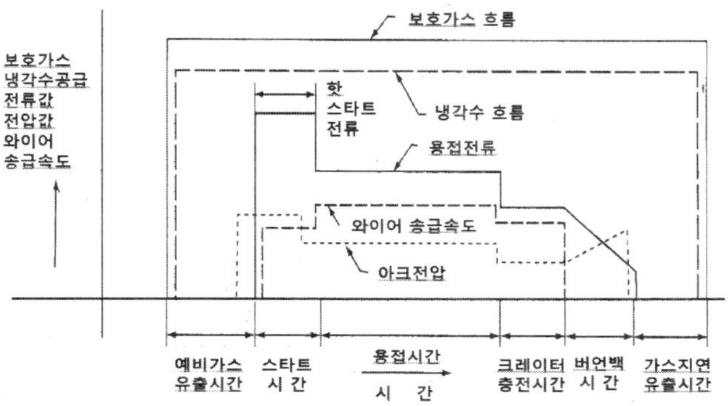

[그림 7–17] MIG용접기의 제어장치

① 예비가스 유출시간 : 아크발생 전에 보호가스를 흐르게 하는 기능

② 스타트 시간 : 아크가 발생되는 순간 용접전류와 전압을 크게 하여 핫 스타트 기능과 와이어를 송급시켜 아크를 발생하는 기능

③ 크레이터 충전시간 : 용접이 끝나는 지점에서 토치 스위치를 다시 누르면 용접전류와 전압이 낮아져 쉽게 크레이터가 채워져 결함을 방지하는 기능

④ 버언백 시간 : 크레이터 처리 기능에 의해 낮아진 전류가 서서히 줄면서 아크가 끊어지는 기능

⑤ 가스지연 유출시간 : 용접종료 후에도 5 ~ 25초 동안 가스가 나오는 기능

마. MIG 용접기 와이어 송급장치

와이어 송급장치는 와이어를 스풀(spool)에서 끌어내어 용접부에 공급하는 장치로 송급장치의 구성은 직류 전동기 감속장치, 송급롤러, 와이어 송급속도 제어장치 등으로 되어 있다. 와이어는 연한 것, 단단한 것 또는 와이어 내부에 용제를 넣은 것과 넣지 않는 것 등 여러 종류에 맞도록 적합한 송급장치를 사용하여야 한다.

[그림 7-18] MIG용접기의 와이어 송급장치

(1) MIG용접기 와이어 송급방식

와이어 송급방식에는 푸시(push)방식, 풀(pull)방식, 푸시-풀(push-pull)방식, 더블 푸시(double push)방식 등이 있다. 판두께가 얇은 물품의 용접에는 작은 지름의 와이어를 사용해야 하므로 토치의 머리부에 송급롤러를 옮기고 릴(reel)에서 잡아당기는 형식을 사용한다. 이것을 사용하면 0.4 [mm]까지의 가는 선을 사용할 수 있고, 알루미늄에서는 1.6 [mm] 두께까지의 박판 및 스테인리스강에서는 0.8 [mm]까지 박판의 MIG용접이 가능하게 된다.

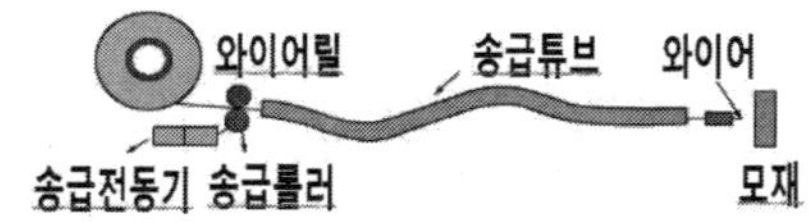

(a) 푸시 방식(push type)

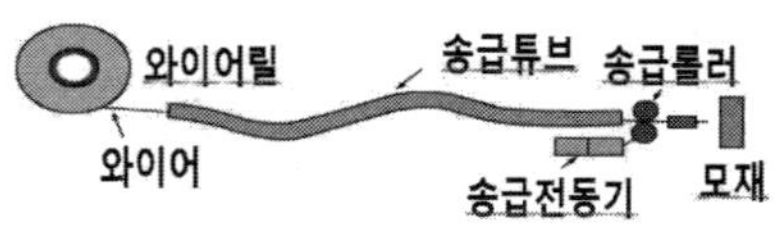

(b) 풀 방식(pull type)

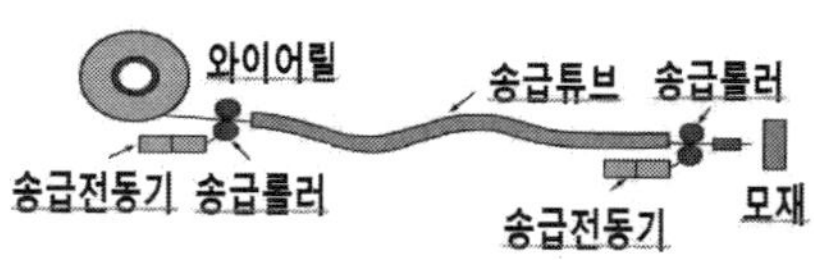

(c) 푸시-풀방식(push-pull type)

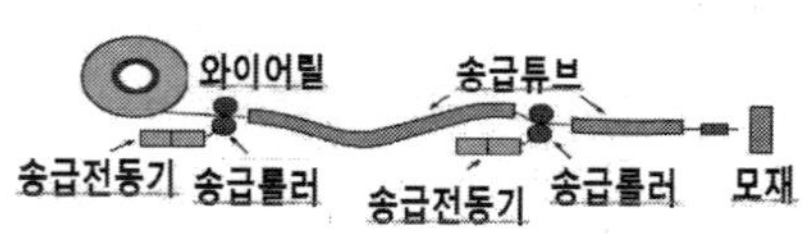

(d) 더블푸시 방식(double push type)

[그림 7-19] MIG용접기 와이어 송급방식

(2) 송급롤러

송급롤러는 와이어와 직접 접촉하여 마찰력에 의해 와이어를 밀어 주는 것으로 형태는 2.4 [mm] 이하의 단단한 와이어에 사용하는 V형, 2.4 [mm] 이상의 표면에 손상을 주어서는 안되는 와이어에 사용하는 U형, 3.2 [mm] 이상의 연한 와이어나 용제가 내장되어 가압력을 크게할 수 없는 와이어에 쓰이는 룰렛형, 기어형이 있다. 피니언식 송급기구의 원리는 구동하지 않는 너트(nut)를 회전시키면 주나사는 회전하지 않고 전후이동을 이용하는 것으로, 너트대신에 3개의 구동 롤러에 각도를 주어 배치하여 전동기에 의해 구동 롤러의 허브(hub)를 회전시키면 와이어가 축방향으로 밀려나간다. 감속장치가 필요하지 않으므로 소형 또는 경량화를 할 수 있다. 롤러 가압방식은 2개의 롤러를 이용하여 가압시키는 2단식과 상하 각각 2개씩 롤러를 이용하여 가압시키는 4단식이 있다.

(a) 2단식

(b) 4단식

[그림 7-20] MIG용접기 와이어 송급롤러

바. MIG 용접토치

MIG 용접토치(torch, gun)는 전원케이블 및 제어케이블, 가스 공급호스, 와이어 라이너, 토치바디, 토치손잡이, 제어스위치, 가스노즐, 콘택트팁, 가스 디퓨져 등으로 구성되어 있으며 수냉식 토치는 냉각수 공급과 배출호스를 추가한다.

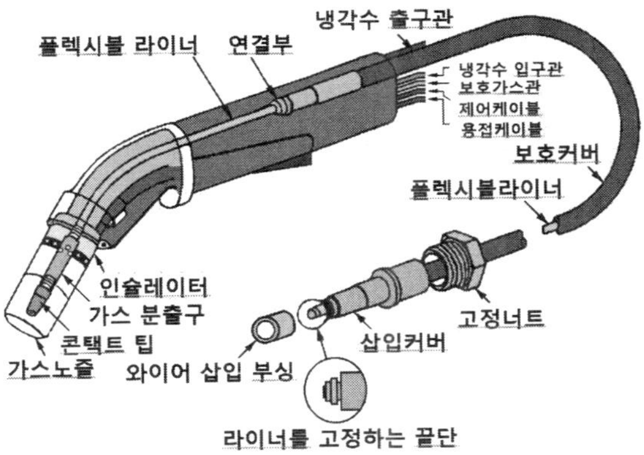

[그림 7-21] MIG용접 토치단면

몸체 재질은 내구성과 내화성이 높은 열경화성 수지로 절연되어 있다. 토치의 선택은 토치의 형태, 냉각방식, 와이어의 송급방식, 용접기의 종류, 사용 와이어의 재질, 용접전류값, 사용가스 등을 고려하여 선택한다.

토치 종류로는 커브형(구스넥 : 단단한 와이어에 사용), 피스톨형(연한 비철금속 와이어에 사용), 릴형 등이 있으며, 냉각방식에 따라 200 [A] 이하의 전류에 사용하는 공랭식과 200 [A] 이상의 전류에 사용하는 수냉식이 있다. MIG 용접토치의 부품은 아래 표와 같다.

[표 7-9] MIG용접 토치부품과 용도

품 명	제품모양	용 도
콘택트 팁(Contact tip)	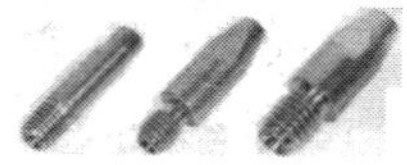	와이어가 송출되면서 전류를 통전
가스 노즐(Gas nozzle)	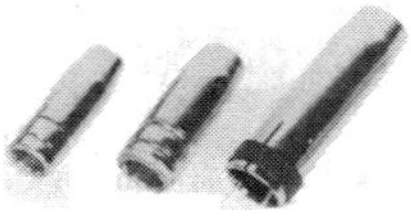	보호가스가 용접부 전체를 덮도록 가스를 분출
인슐레이터(Insulator)		노즐과 토치 몸체 사이에서 통전을 막아 절연
가스분출기(Gas diffuser)	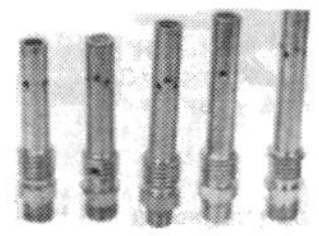	가스호스에서 가스노즐 내부에 공급되는 가스를 분출
플렉시블라이너 (flexible liner)	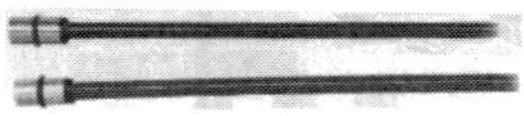	와이어 송급롤러에서 토치 몸체까지 와이어를 송급
토치바디(Torch body)	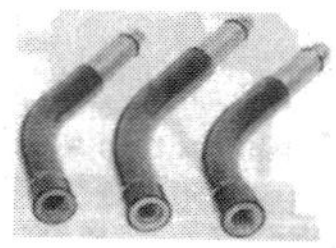	토치끝 부분은 가스분출기와 연결되어 있고, 반대쪽은 토치손잡이와 플렉스블 콘딧과 연결하는 부품
토치 손잡이(Grip)		스위치가 부착되어 있고 토치를 손으로 잡는 부분

사. MIG 용접용 압력 조정기와 유량계

미그용접에 사용하는 보호가스량 조절은 와이어 송급속도가 0인 상태에서 미그용접 토치를 작동하여 가스가 흐르는 상태에서 용접조건에 따라 약 10 ~ 20 [l /min]으로 조정한다.

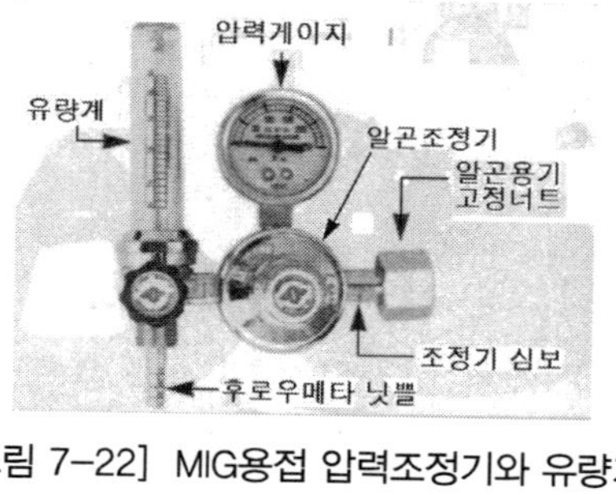

[그림 7-22] MIG용접 압력조정기와 유량계

5. MIG 용접재료

미그용접용 재료는 용접와이어, 보호가스 등으로 구성된다. 좋은 용접을 위해서는 용접하고자 하는 금속의 종류, 용접조건 등을 잘 고려하여야 한다.

[표 7-10] 미그(Mig) 용접재료

분류	품명	치수 (mm)	규격	봉 및 와이어 화학성분 일례(%)					
				C	Si	Mn	Cr	Ni	Mo
스테인리스강용	M-2209	선경 : 0.8-2.4	AWS ER2209	0.01	0.40	1.75	22.7	8.7	3.2
	M-307Si		AWS DIN x 15CrNi Mn188	0.07	0.80	7.1	18.0	8.0	--
	M-308		KS Y308 AWS ER308 JIS Y308	0.05	0.40	1.90	19.8	9.9	--
	M-308L		KS Y308L AWS 308L JIS Y308L	0.02	0.38	1.85	19.8	9.8	--
	M-308LSi		KS Y308LSi AWS ER308LSi JIS 308LSi	0.03	0.74	1.99	19.8	10.4	--
	M-309		KS Y309 AWS ER309 JIS Y309	0.05	0.36	1.82	23.6	13.3	--
	M-309L		KS Y 309L AWS ER309L JIS Y309L	0.02	0.38	1.92	23.5	13.8	--
	M-309-LSi		KS Y309LSi AWS ER309LSi JIS Y309LSi	0.02	0.75	2.28	23.2	13.7	--
	M-310		KS Y310 AWS ER310 JIS Y310	0.10	0.42	1.73	26.8	20.9	--
	M-316		KS Y316 AWS ER316 JIS Y316	0.05	0.40	1.62	19.1	12.1	2.3
	M-316L		KS Y316L AWS ER316L JIS Y316L	0.02	0.39	1.89	18.6	11.8	2.2
	M-316LSi		KS Y316LSi AWS ER316LSi JIS Y316LSi	0.02	0.74	1.85	18.7	12.2	2.3
	M-347		KS Y347 AWS ER347 JIS Y 347	0.05	0.46	2.24	19.4	9.5	nb: 0.6

가. 용접와이어(welding wire, filler wire)

용접 와이어는 주로 자동 및 반자동용접에 사용되며 솔리드 와이어(solid wire)와 플럭스 코어드 와이어(flux cored wire)로 구분된다. 플럭스 코어드 와이어는 파이프 내부에 아크안정화, 탈산 및 합금첨가 등의 목적으로 플럭스를 충진한 용접와이어로 복합와이어(cored wire)라고도 부른다. 용가와이어(filler wire)는 용접아크와 같은 다른 열원에 의하여 용융하여 용접금속을 만드는 전극와이어로 주로 자동 TIG 용접에 이용된다. 용접와이어는 코일모양으로 감겨 있으며 정확한 치수로 된 지름 0.5, 0.8, 1.0, 1.2, 2.0, 2.4, 3.2 [mm]의 금속선이 사용된다. 미그용접용 와이어는 사용하여야 할 용접모재의 재질에 맞게 모재의 화학적 성분, 기계적 성질, 사용할 보호가스의 종류, 용접부 이음형상, 사용에 요구되는 규격으로 선정하여야 하고, 용접 전에 습기나 먼지 등이 부착되지 않도록 하며, 포장을 뜯은 후에는 1개월 이내에 사용하며, 사용한 후에는 비닐봉지에 넣은 습기나 먼지가 들어가지 않도록 밀봉하여야 한다. MIG용접은 TIG용접에 비하여 아크가 집중적이며, 용융속도 및 응고속도가 커서 가스와 불순물이 부유할 시간적 여유가 없기 때문에 기공과 편석이 생길 염려가 있다. 따라서 용접하기 전에 모재표면의 먼지, 스케일, 두꺼운 산화막, 기름 등이 부착하지 않도록 깨끗이 청소하고, 와이어는 기공의 원인이 되는 수분이 없도록 충분히 건조시켜 사용하는 것이 중요하다.

나. 보호가스

보호가스의 일차적인 목적은 용융금속을 대기로부터 차단하여 금속의 산화 또는 질화를 방지하는 것이다. 미그용접에서 사용하는 보호가스의 종류에는 Ar, He, Ar+He, Ar+CO_2, Ar+He+CO_2, Ar+O_2 등이 있다.

보호가스의 사용시 주의사항으로는 고순도 가스를 사용하고, 공기가 흡수하지 않도록 확인하며 호스연결부를 비눗물로 가스누출 여부를 검사하여야 한다. 보호가스의 확인순서는 용기 → 감압변 → 유량계 → 제어장치 → 용접토치 순으로 하고 보호가스 선정시 고려사항으로는 아크특성, 용적이행 모드, 용입깊이, 비드형상, 용접속도, 언더컷 결함발생 정도, 청정작용, 용착금속의 기계적 성질, 용접비용 등에 상당한 영향을 끼치기 때문에 적절한 조성의 선택에 주의하여야 한다.

[표 7-11] MIG용접용 보호가스 종류와 용접금속 적용

종 류	연강 와이어	연강 및 저합금강 와이어	알루미늄	구리	스테인리스강	황동
CO_2	○	○			○	○
75% Ar + 25%CO_2	○				○	○
100% Ar			○	○		
95 ~ 98% Ar + 5 ~ 2% O_2	○				○	○
100% He			○	○		
75% He + 25% Ar			○	○		

6. MIG 용접 적용

가. 맥동 아크용접

맥동 아크용접(pulsed arc welding)은 지금까지의 MIG용접을 보완한 새로운 방법이며, 1962년에 개발되어 최근에 널리 사용하고 있다. MIG용접에서는 어느 한계전류 이상에서만 스프레이 이행이 되고, 그 이하에서는 입적이행(와이어 지름보다 상당히 큰 용적이 뚝뚝 떨어지는 방식)이므로 아름다운 비드로 되지 않는다. 그러나 직류 역극성에 그 크기가 1.5 ~ 2배의 맥류(매초 20 ~ 100회 정도의 단순 순간전류)를 가하면 용적이행이 스프레이형으로 되어 아름다운 비드가 된다. 이것이 펄스아크 용접이며, 아르곤 실드로서 한다. 이점은 스패터가 없고 용입 부족이 해소되며, 전자세로 이파용접을 할 수 있고 비교적 큰 지름의 와이어를 사용하여 박판 용접을 할 수 있다. 알루미늄이나 합금강에 사용되고 있다.

나. MIG 점용접

MIG용접에서도 아크 점용접을 할 수 있다. TIG아크 점용접과 마찬가지로 토치의 선단을 피용접물에 직각으로 누르고 보호가스를 흐르게 하면서 아크를 수초간 지속시키면 모재가 녹아 점용접이 된다. 연강에 대해서는 직류정극성으로 플러그용접, 필릿용접, 맞대기용접 및 모서리용접을 할 수 있다. 예를 들면 1.6 [mm] 두께의 2장의 판을 겹쳐서 플러그용접을 할 때는 구멍지름 9.6 [mm], 용접전류 410 [A], 통전 1 [sec], 아르곤유량 4 [l/min]이다. 이 경우의 전단강도는 1350 [Kg]정도 된다. 알루미늄 합금에 대해서는 직류역극성을 사용한다. MIG 점용접은 전기저항 점용접과 달리 겹치기 한2장의 판 사이에 약간의 틈이 있어도 용접할 수 있는 것이 큰 이점이다. 주로 박판에 이용하며, 자동차, 차량, 가전 전기제품 등에 널리 사용되고 있다.

다. Ar−CO_2아크 용접

연강 및 저합금강의 탄산가스(CO_2)아크용접에서는 비드의 형상이 매끈하지 못하고 스패터가 많으므로, 목적에 따라서는 Ar에 5 ~ 20 [%] 체적비의 CO_2를 가한 보호가스로 MIG용접을 하여 이들의 결점을 방지한다. 또, 순 Ar의 MIG용접에서는 모재의 측면에 용입부족이 되기 쉬우나, CO_2를 첨가함으로서 아크온도가 상승하여 충분한 용입을 얻을 수 있다. Ar-CO_2아크용접은 파이프 맞대기 이파 용접, 좁은 홈용접, 고급 저합금강의 용접 등에 사용된다. Ar-CO_2아크 용접용의 Ar가스는 MIG 용접용의 고순도가 아니더라도 좋다.

라. 좁은 홈 MIG용접

좁은 I형 홈을 사용하여 Ar-CO_2보호가스의 상태에 작은 지름의 와이어를 사용하여 MIG용접하는 방법이 최근에 발달하고 있다.

제4절 이산화탄소 가스 아크용접(CO_2가스 아크용접 : GMAW)

1. 개 요

CO_2가스 아크용접은 1953 ~ 1955년에 소련, 네덜란드, 미국 및 일본 등에서 거의 같은 시기에 개발된 가스메탈 아크용접으로, MIG용접의 불활성(Ar, He)가스 대신에 값이 싼 탄산(CO_2)가스를 이용하는 용극식 용접법으로 전극은 소모성전극을 주로 사용하며, 비소모성 전극(비용극식)을 사용하는 방법도 있다. 이 용접은 반자동으로 복잡한 형상의 표면을 오버레이하는데 적합하며, 용접 중 육안으로 오버레이층을 관찰할 수 있으므로 고품질의 용접이 가능하며 용접비용도 피복금속 아크용접의 1/3정도 되고 용접능률도 우수하기 때문에 그 용도는 넓어지고 있다. CO_2가스 아크용접의 적용은 주로 연강 및 저합금강의 철도차량, 자동차(박판의 단락 아크용접), 중후판을 이용한 각종 부품의 용접가공, 조선용접, 압력용기, 전기기구, 화력발전 또는 화공기계, 정유 플랜트 배관 등의 연강 및 저합금강용접에 사용되고 있으며 또한 용접재료가 와이어로 공급되므로 자동화, 로봇화에 용이하여 산업현장에서 널리 사용되고 있다.

2. 용접 원리

CO_2가스 아크용접은 규소, 망간 등의 탈산성분을 함유시킨 소모성(용극식) 전극인 비피복 와이어(Solid Wire), 또는 복합와이어(Combind Wire)를 자동 송급하여 탄산가스 등의 분위기 속에서 아크용접을 행하는 것이다.

코일상태로 감긴 용접와이어는 송급모터에 의해 토치케이블을 통하여 안내되어 토치 끝에서 팁(TIP)에 의해 통전되어 아크를 발생시킨다. 이때, 아크나 용융금속이 공기중의 산소나 질소 등의 악영향을 받지 않도록 노즐(Nozzle)에서 탄산가스를 방류하여 용접부를 공기로부터 차단시킨다. 탄산가스는 활성이므로 고온의 아크에서는 산화성이 크고 용착금속의 산화가 심하여 기공 및 그 밖의 결함이 생기기 쉬우므로 규소, 망간 등의 탈산제를 함유한 와이어를 사용한다. 보호가스는 순수한 CO_2가스 이외에 CO_2-O_2, CO_2-Ar, CO_2-Ar-O_2 등이 사용되기도 한다.

CO_2가스는 고온아크에서 $2CO_2 \leftrightarrow CO + O_2$로 되므로 탄산가스 아크용접의 보호분위기는 CO_2, CO, O_2 및 O가스가 혼합된다. 탈산제가 사용되는 이유는 CO가스의 기포로 인한 용접결함을 방지하기 위함인데 다음과 같은 작용을 한다. CO_2가스는 아크의 높은 열에 의해 다음과 같이 CO가스와 산소로 열해리 된다.

$$CO_2 \text{ ======= } CO + O \qquad \cdots\cdots (1)$$

해리된 CO + O는 대체적으로 강한 산화성을 띄고 있고 이 분위기 속에 용융강이 존재하면 (2)식과 같은 반응을 일으킨다.

$$Fe + O ====== FeO \text{ (산화철)} \quad \cdots\cdots (2)$$

(2)식에서 생긴 FeO의 일부는 용융강중의 탄소와 화합하여 (3)식에 나타난 바와 같이 일산화탄소(CO)를 발생시킨다.

$$FeO + C ======= Fe + CO \uparrow \quad \cdots\cdots (3)$$

이 반응은 응고점 가까이 심하게 산화가 일어나기 때문에 미처 빠져나가지 못한 CO가스 영향으로 용융강이 응고할 때에 CO가스의 일부가 기포로 되어서 용착강중에 남아 기공이나 피트(PIT)가 된다. FeO이나 CO가스가 남아서는 양호한 용접결과를 얻기 어렵기 때문에 FeO를 Fe로 환원시키기 위하여 CO가스를 제거할 필요가 있으므로 와이어에 탈산원소를 포함시키게 된다. 즉, 산소와의 친화력이 강한 규소나 망간이 와이어에 함유되어 있는데 FeO에 작용하여

$$2FeO + Si \rightarrow 2Fe + SiO_2$$
$$FeO + Mn \rightarrow Fe + MnO$$

로 되어 FeO는 탈산 정련되어 건전한 용착강으로 환원된다. 이때 작용한 규소, 망간 등의 산화물은 비중차에 의하여 슬래그로 되어 비드표면에 부상한다. 따라서 용융강중의 FeO는 거의 없어지고 CO가스는 생기지 않아 대단히 치밀하고 건전한 용접부가 얻어진다. 이상이 CO_2가스 아크용접법의 개요이나 CO_2 + Ar 등의 혼합가스를 사용할 경우도 원리적으로 다를 바 없다. 탄산가스 아크용접은 분위기가 산화성이므로 알루미늄, 마그네슘, 티타늄 등에는 사용하지 않는데 그 이유는 용융표면에 산화막이 형성되어 용착을 방해하기 때문이다.

3. 장·단점

가. 장점

① 산화, 질화가 없고 수소 함유량이 적어 우수한 용착금속을 얻을 수 있다.
② 솔리드와이어 용접시에는 용제가 없어 슬래그 섞임이 없고 용접후처리가 간단하다.
③ 조작이 간단하고 박판용접이나 전자세용접이 가능하다.
④ 전류밀도가 커서 용입이 깊고, 용접속도가 빨라 용접시간이 대폭 단축된다.
⑤ 가시아크이므로 시공성이 편리하고 용착속도가 크므로 고능률적이다.
⑥ 수동용접에 비해 평균 3배의 생산성과 50[%]의 비용절감이 가능하다.

⑦ 모재표면에 녹, 오물 등이 있어도 큰 지장이 없다.
⑧ 용접의 자동화가 가능하다.

나. 단점

① 바람이 있는 옥외작업에는 CO_2가스의 보호효과(바람속도한계 1 ~ 2 [m/sec])에 한계가 있어 방풍막 설치가 필요하다.
② 솔리드 와이어방식은 피복금속 아크용접이나 MIG용접에 비하여 아크소리가 크며 비드가 거친 단점이 있다.
③ 용접 도중 일산화탄소(CO)가 발생하므로 안전한 한계값(0.01 [%]) 이하로 유지하기 위해 환기에 주의해야 한다.
④ CO_2가스 아크용접 용적이행은 단락이행이나 글로뷸러이행으로 스프레이이행에 비해 스패터가 많이 발생하며 아크가 불안정하다.

4. 용접종류

탄산가스 아크용접의 종류는 보호가스, 용극방식, 작동형식 및 용접부의 형식에 따라서 많은 종류와 모양이 있다.

① solid wire 법 : CO_2가스만 사용
② solid wire 혼합 gas법 : CO_2-O_2, CO_2-Ar, CO_2-Ar-O_2
③ 용제가 들어있는 wire법 : 아코스아크(Arcos arc flux-cored), 퓨스아크(비꼬인선식 : fus-arc), ncg법, 자성플럭스(union arc)법
④ 비용극식 : 탄소아크법

[그림 7-23] CO_2가스 복합와이어 단면형상

플럭스를 병용하는 CO_2가스 아크용접에서는 플럭스의 사용으로 교류용접기를 이용할 수 있다. 또, 슬래그를 생성하므로 비드 외관이 매우 좋고, 작업성도 우수하다.

CO_2가스 아크용접에서 와이어가 용융풀에 용적이행하는 것에 대하여 고속도 사진(매초 3000장면 정도)을 이용하여 보면 솔리드 와이어의 경우에는, 극성과 전류에 따라 단락이행 또는 글로뷸러이행이

며, 와이어의 지름보다 약간 큰 용적이 불규칙한 자세로 이행된다. 이때에 스패터 발생이 많으므로 아크를 짧게 하여 용접하여야 한다. 플럭스충전 와이어의 경우에 아크는 금속단면에서 발생하고, 내부의 플럭스는 그 복사열 또는 열전도에 의하여 용융되므로, 일반적으로 내부 플럭스가 늦게 녹는다. 이것을 방지하려면 금속의 단면형상이 적당하여야 한다. 탄산가스 아크용접에서 아크를 안정시킬 수 있는 방법으로는 보호가스 중에 산소(2 [%] ~ 5 [%])를 혼합하거나, 용접와이어 표면에 이온화 경향이 큰 물질(Na, Ca 등)을 도포하기도 하나 현재는 주로 복합와이어를 사용한다.

일반적으로 직경이 1.6 [mm] 이하인 오버레이용접 와이어를 사용하면 스프레이 아크 또는 단락아크 형태로 용착이 일어난다. 전자는 용접 와이어와 같은 굵기의 용융금속이 용접 와이어 끝에서 전자기력에 의해 지속적으로 분출되는 형태로서 희석정도가 높은 만큼 용착속도도 높다. 반면에 후자는 전류(전압)가 낮은 경우에 나타나는 형태로서 스패터가 발생하기 쉽다.

5. 용접기 구성

용접장치는 MIG용접과 거의 같다. 세렌정류 전원, DC 전동발전, AC전원(flux cored), 용접기, 제어박스(control box), 가스용기, 유량계, 용접토치, 와이어 송급장치 등으로 구성되어 있으며 용접방법은 반자동과 전자동 용접법이 있다.

가. 용접전원

CO_2가스 아크용접기 전원은 그 외부특성이 전류치의 대소에 관계없이 전압이 거의 변화하지 않는 정전압특성 또는 상승특성의 직류이다. 직류를 사용하는 것은 용접 와이어에는 용착효율을 높이기 위해 아크안정제가 함유되어 있지 않아 교류의 경우와 같이 매 사이클마다 아크가 소멸되는 경우에는 연속적으로 안정된 아크의 유지가 불가능하기 때문이다. 용접기에는 세렌정류형 직류용접기, 전동발전형 직류용접기, 교류용접기(flux cored) 등이 있다. 솔리드 와이어용에는 정전압형 직류 용접기가 바람직하고, 플럭스 충전 와이어용에는 보통의 수하특성 교류용접기가 좋다. 전자에서는 아크스타트, 크레이터 필러, 단락 아크용접, 아크 점용접 등도 할 수 있도록 여러모로 연구된 것이 제작되고 있다.

CO_2가스 아크용접에서 용접전류의 증감은 와이어 송급속도 변화에 의하고 아크전압은 용접기 전원의 출력전압 조정에 의한다.

* Arc 전압 산출

박판전압(V) = 0.04 * I + 15.5 ∓ 1.5 후판전압(V) = 0.05 * I + 11.5 ∓ 2

나. 와이어(welding wire, filler wire)

용접에 사용되는 코일모양으로 감겨있는 길고 가는 금속선을 말한다. 주로 자동 및 반자동용접에 사용된다. 용접와이어는 다음과 같이 분류할 수 있다. 용접와이어, 전극와이어, 솔리드와이어, 플럭스 코어드와이어, 용가와이어로 구분된다. 전극와이어(electrode wire)는 용접와이어가 전극이 되는 것을 말한다.

(1) 솔리드와이어(solid wire)

탄산가스 아크용접의 최대용도는 연강이다. 와이어의 화학성분으로서 KS D7025로 규정되어 있는 것은 [표 7-12]와 같다. 솔리드 와이어의 성분은 연강와이어에 Mn, Si, Al, Ti, Zr 등의 탈산제를 첨가한 것이다. 연강용 심선의 화학성분은 탄소가 0.12 [%] 이내, Si와 Mn 등이 0.3 ~ 1.6 [%]까지 포함된다. 와이어 포장규격은 20 [Kg] 단위인 스풀형과 100 ~ 300 [Kg] 단위의 팩형으로 구분되며 스풀형(Spool type)은 반자동용접에, 팩형(Pack Type)은 전자동용접에 주로 사용된다.

CO_2-O_2법은 CO_2겸용 와이어에 비하여 산소감소를 위하여 탈산제 원소함유량을 많게 한다. CO_2-O_2아크용접 전 용착금속의 성분과 성질을 [표 7-13]에 표시한다.

순 탄산가스 아크용접중의 와이어에서 합금원소가 이행할 때 각 성분이 남는 비율은 연강의 경우에 C는 일반적으로 산화 감소하여 50 ~ 80 [%], Si는 30 ~ 60 [%], Mn은 40 ~ 60 [%]이다. Cr, Ni 및 Mo은 실제로 거의 줄어들지 않는다. 단, Ti은 산화 감소하여 남는 비율은 약 30 [%]이다. 솔리드 와이어의 지름은 0.8 ~ 4.0 [mm](0.8, 0.9, 1.0, 1.2, 1.6, 2.0, 2.4, 4.0 [mm])이며, 플럭스 충전와이어의 외경은 1.2 ~ 4.0 [mm]이고, 주로 사용하는 와이어는 1.2 [mm], 1.6 [mm]가 보통이다. 와이어 표면은 접촉팁과 원활한 전기접촉을 이루고 녹 방지 및 송급롤러와 접촉을 부드럽게 하기 위해서 얇은 구리도금이 되어 있으나 최근 환경 문제에 대한 관심 증가로 무도금 와이어가 개발되었다.

[표 7-12] 탄산가스 아크용접용 연강 와이어(KSD 7025)

종류	기호	와이어의 화학성분 [%]							용착금속의 기계적 성질				용도
		C 이하	Si 이하	Mn	P 이하	S 이하	Al 이하	Ti+Zr 이하	인장강도	항복점	연신율	V 샤르피	
1종	1	0.15	0.50-11.20	0.90-1.90	0.03	0.03	0.10	0.03	50	40	22	4.8	하향용적, 대전류용, 단락 아크용접, 소전류용 녹・스케일 부착 강재용
2종	2	0.15	0.50-11.20	0.90-1.90	0.03	0.03	-	-	50	40	22	2.8	
3종	3	0.15	0.50-11.20	0.90-1.90	0.03	0.03	0.10-0.50	0.03	50	40	20	2.8	
4종	4A	-	-	-	0.03	0.03	-	-	43	35	22	2.8	
	4B								50	40	20	2.8	

[표 7-13] CO_2-O_2아크용접용 솔리드와이어와 전용착금속의 성질

와이어	시 료	C	Si	Mn	P	S	Cu	Mo	Ti
DS 1	와이어	0.09	0.75	1.70	0.010	0.015	0.15	···	0.15
	전용착	0.11	0.21	0.68	0.019	0.012	0.14	···	0.012
DS 60	와이어	0.12	0.70	2.20	0.020	0.015	0.15	0.50	0.15
	전용착	0.10	0.28	1.00	0.024	0.015	0.16	0.45	0.015

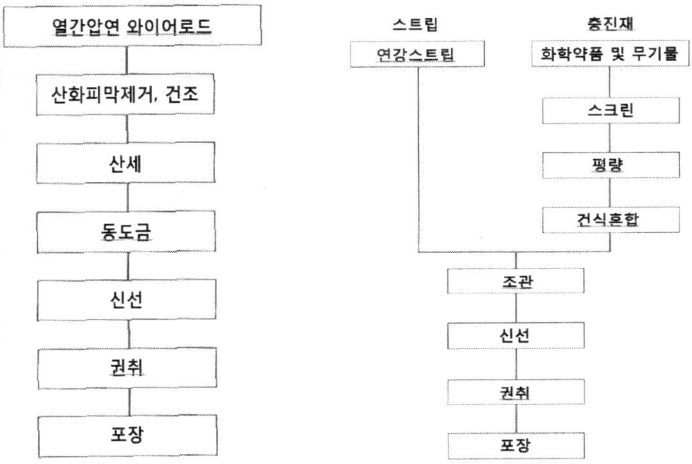

[그림 7-24] 솔리드와이어제조 공정

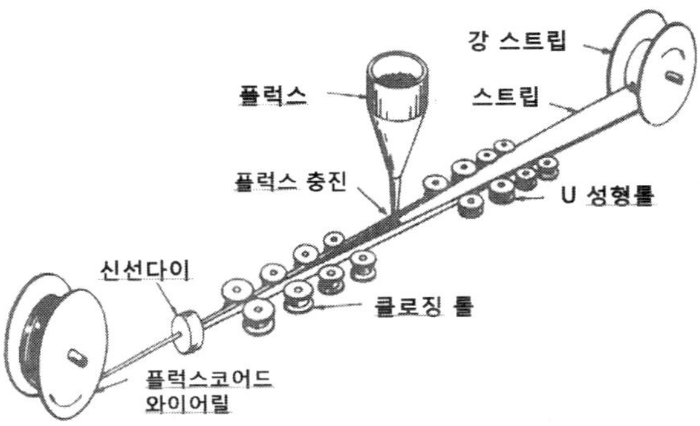

[그림 7-25] 플럭스코어드 와이어 제조공정

(2) 복합와이어(FCW : flux cored wire)

1986년도 국산화에 성공함으로서 급격히 사용량이 증가하였다. 복합와이어의 구조는 대강(hoop)의 스트립(strip)을 원통형으로 만들고 내부에 가스발생제, 탈산제, 아크안정제, 슬래그 형성제 등의 플럭스분말을 충진시킨 와이어를 말한다. FCW는 크게 MAG 용접용과 자체보호(Self shield) 아크용접용으로 구분된다. MAG 용접용은 플럭스의 종류에 따라 슬래그계와 메탈계로 구분하며, 또 슬래그계는

티타니아계, 라임티타니아계, 라임계로 구분된다. 슬래그계 와이어는 피복금속 아크용접봉과 같이 용접 후 슬래그가 비드표면을 덮는다. 그러나 메탈계 와이어는 슬래그 형성제가 플럭스 중에 거의 포함되지 않기 때문에 슬래그 발생량이 적어 솔리드 와이어처럼 사용할 수 있다. 복합와이어 내부에 충전된 플럭스의 주된 역할을 살펴보면 아크의 안정, 비드 형상, 슬래그 및 가스에 의한 보호작용, 슬래그-금속 반응에 의한 용융지의 정련작용, 용융지의 서냉작용 등이 있다.

현재 국내에서 사용되는 복합와이어는 티타니아계 와이어로서 아크안정성과 용접작업성이 양호하며 기계적 성질이 우수한 점을 가지고 있으므로 용접시공에서의 공수절감에 크게 기여하고 있다. 또한 솔리드 와이어(Solid wire)에 비해 용착속도가 약 10 [%]정도 높다. 와이어 용융지에 대한 열전도론적 해석에 의하면 복합와이어의 용융, 용착속도는 용접전류, 아크전압, 와이어 노출길이, 와이어의 성분, 플럭스 충진율 등에 의하여 변하게 된다. 또한 아크의 안정과 부드러운 용적이행에 의해 스패터가 적으며 비드외관이 미려하다는 장점이 있다. 그러나 가격이 비싸고 용착효율이 낮으며 슬래그를 형성시키는 와이어의 경우에는 슬래그를 제거해야 한다는 단점도 있다. 흄의 발생량은 와이어의 종류, 용접조건 등에 따라 다르나 복합와이어가 솔리드와이어보다 많다. 그 이유는 TiO_2, Al_2O_3, Fe-Si 등이 흄의 원인이 되는 플럭스를 가지고 있기 때문이다. 복합와이어(flux cored wire)는 사용하기 전 200 ~ 300 [℃]로 1시간 정도 건조하고 건조 후에는 항상 70 [℃]로 유지하여야 한다.

[표 7-14] 플럭스 와이어와 솔리드 와이어 비교

구분	항목	플럭스 코어드 와이어	솔리드 와이어
작업성	비드형상, 외관	평활하고, 아름답다	요철이 생겨 약간 거칠다
	용적 이행	미세입상 이행	입상이행
	아크 안정성	극히 양호	양호
	아크의 소리	부드럽다	시끄럽다
	스패터의 발생량	소립으로 적다	대립, 약간 많다
	슬래그의 도포성	균일하게 덮는다	불균일하다 극소
	슬래그의 제거성	양호	불량
	용입의 깊이	보통	깊다
	와이어의 송급성	약간 불량	양호
	fume의 발생량	약간 많다	보통
	전자세 용접성	양호	곤란
용접성	인장강도	55 ~ 58	56 ~ 58
	충격치	보통(8 ~ 10)	양호(10 ~ 13)
	확산성 수소량	저수소	최저수소
	내균열성	보통	양호
	X-pay	우수	양호
능률경제성	용착 속도	극히 빠르다	빠르다
	용착효율	보통(83 ~ 87)	양호(94 ~ 96)
	슬래그 스패터 제거	쉽다	곤란
	전용전류	높다	보통

자성을 가진 용제를 탄산가스 기류에 송급하는 방법을 유니온 아크용접법이라고 하는데, 아크가 발생하여 와이어에 전류가 흐르면 와이어 주위에 자장이 형성되고 이로 인해 용제(flux)가 자성화되어 와이어에 흡착되어 마치 피복용접봉 같은 역할을 하게 된다. 따라서 이 방법을 자성플럭스 용접방법이라고도 한다.

다. 용접용 토치(welding torch)

용융 풀로부터 방사열이 높기 때문에 대체로 수냉식이나 박판용 용접토치는 공냉식을 사용한다. 공랭식토치는 200 [A] 이하의 전류에 수냉식토치는 200 [A] 이상의 전류를 사용할 때 사용한다. CO_2가스 용접토치는 아래 사진처럼 제작하여 사용한다. 토치구조를 보면 와이어피더쪽에 와이어피더 고정과 전류공급을 위한 아답터가 부착되어 있고 아답터는 용접토치케이블과 접속되어 있다. 용접토치케이블은 용접전류를 전달하기 위한 용접선과 용접기동신호를 제어하기 위한 제어선, CO_2가스가 통과할 수 있는 호스와 와이어가 지나갈 수 있는 스프링라이너가 들어있다. 용접토치 끝쪽은 용접토치를 잡을 수 있는 손잡이가 부착되어 있고 용접기동 정지를 제어 할 수 있는 스위치, 용접노즐과 용접토치를 절연시켜주는 인슐레이터, 가스를 품어주는 가스디프서, 와이어에 전류를 전달해주는 콘텍트 팁, 가스를 모아서 품어주는 노즐, 토치가 흔들리지 않도록 잡아주는 토치바디로 구성되어 있다.

와이어 송급방식은 푸시방식, 풀방식, 푸시풀방식, 더불푸시방식 등이 있다.

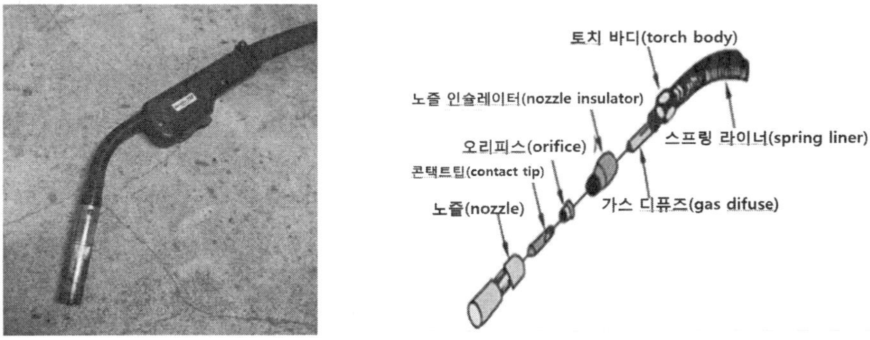

[그림 7-26] CO_2가스 아크용접 토치

라. 압력계 및 유량계

CO_2가스 아크용접에서 압력계는 CO_2가스용기내의 압력을 나타내는 것으로 용기 내에는 액화상태이므로 가스의 흐름으로 빙결되지 않도록 압력계 이면에는 히터(heater)가 부착되어 있으며, 유량계는 작업자가 용접시 사용하는 보호가스 양(L/min)을 조절하는 것으로 가스의 압력과 볼의 중량과의 평형의 원리를 이용하여 유량을 측정하므로 경사지게 설치하면 정확한 유량의 공급이 이루어지지 않으므로 반드시 유량계가 수직이 되도록 설치해야 한다.

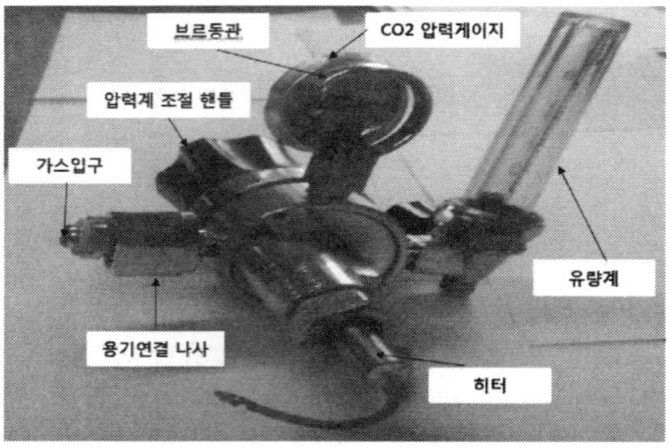

[그림 7-27] CO_2가스 압력계 및 유량계

6. 용접시공

가. 용접준비

CO_2가스 아크용접은 일반 용접보다도 모재 표면의 오염상태에 영향을 받기 쉬우므로 용접홈 부위가 청결한 것이 중요하다. 오염의 원인으로는 기름, 페인트, 붉은 녹 등의 유기물과 수분이다. 청소법으로는 가스 불꽃에 의한 가열처리, 쇼트 브라스트, 그라인더 처리, 스틸 브러쉬에 의한 제거, 알카리액, 유기용제에 의한 세척 등이 있다.

용접기 관리를 위하여는 사용 전, 사용 후 일상점검 및 주간, 월간점검 등을 실시하여 항상 사용 가능하도록 유지하고 용접기 내부는 6개월 1회정도, 스프링 라이너는 주 1회정도 압축공기로 청소한다. 토치로 송급장치를 끌거나 떨어뜨리지 않아야 하며 토치케이블은 사용 시 일직선으로 하여 사용하는 것이 좋으며 일직선이 곤란할 경우 φ600 이상의 원호가 되게, 파도형으로 구부러졌을 경우 R300 이상 되게 한다.

화재예방을 위하여 용접 전에 주위에 가연성가스나 유류, 가연성 물질이 있는 경우 안전한 곳으로 격리시킨 후 용접하며 격리가 안 되는 곳에서는 절대 용접하지 않는다.

나. 가용접

가접의 치수는 모재 판두께나 형상에 따라서 달라지지만 보통 200 ~ 500mm 간격에서 30 ~ 50mm 길이의 단속용접을 행한다. 이때 중요한 것은 가접 비드의 목두께는 본 용접시에 용입부족이 생기지 않을 정도로 하여 판두께가 두꺼워지면 가접비드의 목두께를 크게 하는 것 보다 가접간격을 작게 하고 수를 늘리던가 가접비드를 길게 하는 쪽이 좋은 방법이다. 적정조건의 용접전류, 아크전압의 선정은 용접의 양부를 결정하는 중요한 요소이다.

다. 본용접

본용접에 영향을 주는 요소로는 용접전류, 아크전압, 와이어 돌출길이(Stikout), 와이어 직경, 용접속도, 용접자세, 가스유량 등이 있다.

(1) 용접전류

용접전류는 용입을 결정하는 가장 큰 변수로, CO_2가스 아크용접에 사용되는 정전압 특성의 전원은 토치선단에 돌출된 와이어를 용융시켜 아크를 유지할 수 있는 필요한 전류를 자동적으로 공급하는 특성을 갖게 된다. 와이어 굵기가 φ 1.2 [mm]일 때 약 200 [A] 이하에서는 외관이 아름다운 비드가 얻어지며, 200 [A] 이상에서는 입상이행으로 비교적 깊은 용입을 얻을 수 있어 후판용접에 적합하다.

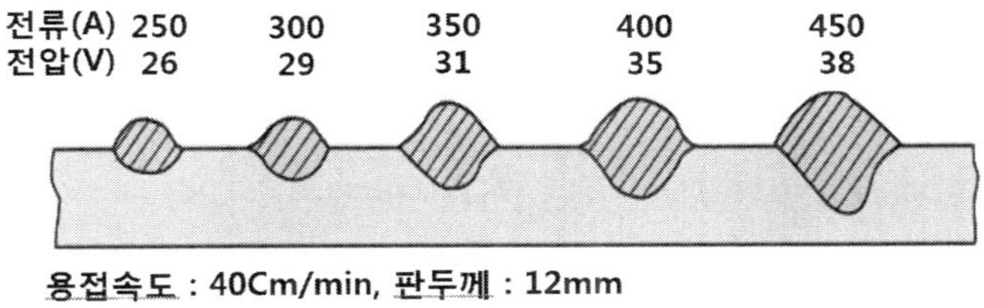

[그림 7-28] CO_2가스 아크용접 전류에 따른 비드형상

(2) 아크전압

아크전압은 비드형상을 결정하는 가장 중요한 요인으로, 아크전압을 높이면 비드가 없어지고 지나치게 높으면 기포가 발생하게 된다. 또한 너무 낮으면 볼록하고 좁은 비드를 형성하고, 와이어가 녹지 않는 결과가 생긴다. 낮은 전압일수록 아크가 집중되기 때문에 용입은 약간 깊어지고, 높은 전압의 경우는 아크가 길어지므로 비드의 폭은 넓어지고 납작해지며 용입은 약간 얇아진다.

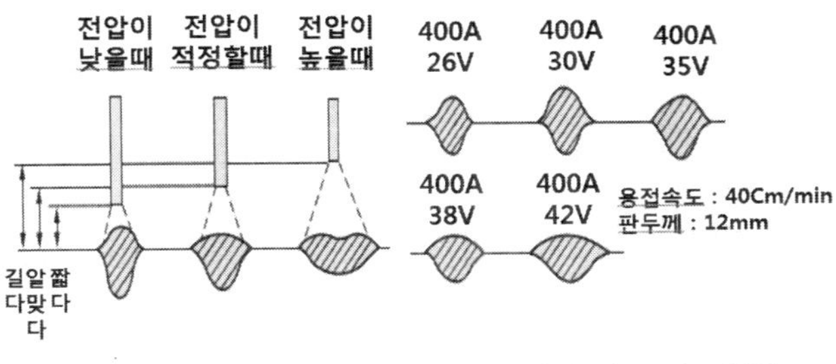

[그림 7-29] CO_2가스 아크용접 전압에 따른 비드형상

(3) 용접속도

와이어 용융속도는 와이어 지름과는 거의 관계가 없고, 아크전류에 거의 정비례하여 증가한다. 용접속도가 빠르면 모재의 입열이 감소되어 용입이 얕고 비드폭이 감소하여 폭이 좁은 요철형의

비드로 된다. 반대로 늦으면 아크의 바로 밑으로 용융금속이 흘러들어 아크의 힘을 약화시켜서 용입이 얕으며, 비드폭은 넓은 평탄한 비드를 형성한다. 용접속도를 극단적으로 느리게 하면 용융금속의 선행(탕의 유동)으로 스패터가 늘고 용입이 감소하므로 지나친 용융풀을 형성하는 것은 좋지 않다. 큰 각장용접을 원패스로 하는 것 보다는 속도를 빨리해 패스수를 늘리는 것이 바람직하다.

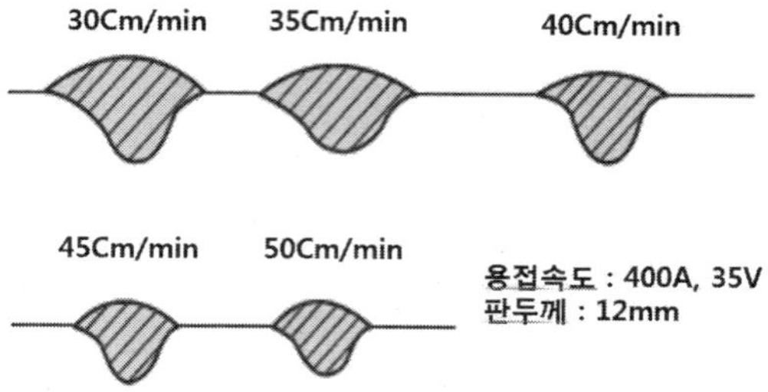

[그림 7-30] CO_2가스 아크용접 속도에 따른 비드형상

용착속도에 따른 인자로서는, 전극용해 비율, 이음부의 종류, 이음부의 가공상태, 이음부의 취부, 용접자세, 용접크기, 재질두께, 재질분석 등으로 CO_2가스 아크용접은 수동용접보다 용접속도 증가가 가능하므로 400 ~ 700 [mm/min]으로 용접이 가능하도록 하는 것이 필요하다. 용착속도는 일반적으로 아크전압이 낮은 쪽이 좋고, 솔리드 와이어에서는 90 ~ 95 [%]에 달하며, 복합와이어에서는 와이어당 65 ~ 70 [%], 플럭스를 제외한 강 부분 당 83 ~ 93 [%] 정도이다.

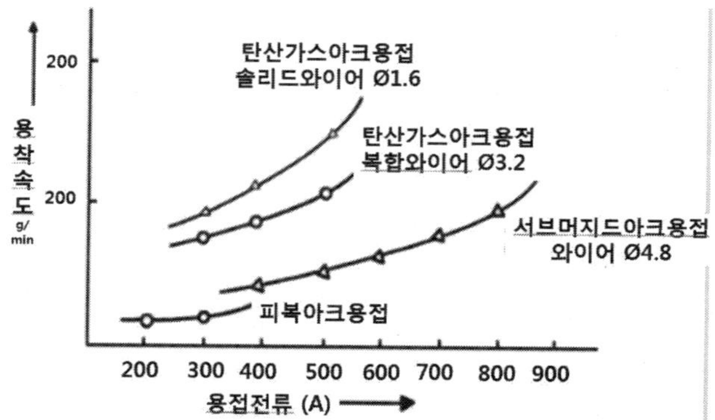

[그림 7-31] CO_2가스 아크용접 용착속도 비교

(4) 용접와이어 돌출길이

와이어 돌출길이는 팁 끝에서 아크 첨단까지의 길이로서, 돌출길이가 길어짐에 따라 예열이 많아지고 따라서 용착속도와 용착효율이 커지며 보호효과가 나빠진다. 길이가 짧아지면 가스보호는 좋으나 노즐에 스패터가 부착되기 쉽고 용착부의 외관도 나쁘며 작업성이 떨어진다. 팁과 모재간의 거리는

200 [A] 미만의 저전류에서는 10 ~ 15 [mm]정도, 200 [A] 이상에서는 15 ~ 25 [mm]정도가 적당하다. 일반적인 용접작용에서의 와이어 돌출길이는 10 ~ 15 [mm]정도가 적당하다. 용접자세에 따라 용접전류와 용접속도가 다르며, 알맞은 조건을 선택해야 한다.

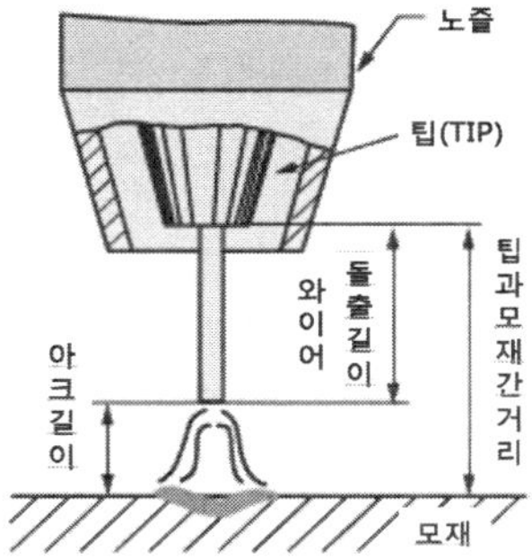

[그림 7-32] 와이어 돌출길이

(5) 보호가스와 용입

용입은 실드가스의 종류에 따라서 상당히 다르다. 예를 들면, MIG용접에서는 중앙부가 뾰족하지만 좌우가 작고, 탄산가스 아크에서는 깊은 용입으로 되고, 중앙부에 세로균열이 생기기 쉽다. 탄산가스 아크의 필릿 용접에서는 피복 아크용접이나 MIG 용접에 비하여 깊은 용입이 얻어진다.

7. 용접비용

CO_2가스 아크용접은 비교적 큰 전류를 사용하여 아크를 연속적으로 발생할 수가 있고, 솔리드 와이어에서는 슬래그를 제거할 필요가 없으므로 용접 비용은 연강판 5 ~ 25 [mm]에 대해서는 피복 금속아크 용접의 약 1/4, 잠호용접의 약 1/2 정도이다. 또 다른 예에서 구체적인 숫자를 비교하면 [표 7-15]와 같이 솔리드 와이어의 방식이 약간 비싸지만, 피복 금속아크 용접의 약 1/2 ~ 1/3이다.

[표 7-15] 용접비용의 비교(연강)

용접법	용접조건			용착속도 [kg/h]	아크타임 [%]	용착량 [kg/h]	용착효율 [%]	와이어 소비량 [kg/h]	용접공수 [MH/1kg]	와이어 소비량 [kg/1kg]	용접비용 [원/와이어 1kg]
	봉종류	와이어 지름[mm]	전류 [A]								
탄산가스 아크 (반자동)	솔리드 와이어	1.6	270	3.8	50	1.9	95	2.0	0.5	1	769
			360	5.4		2.7		2.8	0.4		704
	플럭스 충전 와이어	3.2	350	4	40	1.6	70	2.3	0.6	1.3	811
			450	5.1		2.0		2.9	0.5		814
			350	4	30	1.2		1.7	0.8		1014
			450	5.1		1.5		2.1	0.5		881

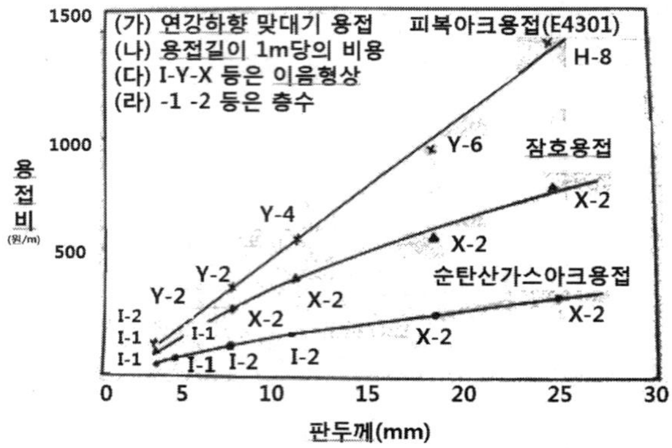

[그림 7-33] 용접별 용접비 비교

8. 용접안전

CO_2가스 아크용접에서 주의할 사항은 일산화탄소, 탄산가스, 자외선, 방사열, 금속증기에 의한 피해가 있으며 CO_2가스는 아크열에 의하여 $2CO_2 = 2CO + O$의 화학반응에 의하여 인체에 해로운 일산화탄소가 발생한다. 예로 150 [m^3]의 작업실에서 12 [l/min]의 이산화탄소를 공급할 경우 0.12 [l/min]의 CO가스가 발생하므로 한계값 0.01 [%]에 맞추기 위해서는 3 [m^3/min]l 환기가 필요하다.

작업자의 안전을 위하여 용접기는 반드시 접지시설이나 수도파이프 또는 접지봉에 접지하며, 연결전선은 규격품을 사용해야 한다. 특히 가스나 가연성액체 운반 파이프에 접지해서는 안된다. 또한 아연, 납, 구리, 카드뮴, 배관용접 등 유독성 가스나 증기를 발생하는 용접장에는 통풍시설을 확실히 해야 하며, 방독 마스크를 착용하고 용접하도록 한다. 작업자 보호를 위하여 용접 전에 보호구를 착용케 하여 화상 등을 입지 않게 하고, 차광유리가 부착된 헬멧이나 핸드실드를 사용하여 아크빛으로부터 눈과 피부를 보호할 수 있도록 한다.

[표 7-16] CO가스와 CO_2가스의 공기 중 분포도에 따른 인체영향

CO 가스		CO_2 가스	
0.01 [%] 이상	건강에 유해	2 [%]	불쾌감이 있다.
0.02 ~ 0.05 [%] 이상	중독 작용, 두통, 뇌빈혈	3 [%]	호흡수가 늘어나며 호흡이 깊어진다.
0.1 [%] 이상	몇 시간 호흡하면 위험	4 [%]	눈, 목의 점막에 자극이 있다. 두통, 귀울림, 어지러움. 혈압 상승이 일어난다.
0.2 [%] 이상	30분 이상 호흡시 사망	8 [%]	호흡이 곤란하다.
		9 [%]	구토를 하며 실신한다.
		10 [%]	시력장애, 몸이 떨리며 1분 이내에 의식을 잃으며 그대로 방치하면 사망한다.
		20 [%]	중추신경이 마비되어 사망한다.

제5절 | 플럭스 코어드 아크용접(Flux Cored Arc Welding : FCAW)

1. 개 요

FCAW은 기존의 GMAW의 장점을 살리면서 보다 효율적으로 용접을 할 수 있도록 개선된 용접방법이다. 대부분 GMAW의 한 종류로 구분하지만 미국용접학회(AWS)에서는 별개의 공정으로 규정하고 있다. 플럭스코어드 아크용접은 보호가스의 공급없이 튜브형태의 용접와이어에 용제를 채워 넣어 만든 FCW(flux cored wire)를 사용하며, 용접시 FCW의 용제에서 발생하는 CO_2가 주성분인 보호가스를 이용하여 용접부를 보호하고 안정된 용접을 실시하는 방법이다.

용접전원으로는 교류, 직류, 어느 것이나 사용할 수 있으며, 직류를 사용하면 비교적 낮은 용접전류로 안정된 아크가 얻어지므로 얇은 판의 용접에 적합하다. 또 비교적 높은 전류로 중후판의 용접에도 사용된다. 이 용접법은 CO_2가스 아크용접보다는 다소 용접성이 떨어지나 장점으로는 옥외 작업이 가능하다는데 있다.

2. 용접종류

FCAW는 용접부의 가스보호 방법에 따라 용제의 연소에 의해 발생되는 가스로만 용접부를 보호하는 자체보호타입(Self shielded type)과 외부에서 추가로 CO_2 또는 혼합가스를 공급해 주어 용접부를 보호하는 가스보호타입(Dual shielded type) 두 가지로 구분한다.

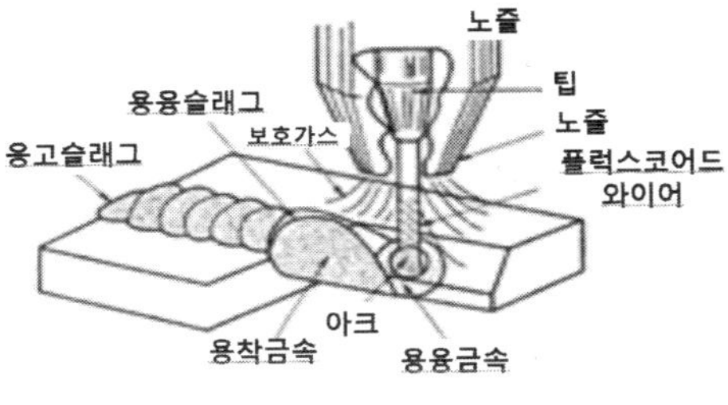

[그림 7-34] 가스보호 FCAW 원리

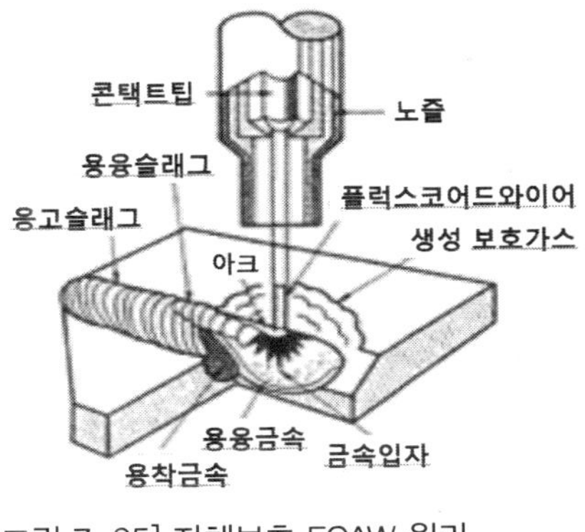

그림 7-35] 자체보호 FCAW 원리

3. 용접특징

플럭스코어드 아크용접의 필요조건으로는 전자세 용접이 가능하고 고능률이며 내충격성이 양호할 것이 요구된다. 또한 피복금속 아크용접보다 용착속도가 약 4배 빠르므로 용착비용이 50 ~ 75 [%]나

절감된다. 또 서브머지드 아크용접에서와 같이 용제를 따로 취급해야 하는 번거로움도 없고, CO_2가스 아크용접에서와 같이 가스공급 계통설비가 없어 간편하다. 장점 및 단점은 다음과 같다.

(1) 장점

① 보호가스나 용제를 필요로 하지 않는다.
② 용접전원으로 교류 또는 직류를 사용할 수 있고, 전자세 용접이 가능하다.
③ 용제 중에 가스화가 쉬운 성분, 강력탈산제 및 질소고정제, 아크안정제, 합금첨가제 등을 배합하여 바람이 있는 옥외에서도 작업이 가능하다.
④ 피복금속 아크용접봉의 저수소계와 같이 수소의 발생이 적다.
⑤ 용접비드가 아름답고 슬래그의 박리성이 좋다.
⑥ 용접장치가 간단하며 운반이 편리하다.
⑦ 용접길이가 긴 용접물에 아크를 중단하지 않고 연속용접을 할 수 있다.

(2) 단점

① 용착금속의 기계적 성질은 다른 용접법에 비하여 다소 떨어진다.
② 전극와이어의 가격이 비싸다.
③ 보호가스의 발생이 많아서 용접선이 잘 보이지 않는다.
④ 아크 빛과 열이 강렬하다.

4. 용접 와이어

FCW(flux cored wire)는 원통내부에 피복제가 충전되어 있는 형으로 기존의 피복아크 용접봉과 솔리드와이어의 장점을 따서 개발한 아크용접 재료이다. 즉, 아래 그림에서 보는 바와 같이 피복아크 용접봉은 외부 피복제의 작용에 의해 스패터 발생량이 적으며, 아크가 안정되고 부드러운 등 용접작업성은 우수하나 릴(reel)에 감을 수가 없어 자동화가 불가능하며, 솔리드와이어는 자동화가 가능하나 피복제가 없어 전자세용접이 힘들고 스패터 발생량이 많으며 용접작업성이 불량하다. 전류밀도는 용접봉 단위 면적당 통과하는 전류량으로서 FCW와 솔리드와이어 용접봉의 전류밀도는 차이가 있다. 같은 크기의 FCW와 솔리드와이어 용접봉을 비교해 보면 FCW 전류의 통과부분이 솔리드와이어 용접봉보다 작은 것을 알 수 있으며, 같은 전류에서 FCW의 전류밀도가 더 큰 것을 알 수 있다. 전류밀도가 크기 때문에 용접봉의 용착속도가 증가하고, 용입이 깊어진다.

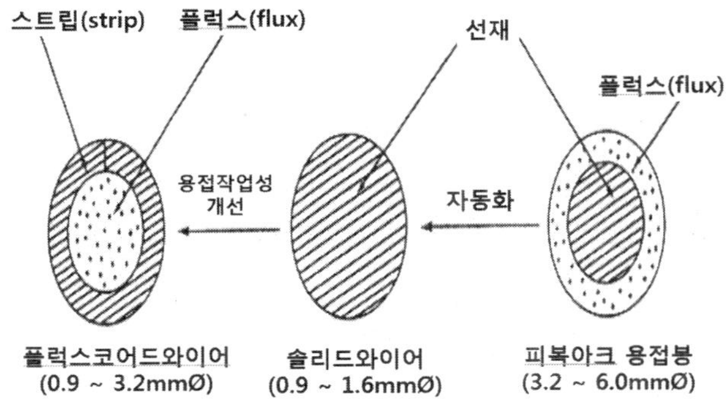

[그림 7-36] 용접봉 종류별 단면형상

와이어 사이즈는 0.9, 1.6, 2.0, 2.4, 2.8, 3.2 [mm] 등이 있으며, 용도로는 연강용, 고장력 구조용강의 저합금강용, 저온에서 사용하는 니켈함유용, 스테인리스강용, 표면경화용(hard-surfacing) 등이 있다. FCW 속의 플럭스 양은 전체 무게의 15 ~ 20 [%]정도로 이루어져 있으며, 역할은 다음과 같다.

① 탈산제 역할과 용접금속을 깨끗이 한다.
② 용접금속이 응고할 동안 용접금속 위에 슬래그를 형성하여 보호한다.
③ 아크를 안정시키고, 스패터를 감소시킨다.
④ 합금원소의 첨가로 강도를 증가시키고, 원하는 용접부성질을 얻을 수 있다.
⑤ 용접중 플럭스가 연소하여 보호가스를 형성한다.

가스보호와 자체보호 플럭스코어드 용접봉규격은 AWS as 20-69에 규정되어 있다. 예를 들어 E60T-7의 용접봉이 의미하는 뜻은

E : Eletrode 용접봉의 첫 글자　　60psi : 용접부의 최소인장강도 $43Kgf/cm^2$
T : 원통 와이어(Tubular wire)

가. 플럭스코어드 와이어(flux cored wire : FCW) 특성

FCW는 솔리드와이어나 피복금속 아크용접봉에 비해 용접재료 단가는 높으나 고능률성에 의한 용접시간 단축, 양호한 용접작업성, 저스패터 발생에 의한 그라인딩 공수의 절감과 품질향상에 의한 수정률의 감소로 아크타임률 향상, 높은 용착효율에 의한 용접재료 사용량의 경감 등으로 어떤 용접자세에서 시공에 있어서도 용접비용의 절감을 꾀할 수 있다. 플럭스코어드 와이어의 용접특성은 아래와 같다.

(1) 용착속도가 빠르다

하향, 횡향, 수평필렛 용접에서는 솔리드와이어에 비해 10 [%] 이상 용착속도가 빠르며, 입향상진 용접에서는 Flux의 작용에 의해 고전류에서 용접이 가능하기 때문에 2배 이상의 차이가 있다. FCW의 용착속도는 용접전류, 와이어 돌출길이, Flux 충전율 등에 의해 변화하나 솔리드와이어에 비해 빠른 이유는 FCW의 경우 전류경로가 외피금속을 따라 흐르므로 전류밀도가 상승하기 때문이다.

(2) 전자세 용접이 가능하다

솔리드와이어에 의한 CO_2용접은 입향상진 용접의 경우 높은 용접기량이 요구되고, 용융물이 흘러내려 적용이 어려우며, 또 입향하진 용접은 박판용의 경우를 제외하고는 적용이 불가능하나 FCW는 입향상진 용접은 물론이고, 입향하진 용접도 쉽게 할 수 있다.

(3) 아크 타임률이 향상된다

1.2∅와이어로 용접전류를 230 ~ 250 [A]로 설정해 두면 작업도중에 용접조건을 변경할 필요없이 전자세용접이 가능하게 되어 아크타임률이 향상된다. 특히, 용접구조물이 큰 조선 등에서는 이 점이 매우 큰 의의를 가진다.

(4) 용접비드 외관 및 형상이 양호하다

FCW는 솔리드와이어에 비하여 비드 표면이 고르고 언더컷, 오버랩, 사행비드현상이 생기지 않으므로 그라인드 수정공수가 들지 않는다.

(5) 슬래그 박리가 쉽다

FCW는 얇은 슬래그가 용접비드 표면을 골고루 덮기 때문에 아름다운 비드표면을 얻음과 동시에 해머로 가볍게 두들기면 슬래그가 일어난다. 그러나 솔리드와이어의 경우 부분적으로 슬래그나 산화피막이 입혀져 박리성이 나쁘다.

(6) 스패터 발생량이 적다

FCW는 솔리드와이어에 비해 스패터 크기가 작고 발생량도 적어서 스패터 제거공수가 적게 든다. 따라서 장시간 연속아크를 발생시켜도 노즐이 막히지 않는다.

5. 용접방법

플럭스코어드 아크용접을 적정하게 수행하기 위하여는 아래요소를 잘 고려하여 용접작업을 수행하여야 한다.

가. 용접부 청소

용접부 홈의 청소는 피복금속 아크용접과 기본적으로 다를 것이 없다. 즉, 용접면의 녹이나 페인트 등은 용접홈 결함의 원인이 되므로 완전히 제거해야 한다. 특히 홈부분의 녹은 수분을 함유하고 있으므로 모재를 가스불꽃으로 가열한 후 용접하는 것이 좋다. 또 모재의 뒷댐재 사이에 불순물이 끼여 있으면 기공 등 내부 결함이 생기기 쉬우므로 주의하지 않으면 안된다.

나. 와이어의 흡습과 재건조

플럭스코어드 아크용접에 사용되고 있는 용접와이어는 내부에 용제가 밀봉되어 있고 또 높은 전류를 사용하기 때문에 흡습현상은 큰 문제가 되지 않으나 한번 흡습되면 와이어 표면에 녹이 슬고 용접할 때 스패터가 많이 튀며 기공발생의 원인이 되기도 한다. 와이어를 개봉한 후 방치해 두면 흡습할 염려가 있으므로 사용시에는 200 ~ 300 [℃]에서 1 ~ 2시간 재건조를 시켜야 한다.

다. 이음 홈가공 및 가용접

이음부의 용접홈 가공과 가용접은 용접에서 중요하다. 그러므로 정밀도가 높은 용접을 하기 위해서는 홈가공 및 가용접을 정확하게 해야 한다. 만일 정밀도가 맞지 않으면 일정한 용접조건이라도 용입의 불균형이나 용락이 생기게 되며 때로는 기공, 균열 등이 발생한다.

라. 용접장치

플럭스코어드 용접장치는 용접전원, 와이어 송급장치, 제어장치, 용접토치 등으로 구성되어 있다. 용접기는 직류 정전압식이 주로 쓰이며, 변압-정류식과 모터-발전기식의 두 가지가 있다. 와이어 송급장치는 토치로부터 약 15 [m]까지 떨어져 용접할 수 있는 반자동식이 있고, 용접노즐(nozzle) 바로 위에 부착되어 있는 전자동식이 있다. 반자동 용접에 사용되는 용접토치는 가벼워서 자유로이 움직일 수 있어 용접하기 편리하며, 노즐 끝의 가이드 팁은 깊은 홈의 용접도 할 수 있도록 가늘게 되어 있다. 전기적 접촉은 노즐 속의 콘택트 튜브에서 이루어지며, 토치의 손잡이에는 보호커버가 달려 있어 용접열과 스패터로부터 손을 보호하게 되어있다.

마. 용접토치 취급법

토치 케이블은 날카로운 모서리에 걸쳐 잡아당기거나, 무리하게 취급하면 파손되므로 케이블의 압착이나 꼬임 등이 없도록 주의하여야 한다. 또한 용접중 토치 케이블은 될 수 있는 한 곧게 펴서 사용해야 하며 극단적으로 구부려서 사용하면 와이어송급이 어렵게 된다. 용접 와이어는 표면이 깨끗하고 녹이 없으며 매끄러운 것이어야 하며 노즐 속의 접촉 팁은 마모된 것이나 변형된 것을 사용하면 와이어 송급이 불균일하고 용접전류가 불안정하므로 주의해야 한다.

바. 아크 발생

돌출길이를 적당하게 맞춘 다음 토치의 노즐을 모재 가까이 접근시키고 용접자세를 취한다. 아크가 발생하기 전에는 와이어를 용접부속에 밀어 넣지 않도록 하고, 토치의 스위치를 당기면 용접이 시작된다. 멈출 때는 스위치를 놓으면서 토치를 들어 올리면 된다.

사. 와이어 돌출길이

와이어 돌출길이(electrode extension)란 와이어의 전기접촉 팁으로부터 아크첨단까지의 와이어 길이로써 용착금속내의 기공함유량에 큰 영향을 미친다. 용접와이어의 종류와 굵기, 사용전류와 전압에 따라 돌출길이가 달라진다. 돌출길이가 길면 팁의 수명은 길어지고, 줄(joule)열에 의해 흡습한 와이어의 건조도 기대된다.

아. 전압 조정

표면에 기포와 같은 결함이 발생하면 전압이 높은 상태이고, 비드가 너무 볼록하거나 가늘게 튀어나오면 전압이 낮은 것이므로 전압조정을 정확히 한다. 모재측 케이블 연결이 나쁘거나, 가늘어도 전압이 약해진다.

자. 와이어 송급속도 조정(전류 조정)

와이어 송급속도 조정은 송급장치에 있는 전류조정기(송급속도)를 이용하여 조정한다. 전류계를 보면 전류를 읽을 수 있으므로 적정 전류값을 설정한다. 용접 진행속도를 일정하게 유지한 다음 용융 풀을 따라 나가는 와이어와 용융슬래그의 거리를 일정하게 유지하는 것이 중요하다.

차. 용접속도

플럭스코어드 아크용접에서의 용접속도는 다른 용접법에 비하여 일반적으로 빠른 편이다. 그 이유로는 슬래그의 응고속도가 빨라 발생가스의 효과가 감소하므로 용접부의 충격인성이 나빠지기 때문이다. 그러나 용접속도가 지나치게 빠르면 비드 외형이 나빠지거나 용입부족을 일으키기 쉽다.

6. FCAW의 적용

아직까지 FCAW은 철계(ferrous)금속과 nickel base 합금에만 적용 가능하며, 초기 설치비용의 과다와 관련 업계의 인식부족에 기인한 거부감으로 인해 주로 조선업계에 한정되어 적용되었으나, 용착속도가 빠르고(경제성) 전 자세 용접(작업성)이 가능하다는 등의 장점으로 점차 산업계 전반으로 확산되어가고 있는 추세이다. 그러나 용접부의(특히 열처리 후) 충격강도가 낮기 때문에 석유화학 및 발전 설비에서는 비압력부의 탄소강종에 국한하여 사용되고 있으나, 최근 국내 · 외 압력용기 부분의 시임 용접부에서 직접적으로 적용하는 경우가 많으며, 겹침이음부의 점용접이나 표면경화 용접(surface hardfacing) 및 크래딩(cladding) 작업에도 적용하고 있다.

제8장
고밀도 에너지 용접

제1절 | 플라스마 아크용접(Plasma Arc Welding : PAW)

1. 개 요

플라스마는 그리스어의 $\pi\lambda\sigma\mu\alpha$, -$\alpha\tau$os, τ로부터 유래한 말로서 그 원래 뜻은 틀에 넣어서 만든 것, 조립된 것 등이다. 플라스마 성질은 일반적인 기체와 매우 다르기 때문에 물질의 네 번째 상태라고 불리며, 윌리엄 크룩스(William Crookes)에 의해 1879년에 방전관에서 처음으로 확인되었고 그는 이것을 발광물질이라고 칭했다. 플라스마라는 명칭은 1928년 미국의 전자기 물리학자인 어빙 랭뮤어(Irving Langmuir)에 의해 처음 쓰였다.

플라스마 용접법은 마그네슘과 스테인레스강을 용접하기 위하여 1954년에 GTAW에서 발전된 플라스마용접(Plasma Arc Welding)이 개발되었다. 그리고 1957년에 Union Carbide의 Linde Division에서 상용화 되었다. 플라스마 아크용접은 1960년대 중반 로켓케이스 용접에 사용된 이래 산업분야에 널리 사용되기 시작하여, 우주항공 산업분야에 많이 사용되고 있다.

2. 용접 원리

플라스마(Plasma) 아크용접을 하기 위해서는 고주파 발생기를 사용하여 텅스텐전극과 구속노즐(인서트짚)사이에 파이로트 아크(PILOT ARC)를 발생시킨다. 이 아크는 파이로트 가스류에 의하여 구속노즐의 구멍으로부터 플라스마류가 분출한다. 다음에 텅스텐전극과 모재사이에 전압을 차차 증가시킴으로서 플라스마 아크가 발생하게 되고, 플라스마 가스는 소용돌이 또는 축방향 흐름으로 공급된다. 플라스마 가스로 공급되는 가스는 아크를 통과하면서 급격히 가열 팽창하며, 수축노즐을 통과하면서 속도가 매우 빠르게 되어 전체 플라스마의 밀도와 속도에 큰 영향을 미치게 된다. 열적핀치효과와 자기적 핀치효과에 의해 수축된 아크는 전류밀도와 에너지 밀도가 높아지므로, 플라스마 아크온도가 증가하게 된다. 그러나 아크전류가 약 10 A 이하로 크게 감소되면 불안정하게 된다. 이는 낮은 전류조건에서 아크전압은 아크전류가 증가하면 감소하기 때문이다. 이 경우 노즐과 전극사이에 불과 수 암페어 전류가 이행형아크를 안정하게 유지하는데 필요하다. 이 형태를 마이크로-플라스마 또는 비이행형 아크라 부른다.

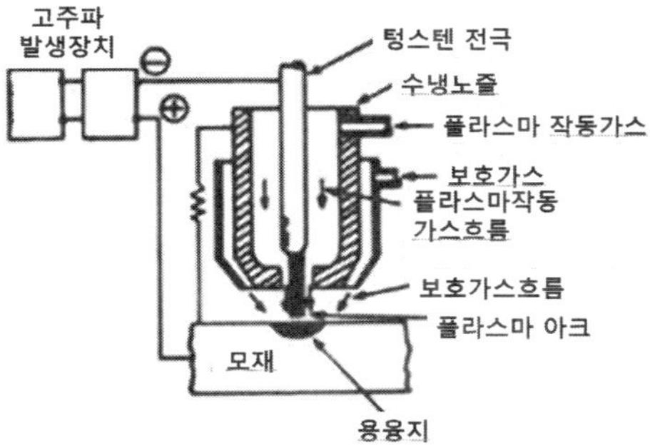

[그림 8-1] 플라스마 아크용접 원리

플라스마 아크용접을 다른 용접법과 비교하면 아크의 고에너지밀도는 TIG용접과 레이저(Laser)용접 또는 전자(빔)용접의 중간정도이고, 초기설비비는 레이저(Laser)용접이나 전자빔용접에 비하여 저렴한 특징을 가진다.

[표 8-1] TIG/ PLASMA/ LASER 용접비교표

용접방법	에너지밀도 [w/cm^2]	적용두께 [mm]	비드현상		용접변형 열변형	고속 용접성	제품 치수 정도	토치 조작성	유지비 운영비용
			폭	용입					
TIG용접	10^3-10^4	0.5 이상	넓다	얇다	많다	낮다	보통	양호	비용이 많다
PLASMA 용접	10^7	0.1 이상	좁다	깊다	적다	적다	약간 정밀	약간복잡	보통
YAG 레이져	10^9	10 이하	많이 좁다	많이 깊다	많이 적다	많이 적다	정밀	복잡	적다

가. 열적 핀치 효과(Thermal Pinch Effect)

플라스마 아크를 외부에서 냉각시키면 플라스마화한 기체가 가늘게 조이면서 전류밀도가 올라가, 중심부 온도는 상승한다. 또한 플라스마 아크는 열손실이 최소한으로 되도록 단면이 수축되어 전류밀도가 증대하고 그 결과, 주울(Joule)열이 증대해서 큰 에너지 밀도의 높은 플라스마가 형성된다. 이를 플라스마 아크의 열적핀치효과라라고 한다. 전기의 양전도체인 동제품의 노즐이 플라즈마에 녹지

않고, 플라스마 절단의 노즐로서 제 역할을 하는 것도 이 효과 때문이다. 노즐의 냉각을 강력하게 하면 할수록, 플라스마의 통로는 좁게 되고 이는 가는 플라스마 기류를 얻을 수 있다.

나. 자기적 핀치 효과(Magnetic Pinch Effect)

아크 플라스마는 대전류가 되면 방전전류에 의해 생기는 자장과 전류의 작용으로 수축되며, 전류밀도가 증가하여 큰 에너지를 발생하는데 이와 같은 성질을 자기적 핀치 효과(magnetic pinch effect)라고 한다. 이와 같은 핀치효과에 의해서 아크 플라스마는 10,000 ~ 30,000 [℃] 이상의 온도에 달하며 모재를 가열 용융하여 용접 및 절단을 한다. 일반적으로 고전류를 사용하는 플라스마 아크에서는 자기적 핀치효과의 영향이 열적 핀치효과보다 크지 않다.

3. 장·단점

가. 장점

① 핀치효과에 의해 전류밀도가 크고 아크집중성이 좋아 용접속도가 빠르다.
(TIG용접의 펄스사용시보다 2 ~ 3배 빠르다.)
② 아크지향성이 좋아 키홀 용접법을 사용하면 용입깊이를 제어할 수 있고 I형 용접부를 사용하기 때문에 용접준비가 간단하며 자동용접에 최적이다.
③ 용접부의 금속학적, 기계적성질이 좋으며 변형도 적다.
④ 스패터의 발생이 거의 없어 와이어의 사용량이 소량으로 되고 양호한 입열제어가 가능하며 각종 재료의 박판(2 [mm] 이하)이나 정밀부분의 용접이 가능하다.
⑤ 전극소모가 작기 때문에 장시간의 용접이 가능하다.(TIG용접의 1/3 이하)
⑥ 이음준비가 불완전 하여도 용접에 큰 영향을 미치지 않는다.
⑦ 아크길이가 길기 때문에 큰 아크길이의 변화가 허용되며, 아크길이가 변하여도 용융금속의 양에는 큰 차이가 없이 균일한 용접부를 얻을 수 있다.
⑧ 용입이 깊고 비드폭이 좁다.
⑨ 운영비용(RUNNING COST)이 적게 든다.(보통 TIG용접의 1/2 ~ 1/8)

나. 단점

① 장비의 구입 및 유지, 보수비용이 높다.
② 무부하 전압이 높다(일반 아크용접기의 2 ~ 5배)
③ 용접속도가 빠르게 되면 가스의 보호가 불충분 할 수 있다.
④ 모재표면에 기름, 먼지, 녹 등 오염되었을 때에는 아크상태가 변하여 비드 불균일, 용접부

품질저하 등의 원인이 되므로 이음부를 청결하게 관리해야 한다.

⑤ 플라스마 아크토치가 커서 모서리 용접 등에 불리하다.

⑥ 키홀용접에서 언더컷이 발생하기 쉽다.

⑦ 키홀용접과 용융용접을 사용해야 하는 다층용접에서 용접변수 변화가 크다.

⑧ 용접속도가 CO_2아크용접에 비하여 느리다.

4. 용접장치

플라스마 아크 용접장비는 수동형과 자동형의 두 종류가 있으며, 토치의 용량에서 표준형과 대용량형으로 구분되나 어느 경우라도 주된 구성은 전원, 용접토치, 제어판, 고주파아크 발생장치, 오리피스 가스와 보호가스의 공급장치, 냉각수 공급 장치, 원격조정장치로 구성된다. 플라스마 용접공정을 자동화하기 위해서는 이외에도 이송장치, 와이어 송급장치들이 필요하다.

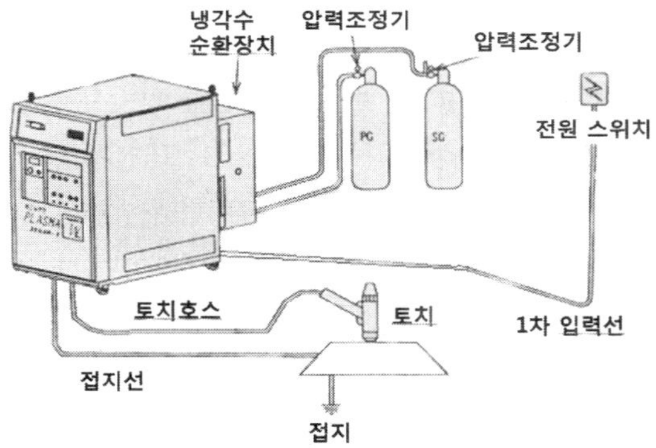

[그림 8-2] 용접기 구성

가. 주요 공정변수

플라스마 아크는 아크에너지의 제어가 어느 정도 가능한데, 이때 아크 힘, 모재에서의 에너지 밀도 등의 특성에 영향을 미치는 주요 인자는 다음과 같다.

(1) 플라스마 전류

판재의 두께에 따라 0.8 [mm] 이하의 얇은 판재용접에는 0.2 ~ 10 [A] 범위의 마이크로 플라스마와 2.5 [mm] 이상의 두꺼운 판재용접에는 100A ~ 300 [A] 범위의 플라스마이다.

(2) 노즐직경과 형태

노즐은 아크를 수축하고 플라스마 제트의 흐름을 노즐의 길이 방향으로 일정하게 유지시켜 주는 작용을 하며, 그 내경은 아크직경보다 작아야 한다. 노즐의 직경이 작고 길이가 길수록 아크의 수축정도는 증가하여 플라스마의 경로가 균일하게 되고, 온도가 증가하며, 에너지밀도도 높아지는 등 노즐의 설계가 플라스마 특성에 큰 영향을 미친다.

(3) 플라스마 가스와 보호가스

플라스마 아크 용접에서는 플라스마 가스와 보호가스로 Ar, Ar + H_2 또는 Ar + He이 사용된다. Ar은 전극 및 노즐의 침식을 줄이며 이온화가 쉽고 플라스마 칼럼을 낮은 전압으로 유지할 수 있어 모든 금속의 용접에 적당하다. Ar에 H_2를 첨가하면 아크온도 증가 및 열전달이 크므로 용접속도 및 용입깊이를 증가할 수 있으나 Ti, Zr 등의 활성금속에는 사용될 수 없으므로 활성금속에는 Ar + He이 적당하다. 순수 He은 토치 부품에 과다한 열부하를 주므로 열입력이 적은 재료용접에 사용된다.

나. 플라스마 아크용접기

플라스마 아크용접기는 일반 아크에 비하여 매우 전압이 높으며 사용하는 토치, 가스 유량, 가스의 종류에 따른 부하전압을 가지는 정전류특성(수하특성)의 직류 또는 교류의 전원을 사용한다. 제어방식에는 가포화방식, 사이리스터 제어, 인버터제어 등이 있는데 현재는 인버터 제어방식을 주로 사용한다.

출력전류로 분류하면 15 [A] 미만의 극박판용접용, 120 [A] 미만의 박판용접용, 350 [A] 미만의 중후판~후판용접용, 350 [A] 이상의 극후판용접으로 분류된다. 최근의 플라즈마용접기는 자동기계에 탑재하여 용접하는 경우가 많아 용접기에 외부장치를 접속시키는 기능을 부가시키기도 하고, 플라즈마 가스의 유량을 외부신호로 조절할 수 있는 기능을 내장하는 등 고기능화가 진행 중이다.

(1) 플라스마 아크 발생방법

고온 플라스마 발생방법에는 3가지 방식이 있으며, 플라스마 분출을 위한 작동가스로는 보통 아르곤이 쓰인다. 전류-제한 저항기에 의해서 토치 노즐을 지면에 접속시키는 파일로트 아크회로는 아크를 더 쉽게 발생하게 만든다. 이 가동 유닛이 일단 스스로 분리되면, 아크는 시작된다.

용접모재를 '+'로 텅스텐전극을 '-'로 하면 이행형 아크(transferred arc)라 하고 노즐을 '+'로 텅스텐전극을 '-'로 한 것은 비이행형 아크(non transferred arc)라고 하며 용접모재와 노즐을 '+'로 텅스텐전극을 '-'로 하면 반이행형 아크(semi transferred arc)라 한다. 여기에서 이행형을 플라스마 아크라 하고 비이행형의 것을 플라스마 제트라고 불러 구별한다.

모재가 전도성 물질이어야 하는 이행형 플라스마 아크는 전극과 노즐사이에서 발생한 파일로트 아크에 의한 고온 및 전도성 플라스마 흐름으로 노즐내부에 있는 전극과 모재사이에서 발생된다. 플라스마 가스는 소용돌이 또는 축방향 흐름으로 공급된다. 이 형태는 플라스마 제트형과 비교하여 열원의 에너지 밀도를 더욱 높게 한다. 이행형 플라스마 아크쪽이 열이 높아 용접에는 주로 이 형식이 쓰이고 플라스마 아크용접법이라 부른다.

플라스마 제트방식에서의 플라스마 아크는 전극과 구속노즐 사이에서 발생하고, 분출한 플라스마 제트가 용접에 사용된다. 플라스마 아크안정도가 양호하며, 토치를 모재에서 멀리하여도 아크에 영향이 없고, 비전도성 물질의 용융이 가능하나 효율이 낮다.

이행형 아크와 비이행형 아크를 병용한 중간형아크 즉 반이행형아크는 플라스마제트와 아크를 동시에 발생시킨다. 1 [A]정도 이하의 소전류에서도 안정된 플라스마 아크가 얻어지고, 두께가 0.1 [mm] 이하의 초박판 용접에도 적용된다. 일반적으로 용접에는 이행형아크 또는 중간형아크가 사용된다.

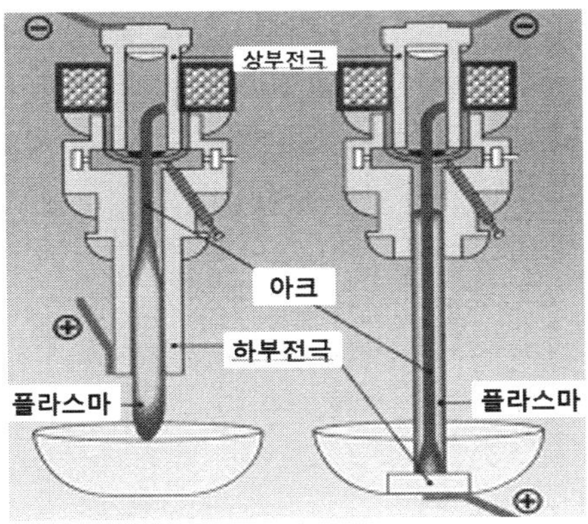

(a) 비이행형 아크 (b) 이행형 아크

[그림 8-3] 플라스마 아크 이행의 종류

(2) 용접토치

플라스마 아크 용접토치는 일반적으로 텅스텐전극을 음극으로 하고 수냉된 동재 구속노즐(constricting nozzle)을 가지고 있다. 플라스마 아크를 조여주는 작동가스를 공급하는 방법에는 축류와 와류의 두 방식이 있으나 용접부의 품질, 용접능력, 전원의 용량을 고려하여 표준형에는 축류방식이, 대용량에는 와류방식이 사용되고 있다. 플라스마 표준형토치에서는 전극을 토치내의 콜릿에 의하여 구속되어 노즐의 중앙에 위치하며 토치상단의 조정기에 의하여 정확하게 조정된다. 노즐은 플라스마 아크를 수축시키고 노즐 구멍직경이 작을수록 온도상승 및 노즐수축이 길어지고, 좁을수록 플라스마의 경로가 균일하여 진다. 큰 용량의 토치는 최대 1,000 [A]까지 사용할 수 있다. 노즐냉각은 수랭식이며 작동가스나 전류에 따라 여러 가지 종류가 있다.

(3) 전극

전극주변으로 공급하는 플라스마가스를 파일로트아크로부터 플라스마화 하여 전극으로부터 모재에 아크를 이행, 공급하는 역할을 하고 있다. 전극에는 아크발생이 쉽게 되는 높은 융점의 텅스텐전극을 사용하고 있으며 고순도가 요구된다.

[표 8-2] 텅스텐 전극의 융점(℃) 및 종류

텅스텐	융점 [℃]	전극온도	전극봉	색상	전극봉경	재질
W	3,370	2,700 ~ 3,200	순텅스텐(W)	백색	1 ~ 6.4	Al, Ni
			토륨 텅스텐(WT)	적색	1 ~ 6.4	철강, SUS
WO_3	2,130		엘 텅스텐(WL)	황록색	1 ~ 6.4	철강, SUS
			와이 텅스텐(WY)	주황색	1 ~ 6.4	Al, Ni

(4) 노즐

노즐은 플라스마 기류를 냉각시켜, 아크를 집속하기 위하여, 열전도성이 좋은 동을 사용하고 있다. 노즐은 열집중 효과의 역할을 하고 있어 노즐형상에 따라서 용접에 영향을 준다.

[표 8-3] 노즐경의 최대전류

NOZZLE(노즐) DIA [ø]	최대 전류치	NOZZLE(노즐) DIA [ø]	최대 전류치
1.2	~ 45A	3.2	~ 300A
1.6	~ 100A	4.0	~ 500A
2.0	~ 125A		

(5) 플라스마 가스

파일로트 가스의 역할은 플라스마 가스가 아크방전에 의하여 플라스마화 하여 전극과 모재간의 거리에 전기회로를 형성하고 플라스마 기류 안에 흐르는 전류에 따라서 발생한 주울열을 모재에 전달하며 아크방전에 따라서 플라스마에 있는 에너지를 모재 위에 방출하여 모재 표면온도를 향상시키고 전극의 산화방지와 수명을 향상시킨다. 3 ~ 5 [%] 수소 혼합가스 사용은 열적핀치효과(Thermal Pinch)를 얻을 수 있다. 일반적으로 수소(분자, 원자, 이온)는 대단히 가벼우므로 플라스마 안에서 바깥으로 분리하려는 특성을 가지고 있으며, 수소는 플라스마로부터 열에너지를 얻기 위하여 분리하므로, 플라스마에서 열에너지를 모으면서 냉각하여 열적핀치효과를 발생한다. 플라스마 용접에서 열적핀치효과의 정도는 아크전압에서 결정된다. 즉, 높은 아크전압은 높은 열적핀치효과를 발생시킬 수 있다.

[표 8-4] 플라즈마(Plasma) 가스 비교

항목	Plasma(PILOT) GAS		
	Ar	Ar+He	Ar+H_2
용접전압	낮다	중간	높다
용접속도	느리다	보통	빠르다
전극소모	빠르다	보통	느리다
아크착화성	양호	불량	보통

* 사용 : 아크 착화성, 가스가격이 저렴하므로 일반적으로 Ar가스를 사용

[표 8-5] 보호가스(SHIELD GAS) 비교

항목	SHIELD GAS		
	Ar	Ar+He	Ar+H_2
용접전압	낮다	중간	높다
용접속도	느리다	보통	빠르다

* 사용 : 열집중 효과를 얻기 위하여 일반적으로 Ar+H_2 가스를 사용

플라스마 보호가스는 Ar에 3 ~ 25 [%]의 수소를 혼합하면 수소는 Ar에 비하여 열전도율이 크므로 열적핀치효과를 촉진하고 가스의 유출 속도를 증대시킴과 동시에 모재입열을 증가시킨다. 그러나 모재의 종류에 따라서는 수소가 용접금속에 미치는 나쁜 영향도 고려해야 한다. 또 수소는 폭발범위가 큰 인화성가스이므로 용기의 조정기 설치부, 토치 수소도관, 압력조정기 등의 가스누설에 주의하지 않으면 폭발사고가 일어나기 쉬우므로 취급에 앞서 주의를 해야 한다.

(6) 제어장치

플라스마 아크의 안정된 기동을 위하여 고주파방전에 의한 파일러트 아크(pilot arc)라 하는 저전류 아크를 전극과 구속노즐 사이에 발생시킨 후 용접물에 주 아크를 이행시킨다. 이 조작과 동시에 전원의 공급가스 전자밸브의 개폐, 고주파 발생장치의 개폐(자동의 경우 주행 대차의 주행 개시) 등은 모두 작동 누름보턴을 누르면 자동적으로 행하여지며 주 아크가 안정된 후에는 용접이 완료될 때까지 스스로 유지된다. 기타 제어장치에는 가스유량을 조정하는 유량계(flow meter), 냉각수 부속, 다른 사고방지를 위한 플로트스위치(float switch) 등이 조립되어 있다.

5. 용접시공

가. 용접 이음 준비

마이크로 플라스마용접은 겹치기용접 또는 플랜지용접을 할 수 있다. 용접은 클램프하여 수행되며 추가적으로 용가재가 첨가된다. 두께 3 ~ 6 [mm]부재는 맞대기이음이 되고 플라스마 키홀기술로 one패스 용접된다. 두께 6 [mm] 이상의 부재는 루트면을 가공하여야 한다.

나. 용접 조건

먼저 용접할 판의 두께에 맞는 전류와 용접속도를 설정하고, 파일러트 가스의 유량과 노즐의 홀직경을 결정한다. 파일러트 가스의 유량을 많이 하면 깊은 용입이나 키홀용접이 가능하다. 또한, 노즐홀직경의 크기에 의해 비드폭이 달라진다. 플라스마 아크용접에 적정한 모재는 스테인레스강, 탄소강, 티탄, 니켈합금, 구리 등이고, 맞대기이음에 의해 1층으로 용접을 하는 경우 판두께에 따라 충분한 입열을 가하지 않으면 용입부족을 일으키기 쉽다. 또 아크는 보호가스의 종류에 따라서 아크형상과 입열이 변하므로 스테인리스강 등과 같이 Ar가스에 수소를 첨가할 수 있는 모재의 용접에 있어서는 플라스마용접 특징이 최대한 발휘된다. [표 8-6]는 플라스마 용접조건을 나타내었다. 티탄이나 구리의 용접에서는 매우 적은 양의 수소를 혼입하여도 용접부가 약화될 위험성이 있으므로 수소가 접촉되어서는 안된다. 따라서 이와같은 경우에는 수소대신에 불활성 가스중 헬륨을 사용하면 매우 효과적이다. 이때 헬륨가스는 수소에 비해 플라스마에 작용하는 효과가 약화되기 때문에 Ar가스의 혼합비를 크게 할 필요가 있다. 일반적으로 헬륨가스는 Ar가스에 비해 용접부의 보호효과가 떨어지며 같은 보호효과를 얻으려면 가스유량을 Ar에 비하여 1.5 ~ 2배로 증가시켜야 한다.

[표 8-6] 플라스마 용접조건

재질	판두께 [mm]	전류 [A] (DCSP)	용접속도 [cm/min]	노즐지름 [mm]	플라스마가스 유량 [l/min]
스테인레스강 (STS 27)	3	200	40	2.8	3
	6	200	20	2.8	6
	6	300	25	3.5	5
	10	300	15	3.5	7
연강(SM 53)	6	200	22	3.5	3.5
	6	200	22	3.5	6
티탄(TI)	2.4	180	55	2.8	4.5
	3.2	180	60	2.8	5
	4.8	190	40	2.8	5.5

6. 용접적용

플라스마의 아크온도는 다른 아크온도에 비해서 아주 높고 아크의 중심 온도는 약 10,000 ~ 20,000℃까지 올라가므로 거의 모든 금속을 용접할 수가 있는데, 가장 많이 적용하고 있는 것이 철과 스테인리스강(STS)으로 전체의 약 80 [%]를 차지하며 TIG 용접이 곤란한 아연도금 강판 등의 용접에도 적합하다. 그 밖의 금속으로는 황동, 구리, 알루미늄 티타늄, 마레이징강, 그리고 고탄소강을 용접할 수 있다. 플라스마 용접은 기종에 따라 용접 가능한 판 두께 범위가 달라진다. 예를 들어 스테인리스강을 보면 15 [A] 용접기로는 0.05 ~ 0.5 [mm], 350A 용접기로는 0.2 ~ 9.0 [mm]까지 1패스 용접이 가능하다. 시공법으로는 두께 약 3 [mm] 이하에서는 용융 용접을, 그 이상의 두께에서는 키홀 용접을 한다. 단 구리의 용접에서는 3 [mm] 이상이라도 용융 용접을 해야 한다. 플라스마 후판용접 모재의 두께는 1 ~ 10 [mm]이고, 전류는 40 ~ 350 [A] 범위이다. 용융용접은 아크가 모재에서 완전 용입되지 않고 어느 깊이까지만 용융되는 형태로 플라스마 가스유량을 낮게 하여 TIG의 직류 정극성으로 용접될 수 있는 두께 1 ~ 2.5 [mm]의 재료나 이음에 사용된다. 마이크로 플라스마 용접은 항공우주산업과 전기전자공학 분야에 많이 사용된다. 접속 아크의 높은 안정성 때문에 전류 1 [A] 이하에서도 용접이 가능하다. 전류범위는 0.1 ~ 50 [A] 범위이고 모재두께는 0.01 [mm]박판 시트에서 약 1 [m] 범위이다.

제2절 전자빔 용접(Electron Beam Welding : EBW)

1. 개 요

전자빔 용접은 1869년 독일의 물리학자인 요한 빌헬름 히토르프(Johann Wilhelm Hittorf) 가 음극선을 발견하고, 1870년대 영국의 물리학자인 윌리엄 크룩스(William, Crookes)가 음극선관을 처음으로 개발하였다. 1948년부터 독일 Zeiss 소속의 스타이거 발트(K. H. Steiger wald)는 강력한 빔 발생기를 전자현미경에 적용하고 시계부품이나 초경금형의 천공, 용해, 용접 등을 시도하였다. 공식적으로는 1957년 파리 핵연료학회에서 프랑스 원자력위원회(CEA)의 Dr J. A. Stohr가 자신이 연구한 전자빔 용접기술을 학계에 발표하면서 처음으로 세계의 이목을 끌기 시작하여 원자력 산업을 중심으로 활발히 연구 및 적용 되었으며, 1951년에 개발된 초기장비는 고전압형 전자빔 장비(125 [kV], 2.5 [kW])였는데 당초 목적이었던 드릴가공 외에도 깊은 용입 용접(Deep-Penetration Welding)이 가능하였다. 1950년대 말 유럽에서 처음으로 상용화 된 이후, 전자빔 용접은 주로 구미 선진국에서 활발히 사용되어져 왔으나, 국내에서는 1980년대 초부터 고정밀도 및 고품질의 용접성능이 요구되는 항공우주산업, 반도체장비산업, 의료기기, 원자력산업 등에 사용되고 있을 뿐만 아니라. 자동차산업 등과 같은 일반적 산업에도 널리 이용되고 있다.

2. 용접 원리

전자빔 용접에서는 전자총(Electron Beam Gun)의 내부 압력이 10^{-4} ~ 10^{-6} [mmHg]의 진공도로 유지된 상태에서 텅스텐 필라멘트(음극 : Cathode)에 전류를 흘려서 가열시키면 필라멘트의 온도는 약 2700 [℃]의 고온으로 상승되며, 필라멘트에서는 많은 수의 자유전자를 방출하게 된다. 이 자유전자에 의해 전자빔이 형성되며, 이때 전자의 생성량은 필라멘트의 온도에 의해 결정되고, 고온일수록 많이 생성된다. 방출시킨 자유전자들은 그리드(Grid)에 의해 자유전자의 양(빔 전류량)이 조절되면서 용접물에 조사되게 된다. 조사되는 자유전자의 속도는 양극(Anode)에 걸린 전위차에 의해 결정되며, 전위차가 커지면 고속이 되고 작아지면 상대적으로 속도가 낮아진다. 양극(Anode)에 의해 고밀도로 집속하고 10 ~ 600 [kV]의 높은 전압으로 가속된 전자빔(Electron Beam)은 전자회로에 의한 자기집속렌즈(Magnetic focusing lens)로 전자빔의 초점위치를 제어하며, 편향렌즈(Deflection coil)에 의하여 빔의 굴절 등 방향과 밀도가 조정되면서 진공 분위기속에서 광속의 약 20 ~ 60 [%] 속도로 이동한 전자가 용접물에 충돌하여 전자의 운동에너지가 열에너지로 변환되어 국부적으로 고열을 발생시킨다. 이때 생긴 고에너지를 열원으로 이용, 용접면을 가열, 용융시켜 용접물을 접합시키는 것이 전자빔 용접의 원리이다.

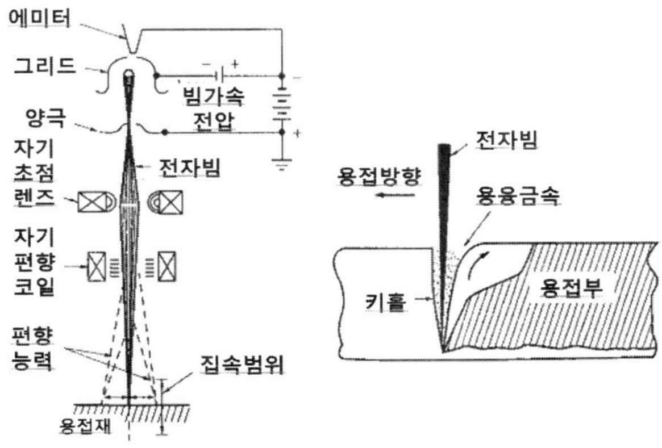

(a) 전자빔 용접기의 구조 (b) 전자빔 용접의 용융

[그림 8-4] 전자 빔 용접기의 구조 및 전자빔 용접 용융

[표 8-7] 각종 용접의 특성

용접법	에너지 밀도 $[W.cm^2]$	용접효율 $[mm^2/kJ]$	용입 상태
가스용접 (산소아세틸렌)	10^2 ~ 10^3	0.2 ~ 0.5	얕다
아크용접	5×10^2 ~ 10^4	0.8 ~ 2(Tig) 2 ~ 3(Mig) 4 ~ 10(SMAW)	얕다
플라즈마용접	10^2 ~ 10^3	5 ~ 10	에너지 밀도에 비례
전자빔용접	10^2 ~ 10^3	20 ~ 30	에너지 밀도에 비례
레이저용접	10^2 ~ 10^3	15 ~ 20	깊다

3. 장·단점

가. 장점

① 높은 에너지 밀도와 용접효율로 같은 두께 용접시 입열량이 아크용접에 비하여 1/50 밖에 되지 않으며 용입깊이와 폭의 비가 20 : 1에 달한다.

② 단일용접기로 박판에서 후판까지 광범위한 용접이 가능하다.

③ 피용접물에 대한 입열이 작아 용접제품에 최소의 용접수축과 변형이 가능토록 한다.(두께 12 [mm] 용접했을 때 아크용접수축량 0.5 [mm], 전자빔용접 0.1 [mm]로 20 [%])

④ 용접부가 대기에 의한 산화 밀 질화의 위험이 없다. (Ar순도 99.98 [%]일 때 불순물은 200 [ppm], 10^{-4} [mmHg]의 높은 진공 중의 불순물은 0.13 [ppm])

⑤ 거의 모든 금속에 대하여 최대 300 [mm]의 두꺼운 소재의 맞대기 및 겹침용접도 가능하다.
⑥ 높은 열집중과 용융속도로 용접생산성이 좋다.
⑦ 초점렌즈와 용접판 사이의 거리가 1 [m] 이상에서도 용접이 가능하며, 전자빔은 1 [mm]의 틈새를 통과하여 용접할 수 있으며, 설치된 위치가 기하학적으로 용접이 불가능한 제약된 위치에서도 용접이 가능하다.
⑧ 활성금속, 높은 열전도도, 융점 및 열전도가 상이한 재료와 이종재료의 용접이 용이하다.
⑨ 다층 투과기능이 있어 여러 장의 얇은 판재를 겹쳐서 용접이 가능하다.
⑩ 용접부의 품질편차가 적어 대량생산에 적합하다.
⑪ 정밀부품의 용접이 가능하고, 용접공정의 자동화에 적합하다.

나. 단점

① 일반 용접에 비해서 용접 단품과 치구의 가공정밀도가 보다 높이 요구된다.
② 진공분위기를 형성하기 위해서 진공 배기간이 필요하므로 생산성이 저하된다.
③ 전자빔용접에서 대기압형을 사용 시 발생되는 X-Ray가 인체에 해를 끼치므로 이의 차폐가 필요하며, 장비는 주기적으로 점검 되어져야 한다.
④ 전자빔은 자장에 의해서 굴절되므로 일부 이종금속 용접 시 용접에 장애가 있다. 강자성체 금속의 경우 탈자없이는 용접이 불가능하며, 사용되는 공구 및 주변에 자성이 없어야 한다.
⑤ 산소, 탄소, 수소 등의 불순물이 많은 금속이나 용접부 깊이대 폭비가 큰 용접부를 부분용입으로 용접하면 루트부에 기공이 발생할 수 있다.
⑥ 전자빔 용접기의 장비가격이 매우 고가로 초기 시설 투자비가 많이 든다.
⑦ EBW 중에 발생하는 오존과 기타 비산화성 가스의 제거를 위한 배기장치가 필요하다.
⑧ 빠른 응고속도로 구속력이 강하거나 페라이트성분이 적은 스테인레스강에서 균열을 초래하기 쉽다.
⑨ 용접 부재의 크기에 제한된다.
⑩ 합금성분이 모재 용접부근의 높은 증기압으로 증발하는 결점이 있다. Al합금 중의 Mg, 철강 중의 Mn, Zn합금 중의 Sn 등이 이들에 속하며 성분변화에 의하여 용접부의 기계적 성질이나 내식성의 저하를 가져올 위험이 있다.
⑪ 용접부에서 금속증기가 다량으로 발생하여 진공도가 10^{-3} [mmHg]보다 높게 되면 전리현상이 일어나 방전의 위험성이 있다.

4. 용접분류

전자빔 용접은 가속전압에 따라 저전압형(30 [kV] ~ 60 [kV]), 고전압형(100 [kV] ~ 200 [kV])으로, 전자의 발생현상에 따라 플라즈마 전자빔(Plasma electron beam), 음극 가열 방식(Heat cathode type electron beam)으로, 챔버의 진공상태에 따라 고진공(High vacuum type : 10^{-4} ~ 10^{-5} [Torr]), 중간진공(Partial vacuum type : 10^{-3} ~ 10^{-1} [Torr]), 대기압(Non vacuum type : 760 [Torr])형으로 분류할 수 있다.

가. 고진공형(EBW–HV : High Vacuum Type Electron Beam Welding)

용접시의 압력이 10^{-3} [Pa] 내외로 유지된 상태에서 용접이 이루어지며, 고진공형 전자빔 용접기는 가장 일반적으로 사용되는 장치로 대부분 활성금속 용접에 적당하다 또 집속렌즈로부터 피용접물까지 거리인 작업거리가 길어서 집속성을 중요시하는 작업에 적합하다. 고진공형의 장점은 좁은 용접부로 최대 깊이의 용접을 실시할 수 있으며, 수축 등에 의한 용접변형이 최소화되고 깨끗한 용접환경으로 인한 오염의 최소화와 높은 진공도로 용접 시 산란을 최소화할 수 있다. 그러나 진공분위기를 만들기 위한 시간과 용접물의 크기의 제한을 받는다.

나. 저진공형(EVW–MV : Low Vacuum Type Electron Beam Welding)

용접실의 압력이 10 ~ 10^{-1} [Pa] 정도로 유지된 상태에서 용접을 실시하는 전자빔 용접공정을 말한다. 용접실의 진공도가 낮기 때문에 진공을 만드는 시간이 짧다. 따라서 생산성을 중요시하는 경우에는 활용도가 크다. 활성금속을 제외하고는 고진공형 전자빔 용접법과 동등한 용접 품질을 얻을 수 있다. 고진공형에 비해 넓고 얇은 용접부를 얻게 된다.

다. 대기압형(EBW–NV)

대기압 상태에서 용접을 실시함으로 진공을 위한 배기시간이 필요 없고 양산형 전자빔 용접기로 가공거리는 노즐 선단으로부터 약 30 [mm]까지 적용된다. 용접비용이 진공형 용접비용보다 저렴하며 적당한 보호가스 분위기만 유지하면 구리(Cu), 티타늄(Ti) 및 그 합금의 용접 등 다양한 종류의 용접을 쉽게 실시할 수 있다. 그러나 진공용접보다 넓고 얕은 용접부가 형성된다.

5. 용접시스템 구성

전자빔 용접시스템은 전자를 발생시켜 가속, 접속시키는 전자총컬럼(Column), 피용접물을 장입하여 이를 이송 또는 회전시키면서 용접작업이 수행되는 공간인 진공챔버, 전자총 컬럼과 진공챔버의 진공배기를 위한 진공 배기장치로 구성되어 있다. 또한 각종 전원장치와 제어장치가 전자총칼럼, 진공챔버 및 진공배기장치에 연결되어 있다. 전원장치로서는 전자총에서 전자빔을 가속시키기 위해 필요한 가속전압을 발생시키는 고전압전원장치, 필라멘트를 가열하기 위한 에미터(Emitter) 전원장치, 바이어스 전원장치, 집속렌즈 및 편향코일 전원장치 등이 있으며, 제어장치는 전자빔 가속전압과 빔 전류를 제어하고 빔 집속 및 편향, 빔의 오실레이션, 빔의 단락, 용접시작 및 종료시 빔 전류량의 증감속도 등을 제어하기 위해 필요한 제어장치가 이에 속한다. 한편 진공챔버 안에 설치되어 있는 X-Y 테이블의 이송속도나 회전 구동장치의 회전속도를 제어하기 위한 제어장치도 이에 포함된다.

전자빔 용접은 일반적으로 진공챔버 내부에서 행해진다. 전자총 내부의 진공은 다음과 같은 이유로 필수 불가결하다.

① 산소는 가열된 음극과의 접촉이 차단되어야 한다. 이것은 약 2750 [℃] 온도에서 산화로 인한 손실을 막기 위한 것이다.

② 방출, 가속 그리고 조준하는 동안, 가벼운 전자는 공기 중에 존재하는 무거운 분자와 충돌할 수 있다. 전자가 이상적인 경로에서 너무 멀리 편향된다면 전자빔은 요구되는 파워 밀도에 도달하도록 집중되지 않을 것이다.

③ 전자총 내부의 장(field : 전기장 및 자기장)세기는 양극, 음극과 제어전극 사이에 전기적 절연의 높은 정도를 요구한다. 이것은 적절한 진공에 의해 보장될 수 있다. 공기 중이거나 부적절한 진공에서는 이온화가 일어나며 전압존재가 아크를 발생시킨다.

6. 용접조건

전자빔 용접부는 급열, 급랭됨으로 일반적인 용융용접부보다 경화될 가능성이 높다. 전자빔 용접의 경우 경도가 600Hv 이상이면 균열발생 가능성이 높다. 정적 기계적성질을 보면 이음부의 효율은 냉간가공에 의한 가공경화, 열처리에 의한 경화조직보다 떨어지지만 기타의 일반 아크용접에서의 성능과 동일하고 모재의 성능과 동등한 성능을 보여준다. 그러나 인성은 다소 떨어진다. 따라서 전자빔용접은 아래사항을 잘 고려하는 것이 필요하다.

가. 용입깊이

빔전류, 가속전압, 진공도가 높을수록 용입깊이는 증가한다. 그러나 용접속도가 증가하면 용입은 감소한다.

나. 초점위치

초점위치는 용입을 지배하는 주요 인자이므로 초점위치를 정확하게 해야 한다.

다. 용접자세

수십 [kW] 이상의 대출력 용접에서는 아래보기보다 수평자세가 용입이 깊어진다.

라. 청정(cleaning)

고진공 상태로 용접을 시행할 때 표면의 청결도는 중요한 인자이다. 용접금속의 오염은 기공, 균열의 원인이 되므로 아세톤이나 기타 용제로 표면을 깨끗이 해야 한다.

7. 용접결함과 방지법

가. 기공(blow hole)

진공상태에서 용접함으로 용입이 깊고 용융금속량이 작기 때문에 금속응고가 일어나 기공이 잔류하기 쉽고 화학반응에 의해 형성된 코발트, 높은 증기압을 가진 합금원소 증기가 주원인이다. 기공방지에는 빔진동이 유효하지만 림드강처럼 기공발생이 유용한 금속을 용접할 시에는 탈산제를 함유한 용접봉을 사용하는 것이 바람직하다. 림드강은 가스처리가 불충분하여 내부에 기포 및 유황이 편석으로 존재하기 쉬우므로 전자빔 용접에서는 증발현상과 빠른 냉각속도로 인하여 기공발생 및 합금성분의 감소나 라멜라테어의 발생 가능성이 높아진다.

나. 아킹(arcing)

대형 및 초대형물 용접시 문제가 되는 아킹에 의한 전자빔 발생중단의 원인은 용융부로부터 발생하는 금속증기나 가스가 전자총에 유입되기 때문이다, 아킹이 발생하면 그 부위에 용접결함이 발생하기 쉽고 보수에 상당한 시간과 노력이 필요하기 때문에 이를 방지하는 대책이 우선시 되어야 한다, 이를 방지하는 방법으로 집속렌즈로 부터 피용접물까지의 거리, 즉 가공거리를 멀리잡거나 빔의 편향을 주는 방법이나, 이외에도 빔의 중단이 발생하더라도 즉시 복귀시키는 방법이 있다.

다. 스파크(spark)

갑자기 용입이 증가하는 이유로 용접금속이 스파크 모양으로 나타난다, 이러한 스파크 모양은 부분용입의 용접부에서 자주 발생되며 심한 경우 용입불균일이 일어남으로 조심해야 하며 밀도가 큰 경우는 현저하다, 또한 스파크 대부분은 기공을 포함하고 있음으로 루트부 기공으로 나타난다.

라. 험핑 비드(Humping bead)

고속 용접시 비드의 표면에 혹모양으로 울퉁불퉁한 비드가 형성되는 것을 험핑이라 하며 용접비드에서 형상불량의 일종으로 비드가 일정하게 연속되지 못하고 부분적으로 끊어져 있는 현상을 나타내는 비드를 말한다. 험핑의 발생은 통상 고속용접에서 용입은 얕고 아크력은 클 때 자주 생기며 부위는 언더컷을 수반함으로 빔의 직경을 작게 하고 저속으로 용접하는 것이 좋다.

마. 콜드샷(cold shut)

전자빔 용접부에 발생하기 쉬운 결함의 일종으로 전자빔에 의해 생긴 깊은 구멍(키홀)에 용융금속이 용입될 때 스파이크 양쪽 벽면의 용융 금속층이 얇기 때문에 급속히 응고되어 용융금속이 주위의 벽과 융합하지 못하여 불량이 형성되는 결함을 말하며, 대책으로는 에너지밀도를 낮추어 용접부의 폭을 넓히거나, 빔을 진동시켜 냉각속도를 낮추는 방법이 효과적이다.

바. missed joints

작은 지름의 전자빔을 사용하여 긴 용접부를 가진 두꺼운 후판을 용접할 때는 빔의 각도를 항상 용접되는 면에 일치시켜야 한다. 아무리 잘 조정된 빔이라고 해도 용접 중, 자장에 의해 굴절되어 빔의 초점이 목표 위치를 벗어나기 쉽다. 굴절현상은 예견하기 어렵고, 이종금속의 용접 시에 특히 비자성체와 자성체사이의 용접 시에 자주 발생될 수 있다. 이러한 문제를 예방하기 위해 미리 용접부를 따라 용접지시선을 평행하게 그려놓고 확인하는 것이 좋다.

8. 전자빔의 키홀용접

150 [KV]에서 강철의 관통깊이나 전자범위는 단지 0.06 [mm]이다. 이 작은 범위는 역설적으로 수 [cm] 두께로 소재를 용접할 수 있기 위한 실질적인 요구이다.

깊은 용입 용접효과(Deep welding effect)는 전자빔이 기화되고 녹은 소재의 키홀형성에 의해 소재로 관통할 수 있는 물리적인 공정이다.

그러나 용접이 낮은 빔 전류로 수행되거나 전자빔의 파워밀도가 초점이 흐려짐에 의해 가스불꽃이나 전기아크로 감소한다면, 1 ~ 2 [mm]폭의 넓고 얇은 모양으로 형성된다. 깊은 용입 용접효과를 실제로 이용하지 않고 소재를 녹이기 위해 전자빔을 사용하는 것이 가능하다. 즉, 용접의 얕은 깊이가 요구된다면 열전달의 정상적인 전도방식을 사용함으로써 조인트를 생성할 수 있으며 파워밀도를 이용하지 않고 소재를 녹이기 위해 전자빔을 사용하는 것이 가능하다. 파워밀도가 2700 [K]나 이상의 온도에서 증기확산이 위로 방출되고 반작용력의 결과로 아래로 비스듬히 용융이 내리 눌린다. 이것은 전자가 같은 방식으로 가열되는 새로운 소재에 부딪칠 수 있도록 침하를 형성한다. 침하는 더욱 커지고 녹은 소재의 외피에 의해 둘러싸인 증기로 구성된 중심으로 키홀로 변환된다(그림 8-6). 충분한 에너지 입력이 주어지면 이 키홀은 수 [cm] 이상일지라도 소재의 전체두께를 관통할 것이다. 이러한 방식으로, 다른 용접 공정에서와 같이 적어도 두 구성 요소의 표면은 용융될 수 있고 녹은 소재가 용융풀로 다시 흘러가고 빔과 소재 사이의 관련된 움직임은 용융풀이 용접 조인트를 형성할 수 있도록 응고된다.

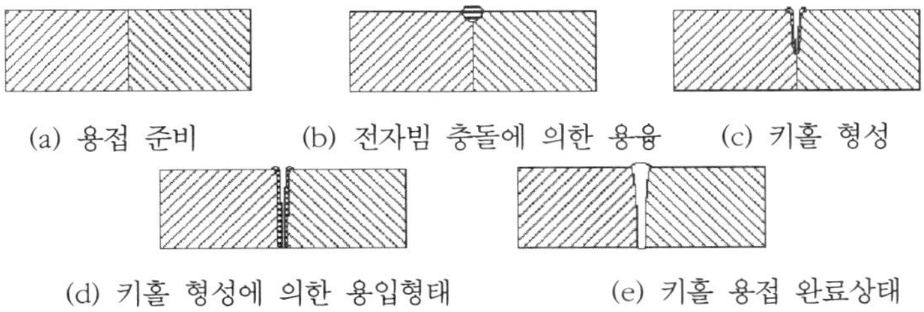

[그림 8-5] 전자빔 용접의 키홀(key hole) 용접단계

제3절 | 레이저 용접

1. 레이저 특성

가. 개요

일반적으로 레이저란 말은 양자발진(증폭)기 또는 분자발진기라고도 하며, 레이저 빛을 발생하는 장치를 지칭하기도 한다. 주로 마이크로파 영역의 전자기파를 발진 · 증폭하는 것을 메이저(MASER : Microwave Amplification by Stimulated Emission of Radiation), 적외선 또는 가시광선 영역의 전자기파를 발진하는 것을 광 메이저 또는 레이저(LASER : Light Amplification by Stimulated Emission of Radiation)라고 총칭한다.

레이저의 동작원리는 1917년 아인슈타인이 빛과 물질의 상호작용에 있어서 유도방출 과정이 있음을 이론적으로 보인 것이 시초이다. 그러나 그 후 20여년이 지난 1950년대 초반 미국의 타운즈(C. Townes)가 암모니아에서 마이크로파의 유도방출이 실험적으로 가능함을 처음으로 보였다. 곧이어 가시광 영역에도 유도방출에 의한 빛의 증폭이 가능함이 타운즈와 샬로우(A. Schawlow)의 연구에서 밝혀졌고, 실제로 1960년 휴즈(Hughes)연구소의 마이안(T. Maiman)에 의해 가시광 영역인 694.3 [nm]의 붉은색인 루비레이저광이 최초로 발진되었다. 루비레이저의 발진 직후 레이저의 연구는 가히 폭발적이라 할 만큼 활발하여 1960년대에는 현재 중요하게 응용되는 대부분의 레이저가 개발되기에 이르렀다. 70년대와 80년대에는 레이저 자체의 연구 외에도 레이저의 응용연구가 많은 비중을 차지하여 오늘날 다양한 방면에서 레이저가 필수적인 장치로 각광을 받게 되었다.

레이저 가공은 열가공(thermal process)과 양자가공(photon process)으로 대별된다. CO_2레이저나 YAG레이저에 의한 가공은 열가공이고, 엑시머 레이저에 의한 가공은 양자가공에 해당되는데, 이에 대한 구별은 레이저의 파장에 있다. 양자가공은 광자의 에너지에 의해 원자나 분자의 화학결합을 분리시키는 가공이며, 단파장의 레이저빔을 사용할 때 가능한 가공이다. 엑시머 레이저의 의한 가공은 리소그래피(lithography), 애블레이션(ablation) CVD법에 의한 박막형성, 에칭(etching), 도핑(doping) 재료의 합성 및 정제, 의료분야 응용 등에 폭 넓게 적용된다.

열가공은 레이저가 가공 대상재료에 흡수되어 용융 및 증발을 유발하여 피가공물을 제거하거나 용접, 표면개질에 적용된다. CO_2레이저는 절단이나 용접 등 금속가공 분야에서 가장 널리 사용되고 있다. YAG레이저는 상대적인 단파장성과 소형의 가공헤드 등 이점을 활용하여 반도체, 전자부품의 미세가공은 물론 금속의 용접에 응용되고 있다. YAG레이저는 CO_2레이저에 비하여 흡수율이 높고 광통신용으로 개발된 석영계의 광파이버를 이용하여 레이저 빔을 전송 할 수 있다는 장점이 있으므로 대출력화와 함께 금속가공에도 널리 이용되고 있다.

최근에 레이저란 단어는 우리에게 매우 익숙하다. 이것은 레이저의 응용 범위가 넓어지면서 우리의 일상생활과 점점 밀접한 관계를 갖게 되었기 때문이다. 레이저 프린터, 레이저수술, 레이저 조명, 레이저용접, 레이저절단 등 다양하게 사용되기 때문이다.

2. 레이저광 특징

레이저광은 한 종류의 파장만을 가진 빛이며 위상이 고른 연속된 빛이다. 이 빛의 스펙트럼을 분광프리즘으로 조사해 보면 아주 가는 1개의 선스펙트럼이 된다. 즉, 레이저광은 위상이 고른 단색광이며 이런 빛을 코히어런트광 또는 코히어런트가 좋은 빛이라고 한다. 레이저광선을 렌즈로 집속하면 매우 작은 넓이로 집광할 수 있다. 레이저광은 열에서 나오는 빛(예를 들어 전구불빛)과는 다른 많은 특징을 가진다.

가. 파장, 단색성(Monochromaticity)

레이저 빛은 단색성이다. 단색성이란 여러가지 빛이 혼합되어 있지 않고 어느 정도 순수한 단일광인가를 나타내는 것으로 순수한 단일주파수 즉 한 개의 주파수에의 접근 여부를 말하는 것이다. 예를 들어 He-Ne레이저는 633 [nm] 파장의 빨간색 빛을 가진다. CO_2레이저는 10.6 [um] 파장의 적외선이 만들어진다. 그리고 Nd:YAG레이저는 1.06 [um]파장의 적외선을 만든다.

나. 간섭성(coherent)

간섭이란 위상의 차이에 따라 명암의 무늬가 나타나는 현상으로 레이저는 위상이 균일하기 때문에 장애물에 부딪히면 곧 간섭을 일으킨다. 그러나 햇빛과 같은 일반적인 빛은 주파수도, 위상도 가지각색이므로 간섭이 일어나기 어렵다. 레이저 광에서는 밝고 어두운 띠 모양의 간섭무늬를 볼 수 있다. 레이저광은 이웃한 원자들이 서로 긴밀한 관계를 가지고 있어서 전체 원자가 일사 분란하게 빛을 내놓는 것이라고 말할 수 있다. 레이저 빛의 전자기파동은 위상에서 진동한다. 레이저 빛은 시간과 공간에서 간섭성이 있다고 여겨진다.

다. 저발산, 지향성(Directivity)

빛이 퍼지지 않고 일정한 방향으로 어느 정도 직진하는가를 말한다. 레이저빛은 거의 평행이며 평행에서 빗나가는 각도는 발산과 관련이 있다. 발산양은 구멍의 각도에 의해 결정된다.

라. 에너지 집중도 및 고휘도성(Brightness)

레이저 방사는 초점을 잘 맞출 수 있다. 좋은 포커싱은 레이저 빔의 전체 에너지가 매우 작은 점에 모일 수 있다는 것을 의미한다. 예를 들어 CO_2레이저를 초점 맞추는 것에서 빔은 직경 0.15 [mm]의 초점 포인트 위에 초점을 맞출 수 있는 2.6 [kW]에너지를 만들어낸다. 이러한 경우에 평균강도는 15 [mW/㎠]이다. 비교해보면 직경 15 [cm]와 1 [kW]의 열에너지를 갖는 스토브의 뜨거운 판은 5.6 [W/㎠]의 강도를 갖는다. 여기서 보듯이 레이저의 강도는 이보다 3백만 배 더 높다.

마. 편광

레이저광은 쉽게 편광된다. 어떤 레이저는 오직 특정한 편광방향의 파동을 증폭시킨다. 이 레이저들은 선으로 이루어진 편광을 발생시킨다. 편광 된 빛을 만드는 레이저의 한 예로 물질처리에 사용된 공명기에서 증폭된 CO_2레이저가 있다.

바. 빔 단면도에서의 강도분포

레이저광의 단면도는 레이저 빛의 강도분포의 특징을 나타낸다. 기본모드의 단면도에서 빔의 강도는 일반적인 가우스 분포곡선에서 중간과 모든 면에서 대칭적으로 축소되는 곳에서 가장 강하다. 레이저 방사의 강도분포는 레이저의 구조와 레이저활성물질의 형태에 의해 결정된다. 레이저 빔은 용접, 절단, 드릴링에서 가공이 가능한 가장 작은 점에 초점을 맞춘다. 반면에 표면경화에서 레이저 빛은 편평한 면으로 투영되어진다.

3. 레이저 구성요소

모든 레이저는 세 가지 구성요소로 되어있다.

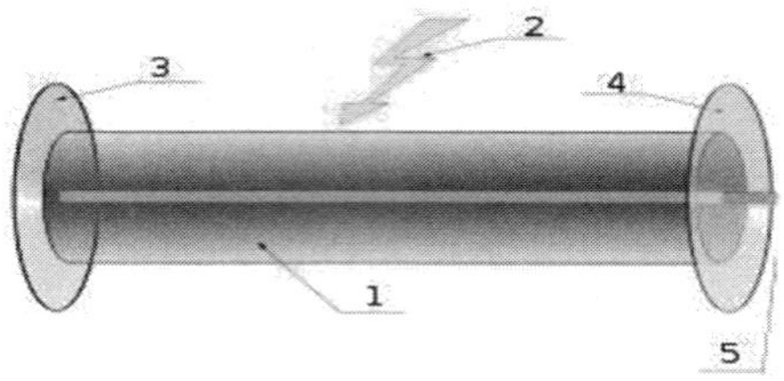

[그림 8-6] 레이저 구성요소

첫째 한 쌍의 거울이다. 두 거울이 정면으로 마주보고 있으면 그중하나는 100 [%]에 가까운 반사거울로 부분반사경이라 하며 이 두 거울이 위치한 부분을 공진기(Resonator)라 한다.

둘째 마주한 거울을 사이에 특별한 원자(또는 분자)로 채워진 물체가 있다. 이것은 두 거울사이를 왕복하는 빛이 유도과정으로 증폭되어 센 빛이 되도록 하는 광증폭기(Opticial Amplifer)이다.

셋째로 증폭기가 광의 증폭이 가능하도록 외부에서 에너지를 가하는 장치인 펌프(Pump)가 있다. 이세 가지는 특별한 경우를 제외하고는 거의 대부분 레이저에 있어서 공통적인 요소들이다.

레이저광은 이온화하지 않고 자외선(100 ~ 400 [nm]), 가시선(400 ~ 700 [nm]), 적외선(700 [nm] ~ 1 [mm])에 걸쳐 있으며 레이저빛은 레이저활성물질에서 발생한다. 레이저활성물질은 가스(예로 CO_2), 고체(Nd:YAG-crystal) 또는 액체(예로 착색된 용액)로 될 수 있다. 레이저활성물질이 될 수 있는 물질의 수는 매우 광범위하다. 심지어 현재까지도 레이저빛을 만들 수 있는 새로운 물질이 발견되고 있다.

에너지는 레이저 활성물질로 수많은 방법에 의해 결합될 수 있다. 두개의 펌핑 메커니즘은 물질처리에 매우 중요하다. 펌핑에는 아래와 같은 종류가 있다.

(1) 광펌핑(Optical pumping)
(2) 전기방전(Electrical discharge)
(3) 전자-홀 생성(Electron-hole pair production)
(4) 화학반응(Chemical reaction)
(5) 가스급속 팽창(Rapid expansion of hot gas)

이 중에서 광펌핑과 전기방전이 가장 흔하게 사용되는 방법으로서 광펌핑은 센 빛을 증폭기에 입사시켜 밀도반전을 일으키는 것으로서 플래쉬 펌프를 터트려 나오는 빛을 집속시키는 것과 센 레이저 빛을 입사시켜 밀도반전을 일으키는 것으로서 다른 레이저를 발생케 하는 방법들이 있다.

집속된 빛은 흡수되어 원자의 전자가 높은 궤도로 들뜨게 됨으로서 밀도반전이 된다. 이 방법은 루비레이저나 Nd:YAG레이저 등에서 쓰이고 N_2레이저 혹은 Ar레이저로 색소(dye)레이저 등이 여기에 쓰이고 있다.

전기방전 방법은 주로 기체레이저에 해당되며 기체를 관 속에 일정량 주입하고 전기방전을 시키면 방전전자가 기체원자와 충돌하여 원자내의 원자를 높은 궤도로 올림으로서 밀도반전이 형성된다.

전자-홀생성은 반도체레이저에서 이용되는 방법으로서 반도체 다이오드에 순방향의 강전류를 흘리면 n-type반도체의 전자가 p-type반도체의 홀(hole)과 p-n접합 부분에서 재결합(recombination)하면서 빛이 발생되는 과정으로 레이저가 발진한다. 이때 전류가 약하여 밀도반전이 일어나지 않을 때에는 유도방출이 안되고 자발방출에 의한 빛만 발생하게 되는데 이 장치를 LED(light emitting diode)라 한다.

화학반응은 불산(HF)레이저 등에서 쓰이는 방법으로 화학반응을 통하여 HF분자의 진동회전 준위사이에 밀도반전이 일어나게 하는 방법이다.

마지막으로 가스급속 냉각방법은 뜨거운 가스를 노즐(nozzle)을 통하여 분출시키면 이때 온도가 급격히 떨어지는데 높은 에너지 준위는 그대로이나 낮은 에너지준위의 분자는 냉각되어 그 수가 감소됨으로서 밀도반전이 일어나는 메카니즘으로 주로 고출력 CO_2레이저에서 사용된다. 이것을 Gas dynamics 방법이라고 한다.

4. 레이저 종류

레이저에는 들뜨게 하는 물질의 종류에 따라 고체레이저, 기체레이저, 액체레이저, 반도체레이저 등이 있다. 레이저로 발생시킨 에너지는 전자기 스펙트럼(electro magnetic spectrum)의 가시영역(optical portion) 안이나 근처에 있다.

가. 고체레이저

크롬이온을 혼입시킨 인공루비나 유리 · YAG(이트륨-알루미늄 가닛) 등의 결정을 레이저광 발생재료로 한 것이다. 최대값은 수백 MW에 이르는 것도 있다. 발진출력광의 파장은 0.69 [μm]로 분홍색이다.

(1) 루비 레이저

1960년 Maiman이 최초로 발진에 성공한 이 레이저는 루비를 사용하였다. 최초에 사용한 루비는 0.05 [%]의 Cr_2O_3를 불순물로 가지고 있는 Al_2O_3의 결정체였다. 순수한 Al_2O_3는 무색 투명하여 그저 유리처럼 미적 가치가 없지만 크롬이 적당한 농도로 Al에 취환하여 들어가게 되면 이것이 색중심(color center)의 역할을 하여 맑고 투명한 붉은 색을 띠어 보석으로서 가치를 가지고 있어 이를 루비라고 부른다.

(2) Nd ; YAG(Yttrium-aluminum-garnet) 레이저

고체레이저 재료로서 1960년에 루비가 사용된 이래 YAG 레이저는 대표적인 고체 레이저로서 발진기의 모체를 형성하는 재료인 Yttrium, Aluminum, Garnet의 머리 문자를 따온 것으로, Nd;YAG는 연속발진과 펄스발진 등 다양한 발진형태로 널리 사용되고 있으며, 결정품질과 안전성 및 취급상의 용이성 등 산업용 고체재료로서 매우 우수하다. 1964년에 미국의 Bell 연구소에서 Geusic 등에 의해 발명된 Nd:YAG 레이저는 Nd^{3+}을 활성이온으로 함유하는 YAG 결정이 여기에 의해 얻어지는 파장 1.06 [μm]의 강력한 근적외광을 발진하는 고체 레이저이다. CO_2레이저와 더불어 널리 사용되고 있는데 특히 마킹, 드릴링, 용접 등에서 많이 쓰이고 있다.

나. 기체레이저

He과 Ne의 혼합기체나 Ar, Kr, CO_2, He과 N_2와의 혼합기체 등이 사용된다. 이 기체들을 가는 유리관에 봉입하여 네온관과 같이 고전압을 가하여 방전시키고 그 때의 전자와 원자의 충돌에 의하여 들뜨게 하는 것이다.

(1) CO_2레이저

CO_2레이저는 1964년 미국의 Patel에 의해 발명되었다. CO_2레이저는 가스레이저로서 CO_2가스 분자의 진동이나 회전운동 상태의 변화에 의한 에너지 준위를 이용한다. 레이저빛은 CO_2와 다른 가스들의 혼합으로 생성된다. CO_2레이저빔의 파장은 인간의 눈에 보이지 않는 자외선으로 대기 중에서 흡수손실이 대단히 적은 범위인 10.6 [um] 파장대의 적외선이므로 금속이나 비금속 등 어느 경우에도 에너지 흡수가 우수하여 가공에 적합하며 효율이 매우 좋고 대출력의 연속 발진이 가능하므로 금속이나 비금속 등 어느 경우에도 에너지 흡수가 우수하여 가공에 적합하다.

(2) He-Ne 레이저

최초의 가스레이저인 He-Ne 레이저는 파장 632.8 [nm]인 붉은색의 가시광선이 간섭, 회절, 굴절 등 기초 광학 실험용, 홀로그래피의 제작 등에 널리 사용되며 0.5 [mW] 출력의 소형에서 100 [mW] 출력의 대형까지 다양한 제품이 시판되고 있다. He-Ne 레이저의 매질은 He과 Ne의 혼합가스로서 He은 Ne을 여기 시키기 쉽게 들뜨게 하는 매개 물질로서 작용하며 실제의 발진은 Ne가스에서 이루어진다.

(3) Ar 레이저

강력한 가시광 영역의 레이저로서 수백 [mW]의 출력에서 수십 W의 출력을 내는 대형 Ar 레이저가 있는데 제작이 어렵고, 고가이다. Ar레이저는 파장 488.0 [nm]인 청색과 514.5 [nm]인 녹색에서 가장 강력한 레이저 빛이 발생되며, 조명효과가 뛰어나서 특수조명에 많이 쓰이고 있는데 레이저 쇼, TV 쇼 등 무대 조명에서도 이용되고 있으며 연구실에서도 색소레이저의 여기용으로도 쓰이고 있다.

다. 액체레이저 : 색소(dye) 레이저

다른 레이저는 단일 파장만 발생시키는데 비해 색소 레이저는 일정한 범위내의 모든 파장의 레이저 발진이 가능하다는 독특한 성질을 지니고 있다. 이것을 가변파장 레이저(tunable laser)라고 한다.

라. 반도체 레이저

반도체 레이저는 광다이오드가 발견된 직후인 1962년에 발명되었다. 갈륨과 비소 등의 고체 재료를 사용하는데 레이저의 발생 메커니즘이 조금 다르기 때문에 고체레이저와 구별한다. 반도체레이저는 갈륨과 비소의 p형 반도체와 n형 반도체를 접합한 반도체 p-n접합다이오드에 전류를 흘려서 들뜨게 하여 레이저를 발진시키는 것이다. 반도체 레이저는 다이오드 레이저라고도 하며 크기가 작고, 가격이 저렴하면서 대량 생산이 가능하며, 취급이 간편한 점, 효율이 거의 100 [%]에 가깝다는 점, 그리고 빠르게 변조 시킬 수 있어서 정보를 실어 보내기 용이함 등의 많은 장점이 있기 때문에 CD재생장치, 광통신, 광기록, 전기 광학소자 등 광공학에서 핵심적인 역할을 한다. 지향성이 다른 레이저에 비해 좋지 않은 결점이 있으며 보통 빔의 확산 각도가 다른 레이저의 경우보다 훨씬 큰 5 ~ 10도이다.

5. 레이저 용접

고출력레이저의 산업적 응용은 용접, 절단, 구멍뚫기 등이다. 산업적 응용에는 주로 10.6 [um] 파장의 CO_2레이저가 사용되는데 수 [kW]의 출력이 필요하며 게르마늄(Ge) 렌즈를 이용하여 물질에 집속한다. 10kW급의 CO_2레이저로는 5 [mm] 두께의 스테인레스강(SS304)을 1초 동안에 10 [cm] 정도의 속도로 용접이 가능하다.

레이저 용접의 특징은 직접 접촉없이 정밀하게 고속용접이 가능하고 재료의 변형이 적고, 이종재료의 용접도 가능하다. 렌즈에 의한 초점에서 날카로운 집속은 금속, 피륙 등 여러가지 재질의 절단에도 유리하다. 복잡한 문양이라도 정밀절단과 고속절단이 가능한 것이 주요 이점이다. 대기 중에서 작업이 가능하고 레이저 발생장치에서 떨어진 곳까지 빔을 간단히 유도할 수 있기 때문에 조작이 쉽다.

가. 레이저 용접 특징

산업적 이용에 레이저용접이 처음으로 사용된 것은 변형하기 쉬운 재료, 코팅 재료 등이다. 레이저는 연강, 열전도성강(heat-treatable steel), 스테인리스강, 알루미늄과 알루미늄 합금, 티탄과 티탄합금,

비철금속과 귀금속재료를 용접할 수 있으며 정밀금형, 사출금형, 각종 전자부품, 박판부품, 자동차부품 금형, 이종금속부품, 의료기기부품, 귀금속, 반도체, 컨넥터, 핸드폰 센서류 등 마모나 파손된 부분을 레이저용접으로 원상회복이 가능하다.

레이저용접의 특징은 아래와 같다.

① NC 프로그램의 작업에 의해 공수 및 공기가 감소된다.
② 공정의 자동화가 용이하다.
③ 용접 폭이 좁고, 열에 의한 영향을 받는 폭이 매우 좁아 변형이 적다.
④ 교정, 사상 등의 후공정이 필요 없는 깨끗하고 정밀한 용접이 가능하다.
⑤ 소음이 없으며 공해를 유발하지 않는 대기중 가공법이다.
⑥ 열변형이 거의 없어 용접치수가 정확하므로 후가공이 불필요하다.
⑦ 타 방식에 비해 다양한 재질을 후판까지 고속으로 용접이 가능하다.
⑧ 작업자 숙련도가 불필요하며 동일한 가공품질의 제품 생산이 가능하다.

나. 레이저용접 설비

레이저는 레이저 빔을 형성하고, 그 에너지를 용접에 이용한다. 이 에너지는 거울이나 레이저 광섬유 케이블을 통하여 필요한 곳으로 인도된다. 제작중인 제품은 툴 아답타(tool adapter)에 레이저빔이 접합부에 초점이 맞추도록 위치되고 고정된다. 용접헤드는 이음부의 연결선을 따라 움직인다. 레이저빔에 모여진 엄청난 에너지밀도는 대략 106 [W/cm^2]으로 소재를 녹이고 기화시킨다. 용접헤드가 앞으로 나아갈 때 키홀(keyhole)은 재료 아래면을 따른다. 헤드 뒤로 용융된 재료는 융합한다. 용융된 재료는 냉각되어 응고하여 좁은 용접선을 만든다. 이러한 과정에서 용접선은 일반적으로 보호가스를 이용하여 보호된다.

(1) 용접구조 장치

기계의 골격은 움직이는 장치와 빔을 인도하는 시스템을 지지한다. 최고 5축(3축은 선형운동, 2축은 회전운동)의 용접헤드는 모든 방향으로의 작업을 가능하게 해준다. 만일 필요하다면 작동능력이 있는 고정도구가 장치될 것이다.

(2) 레이저

레이저는 소재용접을 위한 레이저빔 공명기(resonator)에서 생성된다. 높고, 수용 가능한 파워, 파워의 일관성, 고품질의 빔은 좋은 용접 결과에 선행되어야 할 중요한 요인이다.

(3) 빔전달 시스템(Beam delivery systems)

빔전달 시스템은 디플렉터 거울(deflector mirrors)이나 광섬유(fiber optics)를 가지고 레이저광을 레이저장치로부터 작업공간까지 인도를 한다. 물질의 전달, 반사요인은 파장에 따라 달라진다. 이러한 점은 가시적 요소들이 레이저의 파장에 따라 정확히 짝을 이루어야 하는 이유이다. 렌즈는 레이저가 충분히 통과해야하고, 거울은 충분히 반사되어야 한다.

(4) 용접헤드

원리적으로 용접헤드는 매우 간단한 구성을 가지고 있다. 오목거울이나 렌즈는 레이저의 초점을 맞춘다. 모아진 빔은 끝에 노즐을 가진 공간을 통해 이동한다. 빔은 노즐을 통해 방출되고 작업공간에 초점이 맞춰진다. 압축된 공기(cross jet)는 초점렌즈와 노즐에서 레이저에 수직한 방향으로 불어진다. 이것은 초점렌즈가 오염될 시 용접에서 피할 수 없는 튐(splashes)과 증기(vapor)를 방지해준다.

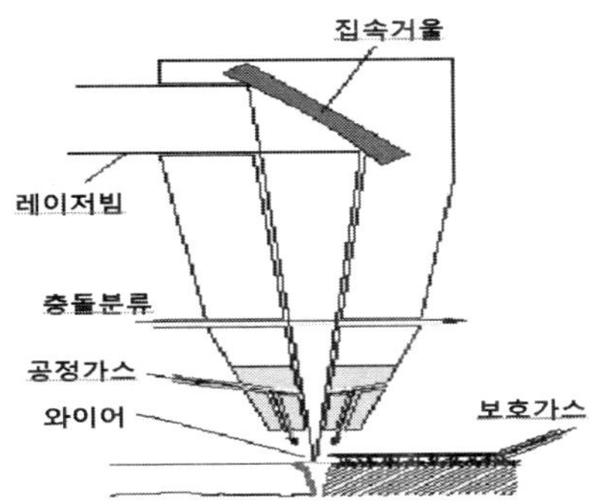

[그림 8-7] 레이저 용접헤드

(5) 용접센서

센서는 물리적 공간을 전기적 유도, 음향적, 광학기술을 사용하여 측정한다. 지능적인 신호과정을 사용하여 각각의 과정작업에 따라서 과정프로그램은 수정된다. 용접기술에 적용된 센서는 매우 높은 요구사항이 따른다. 튀는 불꽃으로부터 온도, 간섭에 저항하는 것이 필요하다. 열과 스플래쉬(splashes)는 피할 수 없기 때문이다. 센서는 용접헤드에 가능하면 작게 부착되어있다. 센서는 연결을 정확한 위치에서 가능하게 하여 용접과정에서 일어날 수 있는 오차를 상쇄시키고, 마지막으로 용접헤드가 항상 연결점 위에 바로 위치하도록 한다.

(6) 안전

레이저 용접시설이 산업현장에서 사용되기 전에 안전개념은 절대적으로 필요하며 모든 위험한 공간은 표시되어야 한다. 높은 파워의 레이저 사용은 특별히 안전을 신경써야 할 위험의 잠재적 요소이다.

다. 레이저 용접공정

(1) 용접 이음부 준비

정밀공구는 정밀한 용접선을 위해 요구한다. 특히 모서리와 표면은 전통적인 용접보다 더 많은 준비가 요구된다.

(2) 모서리

작은 용융지점 때문에 레이저빔의 직경은 0.3에서 0.6 [mm]이다. 그 부분은 정밀하게 결합되어야 한다. 모서리는 같은 높이의 결합형태이어야 한다. 스켈럽 높이는 구멍의 넓이를 초과해서는 안된다. 부품이 만들어지는 용접과정 중 중요한 역할을 수행하기 때문이다.

(3) 표면

표면이 깨끗할수록 용접선에서 결함이 적게 발생한다. 일반적으로 다음 규칙이 적용된다. 적당한 파라미터로 표면을 가볍게 기름칠한 면은 좋은 용접결과가 나온다. 기름칠이 많이 되었거나 표면이 더러우면 용접하기 전에 깨끗하게 닦아주어야 한다.

(4) 이음부

이음부의 최대넓이는 용접속도와 용접두께에 달려있다. 겹침이음부의 구멍가공 공차는 맞대기이음보다 1.5배 높다. 용접되어진 부품들의 간격이 그것의 두께보다 5 [%] 더 두껍다면 충전재가 필요하다.

(5) 공정변수(Process parameters)

가공 파라미터 중에서 레이저파워, 편광, 포커싱 능력과 포커스 위치 등의 레이저 파라미터가 가장 중요하다. 같은 것으로 용접속도, 가공가스, 보호가스, 가스가 옮겨지는 방식이 용접결과에 큰 영향을 준다.

(6) 레이저 파워와 용접속도

레이저 파워는 용접된 제품의 두께에 따라 조절되어야 한다. 층의 두께가 두꺼워질수록 더 많은 레이저 파워가 필요하다. 강력한 레이저는 빠른 용접속도와 더 깊은 용접깊이로 가공할 수 있다. 용접속도는 용접깊이와 용접균열의 기하학적 형태에 영향을 준다. 더 빠른 용접속도는 용접깊이와 균열의 원인을 감소시킨다. 게다가 속도는 용융냉각에 영향을 끼치고 긍정적인 방향으로 구조에 영향을 준다. 이것은 고체화될 때의 크랙이나 경화되는 경향의 재료에 있어 중요하다.

(7) 빔의 상태와 초점길이

도달할 수 있는 초점직경과 그 부분의 깊이는 빔의 상태에 의해 좌우된다. 레이저빔의 상태는 빔의 초점을 맞출 수 있느냐 이다. 좋은 빔의 상태는 레이저빔이 용접부분의 매우 깊은 깊이와 작은 초점 위치에 초점을 맞출 수 있는가를 뜻한다. 빔의 상태와는 별도로 초점직경은 광학 포커싱의 초점길이에 의해 결정된다. 광학 포커싱의 초점길이가 짧아질수록 초점직경과 그 깊이는 작아질 것이다. 한편 높은 에너지밀도와 가능한 빠른 용접속도를 위해 작은 초점직경을 사용하는 것이 바람직하다.

(8) 편광

레이저 빛이 편광된 선을 따라 레이저용접 될 때 주어진 방향으로 편광이 평행이라면 가장 깊은 용접깊이를 얻을 수 있다. 가장 낮은 용접깊이를 얻기 위해 편광의 준위와 주어진 방향은 서로 수직이어야 한다. 용접속도가 증가하면 이 효과도 같이 증가한다.

라. 공정가스(Process gases)

용접속도가 낮춰지고 레이저파워가 증가할수록 가공가스는 더 중요하게 된다. 가스의 형태는 가스의 운반 형태, 가스의 유동이 균열의 기하학적인 모양에 어떻게 영향을 미치는가, 용접깊이와 용접균열 표면의 모양으로 분류된다.

(1) 보호가스

보호가스는 용융된 금속이 공기와 반응하면서 생기는 용접균열의 위부분과 아랫부분을 보호하는 역할을 한다. 게다가 특정한 방법으로 보호가스를 주입하면 용접부분에서 윗부분의 모양을 좋게 만들 수 있다. He, Ar, 니트로젠, 탄소화합물과 같은 보호가스는 두 가지 형태의 레이저에서 사용된다. 보호가스의 화학구성 외에 보호가스가 주입되는 각도 또한 중요하다. 가스가 접촉되는 부위는 가스유동과 노즐의 직경만큼이나 중요하다. 용접결과에 있어서 He이 가장 적합한 가스이다.

(2) 가공가스

용접의 깊은 용입은 용접에서 구멍과 금속 플라스마 증기를 만든다. CO_2레이저 파장의 플라스마 흡수계수는 용융된 것보다 높다. 가공가스는 농도와 구멍과 표면에서의 금속증기 플라스마의 팽창에 영향을 미친다. He처럼 매우 높게 이온화된 가스가 가공가스로 가장 적당하다. Ar, N_2, CO_2, 탄소화합물들 또한 자주 가공가스로 사용된다. 이런 가스들은 가공작업의 요구에 맞게 기하학적인 형상의 노즐이 만들어져야 한다. Nd:YAG레이저의 파장에 의해 발생하는 금속증기는 투명하다. 이것은 Nd:YAG레이저로 용접할 때 금속증기 플라스마는 레이저파워에서 영사의 효과가 없다는 것을 뜻한다. 이런 이유로 Nd:YAG레이저는 가공가스가 필요하지 않다.

마. 용접품질(Quality of welding seam)

DIN EN 25817에 용접품질 기준이 있다. 기준에는 위치, 크기, 기공이나 균열 같은 불규칙한 위치를 기술한다. 강도나 야금시험은 파괴시험 절차에 의해 수행된다. 제작품이 손상되지 않았다면 초음파 검사나 X-ray와 같은 비파괴검사가 수행된다. 이 검사들은 기공과 용접균열의 위치와 깊이를 결정할 수 있다.

바. 레이저 용접용도

레이저 용접공정은 열전도 용접(heat conduction welding)과 깊은용입 용접(deep penetration welding) 2종류가 있다.

(1) 열전도용접(Heat conduction welding)

레이저 빔은 거울이나 렌즈로 인하여 결합 점에 초점 맞춰진다. 흡수되는 레이저 빔은 소재를 즉시 가열한다. 만약 자극이 충분하면 재료는 녹아서 연결된다. 냉각 후에 재료는 응고되어 일반적인 용접점이나 용접선을 형성한다. 레이저 빔의 열은 녹이기엔 충분하지만 재료를 기화시키기엔 충분하지 않다. 이 공정은 주로 Nd:YAG 레이저파장을 사용하며 용접한계는 1 [mm] 이하이어서 얇은 판의 용접에 사용된다.

(2) 깊은 용입 용접(Deep penetration welding)

충분히 높은 에너지 밀도에서 레이저빔은 작업공간에 있는 재료의 소재표면이 기화하기 시작하는 정도까지 열을 가하게 된다. 레이저열은 대략 106 [cm^2]을 넘어서야 한다. 재료가 기화됨에 따라서 사라지는 금속수증기의 압력 결과 키홀(keyhole)이 소재에 생성된다. 기화된 재료는 레이저에너지를 흡수하고, 이온화가 되어 LIP(Laser Induced Plasma)가 생성된다.

사. 용접재료 선정요소(Workpiece parameters)

부품설계자는 세심한 주의를 기울여 용접계획을 시작해야한다. 설계자는 재료를 선택하고 재료의 두께와 어떻게 부품들이 결합되어야 할지 결정해야 한다. 이런 방식으로 설계자는 용접과정에 많은 영향을 줄 파라미터를 정한다.

(1) 강재(Steel)

강재의 용접가능성은 주로 탄소량에 달려있다. 0.25 [%] 미만의 탄소함유량을 지닌 금속은 용접에 적당하나 탄소함유량이 높을수록 용접가능성이 낮아진다. 실제로 탄소량이 중간(0.25 [%] ~ 0.35 [%])인 금속은 예열이 필요하며 0.35 [%] 이상의 탄소를 함유한 금속은 용접에 매우 부적합하다, CrNi금속은 열전도율이 낮기 때문에 일반적으로 쉽게 용접되고 높은 용접속도를 갖는다.

용접시 적절한 보호가스가 사용되면 산화물이 없는 용접부가 생성된다.

(2) 비철금속(Non-ferrous heavy metals)

비철금속과 귀금속은 낮은 레이저빔 흡수율 때문에 강재만큼 잘 용접할 수 없다. 이런 금속들은 CO_2 레이저보다 Nd:YAG 레이저의 파장이 비철금속에 잘 흡수되기 때문에 Nd:YAG 레이저를 용접에 활용하며 용접결과는 양호하다.

(3) 알루미늄과 알루미늄 합금

알루미늄용접은 두 가지의 문제점이 있다. 제품의 결합 레이저에너지와 알루미늄과 알루미늄 합금의 부분적으로 얇게 형성된 용융액은 불규칙한 균열을 야기한다. 제품에 레이저에너지를 더 효율적으로 결합시키기 위하여 Nd:YAG레이저가 먼저 알루미늄용접에 선택되었다. 이 레이저의 짧은 파장은 더 나은 결과를 보장한다. 얇은 용융액은 보호막과 가공가스의 아주 조심스러운 사용이 필요하다. 가스의 화학구성의 적합성과 용접과정에서의 유동비율은 아주 양호한 용접을 보장한다.

(4) 티타늄과 티타늄합금

티타늄과 티타늄합금은 레이저로 쉽게 용접할 수 있다. 그러나 이 금속은 공기중의 주요성분(산소, 니트로젠)과 격렬하게 반응하므로 그런 반응을 방지하기 위해서 용접에 보호가스를 사용한다.

6. 하이브리드(Hybrid) 용접(Laser+Arc)

현 국내에서는 고속철도차량, 항공기 및 선박 등의 재료로 사용되는 알루미늄 합금의 접합방법으로 아크열을 이용한 GTAW, GMAW가 가장 범용적으로 사용되고 있으며, 알루미늄의 소재 특성상 매우 우수한 가공성을 지니고 있음에도 불구하고 자동차, 선박 및 철도차량 등의 핵심 기술인 접합, 특히 용접에 있어서는 저항이 낮고, 열전도도 및 비열이 큰 성질 때문에 단시간 · 대전류를 필요로 한다. 이는 용접 후 냉각시 구조물의 변형을 일으킬 뿐만 아니라 순간적인 급열 및 급냉의 특성 등으로 인하여 용접결함(용접잔류응력, 열변형, 용접균열 등)이 필연적으로 발생하는 단점이 있어서 기존의 아크, 전기저항 및 레이저 용접법을 이용하는데 어려움이 많다. 특히, GMAW(Gas Metal Arc Welding) 시에는 레이저 용접에 비해 용접속도가 느리고, 용접변수에 따라 용접부 표면에 언더컷(Undercut)이나 오버랩(Overlap) 등이 발생하고 용접부 내부에는 기공이나 균열이 발생한다. 그리하여 선진국에서는 레이저 용접을 적용하였으나 레이저 용접 빔의 직경이 매우 작아 용접하고자 하는 두 모재의 간극 정렬 정도에 따라 용접부의 품질에 큰 영향을 미치며, 두 모재의 간극을 줄이기 위해 모재의 단면을 정밀하게 가공해야 하는 어려움이 따르고, 용접부의 형상이 깊고 폭이 좁은 관계로 용접 중심부에서 모재에 이르는 냉각속도가 큼으로 인하여 용접부의 경도가 높게 나타나고 이러한 경도의 상승은 용접부의 균열 생성 및 인성의 저하를 초래한다. 그러나 레이저-아크 하이브리드 용접은 기존에 사용해온 GMAW 용접과 레이저 용접의 두 가지 열원을 복합적으로 사용함으로써 두 열원의 상호작용으로 각각의 용접법의 단점을 보완해주며, 냉각속도가 늦기 때문에 기공의 발생 빈도를 낮출 수 있으며, 용접속도가 빠르고 두 모재 간의 허용 간극이 넓을 뿐만 아니라 깊은 용입을 얻을 수 있어서 고 생산성과 고 품질의 제품을 생산 가능한 용접으로 평가되고 있다. 아크 및 플라즈마 안정화에 의한 용접에너지 효율이 높아 아크 단독용접에 비해 낮은 용접입열량을 적용하기 때문에 용접부 특성이 개선되며 용접속도 향상에 따른 생산성 향상과 비교적 낮은 출력의 레이저를 사용하여 투자비 절감이 가능하다. 필러메탈의 사용으로 인한 가공 허용오차 증대와 큰 용융부의 시공이 용이하며 용접부의 기계적 성능을 향상시킬 수 있다.

하이브리드 용접은 대부분 CO_2레이저 + GTAW, CO_2레이저 + GMAW(MIG/MAG), CO_2레이저 + 프라즈마(PAW) 등과 같은 주로 레이저와 아크 열원을 병용하기 때문에 레이저-아크 하이브리드 용접으로 대표적이다.

레이저-아크 하이브리드용접은 조선 산업현장을 비롯하여 라인파이프, 자동차, 석유 저장탱크 등 다방면에서 이용되고 있다.

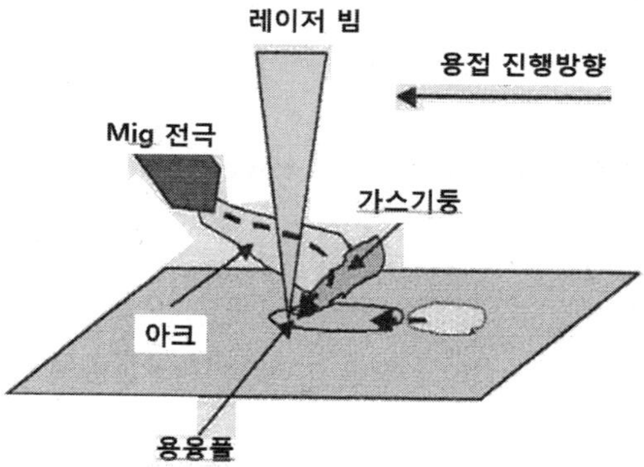

[그림 8–8] 하이브리드(Hybrid) 용접(Laser+Arc) 공정

제9장 특수 용접

제1절 | 그래비티 및 오토콘 용접 (Gravity welding & Autocon welding)

1. 개 요

그래비티 용접(gravity welding)이나 오토콘(autocon welding)은 일종의 피복아크 용접법으로 피더(feeder)에 철분계 용접봉(E4324, E4326, E4327)을 장착하여 수평 필릿용접을 전용으로 자동 용접장치로서, 한 명이 여러 대의(최소 3 ~ 4대) 용접기를 관리할 수 있으므로 능률적인 용접방법 중의 한 가지이다.

2. 특 징

① 용접작업을 자동화함으로써 한 사람이 2 ~ 7대 정도의 장비를 조작할 수 있어 매우 능률적인 용접법이다.

② 운봉비를 조절할 수 있어(일반적으로 1.2 ~ 1.6 정도) 필요한 각장 및 목두께를 얻을 수 있다.(그래비티 용접)

[표 9-1] 운봉비에 대한 각도

각 도 [°]	운봉비(비드길이/용접봉 길이)				
	1.1	1.2	1.3	1.4	1.5
α	33°	33°	32°	32°	32°
β	61°	57°	51°	51°	50°

③ 용접 장치가 가볍고 크기가 작아 취급이 용이하다.

④ 용접기량을 크게 요구하지 않는다.

3. 용접장치

가. 그래비티 용접장치

그래비티 용접장치는 모재와 일정한 경사를 갖는 슬라이드바(slide bar)를 따라 용접홀더가 하강한다. 홀더에 고정되어 있는 용접봉은 모재의 용접선 위에 접촉되어 용융됨에 따라 홀더는 용접봉의 지지각도를 일정하게 유지하며, 용접봉은 아크가 발생되면서 점점 소모되면서 중력에 의하여 서서히 자동적으로 용접이 진행된다.

나. 오토콘 용접장치

오토콘 용접장치는 영구자석 및 스프링을 이용한 간단한 용접장치(오토 콘택터 : auto contactor)를 사용하여 용접을 행하는 방법으로서 고능률 하향 및 수평필릿 전용용접법이다. 이 용접법은 특수홀더를 스프링으로 압역을 가하여 자동적으로 용접봉이 모재에 밀착되도록 설계되어져 있다.

[표 9-2] 그래비티 용접과 오토콘 용접의 비교

항목	구분	오토콘 용접	그래비티 용접
장치	구조	간단하다	약간 복잡하다
	형상	부피가 작다	부피가 크다
	중량	가볍다	약간 무겁다
	사용법	쉽다	약간 어렵다
적용성	적용부위	정확한 조립 이음부 루트간격 : 2 [mm] 이하 조립보강재 간격 : 200 [mm] 이상 조립 모재 길이 : 1 [M] 이상 경사각 70° 미만 목두께 크기 : 4.0 ~ 6.0 [mm]	정확한 조립 이음부 루트간격 : 2 [mm] 이하 조립 보강재 간격 : 650 [mm] 이상 조립 모재 길이 : 3 [M] 이상 경사각 70° 미만 목두께 크기 : 3.5 ~ 6.0 [mm]
	운봉속도	조절 불가	조절 가능(운봉비=0.8 ~ 1.8 [mm])
	용접자세	아래보기 맞대기, 수평 필릿	아래보기 맞대기, 수평 필릿
	모재두께	제한 없음	제한 없음
	모재종류	연강 및 고장력강	연강 및 고장력강
작업성	스패터	약간 많음	보통
	용 입	약간 얕음	보통
	비드외관	양호	양호

4. 용접시공

가. 이음부 청소

모재이음부의 표면상태가 용접에 미치는 영양이 크므로 스케일, 기름, 녹, 페인트, 수분 등의 물질을 완전히 제거해야 한다.

나. 가용접

가용접은 본용접에 많은 영향을 미치므로 완전하고 정확히 해야 한다. 가용접용 용접봉은 모재의 종류에 따라 선별하여 사용한다. 연강의 모재에는 비저수소계를 사용해도 무방하나 고장력강의 모재에는 저수소계 용접봉을 사용해야 된다. 또 가용접부의 비드를 가능한 가늘고 낮게 하기위하여 가능지름(보통 3.2 ~ 4.0 [mm])의 봉을 사용하는 것이 바람하다.

다. 용접 준비

① 용접모재에 따른 적당한 용접봉을 선택한다.(표 9-3 참조)

② 용접봉은 사용전 반드시 건조시켜야 하며 (표 9-4 참조), 특히 저수소계 용접봉은 70 [℃] 이상으로 보온되는 휴대용 건조기에 보관하여 사용해야 한다.

③ 용접봉 지름과 각장의 크기에 따라 용접전류를 선택한다.(표 9-5 참조)

④ 그래비티 용접장치는 사용방법이 약간 어려우므로 작업전 적정 각장 또는 목두께가 나오도록 봉지름에 따른 조절나사를 조절할 후 고정시켜 놓아야 한다.

⑤ 오토콘 용접장치는 운봉비 조절이 불가능하므로 작정 각장 또는 목두께에 알맞은 용접봉 지름을 선택하여 사용한다.

⑥ 용접기 전원을 넣고 비드 시작부에 용접봉을 대고 아크를 일으킨다.

[표 9-3] 용접재료 선택기준

재료 / 모재	용접재료			
	피복재 종류	KS규격	AWS규격	국내 상품명
연강	철분산화철계	E 4327	E 6027	CF - 120
				KF - 300
고장력강	철분저수소계	E 5026	E 7028	LC - 328
				K - 7028

[표 9-4] 용접봉 건조 온도와 시간

피복제의 종류	KS규격	AWS규격	건조조건	
			건조 온도 [℃]	건조시간 [분]
철분 산화철계	E 4327	E 6027	100 ~ 150	60
철분 저수소계	E 5026	E 7028	300 ~ 350	60 ~ 120

[표 9-5] 용접전류 범위

용접봉 지름 [mm]	용접봉 길이 [mm]	용접전류[A]		* 각장 1.2
		오토콘	그래비티	
4.0	450, 550	140 ~ 160	160 ~ 180	5.0 ~ 5.5
4.5	450, 550, 700	170 ~ 190	190 ~ 210	5.5 ~ 6.0
5.0	450, 550, 700, 900	180 ~ 220	200 ~ 230	6.0 ~ 6.5
5.5	450, 550, 700, 900	210 ~ 210	230 ~ 270	6.5 ~ 7.0
6.0	450, 550, 700, 900	240 ~ 280	260 ~ 290	7.0 ~ 7.5
6.5	450, 550, 700, 900	270 ~ 300	280 ~ 310	7.5 ~ 8.5

* 각장은 운봉비를 1로 했을 경우 치수임

* 운봉비 변경시(0.8 ~ 1.8), 위의 각장은 ±1.5mm의 치수로 변화함

제2절 | 서브머지드 아크용접(Submerged Arc Welding : SAW)

1. 개 요

서브머지드 아크용접은 1935년경 유니언 카바이드사(union cabide co.)가 고안하여 특허를 얻어 1939년 실용화된 용접법으로 초기에는 대형 파이프의 길이 방향 심(seam)용접을 하는데 상용되었다. 서브머지드 아크용접의 초기에는 피복금속 아크용접봉을 용융지에 연속적으로 공급하는 형식이었다. 예를 들면 심선의 주변에 가느다란 와이어(wire)를 이중으로 감고 그 위에 피복제를 입힌 이중와이어를 사용한 퓨즈아크(fuse arc)법과 심선 주변에 체인 모양으로 연결된 용제(flux)를 피복시키면서 용접하는 커버체인(cover chain)용접법이 있다. 이 용접에서는 용제가 대단히 중요한 역할을 한다. 이것은 용제와 와이어가 분리되어 공급되고 아크가 용제 속에서 발생되므로 불가시 아크용접, 잠호아크용접이라 불리며, 개발회사의 상품명을 따서 유니언멜트(union melt welding)용접, 링컨용접(Lincoln welding) 또는 발명자의 이름을 따서 케네디 용접이라고도 한다. 서브머지드 아크용접은 주로 압력용기, 보일러, 탱크, 원자로, 화학용기, 선박건조, 중장비제조 등에 다양하게 사용되며, 내마모나 내식을 위한 표면 오버레이 용접도 서브머지드 아크용접의 주된 사용분야이다. 또한 여러 종류의 용제 개발로 스테인레스강이나 일부 특수 금속에도 용접이 가능하게 되었다.

2. 용접 원리

서브머지드 아크용접은 [그림 9-1]에서 나타낸 것과 같이 용접와이어 앞에 미세한 입상의 용제를 산포하면서 용접와이어를 연속적으로 송급하여 용제 속에서 와이어전극의 선단과 모재 사이에 아크가 발생되면서 용접이 진행되는 자동 용접법이다. 용제는 녹지 않은 상태에서는 전류가 흐르지 않으나 열을 받아 녹게 되면 전류가 흐른다. 따라서 처음에는 모재와 와이어 사이에 스틸울(steel wool), 고주파 등을 사용하여 아크를 쉽게 발생시킨다. 이 용접은 용제의 보호작용에 의하여 고전류(2000 ~ 4000 [A])를 와이어에 흐를 수 있게 하며 용융 슬래그가 열에너지의 발산을 방지할 수 있으므로 용입도 매우 깊고 능률도 대단히 높다. 또한 아크열에 의하여 해리되어 이온화된 용융 슬래그 및 가스는 아크의 지속을 용이하게 한다.

[그림 9-1] 서브머지드 아크용접

3. 장·단점

가. 장점

① 콘택트 팁에서 통전되므로 와이어 저항열이 적어 고전류 사용이 가능하다.

② 용융속도 및 용착속도가 빨라 용접 후 변형이 적게 일어난다.

③ 대전류(200 ~ 4000 [A]) 사용으로 작업능률이 수동에 비하여 판두께 12 [mm]에서 2 ~ 3배, 25 [mm]에서 5 ~ 6배, 50 [mm]에서 8 ~ 12배 정도 높다.

④ 자동용접으로 용접사의 영향을 적게 받으며 와이어와 용제의 적절한 조합에 따라 고품질의 용접이 가능하며 비드외관이 아름답다.
⑤ 용입이 깊어 용접 패스수를 줄일 수 있고 용접비용이 절감된다.
⑥ 기계적 성질(강도, 연신, 충격치, 균일성 등)이 우수하다.
⑦ 소음, 흄(fume), 유해광선 등이 적게 발생되어 작업 환경이 깨끗하다.

나. 단점

① 설비비가 비싸고 결함이 발생하면 대량 발생된다.
② 용접선이 짧거나 공간이 좁고 복잡한 경우 수동에 비하여 비능률적이다.
③ 용접입열이 크므로 모재에 변형을 가져올 우려가 있으며 열영향부가 넓다.
④ 용접진행의 양부를 육안으로 확인할 수 없어 개선가공 및 루트간격의 정밀을 요한다.
⑤ 산포되는 플럭스 때문에 용접자세가 아래보기, 수평필릿 자세의 용접에 한정된다.
⑥ 용접재료의 제약을 받는다(탄소강, 저합금강, 스테인레스강 등에 사용)

4. 용접장치 종류 및 구성

일반적으로 사용되는 용접장치는 자동용접 시 와이어 릴(wire reel)에 감긴 와이어를 송급모터(feed motor)의 송급롤러(feed roller)에 의해 연속적으로 공급되어 콘택트 팁(contact tip)에서 전류를 공급받아 모재에 이르게 된다. 또한 용제는 용제호퍼의 밸브를 통과하여 호스를 따라 분류관에서 모재의 용접선 위에 일정한 높이로 산포된다. 와이어 송급속도는 전압제어장치에 의하여 자기제어되므로 항상 일정한 아크길이가 유지될 수 있도록 해준다. 용접 후 녹지 않은 용제는 진공 회수기로 회수하여 재사용한다. 진공회수기는 대차위에 부착되거나 따로 설치하여 사용한다. 서브머지드 아크용접은 반자동, 자동, 기계식의 다른 모드로 수행될 수 있다. 반자동식은 용접사가 후락스 및 와이어를 자동으로 공급할 수 있는 건(Hand- held welding gun)을 손에 쥐고 수동 또는 모터를 장착해 건을 이동시켜가며 용접하는 방식이며 자동식은 용접도중 용접사가 모니터링하거나 변수를 제어할 필요없이 처음부터 끝까지 자동으로 용접하는 방식으로 조건설정이 용접생산성에 큰 영향을 미친다. 기계식은 자동으로 용접이 진행되기는 하지만 용접사가 작업부위를 모니터링하고 용접의 시작 및 끝의 제어 등 각종 변수의 제어가 필요한 방식이다.

(a) 캐리지A형 (b) 캐리지B형

[그림 9-2] 서브머지드 아크용접기 종류

가. 용접장치 구성

용접장치의 구성은 용접전원(power source), 제어장치(전류, 전압, 속도제어장치), 와이어 송급장치(wire feed), 이송장치로 크게 나눌 수 있다. 와이어 송급장치, 제어장치, 콘택트 팁, 플럭스 호퍼(flux hopper)를 일괄하여 용접헤드(welding head)라고 한다. 이 용접헤드는 주행대차(carriage)에 실려서 용접선과 평행하게 놓인 안내레일(guide rail) 위나 반자동(portable type)인 경우에는 직접 강판위를 조정된 일정한 속도로 이동하면서 용접을 하며 원둘레를 용접할 경우에는 용접헤드를 고정시키고 피용접물을 회전시키면서 용접을 진행한다. 용접전원으로는 직류(DC)와 교류(AC) 어느 것이나 사용할 수 있으나 직류에서는 정전압식(CV), 정전류식(CC)을 사용할 수 있고, 교류에서는 정전류식(CC) 또는 정전압식(CV)구형과 출력전원 등을 사용할 수 있다. 서브머지드 아크용접은 높은 용접전류를 사용하기 때문에 정격사용율은 100 [%]로 할 것이 권장된다.

(1) 직류정전압전원(CV)

전원의 출력범위는 400A ~ 1500 [A]이며 주로 1000 [A] 이하(1000 [A] 이상일 때 아크블로우가 발생됨)의 아크전류를 주로 이용되며 얇은 강판 고속용접에 효과가 있다. 정전압전원은 자기제어기능을 가지고 있어서 안정된 아크를 유지해서 간단한 와이어 송급제어장치가 쓰이며 서브머지드 아크용접법에 널리 이용된다.

(2) 직류정전류전원(CC)

출력전류가 1500 [A] 이하인 곳에 주로 사용된다. 자기제어 기능이 없기 때문에 와이어 송급제어를 위해 전압감지기가 반드시 필요하며 아크전압은 와이어 송급속도와 와이어 직경에 따라 전압을 조절한다.

(3) CV/CC복합전원

하나의 용접기에서 스위치 조작으로 CV형과 CC형 전환이 가능한 용접전원이며 전류 범위가 1500 [A]정도이며, 650 [A]짜리가 많이 사용되고 있다

(4) 교류전원

교류 출력범위는 800 [A] ~ 1500 [A] 정도이며 정격사용률은 주로 100 [%]로 설계된다. 설비비가 적고, 자기불림이 없어 유리하나, 초기 아크발생이 곤란하다.

직류는 교류에 비해 비드가 아름답고 직류역극성 사용 시 용입이 최대가 되며, 직류정극성은 용착속도가 최대가 되고 용입은 최소가 된다. 그리고 아크발생이 안정되며, 전류조정이 용이한 점은 좋으나 자기불림(magnetic blow)현상이 생기는 단점도 있다. 교류전원은 자기불림 현상이 발생되지 않고 장비의 가격이 싸서 좋으나 초기 아크발생이 잘되지 않는 결점이 있다. 또한 용접기의 외부전원특성은 수하특성도 좋으나 주로 정전압 특성의 용접기가 많이 사용되고 있다.

나. 용접장치 분류

용접 장치는 여러 가지로 분류할 수 있으나, 여기서는 크게 3가지로 분류한다.

(1) 용접모양에 의한 분류

① 전극형상에 의한 분류 : 와이어(wire)전극, 테이프(tape)전극, 대상(hoop)전극

② 전극수에 의한 분류 : 단전극, 다전극

③ 주행장치 종류에 의한 분류 : 대차(carriage) 주행방식, 측면보(side beam)주행방식, 보(beam)방식, 머니퓰레이터(manipulator)방식

(2) 용접기 전류용량에 따른 분류

① M형 : 최대전류 4000 [A]로 판두께 75 [mm]까지 한번에 용접하는 대형용접기

② UZ형, USW형 : 최대전류 2000 [A]의 표준만능형 용접기

③ DS형, SW형 : 최대전류 1500 [A]의 경량형 용접기

④ SMW형, FSW형 : 최대전류 900 [A]의 수동식토치를 사용하는 반자동형 용접기

(3) 기타 용접기

① 필릿용접에는 특수 필릿용접용 안내바퀴(guide wheel)를 장치하여 수평 및 아래보기 필릿용접이 가능하다

② 다전극 용접기는 용접 능률향상 목적으로 2개 이상의 전극을 동시에 사용하는 방법으로 탠덤식, 횡병렬식, 횡직렬식 등이 있다.

[그림 9-3] 서브머지드 보 방식 용접기

[그림 9-4] 다전극형 서브머지드 용접기

다. 서브머지드 아크용접 종류

서브머지드 아크용접은 고전류를 사용하기 때문에 용착속도가 매우 높지만, 단전극으로 용접전류를 증가시켜 생산성을 향상시키는 방법에는 한계가 있다. 그래서 용착속도를 높이기 위해서 전극수를 2개 이상으로 증가시키는 방법을 사용하며, 현재 가장 많이 쓰이는 방법은 2전극 탠덤(Tandem)방식이다. 2전극 용접에서 두전극 모두에 직류를 사용하면 아크 상호간 간섭이 심하기 때문에 직류-교류, 또는 교류-교류의 조합방식을 사용한다.

(1) 탠덤식(tandem process)

[그림 9-5]와 같이 두개의 전극와이어를 독립된 전원(교류 또는 직류)에 접속하여 용접선에 따라 전극의 간격을 10 ~ 30 [mm]정도로 하여 2개의 전극 와이어를 동시에 녹게 함으로써 한꺼번에 많은 양의 용착 금속을 얻을 수 있는 용접법이다. 또한 독립된 전원의 조합은 교류와 직류. 교류와 교류가 좋으며 직류와 직류는 자기 불림 현상이 생기므로 사용하지 않는다. 이 방법은 비드 폭이 좁고 용입이 깊으며 단전극에 비해 2배 이상의 용접속도가 빠르다. 전극을 3개 사용 시는 2.5배 이상의 능률을 올릴 수 있으나 3전극 이상이 되면, 설비비가 증가하고 용접기의 조작과 적정 조건의 설정이 어렵다. 그러므로 3 ~ 4 전극을 사용하는 용접방법은 용착속도를 증가시켜 생산성을 크게 향상시킬 필요성이 있는 경우에만 사용하고 있다.

(2) 횡 병렬식(parallel transverse process)

[그림 9-5]와 같이 한 종류의 전원(직류와 직류, 교류와 교류)에 접속하여 용접하는 방법으로 비드폭이 넓고 용입이 깊은 용접부가 얻어진다. 두 개의 와이어에 하나의 용접기로부터 같은 콘택트 팁을 통하여 전류가 공급되므로 용착속도를 증대시킬 수 있다. 또한 이 방법은 비교적 홈이 크거나 아래보기 자세로 큰 필릿 용접을 할 경우에 사용되고 용접속도는 단전극 사용시 보다 약 5 [%] 증가된다.

(3) 횡 직렬식(series transverse process)

[그림 9-5]와 같이 두개의 와이어에 전류를 직렬로 연결하여 한쪽 전극와이어에서 다른쪽 전극와이어로 전류가 흐르면 두 전극에서 아크가 발생되고 그 복사열에 의해 용접이 이루어지므로 비교적 용입이 얕아 스테인리스강 등의 덧붙이 용접에 흔히 사용된다. 두 와이어는 서로 45° 경사를 이루고 각기 다른 송급장치에 의해 개별 제어된다.

(4) 스트립식(Strip Electrode Welding)

한 개의 전원을 가지고 와이어가 아닌 스트립(Strip)전극을 사용하여 용접하는 방법으로 이음(Jointing)의 경우에는 얕은 용입과 함께 넓은 루트간격에 유리하고 클래딩(Cladding)의 경우에는 높은 작업능률과 함께 낮은 희석 및 매끄러운 표면을 얻을 수 있다. 특히 강판에 부식방지용으로 스테인레스강을 덧깔기 할 때 많이 이용된다.

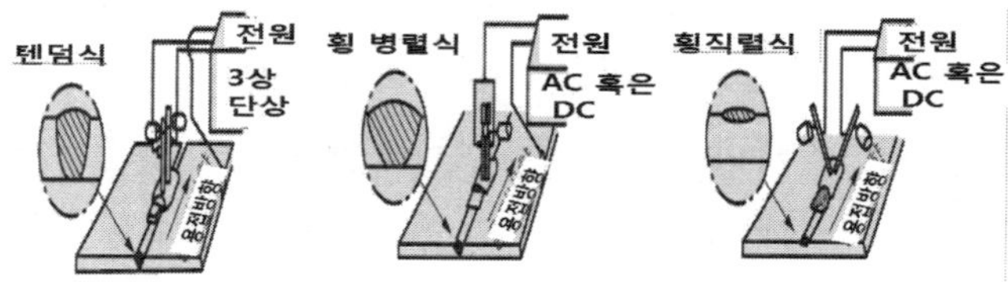

(a) 텐덤식 (b) 횡병렬식 (c) 횡직렬식

[그림 9–5] 다전극 서브머지드 아크용접 방법

5. 용 제

서브머지드 아크용접용 용제는 미국의 린데사의 상품명으로 컴퍼지션이라고 부르기도 하지만 산업현장에서는 일반적으로 용제(flux)라 부른다. 용제는 알맞은 입도를 가져서 아크주위의 차폐성이 좋아야 하고, 아크의 발생성과 지속성을 갖도록 하여 안정된 용접이 될 수 있어야 하며, 용융부에 탈산, 탈황 등의 야금반응에 의하여 용착금속의 재질을 개선할 수 있어야 한다. 또 용접금속의 요구성능을 낼 수 있는 합금제가 들어 있어야 하며, 적당한 용융온도, 점성을 가져서 양호한 비드를 얻을 수 있으며, 용접후의 응고된 슬래그는 용이하게 제거되어야 한다. 용제는 그 성분에 따라서 용접성, 작업성, 용접금속의 성질이 크게 변화된다.

용제는 용도에 따라 많은 종류의 물질이 첨가된 입자상태의 광물질로, 제조법의 차이에 따라 용융형용제(Fused Flux)와 소결형용제로 분류한다. 소결형용제는 제조온도의 차이에 따라 저온소결형(Bonded Type)용제와 고온소결형(Agglomerated Type)용제로 구분한다. 서브머지드 아크용접에 사용되는 용제기호는 “F” 용융형 플럭스, “A” 소결형 플럭스, “M” 혼합형 플럭스로 표시한다. KSD7102에서 용제의 화학조성 및 제조방법에 따라 분류하면 표기방법은 다음과 같다.

F S - FG 1

F : 용접용제 S : 서브머지드아크용접
FG : 플럭스의 제조 방법 1 : 화학성분

가. 용제의 구비조건

① 아크 발생이 잘되고, 아크를 안정시켜 안정된 용접을 할 수 있다.
② 슬래그 형성으로 용착금속의 급랭방지 및 우수한 비드를 얻을 수 있다.
③ 용착금속에 합금원소의 첨가 및 탈산, 탈황 등의 정련작용으로 양호한 용착금속을 얻을 수 있다.
④ 적당한 입도를 가져 아크의 보호(shield)성이 좋으며, 용접 후 슬래그의 이탈성이 좋다.

나. 제조 방법에 따른 플럭스의 분류

서브머지드 아크용접 플럭스는 제조하는 방법의 차이에 따라 다음과 같이 분류된다.

(1) 용융형 플럭스

용융형 플럭스는 각종 광물질의 원재료를 혼합하여 전기로에서 약 1300[℃] 이상의 고온으로 용융시키고, 급랭 후 소정의 입도(mesh)로 분쇄한 것으로 외관은 파쇄된 유리 형상이다. 용제의 제조 공정은 [그림 9-6]과 같다.

[그림 9-6] 용융형 용제 제조공정

용융형 플럭스는 화학 조성이 균일하고 슬래그 제거가 비교적 용이하며, 흡습성이 적어 보관 및 취급이 간단하고 재사용 과정에서 입도 및 조성의 변화가 거의 없다는 장점이 있다. 그러나 고온에서 용해되는 제조과정을 거치기 때문에 탈산제나 합금원소를 첨가할 수 없으므로 필요한 합금성분은 전적으로 와이어로부터 공급받아야 한다. 그러므로 용융형 플럭스를 사용하는 경우에는 적절한 와이어를 선정하는 것이 매우 중요하다. 용융형 플럭스의 입도는 플럭스의 용융성, 가스 방출상태, 비드형상 등에 영향을 미치는데, 입도가 미세할수록 높은 전류에 사용한다. 굵은 입자의 플럭스에 높은 전류를 사용하면, 아크 보호성이 나빠지고 비드가 거칠며 기공 및 언더컷 등의 결함이 생기기 쉽다. 용제의 입도 표시에서 12 X 200은 12메시에서 200메시 사이의 입도구성을 나타내며 20 x D에서 D는 아주 미세한 분말(dust)를 뜻한다. 용제는 산포량이 너무 많으면 발생된 가스가 방출되지 못하여 기공의 원인이 되며 비드 표면에 퍽 마크(puck mark)가 생긴다. 너무 적게 산포되면 아크가 노출되어 용접부의 보호가 나빠지므로 비드가 거칠고 기공의 발생 원인이 된다. 그러므로 가장 적합한 용제의 산포량은 아크가 노출되지 않고 발생된 가스가 자유로이 방출될 수 있는 정도로 와이어의 뒷쪽 30 ~ 50 [mm] 정도에서 연한 불꽃이나 연기가 빠져나올 정도로 하고 보통 높이는 30 [mm] 전후로 하며 폭은 적어도 슬래드 용융 폭의 약 3배 정도는 확보하여야 한다. 용접이 끝나면 용융되지 않은 용제는 회수하여 다시 사용하는데 이 용제는 성분이 변질되므로 새로운 용제를 보충 혼합시켜 중요하지 않은 곳에 사용한다.

용융형 용제의 특징은 다음과 같다.

① 비드 외관이 아름답다.
② 흡습성이 거의 없으므로 재건조가 불필요하다.
③ 미용융 용제는 다시 사용이 가능하다.
④ 용제의 화학적 균일성이 양호하다.
⑤ 용접 전류에 따라 입자의 크기가 다른 용제를 사용해야 한다.
⑥ 용융시 분해되거나 산화되는 원소를 첨가할 수 없다.

(2) 소결형 플럭스(agglomerated flux & bonded flux)

소결형 플럭스는 원료광석 및 합금성분을 적당한 크기로(20 [㎛] 이하)로 분쇄 하고 점결제인 규산나트륨 등을 첨가하여 일정 크기로 입자화 시킨 후에 원료 성분이 분해되지 않는 온도 범위에서 건조시켜 소결한다. 용제의 제조공정은 [그림 9-7]과 같다.

원료 → 배합 → 혼합 → 입도 조성 → 건조 → 정립 → 포장

[그림 9-7] 소결형 용제 제조공정

소결형플럭스는 소결온도에 따라 저온소결형(bonded flux)과 고온소결형(agglomerated flux)으로 구분되는데, 저온소결형은 비교적 낮은 온도(500 ~ 600 [℃])에서 소결하고 고온소결형은 다소 높은 온도(800 ~ 1,000 [℃])에서 소결한다. 특히 저온소결형 플럭스는 소결과정에서 탈산제(Fe-Si, Fe-Mn)나 합금제(Ni, Cr, Mo, V, Mn)등의 손실이 거의 없기 때문에 용융 금속의 강력한 탈산 작용이나 화학성분 조정 및 조직 미세화가 비교적 용이하다. 그러므로 용융금속의 강력한 탈산작용이나 화학성분 조정이 필요한 고장력강, 저합금강에는 소결형 플럭스가 많이 사용되고 있다. 그러나 흡습성이 있고, 용접 조건에 따라 용착금속의 화학 조성이 다를 수 있으며, 사용 및 취급과정에서 미분화되어 재사용에 한계가 있다는 단점이 있다. 그러므로 소결형 플럭스의 선택에 매우 신중해야 하며 취급, 보관 과정에서도 많은 주의가 요구된다. 용제의 입도와 호칭은 아래와 같다.

[표 9-6] 용제의 입도와 호칭

호칭 치수	대응메시	호칭치수	대응메시	호칭 치수	대응메시	호칭치수	대응메시
2.36 [mm]	8	1.18 [mm]	14	425 [μm]	36	150 [μm]	100
1.70 [mm]	10	850 [μm]	20	300 [μm]	48	100 [μm]	150
1.40 [mm]	12	500 [μm]	32	212 [μm]	65	75 [μm]	200

소결형 용제의 특징으로는

① 고전류에서 용접작업성이 좋고, 후판의 고능률 용접에 적합하다.
② 용접금속의 성질이 우수하며 특히 절연이 우수하다.
③ 합금원소의 첨가가 용이하다.
④ 용융형 용제에 비하여 용제의 소모량이 적다.
⑤ 낮은 전류에서 높은 전류까지 동일 입도의 용제로 용접 가능하다.
⑥ 흡습성이 높아 사용 전에 150 ~ 300 [℃]에서 한 시간 정도 재건조하여야 한다.

[표 9-7] 용제(flux) 종류

종류	용제의 타입
FSS-F	용융형 용제
FSS-B1	소결형 용제(주)1
FSS-B2	소결형 용제(주)2

(주) 1. 와이어의 종류와 조합시켰을 때, 같은 종류의 용착금속이 얻어지는 용제조성
2. 용제 중에 합금을 첨가, 와이어의 종류가 다른 용착금속이 얻어지는 용제조성
비고 : 종류의 기호를 붙이고 방법은 다음 보기에 따른다.
보기 : F S S - F
F : 용제의 타입, S : 스테인레스강용, S : 서브머지드 아크용접, F : 용제(flux)

(3) 플럭스 사용 시 주의사항

용제는 캔에 25 [kg], 50 [kg]들이로 포장되어 있거나 200 [kg]들이 드럼에 들어있는 것도 있다. 용제는 부주의로 수분을 흡수하거나 불순물이 혼입되면, 용접시 아크열에 의해 수소와 산소로 분해되어 기공(blow hole)이나 균열(crack) 등 결함의 원인이 된다. 따라서 용제는 사용 전에 150 ~ 300 [℃]에서 60분간 건조하여 사용하고, 용접 후 회수한 용제는 재 건조하여 새 용제와 50 [%]씩 혼합하고 입도조정을 하여 사용한다. 사용하고 남은 플럭스를 보관하는 경우에는 밀봉해서 건조한 장소에 보관하여야 한다.

6. 용접 와이어

서브머지드 아크용접용 와이어는 모재와 비슷한 성분의 용착금속을 만들어 낼 수 있도록 제조되는데 나봉(Bare Solid Wire)이나 복합와이어(Combined Wire) 형태로 공급된다. 와이어는 콘택트팁과 전기적 접촉을 좋게 하며, 녹이 스는 것을 방지하고, 송급롤라와 와이어 사이에 미끄럼을 좋게 하기 위하여 표면에 구리도금을 한다. 와이어의 지름은 1.2 ~ 12.7 [mm]까지 있으며 보통 2.4 ~ 7.9 [mm]까지 많이 사용되고 있다. 수평 필렛용접의 경우 비드 형상을 갖추기 위해서는 세경의 와이어가 사용된다. 용접와이어로 쓰이는 심선은 Mo, Ni, Cr 등이 첨가되어 있으며 망간 함유량과 몰리브덴 함유량에 따라 고망간 계, 중망간계, 저망간계 및 Mn-Mo계 와이어로 분류한다. 와이어의 종류는 일반적으로 연강용, 저합금강용, 스테인레스강용 등으로 구분하고, 경화용접에는 복합와이어를 사용한다. 밴드아크용접에서는 와이어 대신에 대상(hoop)를 사용한다. 와이어 코일의 치수 및 중량은 [표 9-8]에 표시한 것과 같으며 [표 9-9]에서는 와이어 치수별 사용 전류 범위를 나타내고 있다.

[표 9-8] 와이어 코일의 치수 및 중량

코일 명칭	중량 [kg]	안지름 [mm]	폭 [mm]
소코일(S)	12.5±2	300±15 0	65±0 10
중코일(M)	25±3	300±15 0	80±0 10
대코일(L)	75±3	610±30 0	
초대형(XL)	100±2	630±30 0	

[표 9-9] 와이어 치수별 사용 전류 범위(연강, 저합금강 와이어)

와이어 지름 [mm]	1.2	1.6	2.0	2.4	3.2	4.0	4.8	6.4	7.9	9.5	12.7
전류 범위	70 ~ 120	80 ~ 150	100 ~ 250	120 ~ 350	220 ~ 550	340 ~ 750	400 ~ 950	600 ~ 1600	1000 ~ 2200	1500 ~ 3400	2000 ~ 4800

가. 와이어의 종류

와이어는 일반적으로 연강용, 저합금강용, 스테인레스강용 등으로 구분하고, 경화용접에는 복합와이어를 사용한다. 밴드아크용접에서는 와이어 대신에 대상(hoop)을 사용한다.

[표 9-10] 와이어의 종류

YS 308 YS 308 L YS 309 YS 309 L YS 309 Mo YS 310	YS 312 YS 16-8-2 YS 316 YS 316 L YS 316JIL YS 317	YS 317 L YS 347 YS 347 L YS 410 YS 430 YS GS

* 보기 : Y S 308

* Y : 와이어, S : 서브머지드 아크용접, 308 : 화학성분

(1) 저탄소강 와이어

연강용와이어는 일반적으로 망간의 함유량에 따라 나누어진다. 연강용와이어로 가장 많이 사용되고 있는 것은 저망간(0.5 [%] 이하)계와 고망간(1.8 ~ 2.1 [%])계의 저탄소림드강 와이어로 중망간(1 ~ 1.5 [%])계도 사용된다. 또한 림드강과 킬드강을 사용하는 나라도 있다. 그리고 용융형 용제와 조합 시에는 1 ~ 2 [%]의 몰리브덴(Mo)이 첨가된 망간계 와이어가 사용된다.

(2) 스테인레스강 와이어

스테인레스강 와이어는 일반적으로 모재와 같은 재질이 사용되나 산화되기 쉬운 Ti나 Cb(Nb)는 와이어에 함유시키지 않는다.

(3) 기타 와이어

기타 비철금속 와이어는 규소청동 와이어(구소청동용, 아연도금용, 아연도금 강재용, 주물용), 탈산동와이어(구리용), 알루미늄 와이어(알루미늄 청동, 덧쌓기용) 기타 니켈(Ni), 모넬(monel), 인코넬(inconel)용 와이어 등이 있다.

나. 와이어와 용제의 선택

용착금속의 화학적 조성 및 기계적 성질, 용접시공 조건(이음의 형상, 치수, 용접전류, 전압속도) 등의 성질을 만족시키기 위해서는 와이어와 용제의 선택이 맞아야 한다. 재료선택에 착오가 생기면 용착부의 기계적 성질이 저하되고 기공이나 균열 등의 결함이 생기게 되므로 다음과 같은 것에 주의를 해야 한다.

(1) 용착금속의 망간 함유량에 따른 선택

용착금속의 인성이 특별히 요구하지 않는 한 고속성, 내식성이 뛰어난 망간-규산염(silicate)계의 용제를 많이 사용한다. 이 용제를 사용하는 경우 용제중의 산화망간의 다소에 따라서 용착금속의

망간 함유량이 달라진다. 그러므로 용제의 산화망간 함유량을 적당하게 조정한다. 조합 방법은 다음 3가지 방법이 있다.

① 저산화 망간 용제와 고망간 와이어의 조합
② 중산화 망간 용제와 중망간 와이어의 조합
③ 고산화 망간 용제와 저망간 와이어의 조합

(2) 용접금속에 따른 선택

비교적 박판의 경우에는 고속성이 요구되어 용접속도를 빠르게 해야 하고 맞대기이음, 필릿이음 어느 경우에도 내스케일(scale)성이 나쁘다든지, 피트(pit), 기공, 퍽 마크(puck mark) 등의 발생이 문제시 된다. 이 경우에 균열 및 인성의 문제점이 특히 대두되므로 망간-규소계 용제와 고망간계의 와이어 또는 고망간계 규소함유 와이어의 조합이 권장된다.

(3) 용접 층수에 따른 선택

다층 용접부에는 규산 산화망간이 많은 산성용제를 사용하고 층수를 많이 함에 따라 규소, 망간이 증가되고 경도가 증가하여 균열의 발생이 염려되므로 다음과 같이 조합하여 사용한다.

① 저산화 망간의 중성 용제와 중 · 고망간 와이어
② 중산화 망간 용제와 중망간 와이어

7. 용접시공

가. 용접 준비

서브머지드 아크용접을 하는 목적은 용접 능률 향상 및 고품질의 용접부를 얻는데 있다. 그러나 가시아크 용접처럼 용접중에 용접부를 볼 수 없으므로 용접전에 완벽한 준비를 하여야 한다. 이음면의 가공은 기계가공, 가스가공, 플라스마절단가공 등이 사용되며, 용입이 대단히 깊으므로 모재검사에 조금도 결함이 있어서는 안 된다. 먼저 밀시트(mill sheert)에 의하여 화학조성이나 탄소당량을 확인한다. 모재의 성질 및 화학조성이 명확하지 않을 때는 기계적 시험 및 화학분석 등으로 재질을 분석하여야 하며 중요부에 사용되는 고급강에 대하여는 라미네이션 및 편석밴드의 존재를 확인하기 위하여 설퍼프린트 및 초음파탐상검사를 실시한다. 이것에 따라 와이어와 용제의 조합 및 용접층수를 결정하여야 하며 사용 전에 고온소결용제는 150 ~ 200 [℃], 저온소결 용제는 250 ~ 300 [℃]에서 1시간 정도 건조시켜야 한다. 와이어는 경도가 너무 높거나 너무 낮아도 송급성이 나빠진다. 그 외 와이어 표면에 녹이 없는가, 와이어의 감김 상태가 정상인가를 검사하여야 한다.

용접기는 매일 작업 전에 소모품을 점검해야 한다. 팁, 송급롤러는 장시간 사용시 마모가 심하여 전류의 흐름이 나빠지고 와이어에서 슬립(slip)이 생기어 용접 불량의 원인이 된다. 따라서 보수 점검표에 의하여 체크를 하여야 하며, 또한 필요한 것은 기록 유지하고 특히 게이지(gauge)류는 현장에서 장시간 사용하게 되면 게이지 지시값과 실제 용접 전류의 오차가 생기므로 정기적으로 교정이 필요하다.

용접부에 녹, 수분, 기름 등의 불순물이 존재하면 가스가 발생되므로 기공 및 피트의 발생원인이 된다. 또한 가스절단면의 슬래그는 완전히 제거되어야 하나 얇은 산화막은 그대로 두어도 되며 수동용접에 의한 뒷받침 용접이나 가용접시 용착부에 잔류 수소가 많을 때는 가공의 발생원인이 되기도 한다. 기름 및 수분으로 인한 오염은 산화성 가스불꽃으로 연소시키는 방법과 용접 전에 이음부를 가스불꽃으로 60 ~ 80 [℃] 정도 예열하면 수분을 제거할 수 있어 수분으로 인한 기공 발생을 예방할 수 있다. 그리고 용접부에 인접한 틈새에 있는 유해물질은 아크열에 의해 분해 제거되고 일부는 서서히 가스화되어 기공이 발생되므로 사전에 깨끗이 청소를 하여야 한다. 예를 들면 구석 틈새, 루트부, 겹침면 사이의 녹이나 수분은 소량일지라도 기공의 원인이 된다. 이러한 여러 가지 결함을 방지하기 위해 내청성이 뛰어난 용제가 개발되어 효과를 보고 있으나 완전한 용접 결과를 얻기 위해서는 이음부 청소를 깨끗이 하는 것이 최선의 방법이다.

나. 이음 홈가공 및 조립

이음면의 가공에서는 절단면의 정밀도가 중요하다. 이음부의 맞춤(Fit-up) 또한 용접부의 품질이나 강도, 외관 등에 중요한 영향을 미치는데 서브머지드 아크용접의 깊은 용입특성 때문에 이음부 맞춤에서 정밀한 제어 및 루트간격의 유지가 중요하다. 정밀도가 맞지 않으면 일정한 용접조건이라도 용입 불균형이나 용락이 생기며 때로는 기공이나 균열이 발생된다. 그러므로 용접 홈은 다음과 같은 조건이 필요하다.

① 홈의 각도는 ±5° 허용
② 루트간격은 받침쇠가 없는 경우 0.8 [mm] 이하, 루트간격이 0.8 [mm] 이상이면 누설방지 비드(sealing bead)를 쌓든가, 받침쇠를 사용해야 한다.
③ 루트면은 ±1 [mm] 허용

다. 뒷받침(backing)

뒷받침의 목적은 루트면의 치수가 용융금속을 지지할 만큼 크지 못할 경우 또는 판이 두꺼워도 한쪽 편에서 단층용접으로 뒷면까지 완전한 용입을 필요로 할 때, 1층 용접에서 용락을 방지하기 위해 받침을 사용한다. 뒷받침의 종류로는 용접부 이면 쪽에 띠 판을 대고 용접하는 백킹스트립(backing strip), 뒷면에 피복아크나 탄산가스아크용접 등으로 비드를 쌓는 백킹용접, 동받침대를 뒷면에 대고 용접하는 구리받침(구리판에는 홈 깊이 0.5 ~ 1.5 [mm], 폭 6 ~ 20 [mm] 정도로 홈을 만들고 용접열량이 많을 때는 수냉식으로 하기도 한다.), 내화성이 큰 용제를 뒷면에 받치는 컴퍼지션 백킹 또는 멜트백킹(melt backing)을 하며, 또한 최근에는 백킹 테이프, 세라믹재를 활용한 세라믹백킹을 주로 활용하고 있다.

라. 가용접(tack welding)

본 용접시 각 부분의 정확한 위치유지 및 변형을 방지하기 위해 가용접을 한다. 가용접은 피복금속아크용접이나 반자동용접으로 하는데 용접길이가 짧은 것은 모재의 재질에 따라서 열영향부 경화로 균열이 발생하기 쉽다. 따라서 통상 피복아크용접봉은 저수소계용접봉으로 하고, 반자동 CO_2가스 아크용접도 많이 사용되고 있다. 고장력강이나 저합금강의 가용접에서 극단적으로 짧은 비드는 경우에 따라서 예열을 해주는 것이 좋다. 예를 들면 판두께 25 [mm] 이하에서는 피치 300 ~ 500 [mm], 비드길이 50 ~ 70 [mm], 판두께 25 [mm] 이상에서는 피치 200 ~ 300 [mm], 비드길이 70 ~ 100 [mm]를 표준으로 한다. 가용접 후 슬래그를 깨끗이 제거하지 않으면 본용접 시 기공발생 및 슬래그 혼입의 원인이 된다.

용접의 시작점과 끝나는 부분에 결함이 많이 발생되므로 이것을 효과적으로 방지하고 회전변형 발생을 막기 위해 용접선 양 끝에 모재와 같은 두께의 동일재질을 크기 150 × 150 [mm]정도의 엔드탭을 붙여서 용접을 함으로써 결함을 방지한다. 이것은 용접 후 절단하여 버리는 것과 보일러나 중요한 이음에서 엔드탭을 300 ~ 500 [mm] 정도 크게 하여 용접 후 절단하여 기계적 성질 시험용 시편으로도 사용된다.

마. 용접 조건의 선정 및 시공 시 유의 사항

용접조건 결정은 용접물의 판두께에 따라 2가지 방법이 있다. 첫째는 비교적 얇은 판에서 용착량에 따라 용입의 기준이 이루어지는 경우가 있고, 둘째는 판두께가 두껍고 홈면적이 큰 경우인데 주로 와이어의 용착속도를 기준으로 용접조건을 구할 수 있다.

(1) 용접전류

전류의 변화에 따라 용접와이어의 용융속도, 용착률, 용입깊이 그리고 모재의 용융량이 결정되기 때문에 전류는 매우 중요한 용접변수이다. 전류가 크면 동일한 용접속도에서 용입이 깊어지고 용착속도가 증가하지만 지나치게 과도한 전류는 아크의 파묻힘 현상이 일어나고 언더컷이 발생하기 쉬우며 좁고 높은 비드가 얻어지며 또한 불필요한 덧살의 증가를 가져오고 이에 따라 용접부의 큰 수축변형을 야기하게 된다. 반대로 전류가 너무 낮으면 부적절한 용입이나 용융부족을 일으킨다. 비드 폭과 용제의 소비량은 전류의 증가에 의해서 처음에는 일단 증가되고 최대가 된 직후에는 다소 감소한다. 최대값에 달하는 전류값은 와이어지름에 의하여 지배되고, 용제의 종류에는 거의 영향이 없다.

(2) 아크전압

아크전압은 아크길이를 결정한다. 전압이 증가하면 아크 길이가 길어지고 전압이 감소하면 아크 길이도 감소한다. 전압은 용접비드의 단면형상과 외관에 영향을 미친다. 전압이 높을수록 평평하고 폭넓은 비드가 생성되고, 용제의 소비가 증가된다. 그리고 강재 부식이나 스케일로부터 발생되는 기공의 발생을 줄이고 부적절한 이음형상으로 인해 루트갭이 넓은 이음용접에 적합하며 플럭스로부터 합금원소를 끌어내는 능력이 커진다. 과도한 전압상승은, 균열을 일으키기 쉬울 정도로 과도하게 폭이 엷은 비드를 만들고 홈용접의 슬래그를 제거하기 어렵다. 또한 오목한 용접비드를 만들어 균열의 발생이 쉽게 되고 필릿용접부의 변두리에 언더컷 발생이 생기기 쉽다. 전압을 낮추면 아크쏠림에 대한 저항성이 있는 강한 아크를 만들고 용입이 깊어진다.

(3) 용접속도

용접속도가 빨라지면 단위 용접길이 당의 입열량이 줄어들고 용착되는 용접와이어의 양이 줄어들며, 결과적으로 작은 용접비드가 생긴다. 아크의 용입력은 용탕을 누르게 되는데 용접속도가 빠르면 이 힘이 강하게 전달되지 못하고 얕은 용입이 이루어진다. 용접속도가 지나치게 빠르면 언더컷, 자기쏠림, 기공과 불균일한 비드 현상을 만든다. 낮은 용접속도는 용탕 내의 가스가 빠져나갈 수 있는 충분한 시간을 제공하여 기공의 발생을 줄이게 된다. 그러나 지나치게 낮은 용접속도는 볼록한 용접비드를 만들어 균열이 쉽게 발생되며 작업 중에 아크가 눈에 보일 수 있으며 아크주위에 과도한 용탕을 생성하게 되어 거칠고 슬래그가 혼입되어 있는 비드를 만들게 된다.

(4) 와이어 돌출길이

와이어 돌출길이는 팁 선단에서부터 와이어 선단까지의 거리이다. 전류밀도가 123 [A/mm^2] 이상에서는 전극의 돌출된 양은 매우 중요한 변수의 하나이다. 높은 전류밀도에서는 용탕과 콘택트팁 사이의 저항열에 의해 용융속도가 증가한다. 돌출길이가 증가할수록 동일전류를 사용하면서도 와이어에 전해지는 저항열이 커지고 와이어 용융속도가 증가하게 된다. 그러나 전류가 동일한 용접조건에서 용융속도의 증가는 용입의 깊이를 얕게 하며 와이어의 선단을 정확한 용접부에 위치하도록 조절하기 어려운 단점이 있다. 일반적으로 와이어의 적당한 돌출길이는 와이어 지름의 8배(예 : ϕ4 이면 32 [mm]정도) 전후로 해주어야 한다.

(5) 와이어 지름

용접와이어의 크기는 정해진 전류에서 용접비드의 형상, 용입에 영향을 미친다. 와이어직경이 클수록 용입이 얕아지고 폭넓은 용접비드가 얻어진다. 동일전류에서 와이어직경이 작을수록 전류밀도가 높아지고 용융과 용착속도가 증가하며 용입도 깊어진다. 큰 직경의 와이어는 폭이 넓은 이음의 루트를 용접하기에 적합하지만 더 높은 전류를 필요로 한다.

(6) 와이어와 모재의 경사각도 영향

서브머지드 아크용접에서 진행 경사각도가 변함에 따라 비드의 모양도 변한다. 진행 경사각도의 변수사항은 작업각, 진행각의 상태, 전진법, 후진법 사용 등을 들 수 있다. 이 전진법과 후진법은 용접 비드에 영향을 미친다. 전진법은 진행각 ②번 각도가 ①번보다 큰 각도로 용접작업을 하는 방법을 말한다. 이 경우 비드특징은 용접비드가 낮고, 평탄한 비드가 형성된다. 후진법에 사용한 전류를 사용 시 용입은 후진법보다 얕다. 전진법의 사용은 후판이 아닌 곳의 작업이나 얇은 판 작업에 적용되고 Groove 용입에서 용락을 방지하기 위해 용입을 얕게 하기 위해서 이 방법을 사용한다.

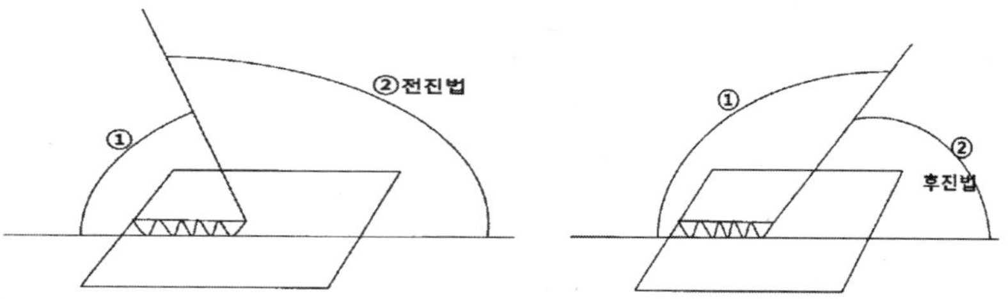

후진법은 진행각 ②의 각도가 ①번 보다 작은 각도로 용접할 때 사용하는 방법이다. 이경우의 비드특징은 용접비드가 높고 볼록한 비드가 형성된다. 홈이 깊은 곳에 용착 금속량을 많게 하기 위하여 이 방법을 사용한다. 모재의 경사는 용접선 방향의 경사와 용접선 좌우 방향의 경사 2가지가 있다. 용접선 방향에서는 상진과 하진이 있는데 상진용접 시는 용융금속이 뒤쪽으로 흐르게 되며 용입이 깊어지고 폭이 좁아지면서 높은 비드를 형성한다. 하진에서는 속도를 느리게 하여도 용융금속이 아크 바로 밑에 흘러들어 용입이 얕고 폭이 넓은 비드가 이루어지며 외관은 아름답지만 용입부족이 발생되기 쉬우므로 각별한 주의가 필요하다. 좌우 경사에서는 비드형상이 기울어지며 어느 일정각 이상에서는 언더컷이나 오버랩과 같은 결함이 발생된다. 그러므로 경사의 허용 정도는 사용전류, 용제의 종류에 따라 다르지만 보통 4~5° 이내로 하고 있으나 슬래그의 점성이 큰 용제가 개발되어 1000 [A] 정도의 전류에서 상진, 좌우의 경사가 10°정도에서도 양호한 비드를 얻을 수 있다. 서브머지드 아크용접에서 와이어의 진행 경사각도에서 비드에 영향을 주기위한 방법은 단전극을 2전극 탠덤(Tandem)으로 하는 방법, 토치의 작업각과 진행각을 이용하는 방법, 전진법과 후진법을 사용하는 방법, 작업모재에 각을 주는 방법 등이 있다.

(7) 홈 각도

홈 각도는 용입과 비드높이를 좌우하는 경향이 있으므로 극단적으로 넓은 홈의 경우와 아주 좁은 경우에는 용입불량의 원인이 된다. 후판 다층용접에서 홈 각도를 너무 좁게 하면 용접금속의 중앙에 균열이 생기므로 V형과 X형의 홈각이 60° 이하는 곤란하다. 루트면의 두께는 용입에 영향이 크다.

즉, 너무 두꺼우면 용입불량의 원인이 되고 너무 얇으면 용락이 발생되므로 적당한 두께를 설정하지 않으면 안 된다. 양면 1층용접을 할 경우 V형에서는 판두께의 50 ~ 60 [%], X형 홈에서는 판두께의 30 ~ 40 [%]가 적당하다. 다층용접에서는 용입불량과 1층의 비드균열을 방지하기 위하여 최대 6.0 [mm] 정도로 제약한다. 그리고 용락이나 용입불량을 방지하고 안정된 용접을 하기 위하여 시작하는 쪽의 홈각을 넓게 하여 용입을 깊게 하는 방법을 채택하기도 한다.

(8) 표준이음의 용접조건

일반적으로 제품과 현장의 특성에 따라 표준 용접조건이 제시되고 있는데 단일 전극을 사용하는 용접조건을 [표 9-11] ~ [표 9-15]에 나타냈는데 이것은 통상 용융형 용제를 사용할 때 표준조건이고 홈의 형상이 달라질 경우나 특수한 용제를 사용할 경우에는 용접 조건의 수정이 필요하다.

[표 9-11] I형 맞대기 양면 1층 용접조건

판두께 t [mm]	백킹비드(TS)			마감비드(OS)			와이어 지름 [mm]
	전류 [A]	전압 [V]	속도 [cm/min]	전류 [A]	전압 [V]	속도 [cm/min]	
6	400 ~ 450	31 ~ 38	60 ~ 70	450 ~ 500	31 ~ 33	60 ~ 70	4.0
8	400 ~ 500	31 ~ 33	60 ~ 70	550 ~ 600	31 ~ 34	50 ~ 60	4.0
10	500 ~ 550	31 ~ 34	55 ~ 60	600 ~ 700	32 ~ 35	50 ~ 60	4.8
12	650 ~ 700	31 ~ 34	50 ~ 60	700 ~ 750	32 ~ 35	50 ~ 60	4.8
14	800 ~ 900	32 ~ 35	50 ~ 60	700 ~ 800	33 ~ 36	50 ~ 60	4.8

[표 9-12] V형 맞대기 양면 1층 용접 조건

판두께 t [mm]	홈의 형상			백킹비드(TS)			마감 비드(OS)			와이어 지름 [mm]
	θ1 [도]	a [mm]	b [mm]	전류 [A]	전압 [V]	속도 [cm/min]	전류 [A]	전압 [V]	속도 [cm/min]	
14	70	5	9	650 ~ 750	31 ~ 34	35 ~ 45	700 ~ 800	33 ~ 37	40 ~ 50	4.8
16	70	7	9	700 ~ 800	31 ~ 34	35 ~ 45	700 ~ 800	33 ~ 37	40 ~ 50	4.8
19	19	10	9	900 ~ 1000	35 ~ 35	35 ~ 45	700 ~ 800	33 ~ 37	40 ~ 50	6.4 4.8
22	22	13	9	1050 ~ 1150	33 ~ 36	30 ~ 40	700 ~ 800	33 ~ 37	40 ~ 50	6.4 4.8

[표 9-13] X형 맞대기 양면 1층 용접조건

판두께 t [mm]	홈의 형상					백킹 비드(TS)			마감 비드(os)			와이어 지름 [mm]
	θ1 [도]	θ2 [도]	a	b	c	전류 [A]	전압 [V]	속도 [cm/min]	전류 [A]	전압 [V]	속도 [cm/min]	
18	70	70	6	6	6	600 ~ 700	33 ~ 37	30 ~ 40	750 ~ 850	34 ~ 38	30 ~ 40	4.8
20	70	70	6	7	7	650 ~ 750	33 ~ 37	30 ~ 40	800 ~ 900	34 ~ 38	3040	4.8
22	70	70	7	8	7	700 ~ 800	34 ~ 38	30 ~ 70	850 ~ 950	35 ~ 39	30 ~ 40	6.4
25	70	70	8	9	8	700 ~ 800	34 ~ 38	30 ~ 40	950 ~ 1050	36 ~ 40	30 ~ 40	6.4
32	70	70	10	10	12	1000 ~ 1100	35 ~ 39	22 ~ 28	1200 ~ 1300	37 ~ 42	20 ~ 25	6.4

[표 9-14] U형 맞대기 다층 용접 조건

패스	전류 [A]	전압 [V]	속도 [cm/min]	와이어지름 [mm]
1	400 ~ 600	27 ~ 30	20 ~ 60	4.8, 6.4
2	500 ~ 800	27 ~ 33	20 ~ 60	4.8, 6.4
3	600 ~ 900	27 ~ 33	20 ~ 80	4.8, 6.4
4이상	600 ~ 900	27 ~ 33	20 ~ 60	4.8, 6.4
표면	600 ~ 900	33 ~ 35	15 ~ 45	4.8, 6.4

[표 9-15] 수평 필릿 용접 조건

각장L [mm]	전류 [A]	전압 [V]	속도 [cm/min]	와이어지름 [mm]
3	350 ~ 400	24 ~ 26	70 ~ 160	3.2
5	450 ~ 550	26 ~ 28	60 ~ 100	3.2, 4.0
6.5	500 ~ 600	26 ~ 30	50 ~ 90	3.2, 4.0
8	550 ~ 700	27 ~ 33	45 ~ 70	4.0
9.5	600 ~ 750	27 ~ 33	35 ~ 50	4.0

8. 복합 서브머지드 아크용접 종류

가. CO_2+UM 다전극 서브머지드 아크 용접법

일본에서 개발된 것으로 선행전극은 CO_2가스 아크용접을 하며 용입이 깊고 충분히 탈산반응이 이루어진 저산소의 용착금속을 만들고 냉각속도를 조절할 수 있다. 냉각과정에 있어서 가장 적합한 시점에 후행전극에 의하여 뜨임효과를 주는 것으로 후행전극의 용접조건은 조절범위가 넓고 작업성이 양호한 용접법이다. 이것은 용입이 얕고 폭이 넓은 비드를 배치하여 앞서간 용착금속으로부터 합금원소의 선택을 이용하여 탈산반응을 촉진시키고, 다시 앞서간 용착금속으로부터 남은 열의 효과에 의한 냉각속도의 조정에 의하여 비교적 저산소의 용착금속을 불림조건으로 냉각 응고시킴과 동시에 용제에 의하여 표면이 미려한 비드를 얻을 수 있다.

나. 컷 와이어(cut wire) 첨가 서브머지드 아크 용접법

후판에서 단일 패스의 용착량을 증가시키기 위한 목적으로 고전류 또는 저속용접을 행하면 결정립이 거칠어지고 인성이 저하되기 쉽다. 그러나 컷와이어를 첨가하면 25 [mm]정도의 연강판을 맞대고 45°의 V형홈을 취하여 루트패스를 적당한 방법으로 용접한 후 홈에 Φ1.6 ~ 2.0 [mm]정도의 가는 와이어를 절단하여 컷와이어 호퍼를 통하여 공급하고 그 위에 고전류(1000 [A] 이상)로 1층 용접을 한다. 이것은 종래 용접방식보다 2 ~ 3배 능률이 높으며 고전류에도 불구하고 냉각효과 때문에 인성이 저하되지 않는다. 용입이 적어 모재의 성분변화가 적게 되므로 와이어를 적당히 선정하면 기계적 성질의 향상도 기대된다.

다. 복합와이어와 콜드와이어(cold wire)를 병용하는 방법

탈산제와 염기성용제가 내장된 복합와이어를 용융지에 개별로 송급 용융시키는 방법과 솔리드의 삼각 바, 사각 바를 사전에 홈부분에 놓는 방법이 있다. 이것은 전극와이어와는 완전히 절연되어 있어 전극와이어의 아크열에 의해 2차적으로 용융된다. 그로 인하여 냉각효과가 크고 내장된 용제에 의해 기계적 성질이 개선된다. 일본에서 개발된 것으로 FN식 또는 KIS법이라고도 한다.

라. FR법

와이어의 돌출길이를 길게 하는 것으로 이 길이가 길게 되면 와이어에 많은 저항 열이 발생하여 와이어가 예열되어 용융하여 속도가 증가된다. 즉 보통 서브머지드 아크용접에서는 와이어 돌출길이가 30 [mm] 전후인데 비하여 FR법은 200 ~ 250 [mm]정도로 한다. 보통 서브머지드 아크용접법에 비하여 용융속도가 30 ~ 50 [%] 증가하나 용입은 얕으며 일명 KK법 KX법이라고 한다.

마. 대상전극(hoop electrode)법

두께 0.4 ~ 0.6[mm], 폭 25 ~ 75[mm]의 후프(hoop)전극을 사용하여 서브머지드 아크 용접하는 방법을 대상전극 용접법 또는 밴드(bend) 아크용접법이라고 한다. 이것은 내식 및 내마모합금의 덧살용접 및 라이닝용접에 많이 사용된다. 특징으로는 스테인레스강의 용접시 용융속도를 비교하여 보면 와이어형 보다 25 [%] 이상 용착효율이 높으며 1000 [A] 이상의 고전류 용접에도 용입의 깊이는 1 ~ 1.5 [mm]로 아주 얇다. 따라서 용입율도 15 ~ 20 [%]로 낮으므로 내식성 합금의 덧살용접에도 특별한 고합금의 전극재료를 필요로 하지 않는다. 넓은 비드가 단일패스로 가능하다. 보통 75 [mm] 전극 사용 시 단일패스에 75 ~ 80 [mm] 정도의 비드를 얻을 수 있으며 또한 넓은 폭의 150 [mm] 전극의 사용도 검토되고 있다. 와이어 전극을 사용할 경우에는 용접전류, 아크전압, 용접속도의 변화는 용입에 크게 영향을 주나 대상 전극 용접 시에는 이러한 용접조건의 변화에 대한 영향이 적어 우수한 용접 품질을 확보할 수 있으며 용접 조건의 허용범위가 넓다.

바. 좁은 홈 용접(submerged arc narrow gap welding process)

SUB NAP 방식은 3가지로 분류할 수 있다. 용접부 판두께가 80 [mm] 이하에서는 개선각이 작은 X형 홈(small angular X groove)를 채택하는 방법과 150 [mm] 이하에서 사용하는 한줄놓기 방법(single center pass method)이 있으며 150 [mm] 이상에서는 두줄놓기 방법(two pass later method)이 있다. 장점으로는 긴 콘택트 팁에 절연 테이프(insulating tape)를 입히면 일반 서브머지드 아크용접 장비로 용접이 가능하며 생산성이 높은 다전극 방식을 보다 쉽게 사용할 수 있다. 홈의 정밀도와 용접조건의 허용범위가 넓고 결함이 없는 좋은 품질의 용접부를 얻을 수 있으며 용접부의 기계적 특성이 좋아 중화학 및 원자로 등의 분야에 적용할 수 있다.

[표 9-16] SUB NAP의 특징

방 법	적용 두께 [mm]	특 징	참고사항
작은홈의 X형홈	(25) ~ 80	① 40 ~ 80 [mm]두께에서 용접 속도가 가장 효과적이다. ② V형 홈에서는 백가우징이 필요하다.	① 융합 불량된 1패스는 백가우징으로 제거해야 한다. ② 슬래그의 박리성이 특히 좋은 특수한 용제를 사용
1줄 놓기법	(40) ~ 150	① 70 [mm] 이상에서 가장 효과적이다.	① 고탄소강 용접시 1패스에서 고온 균열 발생 우려 ② 용접 조건의 세밀한 조정이 필요 ③ 슬래그 박리성이 특히 좋은 용제 사용
2줄 놓기법	(100 ~ 300)	① 150 [mm] 이상에서 많이 적용 ② 슬래그의 이탈성이 좋다. ③ 용접조건의 허용범위가 넓다. ④ 작은 입열로 인해 인성이 매우 높다.	① 슬래그의 이탈성이 좋고 비드형성이 좋은 용제를 사용

사. 편면용접(one side welding)

맞대기 용접으로 양면에서 용접을 행하는 것이 가장 완전한 용입을 얻을 수 있으므로 확실한 용접 방법이라고 할 수 있으나 능률적인 면에서 뒤지고 또한 구조물의 형상에 따라 양면 용접이 불가능한 경우가 있다. 그리고 대향 판재의 맞대기 용접에서는 반전(turn over) 장소, 공수, 공장, 스페이스(space) 및 설비비가 용접 단가에 크게 영향을 미치게 된다. 그러나 편면용접에서는 이러한 결점을 크게 줄일 수 있다, 즉 높은 전류로 용접을 할 때 용융금속을 지탱하고 양호한 이면비드를 얻기 위해 여러 가지 백킹재(동종금속백킹, 구리백킹, 내열용제백킹)를 사용하여 능률 향상 및 원가절감에 기여할 수 있는 용접방법이다. 하지만 용융금속의 인성이 저하되고 종단부에 균열이 발생하는 등의 문제점이 대두되기도 하므로 편면용접방법, 용접재료, 시공방법 등을 적당히 채택하지 않으면 안된다.

9. 용접부 성질과 결함

가. 용접부의 성질

서브머지드 아크용접은 한번에 다량의 용착금속이 쌓이므로 용융금속이 응고시 결정조직이 그림처럼 용융경계에 직각으로 중앙을 향하여 발생되며 수지상 결정 사이에 불순물이 모이게 되어 용착금속의 성질을 나쁘게 만든다. 그러나 다층용접을 하게 되면 하층에 용접된 것은 상층용접에 의해 변태점 이상 가열된 작은 부분이 불림되면서 결정이 미세화 된다. 또한 650[℃]의 응력제거 풀림에 의하여 전성과 연성을 증가시킬 수 있으며 과대한 수지상 결정조직을 방지하기 위하여 30[mm] 이상의 후판에서는 가급적 층수를 많이 하면 기계적 성질을 향상시킬 수 있다.

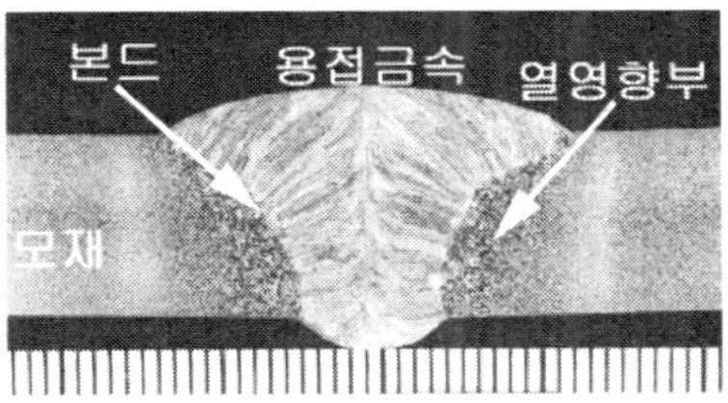

[그림 9-8] 서브머지드 아크 용접부 단면

서브머지드 아크용접에서는 와이어와 용제 이외에도 용착금속의 화학성분에 따른 모재의 영향을 많이 받는다. 탄소강의 서브머지드 아크용접에서는 와이어와 용제의 결합으로 모재와 성분의 큰 차이가 없는 용착금속을 얻을 수 있다. 또한 모재보다 뛰어난 기계적 성질이 얻어지는 경우가 많으므로 저합금 고장력강의 용접에서도 연강용 와이어와 용제만 변경조합하면 용접이 가능하다. 용착금속의 합금원소는 모재, 와이어 및 용제에 의해 도입되므로 그 화학성분은 용접조건의 영향을 크게 받는다. 즉 용접전류, 아크전압, 용접속도가 변하면 와이어와 용제의 용융비율 및 모재의 입열량이 변하므로 용착금속의 화학성분도 변하게 된다. 또한 용접층수에 따라서도 용착금속의 화학성분이 변화된다. 그러므로 다층용접에는 와이어와 용제의 선정에 주의하지 않으면 안된다.

나. 용접결함 및 대책

서브머지드 아크용접은 용융슬래그에 의해 용착금속이 감싸지므로, 다른 용접법에 비해 품질이 좋고, 용접결함도 작은 편이다. 그러나 용접중 조건이 맞지 않으면 기공, 균열, 언더컷 등의 결함이 생기기 쉽다.

(1) 기공(blow hole)

기공은 비드의 표면이나 바로 밑부분에 생기는 경우가 많은데, 주된 원인은 이음부, 전극, 플럭스의 오염, 플럭스 산포량의 부족, 이음부의 바닥부분에 플럭스가 잔존할 경우, 과도한 용접속도, 피복아크용접봉을 사용한 가용접부위에 슬래그 존재 등이 있다. 따라서 모재와 와이어는 녹, 기름, 수분 등의 제거가 필요하며 더욱이 용제를 완전히 건조하여 수분을 완벽하게 제거하는 것이 중요하다. 또한 용접속도가 너무 빠를 경우 용착금속의 응고가 급속히 진행됨에 따라 가스성분이 용융금속으로부터 탈출할 시간이 없기 때문에, 기공을 감소시키기 위해서는 용접속도를 낮출 필요가 있다. 또한 가접에는 E6010, E6011, E7016, E7018 등의 피복금속아크용접봉을 사용하는 것이 기공발생을 줄이는데 도움이 된다.

(2) 균열(crack)

서브머지드 아크용접에서 발생할 수 있는 균열의 형태는 주로 액상균열(Liquid Metal Cracking)로 저융점 불순물이 편석되어 발생하는 병배균열과 설퍼밴드의 모재를 용접했을 때 나타나는 유황균열이 대표적이다. 결함원인은 와이어에 탄소, 유황양이 많을 때, 급냉에 의한 열영향부의 경화, 루트간격이 클 때, 구속이 심하거나 1층 비드가 약할 때, 용접 변수, 확산성 수소 등에서 찾을 수 있다. 균열을 방지하기 위한 방법에서 구속응력의 감소가 필요하다. 구속응력을 줄이기 위해서는 비드깊이를 용접부 폭의 크기보다 줄이거나 같게 하는 것이다. 용입깊이를 감소시키기 위해서는 용접전류와 함께 용접속도도 줄여야 된다. 또한 용접금속이나 열영향부에 균열을 일으키는 또 하나의 원인은 용접금속내의 확산성 수소에 있다. 용융금속으로는 침투해 들어가는 수소원으로는 플럭스, 모재, 와이어의 수분, 유지류, 페인트 또는 부식 등이 있는데 균열은 인장 및 항복강도가 높은 저합금강에서 주로 발생된다. 용접부내의 과다한 수소함량에 따른 균열을 특히 지연균열(Delayed Cracking)이라 부르며 보통 용접부가 대기온도로 냉각된 후 수시간 내로 대부분 72시간 이내에 일어난다. 수소는 모재온도를 약 90[℃]로 올리면 확산되어 빠져나가는 성질이 있다. 용착금속의 수소함량을 낮추기 위해서는 오븐을 사용하여 플럭스의 수분을 제거하고, 와이어와 모재의 오일, 페인트 등을 제거한다. 용접중 수소의 탈출이 쉽도록 모재의 온도를 증가 시킨다. 보통 용접이 완료 될 때까지 예열을 하거나, 용접 후 대기온도로 냉각되기 전에 후열처리를 실시한다. 유황균열은 설퍼밴드가 많은 림드강재를 용접할 경우 균열이 생기게 되는데 그 원인은 설퍼밴드에 함유된 낮은 융점의 유황철(FeS)과 수소가스의 영향이므로, 설퍼밴드가 적은 킬드강이나 세미킬드강을 사용하는 것이 좋으며 또한 용접부의 청정 및 용제의 건조에 유의해야 한다.

[표 9-17] 용접 결함의 원인과 대책

결 함	원 인	대 책
기 공	1. 이음부나 와이어의 녹, 기름, 페인트, 기타 오물이 부착 2. 용제의 건조 불량 3. 용제 산포량의 부족 4. 용접속도의 과대 5. 용제 중에 불순물의 혼합 6. 용제의 산포량이 많아 가스의 방출이 불충분 7. 극성 부적당	1. 이음부의 청수, 연마, 연소, 산세, 샌드 브라스팅 등을 한다. 2. 용융형용제는 약 150[℃]로 1시간, 소결형 용제는 약 300[℃]에서 1시간정도 건조한다. 3. 용제산포 높이를 높게 조절한다. 4. 용접속도를 저하시킨다. 5. 용제교체, 회수시 불순물에 유의한다. 6. 용제산포 높이를 낮춘다. 7. 역극성으로 연결한다.
균 열	1. 모재에 대하여 와이어와 용제의 조합 부적당(모재의 탄소량 과대, 용착금속의 Mn량 감소) 2. 용접부의 급랭으로 열영향부의 경화 3. 용접순서 부적당에 의한 집중응력 4. 와이어의 탄소와 유황의 함유량이 증대 5. 모재 성분에 의한 편석 6. 다층용접의 제 1층에 생긴 균열 및 비드가 수축 변형에 견디지 못할 때	1. 망간량이 많은 와이어를 사용, 모재에 탄소량이 많으면 예열한다. 2. 전류와 전압은 높게, 용접속도는 느리게 한다. 3. 적당한 용접설계를 한다. 4. 와이어를 교체한다. 5. 와이어와 용제의 조합을 변경, 전류를 낮추고 용접속도를 느리게 한다. 6. 제1층 비드를 크게 한다. 7. 낮은 전류로 용접한다.
슬래그 섞임	1. 모재의 경사시 특히 하진 용접시 2. 다층 용접시 앞층의 슬래그 제거 불충분 3. 용입 부족으로 비드 사시에 슬래그 섞임 4. 용접속도가 느려 슬래그가 앞쪽으로 흐를 때 5. 최종 층의 아크 전압이 너무 높으면 유리되어 용제가 비드 끝에 들어감 6. 전극(와이어)배치 불량 7. 엔드 탭 부착부에 가스 발생	1. 모재는 되도록 수평으로 하던지 용접방향을 상진이 되게 한다. 하진용접시는 용접전류와 속도를 빠르게 한다. 2. 앞층의 슬래그를 완전히 제거한 후 용접한다. 3. 전류를 높여 완전한 용입이 되도록 한다. 4. 용접속도를 높인다(속도 25 [cm/min] 이상). 5. 전압을 낮추고 용접속도를 증가시킨다. 6. 다층 용접시 와이어 배치는 3패스 이상 나누어야 한다. 7. 엔드 탭은 모재와 동일한 것을 사용하고 취부 규정을 준수한다.
용락	1. 전류 과대, 홈의 각이 지나치게 크고 루트 면 부족 및 루트 간격 과대	1. 규정에 맞도록 재조정후 용접한다.
용입이 얕다	1. 전류가 낮다. 전압이 높다. 루트면 및 간격 부적당	1. 조건을 재조절 한다.

용입이 깊다	1. 전류가 너무 높을 때, 전압이 너무 높을 때, 용접 속도가 너무 빠를 때, 전극(와이어)위치 부적당	1. 조건을 재조절 한다.
언더컷	1. 전류가 너무 높을 때, 전압이 너무 높을 때, 용접 속도가 너무 빠를 때, 전극(와이어) 위치 부적당	1. 전류, 전압을 낮추고 용접속도를 알맞게 저절, 와이어 위치는 수평 필릿시 중심을 수평판쪽으로 약간 이동시킨다.
오버랩	1. 전류가 높다. 전압이 낮다. 용접 속도가 너무 느리다.	1. 전류를 낮추고 전압을 높인다. 용접 속도를 증가시킨다.
볼록한 비드	1. 전류과대, 전압과소, 홈각도 과소	1. 조건을 재조절한다.
평평한 비드	1. 용접속도의 과대, 와이어 위치불량	1. 조건을 재조절한다.

제3절 일렉트로 가스 아크용접(Electro Gas Arc Welding)

1. 개 요

일렉트로 가스 아크용접(electro gas arc welding)은 일렉트로 슬래그용접(electro slag welding)의 특징있는 조작과 CO_2가스 아크 용접을 조합한 것으로 수직 전용용접이라는 점에서는 일렉트로 슬랙용접과 같지만, 사용되는 열원이 아크라는 점에서 크게 다르다. 용접원리는 수냉동판으로 용접부위를 둘러싸고 그 안에 CO_2가스 등으로 보호가스 분위기를 만든 이후에 와이어 가이드 노즐을 통하여 복합와이어를 송급하여, 복합와이어 끝과 모재간에 발생하는 아크에 의해, 복합와이어와 모재를 용융하여 용접을 진행한다. 보호가스는 모재의 재질에 따라서 사용되며 강에 대해서는 주로 CO_2가 사용되지만, CO_2-Ar, Ar-O_2 등의 혼합가스를 사용할 때도 있다.

이 용접법은 CO_2가스를 사용하고 일렉트로 슬래그 용접과 같이 수랭식 동판을 사용하고 있으므로 이산화탄소 엔크로즈 아크용접(CO_2 enclosed arc welding)이라고도 한다.

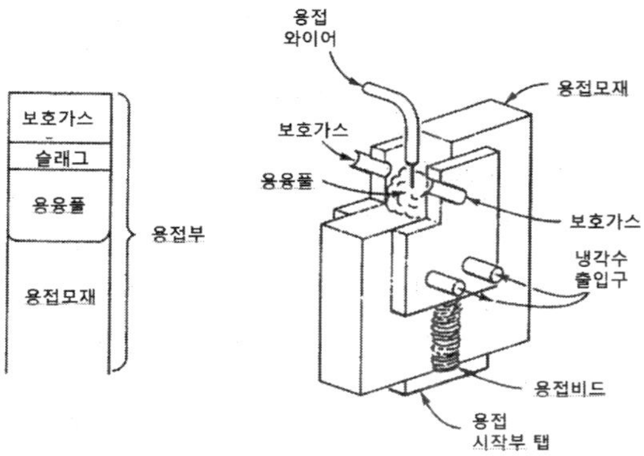

[그림 9-9] 일렉트로 가스 아크용접

2. 용접특징

일렉트로 가스 아크용접은 수동용접에 비하여 약 4 ~ 5배의 용융 속도를 가지며, 용착금속량은 10배 이상 된다. 또 수동용접의 수직자세에서는 용융금속의 낙하나 스패터 등의 손실을 고려해야 하나 일렉트로 가스 아크용접에서는 전혀 고려할 필요가 없으므로 결과적으로 용착효율도 95 [%]이상이 된다.

① 판두께에 관계없이 단층으로 상진 용접한다.
② 중후판물(40 ~ 50 [mm])의 모재에 적용되는 것이 능률적이고 효과적이다.
③ 용접홈의 기계가공이 필요하며 가스절단 그대로 용접할 수 있다.
④ 용접장치가 간단하며, 취급이 쉽고 고도의 숙련을 요하지 않는다.
⑤ 용접속도는 자동으로 조절된다.
⑥ 정확한 조립이 요구되며, 이동용 냉각동판에 급수장치가 필요하다.
⑦ 용접작업시 바람의 영향을 많이 받는다.
⑧ 수직 상태에서 횡 경사 60 ~ 90° 용접이 가능하며, 수평면에 대해서 45 ~ 90° 경사 용접이 가능하다.

3. 용접장치

일렉트로 가스 아크용접 장치의 기종을 분류하면 안내레일형, 무 레일형, 원둘레이음 전용형, 간이 경량형 등 4종류로 분류할 수 있다. 안내레일형이 가장 많이 사용되고 있으며 이것을 표준형이라고도 한다. 이 안내 레일형의 구조로는 용접전원, 와이어 송급장치, 제어장치, 용접토치, 냉각장치, 가스 조정기와 케이블 안내레일 등으로 구성되어 있다.

4. 용접방법

V형 맞대기 용접은 홈 뒷댐재(backing)를 부착하고 그 전면에는 수냉장치가 구비된 동판을 부착한 후 용접속도와 동일하게 움직이면서 용융금속의 용락을 방지하며 용접을 진행한다. 용제가 들어있는 전극 와이어가 일정한 속도로 공급되면 그 선단과 용융금속 표면과의 사이에서 아크가 발생된다. 이때 보호가스는 모재 사이의 틈속으로 보내져 아크와 용융금속을 보호하게 된다. 보호가스로는 아르곤(Ar), 헬륨(He), 이산화탄소(CO_2) 또는 이들을 혼합한 가스를 사용하나 주로, 사용되는 가스로는 CO_2가스를 많이 사용하고 있다. 가스유량은 25 ~ 30 [l/min] 정도가 적합하다.

5. 용접 시공

가. 용접이음의 준비와 용접 조건

① 조립 정도유지는 2 [mm] 이하가 되어야 한다.

② 받침재 조립은 용접선에 따라 300 ~ 400 [mm]간격으로 홈의 뒤쪽에 조립한다.

③ 용접 시단부는 수동용접으로 20 [mm] 정도 모재와 동일하게 홈을 채워준다.

④ 홈의 내부에는 가용접을 해서는 안되며, 홈의 각도는 철판의 두께에 따라 30 ~ 50± 50°를 유지하여야 한다.

⑤ I형 홈의 루트 간격은 12 ~ 22 [mm], V형 홈의 루트 간격은 1 ~ 7 [mm]가 적합하다.

⑥ 홈의 형상에 알맞은 수냉동판을 선택하여야 한다.

⑦ 풍속 3 [m/sec] 이상에서는 방풍막을 설치하여야 한다.

나. HOT WIRE 용접

(1) HOT WIRE 용접개요

현재까지 생산현장에서 사용하는 EGW(Electro Gas Arc Welding)기법은 생산성이 우수한기법이지만 높은 전류를 사용하고 용접속도가 느리기 때문에 용접부의 단위면적당 용접 입열량이 높아져 안정적인 물량확보에는 한계가 있었으나, HOT WIRE를 이용한 용접기법은 이러한 문제점을 극복하고 생산성을 획기적으로 높일 수 있고 용접부의 물성면에서도 기존보다 훨씬 안정적인 방법이다.

(2) HOT WIRE 용접의 특성

① 일반 TIG 용접 대비하여 용착속도가 증가한다.
(일반 TIG : 5 [g/min], Hot Wire : 60 [g/min])

② SMAW용접과 대비하여 전극봉 교체 및 슬래그 제거가 필요 없다.

③ 자동화설비 및 Narrow Gap 적용 시 작업능률이 향상되며 용접재료비가 절감된다.
④ 아크 안정성 및 스패터 감소와 용접입열량을 약 30 [%] 감소시킬 수 있다.
⑤ 무위빙 용접으로 1패스 용접 두께 범위를 확대할 수 있다.

제4절 | 일렉트로 슬래그 용접(Electro Slag Welding)

1. 개 요

일렉트로 슬래그 용접은 용융 슬래그와 용융금속이 용접부로부터 유출되지 않게 모재의 양측에 수냉식 동판을 대어주고, 용융 슬래그 속에서 전극 와이어를 연속적으로 공급하여 주로 용융 슬래그의 저항열에 의하여 와이어와 모재를 용융시키면서 단층 수직상진 용접을 하는 방법이다. 즉 아크를 발생시키지 않고 와이어와 용융 슬래그 그리고 모재내에 흐르는 전기저항열(Q=0.24EI Cal/sec : E :전극 팁과 모재사이의 전압 I : 용접 전류)에 의하여 용접한다.

엘렉트로 슬래그 용접은 금속의 두꺼운 단면용접에 V, X, J, U, 양면 U이음과 같은 비용이 많이 드는 복합적인 패스 없이, 그리고 특수한 이음 준비 없이 접합될 수 있어 후판을 사용하는 큰 용기와 탱크의 제조에 많이 사용된다.

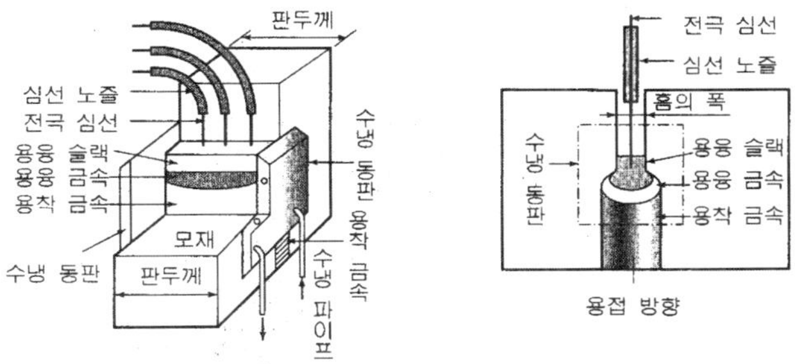

(a) 구성도 (b) 측면도

[그림 9-10] 일렉트로 슬래그 용접

2. 특 징

일렉트로 슬래그 용접법의 가장 큰 특징은 다른 용접에 비하여 두꺼운 판의 용접에 대단히 경제적이며, 홈의 형상은 I형 그대로 사용되므로 용접홈 가공준비가 간단하고 각 변형이 적다. 또 용접시간을 단축할 수 있으며 능률적이고 경제적이다. 대형 물체의 용접에 있어서는 서브머지드 아크용접에 비하여 용접시간, 홈 가공비, 용접봉비, 준비시간 등을 1/3 ~ 1/5정도로 감소시킬 수 있다.

가. 장점

① 용접능률과 용접 품질이 우수하므로 압력용기, 조선 및 대형주물의 후판용접 등에 바람직한 용접이다.
② 장비를 한번 설치하면 후판을 단일층으로 한 번에 용접할 수 있고, 6개 이상의 다전극을 이용하면 더욱 능률을 높일 수 있다.
③ 최소변형과 최단시간의 용접법이다.
④ 스패터가 발생하지 않고 조용하며 용융금속의 용착량은 100 [%]가 된다.
⑤ 용접시간, 개선가공비, 용접봉비, 준비시간 등을 감소시킬 수 있다.
⑥ 홈가공이 가스절단 그대로의 I형 홈이면 된다.

나. 단점

① 박판용접에는 적용할 수 없다.
② 장비가 비싸고 설치가 복잡하며, 냉각장치가 요구된다.
③ 수직자세로 한정되며 복잡한 형상에는 적용하기 곤란하다.
④ 용접진행중 용접부를 직접 관찰할 수 없다.
⑤ 높은 입열로 인하여 용접부의 기계적성질이 저하될 수 있다.
⑥ 용접시간에 비하여 용접 준비시간이 길다.

3. 용접장치

일렉트로 슬래그 용접장치의 기종은 매우 다양하며, 이것을 분류하면 안내 레일형, 무 레일형, 원둘레이음 전용형, 간이 경량형 등이 있다.

이들 가운데 안내 레일형이 가장 기본적이며 표준형이라고 말할 수 있으며 그 구조는 용접전원, 안내 레일, 제어상자, 와이어 송급장치, 냉각장치 등으로 구성되어 있다. 무 레일형은 모재의 용접홈 자체를 안내하여 용접기 본체가 주행하는 것으로 수직 또는 경사 평면, 곡면 등 어느 경우나 맞대기 이음을 할 수 있으며, 원둘레이음 전용형에는 원통의 위쪽에 설치된 보에서 용접기 본체를 고정하는 형식과, 수직 안내레일로 지지하는 것이 있다.

간이 경량형에는 마그넷 주행형이 있으며 이것은 형태가 작고 간편하여 판두께 20 ~ 60 [mm]정도의 용접에 적합하며 구동모터를 모재에 부착하기 위한 두 개의 전자석을 가지고 있다. 이외에 특수한 것으로 18개의 여러 전극을 판두께 1,000 [mm]까지 용접이 가능한 다전극식과 평판 전극식(두께 12 [mm], 최대폭 280 [mm])등도 있다.

4. 용접준비

가. 용접 재료

(1) 용접용 와이어

전극 와이어의 지름은 보통 2.5 ~ 32 [mm]를 주로 사용하며, 2 ~ 3 가닥의 다전극을 사용하거나 판두께의 방향으로 전극 와이어를 왕복 이동시키면서 용접하는 경우도 있다. 때에 따라서는 평판 모양의 띠 전극을 사용하는 경우도 있으며, 이것은 대형 주단강 제품용접에 적합하다. 연강용접에 사용되는 와이어는 연강용접에 사용되는 탄소(C) : 0.10 ~ 0.18 [%], 망간(Mn) : 1.20 [%] 이하, 규소(Si) : 1.20 [%] 이하, 크롬(Cr) : 0.2 ~ 0.6 [%], 몰리브덴(Mo) : 0.6 [%] 이하의 것을 사용한다. 와이어 1 [kg]당 소비전력은 와이어 송급속도가 크게 되면 저하된다. 송급속도가 100 [mh]에서 400 [mh]로 4배가 되면 전기 에너지값은 20 [%] 이상 감소된다. 용접금속의 용입은 전압에 의하여 크게 변화한다. 즉 전압이 높아지면 용입은 깊어진다.

(2) 용접용 용제

일렉트로 슬래그 용접용 용제(flux)는 일반적으로 서브머지드 아크 용접에 비하여 소비량은 1 [kg]의 용접금속에 대하여 약 50 [g] 정도로 매우 적다.

용제는 가능한 한 많은 양의 슬래그를 생성하여 수냉 동관과 용접금속과의 경계에 슬래그의 얇은 막을 만드는 것이 좋다. 용제의 주성분으로 산화규소(SiO_2), 산화망간(MnO), 산화알루미늄(Al_2O_2) 등으로 되어 있다. 아래의 표는 일렉트로 슬래그 용접봉 용제의 화학성분을 나타낸다.

[표 9-18] 일렉트로 슬래그 용접용 용제의 화학적 성분(%)

용제	SiO_2	Al_2O_3	MnO	CaO	MgO	Na_2O 또는 K_2o	FeO	CaF_2	S	P
AN-8	33 ~ 36	11 ~ 15	21 ~ 26	4 ~ 7	5 ~ 7	_	~ 1.5	13 ~ 19	0.15 이하	0.15 이하
AN-22	18 ~ 22	19 ~ 23	7 ~ 9	12 ~ 15	12 ~ 15	1.3 ~ 1.7	~ 1.0	20 ~ 24	0.15 이하	0.15 이하
FZ-7	46 ~ 48	~ 3	24 ~ 26	16 ~ 18	16 ~ 18	0.6 ~ 0.8	~ 1.5	5 ~ 6	0.15 이하	0.15 이하

나. 이음준비와 용접조건

일렉트로 슬래그 용접을 할 때, 시작부 바닥판은 초기 시동을 위하여 이음의 바닥에 위치한다. 이 시작부 바닥판은 용접이 완성된 후에 제거된다. 용접시 허용할 수 있는 루트 갭은 25 [mm] ~ 30 [mm]이다. 용접중, 용융금속은 50 [mm]가 될 수 있으며 슬래그 퍼들은 30 [mm] ~ 38 [mm] 깊이가 될 수 있다. 판 두께는 경제적인 부분을 고려하여 최소 25 [mm] ~ 38 [mm]로 제한된다. 이론적으로 최대 판 두께는 없다. 표준 용접 조건은 아래의 표와 같으며 이때 전극 와이어 3.0 [mm]를 사용하는 경우나 3.2 [mm]의 복합 와이어를 사용하는 경우도 거의 같은 조건이 된다. 두꺼운 판에서는 와이어를 판두께 방향으로 이동시키면서 용접을 진행하고 용접전류 범위는 500 ~ 700 [A]이며, 와이어 송급속도는 230 ~ 370 [m/hr]이다. 일렉트로 슬래그 용접법과 서브머지드 아크 용접법과의 와이어 송급속도를 비교하면 일렉트로 슬래그 용접의 경우가 같은 용접전류에 대하여 2 ~ 3배 빠르다.

[표 9-19] 일렉트로 슬래그 표준용접 조건

판두께 [mm]	홈간격 [mm]	용접전류 [A] (솔리드와이어)	아크전압 [V]	용접속도 [mm/min]	전극와이어 갯수	와이어지금 [mm]
50	20 ~ 30	500	45	20	1	3.2
90	28 ~ 30	650	50	18	1	3.2
150	30 ~ 32	500	47	15	2	3.2
300	30 ~ 34	650	54	10	3	3.2

[표 9-20] 용접전 조립 작업 표준

판두께 [mm]	홈간격 [mm]	윗부분보조판높이 h [mm]	밑부분보조판 깊이 d [mm]	측면판의 두께 [mm]
50	28 ~ 30	80	100	50
70	28 ~ 30	80	100	50
90	28 ~ 30	90	100	50
110	28 ~ 30	90	100	50
150	30 ~ 32	100	100	50
180	30 ~ 32	100	120	60
200	30 ~ 34	130	120	60
300	30 ~ 34	140	140	60

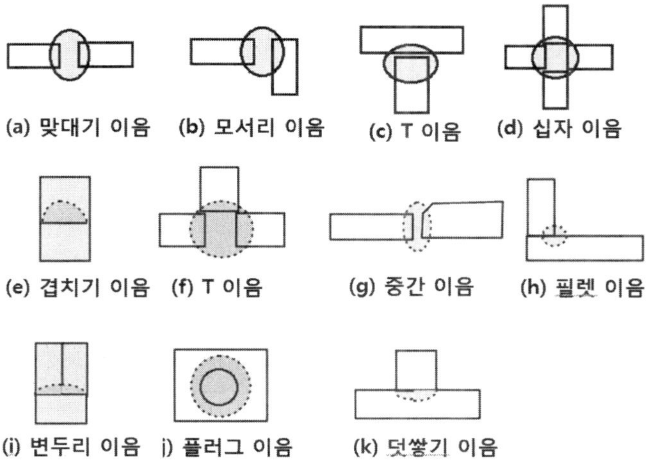

[그림 9-11] 일렉트로 슬래그 용접 이음의 종류

5. 용접방법

소모 노즐식은 소련에서 개발된 용접으로 동재의 노즐 대신에 강 파이프의 노즐을 사용하여 용접와이어를 강 파이프 노즐 속을 통하여 송급하며, 강 파이프 자체도 용융시키는 방법이다. 또한 살이 두꺼운 강 파이프에 용제를 도포한 피복 소모 노즐을 사용하는 방법도 있다. 이 방법은 슬래그의 생성과 탈산제나 합금원소 첨가 등으로 좋은 용접 결과를 얻을 수 있다.

교류나 직류의 수하특성 전원을 사용할 때 와이어 송급장치를 전압제어 방식으로 하고, 정전압 특성의 전원을 사용할 때에는 정속도 와이어 송급장치로 한다.

비소모 노즐식은 송급 와이어의 안내 역할만을 하며 노즐은 용융되지 않는다. 그러므로 용접속도가 소모 노즐식에 비하여 느리나, 노즐은 갈아 끼울 필요성이 없어 연속적인 용접을 진행할 수 있고 용접 이음부의 결함을 방지할 수 있는 장점이 있다. 일렉트로 슬래그 용접은 과립상의 용접 플럭스 층 밑에서 아크를 시동 걸어서 시작된다. 충분히 두꺼운 층의 뜨거운 플럭스나 용융슬래그가 형성되면, 모든 아크 활동은 멈추고 전류는 전도체 슬래그 풀을 통해서 용접봉에서 모재로 통과한다. 충전재가 적절하게 용해된다는 것을 확인하기 위해서, 모재는 처음에는 대략 녹는점까지 고온으로 가열된다. 용융 슬래그를 통하는 전류의 흐름에 대한 저항에 의해서 발생된 열은 모재의 끝단을 충분히 녹이며 또한 용접하는 용접봉도 녹인다. 일렉트로 슬래그 용접과정중 어떠한 아크도 존재하지 않기 때문에, 스패터링이나 강력한 아크 플래싱도 발생하지 않는다. 슬래그 용액온도는 대략 1930℃이다. 슬래그 소비는 침전 금속 무게의 평균 5[%]이다. 이 5[%]는 분산에 의한 손실 혹은 용융 용접풀로 흡수되는 슬래그를 포함한다.

6. 안전성(safety)

다른 용접 공정처럼, 일렉트로 슬래그 용접 혹은 엘렉트로 가스 아크용접기의 작동자는 보호안경을 착용하는 예방책을 취해야 한다. 용접을 하는 동안 바닥으로 떨어지지 모를 액체 슬래그로부터 신체를 보호하기 위하여 보호의류와 안전신발을 착용하여야 한다.

제5절 스터드 용접(Stud Welding)

1. 개 요

스터드 용접공정은 1918년 경 H. Martin이 발견했고 그리고 영국의 해군에 의해서 광범위하게 사용되었다. Ted Nelson이 미국에서 유사한 공정을 완성한 것은 대략 20년쯤 후였다. 스터드 용접은 볼트, 환봉, 핀 등의 금속 고정구를 스터드라 하며 이를 철판이나 기존 금속면에 용융시켜 용접을 하는 자동 아크용접법으로 용접법에는 아크스터드 용접법, 충격스터드 용접법, 저항스터드 용접법으로 구분할 수 있으며 응용 범위는 조선, 철도, 건축, 자동차, 항공기, 병기제작 분야에서 이용되고 있다.

2. 용접장치

스터드 용접장치는 용접전원, 제어장치, 용접건, 또는 용접헤드(welding head)로 이루어져 있다. 용접전원으로는 직류, 교류 어느 것이라도 사용되나 현장용접 등에서는 용접케이블이 길어 이것에 수반되는 전압 강하, 아크 불안정 등이 문제가 되어 세렌 정류기를 사용한 직류용접기가 많이 사용되고 있다. 스터드 용접은 용접전 모재와 스터드의 재질, 스터드의 지름에 따라 전류를 잘 선택해야 한다. 장비에 표시되어 잇는 출력선(2차선) 소켓의 (+)전극은 항상 모재에 접지시켜서 사용하며 알루미늄 용접시는 (-)전극을 모재에 접지하여 사용한다. 또 스터드 지름 21 [mm] 이상에서는 많은 전류가 필요하므로 용접기의 부하를 고려해 여러 대의 용접기를 병렬로 설치하여 사용하면 효과적이다.

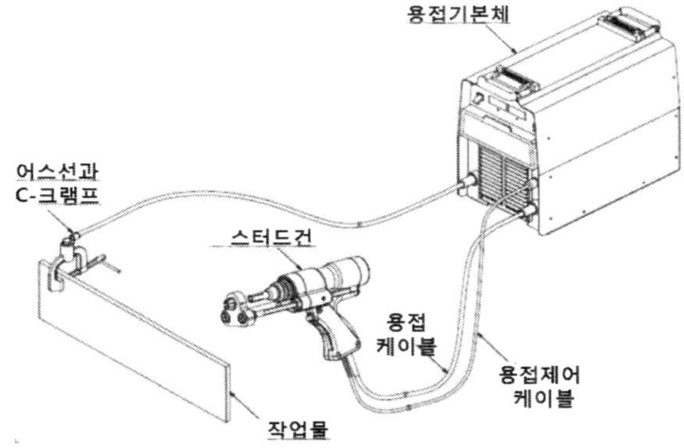

[그림 9-12] 스터드 용접장치의 구성

가. 용접건(welding gun)

용접건은 끝에 스터드를 끼울 수 있는 스터드 척(stud chuck)과 내부에는 스터드를 누르는 스프링 및 전자석(solenoid), 통전용 스위치 등으로 구성(그림 9-13)되어 있다. 용접을 할 때는 용접 토치의 스터드 척에 스터드를 끼우고, 스터드 끝부분에는 페롤을 붙인다. 그 다음 통전용 스위치를 당기면 전자석(솔레노이드)의 작용에 의해 스터드가 약간 들어 올려진다. 이때 모재와 스터드 사이에 아크가 발생되어 모재와 스터드 끝부분이 용융된다. 아크 발생시간(통전시간)은 모재의 두께 및 스터드의 지름에 알맞게 미리 제어하면 소정시간 아크가 발생된 후 소멸됨과 동시에 전자석에 전류가 차단되므로 스터드를 잡아당기던 것이 스프링에 의해 용융 풀에 눌려지므로 용접이 된다. 마지막으로 스터드에서 척을 빼고 페룰을 파괴하여 제거하면 용접이 완료된다. 일반적으로 아크 발생 시간은 0.1 ~ 3초 정도로 한다.

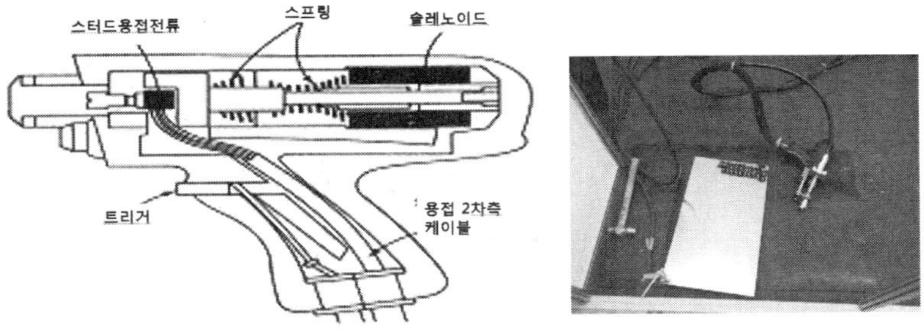

[그림 9-13] 스터드 용접건

나. 스터드

스터드는 보통 5 ~ 16 [mm] 정도의 것이 많이 쓰이며 용도에 따라 여러 가지 모양이 있다. 용접부의 형상은 대부분 원형이나 장방형으로 되어 있다. 스터드의 끝부분은 탈산제를 충진 또는 부착시켜 용접부의 기계적 성질을 개선하고 있으며 용접부의 단면적이 증가함에 따라 그 필요성도 증가된다.

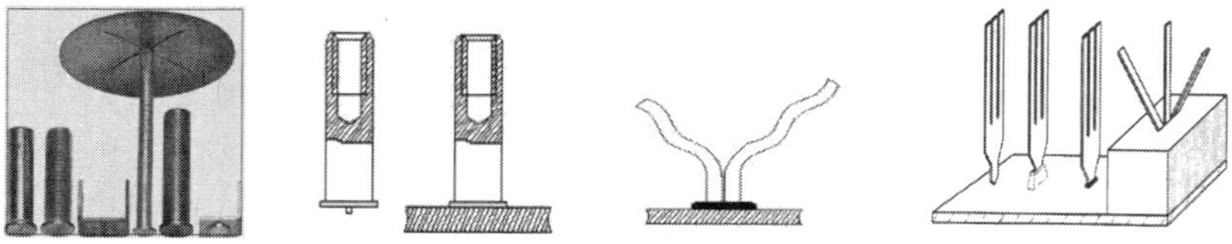

[그림 9-14] 스터드의 종류

다. 페룰(ferrule)

페룰의 재질은 내열성 세라믹(ceramic)으로 아크를 보호하기 위한 것이며, 용접 완료 후에 손쉽게 깨서 제거할 수 있다. 모재와 접촉하는 부분은 홈이 파여져 있어 페룰 내부에서 발생하는 열과 가스를 방출할 수 있도록 되어 있다. 페룰의 역할은 용접이 진행되는 동안 아크열을 집중시켜 주며 주위의 공기를 차단시켜 용융금속의 산화를 방지하나 비철금속 용접 시에는 보호가스를 공급한다. 또한 용융금속의 유출을 막아주며 용착부의 오염을 방지하고 용접사의 눈을 아크광선으로부터 보호한다.

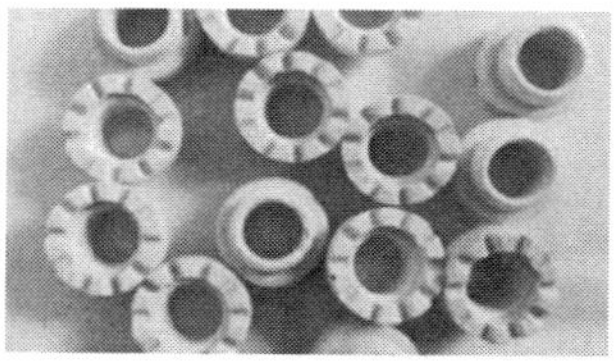

[그림 9-15] 페룰의 종류

라. 모재의 재질

아크스터드 용접법은 국부적으로 순간 가열에 의한 것으로 용접후 냉각이 비교적 빠르므로 모재의 재질에 따라 용융부나 열영향부의 경도가 높아지는 경우가 있으므로 모재의 화학성분 등을 잘 알아두는 것이 효과적이다.

(1) 스테인리스강

오스테나이트계 스테인리스강의 스터드는 같은 재질의 모재 또는 연강 모재에 용접이 가능하다. 용접조건은 연강 스터드 용접과 거의 같다.

(2) 황동

황동 스터드의 재료는 아연(Zn)의 함유량이 적어야 하며, 판의 두께가 두꺼울 때에는 모재를 예열하여 용접하는 경우도 있다. 용접이 가능한 스터드의 지름은 3 ~ 10 [mm] 정도이며 페룰은 사용하지 않아도 된다. 용접 조건은 직류 역극성을 사용하고 용접전류는 같은 지름의 연강 스터드에 대한 값의 1/2 정도로 통전시간을 어느 정도 길게 하는 것이 좋다.

(3) 알루미늄

알루미늄 스터드 용접은 특수형상의 패룰과 스터드의 용접단에 용제를 부착시킨 것과 불활성 가스(inert gas) 분위기 내에서 용접하는 방법 등이 잇다. 이중 불활성 가스 용접법이 일반화 되어 있으며 불활성 가스로는 아르곤(Ar) 또는 헬륨(He)을 사용한다.

3. 용접종류

가. CD 스터드 용접

CD 스터드 용접은 1 [KVA] 이하의 용접 전원으로 최고 1200 [A]의 전류를 콘덴샤에 저장했다가 순간적인 방전에 의해 발생한 아크로 인해 0.003초의 극히 짧은 시간에 방전시켜 용접하는 압접융착 방식이다. 아크열은 순간적인 저항열에 의해 Stud Base의 돌기(lgnition Tip)가 증발되면서 발생된다. CD Type에는 Gun 동작시 볼트가 모재와 접촉된 상태에서 용접되는 Contact Mode와 Gun 동작시 볼트가 모재로부터 위로 상승했다가 떨어지면서 용접되는 Gap Mode의 두 가지 방법이 사용된다. 용접시간이 3 ~ 6 [ms]이며, Gap Mode에서는 6 ~ 15 [ms]의 시간이 소요된다. 충전용량, 충전전압, 스프링 압력 등 이 세 조건은 CD Type 스터드 용접에 필수적이다. 장점은 발생열이 1mm정도의 작은 발화면을 가지므로 용접후 용접 뒷면의 도장면에 용접흔적이 없고, 열변형이 없는 것이며, M8 이하의 스터드볼트를 4t 미만의 모재에 100 [%] 용착시킨다.(알루미늄은 M6 이하로 사용)

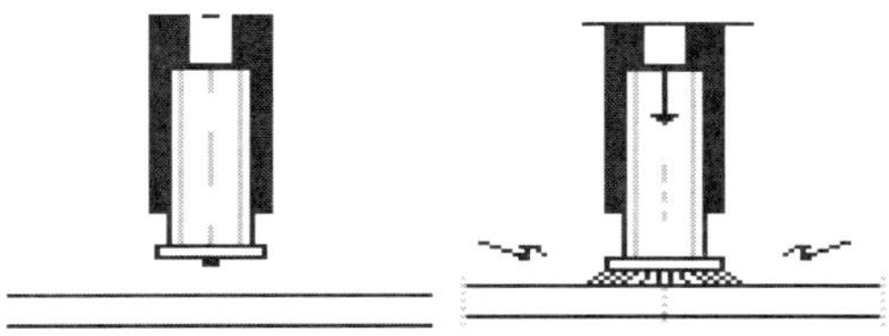

[그림 9-16] Gap 방식 스터드 용접

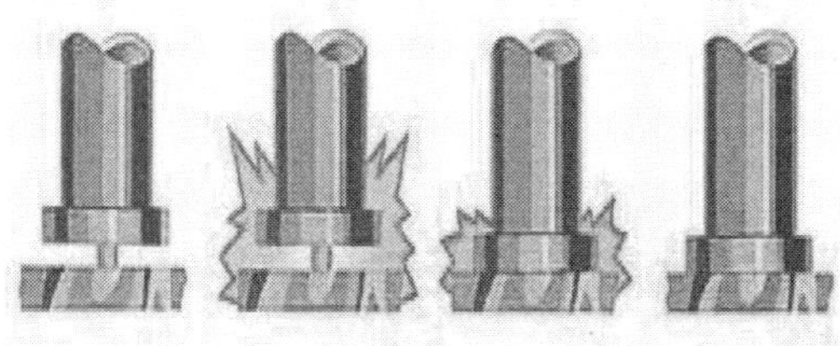

[그림 9-17] Contact 방식 스터드 용접

나. ARC 스터드 용접

아크 스터드 용접의 동작원리는 용접 대상물에 Stud를 수직으로 세팅하고 용접건의 스위치를 당기면 용접건 안에 들어있는 솔레노이드 코일에 직류전원이 들어가고 스터드가 용접 모재로부터 약간의 간격을 유지하며 아크가 발생된다. 모재와 스터드는 아크열에 의하여 용융되고 0.1 [Sec] ~ 1.2 [Sec]로 조절되어진 속도로 용접시간이 끝날 때, 용접전류는 자동으로 끊기며 용접건의 주스프링에 의해 스터드를 모재 쪽으로 밀어 가압하여 모재의 용융된 부위에 스터드가 접합된다. 적용분야에 따라 Drawn Arc Type과 Short Cycle Type 두 가지 방식이 사용된다. 주로 3t 이상의 후판에 적용시키고 언제나 일정한 용접전류로 안정된 아크를 발생시키므로 완벽한 용접을 얻을 수 있어 고장력을 요구하는 토목, 건설, 중공업, 조선분야에 널리 이용된다.

(1) Drawn Arc 스터드 용접(DA Type)

스터드를 용접건의 척에 넣고 작업할 용접위치와 자세를 잡은 후 스위치를 누르면 1초 안에 모든 작업이 완료된다. 이 방식에는 스터드 사양에 맞는 페룰(Ferrule)이라고 부르는 세라믹 아크실드가 사용된다.

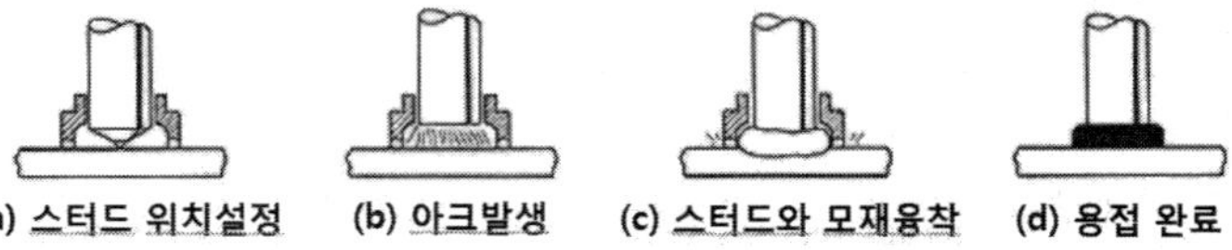

[그림 9-18] Drawn Arc Process(DA Type)

(2) Short Cycle Process(SC Type)

이 방식은 DA Type과 용접 원리는 같으나 용접시간을 아주 짧게(1 ~ 100 [ms]) 사용하여 자동차 산업의 차체 판넬에 널리 사용된다.

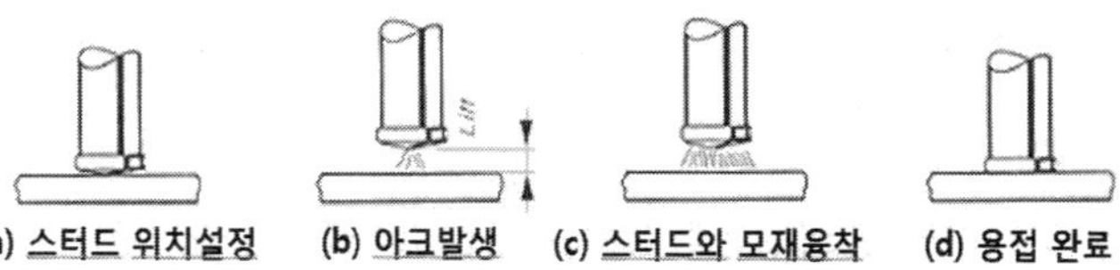

[그림 9-19] Short Cycle Process(SC Type)

(3) TUFF 스터드용접(중장비 마모방지 스터드용접)

초경합금 스터드를 사용하여 중기의 Bucket, 도저블레드, 크러셔, 슈트 등에 용접하여 작업하면 Bucket는 항시 처음과 같은 상태를 유지한다. 또한 마모방지, Bucket보호 System인 Tuff스터드는 작업, 보수공정에서도 아브라디스크 등과 같은 타공정과 비교할 때 1/4 정도의 시간에 보수가 완료되므로 시간을 절약할 수 있다.

[표 9-21] Tuff 스터드 종류

Tuff 스터드 종류	16 [Ø] × 9.5 [mm]	HCA-58(충격이 많은 곳)	HCI-58(마모가 심한 곳)
	19 [Ø] × 13 [mm]	TSA-68(충격이 많은 곳)	TSI-68(마모가 심한 곳)
	22 [Ø] × 16 [mm]	TSA-78(충격이 많은 곳)	TSI-71(마모가 심한 곳)
록크웰 경도		C50-55	C55-60
유 연 성		13-15%	1-3%

4. 용접특징

스터드 용접에서는 탭 작업, 구멍 뚫기 등이 필요 없이 모재에 볼트나 환봉 등을 용접할 수 있어서 그 응용 범위는 조선, 철도, 건축, 자동차, 항공기, 병기제작 등 많은 분야에서 이용되고 있으며 스터드 용접법의 특징은 다음과 같다.

① 모재에 구멍을 뚫지 않고 스터드를 100 [%] 용착시키므로 시간이 절약되며 미숙련공도 바로 작업할 수 있으므로 경제성이 우수하다.

② 불량률 제로에 따른 경비절감 효과가 크며 작업속도 향상에 따라 경비가 절약된다.

③ 용접봉, 플럭스, 가스 등의 보조재료가 일체 필요 없으며, 전자세 용접이 가능하다.

④ 아크 유지시간이 매우 짧은 순간 용접방식으로 입열량이 매우 작아 변형을 최소화 할 수 있고, 용접 후 모재 뒷면의 도장부위에도 문제가 없다.

⑤ 용접부를 사전에 기계가공 하거나 이음형상을 만드는 별도의 작업이 불필요하다.

⑥ 통전시간, 용접전류 부적절, 모재에 대한 스터드의 눌리는 힘이 불충분할 때에도 외관상으로는 별 문제가 없으나 양호한 용접결과가 얻어지지 않으므로 용접조건을 잘 선택해야 한다.

⑦ 철강재료 외에 구리, 황동, 알루미늄, 스테인리스강에도 적용이 가능하다. 짧은 시간 국부적으로만 가열하므로 탄소강의 경우에 주변의 모재에 의해 용접부가 급랭 되어 경화되기 쉽다. 그러나 탄소(C) : 0.2 [%] 이하, 망간(Mn) : 0.7 [%] 이하에서는 경화나 균열이 발생하지 않는다. 또한 Al 합금 등의 석출 및 시효 경화성 합금의 경우 과도한 시효나 연화의 부작용을 방지할 수 있다.

⑧ 장비가 간단하고 이동이 쉬우나 용접하고자 하는 스터드를 고정할 수 있는 건(chuck)의 크기만큼 간격이 필요하므로 조밀한 용접을 시행하기 어렵다.

제6절 | 원자수소 아크용접(Atomic Hydrogen Arc Welding)

1. 개 요

원자수소 아크용접(atomic hydrogen arc welding)은 1911년 미국의 랭뮤어(Langmuir)에 의해 발명된 것으로 아래와 같이 수소가스 분위기 속에 있는 2개의 텅스텐 전극봉 사이에서 아크를 발생시키면 아크의 고열을 흡수하여 수소는 열 해리되어 분자 상태의 수소(H_2)가 원자 상태의 수소(2H)로 되며, 모재 표면에서 냉각되어 원자 상태의 수소가 다시 결합해서 분자 상태로 될 때 방출되는 열(3,000 ~ 4,000 [℃])을 이용하여 용접하는 방법이다.

$$\begin{array}{ccccc} & (\text{흡열}) & & (\text{발열}) & \\ H_2 & \rightarrow & 2H & \rightarrow & H_2 \\ (\text{분자 상태}) & & (\text{원자 상태}) & & (\text{분자 상태}) \end{array}$$

아크를 발생시키는 텅스텐 전극은 그 용융점이 대단히 높아(약 3,000 [℃]) 용융되지 않으므로 그 소모는 대단히 적다. 이 용접에서 피용접물은 수소 가스로 싸여 공기를 완전히 차단한 속에서 용접이 행해지므로 산화 질화의 작용이 없기 때문에 종래에는 용접이 매우 곤란하다고 알려진 특수 합금이나 얇은 금속판의 용접이 용이하게 되고 또 연성이 풍부하고 우수한 금속 조직을 가진 용접이 되므로 표면이 매끈하고 다듬질이 필요치 않은 등의 여러 가지 특성을 가지고 있다.

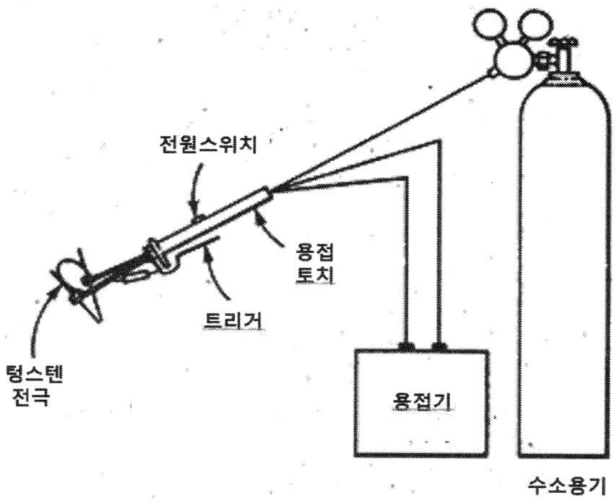

[그림 9-20] 원자수소 용접 장비

2. 특징과 적용

원자수소 아크용접법의 용접장치는 전원, 용접기, 전극 홀더, 수소 실린더, 그리고 기타 부속품들이 [그림 9-20]과 같이 접속되어 있다. 원자수소 아크용접용접기는 아크를 발생시키기 위해서 전원으로 교류나 직류를 사용하고 있다. 개로전압은 대단히 높아 직류일 때는 250 [V], 교류에서는 300 [V]를 필요로 한다. 이런 점에서 직류를 사용하는 편이 좋은 것 같으나 원자수소 아크용접법에서는 아크 자신으로 용접하는 것이 아니고 수소 가스를 해리하기 위한 열을 공급하는 것이므로 직류를 사용하면 극성 때문에 한 끝의 전극이 빨리 소모되어, 아크를 연속적으로 발생시키는 것이 곤란한 결점이 있기 때문에 교류(AC)가 많이 사용하고 있다. 원자수소용접은 강한 환원성을 가진 원자 수소 분위기 속에서 용접을 하는 것이므로 용접부의 산화 및 질화가 방지되어 치밀하고 연성이 풍부하며 표면이 깨끗한 용착금속을 얻을 수 있다. 또 발열량이 높기 때문에 용접속도도 빠르고 변형도 작은 장점이 있으며 기계적 강도가 큰 장점이 있다. 그러나 불활성가스 아크용접법, 전기저항 용접법 기타 용접법이 발전되어 널리 이용됨에 따라 토치 구조의 복잡성, 기술적인 난점, 비용의 과다 등으로 그 응용범위가 축소되고 있다.

제7절 테르밋 용접(Thermit Welding)

1. 개 요

테르밋 용접(thermit welding)은 1895년 독일 에센(Essen)에 있는 Hans Goldschmidt의 연구실에서, 알루미나 동력을 점화하는 안전한 방법을 발견했고, 그 열은 산화철을 액체 강으로 변화시킬 수 있었다. 가열 공정에서 사용된 화학제품은 알루미늄과 산화철의 혼합물이었다. 그 혼합물을 말하는 테르밋은 반응을 일으키기 위해서 점화제를 필요로 한다. 테르밋 반응(thermit reaction)이라 함은 금속산화물이 알루미늄에 의하여 산소를 빼앗는 반응을 총칭하는 것으로, 현재 실용되고 있는 철강용 테르밋제는 다음과 같다.

$$3FeO + 2Al \rightarrow Al_2O_3 + 187.1\,kcal$$
$$Fe_2O_3 + 2Al \rightarrow 2Fe + Al_2O_3 + 181.5\,kcal$$
$$3Fe_3O_4 + 8Al \rightarrow 4Al_2O_3 + 7.2.5\,kcal$$

테르밋제의 혼합비는 대체로 철 스케일(Iron-scale), 즉 FeO, Fe_2O_3, Fe_3O_4 및 금속철 등을 포함한 여러가지 물질 3~4에 대하여 테르밋제의 과산화바륨과 알루미늄(또는 마그네슘)의 혼합

분말로 된 점화제를 넣고 이것을 성냥불 등으로 점화하면 점화제의 화학반응이 시작하는데, 약 1,100[℃]의 고온이 얻어진다. 이 고온에 의해 강렬한 반응을 일으키는 테르밋 반응으로 되어 약 2,800[℃]에 달한다. 그 결과 산화철은 환원되면서 용융상태의 철로 된다. 이 용융금속을 용가재로 하여 모재의 용접에 쓰이는 것이다. 실제에 있어서는 용융 금속의 품질과 성질을 조정하기 위하여 테르밋제에 다른 합금원소나 탈산제를 배합하여 사용한다. 이 용접법의 종류로는 용융테르밋 용접법과 가압테르밋 용접법이 있으나, 주로 용융테르밋 용접법이 사용되고 있다.

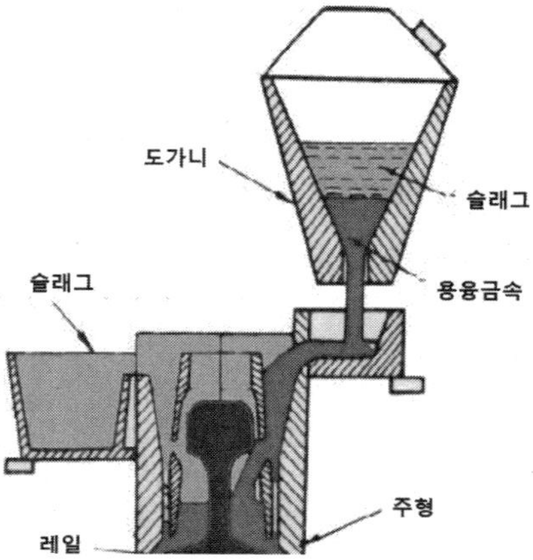

[그림 9-21] 테르밋 용접의 원리

오늘날에는 그렇게 많이 사용되지는 않지만, 지난 수년 동안 아주 많은 수리가 이 방법으로 이루어졌다. 보통 기관차 선로와 같은 큰 부분, 큰 기어 그리고 큰 장비에서의 일반적인 균열이 테르밋 용접에 의해서 수리되었다.

2. 용접종류

가. 용융 테르밋법(fusion thermit welding)

용융 테르밋법은 가장 많이 사용되고 있는 방법으로 [그림 9-24]에서와 같이 미리 준비된 용접 이음에 적당한 간격을 주고 그 주위에 주형을 짜서 예열구로부터 나오는 불꽃(프로판 불꽃, 가솔린 불꽃)에 의해 모재를 적당한 온도까지 가열(강의 경우 800 ~ 900 [℃])한 후 도가니 안에서 테르밋 반응을 일으켜 용해된 용융금속 및 슬래그를 도가니 밑에 있는 구멍으로 유입시켜 이음 주위에 만든 주형 속으로 주입하여 용접 홈 간격 부분을 용착시킨다. 예열은 모재와 용융금속과의 접합 촉진이나 접합부의 냉각속도를 완화시켜 야금적 성질을 개선하고 주형의 건조 등에 필요하다. 용접 후 주형을 제거하고 주입구멍과 라이저구멍 등을 그라인더(연삭기)로 적당히 제거하여 다듬는다.

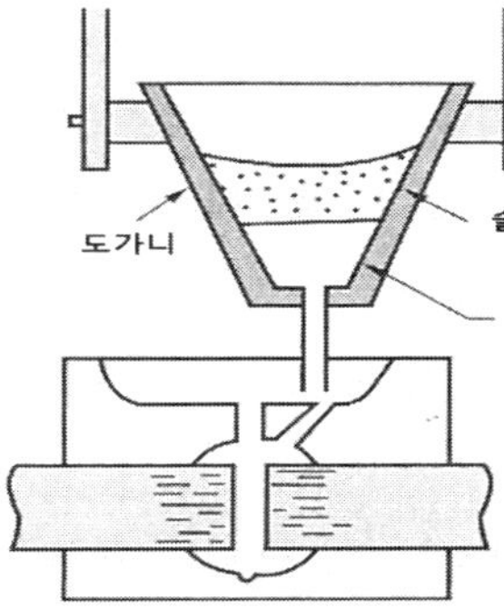

[그림 9-22] 용융 테르밋 용접법

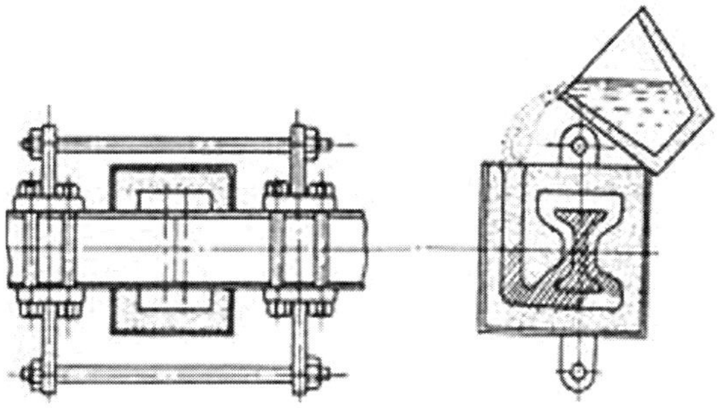

[그림 9-23] 가압 테르밋 용접법

나. 가압 테르밋법(pressure thermit welding)

가압 테르밋법은 테르밋 반응에 의해서 만들어진 반응 생성물에 의해 모재의 양 끝면(용접부)을 가열하고 센 압력을 가하여 용접하는 일종의 압접이다. 그림과 같이 모재의 단면을 맞대어 접촉시키고, 테르밋 반응으로 생긴 슬래그와 용금을 주위에 부어 가열한 후 가압하여 용접을 행하는 방식으로, 이때 높은 온도의 응고점을 갖는 슬래그가 먼저 주입되고 용금이 다음에 주입됨으로써 용금과 피용접물의 직접 접촉을 막고, 슬래그를 통한 열전도에 의하여 피용접재가 가열되는 형식이다. 먼저 모재의 양 끝면을 깨끗이 청소하고 주철제 주형으로 포위하여 냉각속도를 슬래그의 비중 차이를 이용해서 모재와 주형의 내면이 슬래그로 채워져 용융금속에는 접하지 않도록 급가열하고 모재 양 끝면에 압력을 가하여 압접하는 것이다.

3. 특 징

테르밋용접은 주로 레일의 접합, 차축, 선박의 프레임(stern-frame) 등 비교적 큰 단면을 가진 주조나 단조품의 맞대기 용접과 보수용접에 사용되며, 구리계통으로는 주로 전기용품, 재료의 이음분야에 이용되고 있다. 또 덧살 올림 용접에도 적용되고 있다. 그 특징은 다음과 같다.

① 용접작업이 용이하고 용접 결과의 재현성이 높다.
② 용접용 기구가 간단하고 설비비가 싸며, 작업장소의 이동이 쉽다.
③ 용접시간이 짧고 용접 후 변형이 적다.
④ 전기가 필요없다.
⑤ 용접이음 홈은 가스절단한 그대로 좋고, 특별한 모양의 홈을 필요로 하지 않는다.
⑥ 용접비용이 싸다.

제8절 자기구동 아크 맞대기용접 (Magnetically Impelled Arc Butt welding : MIAB)

1. 개 요

MIAB용접은 맞대 놓은 두 파이프 단면 사이에 발생시킨 아크를 전자기력으로 회전시킴으로써, 단면부를 용융시키고 파이프를 축 방향으로 압력을 가하여 접합하는 방법이다. 용접은 토로이드(toroidal coil) 형태의 솔레노이드 코일을 장착하여 각각의 파이프 끝에서 같은 극성을 갖도록 자화시키면, 자속의 경로는 두 파이프 사이 틈에서 파이프의 반경방향으로 형성된다. 이때 아크를 접합부 틈새에 발생시키면 아크는 반경방향 자속과 교차하기 때문에 플레밍의 왼손법칙에 따른 전자기력에 의해 아크는 파이프 틈새에서 원주방향으로 회전한다. 회전하는 아크에 의해 파이프 단면부위는 가열 및 용융되고, 접합부가 적절한 용접온도에 도달하면 아크를 소멸시킨 후 파이프의 축 방향으로 압력을 가하여 접합을 완료한다. [그림 9-24]는 자기구동 아크 맞대기용접의 원리를 나타내고 있다.

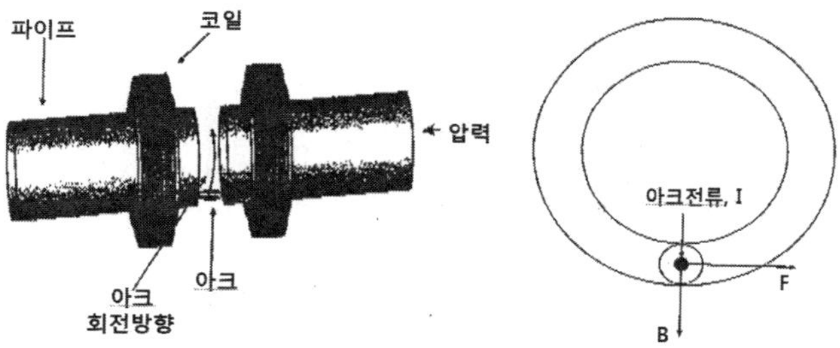

[그림 9-24] MIAB 용접 원리와 아크가 받는 전자기력의 방향

2. 용접장치

MIAB용접장치는 용접전원장치, 자속발생장치, 파이프 클램프 및 가압장치, 컨트롤러로 구성된다. 용접 전원장치는 용접능력에 따라 정격전류 50 ~ 1,500 [A]인 정전류특성의 직류 용접기를 사용하며, 자속 발생장치는 토로이드형 솔레노이드코일에 직류를 공급하거나 영구자석을 이용한다. 파이프의 클램프 가압장치는 클램프 및 가압에 필요한 강한 힘을 얻기 위해 유압장치를 사용하며, 컨트롤러는 파이프의 탈착 및 틈새의 조정, 용접아크의 발생, 아크전류 및 아크 유지시간의 조정, 가압시간 조정 등을 수행하며, 솔레노이드코일을 이용하는 경우 자속밀도의 크기를 조정하는 역할도 담당한다.

3. 용접재료

MIAB 용접은 두께 0.7 ~ 5 [mm], 직경 5 ~ 300 [mm]의 속이 빈 폐단면 형태의 구조물을 용접하는데 적용하며 소화기부품, 보일러부품, 자동차부품, 밸브류 등 각종 제품을 접합하는데 사용한다. 자속의 발생이 용이한 강자성체 재료가 주요 용접대상이나, 알루미늄과 같은 비자성체인 경우에도 파이프 속에 강자성 코어를 설치함으로써, 아크회전에 필요한 자속을 발생시켜 용접할 수 있다.

[표 9-22] MIAB 용접가능한 재료 조합표

재료	탄소강	합금강	오스테나이트강	쾌삭강	주강	템퍼주철
탄소강	O	O	-	O	O	O
합금강	O	O	-	-	-	-
오스테나이트강	-	-	-	-	-	-
쾌삭강	O	-	-	O	-	-
주강	-	-	-	-	O	-
템퍼주철	-	-	-	-	-	O

4. 용접조건

MIAB용접에서 용접품질에 영향을 미치는 변수로 용접전류와 유지시간, 자속밀도(또는 솔레노이드 코일의 여자전류), 가압력과 가압시간, 보호가스 유량, 아크길이(파이프 간의 틈새) 등을 들 수 있으며 이와 같은 변수 중에서 자속밀도는 아크의 회전속도 및 거동에 영향을 미치는 주요 인자이므로 효율적인 자속밀도분포의 형성을 위한 자속발생장치의 필요성이 제시된다.

[표 9-23] MIAB용접에 사용되는 대표적인 변수 범위

용접변수	적용범위	용접변수	적용범위
아크길이(틈새)	1.5 ~ 3 [mm]	가압력	15 ~ 150 [N/mm^2]
아크전류	50 ~ 1500 [A]	가압시간	0.5 [s]
코일 여자전류	1 ~ 25 [A]	보호가스유량	0 ~ 15 [l /min]
아크 유지시간	0.4 ~ 15 [s]		

5. 특 징

① 용접토치나 모재의 동작이 없어 자동화가 용이하며, 모재인 파이프가 전극역할을 하므로 높은 용접전류를 사용할 수 있다.

② 파이프 사이에 아크가 존재하므로 전력 손실을 줄일 수 있으며, 용접시간은 파이프의 직경과 두께에 따라 결정되지만 일반적으로 용접시간이 짧기 때문에 생산성이 증가한다.

③ 스패터가 적게 발생하기 때문에 상대적으로 깨끗한 용접부를 얻을 수 있으며 재료 소모량도 적다.

④ 플래쉬 용접과 비교하여 전력요구량이 적고 정렬오차(mismatch)가 있는 파이프의 맞대기 용접도 가능하다.

제9절 수중용접

1. 개 요

수중에서 용접할 수 있는 방법은 1801년 Humphrey Davey 경에 의해 개발되었지만, 1917년에야 선박의 누수를 막기 위해 최초로 실제작업에 적용되었으며 그 후 2차 세계대전 기간 동안 미국 해군에 의해 비상시 선박 수리 방법으로 본격적인 사용이 시작되었다. 해양 원유, 가스업계에서 본격적으로 수중 용접을 활용하기 시작한 것은 1960년 말에서 1970년대 초에 걸쳐 이루어졌는데, 몇 가지 중요한 연구와 발견으로 인해 모든 자세에서의 용접이 가능하게 되었다. 최근 수중용접과 관련된 많은 연구, 개발이 행해졌고 발전도 뒤 따랐다. 이러한 발전의 주역은 새로운 용접봉이 주된 역할을 담당했고, 수중 용접과 장비에 대한 정확한 이해도 커다란 기여를 하였다. 미국 용접협회(AWS)는 세계적으로 통용 가능한 기준을 만들었는데 용접 품질의 저하를 방지하는데 큰 공헌을 하였다.

수중용접은 조선 업계에서는 유용하게 사용되고 있다. 도크보다 더 큰 선박을 건조할 수 있는 최초 공법인 것이다. 도크를 초과하는 선체 부분은 육상에서 나머지 블록을 만든 뒤 수중에서 용접을 통해 접합시키는 공법이다. 수중용접은 선박의 긴급수리, 파손된 선체의 수밀, 수중토목 시공 또는 보수작업, 부두시설의 강관파일에 아노드(Anode) 부착, 그 밖의 간단한 수리작업 등 많은 부분에서 활용된다.

2. 용접 원리

수중용접의 원리는 아크열이 모재를 녹이고 용제가 용접 된 부위를 덮게 되는 것이다. 아크를 생성하기 위한 방법은 지상용접의 경우와 동일하다. 수중용접은 직류전원, 케이블, 회로차단기, 용접봉 홀더, 접지클램프, 용접봉으로 구성되어 한쪽 케이블은 전원의 (-)측에 연결되고 다른 한쪽은 (+)측에 연결되어 회로 차단기를 통과하여 용접홀더나 접지 클램프에 연결된다. 용접봉이 모재에 접촉하게 되면 불꽃이 발생하게 되는데 불꽃의 열(6,000° ~ 10,000°)이 용접봉의 끝 부분과 주위의 모재를 동시에 녹이게 되고, 용접봉으로부터 작은 입자들이 녹아서 불꽃의 흐름을 따라 중력, 전기, 전자기, 가스 확산, 표면장력 등의 영향으로 모재로 이동하여 용접이 이루어지게 된다. 한편, 불꽃에서 발생되는 가스와 슬래그도 동시에 이동하여 냉각 속도를 지연시키게 되며, 적절한 용접봉 이동속도와 간격을 유지하면 올바른 용접선이 생성된다.

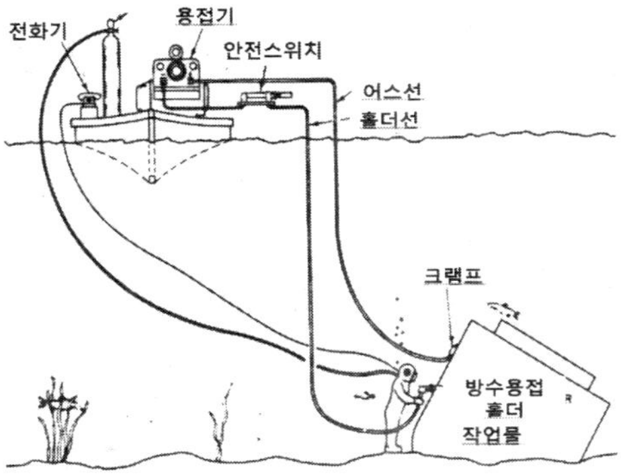

[그림 9-25] 수중용접

3. 장·단점

가. 장점

① 장비 준비가 쉽고, 가격이 저렴하며 간단하고 기동성이 좋다.

② 용접과정 중 용접봉을 둘러 싼 용제가 모재와 용가재를 주위로부터 보호한다.

③ 보조 기체나 용제, 혹은 다른 추가재료가 필요치 않다.

④ 고가의 수중 구조물이나, 클램프, 드라이 도크가 필요치 않다.

⑤ 수심 100 [m] 이내에서는 언제든지 작업이 가능하다.

⑥ 비용, 속도, 적응력, 다양성 등에서 효율적이다.

나. 단점

① 급냉으로 연성이 감소하고 탄소함량이 0.4 [%] 이상인 금속은 균열이 증가한다.
② 용접부의 수소함량이 매우 높아져 기공률이 증가한다.
③ 지상용접에 비교하여 85 [%] 정도의 효율성을 갖는다.
④ 용접품질 달성을 위하여 최소 0.5 [m] 이상의 시야가 요구된다.

4. 용접시공

수중용접은 건식과 습식으로 나뉘는데, 건식은 용접할 부위에 비활성기체(보통은 아르곤 가스)를 채운 특수한 상자로 일정 공간을 만들고, 그 속의 물을 없앤 뒤 작업하는 방식이다. 미니건식의 경우는 용접부만을 체임버로 가려서 용접을 한다. 건식법으로는 가변압식(수중실방식), 1기압식(대기압실 방식, 대기해방 방식)이 있으며 미니건식법으로는 이동방식, 고정상방식, 국부 건식방식 등이 있다.

습식은 수중에서 직접 실시하는 간편한 용접이며 용접장소의 현장이 복잡한 경우 용접선이 짧으면서도 부분적으로 현상이 급변하는 경우 혹은 응급처치를 하여야 하는 경우 등에는 필수방법이다. 이 방법은 용접열원 및 용접장소가 물로 둘러싸여 있으므로 매우 간단한 방법으로 용접부에 기체 공동을 만들어 열원의 안정성 확보와 용접장소에로의 물의 침입을 막는 데 여러가지 연구가 이루어지고 있다. 하지만 수중용접은 육상용접에 비해 강도가 80 [%]에 그치기 때문에 비상 수리작업에 주로 쓰인다. 이와 반대로 습식용접은 사용의 편리성 때문에 널리 사용되고 있다. 습식용접은 용접에 필요한 기체(주로 수소)를 용접하는 순간 내뿜어 순간적으로 용접이 가능한 공간을 만든 뒤 용접하는 방법이다. 습식용접은 기체형성과 용접작업을 동시에 진행하기 때문에 균열, 기공 등 결함이 생기기 쉽지만 용접을 위해 특정 공간을 설치해야 하는 건식용접에 비해 설비비가 싸고 용접할 크기에 대한 제약이 없기 때문에 널리 사용된다.

가. 수중용접봉

일메나이트계(KS E4301)가 제일 적합하며 수중용접봉의 종류와 특징은 아래와 같다.

[표 9-24] 수중용접봉 종류와 특징

종 류	특 징
NICHIA AW-01	일반 연강 및 구조물의 수중 용접에 쓰이며, 슬래그 박리가 쉽고 아크가 안정되며 전자세 용접이 가능함.
NICHIA AW-02	AW-01과 용도는 동일하나 전자세 용접이 가능하고, 특별히 하진 용접에 용이하며, 재 아크성을 향상시킨 용접봉.
NICHIA AW-03	18Cr-8Ni의 스테인레스강에 쓰여지며 내균열성이 뛰어나고 수중에서의 슬래그박리성이나 재아크성이 우수함. SUS304, SUS+연강의 접합
NICHIA AW-04	고합금 스테인레스 용접봉으로 오스테나이트 조직과 페라이트 조직의 이상조직이며, 고강도 내식성, 내균열성이 뛰어남. 전자세 용접이 가능하고 SUS+연강, 특수강등과의 이종접합도 가능
NICHIA W-07	수중산소절단봉, 수중에서의 절단능력이 기존의 탄소가우징 및 절단봉에 비해 매우 탁월함. 수중용 특수홀더와 케이블사용(W52K)

나. 수중용접 방법

수중용접에서는 센 수면 근처에서 작업할 때 안정된 작업대를 설치하기 힘들다. 작업대는 용접물에 고정하는 것이 좋다. 철판이 아주 휘었거나 뒤틀어졌을 경우, 용접면의 청소상태가 불량했을 경우(녹, 해초류 등), 수중 시야가 확보되지 않는 경우 등 용접에 불리한 조건이 많아 사전에 주의 및 준비를 철저히 해야 한다. 수중용접 시 용접할 표면을 청소하여 준비하는 것은 극히 중요한 일이다. 두터운 페인트, 녹, 해초 등이 있으면 용접이 잘되지 않는다. 수중용접 방법은 다음과 같다.

① 안전 스위치가 열려 있는가를 확인하고 용접할 표면을 완전히 깨끗이 한다.
② 사용할 용접봉에 적합한 전류를 공급하도록 용접 발전기를 조정한다.
③ 용접봉의 끝쪽이 작업물로 향하게 하여 용접봉을 용접선에 맞추어 각도를 조정한다.
④ 전류신호를 하여 아크가 시작되면 작업물에 향하여 충분한 압력을 가하여 용접봉이 저절로 소모되도록 한다.
⑤ 새로운 용접봉을 용착시키기 전에 용착면을 깨끗이 한다.
⑥ 새로운 용접봉으로 용착시키는 것은 앞서 용착시킨 것과 약간 겹치도록 한다.

5. 안전수칙

수중 용접장비를 설계, 설치, 작동 및 유지하는데 있어서 인명의 손상을 막기 위하여서는 안전수칙들을 준수하도록 각별히 주의하여야 한다.

① 작업자는 작업물, 토오치 및 물과 완전히 절연이 되도록 복장을 갖추어야 한다.

② 모든 전선의 연결점 및 전극봉 홀다의 전류가 통과하며 노출된 부분은 고무테이프나 기타 방법으로 완전히 절연시켜야 한다.

③ 잠수감독자가 항상 조정할 수 있고 잠수부의 요청에 따라 즉시 용접회로를 열거나 닫을 수 있는 위치에다가 작동이 양호한 안전스위치를 용접회로 중에 연결하여야 한다.

④ 잠수부는 단절스위치를 사용하여 허용된 보호조치를 최대한 활용한다.

⑤ 잠수부가 실제로 용접을 하고 있거나 용접위치로 전극을 향하고 있을 때에만 전류를 통하게 함으로써 잠수부에게는 최대한의 보호가 된다.

⑥ 용접봉을 소모했거나 교환시에는 잠수감독자에게 신호하여 전류를 단절시키고 확인 후에 작업한다.

⑦ 용접회로의 노출된 단자가 씌워져 있지 않은 용접봉하단부가 잠수부의 몸으로 향해 있어서는 안된다.

⑧ 잠수부와 전극봉홀다가 전기적으로 접촉할 수 있다는 것을 고려하여 금속헬멧 혹은 잠수복의 금속부분이 작업물과 닿지 않도록 주의한다.

⑨ 수중에서 아크작업을 할 때에는 배기안된 가스가 폭발위험이 있어 주의한다.

⑩ 수중 용접시 발생된 가스의 분석에 의하면 이 가스는 폭발성이 높은 수소가 약 70 [%]로써 구성되어있어 밀폐된 격실이나 모통이를 용접할 때는 폭발 가능성을 제거하기 위하여 가스가 누출될 구멍을 미리 마련하여야 한다.

⑪ 용접시는 폭발 가능성이 있는 배기가스가 인접격실에 없는지를 확인한다.

[그림 9-26] 수중용접 사례

제10장
각종 금속 용접

제1절 | 고장력강(High Tension Steel) 용접

1. 특 징

일반 구조용 탄소강에서는, 탄소 함유량을 증가하면 높은 인장 강도를 얻을 수 있으나 용접성이 나빠지고, 충격에 대해 천이온도(transition temperature)가 높아져서 재질적으로 양호하지 않다. 고장력강은 구조물의 중량 경감과 성능향상을 도모하기 위하여 개발된 강으로 탄소 이외의 합금원소를 소량 첨가하여 강도가 높으면서 파괴인성이 우수한 강으로, 인장강도 50 [kg/mm^2] 이상, 항복점이 30 [kg/mm^2] 이상이다. 일반적으로 고장력강은 저합금고장력강(HSLA : High Strength Low Alloy)으로 보통 HT(High tensile)로 불린다.

고장력강은 선박, 차량, 고압용기, 수압철관, 교량, 기계부품 등에 이용되고 있으며, 초음속 항공기, 로켓 등에는 150 ~ 200 [kg/mm^2]의 초고장력강이 사용되고 있다. 고장력강은 인장강도, 항복점, 용접성이 좋으며, 내식성, 내마멸성이 양호하고, 저온에서 노치취성의 성질이 적다. 고장력강은 가격에서 실리콘-망간(Si-Mn)계가 보급되어 있고, 용접성에서 탄소 함유량이 0.2 [%] 이하인 것이 표준으로 되어있다.

고장력강은 강도를 높여 판 두께 감소에 의한 중량 경감, 재료의 절감 및 용접공수 등의 절감에 있으며, 연강 등에 비해 값은 비싸지만 적절한 구조설계를 하면 경제적으로 유리해지기 때문에 널리 사용되게 되었다. 특히 수송기관 선박 및 해양구조물에 있어 자중의 감소에 의한 적재량의 증가와 수송능력의 향상을 꾀하는데 그 목적이 있다.

현재, 선박의 조선용 강재로 사용되는 고장력강은 Si 0.6 [%] 이하, Mn 1.5 [%] 이하로 보통 압연하여 쓰이고 있다. 노치취성(notch brittleness), 용접균열, 용접성 등에 관한 성질이 양호해야 할 것이 요구되는 판두께가 큰 선박에서는 50 킬로급 정도의 것이 널리 쓰이고 있다. 60 킬로급은 열처리한 조질강으로서 일반 상선에서는 양화주, 대형 빔 등의 의장 관계에 사용되고 있으며, 함정에서는 60 ~ 80 킬로급이 선체의 재료로 사용되고 있다. 대형 선박에 대한 고장력강의 사용되는 예로 평관 용골, 현측 후판, 강력 갑판, 상갑판, 선저 외판, 해치코밍(hatch coaming)재, 각종 종통재, 강판제 선미재, 마스트(mast) 등에 사용되고 있다.

2. 종 류

가. 열처리에 의한 분류

고장력강은 조질강과 비조질강으로 분류할 수 있다. 조질강은 Quenching & Tempering 처리에 의해 강도 및 인성을 향상시킨 강재로 Si-Mn에 V, Cu, Ni, Cr, Mo 등을 첨가한 베이나이트 또는 페라이트-베이나이트 혼합조직을 가지고 있다. 장점으로는 적은 합금원소 첨가로 강을 제조하여 용접성 향상을 도모할 수 있으며 인장강도 특히 항복점이 높다. 동일강도의 비조질강 보다 노치인성이 우수하나 단점으로는 대입열 용접시 상부 베이나이트 생성으로 결정립의 조대화로 인성 및 강도가 저하되며 입열량 제어가 요구된다. 열간가공으로 인한 연화 현상이 발생될 수 있어 AWS D1.1에 가열 교정온도를 590 [℃] 이하로 제한한다. 후열처리 온도는 강재의 뜨임열처리 온도 이하에서 실시하고 예열을 안하면 균열발생 가능성이 크며, 응력집중에 민감하여 각 변형 및 뒤틀림 등이 발생하기 쉽다. 인장강도 588 또는 784 [mPa]급이 있다.

비조질강은 압연상태, 압연 후 불림열처리 또는 제어압연 상태에서 제조되는 강재로 성분은 Si-Mn계로 페라이트-펄라이트 조직을 가지고 있다. 장점으로는 각종 형상및 치수의 강재제조가 용이하며 열간가공이 용이하다. 용접열에 의한 연화가 적어 용접입열 제한이 완화되며 항복비가 낮아 파괴되기까지 오래 걸려 구조물 설계에 유리한 경우가 있다. 단점으로는 후판으로 갈수록 탄소당량(Ceq)이 높아지는 경향이 있어, 인장강도 노치인성 및 용접성이 저하 된다. 60 [Kg/mm^2] 이상이 되면 요구강도를 만족하기 어려워, 인장강도 490 [mPa]급강이 대표적이다.

나. 강도에 의한 분류

(1) 고장력강

인장강도 50 ~ 70 [kg/mm^2], 항복점 32 ~ 38 [kg/mm^2] 이상의 HT52. HT55 및 HT60이 이에 속하며 이들은 보통 압연한 그대로(HT52) 또는 불림처리 한 것(HT52, HT60)이 쓰인다. 비교적 용접하기 용이한 것들이며 일반적으로 고장력강이라 하면 HT52를 의미하고 HT60은 약간 고가이므로 사용범위가 좁아지고 있다.

(2) 초고장력강

인장강도 70 [kg/mm^2] ~ 90 [kg/mm^2], 항복점 50 [kg/mm^2] 이상의 HT70, HT80이 이에 속한다. 이러한 고장력강은 저합금강이라기보다는 합금강이라 할 수 있으며, 대부분 소입 템퍼링(600 ~ 650 [℃])의 열처리한 것이 쓰인다. 용접에는 어느 정도 주의를 요하나 연강과 동일할 정도로 용접성이 뛰어나 초 고장력강이 최근 실용되고 있다.

(3) 연강

탄소를 0.15 ~ 0.20 [%] 함유하고 인장강도가 38 ~ 40 [kgf/mm^2] 정도인 철강 재료를 말하며, 일반선박의 구조 및 건축물 등에 사용되는 강재로서 고장력강에 비하여 강도는 낮으나 연성 및 기계적 성질이 우수한 강재이며, 선철에 탄소, 규소, 망간, 황 등의 불순물을 산화시켜 제조하는 일반적인 강을 지칭한다.

다. 특성에 의한 분류

(1) 용접구조용 50 [kg/mm^2]급 고장력강(HT52)

두께 25 [mm] 이하의 것에서는 용접상의 문제는 별로 문제되지 않으나 판두께가 30 [mm] 이상의 것에서는 용접균열 방지를 위한 예열이 필요하다. 일반적으로 대입열로 용접을 하면 열영향부의 인성저하가 현저하게 된다. 또한 판 두께 방향의 구속이 크게 되면 라멜라테어가 발생하는 경우도 있다. 이러한 결함을 방지한 여러가지 개량된 강이 시판되고 있다.

(2) 용접구조용 60 [kg/mm^2]급 고장력강(HT60)

비조질형의 것과 조질형의 것이 있으며 비조질형의 것은 조질형의 것에 비해 탄소당량(Ceq)이 많아지기 때문에 양호한 용접결과를 기대하기 위한 판 두께 100 [mm] 정도까지로 제한되어 실용되고 있다.

(3) 용접구조용 80 [kg/mm^2]급 고장력강(HT80)

거의 전부가 조질형이며 판 두께 100 [mm]의 것이 교량으로 실용되고 있다. 또한 내유화수소균열성, 내재열균열성을 향상시킨 것, 대입열 용접에 적합한 것도 시판되고 있다.

라. 내후성 고장력강

Cu, Cr, P, Ti 등이 소량 첨가되어 있으며 대기 중의 내식성은 탄소강보다도 훨씬 우수하다. 그러나 인성을 요구하는 경우에는 인(P)의 첨가량을 감소시킨다.

마. 저온용 고장력강

한냉지에서 사용하는 강구조물에서는 특히 우수한 노치 인성이 요구된다. 또한 상온에서 이용되는 경우에도 용접에 의한 각변형, 언더컷, 미소결함의 존재 때문에 취성파괴를 일으키지 않도록 충분한 노치인성을 갖추어야 한다. 이를 위해서 Quenching & Tempering 처리를 하거나 제어압연에 의한 결정립 미세화를 실시해야 한다.

바. 내해수성 고장력강

해수에 의한 부식, 특히 비말대에서의 부식에 견딜 수 있도록 P, Cu, Cr, Al, Mo 등을 첨가한 것이다.

사. TMCP 강(Thermo Mechanical Controlled Process)

압연시 제어냉각을 통해 강도를 확보하여 동일 강도의 일반강에 비해 탄소당량(Ceq)이나 용접균열 감응도를 낮출 수 있기 때문에 대입열 용접이 용이하고 예열 조건을 대폭 완화할 수 있는 등 용접성이 매우 우수한 강재이다.

아. 기타 선박에 사용되는 강판의 종류

고속이 요구되는 선박이나 소형선에서는 중량이 큰 문제가 된다. 이 경우에는 알루미늄 합금이나 FRP(강화플라스틱)와 같은 복합재료가 사용되고 있다. 또, 심해탐사용 잠수선이나 일부의 잠수함 등 특수한 목적을 갖고 있는 선박에서는 가볍고 높은 강도를 갖는 티탄 합금도 쓰이고 있다. 그리고 LPG운반선이나 LNG운반선의 탱크에는 방열의 관점에서 알루미늄 합금이나 스테인리스강이 사용되고 있다. 또, 내부식성이 요구되고 있는 탱크 등에는 스테인리스강이 사용되고 있다. 모든 강판은 선급으로부터 검사를 받은 것을 사용한다. 각 선급별로 표시가 다르긴 하나 대부분 A, B, D, E, AH, DH, EH, FH, Z 등의 등급으로 크게 구분하여 사용하고 있는데 A, B, D, E등급은 연강(MILD STEEL)이고 AH, DH, EH, FH는 고장력강(HIGH TENSILE STEEL)이며 Z등급은 위와 아래에서 당기는 힘에 강하도록 된 재질을 말한다.

3. 용접 주의사항

고장력강은 50 [kg/mm^2] 이상으로 사용조건에 부합되는 인성이 우수해야 하며 탄소당량이 낮은 것이 좋다. 가공성, 피로특성, 내후성이 좋아야 하며 초음파 음향이방성이 적어야 한다. 용접성이 좋아야 하며 가격이 저렴해야 한다. 자동차용 고장력 강판은 가볍고도 강하며 Deep-Drawing성 등

소성가공이 용이하고 덴트성(작은 충격에도 오므러 들지 않는 성질)이 있어야 하고 도금이나 도장성이 좋아야 한다.

(1) 고장력강의 용접시 주의사항(일반사항)

고장력강 일명 하이텐(Hiten) 또는 HSLA(High Strength Low ALLOY)를 용접하기 위하여 사용되는 저 합금강용 피복용접봉은 열처리성질을 좋게 하고 인장강도를 높이기 위하여 Mn, Cr, Mo, V, Nb 등의 원소를 소량 첨가하여 용접열 영향부가 경화되기 쉽고 균열의 염려가 있으므로 용접작업 시 상당한 주의가 필요하다. 일반적으로 예열과 후열처리를 하고 저수소계 용접봉을 사용하며 주의사항은 다음과 같다.

① 일반적으로 예열을 실시해야하며, 후열처리가 요구되는 경우도 있다.
② 용접봉은 저수소계를 사용하며, 용접재료의 건조관리가 요구된다.
③ 용접 개시 전에 용접부의 청결(녹, 이물질, 수분 등)에 주의한다.
④ 아크길이는 가능하면 짧게 유지하고 큰 폭의 위빙을 삼간다.
(보통 SMAW 용접봉 직경 2.5배, FCAW 18 [mm], SAW 25 [mm] 기준하며 WPS에 따른다)
⑤ 짧은 비드(50 [mm] 미만), 아크 스트라이크, 각 변형 및 뒤틀림에 주의한다.
⑥ 과도한 입열량은 결정립을 조대화시켜 인성이 저하됨으로 주의를 요한다.
⑦ 아크 시작에서는 기공발생을 방지하기 위하여 후퇴법(back step)을 사용한다.
⑧ 여름철 습도가 높은 경우의 용접은 아크분위기중 소수분압의 증가로 인하여 용착금속중 수소량이 증가하여 용접균열이 발생되기 쉬우므로 주의를 요한다.
⑨ 후열처리를 행할시 가열온도가 모재의 불림온도를 넘지 않도록 해야 한다.
⑩ 용접금속의 노치인성 개선을 위해서 조직의 미세화와 산소함량의 감소가 중요하다.

제2절 | 주철 및 주강용접

1. 개 요

주철(cast iron)은 Fe-c 평행상태도에서 2.0 ~ 6.67 [%] 탄소를 함유한다. 일반적으로 2.0 ~ 3.5 [%] 탄소와 0.5 ~ 2.5 [%] 규소(si)로 이루어지며 강에 비해 용융점이 낮고(1150 [℃]) 탕의 흐름이 좋아서 주물을 만들기 쉽고 저렴하다. 주조한 그대로는 가단성과 연성이 거의 없다. 특히 용접은 결함의 보수에 주로 사용되는데 매우 취약하여 용접이 곤란하다.

2. 주철 종류

주철의 명칭 및 분류 방법은 다양하며 시대에 따라서도 달라지고 있다. 주철의 최초 분류는 파면형상에 의해 백주철과 회주철로 구분하였다. 백주철은 파괴가 준안정 응고(시멘타이트 공정응고)에 기인한 철탄화물을 따라 발생하므로 희고 결정질의 파면을 나타낸다. 반면에 회주철은 안정응고(흑연 공정응고)에 의하여 생긴 판상흑연을 따라서 파괴가 일어나므로 회색파면을 보인다.

(1) 회주철

일반적인 주철 형태는 진동흡수성, 피삭성, 연성이 나쁘다. 회주철 2 ~ 4% C, 1 ~ 3% Si 그리고 약 1% Mn을 함유 최대 275 [mPa]의 인장강도 합금 처리시 550 [mPa]로 높다.

(2) 백주철

냉각속도가 빨라서 과잉탄소가 준안정 형태의 철탄화물로 잔존하는 경우, 이 재료를 백주철이라고 한다. 금속간 화합물을 다량으로 함유하므로 매우 취약하고 연성과 용접성이 나쁘다. 반면에 철탄화물 형성은 경도와 내마모성을 개선시킨다. 재료 중에 다량의 철탄화물(시멘타이트)이 존재하며 균열이 잘 발생하고 용접이 곤란 하다. 백주철은 2.5 ~ 3.8 % C, 0.2 ~ 2.85 Si, 5.5 % Ni, 30 % Cr, 6.5 % Mo 및 30 % Mn의 화학조성을 가져야 하며 인장 강도는 160 ~ 620 [mPa] 범위다.

(3) 가단주철

백주철을 적절히 열처리 하면 연한 가단주철로 변한다. 열처리 방법에 따라서 흑심가단주철, 백심가단주철이 제조된다. 870 [℃] 이상 온도에서 60시간 이상 어닐링 처리 가단주철 내에서도 백심가단주철과 흑심가단주철이 있고 흑심가단주철이 용접이 곤란 또한 가단주철은 2.0 ~ 2.8 % C와 1.0 ~ 1.7 % Si 함유하고 인장강도는 310 ~ 620 [mPa]이다.

(4) 구상흑연 주철

흑연구상화제인 Mg, Ce, 희토류금속 등을 첨가하여 흑연이 구상으로 정출되어 있는 주철로써 강도 및 연성이 가장 높다. 이 주철은 양호한 가공성과 거의 고강도, 인성, 연성, 경화능, 고온가공성 등의 특성을 나타낸다. 탄소 3 ~ 4 %, 1.8 ~ 2.8 % Si 최대 0.7 % Mn 함유한다. 여기서 Mn함유량은 충격인성이 엄격하게 요구될 경우에 제한되는데 이것은 Mn함량이 높을 경우에 용접부 충격특성을 감소시킬 수 있기 때문이다. 이 주철은 370 ~ 800 [mPa]의 인장강도를 가진다. 내열 및 내식성을 개선하기 위해서는 합금원소를 첨가해야 하며 이 경우에 2 ~ 3 % C, 1 ~ 6 % Si, 0.7 ~ 2.4 % Mn, 18 ~ 36 % Ni 그리고 최대 5.5 % Cr을 함유할 수 있다.

(5) 특수주철

주철에 Ni, Cr, Mo, Cu, Al 등을 첨가하여 내식성, 내열성, 강인성 등을 부여한 것이 특수주철이고 흑연의 특성이 높은 Ni첨가 주철 비교적 용접이 용이하고 백선화 경향이 강한 Cr 첨가주철 균열발생 경향이 보통주철보다 높다.

3. 주철 특성

가. 주철의 성질

순수 주철의 비중은 7.85 [g/㎤]으로 흑연이나 불순물이 다량 첨가되면 물리적 성질이 점점 감소하여 회주철은 백주철보다 가벼운 7.1 [g/㎤] 정도가 된다. 융점은 탄소, 특히 시멘타이트가 가장 큰 영향을 미치며 그 양이 증가하면 융점은 저하하여 일반적으로 1145 ~ 1350 [℃] 범위로 된다. 한편 열전도율이나 전기전도율은 탄소량이 증가하면 감소한다. 주철의 인장강도는 C, Si 등의 화학조성, 냉각속도, 용해조건, 용탕처리 등에 의존되며 기지의 강도와 동시에 흑연의 형상, 분포, 양등에서 흑연의 상태는 화학성분에 따라 결정된다. 주철 중의 흑연과 관련하여 성분을 표시할 때는 탄소함량과 그 성분에서의 흑연고정 성분비, 즉 탄소 포화도(공정도)가 주로 사용된다. 주물을 만들 수 있는 용이성을 주조성이라고 하며 중요한 인자는 융점, 용해 열량, 용체의 산화도, 유동성, 수축율 등이 있다. 이외에 주조시의 편석, 가스의 흡수성 등도 고려해야 한다. 또한 주철은 다량의 흑연 및 Si가 함유되어 있어, 강과는 다른 내식성을 나타낸다. 내식성은 조성, 조직 또는 온도에 따라 크게 좌우한다. 주철의 조직성분 중 흑연은 전기화학적으로 가장 안정하며 그 정도는 시멘타이트, 펄라이트, 페라이트 순으로 되어있다. 그러므로 흑연과 기지조직 간의 전위차에 의한 기전력 때문에 Fe만이 선택적으로 부식되어 수산화철 또는 산화철로 변화한다. 흑연은 침식되지 않고 그대로 남아서 표면에 흑연의 피막이 형성되며 그 생성피막에 부식생성물이 흡착한 상태로 된다. 이것이 보호막 역할을 하여 내부로 부식이 진행되는 것을 막는다. 주물 내부의 다공성, 기포 등 주조결함은 내식성을 저하시킨다. 소량의 Cu 첨가는 알카리, 해수, 대기 및 부식분위기에서 주철의 부식을 감소시킨다.

나. 주철 용접성

주철은 용융상태에서 급냉하면 백선화되기 쉽고 이로 인해 용접부와 모재부에는 수축이 상이하게 되어 큰 잔류응력이 발생하고 경화된 백선에서는 쉽게 균열이 발생한다. 주철 그 자체는 공극, 기공, 모재 결함이 존재하고 연성이 적으며 주조시 잔류응력과 용접에 의한 구속응력이 응력집중부에 복합으로 작용하여 균열이 발생하며, 또한 다량의 탄소가 포함되어 이것이 용접 중에 산화되어 CO가스가 되고 용접금속 중에 기공이나 피트(PIT)로 발생된다.

용접금속 중에 주철모재로부터 C, Si, S, P 등의 유해원소가 용입되어 용접금속의 경도를 높이고 연성, 인성을 저해 하므로 균열이 쉽게 발생하고 절삭가공이 어렵게 된다. 장시간 고온에서 가열된 주철은 흑연이 조대화되어 흑연과 기지사이에 간격이 생겨 그 부근에 기름이나 물이 스며들어 산화 스케일이 생겨 이물질들은 용접 시 작업성저해, 균열, 기공 등의 원인이 된다. 백주철은 용접이 불가능한 반면에 구상흑연 주철은 회주철에 비해 용접이 용이하다.

다. 주철용접 고려사항

(1) 예열 처리

주철 용접시 가장 중요한 인자중 하나가 예열이며, 예열을 통하여 온도 기울기나 열응력에 기인한 구조품 내의 잔류응력 감소 및 용접균열 발생방지, 열 영향부 경도저하, 변형 저감, 이종 재료 용접 시 온도 기울기 감소, 사용 중인 주조의 탄수화물 오염저감 등과 같은 효과를 얻을 수 있다. 또한 주철의 예열과 관련하여 예열의 요구정도에 대한 일반적인 주안점은 탄소당량이 높을수록 예열온도를 증가시키고, 예열은 미세 조직과 주철의 강도에 근거하여 결정하며, 복잡한 형상의 주물은 변형이나 잔류응력을 조절하기 위하여 통상 높은 예열온도를 적용한다.

박물재를 후물재에 용접시 후물재의 열 흡수력을 줄이고 열응력을 낮추기 위하여 후물재를 예열하고, 가단주철이나 구상흑연주철은 회주철이나 백주철에 비하여 낮은 예열온도를 적용한다. 예열은 용접이음부가 인장상태가 아닌 압축상태에서 적절히 실시되어야 한다. 복잡한 형상의 주물은 급격한 온도구배에 의한 응력 불평형을 최소화하기 위하여 구조물 전체를 예열하여야 하며. 용접부위는 필요에 따라서 좀 더 고온으로 가열하여야 하며, 용접 후 전체 구조는 응력을 줄이기 위하여 서냉하여야 한다. 용접부 부근이 국부가열된 경우에 발생하는 열응력은 예열을 실시함으로써 줄일 수 있다. 한편 예열은 용접부의 미세조직을 조절하는 역할을 하기도 한다. 통상의 주철에서 예열에 따른 미세조직의 변화를 [표 10-1]에 나타내었으며, 315[℃] 이상의 온도로 예열하면 마르텐사이트 변태가 최소화되는 점까지 냉각속도가 늦춰지므로 주철의 균열발생 경향을 감소시킨다.

[표 10-1] 예열온도에 따른 미세조직 변화

예열온도	미세조직
상온	마르텐사이트
100	펄라이트 변태기지
200	상당부분 마르텐사이트 및 탄화물 펄라이트
300	대부분 마르텐 사이트 펄라이트변태
400	펄라이트변태완료

(2) 표면처리 피닝(Peening)

좁은 범위가 국부 가열되는 아크 용접부에서 국부적으로 압축응력을 부여하는 피닝처리는 잔류응력을 효과적으로 완화시킬 수 있다. 다층 용접부에 열응력이 커지면 균열이 발생되므로 피닝을 하고 피닝은 용접 직후 신속하게 하여 급냉되는 열영향부 근방에 대한 응력이완 효과 및 용접결함을 감소시켜 강도를 상승시키고 열영향부 경도를 경감시킨다. 피닝은 13 ~ 19 [mm]의 둥근 볼핀해머를 사용하며 용접표면에 수직방향으로 적당히 두드리되 용접금속은 540 [℃] 이하로 냉각되지 않게 한다. 공기해머의 충격력은 기구의 크기에 의하여 그 강약이 좌우되므로 선택에 유의해야 한다.

(3) 후열처리

후열처리는 용접 열영향부의 연성을 개선하고 용접금속과 열영향부의 가공성을 향상시키고, 용접시 생긴 마르텐사이트 조직을 취약정도가 약한 조직으로 변태시켜 주물의 잔류응력을 제거한다. 용접후열처리 조건은 주조조건, 후속가공을 고려한 변형정도, 가공표면의 마무리 조건, 전열처리 등에 의하여 좌우된다. 복잡한 형상의 주물에서 열응력에 따른 균열은 용접 후열처리시의 가열속도 및 냉각속도를 55 [℃/h] 이하로 유지하면 억제할 수 있다.

(4) 주철 용접용 용접재료 선택

주철용접용 용접재료의 선택에서는 주철의 종류 파악, 용접부에 요구되는 기계적 성질, 모재 희석에 대한 허용범위, 용접금속에 대한 응력발생 및 제어정도, 용접부의 가공성, 적용 용접법, 원가 등이 반드시 검토되어야 한다.

라. 주철 용접

주로 피복금속 아크용접(SMAW-Shielded Metal Arc Welding)과 산소-아세틸렌 가스용접(OAW-Oxyacetylene Welding)시공으로 주철결함의 보수가 대부분이나 대형기계의 용접보수나 주물 소형 공예품 등에도 이용한다. 주철용접의 종류로는 피복금속 아크용접, 가스용접, 가스텅스텐 아크용접, 일렉트로 슬래그 용접, SAW, 플라스마 아크용접, 전자비임용접, 아크 브레이징(Braze), 고상접합, 마찰용접, 용사법 등을 활용할 수 있다.

마. 주철 보수용접

주철의 보수 방법은 균열을 적게 하는 방법으로 스터드법, 비녀장법, 버터링법, 로킹법 등이 있다.

(1) 스터드법

용접 경계부의 바로 밑 부분의 모재가 갈라지는 약점을 보강하기 위하여 지름 6 ~ 9 [mm] 정도의 스터드 볼트를 박은 후, 이것과 함께 용접 하는 방법으로 용접전에 균열부의 깊이를 완전히 파내고 볼트를 심은 다음 짧은 비드로 볼트와 모재를 충분히 녹여 용접하며 피이닝한다. 용접 홈은 x형이 바람직하다.

(2) 비녀장법

용접선에 직각되게 꺾쇠모양으로 6 ~ 10 [mm] 정도의 강 봉을 박고 용접하는 방법으로 용접은 균열부분을 그라인더 등으로 홈을 판 후 꺾쇠를 넣을 곳도 균열부와 직각방향으로 판 다음 꺾쇠를 넣고 용접한다.

(3) 버터링법(Buttering)

이 방법은 빵에 버터(Butter)를 바르듯 모재와 융합이 잘되는 용접봉(주로 연강 봉)으로 적당한 두께까지 용착시킨 후 고장력강 봉이나 연강과 융합이 잘되는 모넬메탈 봉으로 용접하는 방법이다.

(4) 로킹법(locking)

스터드법의 볼트 대신에 용접부 바닥 면을 둥근 도랑을 파고 이 부분에 걸쳐 힘을 받도록 용접하는 방법이다.

[표 10-2] 주철용접부의 결함과 대책

결함		원인	대책
절삭 곤란	용접금속 경화	1. 모재의 탄소에 의하여 용접금속 담금질됨 2. 용접 전류가 적당치 않은 경우 3. 용접봉 선택 잘못	1. Ni 계 또는 퀜칭 되지 않은 용접봉 사용 적당한 예열 서냉 실시함 2. 적당한 용접 전류 사용 3. 1항에 따름
	열영향부 경화	1. 용접전류 높은 경우 2. 연속 용접하기 때문 3. 용접부 급냉 4. 용접부 선택 잘못	1. 용접 전류 낮춤 2. 짧은 비드 또는 단락용접 3. 적당한 예열 서냉 4. Ni계 용접봉 사용
용접부 균열		1. 용접부 급냉 2. 용접부 수축 응력이 큼 3. 용접 시공이 잘못된 경우 4. 이음부 구속이 큼 5. 용접 재료 선택이 잘못됨	1. 적당한 예열 서냉 2. Ni계 용접봉 사용, 피닝 실시 3. 짧은 비드 또는 단락 용접 4. 1,2,3항 병행 실시 5. EGC Ni, EGC Ni 사용
기공		1. 용접재료의 흡수 2. 모재에 기름등이 부착 또는 침투됨 3. 모재의 탄소연소에 의한 가스 4. 용접 재료가 적당 하지 않음	1. 용접 재료 적당한 온도로 재건조 2. 모재표면 청소(침투한 기름을 연소제거), Ni 계 용접봉중 EGC Ni Fe 사용 3. 가능한 용입을 줄이거나 예열처리 4. 기공 발생이 적은 용접 재료선택
용착불량		1. 그루브 형상 부적합 2. 용접 전류 부적당 3. 모재가 반복 가열 냉각을 받음 4. 모재 재질 부적당	1. 적당한 그루브 형상을 바꿈 2. 용접 전류조정 3. 친화력이 좋은 용접봉 재료 사용 (EGCCI, EGCFe) 4. 3항에 준함

4. 주강 특성

주강계 주물로 사용되고 있는 압연 강이나 단조강품은 거의 동일한 화학 조성을 가지고 있고, 주철이나 그 외 주물에 비해 강도나 점성이 우수하고 용접성이 매우 좋으며 제철, 선박, 철도차량, 발전기용기기, 토목건설기계, 공작기계 등 주요부품에 사용된다.

가. 주강의 종류

주강은 크게 탄소강 주강, 저합금강 주강, 고합금강 주강 등 세 종류로 이루어진다. 경우에 따라서는 보통 주강(탄소강 주강), 특수주강(합금강 주강)으로 대별하기도 한다. 고합금강 주강 중에는 스테인리스강, 내열강, 고Mn강의 세 가지 주강이 포함된다.

나. 성분별 분류

① 내마모용 : 0.40 [%] C 이상 그 외 Cr, Ni-Cr, Cr-v-Mn 등
② 내식성 : Cr, Ni 또는 Cu를 첨가한 스텐레스강 등
③ 내열용 : 거의 600 [℃] 이상 Cr, Mo 등 첨가한 스테레스강
④ 구조용 강 : 용접성을 고려한 저탄소강과 비교적 고탄소강이다.
⑤ 고온용 강 : 거의 550 [℃]까지 Cr, W, Mo, Ti 등을 첨가
⑥ 저온용 강 : 상온 이하의 극저온 Ni강 등이 있다.

다. 주강용접의 특성

① 결함 발생이 쉬워 설계나 주조방법의 적정성에 아주 민감하다.
② 주조가능 두께에 제한이 있으며 응고시 수축이 크므로 균열발생이 쉽다.
③ 고온에서 인장강도가 매우 낮으며 내부응력에 기인하여 균열발생이 쉽다.
④ 보수용접 대상이 되므로 용접 구조물 이용시 고려하여야 한다.
⑤ 열처리는 기계가공 전에 하는 것이 균열발생이 적어진다.
⑥ 그루브 형상, 운봉법 선택이 유리하다.

라. 주강 보수용접

① 예열은 두께 25 ~ 45 [mm]일 때 70 [℃], 45 [mm] 이상일 때 100 [℃]로 한다.
② 용접은 백 스텝(Back step) 및 스킨(Skip)법 등을 혼용한다.
③ 균열은 가능한 열을 가하지 않고 휴대용 밀링커터를 사용한다.
④ 균열의 깊이가 너무 깊을 때는 가우징으로 제거하고 열응력으로 인하여 균열이 진전하지 못하도록 구멍(Stop hole)을 뚫고 균열부위를 균일하게 70 ~ 100 [℃] 정도 예열한 후에 가우징 한다.

제3절 스테인레스강(Stainless Steel) 용접

1. 개 요

스테인레스강은 철(Fe)에 통상 11 [%] 이상의 크롬(Chromium)을 넣어서 녹이 잘 슬지 않도록 만들어진 강으로 여기에다 필요에 따라 탄소(C), 니켈(Ni), 망간(Mn), 몰리브덴(Mo) 등을 포함하고 있는 합금강을 말한다. 스테인레스강의 내식성은 강판의 표면에 형성된 치밀한 크롬 산화피막 형성(부동태 피막)에 의한 것으로 스테인레스강은 철(Fe)을 주성분으로 하면서도 보통강이 가지고 있지 않는 여러가지 우수한 특성으로는 표면이 미려하여 의장성이 뛰어나며 내식성이 월등하여 사용 환경의 제약이 적고, 위생적이고 가공성이 우수하여 변형이 용이하며 강도가 높아 외부 충격에 강하다. 또한 내화, 내열성이 크다. 스테인레스강이라고 하면 흔히 304, 316 등을 연상하게 되고, 실제로 이러한 재질들이 현업에서 가장 많이 사용되는 재질 들이다. 그러나 이러한 표기는 사실은 정확한 공식적인 재료명의 표기법은 아니다. 각 규격의 명명법에 따라 정확하게 표기한다고 하면, AISI S304(미국 철강 협회:American Iron and Steel Institute) 혹은 UNS(unitied numbering system) S30400 등으로 표기해야 한다. JIS규격(Steel Use Stainless)과 KS규격(Steel Type Stainless)은 SUS, STS로 표기한다.

2. 스테인레스강 종류

스테인레스강은 그 재료의 성분과 조직에 따라 다섯 가지로 크게 구분된다. 각 강종의 조직 구분은 주로 크롬 함량과 니켈의 유무 및 기타 원소의 함량에 따라 결정이 된다. 각 강종이 보여 주는 물리적, 기계적, 화학적 특성은 조직에 따라 구분이 되며, 이들 조직을 기준으로 다음과 같이 구분한다.

가. 페라이트계 스테인레스강(저C 고Cr)

0.12 [%] 이하의 C에 Cr을 13 [%] 또는 18 [%] 합금한 강이 주로 사용되며 대표강종으로는 430SS가 있다. 자성이 있으며 충격에 약하고 연신률이 작고 용접구조물로 사용이 제한되나 열처리에 의해 경화되지 않는다. 고온, 실온에서 모두 가공성이 풍부하여 판, 관, 봉, 선 또는 단조품으로 가정용기구 화학공업 등에 사용한다. 인장강도는 55 [kg/㎟]정도이며 Cr이 많은 것은 다소 취성이 증가하지만 내식성은 양호하다.

나. 마르텐사이트계 스테인레스강(중C 고Cr)

C를 0.20 % ~ 0.50 %, 용도에 따라서는 1.2 [%]까지 증가시킨 고Cr강을 소입하면 마르텐사이트조직으로 되며 이것을 템퍼링한 것이 마르텐사이트계 스테인리스강이다. 대표강종으로는 410SS가 있으며

기본조성은 13Cr으로 자성이 있고, 녹이 발생할 수 있으며, 충격에 약하고 연신률이 작으나 뛰어난 강도와 내 마모성이 있으며 열처리에 의해 경화된다. 칼, 의료용기구, 증기터빈날개, 다이스, 게이지, 내식성 베어링, 내마모성을 요하는 화학공업용 기계부품 등에 사용한다. C량이 많을수록 경도가 증가하여 내마모성은 좋아지지만 Cr이 C와 결합하여 탄화물을 만들어 기지(matrix)의 고용 Cr량이 감소하므로 내식성이 감소한다.

다. 오스테나이트계 스테인레스강(저C 고Cr 고 Ni)

고Cr강에 다량의 Ni을 합금한 것을 오스테나이트계 스테인레스강이라 하며 내식성 및 고온강도가 요구되는 경우에 사용된다. 대표적인 것으로 저C에 18 % Cr, 8 % Ni을 합금한 18-8스테인레스강이 있으며 대표강종으로는 304SS, 316SS가 있다. 자성이 없고, 뛰어난 내식성이 있으며 충격에 강하고, 연신률이 크고 열처리에 의해 경화되지 않으나, Cr탄화물이 형성되는 예민화에 의해 고온사용이 제한된다. 오스테나이트계 스테인레스강은 화학공업, 석유공업뿐만 아니라 가정기구, 건축, 전기기계, 항공기, 차량, 선박, 저온용, 원자로관계 등 응용범위가 매우 넓으며 요구되는 조건도 다양하다. 단, 오스테나이트계 스테인레스강은 황(S)이 함유된 가스 또는 수용액 및 염산용액이 작용하는 부분에는 적합하지 않아 내연산합금으로 하스텔로이계통의 Ni합금이 사용된다. 결점으로는 입계부식 및 용접성 외에 응력부식균열이 일어난다. 열팽창계수가 일반강의 약 1.5배이며, 열 및 전기전도도는 작아 일반강의 약 1/4정도이다.

라. 석출경화강(고Cr고Ni)

석출경화형의 강력스테인레스강은 초고장력강의 일종으로 자성이 없고, 양호한 내식성을 가지며 열처리 후 높은 강도와 경도를 가진다. 대표적인 강종으로는 ① 마르텐사이트형(17-4PH강), ② 반오스테나이트형(17-7PH강), ③ 오스테나이트형(17-10PH강), ④ 오스테나이트+페라이트(V-2B강), ⑤ 냉간가공형(테네론강) 이다. ①~④는 시효처리에 의해 ⑤는 냉간가공에 의해 인장강도를 130 ㎏/㎟ 이상으로 강화한 것이다. 강력스테인레스강은 강도향상을 위해 내식성을 다소 희생하면서 경화한 것이므로 내식성은 18-8스테인레스강과 같은 정도이거나, 이것보다 약간 떨어지지만 고Cr 페라이트계 스테인레스강에 비하면 우수하다.

마. 듀플렉스강

대표강종으로는 SAF 2205, SAF 2507이 있으며 기본조성은 8-30 Cr - 4-6% Ni - 2-3 Mo으로 Austenite Stainless steel의 단점을 보완한 강종으로 Ferrite기지위에 Austenite가 50 [%]정도 공존하는 조직이다. Ferrite보다 양호한 인성이 있으며 Austenite보다 월등한 기계적 강도가 있고 열팽창계수가 작으며, 열전도도가 높다.

3. 스테인레스강 종류별 특성

Stainless Steel은 합금성분과 조직의 특성에 따라서 다양한 성질을 나타내며 개략적인 사용상의 특성을 다음 표와 같다.

[표 10-3] Stainless Steel 강의 종류별 특성

강 종	AISI	조성	특 성							
			자성	가공성	내식 내산화	고온 강도	저온 강성	소입성	용접	열처리
Martensite계	410	13Cr-0.1C	유	○	○	○	△	유	△	예열 후열
Ferrite 계	430	18Cr-0.1C	유	◎	◎	△	△	무	△	예열 후열
Austenite계	304	18Cr-8Ni	무	◉	◉	◉	◉	무	◉	

* ◎ : 우수, ◉ : 양호, ○ : 보통, △ : 저하

가. Stainless강의 성질

각 Stainless Steel 강종별로 적용되는 용도와 특성은 다음과 같다.

(1) 물리적 성질

일반적으로 사용되는 Austenite Stainless Steel을 기준으로 대략적인 탄소강과 비교하면 다음과 같다.

① 스테인레스강은 높은 전기비저항(탄소강의 약 3배)으로 용접시 발열이 심하다.
② 저항이 큰 만큼 열전도율(탄소강의 1/3 정도)도 떨어지고 따라서 냉각속도가 느려진다
③ 또한 열팽창계수가 커서 변형이 심하게 된다.

[표 10-4] Stainless Steel 강의 성질 및 용도

종 류	AISI	조 성	성질 및 용도
Martensite 계	410	13Cr - 0.1C	내식, 내열 일반용
Ferite 계	430	18Cr - 0.1C	내식성 우수로 질산 Tank, 싱크대
Austenite 계	301	7Cr - 7Ni - 0.1C	철도 차량
	302	18Cr - 8Ni - 0.1C	항공기 Engine Cover 주방용품
	304	18Cr - 8Ni	일반용, 화학제품, 식품제품
	304L	18Cr - 8Ni - 0.04C	입계 탄화물 석출방지 원자력용
	308	19Cr - 10Ni	용접봉용
	309	22Cr - 12Ni - 0.2C	열처리 설비, 소둔노 Cover
	310	25Cr - 20Ni - 0.2C	내열성 우수 열교환기
	316	18Cr - 12Ni - 3.5Mo -0.08C	내식성 우수, 고 Creep 저항, 화학 및 제지 공업
	317	18Cr - 12Ni - 3.5Mo - 0.08C	316보다 내식성 우수
	347	18Cr - 10Ni - Nb - 0.08C	304에 Nb 첨가 용접을 요하는 설비

(2) 기계적 성질

[표 10-5] Stainless Steel 기계적 성질

종류	AISI	열처리	기계적 성질		
			TS [kgf/mm^2]	EL [%]	IV IZOD [ft.lbs]
Martensite 계	410	소둔	46_53	30	90
	410	소입	141	15	20 ~ 45
Ferrite 계	430	소둔	53	30	15 ~ 50
Austenite 계	304	고용화	60	60	100-120
	309	고용화	67	45	-
	316	고용화	56	55	95 ~ 120
	347	고용화	63	50	95 ~ 120
탄소강	6013	AW	50	25	70 (J)

Stainless Steel의 기계적 성질은 각 강종별로 매우 다양한 특징을 보이고 있다. 아래의 표는 ASTM A240에 제시되어 있는 각종 Stainless Steel의 기계적 성질을 정리한 것이다. 그러나 여기에 제시된 값은 Martensite계 Stainless Steel의 열처리 조건에 따른 기계적 성질의 다양한 변화는 고려하지 않았으며, 단지 ASTM에 제시된 기준 값만을 표기한다.

(3) 고온 특성

① Ferrite계

C, N, Ni의 양을 낮추고 Al, Ti을 첨가하면, 약간의 Cr양으로도 Ferrite계가 될 수 있으며 Martensite계보다 내식성이 우수하나 500 ~ 600 [℃] 이상에서 σ상의 석출로 기계적 성질이 급격히 저하하며 900 [℃] 이상 장기간 가열하면 결정립 조대화로 인성, 연성이 떨어진다. 고 Cr Ferrite계 Stainless 강은 고온으로 가열하면 475 [℃] 취화, σ상취화, 고온취화 등의 현상이 나타난다.

② Martensite계

가공성이 용이하고 일반 탄소강과 비슷한 양상의 기계적 특성이 있어 고온가공이 용이하나 급냉에 의해 경화될 수 있으므로 용접과 열처리 시에 주의를 요한다.

③ Austenite계

600 [℃] 이상 고온에서 Stainless강중 가장 우수한 강도를 가지나 고온에서 탄화물 형성에 의한 예민화 상으로 사용에 주의를 요한다. STS304L, STS316L 등의 탄소함량 0.03 [%] 이하의 저 탄소강재는 고온에서 허용강도의 저하로 인하여 420 [℃] 이상의 고온사용이 제한된다. STS304에 Mo, Nb, Ti을 첨가시킨 STS316, STS321 등은 STS304 보다 고온 인장강도를 가진다.

④ Duplex계

Austenite와 Ferrite의 특징을 모두 가지고 있으며 Austenite에 비해 두 배 이상의 강도를 가지고 있다. 300 [℃] 이상에서는 Ferrite조직의 분해가 일어나서 취성이 발생하므로 통상적으로 200 [℃] 미만의 온도에서 사용한다.

(4) 저온 특성

① Martensite & Ferrite계

Martensite Stainless과 Ferritie Stainless Steel은 저온취성을 일으키므로 저온재료에 사용되지 않는다.

② Austenite계

Austenite계는 저온취성을 일으키지 않으며, 저온인성이 좋아 저온용용접 구조물용 재료로 널리 사용된다.

③ Duplex계

- 60 [℃] 이하에서 충격치가 급속하게 감소하므로 사용온도는 -50 ~ 200 [℃]정도로 제한된다.

4. 스테인레스강 응고모드

가. 응고 조직

스테인리스강의 응고과정에서 조직변화는 상온조직의 결정에 중요한 영향을 미친다. 응고조직의 변화를 살펴보면, 응고모드는 화학조성에 따라 오스테나이트 또는 페라이트 단일 상으로 응고를 완료하거나, 초정 오스테나이트 또는 페라이트상으로 응고를 시작한 후, 포정 또는 공정 반응에 의해 오스테나이트+페라이트의 2상으로 응고를 완료하는 A모드, AF 모드, FA모드, F 모드의 4가지 형태로 크게 구분한다. 이러한 응고 모드는 통상 용접 중인 스테인레스강을 융점이 230 [℃]로 낮은 액체 주석으로 급랭시켜 관찰하며, 그 과정에서 저 융점 화합물을 형성하는 불순 원소들의 편석거동과 이들을 포함하는 잔류 용액의 위치 등을 파악하여 고온균열 감수성과의 상관성도 파악하고 있다. [그림 10-1]에는 대표적인 네 가지 형태의 응고모드를 나타내었다.

먼저 A모드는 L → L + r → r 로 오스테나이트 단상으로 응고를 완료 없이 상온조직으로 되는 형태로서, STS 310S와 같은 완전 오스테나이트계 스테인리스 강에서 볼 수 있으며 AF모드는 L → L + r → L + r + δ → r + δ 로, 초정 오스테나이트로 응고를 시작한 후, 인접한 수지상정의 경계에서 δ페라이트가 정출되어 응고를 완료함으로써, 상온에서는 오스테나이트의 수지상정 경계에 도상의 페라이트가 존재하는 2상 조직을 나타내는 형태이며, STS309, STS316과 같은 오스테나이트계 스테인리스강에서 볼 수 있다. FA모드는 L → L + δ → L + δ + r → δ + r 로, 초정 페라이트상으로 응고를 시작한 후 포공정반응에 의해 오스테나이트가 정출되어 응고를 완료하므로 써 상온에서 페라이트+오스테나이트의 2상 조직을 나타내는 형태로 고온균열 감수성이 가장 낮은 응고 모드이며, 오스테나이트계 스테인리스강인 STS304L에서 특징적으로 볼 수 있으며 F모드는 L → L + δ → δ 로, 페라이트 단상으로 응고를 완료하는 형태와 페라이트와 오스테나이트 상을 각각 50 [%] 정도씩 포함하는 2상계로 나타내며 페라이트계 스테인리스강에서 볼 수 있다.

스테인레스강 용접응고 모드는 Cr 및 Ni당량으로부터 예측하기도 한다. 예를 들면, 아래 식과 같이 Schaeffler의 당량식을 이용하여 Creq/Nieq의 비율로서 용접 금속의 응고모드 변화를 예측할 수 있다.

$$A,\ AF\text{모드} : Cr\ eq/Ni\ eq \leq 1.48$$

응고 속도의 증가에 따라 A 및 AF모드가 나타나는 성분범위는 고 Creq/Nieq 쪽으로 이행하고, A모드의 출현 성분범위가 확대된다. 또한 F모드가 나타나는 성분범위는 저 Creq/Nieq 쪽으로 확대되기 때문에 AF 및 FA 모드를 나타내는 성분범위는 감소한다.

상온에서는 화학성분과 냉각속도에 따라 페라이트 단상, 페라이트+오스테나이트, 페라이트+마르텐사이트의 서로 다른 조직을 나타낼 수 있다. 즉 페라이트계 스테인리스강에서 Cr함량이 14 [%] 이상 포함되면 페라이트상이 안정하여 상온에서는 페라이트 단상조직을 보이지만, Cr함량이 14 [%] 이하가 되면 마르텐사이트 조직이 나타나기도 한다. 2상계 스테인리스강의 경우에는 냉각과정에서 오스테나이트 상이 석출하여 상온에서 페라이트+오스테나이트의 2상 조직을 나타낸다.

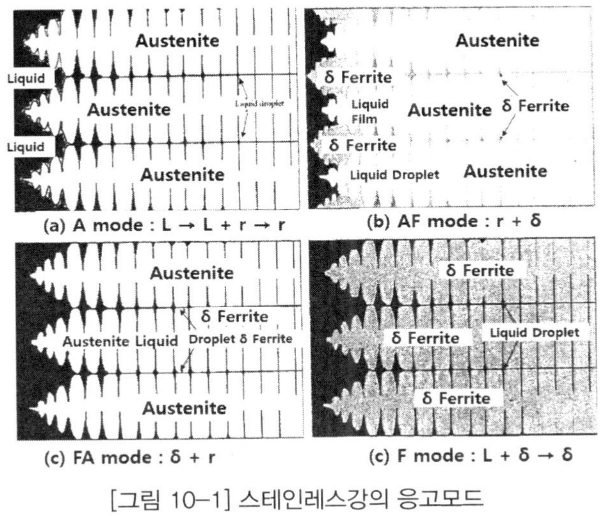

[그림 10-1] 스테인레스강의 응고모드

나. 상온 조직

일반적으로 스테인리스강의 용접부 상온조직은 화학성분과 냉각속도에 의존하며, 응고모드가 A 모드 및 고상변태가 없는 F 모드의 일부를 제외하면, 용접 후 냉각과정에서 고상변태에 의한 응고 직후의 조직과는 현저하게 다르다. 이러한 냉각과정에서 고상변태를 동반하는 경우를 포함하는 스테인리스강 용접금속의 상온조직은 매우 다양하다. AF 및 FA모드를 나타내는 오스테나이트계 스테인리스강에서는 페라이트의 형태는 다소 다르지만 페라이트+오스테나이트의 2상 조직을 나타낸다. 전술하였듯이 페라이트계 스테인리스강에서는 Cr함량이 14 [%] 이하가 되면 마르텐사이트 조직이 나타나기도 한다. 2상계 스테인리스강의 경우에는 냉각과정에서 오스테나이트 상이 석출하여 상온에서 페라이트+오스테나이트의 2상 조직을 나타낸다. 상온조직은 통상 Creq/Nieq 값이 작은 쪽에서부터 오스테나이트 단일상, 구상페라이트, 골격페라이트, 침상페라이트, 위드만스테튼 오스테나이트, 페라이트 단일상과 같은 이름으로 분류되고 있다. 이러한 명칭은 조직의 특징적인 측면을 고려한 것으로, 연구자에 따라 약간씩 다르게 사용하는 경우도 있다.

5. 스테인레스강 야금학적 성질

가. 475 [℃] 취화

Cr 16 [%] 이상의 고 Cr 강인 Ferrite 계 Stainless Steel을 400 ~ 600 [℃] 범위에서 장기간 가열하던가 이 온도 구역 내에서 서냉할 경우 나타나는 현상이다. Cr함량이 높을수록 이런 현상이 잘 발생한다. 475 [℃] 취화가 발생하면, 인장강도와 경도는 높아지고 연성과 인성은 낮아지며 내식성은 떨어진다. 한번 취화된 것을 600 [℃] 이상 단기간 재가열하여 공냉 시키면 일종의 소둔처리로 인성이 회복된다. 단, Ti, Nb의 첨가는 475 [℃] 취화를 촉진시킨다.

나. 입계 탄화물 석출

금속은 대부분의 환경에서 입계(grain boundary)의 영향을 크게 받지 않는다. 즉 결정립계가 결정립에 비해서 반응성이 별로 크지 않기 때문에 부식이 균일하게 발생한다. 그러나 어떤 조건에서는 결정립계가 대단히 큰 반응성을 가지게 되어 입계가 선택적으로 부식된다. 이처럼 결정립계에서 또는 결정립계 부근에서 발생하는 국부적 부식을 입계부식이라 한다. 입계부식은 입계에서의 불순물 또는 입계영역에서의 한 합금성분의 과다 또는 고갈 등에 의해서 야기된다.

SUS 용접 시 심각한 문제는 입계부식(weld decay)인데 이에 대한 감수성을 나타내는 것을 예민화 되었다고 한다. 오스테나이트계 스테인레스강의 예민화온도는 400 ~ 850 [℃] 사이로 특히 후판의 다층용접 시 필연적으로 대두된다. 예민화 되는 정도는 온도와 시간에 좌우되며 시간과 온도와의 관계는 용접한 재료의 두께 및 크기에 따라 변한다. 온도와 시간이 주어졌다면 예민화정도는 탄소의 함량에 크게 좌우된다. 즉, 탄소량이 많을수록 예민화가 쉽게 일어난다. 앞에서 언급한 바와 같이 예민화는 Cr과 탄소가 결합하여 결정립계에 Cr 카바이드로 석출되는 현상을 예민화라 하는데, Cr 석출로 말미암아 시간이 경과함에 따라 그 부위에서 입계부식이 일어난다. 예민화는 열영향부(HAZ)의 경도를 약간 증가시키는 외에 물리적 성질에는 큰 영향을 미치지 않지만 문제는 부식환경에 노출되었을 때 발생한다. 부식이 가장 문제가 되는 것은 18-8 스테인리스강(오스테나이트계 스테인레스)이다. 대부분의 18-8 스테인리스강은 주로 입계부식에 의해서 손상을 입고 있다. 스테인리스강이 약 400 ~ 850 [℃] 온도로 가열되면 입계부식에 대단히 민감해지게 된다. 이러한 입계부식에 대한 가장 일반적인 이론은 입계영역에서의 Cr의 결핍이다. 일반탄소강에 Cr을 첨가하면 내식성이 크게 향상된다. 일반적으로 스테인리스강을 만드는 데에도 12 ~ 13 [%]의 Cr이 필요하다. 따라서 Cr의 첨가량이 이 이하로 내려가면 내식성도 상대적으로 감소한다. 400 ~ 850 [℃]의 예민화온도에서는 $Cr_{23}C_6$가 사실상 불용성이 되고 C함량이 0.02 [%] 이상이 되면 이러한 크롬탄화물이 고용체로부터 석출된다. 따라서 Cr이 고용체로부터 제거되어지며 그 결과 입계에 인접한 영역에서는 Cr 함량이 매우 낮아지게 된다. 부식이 발생하는 영역은 입계가 아니며 입계에 인접한 영역이다. 즉 입계의 크롬탄화물은 부식이 되지 않으며 입계 근처의 Cr 고갈영역이 내식성을 가질 수 있을 만큼 충분한 양의 Cr을 가지지 못하게 됨으로써 부식을 일으키게 되는데 300계열의 강종에서 입계 부식되기 쉽다. 이러한 현상 즉 입계부식은 주로 용접에 의해서 발생하며 따라서 이를 용접부식, 용접쇠약(weld decay)이라 일컫기도 한다. 용접부식부분은 용접부와 다소 떨어진 곳에서 띠를 이루는 것이 보통이다. 오스테나이트계 스테인리스강 용접부의 입계부식을 방지하기 위해서는 C 함량을 0.03 이하로 낮추던가, Ti, Nb과 같이 C와 친화력이 강하여 안정한 탄화물을 만드는 안정화 스테인리스강 모재와 용접재료를 사용해야 한다. 만일 예민화 온도 이상의 고온상태에서 Ti 탄화물과 Nb탄화물이 분해되면 나이프라인어택(knife line attack)이 발생하게 되므로 안정화된 Ti 탄화물과 Nb 탄화물이 재생성 되도록 880 [℃] 근방에서 용접부에 대한 안정화 열처리가 필요하다.

다. σ 상 석출취화

고 Cr(20 [%] 이상) Ferrite Stainless강은 540 ~ 900 [℃], Austenite계 Stainless 강은 600 ~ 800 [℃] 장기간 가열하면 σ상인 Fe-Cr 화합물이 석출하게 되는데 이 조직은 극히 단단하고 취성을 나타낸다. Si, Al, Nb, Ti 혹은 Mo의 첨가로 σ상 석출을 촉진시킨다. 한번 형성된 σ상은 930 ~ 980 [℃]로 가열한 후 급냉하면 소실된다.

라. 고온 취성

고 Ferrite계 Stainless강을 1,150 [℃] 이상으로 가열시켜 급냉될 때 생기는 취성이다. 즉 고온에서 결정입의 조대화가 일어나기 때문에 상온에서 극히 취화하게 된다. 800 [℃] 전후에서 소둔(Annealing)하면 얼마간 회복된다.

마. Austenite steel의 고온균열

용착금속과 모재에서 유입된 P, S 등의 저융점화합물을 형성하는 불순물 요소는 FCC(Austenite)조직에서는 고용도가 적고 σ-ferrite에서는 고용도가 큰데 δ - ferrite함량이 낮은 용접재료를 사용시 완전 Austenite 조직을 갖는 용착금속은 응고시 저융점 화합물이 dendrite사이에 집적되어 응고 시 발생하는 수축 인장 응력에 의해 고온 균열(micro-fissuring)이 발생한다. 방지방법은 용착금속이 미세조직상에 적당량(5 ~ 10 [%])의 δ-ferrite를 잔류시키면 phase boundary가 크게 증가하여 저융점 성분이 넓게 분산되어 고온균열 저항성을 개선한다. 그러나 δ-ferrite량이 너무 많으면 인성 및 내식성을 저하시킨다. 용착금속의 ferrite 함량은 모재와 filler metal의 화학성분에 의해 좌우되며 이는 쉐플러 선도나 deloy Diagram에서 짐작할 수 있다.

(1) δ -페라이트 조직

스테인레스강(Stainless steel)은 부식을 방지하기 위하여 개발된 금속이다. 가장 대표적인 것이 STS304(SUS304)로 그 조직은 오스테나이트(Austenite)이다. 금속조직에서 100 [%] 오스테나이트가 되는 경우 금속의 조직이 조대해지고, 저융점의 P, S, Si, CB 등이 입계에 편석하는 경향이 있어서 고온균열의 감수성이 높아지게 된다. 또한 기계가공 등을 하는 경우에도 가공성이 나빠지므로 이러한 성질을 개선하는 방법으로 완전한 오스테나이트 조직대신 일정량의 페라이트조직이 공존하게 하는 것으로 이를 델타페라이트(Delta ferrite)라 한다. 델타페라이트는 입계의 오스테나이트화 한 조직에서 불순물을 용해시켜 열간균열을 방지하며 인장강도가 증가한다. 또한 페라이트가 많으면 응력 부식균열(SCC)을 향상시키나 기계가공성을 나쁘게 할 뿐 아니라 내식성을 저하시킨다. 일부 페라이트화 한 용착금속에서는 장기간의 크리프(creep)강도가 낮아진다. 용접부에서 530 ~ 820 [℃] 온도 범위로 유지되면, 고함량의 페라이트를 갖는 용접부는 시그마상을 형성하여 취약해진다. 시그마상은 연성, 충격인성 및 내부식성을 저하시킨다. Stainless Steel 용접부는 응고 과정에서 Austenite, Austenite-Ferrite, Ferrite-Austenite, Ferrite 의 조직 변화를 겪게 된다. Austenite 조직과 Ferrite 조직의 형성은 Stainless Steel의 주요 원소인 Cr과 Ni의 함량에 따라 결정된다. Cr 및 Cr계열의 원소들은 Ferrite 조직을 활성화 시키는 원소로서 Ferrite Former로 구분되며, Ni 및 Ni계열의 원소들은 Austenite 조직을 활성화 시키는 원소로서 Austenite Former로 구분된다. 이러한 경향은 금속조직의 합금성분에 의한 조직 판별을 위해 많이 사용되며, 이를 공식화한 사람이 Hammer and Svensson으로 각각 다음과 같은 식에 Cr당량(Equivalent)과 Ni당량(Equivalent)으로 계산한다.

$$\text{Cr eq} = \text{Cr} + 1.37\ \text{Mo} + 1.5\ \text{Si} + 2\ \text{Nb} + 3\ \text{Ti}$$
$$\text{Ni eq} = \text{Ni} + 0.31\ \text{Mn} + 22\ \text{C} + 14.2\ \text{N} + \text{Cu}$$

위 계산식에서 각 원소의 함량은 중량비(Weight percent)로 계산한다. 위 계산식에 의해 구해진 Cr당량/Ni당량의 비율에 의해 응고후 금속조직을 대략적으로 구분할 수 있다.

Cr eq / Ni eq < 1.5 → Austenite-Ferrite 응고 조직
1.5 ≤Cr eq / Ni eq ≤2.0 → Ferrite-Austenite 응고 조직
Cr eq / Ni eq > 2.0 → Ferrite 응고 조직

Cr당량/Ni당량의 비가 클수록 Ferrite의 형성이 촉진된다. 응고 초기에 형성된 미량의 δ-ferrite는 Austenite Stainless Steel의 용접시에 고온 균열을 예방하는 장점이 있다. 이러한 특성은 금속간에 저융점 개재물을 만드는 황(Sulfur), 인(Phosphorous) 등의 저융점 원소의 고용도가 높아서 고온에서 균열을 예방하는 것이다. Austenite Stainless Steel의 용접부는 고온균열을 방지하기 위해 3 ~ 11 Ferrite Number를 함유해야 한다. 그러나 Ferrite 조직은 금속의 내식성을 저하하는 단점이 있다. 특히 점부식(Pitting)의 저항성을 저하하고 Ferrite조직이 우선적으로 점부식의 피해를 입게 된다. 이러한 이유로 내식성 분위기에 사용되는 Austenite Stainless Steel의 경우에는 δ-ferrite의 최대함량을 규정하여 최소한의 δ-ferrite만이 용접부에 포함되도록 하고 있다. 이렇게 δ-ferrite가 포함된 용접조직은 Ferrite의 특성으로 인해 미미한 정도의 자성을 띄게 되고, Slag형성 원소가 Ferrite조직에 많이 고용되어 상대적으로 적은 량의 Slag가 형성된다. Stainless Steel에 포함된 δ-ferrite의 양에 따른 Stainless Steel의 점부식 저항성은 ASTM G150에 규정된 실험방법에 의해 임계공식온도(CPT : Critical Pitting Tempera ture)로 평가된다. CPT 온도가 낮을수록 Pitting에 취약하게 된다.

Ferrite Number는 Ferrite함량을 지수화 한 것으로 용접부의 건전성을 화학성분으로 예측해 볼 수 있는 손쉬운 방법이다. Ferrite 함량 측정은 여러 가지 방법이 있으나, 가장 널리 사용되는 방법은 대해 다음과 같다.

① 측정계기 이용

측정계기로는 마그넷게이지(magne gauge), 서번게이지(severn gauge) 및 페라이트스코프(Ferrite scope) 등이 있다. 마그넷게이지(magne gauge)는 비교적 시험대상이 작고 아래보기 자세에만 사용할 수 있으며, 많이 사용하는 경우에는 1년, 사용 횟수가 적은 경우에는 2년 후에 계기를 재차 점검하여야 한다. 페라이트 인디케이터(ferrite indica tor)라고도 하는 서번게이지(severn gauge)는 어떠한 자세에서도 사용할 수 있으며, 페라이트량이 어떠한 값을 넘어서는가 그 이하인가를 측정하는 일종의 고/노(go/no/go)게이지이다. ASME code section 3에서는 자기계측장비로 측정하는 경우에는 적어도 용착금속상의 6군데를 측정하여 FN(Ferrite Number) 5 이상이어야 한다고 규정하고 있다. 그러나 델타-ferrite를 측정할 때 주의할 것은 탄소강판의 자기반응때문에, 마그넷게이지(magne gauge)의 경우에는 탄소강판의 8 [mm] 이상, 서번게이지(severn gauge)의 경우는 25 [mm] 이상 그리고 페라이트스코프(ferrite scope)의 경우에는 5 [mm] 이상 떨어져야 한다.

② Ferrite Detector로 측정하는 방법

Ferrite Detector에는 Magnetic Type과 Eddy-Current Type의 두 종류가 있으며, 두 가지 모두 자성을 가지는 Ferrite의 특성을 이용하여 특정하는 방법이다. 측정이 손쉽고 장비가 간단해 가장

널리 쓰인다. 최근에는 Digital 화면으로 Ferrite함량이 표시되는 손쉬운 측정장비가 많이 나와 있다.

③ 현미경에 의한 조직 분석법

조직 시편을 만들어 광학 현미경을 통해 Ferrite와 Austenite의 조직분률(Area %)을 직접 측정하는 방법이다. Ti이 함유된 321SS의 용접 시에는 용접봉의 Ti 성분이 Welding Arc에 의해서 용접부로 이행되지 않으므로 Nb(Cb)가 함유된 347SS 용접봉을 사용한다. ASME Sec. II Part C의 용접봉 구분에도 SFA 5.9의 ER 321 SS가 321SS의 용접봉으로는 유일하게 규정되어 있을 뿐이다. 347SS는 321SS보다 용접성이 좋으며, 예민화 현상에 대한 저항성이 더 크다.

④ Schaeffler Diagram 측정법

오스테나이트계 스테인레스강의 고온균열에 관해 연구한 것으로 미국의 Schaeffler가 발표한 Schaeffler Diagram이 있는데 이것은 Si, Mo, Nb 및 C, Mn 성분의 영향을 고려한 크롬과 니켈당량에 의해 스테인레스강의 조직 구성이 달라지는 것을 나타낸 것이다. 다음 [그림 10-2] Diagram에서 Ferrite Content를 구하는 방법이다. 이 조직도를 이용하면 오스테나이트 조직에 페라이트를 약 5 [%] 이상 함유시킨 경우에는 고온균열이 발생하기 어려우며 이 때문에 실용 용접봉에서는 용접금속 중에 4 ~ 12 [%]의 페라이트가 존재하도록 하여 용접금속의 균열을 방지하고 있다. 그러나 오스테나이트 중에 과다하게 함유된 페라이트는 용접금속의 내식성을 해치는 원인이 되며 고온 사용중 또는 용접후 열처리 등에 의해 페라이트가 취약한 시그마상으로 변할 우려가 있기 때문에 바람직하지 못하다. 이 조직도는 스테인리스강 용착금속의 조직과 합금성분과의 상관성을 나타낸 것으로, 합금성분은 Cr 당량과 Ni 당량을 기준으로 하고, 조직은 오스테나이트, 페라이트, 마르텐사이트로 구분하였으며, 이들 조직이 공존하는 영역과 페라이트의 분율도 표시하고 있다. 이 조직도를 이용하면 용착금속의 성분으로부터 조직을 추정할 수 있고 이종재료의 건전한 용접이음부를 확보하기 위한 최적의 용접재료도 선정할 수 있어 활용도가 매우 높다.

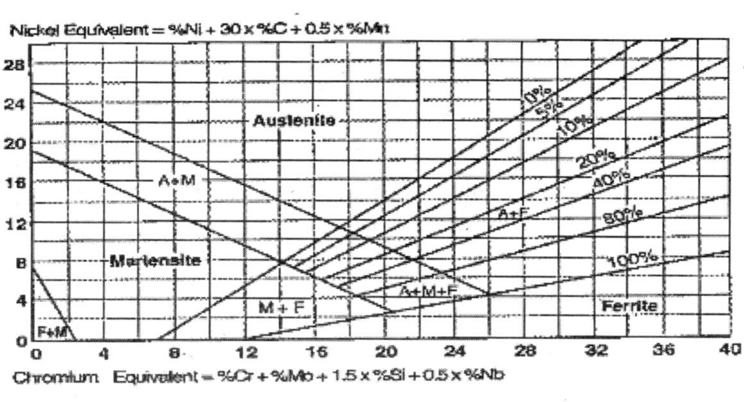

[그림 10-2] Schaeffler Diagram과 Cr당량과 Ni당량 계산식

동일한 목적으로 제안된 DeLong 조직도는 Ni당량식에 N함량의 영향이 포함되어 있어, N을 포함하는 일부 강재의 페라이트 량을 예측하는 방법으로 활용되고 있다. 이들 조직도에서 표시되고 있는 페라이트 량은 대부분 최적 분율의 %로 표시되어 있지만, 세계적으로 페라이트 량을 FN(Ferrite Number)으로 표시하도록 통일화가 추진되고 있다. 페라이트 량을 FN으로 표시한 것으로는 DeLong 조직도와 WRC-1992 조직도가 있으며, FN표시는 DeLong 조직도의 수치보다 전반적으로 약간 높은 값을 나타내지만, 약 10 [%]까지의 범위에서는 거의 차이가 없다. δ-페라이트 조직의 형성에는 주로 화학성분과 용접조건이 영향을 미치나 페라이트(Ferrite)함량이 절대적인 값은 아니다. 셰플러선도(schaeffler diagram)상의 페라이트(Ferrite) [%]는 ±4 [%] 오차를 나타낸다. 이는 대기에서 질소가 용접 시에 용해되는 요인을 고려하지 못했기 때문이다.

⑤ 디롱선도(delong constitution diagram) 이용

Schaeffler Diagram의 문제점으로 용접시 대기 중에서 질소가 용접금속 내로 용해되는 요인을 고려하지 못한 바 1957년 11월 미국의 W. T. Delong과 G. A. Ostrom 등은 대기중 질소의 영향을 고려하여 상수로서 30을 채택한 계산값과 마그넷게이지에 의한 측정값 상의 페라이트(Ferrite)량 차이에 따른 선도(diagram)을 수정하여 Delong Diagram을 발표하였다. 특히, 주목되는 것은 열처리(1038 [℃]로 용체화처리)를 하면 페라이트(Ferrite)의 양이 5 [%]정도 감소되었다는 것으로 이는 합금원소가 확산해서 페라이트(Ferrite)의 모양, 크기, 양 등이 상당히 수정되기 때문이다. Ferrite의 함량을 [%]로 측정하는 셰플러선도의 불편함을 해소하여 기준 값을 제시하고, 단일화된 수치로 원소의 희석(Dillution)에 의한 문제점을 해결하기 위해 용접부 표면으로부터 통상 1.6 [mm] 이하의 금속을 Drill 등을 이용하여 채취하여 분석한 표시한 것이 Dillong Diagram 이다. 성분 분석을 위한 Chip Sampling은 용접과정에서 합금원소의 희석(Dillution)에 의한 문제점을 해결하기 위해 용접부 표면으로부터 통상 1.6 [mm] 이하의 금속을 Drill 등을 이용하여 채취하여 분석한다. 디롱선도는 [그림 10-3]에서 보는 바와 같이 용착금속의 화학성분 분석에 따라 각 성분을 니켈과 크롬 당량식에 의하여 얻은 값이 예컨대, 니켈당량 = 14 [%], 크롬당량 = 22 [%]라면 두 점이 만나는 점 A상의 Ferrite [%] 또는 Ferrite Number를 읽으면 된다. 즉 이 경우는 10.7 [%] 또는 FN 12가 되는 셈이다. 용착금속을 분석해서 디롱선도를 이용하여 페라이트를 측정하는 것으로 계측장비를 이용하는 것보다는 정밀도가 떨어지나, 사용하기 간편한 도구로서 널리 이용된다. ASME code 등에서도 디롱선도n diagram)를 채택하고 있다. 디롱선도(delong constitution diagram)에 의한 계산값과 자기 측정기에 의한 측정값 사이에는 ±3FN의 오차가 있음에 유의하여야 한다.

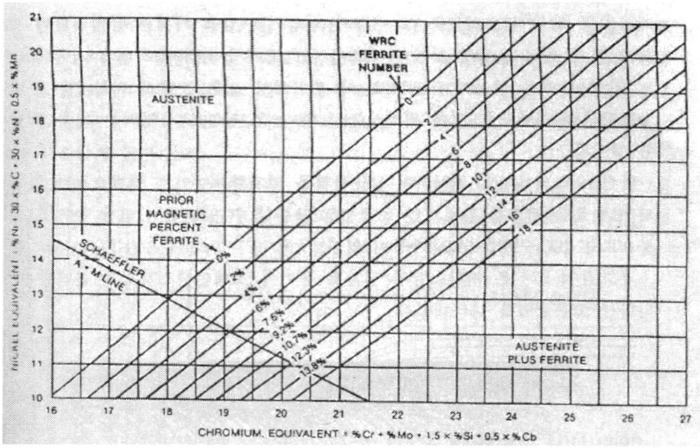

[그림 10-3] 스테인레스강 용접금속 Delong Diagram

오스테나이트계 스테인리스강의 용접부는 면심입방구조(FCC)를 가지고 있으므로 체심입방격자구조(BCC)인 페라이트상보다 수소의 고용도가 높아 저온균열의 발생위험성은 거의 없으나 저융점의 P, S, Si 등이 수지상의 입계에 편석하는 경향이 있어 고온균열을 일으키기 쉽다. 즉 이와같은 고온균열을 방지하기 위해 용접금속 내에 소량의 페라이트상을 형성시켜 주게 되며 델타 페라이트는 입계의 오스테나이트화한 소지에서 불순물을 용해시켜 고온 균열을 방지하게 된다. 용착금속 내에 페라이트상을 만들어 주는 방법으로는 용접 후에 페라이트를 많이 함유하도록 된 용가재를 사용하거나 또는 용접조건을 변화시키는 방법 등이 있다. 조절 가능한 용접 조건으로는 용접전류, 속도, 위빙 여부 등이 있다. 오스테나이트계 스테인리스강의 육성 용접시 페라이트 양은 입열량의 증가(용접속도의 감소)에 따라 증가하게 되며 이것은 입열량 증가에 따른 탄소강의 희석률의 감소에 기인한다. 고온균열에 대한 여러 실험결과, 델타-ferrite가 용착금속 내에 약 5 [%] 정도 형성되는 것이 내부식성의 손실이 적고, 델타상의 석출이나 475 [℃] 취화 등의 위험 부담을 갖지 않고, 고온 균열을 피하는 최적값이 보고되고 있다. 이와 같은 기술적 근거에 따라 ASME에서는 SEC.IX에 델타-ferrite 함량을 페라이트 번호(FN)상이 되도록 요구하고 있다.(ASME SEC3 NB-2433) 그러나 관리를 편리하게 하기 위해 정량적인 요구에서 code 요건이 생겼을 뿐 절대적인 것은 아니므로 모재와 용가재의 희석률을 고려하여 용가재를 선정하는 것이 중요하다.

[표 10-6]은 모재의 화학성분이 용접금속의 페라이트 량에 미치는 영향을 알아보기 위하여, δ-페라이트 량의 측정값(CF)과 조직도로부터의 예측값(Schaeffler 도표(AF), DeLong 도표(BF))을 함께 나타낸 것이다. 화학성분 중 Cr이나 Mo 등은 페라이트 안정화 원소이고, Ni이나 C, N 등은 오스테나이트 안정화 원소이기 때문에 Creq/Nieq 값이 클수록 페라이트 량이 증가한다. 측정값과 예측 값 사이에 다소의 차이는 있지만 이러한 성분들이 페라이트 량에 미치는 영향은 명확히 확인 할 수 있다.

[표 10-6] δ -페라이트 량에 대한 화학성분의 영향

용착금속	화학성분 [Wt. %]								페라이트 량 [%]		
	C	Si	Mn	Cr	Ni	Mo	Nb	N	AF	BF	CF
316L	0.023	0.81	0.94	18.07	12.77	2.4	-	0.064	5.5	5	3.8
347	0.042	0.54	1.25	19.57	10.54	0.16	0.36	0.05	6.3	6	4.13
308	0.036	0.51	1.41	16.86	10.53	0.055	-	0.06	6.4	6.2	6.32
309	0.041	0.94	1.24	23.5	12.85	0.05	-	0.054	11.4	13.3	9.3
309MoL	0.022	0.87	1.19	22.6	13.8	2.46	-	0.059	13	15	14.57
용접조건	3.2 [mmφ] SMAW, 평판 용접 80 ~ 120 [A], 21 ~ 24 [V], 190 ~ 210 [mm/min] DCRP										

한편 [표 10-7]에 나타낸 바와 같이 냉각속도의 영향으로는 냉각속도가 빠를수록 수지상간 거리가 작아지고, 변태를 위한 합금원소의 확산거리가 감소하기 때문에 용접금속의 냉각속도, ferrite-austenite 변태속도, 합금원소의 확산속도가 빠를수록 델타-ferrite의 양이 증가한다. 또한 초정 페라이트(ferrite)가 오스테나이트(austenite)로 변태하기 위한 합금원소의 확산이 일어나는 온도에서의 유지시간도 중요하다. 용접 입열량이 증가할수록 용접부의 페라이트(ferrite)의 양도 증가한다.

후열의 영향으로는 오스테나이트계 스테인레스강은 500 ~ 700 [℃]에서 후열처리(PWHT)시 예민화 현상때문에 대체로 후열처리(PWHT)를 실시하지 않는다. 그러나 이종재간(탄소강+austenite stainless강)용접부에 대하여 잔류응력을 제거하기 위해서 후열처리(PWHT)를 실시하도록 ASME SEC8에 규정하고 있다. 후열처리(PWHT)에 의해 발생하는 진단, 탈탄 현상과 용접 경계부의 오스테나이트(austenite)입자의 조대화 및 가열과 냉각에 의해 발생하는 응력은 용접균열의 중요한 원인으로 작용한다. 따라서 오스테나이트계 스테인레스강은 용접시공 시 용착금속에서 발생하는 고온균열을 방지하기 위하여 적절한 양의 델타-ferrite를 함유하도록 권장하고 있다.

[표 10-7] 냉각조건에 따른 페라이트 량

구 분	냉각 조건	평균 페라이트 량 [%]	
		308L	316L
급랭	용접 후 1,000 [℃] 부근에서 물을 분사	7.0	4.5
공랭	일반 용접	6.1	4.1
서냉	600 [℃] 예열, 400 [℃] 후열	4.3	4.0
용접조건	1.2 [mmφ], GTAW, 180-250 [A], 12-16 [V], 280-375 [mm/min]. DCSP		

6. 스테인레스강의 강종별 용접특성

Stainless Steel의 강종 구분에 따른 특성과 용접봉의 선택 및 용접시 주의점은 다음과 같다.

가. 페라이트계 스테인레스강

Ferrite Stainless Steel은 Ni을 함유하지 않은 저탄소 고 Cr(12 ~ 30 [%])강으로서 대표강종으로 405SS (13% Cr), 430SS(17% Cr)이 있으며, 고온에서도 상온 때와 같이 Ferrite가 안정상이며, 고온에서 급냉하여도 소입경화 등이 없고 단지 냉간가공에 의해서 약간 경화되고 자성을 띤다. Stainless Steel 로 구분되기는 하지만, 실외에서는 약간의 녹이 발생하는 문제점이 있다. 탄소량이 많아지면, 고온에서 Austenite상이 형성되고, 급냉에 의해 Martensite로 변태하는 경우도 있다. 따라서, 탄소함량이 커지면 소입경화능이 생기므로 탄소의 함량을 0.12 [%] 이하로 제한하고 있다. 일반부식에 강하고, 고온에서의 산화가 적으며, S부식과 H_2S 및 염기성(Chloride) 분위기에서의 저항성이 크고, 열처리에 의해 경화되지 않는 특성이 있다. 반응기의 Strip Lining 등으로 일부 이용되기도 하며, 용접시에 경화성이 없으므로 예열 및 열처리가 불필요하다. 최대 사용온도는 475 [℃](885 [°F])에서의 취화(Embrittlement)로 인해 343 [℃](650 [°F])정도로 제한된다.

용접시 HAZ(열영향부)부의 조직이 조대화되고, 인성이 급격히 저하하며, 550 ~ 850 [℃] 사이에서 Fe-Cr의 금속간 화합물이 생겨 인성이 급격하게 저하하여 취성이 발생하므로 용접 구조물로는 사용이 제한된다. 주로 사용되는 용접봉은 E309 계열의 용접봉이 사용되고 열처리가 요구될 때는 E430 or Ni-Cr-Fe계 용접봉을 사용한다. E309로 용접한 구조물은 260 [℃](500 [°F]) 이상에서 사용하면 모재와의 열팽창(thermal Expansion) 차이로 인해 높은 응력이 발생하므로 E309의 최대 사용온도는 이보다 하향으로 제한된다.

현업에서 자주 사용되는 410S SS는 Martensitic Stainless Steel인 410SS에서 Carbon이 0.08 [%] 이하로 규제되고, Ni이 최대 0.60 [%]로 제한된 강종이다. 탄소함량이 작아서 양호한 용접성을 가지고 있다. ASME Code에서는 410S SS를 Ferritic Steel로 구분하여 P No.7으로 관리하지만, 실제로는 P No. 6번인 Martensite Stainless Steel로 구분하는 것이 타당한 재료이다.

나. 마르텐사이트계 스테인레스강

Martensite Stainless Steel은 Ni을 함유하지 않은 저탄소 중 Cr(12 ~ 18 [%])강으로서 대표강종으로 410SS(12 [%] Cr), 410S SS(12 [%] Cr, C0.08 [%] 이하, Ni 최대0.60 [%]), CA6NM, F6NM(C 0.1 [%] 이하, Ni 4 [%], Mo 0.5 [%])이 있다. Ferrite Stainless Steel과 매우 유사한 특성을 보이지만 가장 큰 차이점은 열처리에 의해 경화된다는 점이다. Martensite Stainless Steel은 소입(Quenching)에 의해 고온에서 안정한 Austenite가 Martensite로 변태하여 경화되며, Ferrite와 마찬가지로 자성을 가진다. 용접시에 쉽게 경화되며 전반적으로 매우 취약한 용접성을 가지고 있으며 Stainless 강종 중에 유일하게 열에

의해 경화되는 특징이 있다. 410/410S로 대표되는 이 재질은 Ferritic Stainless Steel과 마찬가지로 고온에서의 산화가 적으며, S부식과 H_2S 및 염기성(Chloride) 분위기에서의 저항성이 크다. 인성이 작고, 강한 인장 응력이 있으나, 연신율(Elongation)이 작아서 충격에 쉽게 파단된다. 이러한 이유로 '95년도 ASME Code 에서는 Stainless Steel 중 유일하게 Impact Test를 요구하였으나, 이후 권장사항에서는 이 규정이 삭제되었다. 440 ~ 450 [℃]에서는 탄화물이 석출하여 충격치가 급격히 감소하므로 사용이 제한된다. 통상 상용 온도는 -29 ~ 440 [℃]정도이다. 내식성은 소입 상태가 가장 좋고, 소입후 풀림 시는 저온에서 하는 것이 좋다. 500 ~ 650 [℃]에서 가열하면 미립의 탄화물이 석출하여 기지의 고용 Cr량이 감소되어 내식성이 떨어진다. 650 [℃] 이상에서는 Cr의 재고용으로 내식성이 다시 향상된다. 저 탄소강인 13 [%] 및 16 [%] Cr 강과 2 [%]의 Ni이 함유된 431강종은 내식 구조용으로 사용되고, 고탄소계의 440 등은 내 마모용으로 사용된다. 가장 많이 사용되는 410S는 용접조건이 부적절하면 경화가 극심하고, 열영향부가 조대화되며, 조직과 내부응력의 불균일화(잔류응력)로 인해 작업중에 응력부식균열(Stress Corrosion Cracking)이나 수소지연균열(Delayed Hydrogen Cracking)이 발생하기 쉽다. 용접은 주로 E309 or Ni-Cr-Fe계와 E410의 용접봉으로 실시한다. E309 or Ni-Cr-Fe로 용접하면 ASME Sec.VIII UHA-32에 따라 열처리를 면제 받을 수 있는 방법이 있으나, E410으로 용접하면 두께에 무관하게 용접 후 열처리를 실시해야 한다.

Martensitic Stainless Steel은 염화성 분위기에 강하지만 Austenitic Stainless Steel 용접봉으로 용접할 경우에는 염기성에 약한 Austenitic Stainless Steel의 특성으로 인해 강한 염기성 분위기에 적용될 경우에는 E410 용접봉의 사용이 요구된다. 용접시에는 예열이 반드시 필요하고, 후열은 모재의 두께와 사용되는 용접봉의 종류 및 예열조건에 따라 결정된다. 자세한 사항은 ASME Sec.VIII UHA-32에 따라 시행한다.

사용되는 용접재료마다 예열, 후열조건과 적용되는 특성이 다소 다르다. 일본 Kobe 용접봉을 기준으로 분류한 개략적인 Chemical Composition과 용접 적용 방법은 다음의 Table 10과 같다. 표기에 나타난 용접봉 종류의 309 SS, 410 SS, Ni-Cr-Fe는 편의상 재료의 분류를 한 것으로, 정확한 표기는 ASME Sec II Part C에 따라 SFA No(filler metal).와 함께 E/ER 309 등으로 표기하여야 하지만 이해를 돕기 위해 편의상 용접봉의 호칭으로 구분하였다. 위에서 제기한 용접부의 응력부식균열(Stress Corrosion Cracking)이나 수소지연균열(Delayed Hydrogen Cracking)의 위험성을 방지하기 위해 Carbon을 0.1 [%] 이하로 줄이고, Nickel4%와 Molybdenum0.5%를 추가한 F6NM, CA6NM 등의 대체 사용도 추천된다. 다음의 내용은 410/410S SS를 기준으로 적용되는 용접봉의 종류와 사용기준을 제시한 것이다. 적용되는 용접 조건은 용접봉 제조사마다 조금씩 다를 수 있으나, 큰 차이는 없으므로 Kobe 용접봉을 기준으로 한 다음의 분류를 그대로 수용해도 무방하다

다. 오스트나이트계 스테인레스강

Austenite Stainless Steel은 가장 널리 사용되는 Stainless Steel 재료로 304SS, 316SS, 321SS, 347SS가

대표적인 강종이다.

고온 산화성이 적고, 뛰어난 내식성으로 인해 산, 알카리 등의 광범위한 부식환경에 적절하게 사용이 가능하다. 전반적으로 양호한 내식성을 보이지만 염기성성분이 있는 곳에서의 사용은 염기성응력부식균열(Chloride Stress Corrosion Cracking)의 위험성으로 인해 제한된다. 적절한 강도를 가지면서도 연신이 크고, 충격에 강하며 성형성이 좋아 가공하기 쉽다. 아래 표에 Austenite계 Stainless Steel의 강종별 개략적인 특징과 용도를 제시한다. 대부분의 경우에 저온 충격시험(Impact Test)은 요구되지 않는다.

Austenite계 Stainless Steel은 용접성이 매우 양호한 재료로서, 용접으로 인해 경화되지 않으므로 예열과 후열의 필요성이 없으나, 열팽창이 크고, 용접 시에 변형이 크며, 입계예민화에 의해 입계부식이 우려될 수 있으므로 주의를 요한다.

425 ~ 870 [℃] 영역에서 장시간 유지시에는 입계에 Cr 탄화물이 형성되어 내식성이 저하되고 기계적 강도도 감소한다. 따라서 이 온도 영역에서의 사용은 극히 제한된다. Cr 탄화물에 의한 예민화 현상을 억제하기 위해 탄소함량을 0.03 [%] 이하로 줄인 Low Grade를 사용하거나, 크롬보다 탄소와 친화력이 좋은 Ti이나 Nb(콜럼븀Cb:니오븀의 구칭)를 첨가하여 Cr 탄화물의 생성을 억제한 321SS, 347SS, 348SS, 316Ti를 사용한다.

예민화가 일어날 수 있는 304SS, 316SS, 304L, 316L 등은 용접하지 않고, 사용할 경우의 최대 사용온도는 425 [℃]이며 냉간가공을 할 경우에는 370 [℃]로 제한된다.

사용되는 용접봉은 모재와 동일 강종인 Austenite 계열의 용접봉과 함께 흔히 Ni-Cr-Fe/Ni-Cr-Mo 계열의 용접봉이 사용될 수 있다.

Ni 계 용접봉이 사용되는 경우는 주로 이종 금속과의 용접이나 특별히 용접부의 부식성이 우려될 경우 및 고온용으로 사용할 경우에 사용되며, 용접성은 매우 좋지만 가격이 비싸기 때문에 널리 사용되기 에는 무리가 따른다.

용접시에 특별히 주의할 조건은 거의 없지만, 용접 중 발생할 수 있는 예민화 현상을 방지하기 위해서 층간 온도를 Max. 180 ~ 200 [℃]정도로 제한하는 것이 좋다. 3.3.1 Ferrite의 의미 Austenite Stainless Steel의 용접과정에서 가장 많이 언급되는 항목 두 가지를 고른다면, 입계 부식과 Ferrite 이다.

라. 석출 경화형(Precipitation Hardening) Stainless Steel

석출 경화형 Stainless Steel은 Austenite와 Martensite 계의 결점을 없애고 이들의 장점을 겸비하게 한 강이다. 즉, Austenite 계의 우수한 내열성 및 내식성을 가지고 있지만 강도가 부족하고, Martensite 계는 경화능이 있으나 내식성 및 가공성이 좋지 못하므로 양계의 부족한 점을 충족시키고, 좋은 특성을 살리기 위해 석출 경화현상을 이용한 것이 이 강종이다. 현재 규격화 된 것은 KS에 3종, AISI규격에 7종, JIS규격에 2종이 있다. 이중에 대표적인 것은 STS630과 STS631이 있다. STS630은 흔히 17-4PH 강이라고 알려졌으며, Austenite-Martensite 변태점이 상온 위에 있기 때문에 고용화 열처리를 하면 Martensite가 되고 여기에다 석출경화 열처리를 단 1회만 하면 충분하므로 단일 열처리 Martensite 강(Single Treatment Martensite Steel)이라고 구분한다. STS 631은 17-7PH 강이라 알려졌으며, 변태점이 상온이하에 있으므로 중간 열처리로 변태점을 상온이상으로 끌어 올려 Austenite -Martensite로 변태시킨 다음에 석출경화 열처리를 하므로 이중처리 Martensite(Double Treatment Martensite Steel)이라고 한다. 여기에는 AISI 632 및 633이 있다.

마. 듀플렉스형(Duplex Stainless Steel)

Duplex Stainless Steel은 가장 최근에 개발된 강종으로 사용영역이 확대되어 가고 있는 강종으로 기존의 Austenitic Stainless Steel에 Cr의 함량을 더 높이고 약간의 Mo를 추가한 강종으로 보통 25 [%]정도의 Cr에 2 ~ 3 [%] Mo를 포함하는 강종이다. 이 강종의 특징은 기존 Austenitic Stainless Steel이 입계부식(Intergranular Corrosion) 및 응력부식균열(Stress Corrosion Cracking)에 민감한 단점을 보완하기 위해 개발된 강종으로 Ferrite기지위에 50 [%]정도의 Austenite 조직이 공존하는 Dual Phase의 조직이다. Austenite조직이 존재함으로 인해 Ferrite Stainless Steel보다 양호한 인성을 가지고 있다. 또한, Ferrite조직이 존재함으로 인해 Austenite Stainless Steel보다 약 2배 이상의 강도를 가지고 있어서 기계가공 및 성형이 어렵다. Austenitic Stainless Steel보다 열팽창 계수가 낮고, 열전도도는 높아서 열 교환기 등의 튜브재질로 적합하다. 염기성 등에 대한 저항성이 커서 VCM Project 등의 열 교환기용 재료로 사용되고 있다. Ni 함량이 적어서 경제적이다. 300 ~ 550 [℃]의 열처리에 의해 경화될 수 있다.

-60 [℃] 이하에서는 충격치가 급속히 감소하며, 300 [℃] 이상에서는 Ferrite 조직의 분해가 일어나서 취성이 발생하므로 통상적인 사용온도는 -50 ~ 250 [℃]정도로 제한된다. Duplex Stainless Steel은 Austenite 조직과 Ferrite 조직의 상분률이 매우 중요하다. 상분률이 깨어지면 원하는 특성을 얻을 수 없고 취성이 발생하여 적절하게 사용할 수 없다. 전반적으로 용접성은 매우 양호한 재질로 평가되지만, 입열조절이 무척 중요하다. 따라서 다층 용접시 각 Pass 사이의 층간온도(Interpass Temperature)와 용접속도(Travel Speed)의 조절이 매우 중요한 조절인자로 작용한다. 용접시 입열이 부적절하면 Dual Phase의 상분률이 깨어지므로 통상 0.5 ~ 1.5 [KJ/mm] 정도로 엄격히 제한한다. Interpass Temperature는 Max. 150 [℃]정도로 규제한다. 용접봉은 모재보다 2 ~ 3 [%]정도 Ni 함량이 많은 재료를 선정하고, 지나친 급냉이나 서냉이 되지 않도록 한다. 용접시 800 ~ 1000 [℃] 범위에서 장시간 유지되면 해로운 Secondary Phase가 생겨서 기계적 성질 및 내식성의 저하를 가져오므로 피해야 한다. 대개 용접후 열처리(PWHT)는 실시하지 않으나, 해로운 Secondary Phase를 피하기 위해 1100 [℃]정도의 온도에서 5 ~ 30분간 후열처리를 한 후 급냉하도록 한다. 서냉하게 되면, 탄화물의 석출에 의해 내식성이 저하하고, 인성이 떨어진다.

Code 상 규정은 없지만 용접부에 대한 충격시험(Impact Test)을 요구하는 경우가 많으며, 별도의 비파괴 검사(NDT)를 실시하지 않고 용접부의 건전성을 평가하는 가장 손쉬운 방법은 경도(Hardness) 측정과 Ferrite 량 측정이다. Ferrite 량을 측정하고 Hardness 측정하면 대략적인 용접부의 건전성을 평가 할 수 있다. 경도 측정은 Code 상 반드시 적용해야 하는 규정은 아니다. Ferrite 함량은 Austenitic Stainless Steel의 용접부 검사에 적용한 것과 동일한 방법을 적용하면 된다. Ferrite 함량 37 ~ 52 [%]정도에서 통상적인 경도는 브리넬경도로 238 ~ 265 정도가 나오면 적정선이다. 이 경도 값에 관해서는 사전에 기준치를 정하는 협의가 필요하다.

제4절 저온강 용접

1. 개 요

저온용 재료는 에너지원인 천연가스와 석유 정제시 얻어지는 폐가스 운반 및 저장용으로 사용된다. 에너지원으로 사용되는 가스종류가 매우 다양하고 액화온도가 상이하기 때문에 이 환경에 사용할 수 있는 재료는 -30 [℃]정도 한냉지 구조물부터 −170 [℃]의 액화가스(LNG) -196 [℃]의 액체질소 및 −269 [℃] 액체헬륨 등 다양하게 분류된다. 저온강은 Ni, Ti, Bo을 첨가하여 저온인성을 개선한 강재이다. Ni은 저온인성을 현저히 개선시키고 용접성, 가단성을 해치지 않는다. 저온강에는 0.8 [%] 이하가 포함되어 있으므로 일반강과 저온 강은 Ni의 함량 부분에서 큰 차이를 나타낸다(실제로 저온 강은 0.2 ~ 0.8 [%] 수준임). 설계온도(분위기 온도와 관련)에 따라 사용되는 자재는 일례로 IMO(국제 해사협회)와 IGC Code에 잘 나타나 있다.

2. 장·단점

저온강 용접의 장점으로는 극저온에서 높은 충격 인성과 우수한 저온인성을 확보할 수 있으며 용접 입열량(저전류, 저전압 사용)을 4.5 [KJ/mm] 정도로 낮게 관리하여 용접이음부의 특성이 우수하며 용접재의 종/횡 방향으로 기계적성질의 차이가 없다.

단점으로는 초층 비드에서 고온균열이 발생할 우려가 있으며 초층용접부에 구속응력이 크게 작용한다. 자재가격이 비싸 경제적으로 불리하며 맞대기 이음부의 위보기 용접은 작업이 불가하다. 또한 초층용접에서 100 GAUSS 이상 자화현상이 발생하면 아크 쏠림이 아주 심하여 탈자가 필요하다. 전진법에서는 스패터가 다량 발생되며 SAW용접시 탈자없이 용접하면 찌져지는 듯한 소리가 발생한다.

3. 저온강 종류

저온용 용접재료의 조건으로는 저온에서 충분한 강도와 인성이 확보되어야 하며 가공 및 용접이 용이하고, 사용가스에 대한 내식성이 우수하고 가격이 저렴해야 하며 저온구조물 사용 중 취성파괴로부터 안전성이 확보되어야 한다. 용접재료는 모재의 성분계열과 거의 같은 것을 사용 한다. 단, 9 [%] 니켈강 이상의 니켈합금강에 대해서는 유사성분의 용접재료로서는 저온충격치를 만족할 수 없어 훨씬 더 많은 니켈을 함유한 재료를 사용한다.

가. Al 킬드강

Al 킬드강은 Si, Mn 등을 탈산시킨 용강을 다시 Al으로 강제 탈산 시킨 후 제어압연 또는 열처리를 통해 조직제어와 결정립을 미세화 시킴으로 저온인성을 증가시킨 탄소강이다. AL킬드강의 화학 조성상의 특징은 통상 탄소함량을 0.7 ~ 1.6 [%] 정도 높게 관리하고 Al을 0.02 ~ 0.08 [%] 첨가한다. 최근에 저온용 Al킬드강을 열가공제어법(TMCP)으로 생산하는 TMCP강은 통상 열처리재 보다 탄소함양을 낮추고 제조 시에 슬리브의 저온가열과 함께 압연온도, 압하율 및 냉각 속도제어 조직의 미세화 등을 도모하여 소정의 강도 인성을 확보 한다.

나. Ni첨가강

Al킬드강에 비하여 사용온도가 낮은 범위에서 적정량의 Ni첨가 및 열처리 방법을 이용하여 목적에 맞는 다양한 저온용강이 개발 적용된다.

조직의 미세화 잔류 오스테나이트 생성을 통하여 인성향상, 적절한 합금 원소첨가, 불순물 저감, 최적열처리 2 ~ 9 [%]까지 7종이 있다. 사용온도 -70 ~ -100 [℃] 범위에서는 2 ~ 3.5 [%] 정도 적게 첨가하고 노말라이징처리를 하여 제조한다. -110 ~ -130 [℃] 낮으면 3.5 ~ 5 [%] 정도 다소 높이고 QT 처리를 하여 제조한다. −196 [℃]는 9 [%] 니켈을 사용하며 극저온 대표강재(모재 10 J 이상 용접금속 3.5 J 이상)이다.

4. 저온강 용접

저 Ni 첨가 강은 탄소량이 비교적 낮기 때문에 용접성은 양호한 상태이나 최근에는 TMCP에 의한 생산도 시도되어 탄소 및 Ni함양을 더욱 낮게 관리하므로 용접성은 더욱 양호해진다. 용접시공은 SMAW, GMAW, GTAW, SAW 등을 주로 하나 SAW 및 GTAW 자동화가 증가하는 편으로 3.5 % Ni강을 수직 및 위보기용접에서는 볼록해지기 쉽다. 홈각도는 넓게하며, 용접봉 와이어의 직경을 적게하며 용접전류는 낮추는 용접조건이 필요하다. 한편 Ni을 함유한 강은 연강과 상이하여 자장의 영향을 받아 자화되기 쉽다. 잔류자기는 아크의 안정성을 해치기 때문에 강재 출고 시 50 [GAUSS] 미만으로 규제하고 용접을 위한 운반 또는 취급 중에도 자화가 되지 않게 특별히 주의할 필요가 있다. SAW에서는 그 영향이 비교적 작지만 수직의 자동 GTAW 및 펄스 MiG용접에서는 각각 50 및 80 [GAUSS] 이상이면 아크가 불안정 해진다. 특히 아크에어 가우징 및 그라인딩 시에는 강판단면에 80 ~ 100 [GAUSS] 정도의 큰 자기가 발생될 수 있으므로 주의해야 한다.

저온강 용접은 탄소함량을 최대로 적게 하고 P, S 함량을 낮게 설정하며 QLT와 같은 열처리 방법을 도입한다. 이음부 특성이 우수하며 미려한 비드를 확보하도록 용접전원은 직류를 사용하며 용접시 전류, 전압은 게이지(AMP. V메타)를 이용하여 측정하여 적정 전류 및 전압을 유지하고 예열은 용접부 주위 전방향으로 모재두께 최저 75 [mm]에서 최저 70 [℃]에서 최대 250 [℃]로 한다. 아래보기 용접시 후진법을 사용하며 자화 100 [GAUSS]를 넘으면 탈자후 용접한다. (70 ~ 100 [℃]에서 예열하면 30 ~ 50 [GAUSS]가 축소된다.)

자화통전법의 종류에서 원형자장을 이용하는 방법에는 축 통전법, 관 통전법, 직각 통전법이 있으며 직선자장을 이용하는 방법으로는 코일법, 극간법이 있다. 자화방법은 자화전류를 500 ~ 5000 [A] 정도 (교류 3 ~ 5초 통전) 또는 직류(0.2 ~ 0.5초) 통전 시작지점에서 계속하여 모재 끝까지 멈추지 말고 진행하고 끝 지점에서 약 100 [mm] 정도 나가서 끝낸다.

5. 9% 니켈강 용접

9% Ni 강은 미국 INCO사가 개발한 합금강으로 -196 [℃]의 액체 질소까지의 저온 용기재로서 사용되고 있다. 일본에서 처음으로 적용된 이래 9% Ni강 및 용접재료의 개량개발과 용접조인트의 파괴형성에 관한 연구는 일본에서 눈부신 발전을 했다. 최근 용접자동화는 저장탱크 Stem용접의 TIG용접 적용과 그 용접재료의 개발, Stem의 용접 적용 시에 내 균열성이 우수하고 작업성이 양호한 용접재료의 개발이 우수한 강재의 저온형성과 병행하여 오늘날 LNG 저장탱크에서 9 % Ni강의 적용이 용인된다. 9% Ni강은 저온에서 높은 강도를 가지는 것이 이 재질의 특징으로 가스절단, 굴곡가공도 용이하다.

가. 9% Ni 강의 용접재료

용접금속의 강도 및 열팽창계수가 모재와 비슷하고 극저온에서 높은 충격인성이 요구되며, 용접 작업성도 우수해야 한다. 특히, LNG 저장탱크와 같은 대형 구조물은 용접후열처리가 불가능하기 때문에 용접된 상태에서 우수한 저온인성을 확보할 수 있어야 한다. 이러한 특성을 만족하는 재료로서 종래부터 고 Ni계 합금이 주로 사용되고 있다. SMAW에는 일부 자동용접의 가용접부 및 보수 용접을 제외한 거의 모든 범위에서 70Ni-Cr계인 인코넬계가 사용되고 있다. 또 GTAW 및 SAW와 같은 자동용접에서는 비교적 높은 전류가 필요하기 때문에 Mo을 첨가하여 고온균열 특성을 개선한 70Ni-Mo계인 하스텔로이(Hastelloy)계 와이어가 사용되며, 현재는 70Ni-20Mo-3W 계의 하스텔로이 B계가 일반적인 재료로 알려져 있다. 그러나 이와 같은 고 Ni계의 용접재료는 대단히 비싸고, 강도가 모재에 비해 매우 낮기 때문에 구조물의 강도설계상 강판의 두께가 용접금속의 강도에 좌우되기 때문에 모재의 판 두께가 증가되게 된다. 또한 모재와 용접금속의 열팽창계수가 상이함에 따라 이종재용접 이음부 특유의 문제점을 안고 있다. 이러한 문제점을 탱크 및 산소 탱크의 적용에 그치고 있으나, 대형 LNG 탱크에도 적용되고 있다.

나. 9% Ni강의 용접

SMAW에서의 용접부 고온균열은 일반적으로 용접 전류와 운봉비가 높을수록 발생되기 쉽기 때문에 용접전류 및 용접속도를 지나치게 높여서는 안 된다. 특히 초층용접 등 구속응력이 크게 작용하는 부분에 대해서는 특별한 관리가 필요하며, 크레이터 균열은 그라인딩으로 제거하여야 한다. 이러한 고온균열은 내 균열성을 향상시킨 용접재료의 개발, 구속응력이 큰 부분에 대한 용접조건의 관리 등으로 상당히 개선되었으나 용접시 발생될 가능성이 있으므로 항상 주의를 기울여야 하다. 또한 고 Ni계 용접재료의 용융점이 9% Ni강에 비하여 150 [℃] 정도 낮기 때문에 용입깊이가 저하되기 쉬우며, 특히 수직 및 위보기용접에서는 비드가 볼록해지기 쉽다. 이 문제는 용접 재료가 개선됨에 따라 최근에는 거의 해결된 상태 이지만 홈각도를 넓게 하고, 용접봉 및 와이어직경을 작게 하여 용접 전류를 낮추는 등 용접 조건 및 시공상 주의가 필요하다. 또 9% Ni 강의 용접과 같이 모재와 용접재료의 화학성분이 크게 상이한 경우에는 용접 시 성분의 희석 때문에 용접부의 강도가 저하한다. 특히 SAW 및 GTAW에 의한 박판의 아래보기 용접 시에는 저입열, 다층용접 등 모재의 희석을 가능한 한 최소화할 수 있도록 배려하여야 한다. 또 일반적으로 인성을 확보하기 위해서도 용접입열량은 4.5 [kJ/mm] 이하로 규제하고 있다. Ni을 함유한 강은 연강과 상이하여 자장의 영향을 받아 자화되기 쉽다. 9% Ni강의 잔류자기는 아크의 안정성을 해치기 때문에 강재 출고 시에는 50 [GAUSS] 미만이 되도록 규제하고 있지만, 용접을 위한 운반 또는 취급 중에도 자화되지 않도록 특별한 주의가 필요하다. 통상 SAW에서는 그 영향이 비교적 작지만 수직의 자동 GTAW 및 펄스 MIG용접에서는 각각 80 및 50 [GAUSS] 이상이 되면 아크가 불안정해진다고 알려져 있다. 또 아크 에어가우징(arc air gouging) 및 그라인딩 시에는 강판 단면에 80 ~ 100 [GAUSS]정도의 큰 자기가 발생될 수 있으므로 주의하여야 한다.

[그림 10-4] 9% 니켈강 재료 보관

다. 9% Ni 합금강의 자화현상 및 탈자방법

저온용 재료로 많이 사용되는 9 [%] 니켈강 등 Fe-Ni 합금계는 내적인 인자인 합금원소(Ni)에 의하여 일반 탄소강에 비해 매우 쉽게 자화가 되는 특성을 가지고 있으므로 강재 취급에 세심한 주의가 요구된다. 아크 주위에 자기장을 발생시키는 코일이나, 용접기, 자석 등이 존재하거나 자화된 강재를 직류전원으로 용접하는 경우 자화된 강재는 강재에서 유기되는 자장과의 상호관계에 의해 아크에 물리적인 힘이 작용하여 아크가 쏠리는 현상이 유발되어 아크가 불안정하게 된다. 이러한 현상을 ARC BLOW라고 하며 ARC BLOW가 심해지면 스패터가 과다하게 발생하고 용입불량 등으로 용접이 불가능하게 된다.

(1) 자화가 발생된 구조물의 탈자법

외부원인에 의한 자기장은 조금만 유의하면 쉽게 제거할 수 있으나, 강재 자체가 자화되어버린 경우 탈자를 시켜 자석의 성질을 없애지 않으면 안된다. 자화재료를 탈자하는 방법은 다음과 같다.

① 강의 자기변태 온도이상 가열 후 냉각

자화된 강을 자기변태온도 이상으로 가열 후 냉각시키면 완전히 탈자한다. 이 방법은 강의 자화도를 제로로 할 수 있는 유일한 방법이나 800도 이상 가열함에 따라 강의 기계적 성질변화가 수반되고 시간이 걸리는 등 비경제적이다.

② 자화원리의 이용

자화된 강을 일단 포화상태로 자화시킨 후 외부 자기장의 세기를 음으로 양으로 점차 감소시키면서 탈자시키는 방법이다. 완전탈자는 시킬 수 없어도 용접이 가능 한 500 가우스 이하로 탈자시킬 수 있으나 외부에서 자기장의 세기를 조절할 수 있는 특별한 장비가 필요하다.

③ 자기장을 반대로 형성시킨 일시탈자

특별한 장비없이 직류용접기의 케이블을 사용하여 용접지점의 자기장과 같은 세기의 자기장을 반대방향으로 형성시킴으로 적어도 용접하는 순간에는 탈자가 가능하도록 하는 매우 단순하면서도 경제적인 방법이다. 즉 B만큼 자화가 되어있는 용접이음부에 외부에서 -B만큼 자기장을 만들어 줌으로써 용접이음부에서의 전체 자기장이 제로에 가깝도록 한 상태에서 용접하는 것이다. 이 탈자방법은 이음부에 자화된 만큼 역방향의 자기장을 외부에서 가해준 상태에서 용접하는 간단한 원리를 이용하며 특별한 탈자방법을 요하지 않으므로 가장 경제적인 방법이다. 일시 탈자의 구체적 방법으로는 자화된 용접이음부 위에 나침반을 놓는다. 이때 빨간 바늘 쪽이 N극이며 자기장의 방향을 가리킨다. 직류용접기와 적정길이의 용접케이블을 준비한 후 피 용접물주위에 용접케이블을 4~6회 감은 후 직류용접기에 접속시켜 전자석과 같은 회로를 만든다. 이때 케이블로부터 발생하는 자기장은 반드시 이음부에 존재하는 자기장과 반대방향이 되도록 한다. 이후 직류용접기를 가동시켜 회로를 성립시키고 용접이음부에 놓여진 나침반의 방향이 역전되는 순간까지 전류를 증가시킨다. 얇고 긴 철사를 사용하여 탈자 유무를 확인하거나, 자화도를 잴 수 있는 장비를 사용하는 경우에는 50가우스 이내의 값이 나올 때까지 전류를 조정한다.

용접케이블로부터 유기되는 역방향의 자기장의 세기(H) 조정식은 다음과 같다.

$$H = N I / l$$

N = NUMBER OF TURN, I = CURRENT, l = LENTH OF COIL

즉 케이블을 감은 횟수(N)를 증가시키거나, 전류(I)를 증가시킬수록, 케이블을 촘촘히 감을수록 자기장의 세기가 증가한다. 또한 케이블을 용접부 쪽으로 이동시키면 자기장의 세기를 쉽게 증가시킬 수 있다. 이상과 같은 탈자회로를 유지한 상태로 다른 용접기를 이용하여 용접한다.

제5절 | 클래드강 용접

1. 개 요

KS D 0234에 의하면 클래드는 "어떤 금속을 다른 금속의 전체 면에 걸쳐 피복하고, 또한 그 경계면이 금속 조직적으로 접합되어 있는 것"으로 정의하고 있으며, 클래드강은 "강재를 모재로 한 클래드"로 정의할 수 있다. 클래딩은 소재의 성능을 극대화하기 위하여 이종 재료를 조합해서 사용하는 소재 이용기술의 일종으로서 모재에 새로운 기능, 보다 향상된 성능을 부여하기 위하여 적용하고 있다.

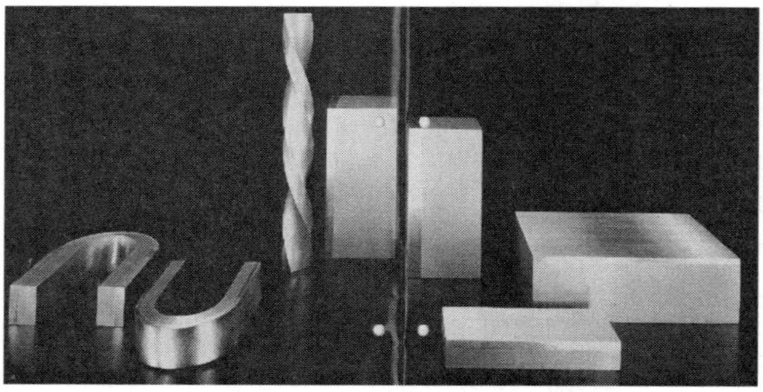

[그림 10-5] 클래드강 용접제품

2. 종류 및 용도

클래드강은 사용목적에 따라 탄소강에 스테인레스강 또는 비철합금 등을 클래드 한 여러 종의 조합이 존재하며, 그 용도도 매우 다양하다. 현재 사용하고 있는 클래드 소재 중 절반 이상을 차지하고 있는 것은 스테인레스 클래드강으로 용도에 따라 여러 목적으로 사용되고 있다. 한 예로서 내식성, 강성 등이 동시에 요구되는 압력용기용 재료로 사용되는 경우를 보면, 내식성 측면은 스테인레스강으로 확보가 가능하고 강성, 강도 측면은 탄소강이 스테인레스강 보다 유리하기 때문에 이들 특성을 동시에 만족시킬 수 있는 스테인레스 클래드강이 사용된다.

가. 탄소강계 클래드강

탄소강계 클래드강은 사용 환경에 따라 클래드재의 종류가 결정되는데 경도가 높은 합금, 고강도강 등을 사용하면 응력부식균열(Stress Corrosion Cracking, SCC)이 발생할 위험이 있는 경우, 연강을 클래드재로 사용하며 내마모성이 요구되는 환경에서는 고 탄소강이 클래드재로 사용된다. 연강을 클래드재로 사용하는 클래드강은 주로 액체암모니아 탱크, LPG 저장탱크 등에 사용되며 고탄소강을 사용하는 클래드강은 건축, 토건용 자재, 농기구 등에 주로 사용된다.

나. 스테인레스계 클래드강

스테인레스계 클래드강은 대부분의 경우 내식성을 확보하기 위하여 사용된다. 예를 들면, 전면부식에 대한 내식성이 요구될 때에는 오스테나이트계가 적합하며, SCC가 문제로 되는 경우에는 이상계 또는 페라이트계가 바람직하다. 스테인레스 클래드강은 주로 석유화학공업, 화학플랜트, 해수 담수화 설비 등에 사용되고 있다.

다. 비철금속계 클래드강

비철금속으로 강재와 결합시켜 사용하는 재료로는 Ni 합금, Cu 합금, Al 합금, Ti 합금 등을 들 수 있다. 비철금속 클래드강도 주로 내식성 향상을 목적으로 사용된다. 비철금속은 일반적으로 내식성이 스테인레스강보다 우수하기 때문에 스테인레스강으로 충분한 내식성을 확보하기 어려운 석유산업과 관련된 용기 및 구조물, 식품공업, 열교환기 등에 사용된다.

라. 비금속계 클래드강

세라믹스는 비중이 낮으며 고온 내산화성, 고온강도 및 내마모성이 우수하기 때문에 원자로, 각종 롤 등에 사용된다. 고분자 수지계의 경우는 제진성을 목적으로 하는 경우가 많으며, 주로 자동차용 부재로 사용되고 있다.

[표 10-8] 클래드강 종류와 용도

종 류	용 도
스테인리스 클래드강	석유정제, 화학 플랜트, 압력용기, 화학용기 및 장치, 수문, 해수담수화 장치, Tank Pipe 소재
구리 및 구리합금	해수 담수화 장치, 열교환기, 해양구조물의 부재, 식품공업
니켈 및 니켈합금	소다 전해 공업, Sour 가스 정제기기, 제염설비, 석유정제 플랜트
티타늄	유기산 반응 용기, 제지 표백, 수처리
고탄소강	농기계, 칼
알루미늄과 그 합금	주방 용기, 자동차 부품, 화장품 용기
스테인리스+비철	주방 기기
세라믹스	원자력 관련 장치, 롤러
고분자 수지 계열	자동차

3. 제조방법

클래드강은 압연, 폭발접합, 확산, 오버레이 용접과 같은 단일 공정에 의해서 제조되기도 하고, 이들을 조합하는 복합 공정에 의해 제조되기도 한다.

가. 압연법

압연법은 가장 일반적이며, 대량생산이 가능한 방법이다. 먼저 클래드재를 겹쳐서 테두리를 용접한 후 압연하여 두 소재를 접합한다. 여기서 일반적으로 2매의 클래드재 사이에 박리재를 넣고, 클래드재 바깥쪽에 탄소강을 위치시킨다. 판재의 전처리로서 접합면에 유해한 표면의 스케일, 기름 등을 제거하기 위하여 피접합면을 연마하고, 계면을 Ni로 코팅하거나 Ni 박막을 피접합면 사이에 삽입한다. 압연시의 중요한 공정인자는 압연속도, 온도, 압력, 압하율 등이며, 두 재료의 성질도 접합성에 영향을 미친다.

나. 폭발 접합

이 방법은 폭약이 폭발할 때 발생하는 높은 압력을 이용하여 접합하는 것으로, 압연법이 통상 고온에서 실시되는데 비해서, 상온에서 접합이 이루어지며, 원자간 접합과 기계적 접합이 혼합된 형태의 접합법이다. 앞의 그림에서와 같이 폭발은 방향성을 가지고 한쪽에서부터 시작하며, 폭발과 함께 폭발이 일어난 위치에서 클래드재와 모재가 충돌하면서 접합이 일어난다. 이와 동시에 앞쪽의 클래드재와 모재사이의 공간에 있는 공기를 밀어내며, 이 공기압이 피 접합재의 표면을 청정화하는 역할을 한다. 접합이면은 파도와 같은 형상을 나타내며, 접합재의 용융은 거의 일어나지 않는다. 이 방법은 이종재료의 접합에 적합하며, 비교적 넓은 면적을 접합할 수 있다. 피 접합재를 가열하였을 경우, 계면에 금속간 화합물과 같은 취성이 큰 제2상이 형성되는 Ti 또는 Al과 탄소강과 같은 재료들의 접합과 Al과 탄소강 또는 스테인레스강과 같이 강도와 융점의 차이가 큰 재료의 접합에 이 방법이 자주 이용된다. 이 방법 역시 거의 모든 종류의 클래드강의 제조에 이용된다. 단점으로는 소음이 심하고, 폭약의 양 때문에 제조되는 판재의 폭에 제한이 있으며, 매우 두꺼운 모재가 이용되어야 한다는 것 등을 들 수 있다.

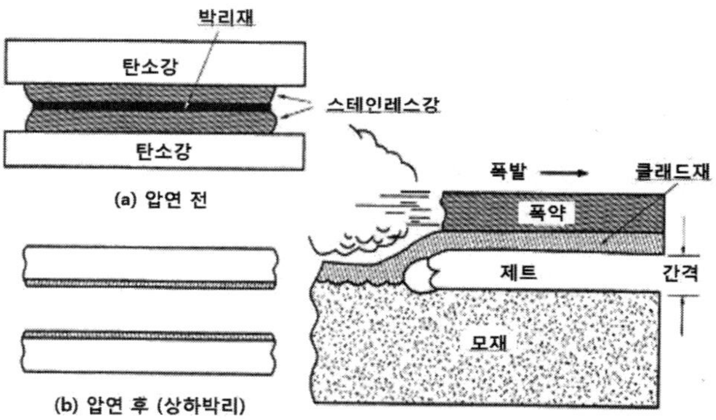

[그림 10-6] 압연에 의한 클래드강 제조법과 폭발접합에 의한 제조법

다. 오버레이 용접

오버레이 용접 법은 주로 저 합금강에 클래드재를 용접하여 클래드강을 제조하는 방법으로 적용 가능한 용접 법으로는 GMAW, 고온 와이어를 사용한 GTAW, Plasma 용접, ESW 등 다양한 방법이 이용되고 있다. 이들 중 가능하면 모재의 희석이 적으며 오버레이한 표면이 깨끗하고 용착능률이 높은 용접방법이 선정되어야 한다.

라. 확산 접합법

이 접합 법은 원자간 확산을 이용하여 접합하는 방법으로 모재와 클래드재를 밀착시켜 융점 이하의 적정한 온도에서 소성변형이 일어나지 않을 정도의 압력을 부가하여 피접합재를 접합시키는 방법이다.

통상 접합은 피 접합재의 산화를 방지하기 위하여 진공 또는 불활성 분위기에서 실시한다. 이 방법은 형상이 매우 복잡하거나, 용접에 의한 변형이 문제시되는 경우에 유리하지만, 진공 또는 불활성 분위기에서 접합해야 하기 때문에 접합재의 크기에 제한을 받는다.

마. 기타

상기한 방법들 이외에도 금속과 수지처럼 피접합체간의 융점차이가 매우 큰 경우, 상온에서 냉간압연에 의하여 클래드재를 제조하거나 주조에 의해서 클래드재를 제조한 후 압연하여 마무리하는 경우도 있다.

바. 클래드강 용접순서

클래드강의 용접 시에는 통상 모재 측부터 먼저 용접을 시작하며, 모재측 용접 시 용접 열에 의하여 클래드재 측이 잘못 용접되거나 클래드 계면이 손상될 우려가 있는 경우에는 홈가공 면보다 4~5 [mm] 넓게 클래드재를 더 제거하는 홈을 이용한다. 다음 그림은 클래드강의 용접순서를 나타낸 것으로, 먼저 모재측을 용접한 후 클래드측을 용접한다. 모재를 용접한 후 클래드측을 용접할 때에는 모재측의 용접된 부분을 가우징 또는 Grinding 하여 제거한 다음 연마하여 클래드재용 용접재료로 용접을 실시한다. 이때 첫 번째 층은 모재에 의한 희석을 고려하여 클래드재보다 합금성분의 함량이 높은 재료를 이용하며, 두 번째 층부터는 클래드재에 상응하는 용접재료를 사용한다. 스테인리스 클래드강의 경우, 용접부의 화학성분이 세플러도에서 고온 및 저온균열이 발생하지 않는 영역에 위치할 수 있도록 용접재료를 선정하는 것이 매우 중요하다.

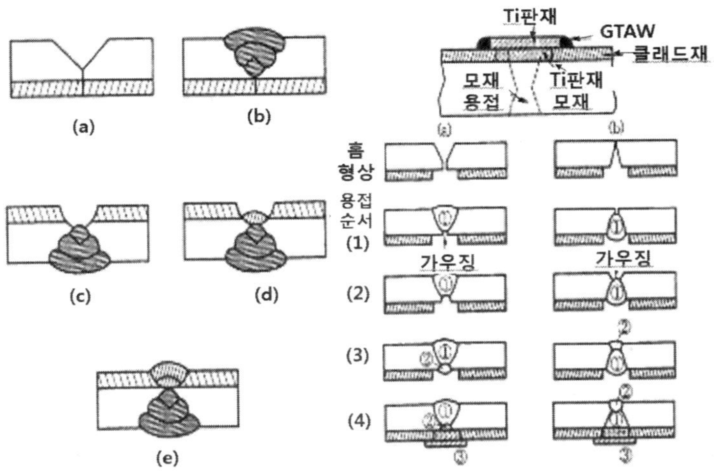

[그림 10-7] 클래드강의 용접순서와 Ti 클래드 맞대기 이음부의 용접순서

4. 희석율

희석율은 용융된 금속(B)/첨가된 금속(A) + 용융된 금속(B) × 100(%)으로 나타내는데 희석률을 감소시키기 위해서는 B의 증가 없이 A를 증가 시키고, A를 감소시키지 말고 B를 감소시킨다. 가장 좋은 방법은 B를 감소시키면서 A를 증가시키는 것이다. 만약 희석률이 50 [%]라면 A와 B의 면적이 같은 경우이다.

클래딩의 용착층은 모재와 용접봉의 혼합물이기 때문에 어려움이 따른다. 희석률이 높아지면 용착부 및 주위에 용접 결함이 발생하기 쉬우므로 가능하면 희석률(Dilution)을 감소시키는 것이 좋다. 다음은 희석률을 감소시키는 방법들이다.

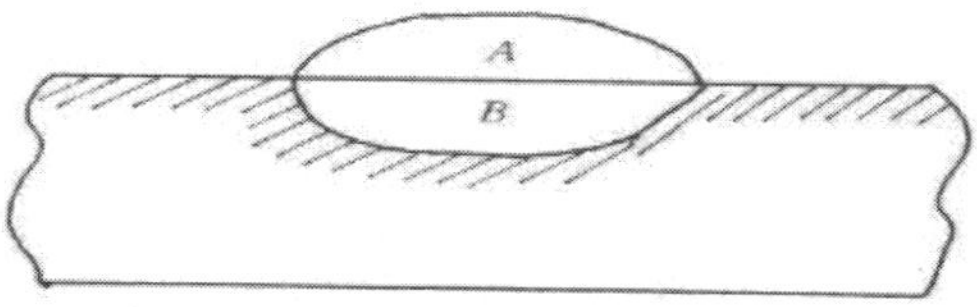

[그림 10-8] 용착금속의 조정

가. 전류감소

전류는 용입량을 결정하는 인자로 전류가 높아 용입량이 증가하면 용융깊이가 깊어짐으로 B의 범위가 넓어져 희석율이 증가한다.

나. 전압감소

용접입열은 전류와 전압에 비례하므로 전류가 일정할 때 전압의 변화에 정비례해서 증가한다. 전류와 와이어 송급속도는 직접적인 관계가 있으므로 전압이 변하고 전류가 일정하면 A로 표시되는 첨가된 금속의 양은 일정한데, 입열량이 증가하여 결과적으로 모재의 녹는 양이 많아져서 희석률이 증가한다. 반대로 용접전압이 감소하면 희석율도 감소한다.

다. 직류 정극성의 사용

SAW에서 두 금속을 결합할 때는 어느 정도의 용입이 필요하므로 역극성을 많이 사용한다. 그러나 정극성(DCSP)으로 하면 용입이 얕으므로 표면 클래딩에는 매우 효과적이다.

라. 와이어의 돌출길이

와이어 돌출길이를 길게 하면 보다 많은 에너지가 와이어를 예열하는데 소모되어 결과적으로 와이어 용융속도가 증가한다. 이렇게 되면 용입의 증가 없이도 A 면적이 증가하는 결과를 가져온다. 실험에 의하면 와이어 용착속도는 와이어 돌출길이의 자승에 비례한다.

마. 기타

토치의 각도가 진행각 45° 이하의 전진법일 때 가장 효과적이며, 기타 영향을 미치는 요소로는 모재의 예열온도, 플럭스의 종류(용융, 소결)와 조성, SAW 플럭스의 메시 사이즈 등과 같은 요소들도 용입과 희석률에 영향을 주는 것으로 알려져 있다. 이상과 같은 여러 가지 요소들이 복합적인 상관관계를 연구하여 원하는 최적의 희석률을 얻을 수 있다. 그러나 이론적으로는 비록 1 ~ 2 [%]의 희석률을 얻을 수 있으나, 클래딩 결합의 신뢰도에 문제가 있으므로 최소한 희석률이 10 [%] 이상은 되어야 하며, 10 ~ 15 [%]가 일반적으로 좋은 상태이다.

제6절 알루미늄 및 알루미늄 합금 용접

1. 특 성

가. 물리적 성질

Al 및 그 합금의 융점은 철에 비하여 상당히 낮은 편으로, 순금속 Al의 경우 660 [℃], Al-Mg계의 경우 570 ~ 650 [℃], Al-Zn-Mg계의 경우 475 ~ 650 [℃] 범위이다. Al 합금은 적열온도 이하에서 용융되기 때문에 가열온도의 판단이 어렵다. 만일, 과도하게 가열되면 재료가 열화되거나 국부용융이 발생하기 때문에 온도관리에 주의하여야 한다. 또한 Al합금은 비열과 잠열이 크기 때문에 용융에 필요한 열량이 Cu보다 크며 열전도율이 Fe에 비하여 3배정도 크기 때문에 열이 전도되기 쉽다. Al 용접 때는 Fe에 비하여 많은 열량을 급속히 가열해야하기 때문에 높은 전류로 용접속도를 빠르게 하여야 한다. Al은 열전도가 우수하여 용접시 열이 모재에 넓게 퍼지며 온도상승에 따라 팽창이 일어나면서 열변형을 일으키며 탄성계수가 작고, 고온강도가 낮기 때문에 변형이 커진다. 용접변형을 감소시키기 위해서는 모재쪽 열확산을 줄이거나 충분히 구속용접 하여야 한다. Al 전기전도도는 Cu에 비해 1.5배 정도 적지만 Fe에 비하여 4배 정도 크므로 저항용접 시에 Al은 Fe의 약 2 ~ 4배의 전류가 필요하다. 피막은 내식성 측면에서 유용하지만 용접 시에 유해한 경우가 많다. 용접 시 산화피막 중에 함유된 결정수가 아크중에 분해되어 수소를 방출시키므로 기공(blow hole)을 만들기 쉬우며 브레이징에서는 산화피막이 삽입재의 젖음을 방해 한다. 또한 산화 피막이 부도체이기 때문에 저항용접 시에도 문제가 야기된다. 또 산화피막은 용접전 혹은 용접중에 제거한다.

나. 기계적 성질

Al은 면심입방정(FCC) 구조이기 때문에 강과 같은 저온취성이 없다. 따라서 액화천연가스나 액체헬륨 용기 등 저온구조용 재료에 사용된다. 인장강도, 항복강도는 온도가 낮아짐에 따라 증가하고, 연신율도 Al-Zn-Mg(-Cu)계 합금 외에는 극저온에서도 상온보다 오히려 커져서 저온에서 연성이 증대된다. 한편, Al합금은 150 ~ 200 [℃] 이상 고온이 되면 강도가 급격히 저하하므로, 150 [℃] 이하에서 주로 사용된다. 피로특성은 Al합금의 경우 강과 같은 명확한 피로한도가 존재하지 않기 때문에 일반적으로 S-N곡선에서 10^7회의 피로응력값을 피로한도로 한다. 피로강도는 인장강도와 관계가 깊으며, Al 표면의 거칠기, 노치, 온도, 부식환경 등의 분위기에도 영향을 받는다.

Al 및 그 합금은 저온에서도 취성이 없으며, 오히려 인장강도, 항복강도, 연신율도 약간 상승한다. 따라서 한랭지의 구조물, 냉장고, 기타 저온용기에도 안심하고 사용할 수 있다.

모든 Al 합금은 150 ~ 200 [℃] 이상의 온도에서 인장강도는 급격히 저하하고 연신율은 증가한다. 이러한 특성을 이용하여 고온에서 Al 합금을 가공할 수 있으나, 이 경우, 합금의 국부 용해나 결정립 성장 등에 의하여 소재가 열화 될 수도 있으므로 주의하여야 한다. Cu는 가장 중요한 Al합금 원소의 하나로서 고용경화 효과가 크고 적당한 열처리와 석출물 형성으로 강도를 증가시킨다. 과포화된 델타 고용체를 상온에서 장시간 방치 또는 재가열 하면 석출이 시작되어 경도가 상승하는 시효경화 현상이 일어난다.

2. 종 류

알루미늄(Aluminum)은 가볍고 (비중 2.7, 강의 1/4) 비교적 강하며, 내식성도 우수하여 항공기, 차량, 선박, 건축, 화학장치에서 가정용품의 분야까지 폭 넓게 사용된다. 알루미늄 합금은 전신재와 주물 다이케스팅 합금으로 나누고 또는 열처리 하여 사용하는 열처리 합금과 열처리 하지 않는 비열처리로 나눈다. 그 밖에도 8000계와 9000계가 있고 8000계 합금은 표에서 없는 기타 원소 합금을 나타내고 9000계는 예비로 남겨둔 것이다.

[표 10-9] 열처리형 및 비열처리형 Al과 합금

비 열처리 형	1000계	순 Al(순도) 99.0 [%]
	3000계	Al-Mn계 합금
	4000계	Al-Si 계 합금
	5000계	Al-Mg계 합금
열처리 형	2000계	Al-Cu계 합금
	6000계	Al-Mg-Si계 합금
	7000계	Al-Zn계 합금

가. 알루미늄 종류 및 특징

(1) 1000계 (순 Al계)

1000계는 공업용 순Al(순도 99.0 [%] ~ 99.9 [%])과 고 순도Al(순도 99.9 [%])로 나눌 수 있다. 1000계의 기계적 강도는 합금재에 비하여 나쁘지만 내식성, 빛의 반사성, 전기 및 열전도성이 좋고 가공성 및 용접성도 우수하다. 사용도는 가정용 기물, 열교환기 판재, 건자재 등으로 사용된다. 고순도 Al은 도전재, 화학공업용 Tank, 식품용 용기, 반사판 등으로 사용한다.

(2) 2000계 (Al–Cu계)

2000계는 Al-Cu계와 Al-Cu-Mg계로 나눌 수 있고 Al-Cu계 합금은 내식성이 나쁘기 때문에 항공용으로 사용 할 때에는 내식성을 개선하기 위하여 순Al을 압연한 클래드(Clad)재로 사용한다. Al-Cu-Mg계 합금은 상온시효성이 좋으며 두랄루민(2017)은 강도가 강의 수준이다. Cu를 다량 함유한 2219는 용접이 가능하며 로켓의 연료 탱크용으로 사용된다. 다른 2000계 합금은 용접성 및 브레이징성이 나쁘다. 2000계 합금은 기계부품, 항공기기 광학부품 등에 사용하다

(3) 3000계 (Al–Mn)

열처리 형이지만, 냉간가공에 의하여 다양한 성질을 얻는다. 실용합금으로 1.0 ~ 1.5 % Mn을 함유한 것이 사용된다. 1.3 % Mn을 함유한 3003이 대표적인 합금이다. 3000계 합금은 성형성과 내식성이 순Al과 동등하지만 강도는 약간 높으며 용접성이 양호하다.

(4) 4000계 (Al–Si)

Si함량이 12 [%]까지는 Si의 증가에 따라 용점이 저하되며 취화되지 않는 범위 내에서 Si를 첨가하면 용융상태에서 유동성이 좋고, 응고시 균열이 잘 발생되지 않는다. 4000계 합금은 용접재료, 브레이징재료, 주물재, 빌딩외장용. 판넬 등으로 사용된다. AL-Si계합금 4043, 4045 등은 플럭스를 사용하는 브레이징용 삽입제로 사용되고 AL-Si-Mg 4004, 4005 등은 용접균열 억제효과가 있어 균열감수성이 높은 Al-Cu계 합금 용접용 기자재로 사용된다.

(5) 5000계 (Al–Mg)

Mg첨가에 따라 인장강도가 증가하고 변형에 대한 저항도 증가되어 가공이 곤란해진다. Mg이 5 [%] 이상 함유되면 응력부식이 발생되기 쉬우므로 통상 Mn, Cr 등을 첨가하여 방지한다. 5000계 합금의 용도는 건축, 차량, 선박, 육교, 가드레일, 저온액화가스 설비 등이다. 5052(2.5% Mg), 5083(4.5% [mg])합금은 200 ~ 300 [mPa]의 인장강도를 가지며 용접구조용 재료로 사용된다. 5083합금은 비열처리 합금으로는 강도가 가장 우수하며 용접성, 내식성, 가공성이 양호하여 차량, 선박, 화학플랜트용으로 사용된다.

(6) 6000계 (Al–Mg–Si)계

성형가공성. 강도. 내식성이 우수하며 용접성도 나쁘지 않지만 용접부가 용접열에 의하여 연화되는 단점이 있다. 6061합금은 차량, 건축 등의 구조용재, 6063은 건축용, 샤시재 6N01은 대형 용접용 형재로서 철도차량, 선박용으로 사용된다.

(7) 7000계 (Al–Zn–Mg)

Zn이 주된 첨가원소이며 Mg은 소량 첨가된다. Al-Zn-Mg계는 인장강도가 약 300 [mPa]로 용접성이 우수하며 용접구조재로 사용된다. 또한 상온시효성이 우수하여 용접열에 의해 경도가 저하된 연화부가 용접 후의 시간이 경과됨에 따라 원래의 상태로 스스로 회복된다. 항공기에 사용되는 Al-Zn-Mg-Cu계 7075합금은 초두랄루민으로 불리며 T6열처리(용체화후 인공시효 경화처리)를 하면 Al합금중 최고의 인장강도(약 570 [mPa])을 얻을 수 있지만, 용접 균열 감수성이 높다.

3. 알루미늄(Al) 용접

가. 용가재

용가재 선택시 고려해야 할 점으로 첫 번째는 용가재와 모재와의 혼합문제이다. 용가재와 모재의 혼합된 용접금속의 성분이 용접부의 여러가지 특성을 결정하며, 용접이음부 형상에 따른 혼합 비율을 잘 맞추어야 한다. 두 번째는 용접균열 강수성에 대한 고려를 하여야 한다. Al합금의 용접균열은 대부분이 고온균열이며 고온균열에 대한 대책으로는 모재보다 첨가 원소량이 많은 용가재를 사용하는 것이다. 예를 들면, Al-Mg-Si합금에 대해서는 Si의 양이 많은 A4043 혹은 Mg의 양이 많은 A5356을 사용하는 것이 좋다. Al-Mg계 합금에 Mg함량이 적은 A1100, 4043을 사용하면 균열발생 외에 강도, 인성도 저하된다. 세 번째는 내식성 문제로서 모재의 화학조성과 유사한 용가재를 사용하던가, 모재에 대하여 음극이 되는 용가재를 선정한다. 네 번째는 용접부의 강도와 양극산화처리 후 색조가 변화하는 문제가 있다.

[표 10-10] 알루미늄(Al)과 그 합금의 용가재 종류와 용도

용가재 종류	용 도
A1070-By(Wy)	96.7 [%] 이상의 순Al 용접봉에서 내식성, 연성을 모재부와 동일하게 필요시 사용
A1100-By(Wy)	99.0 [%] 이상의 공업용 순Al 및 Al-Mg 용접성 내식성 연성이 우수
A2319-By(Wy)	A2219(고온 고력재) A2419(고 인성재)
A4043-By(Wy)	고온 균열의 저항성이 크다. Al 합금주물 사용
A5554-By(Wy)	사용온도 65 [%] 이상 화학장치 용접이나 건축, 차량, 선박 등 사용
A5654-By(Wy)	일반 구조용 용재
A5356-By(Wy)	가장 널리 사용되는 용가재
A5556-By(Wy)	용접성 및 용접물의 기계적 성질 우수하고 고강도 필요
A5183-By(Wy)	용접성 기계적 성질 내식성이 우수하다.

나. 용접 방법

(1) GTA(Gas Tungsten Arc) 용접

Ar, He 불활성 가스 분위기 중에서 비소모성 전극과 모래사이에 아크를 발생시켜 그 열로 모재 및 용접봉을 용융시켜 박판이나, 소형부재 보수용접 등에 사용한다. 전극은 순수 텅스텐, 1 ~ 2 [%] 토륨(Th) 함유 W, 지르코늄(Zr) 함유 W이다. 직류역극성(DCRP)용접은 청정작용은 있지만 전극의 발열이 많아서 전극이 녹아내리기 쉽다. 동일한 전류의 용접에서도 정극성에 비해 직경이 4배정도 큰 정극이 필요하다. 정극성이나 역극성 모두 단점이 있기 때문에 일반적으로 교류 고주파용접을 사용한다.

(2) GMA(Gas Metal Arc) 용접

GMA 용접의 보호가스는 GTA 용접과 같이 Ar 혹은 He가스를 사용하고 보통 롤(R0ll)에 감긴 용접 와이어를 소모성 전극으로 사용한다. 용접시 전류 형태는 대부분 직류역극성(DCRP)을 사용하고 직류 정극성(DCSP)이나 교류(AC)는 거의 사용하지 않는다. GMA 용접시 역극성은 아크의 청정(Cleaning)작용과 깊은 용입, 스프레이 이행 상태의 아크, 아크의 자기제어 작용 등의 이점이 있다. Al과 그 합금의 GMA(MIG) 용접시 문제점은 두께 2 [mm] 이하의 박판이나 정밀도가 떨어지는 갭을 용접할 때의 용락을 들 수 있다. 이 문제를 해결하기 위해서는 깊은 용입을 갖는 스프레이 이행과 큰 용적 이행을 균형 있게 잘 제어할 수 있는 교류 펄스 MIG 용접이나 저주파 펄스 MIG 용접을 사용한다.

(3) 가스용접(Gas Welding)

가스용접은 설비비가 싸고 작업이 용이하기 때문에 박판이나 소형재의 용접에 사용되며 열원으로 산소-아세틸렌 가스가 많이 사용된다.

Al 및 그합금은 산화되기 쉬우므로 중성 혹은 약간 환원성의 불꽃으로 용접한다. 용접시 모재 표면의 강한 알루미늄 산화막을 제거하기 위하여 염화물이 포함된 플럭스를 사용한다. 용제는 부식성이 강하기 때문에 용접 후 가능한 한 빨리 온수로 완전히 제거한다.

(4) 플라즈마 아크(Plasma Arc) 용접

GTA 용접에 비해 후판을 완전 용입할 수 있고 이음부 가공이 불필요하며 용접 변형의 감소와 용접 층수가 감소되며 고 품질의 용접부를 얻을 수 있다.

AI 합금은 표면의 산화피막 때문에 종래의 플라즈마 아크 용접에서는 양호한 용접부가 형성되지 않았다. 그러나 용접전원에 인버터가 채용됨에 따라 역극성과 정극성의 극성을 조절할 수 있게 되어 AI 합금의 플라즈마 용접이 실용화되었다.

효과적인 아크의 청정작용을 얻기 위해서는 역극성 전류값을 정극성보다 다소 높게 하고, 역극성·정극성의 시간을 각각 2 ~ 5 [ms] 및 15 ~ 20 [ms] 범위로 설정한다.

(5) Al합금 저항용접

Al합금은 전기 전도도와 열전도도 좋기 때문에 대전류를 단시간 통전 시켜야한다. 강한 산화피막은 전기저항이 크고 불균일 발열에 따른 변형너깃(nugget)의 형성원인이 되며 전극오손의 원인이 되므로 전처리를 통해 제거한다. 용접 후 응고시 체적 수축율이 6 ~ 7 [%]로 크기 때문에 합금에 따라 균열이나 기공을 일으키기도 한다. Al합금의 저항용접은 용융용접이 곤란한 합금도 강도저하 없이 용접 할 수 있으며 용도는 철도, 차량, 가전제품, 항공기 등에 사용한다.

① 점(spot) 용접

AI 합금은 열 및 전기 전도도가 좋기 때문에 저항용접 조건은 강에 비하여 가압력은 약 2배, 용접전류는 3배, 통전시간은 1/7 ~ 1/8 정도가 된다.

② 심용접(SEAM Welding)

Al에서는 단속통전 용접이 연속통전보다 외관이나 품질이 우수한 용접을 얻을 수 있다. 전극은 통상 직경 150 ~ 230 [mm], 두께 10 ~ 25 [mm], 용접속도가 0.5 ~ 2.5 [cm/s] 정도이다.

③ 플래시 용접(flash welding)

대용량의 용접장치가 필요하며 모재 단면적당 약 100 ~ 150 [A/mm^2]의 2차 전류와 약 2 ~ 18 [V]의 2차전압이 필요하며 구형파 전압방식 용접기에 의하여 고품질의 용접부를 얻을 수 있다. 용접부 효율은 2024, 6061, 6073, 7075 열처리합금 경우에 80 [%], 연질제 경우에 4 ~ 5 [m/m]

5000계 및 7N01 합금에서는 100 [%]를 얻는다.

(6) 브레이징

알루미늄의 브레이징은 플럭스의 유무에 따라 크게 두 가지로 나눌 수 있다. 플럭스를 사용하는 방법에는 토치브레이징, 로브레이징, 침지브레이징 등이 있고, 플럭스를 사용하지 않는 방법에는 불활성가스 브레이징, 진공브레이징 등이 있다. 플럭스를 사용하는 방법은 다시 부식성 플럭스 사용법과 비부식성 플럭스 사용법으로 세분할 수 있다. 현재 대량생산에 적용하고 있는 방법은 로를 이용한 염화물계 플럭스법, 비부식성 플럭스법, 진공법 등이 있다.

(7) 기타 접합방법

① 솔더링

Al의 솔더링은 비교적 단순하다. 간단한 솔더링은 값싼 수공구를 사용하여 야외에서나 공장 현장에서 쉽게 할 수 있다. Al 및 그 합금을 솔더링하는 경우 Pb-Sn 솔더를 사용하면, 접합부가 수분이 존재하는 환경하에서는 장시간에 걸쳐 갈바닉 부식작용에 의한 박리현상이 나타난다. 이러한 현상을 어느정도 방지하기 위해서는 Zn을 첨가한 Sn-Zn 합금을 솔더로 사용한다.

② 압접

Al 합금의 압접은 전처리가 필수적이며, 접합 직전에 기계적방법이나 화학세정에 의하여 표면의 산화막이나 오물을 제거한다. 접합온도는 상온 ~ 597 [℃] 범위이며, 접합 분위기는 대기나 불활성가스 혹은 진공으로 한다. 압연에 의한 압접법은 브레이징 시트나 Al-클래드재의 제조에 사용되며, 도금이나 삽입금속을 사용하여 Al 합금과 스테인레스강 등의 접합에 실용화되어 있다. 압출가공에 의한 압접법은 스테인리스 강판이나 플라스틱과 Al 합금 형재의 복합재료, 강선 강화 Al 합금관 등의 제조에 적용되고 있다.

③ 마찰접합

Al 합금 동종간 외에, Al 합금/강 등 이종재료의 접합도 가능하다.

④ 폭발접합

Al과 강, Ti 등의 이종금속의 접합에 이용되며 이들의 클래드재나 이종접합부에 적용된다.

⑤ 확산접합과 브레이징

알루미늄의 확산브레이징은 보론 섬유강화 Al합금이나 고상온도가 낮은 주조용 Al합금의 접합에 사용되었다. 삽입금속으로 주로 Cu를 사용하여 Al과 Cu의 공정온도(548 [℃])를 이용하여 약 550 [℃]에서 접합하였다. 한편, Cu 삽입금속을 사용하여 6061을 확산 브레이징한 경우, 510 ~ 560 [℃] 온도범위에서 접합이 가능하다.

⑥ 초음파 용접

Al합금 포일이나 전자부품, 박판의 접합에 사용되며 판 두께는 수 [㎛] ~ 수 [mm]이다. 사용되는 주파수는 15 ~ 60 [kHz]이며, 용량은 25 [W] ~ 8 [kW] 정도이다. 장점은 변형이 적고, 표면처리가 간단하며 이종금속의 접합이 가능하다는 것이다. 그러나 경도가 다른 재료의 접합이 어렵고, 진동에너지를 흡수하는 형상이나 크기는 접합이 곤란하다는 단점도 있다. 또 팁에 의해 재료 표면에 흔적도 남는다.

⑦ 전자빔 용접

전자빔 용접은 보통 10^{-1} [Pa](약 10^{-3} [Torr]) 이상의 진공 중에서 실시한다. 전자빔 용접의 장점은 폭이 좁고 깊은 용입을 얻을 수 있으며(폭/깊이 = 1/10 ~ 1/20), 150 [mm] 정도의 후판도 1층용접으로 완전용입이 가능하며 급랭에 의하여 용접부 조직이 미세화되고 불순물가스에 의한 오염이 적다. 또 열영향부의 폭이 좁기 때문에 기계적 성질이 우수하다. 용접 후 변형이 GTA용접의 1/7 ~ 1/10 정도에 불과할 정도로 작다. 단점은 장비가 고가이며, 피용접물의 크기가 제한된다는 것이다. 그리고 정밀한 홈가공이 필요하며, 진공을 위하여 부수적인 시간이 필요하다는 것이다. 전자빔 용접 중에 Al합금중의 Zn이나 Mg 등이 증발한다. 이러한 현상을 최소화시키기 위하여 진공도를 낮게 하여 용접하거나, 와이어 혹은 삽입금속을 송급하여 증발분을 보충하는 방법이 고려되고 있다.

4. 용접시공

가. 이음부 가공

알루미늄 홈가공이 불량하면 용입불량, 용락, 균열 등이 발생할 수 있어 재료가공은 주로 세이퍼, 정반, 줄, 에어플라즈마, 워터제트 등을 사용한다.

나. 전처리

Al합금의 표면은 강한 산화피막으로 덮여 있다. 이 산화피막은 융점이 높고(약 2,040 [℃]), 결정수(Al_2O_3, $3H_2O$)를 함유하고 있기 때문에 용접부의 융합불량이나 기공을 발생시키기 쉽다. 또 모재표면에 유지 등도 결함발생의 원인이 되기 때문에 용접 전에 모재의 표면을 항상 깨끗이 하여야 한다. 일반적으로 모재 표면의 탈지는 아세톤, 벤젠 등의 유기용제를 사용한다. 먼저 모재표면의 먼지를 제거한 후 아세톤 등으로 홈내의 유지나 오염물 등을 제거한다. 산화피막은 일반적으로 GMA 또는 교류 GTA 용접시 제거하는 것이 바람직하다. 특히 청정작용이 미치지 못하는 이면 비드용접 또는 청정작용이 없는 정극성 GTA 용접에서는 산화피막 처리에 주의가 필요하다. 산화피막 제거방법은 기계적 방법으로 깨끗한 스테인레스강으로 제작된 컵형 브러쉬, power 브러쉬, 와이어 브러쉬, 줄 등으로 연마하며, 화학적 방법으로는 5 ~ 10 [%] NaOH 용액(약 70c)에 30 ~ 60초 침지하여 수세하거나,

약 15 [%] 질산(HNO_3상온)에 약 2분간 침지하여 온탕세정하고 건조시킨다. 전 처리한 모재는 즉시 용접 하는 것이 원칙이다. 세정 후 일정기간 용접을 하지 않을 경우 폴리에틸렌 또는 비닐 등으로 개선면의 먼지, 수분, 결로 등을 방지한다.

다. 용접장치 점검

용접 작업 개시 전에 냉각수 상태, 전자 개폐기, 고주파 발생장치 등의 작동상태를 확인하고, 토치 부근의 누수, 보호가스의 누출 여부를 점검한다. 용접 전에 아크시험을 실시하고 비드외관이나 청정영역의 폭으로부터 보호상태의 적정성 여부를 확인한다.

라. 가접

Al합금은 용접중 및 용접 후에 변형을 일으키기 쉽기 때문에, 구속이나 가접이 철강재의 경우보다 중요하다. 따라서 Al합금의 가접은 강의 경우보다 약간 길게 한다. 교류 GTAW 경우 판두께 4 [mm] 이하일 때 비드길이 10 ~ 20 [mm] 피치 50 [mm], 판두께 5 ~ 8 [mm] 일 때 비드길이 20 ~ 30 [mm] 피치 50 ~ 150 [mm], GMA 용접의 경우 판두께 4 ~ 8 [mm]일 때 비트 30 ~ 50 [mm] 피치 100 ~ 200 [mm]로 한다.

마. 용접 조건

GMA 용접에서 판두께 30 [mm] 이상의 경우 Ar에서 10 ~ 50 [%] He 혼합가스를 사용하여 후판 특유의 융합 불량을 방지한다. 판두께 수 mm 이하는 양면 맞대기 용접시 표면에 미세균열이 발생하기 쉽다. 뒷면 용접시 지나친 입열을 피해야 한다. 대전류 GMAW 후판용접의 경우에도 지나친 입열은 열영향부 미세균열이 발생할 수 있으므로 입열량 조절에 유의한다. 대전류 GMA 용접에서는 용융지 보호를 위하여 이중 토오치를 사용한다. 외측은 Ar가스를 사용하고, 내측은 용입개선을 위하여 Ar+He 혼합가스를 사용한다.

바. 후처리

용접 후 필요에 따라 변형의 제거, 비드 표면의 절삭, 열처리, 잔류응력의 제거 등을 실시한다. 변형제거의 경우 기계적 방법은 롤러, 프레스, 망치를 사용하고 또 변형부를 국부 가열한 후 수냉함으로써 발생하는 재료의 국부적 열수축을 이용하는 방법도 있다.

5. 알루미늄(Al) 용접부 특성

가. 용접부 조직

Al합금은 열전도율이 크므로 용접시 비교적 넓은 열영향부를 형성한다. 따라서 용접부는 금속학적으로 불연속부가 되므로 용접부의 강도가 저하되고, 경우에 따라서는 내식성도 저하된다. 한편 비열처리형 합금의 미세조직은 열처리형과는 다르다. 즉, 비열처리형의 경우 용접부(주조조직)-열영향부(재결정, 풀림 영역)-비열영향 모재부로 이루어져 있다.

나. 용접부 강도

맞대기 용접부 인장강도는 비열처리형 Al합금의 용접부에서 용접금속의 조성이 모재와 거의 같은 경우 용접부의 정적 인장강도는 모재 연질재의 인장강도와 거의 같거나 조금 낮다. 그러나 보통 용접부의 인장강도는 모재 연질재의 최소 규격값 이상으로 규정되어 있기 때문에 용접재료의 조성은 보통 모재보다 성분을 증가시킨 것을 사용한다. 용접금속의 강도 등 기계적 성질은 용접재료의 화학성분 외에 주로 용접입열에 의하여 결정된다. 즉 용접 입열에 의한 모재의 희석률 및 일부 원소의 증발 손실에 의한 조성적 요인과 용접금속의 응고조직, 예를 들어 결정립도, 수지상 간격 등이 변화됨에 따른 조직적 요인의 영향을 받는다.

Al합금의 십자필릿 용접부에 대하여 인장시험을 하면 파단은 20 ~ 35°면에서 많이 발생한다. 또 1층 필릿 용접부에서는 45°면에서 파단하는 경우도 자주 있다. 따라서 강도는 필릿의 최소 단위인 목 두께를 기초로 하여 계산한다. Al합금의 경우 필릿 전단강도는 다른 연성재료와 같이 인장강도의 0.6배로 한 것을 설계기준으로 선택하고 있다.

Al합금은 철과 같이 명확한 피로한계가 존재하지 않는다. 따라서 응력 반복횟수 N을 지정하여 피로강도를 표시하거나, N=107 회에 해당하는 응력값을 피로한계로 하기도 한다. 용접부의 피로강도는 용접결함, 용접부의 형상용접방법 등 여러 인자에 의하여 영향을 받지만, 주 영향은 노치효과인 것으로 생각되고 있다.

일반적으로 Al합금은 온도의 저하에 따라 인장강도, 항복강도, 연신율이 상승하지만 A2024-T81, A7075-T6, A7079-T6 등은 예외이다. 이 합금들은 평활재도 온도저하에 따라 연성이 저하되며, 노치가 있는 경우도 연성이나 인성이 다른 합금에 비하여 감소한다. 일반적으로 Al은 온도에 따라 연성에서 취성으로 천이 되는 현상이 없으며, 탄소강 등과는 달리 부하속도도 취성파괴에 아무런 영향을 미치지 않는다. 또한 Al합금은 온도의 증가에 따라 100 [℃] 정도까지는 실온에 비해 강도의 저하가 거의 없으나, 그 이상의 온도가 되면 강도가 저하되기 시작한다.

6. 용접결함

알루미늄 및 그 합금 용접부에 발생하는 용접결함은 균열, 기공, 융합불량 등이 많이 발생한다.

가. 용접균열

Al용접부에서 발생하는 가장 중요한 결함의 하나로 용접균열을 들 수 있다. 용접균열은 용접성을 지배하는 중요한 인자이며, 용접부의 응고현상이나 용접부 조직과 밀접한 관계가 있다. 발생기구 측면에서 보면 Al용접부에 발생하는 균열은 고온균열이며, 이것은 주로 결정립계에 합금원소의 편석 혹은 저융점 물질에 기인하는 것이다. Al합금의 용접부에서 발생하는 고온균열은 응고균열과 액화균열이 있다. 응고균열은 용접금속이 응고할 때 응고온도 범위의 저온측에서 응고 시의 수축 또는 외적 요인에 의한 인장 스트레인에 의하여 발생하는 것이다.

액화균열은 열영향부가 고온으로 가열되었을 때 입계가 국부적으로 용융하였다가 응고할 때의 수축에 기인하여 발생하는 균열이다. Al합금의 다층용접 혹은 보수용접을 할 때 전층의 용접금속 중에 나타나는 미세균열은 일종의 액화균열이다. 용접시공 측면에서 용접균열을 저감시키기 위해서는 홈간격을 줄이거나 용접속도를 낮추고 용접 크레이터부가 응고되기 직전에 균열이 생기지 않도록 용융금속을 보충한다.

나. 기공

Al 용접부는 다른 금속재료에 비하여 기공이 생기기 쉬운 것으로 알려져 있다. 기공의 형성원인으로는 용접시 용접금속 중으로 가스 용해, 냉각시 용융금속 내에서 화학반응에 의한 가스발생과 용해도 감소에 따른 가스의 방출, 응고과정에 있어서 가스의 방출, 용접부 수소 혼입 등이 있다. 기공의 생성에 직 간접적인 영향인자로는 용접방법, 용접전류, 용접전압, 용접속도, 보호가스의 종류, 순도 및 유량, 용접봉 및 모재의 표면처리 상태, 홈 및 용접부의 형상, 노즐형상, 토치각도 등이 있다. 기공생성에 대한 일반적인 현상은 용융지의 냉각속도가 빠를수록 기공이 많아지고 냉각속도가 느릴수록 적어진다. 또한 보호분위기가 충분한 역할을 하지 못하면 기공은 증대한다. 용접방법에서는 GTA 용접보다 GMA 용접의 경우가 기공이 많이 발생한다.

다. 융합 불량

융합불량은 주로 후판의 다층용접에서 발생하기 쉽다. 발생위치는 대개 홈면비드 층간 및 백가공 후의 초층면이 되며 융합불량의 발생 원인은 산화물의 존재나 용입부족 등에 의한 것이다. 융합불량에 영향을 미치는 인자로 용접전류는 판 두께에 비하여 용입이 충분히 얻어질 수 있는 전류를 선택하여야 한다. 이음부 각도 혹은 이음부 선단반경이 작을수록 융합불량이 발생하기 쉬우므로 가능한 이음부 각도 및 뒷면 가공시의 선단변경은 크게 한다.

제7절 | 티타늄(Ti : titanium) 용접

1. 특 성

티타늄은 Zr, Hf과 함께 IV A 족에 속하는 천이금속으로 차가울 때는 극히 취약하여 가루로 만들 수도 있으며 적열상태에서는 선으로 만들 수 있다. 강도는 탄소강과 거의 같고, 자중에 대한 비강도는 철의 약 2배, 알루미늄의 약 6배이다. 순 티타늄의 열전도 및 전기저항은 오스테나이트계 스테인리스강과 거의 같으며 투자율은 0.1로 비자성이다. 열팽창계수는 8.4×10^{-6} [cm/cm/℃]로 탄소강의 약 2/3이고 오스테나이트계 스테인리스 강의 약 50 [%]이며 영률은 약 110 [GPa]로 오스테나이트계 스테인리스 강의 약 50 [%]이기 때문에 상대적으로 휘어지기 쉽다. 티타늄 표면에 형성된 산화 티타늄의 부동태 피막이 견고하고 산화성 환경에서 파괴 즉시 재생이 쉽기 때문에 내식성이 우수하고 특히 해수 부식성이 우수하다. 티타늄의 내식 특성은 티타늄이 열역학적으로 활성이 크지만 표면에 안정한 부동태 피막이 생성되기 때문에 안정하다. 부동태 피막은 수 ~ 수십 [nm] 정도의 극히 얇은 티타늄 산화물로 형성되어 다양한 환경중에서도 안정하며 일단 국부적으로 파괴되어도 순식간에 재형성되는 특성을 가지고 있다. 그러나 피막이 파괴되면, 티타늄의 부식속도는 철보다 크다. 티타늄의 내식성에 대한 특징을 보면 질산과 같은 산화성 환경에 강하다. 이는 스테인리스강과 같이 부동태 피막이 생성되기 쉽고, 스테인리스강처럼 과부동태 부식현상이 없기 때문에 고온, 고농도 또는 산화제를 함유하는 질산 중에서도 내식성을 유지할 수 있다. 염화물이온에 의해서 부동태 피막이 쉽게 파괴되지 않는다. 따라서 스테인리스 강이나 알루미늄과 같이 공식, 틈새부식, 응력부식균열 등이 발생하기 어렵다. 염산이나 황산 등의 비산화성 산에 대해서는 부식되기 쉽지만, 극히 미량의 산화제(Cu^{2+} 이온이나 용존산소 등)를 첨가하면 쉽게 부동태화 한다. 스테인리스 강과 달리 용접에 의해 내식성이 떨어지지 않고 냉간가공에 의해 내식성이 나빠지지 않으며 티타늄 중에 불순물 원소가 다소 함유되어도 내식성이 악화되지 않는다. 이것은 철강이나 스테인리스 강과는 다른 성질이다. 다른 내식재료와 달리 미량의 수분이 있다면 염소가스에 견딜 수 있으며 동합금과 달리 아황산가스나 황화수소에 견딜 수 있고 모든 유기산에 대해서 우수한 내식성을 나타낸다. 특히 공업용 약품으로 다량 사용되는 초산에는 전농도 범위에 걸쳐서 사용 가능하다. 알칼리 용액경우는 $Ca(OH)_2$, $Mg(OH)_2$, $Ba(OH)_2$에 대해서는 내식성을 가지지만 NaOH와 KOH에 대해서는 고온 조건하에서 전면부식이 발생한다. 순수 Ti은 스테인레스강과 달리 SCC나 pitting 및 interganular corrosion을 일으키지 않는다. 그러나 600 [℃] 이상의 고온에서는 반응성이 아주 좋아서 표면이 산소, 질소, 수소 등의 원소로 오염되어 내식성을 저하시키거나 결함을 발생시켜 내식성과 기계적 성질 모두 저하시킨다.

Ti은 탄소강과 같이 온도에 따라 결정구조가 변화하는 성질 즉 변태가 있는데 순티타늄의 경우 882 [℃]에서는 HCP(α상)로부터 BCC(β상)로 변화한다. β상의 Ti은 취약하기 때문에 상온에서는 안전한 α상구조가 주로 이용되고 있다. 또한 이 변태점은 불순물 원소 또는 첨가되는 합금원소의 종류 및 양에 따라 변화하며, α+β의 2상 영역이 나타나기도 한다. Ti을 다른 금속과 비교하여 보면 융점이 높고 탄성계수 등이 작은 특징이 있다. 순티타늄의 경우에는 불순물 원소량에 따라 ASTM에서는 4종류로 구분하고 있는데, 산소, 질소, 수소, Fe 등의 불순물 원소량의 증가에 따라 강도는 증가하고 연신율은 저하하며 온도에 따른 강도 및 크리프특성은 300 [℃]까지는 안정되어있으나 온도 증가에 따라 감소한다. 실제 공업적인 제조관리는 주로 산소와 Fe량 조절에 의해서만 행해지고 있다. 그리고 titanium 합금은 실온에서는 조직에 따라 α형, α+β, β형의 3종류로 크게 나누는데 첨가되는 합금 원소에 따라 좌우된다.

① α형의 합금은 가장 대표적인 α안정화 원소인 Al과 소량의 합금원소(Pb, Ta 등)를 함유하는 합금으로 상온에서 α조직을 갖는다. 대표적인 합금으로는 Ti-5Al-2.5Sn이 있는데 고온강도가 요구되는 항공기용 부품 등에 이용되고 있다. 그 외에 Ti-0.5Pb와 Ti-5Ta합금이 있는데 비산화성 산에 대한 내식성이 좋으므로 염산 및 황산 등을 사용하는 용기에 주로 이용되고 있다. 그리고 최근에는 고온의 불산을 사용하는 분위기에 대해서는 Ti-5Ta합금이 주목을 끌고 있다.

② β형의 합금은 V, Mo 등의 β안정화 원소가 다량으로 첨가되는 합금으로 용체화 처리와 시효에 의해 130 [Kglf/mm^{2}을 넘는 고강도를 얻을 수 있는 특징이 있다. 용접은 가능하지만 용접시 에는 모재와 동등한 강도를 얻을 수는 없다.

③ α+β형 합금은 상온에서 α상과 β상이 혼존하는 조직을 갖는 합금으로 열처리에 의한 α상과 β상의 비율을 변화시킬 수 있어 강도도 그에 따라 조절할 수 있다. 그중에서도 가장 널리 사용되고 있는 Ti-6Al-4V은 β변태점 이하에서 α상과 β상의 2상구조를 보이며 그 상의 양은 온도에 따라서 변화한다. 소둔된 소재에서는 상온에서 약 80 [%]의 α상과 약 20 [%]의 β상이 존재한다. 강도는 90 [Kgf/mm^2] 이상이며 용접성 및 성형가공성도 양호하다. 따라서 항공기 부품용 재료와 탐해정 등에 이용되고 있다.

[표 10-11] 티타늄 종류

분류	등급	특징	주요 용도
Pure Titanium	Grade 1	낮은 강도	판형 열변환기
	Grade 2	가장 많이 사용되는 Pure Titanium, 강도, 용접성의 최적 조합	파이프
	Grade 3	고 강도	튜브 열교환기, 내압성 외판
Titanium Alloy	Grade 5 (Ti-6Al-4V)	가장 많이 생산되는 Titanium Alloy	항공, 해저
		고 강도, 높은 내열성	
	Grade 7 (Ti-0.15pd)	높은 내부식	화학

	Grade 9 (Ti-3Al-2.5V)	고강도+높은 내부식	해저, 수압 파이프
	Grade 11	Grade 7과 유사	해저 탐사
	Grade 12 (Ti-0.3Mo-0.8Ni)	Pure Titanium보다 고 내열성	튜브 열교환기, 내압성 외판
	Grade 23 (Ti-6Al-4V ELI)	extra low interestitial O, Fe, C 등의 원소를 극도로 적게한 재료	생체의료용 재료(인공치아, 인공관절, 인공뼈 등)

[표 10-12] 티타늄의 합금성분 및 기계적 성질

분류	grade	Ti	N*	C*	H*	Fe*	O*	Pd	Pd	인장강도 [kg/mm^2]	항복강도 [kg/mm^2]	연신율 [%]
순Ti	Grade 1	잔량	0.03	0.10	0.015	0.20	0.18	-	-	28-42	≧17	≧27
	Grade 2		Rem.	0.10	0.015	0.30	0.25	-	-	35-52	≧22	≧23
	Grade 3		Rem.	0.10	0.015	0.30	0.35	0.12	0.12	49-61.3	≧35	≧18
	Grade 4		Rem.	0.10	0.015	0.50	0.40	0.12	0.12	≧56	49-66	≧15
Ti합금	(Ti-6Al-4V)	Rem	0.03	0.10	0.015	030	0.25	~ 0.25	~ 0.25	≧91	≧84	≧10
	Grade 7 (Ti-0.15pd)	Rem	0.03	0.10	0.015	030	0.25	~ 0.15	~ 0.15	≧35	28 ~ 46	≧20
	Grade 9 (Ti-3Al-2.5V)	Rem	0.03	0.10	0.015	030	0.25	-	~ 0.25	35-56	28 ~ 46	20
	Grade 11	Rem	0.03	0.10	0.015	030	0.25	~ 0.15	~ 0.25	≧35	28 ~ 46	≧20
	Grade 12 (Ti-0.3Mo-0.8 Ni)	Rem	0.03	0.10	0.015	030	0.25	-	~ 0.25	35-56	28 ~ 46	20
	Grade 23 (Ti-6Al-4V ELI)	Rem	0.03	0.10	0.015	030	0.25	-	~ 0.25	102-127	95-123	5-10

2. 용접성

Ti은 융점이 약 1670[℃]정도로 매우 높아서 완전한 ingot의 제작이 곤란하고 특히 고온에서는 급격히 산화되어 본래 요구되는 성질이 없어지기 때문에 열간가공과 용접이 곤란하며 높은 항복응력 때문에 냉간가공 또한 어렵다. 그중에서도 용접이 큰 문제점으로 지적되는데 이는 티타늄이 상온에서 안정한 산화막이 생겨서 부식을 방지하지만 600[℃] 이상 고온에서는 반응성이 아주 좋아서 O_2, N_2, H_2 등의 원소로 오염되어 내식성을 저하시키거나 용착금속 내부에 기공 등의 결함을 발생시키게 되어 내식성뿐만 아니라 기계적인 성질까지 모두 저하시키기 때문이다.

Ti용접 시에는 전술한 바와 같이 대기가스에 대해 높은 용해성을 갖기 때문에 산화현상이나 용착금속

내부에 발생하는 기공이 상당히 큰 문제점으로 지적된다. 이러한 Ti용접부의 기공은 크게 2가지로 대별 할 수 있는데 중심선기공(centerline porosity)과 용접비드 변두리에 생기는 기공이다. 이러한 기공의 발생원인은 전자의 경우 용입이 불충분하여 생기는 것으로써 입열량을 증가시키면 해결할 수 있으나 후자의 경우는 정확히 밝혀져 있지는 않으나 수축공, 확산성수소, 알곤순도, 질소, 용접부의 산화오염 등으로 인해 생긴다고 알려져 있다. 따라서 Ti용접은 토치의 가스유량, 용접속도, 아크길이, 이면가스보호, 절단 및 가공방법, 표면처리 등을 잘 고려하여야 한다.

3. 용접시공

Ti을 용접하는 방법에는 GTAW, GMAW, PAW, EBW 등 여러 가지가 사용된다.

GTAW는 저전류 영역에서 아크가 안정되고 용접이송, 와이어 송급, 가스공급제어 등을 일체화 시킨 전자동 용접장치와 tube 와 tube sheet 자동용접 등이 개발되어 화학 플랜트와 발전용 복수기 등의 제작에 많이 적용되고 있다. GMAW는 GTAW에 비해 용착속도가 빠르고 용입이 깊은 장점도 있지만 스패터 발생이 많아서 일반 구조물의 제작에 적용되는 예는 그리 많지 않다. PAW는 GTAW보다 용입이 깊고, 특히 두께 10 [mm]정도까지는 1pass 용접이 가능하고 고능률적이어서 화학 플랜트 등의 제작에 적용되기도 한다. EBW의 경우는 열집중이 매우 높기 때문에 GTAW, PAW에 비해 용입이 깊고, 용입폭이 대단히 좁아서 제품크기에 제한은 있지만 변형을 줄일 수 있어 항공기 및 잠수정 등의 두께 70 [mm]를 넘는 Ti-6Al-4V 합금이 적용되는 곳에 주로 이용된다. 그 외 특수한 용접법으로서 고상확산접합, 마찰접합, 브레이징 등이 있다. 이상과 같이 티타늄용접 방법에는 그 종류가 다양하지만 경제성 그리고 작업성 등을 고려하여 가장 많이 사용되는 것이 GTAW 용접법이다.

가. 용접 준비

Ti용접에 있어서 양호한 용접부를 얻기 위해서는 용접시에 바람, 비 혹은 먼지 등의 유입을 막기 위한 클린룸(cleaning room)의 설치가 필수요건이다. Ti의 마킹시에는 이물질의 혼입, 응력, 노치발생 등에 유의하며 마킹위치는 HAZ나 응력 집중부를 피하며 용접시 발생하는 수축이나 절단에 의한 손실을 고려하여 작업하며 절단후에는 용접 홈내부의 불순물은 스테인레스 와이어 브러쉬로 깨끗이 제거되어야 한다. 최종적으로는 pt 검사에 의해 잔존 균열 등이 조심스럽게 검사되어야 하며 존재시에는 필히 제거되어야 한다. 용접 전에 용접면은 유지, 페인트, 이물질 등의 제거를 위해 적정 세정제에 의해 깨끗이 세척되어야 한다.

나. 가접

용접 조립시에 행해지는 가접의 경우 본 용접과 동일 조건으로 행하여야 한다. 본 용접을 위해서 이음부는 solid plate의 경우 대부분 두께가 얇기 때문에 I butt joint 혹은 3t 이상일 경우 single V 홈을 채택하며 clad plate의 경우 일반적으로 insert material을 이용한 겹치기이음을 많이 채택한다. 용접시에는 직류전류를 사용하며 모재의 종류에 따라 [표 10-13]의 용접재료가 사용된다.

[표 10-13] 티타늄 용접재료 종류

제 품 명		규 격(AWS)	용도 및 특성
TIG 용접 WIRE	자동 TIG 용접용 WIRE		
NTI-R	NTI-M	ERTi-1	순 티타늄용(1종,2종의 용접)
NTI-2R	NTI-2M	ERTi-2	순 티타늄용(1종,2종의 용접)
NTI-3R	NTI-3M	ERTi-3	순 티타늄용(3종의 용접)
NTI-64R	NTI-63M	ERTi-5	티타늄합금용(6Al-4V-Ti)
NTI-64ELR	NTI-64ELM	ERTi-5ELI	티타늄합금용(6Al-4V-Ti)
NTI-7R	NTI-7M	ERTi-7	티타늄합금용(Pd-Ti)
NTI-325R	NTI-325M	ERTi-9	티타늄합금용(3Al-2.5V-Ti)
NTI-325ELR	NTI-325ELM	ERTi-9ELI	티타늄합금용(3Al-2.5V-Ti)
제조 SIZE TIG(∮) 0.8, 0.9, 1.0, 1.2, 1.6, 2.0, 2.4, 3.2, 4.0			
WIRE(∮) 0.8, 0.9, 1.0, 1.2, 1.6			

다. 용접비드 표면

Ti은 대기중에서 고온으로 가열하게 되면 표면이 대기로부터 오염되어 여러가지 색으로 변화하게 된다. 300[℃] 정도 까지는 대기의 영향을 거의 받지 않으며 상온에서와 똑같이 은백색으로 나타나고 그 이상의 온도로 가열하게 되면 가열온도의 상승과 동시에 금색, 적홍색, 청색, 회백색 또는 밝은 백색 등으로 되는데 이 경우 금속광택이 없어지게 된다.

순티타늄의 경우 850[℃] 이하까지는 대기에 의한 산화속도가 그다지 크지 않으나 850~900[℃]의 범위에서는 산화속도가 급격히 증가되고 그 이상의 온도가 되면 국부적으로 산화되어 표면의 산화피막이 형성되어 Ti의 내식성이나 기계적 성질에 크게 손상을 주게 된다. 그 이유는 티타늄이 대기중의 산소, 질소, 수소 등의 대기가스와 반응하기가 매우 쉽고 고온에서는 여러 종류의 산화물과 기름 및 수분, 금속(Fe 등)의 물질과 반응해서 취약한 화합물을 만들어서 용접부가 취화하는 동시에 내식성을 저하시키기 때문이다. 그러나 갈색이나 청색이 나타나는 범위까지는 티타늄의 내식성이나 기계적 성질에 크게 영향을 주지 않기 때문에 용접 스테인레스 와이어브러쉬를 사용하거나 선별(picking)처리를 통해 산화피막을 완전히 벗긴 다음 다시 용접해야 한다.

[표 10-14] Ti 산화에 의한 변색

용접색깔	의미	교정방법
Silver(은색)	양호한 용접	양호
Straw to very light Blue (담황색 매우 엷은 파란색)	만족스러운 용접	변색부는 sus 브러쉬로 차층 pass 전에 제거할 것
Blue or Purple (파란색 또는 자주빛)	불충분한 용접	비드 및 인접한 금속을 제거 : 재용접전에 실딩가스량 높일 것
Gray or Yellow power (회색 또는 황색)	매우 불충분한 용접	HAZ부와 용접비드 제거할 것

라. 용접부 보호(shielding)

Ti 용접부를 대기로부터 보호하기 위한 방법으로는 진공이나 불활성분위기 하의 용기속에서 용접하는 등 여러가지 방법이 있으나 가장 보편적으로는 보호가스를 사용한다. 이것은 대기에 의한 오염을 방지할 뿐만 아니라 용착부와 열영향부도 상온까지 냉각 될 때까지 대기로부터 차단시킨다. 일반적으로 실딩은 토오치 알곤에 의해 행해지며 다음의 3가지로 대신 할 수 있다.

(1) Primary shielding

용융풀과 그 근처 모재 주위를 보호하는 것으로 이때 토오치나 건노즐을 사용하여 보호가스의 흐름에 난류가 생기지 않고 일정한 흐름을 얻을 수 있도록 한다. 사용노즐의 크기는 일반적으로 0.5 ~ 0.75 [inch]로 해당 이음부에 사용하기 쉬운 최대의 것을 사용한다. 이때 가스압력은 5 [Kg/cm^2] 이상으로 하는 것이 좋다.

(2) Secondary shielding

용융후 냉각되는 용접부와 열영향부에 산화재가 생기지 않을 정도의 온도(약 200 [℃])로 냉각될 때까지 대기로부터 보호하는 것이다. Ti의 경우 열전도도가 낮기 때문에 열영향부가 넓게 되고 용접하고 있는 바로 앞은 보호할 필요가 없는 반면 용접부 바로 뒤에 냉각되는 용착금속은 일정온도로 냉각 될 때까지 보호해야 하는 단점이 있다.

(3) 이면부 보호(Back up shielding)

토치 반대쪽의 용접 이면부를 보호하기 위해 행한다. 특히 파이프 용접 시에는 파이프내부에 불활성 가스를 불어넣어서 퍼징(purging)을 해야 한다. 이때 파이프 내부의 압력이 너무 크면 이면비드 외관이 좋지 않게 된다. 용접 중에 계속 퍼징을 하고 퍼지 출구에서 나오는 유량을 감지해 조절하도록 하여야 한다.

마. 용접 검사

모든 용접부는 용접후 비파괴 검사를 수행하여야 하며 티타늄에는 단지 PT만이 적용된다. 일반적으로 순티타늄의 경우에 후열처리인 응력제거 처리가 필요치 않으나 용접후의 잔류응력 제거를 이하여 전기로에서 625 [℃/2hr] 정도의 후열처리가 적용되기도 한다.

4. 티타늄 활용

티타늄과 그 합금은 가스 터빈엔진, 열교환기, 불용성 전극, 탈염설비, 금속적출 및 추출, 의료, 탄화수소공정, 탈황설비, 선박, 화학, 스팀터빈, 자동차, 주조, 스포츠, 방사선폐기물, 중량물분야, 특히 정밀 주조법 및 정밀단조에 의한 칫수, 형상, 조직제어 기술의 진보, 항공 산업분야 등에서의 확산접합 및 brazing 기술의 응용 등 괄목할만한 기술적 진보로 Ti 및 Ti 합금의 상업적 이용 가능성을 증대 시키고 있다. 그러나 대형 구조물을 제작하기 위해서는 여전히 매우 까다로운 재질이며, 성공적인 구조물의 제작을 위해서는 재질에 따른 성형성, 가공성, 용접성 등을 고려해야한다. 현 응용분야의 확산 및 새로운 응용개발로 인해 앞으로도 괄목할 만한 성장이 이루어 질 것이다.

제8절 | 오버레이 용접(Overlay Welding)

1. 개 요

일반적으로 설비 또는 기계부품은 마멸, 충격, 침식에 의하여 마모되거나 환경의 영향으로 부식이 발생하여 많은 손실을 보게 된다. 이러한 손실을 감소시키기 위하여 재료의 표면에 내마모, 내식, 내열성재료를 입히는 용접을 오버레이 용접이라고 한다. 이러한 정의에 따라 용사, 열처리에 의한 침탄, 질화처리, 이온주입과 같은 표면경화법은 오버레이 용접에 포함되지 않는다.

내마모성 향상을 위한 오버레이 용접의 적용범위는 암석분쇄와 같은 매우 심한 연삭마모에서부터 수백분의 1 [mm] 마모도 허용되지 않는 미세 조절밸브와 같은 금속과 금속간의 접촉마모에 이르기까지 매우 광범위하다.

부식과 고온산화는 마모속도에 큰 영향을 미치기 때문에 오버레이 용접의 재료선정에 있어서 매우 중요한 요소로 작용한다. 일반적인 설비들은 탄소강, 스테인레스강 또는 내마모성이 부족한 재료로 제작되어 있다. 따라서 오버레이 용접은 부품자체가 심한 마모를 받을 수 있는 부분이라든지 마모 손상된 부분을 보수하는 곳에 적용하게 된다. 기계설비는 원래의 가공치수를 유지하였을 때 가장 생산성이 높으며, 생산제품의 품질도 우수하다. 오버레이 용접은 이 유효치수의 수명을 최대로 유지시킴으로써 생산제품의 품질을 향상시키고 보수 주기도 줄이며 고가의 부품을 저렴한 가격으로 재생시키며 특히 부품의 저장을 줄이고, 예비저장부품을 합리적으로 관리할 수 있기 때문에 생산원가 절감에도 크게 이바지할 수 있다.

2. 용접특징

오버레이 용접은 모재에 약 1[mm] 이상의 두께로 내마모, 내식, 내열성이 우수한 용접금속을 입히는 방법으로 그 특징은 아래와 같다.

① 모재와 완전한 융합을 이루기 때문에 모재보다 접합강도가 높다.
② 용착속도가 높아 작업능률이 양호하며 오버레이층의 두께제어가 쉽다.
④ 용접금속은 불활성 가스분위기에서 야금반응을 하므로 품질이 우수하다.
⑤ 오버레이 하고자 하는 제품의 크기에 제한이 없다.

한편 경제적으로는 다음과 같은 장점이 있다.

① 보수를 위한 휴식시간을 줄일 수 있으므로 생산성이 향상된다.
② 조금 높은 하중을 사용하더라도 효율이 증가한다.
③ 손상된 부분을 복구함으로써 보수, 유지비용을 경감시킨다.
④ 인성이 높고 저가인 모재를 사용하므로 마모와 인성이 상호 보완적이다.

오버레이 용접법을 선정할 때 고려해야할 기술적 요건에는 오버레이 용접층의 특성 및 성질, 적용제품의 물리적 성질, 모재의 금속학적 성질, 오버레이 용접재료의 형태, 작업자의 숙련도, 제조원가를 고려해야 한다.

3. 용접종류

오버레이 용접법은 일반적으로 아래 표와 같이 분류된다. 가스용접, 아크용접, 마찰용접 및 레이저 표면개질 등은 현재 실용화되고 있는 오버레이 용접방법이며, 그 중에서 전기아크와 플라즈마 아크를 이용한 아크 오버레이 용접방법이 가장 많이 이용되고 있다.

[표 10-15] 오버레이 용접방법 분류

에너지원	용접방법
가스화염	산소-아세틸렌용접(Oxy-Acetylene Welding : OAW)
전기아크	피복 아크용접(Shieded Metal Arc Welding : SMAW)
	가스텅스텐 아크용접(Gas Tungsten Arc Welding : GTAW)
	가스메탈 아크용접(Gas Metal Arc Welding : GMAW) 플럭스 코어드 용접(Flux Cored Arc Welding : FCAW)
	서브머지드 아크용접(Submerged Arc Welding : SAW)
플라즈마아크	분체플라즈마 아크용접(Plasma Transferred Arc Welding : PTAW)
전자빔	전자빔 표면개질
레이저광	레이저 표면개질

가. 산소-아세틸렌 가스용접(OAW)

가스화염을 이용하여 소재의 표면에 내마모 또는 내식재료를 용해 적층 시키는 방법으로 오버레이 용접시 표면 부위만 조금 용해될 뿐이다. 용접장치가 간단하고 가격이 저렴하며 이동이 가능하고, 일반 용접 및 절단에도 사용할 수 있으며, 내마모 오버레이 용접의 경우 최적의 미세조직을 갖는 오버레이층을 얻을 수 있다는 것이다. 오버레이 용접시 용접봉과 토치를 수동으로 작동시켜야 하므로 높은 수준의 숙련이 필요하다.

나. 아크 용접

(1) 피복금속 아크용접(Shield Metal Arc Welding : SMAW)

소모전극식이며 사용하는 전극은 일반적으로 특별한 재료로 피복되며, 오버레이 용접봉은 3 ~ 8 [mm]로 주로 역극성을 사용한다. SMAW 오버레이 용접은 전자세용접이 가능하고 다양한 재료를 이용 할 수 있으며, 용접시 선행패스의 열을 이용하여 후행패스의 예열을 생략 할 수 있으며 엔진 발전기를 사용하면 야외에서도 작업 할 수 있다.

(2) 서브머지드 아크용접(Submerged Arc Welding : SAW)

대전류 및 다전극 용접이 가능하여 75 ~ 150 [g/min]로 빠른 고효율 용접법이며, 자동공정이므로 작업자의 숙련도가 좌우되지 않는다. 상대적으로 작은 부품에는 적용이 어렵다.

(3) 플럭스 코어드 용접(Flux Cored Arc Welding : FCAW)

반자동 또는 전자동으로 아크는 전극으로부터 발생되며 보호가스 또는 전극 내부에 있는 가스발생용 플럭스에 의해 일부 보호받는다. 전극은 튜브 와이어의 형태로써 연속적으로 공급하며, 직류역극성

(DCEP)을 사용하면 최고의 오버레이 용접특성을 얻을 수 있으며, 26 ~ 30 [V] 범위의 교류를 사용하여도 우수한 결과를 얻을 수 있다.

(4) 가스메탈 아크용접(Gas Metal Arc Welding : GMAW)

소모전극식 오버레이 용접법으로 용접봉과 모재표면에 CO_2, Ar, 또는 He가스를 단독으로 또는 약간의 O_2를 혼합한 가스를 분사하여 용접부의 산화를 방지한다. 주로 반자동 용접을 사용하며 정밀한 용접이 가능하여 복잡한 형상의 용접부에도 고품질의 오버레이 용접이 가능하다. 직경이 1.6 [mm] 이하인 오버레이 와이어를 사용하며, Spray arc, short arc 형태로 용착이 일어난다.

(5) 가스텅스텐 아크용접(Gas Tungsten Arc Welding : GTAW)

비소모 전극식 오버레이 용접법으로서 모재의 가열된 부분, 오버레이층 및 전극이 토치를 통해 공급되는 Ar 또는 He가스에 의해 산화로부터 보호받는다. ThO_2를 약간 함유하고 있는 텅스텐 전극을 많이 사용하며 직류정극성(DCEN)을 이용한다. 작고 복잡한 부품을 용접할 때 유리하다.

(6) 플라스마 아크용접(Plasma Arc Welding : PWA)

PAW에 의한 오버레이 용접은 비소모 텅스텐 전극과 모재사이에 발생하는 아크를 열원으로 사용한다는 점이 GTAW와 비슷하지만 PAW에서는 2차 열원으로 플라즈마를 최대한 활용한다. PAW에 의한 오버레이 용접은 많은 장점이 있다. 용접전류, 분말공급속도, 진동 및 토치 이송속도에 따라 오버레이 용접층을 폭 5 [mm], 두께 0.2 [mm]로부터 폭 38 [mm], 두께 6 [mm]까지 광범위하게 조절할 수 있다. 오버레이 용접재료인 분말은 용착속도 4.5 [Kg/h]에서 오버레이할 부품의 크기와 형상에 따라 95 [%]까지 회수가 가능하다. 또한 이 방법은 모재와의 반응성이 GTAW와 비슷한 수준이며 자동화가 쉬우므로 생산성이 높다.

한편 PAW에 의한 오버레이 용접에도 단점은 있다. 즉 장치가 고가이며 오버레이할 부분이 평면 또는 원통형이 아닌 경우에는 특별한 공구가 필요하다. 보호가스인 Ar은 토치의 중심으로 공급되어 전극과 용접금속을 보호하며, 분말의 공급에도 사용되므로 GTAW에 비하여 소모량이 많은 편이다. 또한 넓은 면적을 오버레이할 경우 예열이 필요하며, 과도한 예열이나 용접시간이 길면 토치가 과열되므로 주의하여야 한다.

다. 마찰 오버레이 용접

두 재료가 접촉하여 회전할 때 발생하는 마찰열에 의하여 가열된 상태에서 압접하는 용접방식으로 오버레이 용접재료인 환봉을 일정한 회전수로 회전시킨 후 회전하고 있는 축방향으로 압력을 받아 모재와 접촉을 하면, 마찰 발열로 가열되므로 온도상승으로 오버레이 용접재료와 모재사이에 소성 유동층이 형성되며, 용접재료가 소성 용착되어 안정된 오버레이층이 형성된다. 장점은 고상접합이기 때문에 희석율이 매우 낮고 원하는 조성의 오버레이를 할 수 있으며 용접금속의 기계적 성질이 우수하다. 모재의 열영향부가 적고 용접속도가 빠르며 작업이 간편하다.

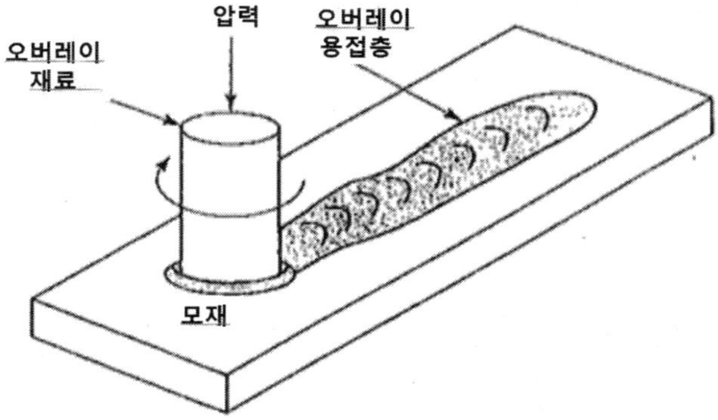

[그림 10-9] 마찰 오버레이 용접

라. 일렉트로 슬래그 용접(electro slag Welding)

일렉트로 슬래그 용접법은 플럭스의 높은 저항열로 인해서 발생되는 충분한열이 모재와 용접재료를 용융상태에 이르게 하여 용융된 용접재료의 용적이 모재로 떨어져 모재표면에 붙게 되며, 전극재인 용접와이어가 플럭스에 매몰된 상태에서 전류가 흐르면 처음에는 아크가 발생되어 플럭스를 녹인다. 플럭스가 용융되면 아크가 소멸되고, 용융플럭스를 통하는 전류는 용융플럭스의 저항열을 발생시켜 전극재인 용접와이어를 녹인다. 아크용접법에 비하여 변형률이 적으며, 용접재료가 와이어 형상뿐 아니라 두께가 0.5 [mm]이고 폭이 25 ~ 300 [mm]로 얇은 판재의사용이 가능함에 따라서 오일 저장용 대형탱크내부, 극후판 고압압력용기 내면부, 수력용 터빈 날개부, 이종 다층 판재와 같은 넓은 부위의 평판에 오버레이 할 때 유용하다.

마. 레이저 표면개질

레이저를 이용한 금속의 내마모성 향상기술은 고출력 CO_2 레이저의 응용으로 가능하게 되었다. 이 기술에는 레이저 합금화, 레이저 클래딩, 레이저 용해 입자분사, 변태경화, 그리고 레이저 글레이징 등이 있다. 이들 중 몇 가지는 레이저 대신 다른 열원을 이용하기도 하지만 부분적인 가열이 용이한 고출력 레이저를 이용하는 경향이 높아지고 있다.

레이저 글레이징은 변태경화와 같은 고체 상변태가 아니고 모재의 표면을 급속히 용해하여 재응고시키는 것이므로, 급속응고에 의한 미세구조의 변화로 내마모성을 향상시키게 된다. 레이저를 이용한 가열의 장점은 소재의 표면에 가열할 때 모재 내부로의 열전달이 최소화되므로 원하는 깊이만큼 가열, 냉각, 경화시킬 수 있으며, 냉각 중 뒤틀림도 억제할 수 있다는 것이다.

4. 용접재료

오버레이 용접재료의 선정은 마모의 형태와 환경에 대한 저항성 판단을 위한 사용조건의 분석, 열응력과 균열의 가능성을 고려한 모재와 오버레이 용접합금의 호환성 분석, 오버레이 용접한 제품에 대한 현장시험, 원가 및 수명을 고려한 최적의 오버레이 용접합금 선정, 용착율, 희석율, 용착효율, 소모비용과 작업비용을 포함한 전체비용을 고려해서 마모부품에 적합한 오버레이 용접방법을 고려하여 용접재료를 선정하여야 한다.

내마모 오버레이 용접재료는 마모를 일으키는 환경을 완전히 분석하여 적절하게 선택하여야 하며, 일반적으로 오버레이 용접재료는 금속, 세라믹스 및 복합재료와 같이 그 선택범위가 매우 다양하다. 한편 마모특성, 마모환경에 대한 저항성 및 용접성 등이 균형을 이루어야 적절한 내마모 오버레이 용접이라고 할 수 있다. 상품화되어 있는 오버레이 용접재료는 강 또는 Fe계 저합금, Cr백철 또는 Fe계 고합금, 탄화물, Ni계 합금과 Co계 합금으로 분류되어 있다. 오버레이 용접합금의 미세조직은 연성인 Fe계, Ni계, Co계의 기지조직에 붕화물, 탄화물 또는 금속간 화합물과 같이 경도가 높은 석출물로 구성되어 있다. Fe계와 Co계 오버레이 용접합금은 탄소가 일반적으로 최대 4 [%]정도 포함되어 있으므로 탄화물이 주된 경화상이다. Ni계 오버레이 용접합금의 경화상은 탄화물과 붕화물로서 탄소와 B은 약 5 [%]까지 혼합되어 있다. 모합금의 첨가원소 함량에 따라 특정한 탄화물과 붕화물이 형성되며 대부분의 Ni계, Co계 그리고 고합금 Fe계 오버레이 용접합금의 기지조직에는 Cr이 최대 35 [%], Mo 또는 W이 최대 20 [%]에 미량의 Si과 Mn이 포함되어 있다.

제11장 용접시험과 검사

1. 개 요

최근에는 항공, 선박, 해양구조물, 플랜트, 산업구조물 등이 대형화되고 고품질이 요구됨에 따라 소요강재의 두께가 두꺼워지고, 고장력강의 사용범위가 점차 확대되고 있음에 따라 구조물의 제작에서 필수적인 용접 또한 고능률 및 고품질의 기술확립이 중요한 과제로 등장하게 되었다. 이러한 용접기술에 있어서 가장 어려운 문제점은 각종 용접결함의 방지라 할 수 있다. 용접결함은 최근 들어 고강도의 고장력강재가 많이 사용되고 구조물이 대형화됨에 따라 구속조건이 증가하고 구조물의 사용조건이 더욱 까다로와짐에 따라 결함발생 가능성도 증가하므로 구조물의 안정성 확보를 위해서는 제작 시에 결함을 최대한 억제할 수 있는 재료의 선택, 설계, 시공, 검사의 각 단계에서 충분한 검토가 필요하다. 따라서 용접시에 발생되는 각종 결함의 발생원인과 방지대책을 수립하기 위해서는 용접시험과 검사에 대하여 잘 알아야 한다.

2. 용접검사

용접 전 작업 검사는 용접기기, 용접지그, 보호구, 부속 기구 및 고정구의 적합성 검사와 용착금속 성분과 성질, 모재와 이음부의 성질 등의 작업성 검사, 모재의 화학적 조성, 물리적, 기계적 성질, 열처리 상태, 홈가공, 루트간격 및 홈 각도, 이음부의 청정, 용접시공에 따른 용접조건, 용접봉 선정 및 건조 상태, 예열, 후열처리 방법, 용접사의 기량, 경험 등을 확인하는 검사가 있으며 용접 중 작업 검사로는 용접중 비드 각 층의 비드형상, 접합상태, 용입여부, 슬래그 섞임, 크레이터의 처리, 가우징(밑면 따내기) 등을 외관 검사 또는 침투, 자기, 와류, 방사선투과 검사 등의 방법으로 조사한다. 이 밖에 용접 전류, 전압, 용접속도, 용착순서, 용접순서, 운봉법, 용접자세 등과 필요에 따라서는 예열온도와 층간온도 등이 사전에 지정된 조건과 일치하는가를 조사하여 결함이 발생되지 않도록 하고 만약 발견되면 즉시 보수 용접을 하도록 한다. 용접 후에 해야 할 작업 검사로는 후열처리

유무, 변형교정 등 용접 후에 부가된 작업에 관련한 검사가 있는데 적당한 유지 시간, 가열과 냉각 속도, 기타의 작업조건이 지정된 조건대로 실시되고 있는가를 조사하고 또한 균열, 변형, 치수 등이 요구한대로 되었는가의 유무를 검사한다. 용접물의 완성 검사는 용접물이 완성된 다음 용접부 또는 구조물 전체로서의 결함 유무를 조사하게 되며 용접부를 파괴하지 않고 하는 비파괴 검사(non destructive inspection)와 파괴하여 검사하는 파괴 검사(destructive inspection)로 분류한다. 용접부의 완성 검사에 사용되는 파괴 검사와 비파괴 검사는 〈표 11-1〉과 같은 종류가 있다.

[표 11-1] 용접부 시험 종류

- 용접시험
  - 파괴시험
    - 기계적 시험
      - 인장 시험 (tensile test)
      - 굽힘 시험 (bending test)
      - 경도 시험 (hardness test)
      - 충격 시험 (impact test)
      - 피로 시험 (fatigue test)
    - 물리적 시험
      - 물성 시험 (비중, 점성, 표면 장력, 탄성 등)
      - 전기, 자기 특성 시험 (저항, 기전력 등)
      - 열특성 시험 (팽창, 비열, 열전도 등)
    - 화학적 시험
      - 화학 분석 시험
      - 부식 시험 (corrosion test)
      - 함유 수소 시험 (hydrogen test)
    - 야금학적 시험
      - 육안 조직 시험 (macrography)
      - 현미경 조직 시험 (micrography)
      - 파면 시험 (fracture test)
      - 설퍼 프린트 시험 (sulfur test)
    - 용접성 시험
      - 노치 취성 시험 (notch brittleness test)
      - 용접 경화성 시험
      - 용접 연성 시험 (weld ductility test)
      - 용접 균열 시험 (weld crackin test)
    - 그 밖의 시험
      - 내압 시험
      - 낙하 시험
  - 비파괴시험
    - 외관 시험 - 비드모양, 언더컷, 오버랩, 용입불량, 표면균열, 기공 등
    - 누설 시험 (누수 검사)
    - 침투 시험
      - 형광 침투 시험
      - 염료 침투 시험
    - 음향 시험
    - 초음파 시험
    - 자기적 시험
    - 와류 시험(맴돌이 검사)
    - 방사선투과시험
      - X선 투과 시험
      - r선 투과 시험
    - 천공 시험

3. 용접결함 종류

용접부는 열에 의해 모재와 용접봉이 녹아 형성되는 과정이지만 짧은 시간에 가열, 냉각을 하게 되므로 용접부가 야금학적인 화학반응과 팽창, 수축 등의 물리적 변화가 일어나는 결과로 변형, 응력집중, 열영향부의 경화, 인성 등의 저하로 구조물의 파손이나 파괴의 원인이 된다. 이 결함의 원인은 용접재료와 시공법의 부적당 또는 용접사의 기능부족 등의 경우이지만 이들 몇 가지가 복합적으로 영향을 미쳐 일어나는 경우가 많으며 결함의 방지책으로는 그 원인이 발생하지 않게 하는 것이 곧 결함 방지의 대책이 된다. 용접결함의 종류를 크게 나누면 치수상의 불량에 관한 치수상 결함과 결함의 구조형상에 따라 나눈 것을 구조상 결함, 기계적 성질, 화학적 성질상의 결함에 관한 성질상의 결함으로 나누고 있다.

[표 11-2] 용접결함의 종류

- 용접결함
  - 치수상 결함
    - 변형(distortion)
    - 치수불량 : 비드폭 및 덧붙이 과부족, 다리길이 및 목두께의 과부족 등 형상불량
  - 구조상 결함
    - 기공 및 피트(bolw hole & pit)
    - 은점(fish eye)
    - 슬래그 섞임(slag inclusion)
    - 용입불량(부족), 융합불량
    - 언더컷(under cut)
    - 오버 랩(over lap)
    - 균열(crack)
    - 선상조직
  - 성질상 결함
    - 기계적성질 불량(인장강도, 피로강도, 연성 등)
    - 화학적 성질 불량(화학성분, 부식 등)

가. 치수상 결함

치수상 결함이란 용접부의 변형이라든가 비드폭 및 덧붙이의 과부족, 다리길이 및 목두께의 과부족 등의 치수불량, 비드의 형상불량 등이 있다. 변형은 용접부가 가열, 냉각되는 과정에서 팽창 후 다시 수축이 생겨 일어나게 된다. 방지책으로는 용접설계 및 시공에 면밀한 계획을 세우고, 작업 전에 역변형을 주거나 억제법, 도열법에 의한 변형을 작게 한다. 치수불량의 원인으로는 용접설계상 잘못이나 시공상의 잘못으로 비드폭 및 덧붙이의 과부족, 필릿의 다리길이 및 목두께의 불량, 변형 등으로 인접부와 치수의 과부족 등이 있으며 방지책으로는 용접시공 전에 면밀한 계획과 실험, 경험에 의한 변형방지와 미리 정한 규정대로 비드폭 및 덧붙이 치수를 맞춘다. 형상불량은 비드의 형상불량을

들 수 있으며 용접사의 기량부족 및 도면이해 부족으로 비드가 거칠거나 비드폭 등의 형상이 불량한 것을 말한다.

나. 구조상 결함

결함의 구조, 모양 등에 따른 구분이며 운봉법과 용접사의 기량 등과 관계가 많다.

(1) 기공과 피트(blow hole & pit)

용접금속에 생기는 기포(바람구멍)을 말하며 용접부 내부에 있는 것을 기공, 용접 비드 표면에 있는 것을 피트라고 한다. 직접적인 원인으로는 공기 중의 산소, 용접봉 피복제속의 유기물 및 습기, 홈표면의 녹, 기름, 수분 등이 있으며 냉각속도와 아크길이 및 용접전류가 부적당한 때에도 기공이 생기기 쉽다. 방지방법은 용접봉의 선택 및 건조, 이음부의 청소와 예열 등 작업준비에 철저를 기하고 적절한 용접 조건으로 용접하면 방지할 수 있다.

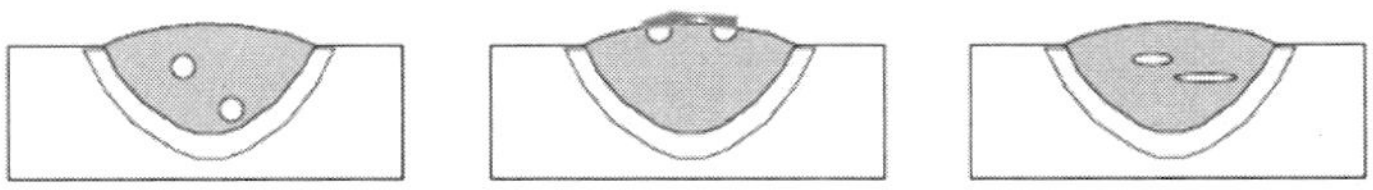

(a) 기공　　(b) 피트　　(c) 파이핑

[그림 11-1] 기공의 종류

(2) 은점(fish eye)

은점은 용접금속의 인장 또는 굽힘 시험 때에 나타나는 고기의 눈과 같이 보이는 부분을 말하며 그 중심에는 보통 작은 기공, 슬래그 등이 있고, 그 주위에 회색의 치밀하고 매끄러운 파면으로 되어 은백색으로 나타난 것이 보인다. 원인은 용접금속에 포함된 수소의 방출이 불충분하여 생긴다. 방지방법은 각 패스용접이 끝난 후 풀림처리를 하거나 장시간 방치해두면 해소된다.

(3) 슬래그 섞임 (slag inclusion)

용접금속이 응고하는 순간 슬래그가 미처 표면까지 떠오르지 못하고 용접금속 내부에서 응고하여 남게되는 경우로 용접사의 기량 부족인 경우가 많다. 원인은 제1층을 굵은 용접봉으로 용접하거나, 운봉속도가 빠르거나, 용접전류가 낮은 경우에 발생하기 쉽다. 특히 다층 용접의 경우 전 층의 슬래그를 완전히 제거하지 않았을 때는 슬래그 섞임의 가능성이 많다. 방지방법은 운봉법을 충분히 익히고 각 패스마다 청소를 철저히 하며 적당한 용접조건으로 용접해야 한다.

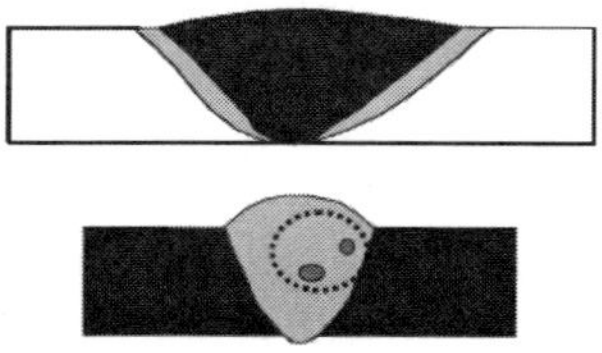

[그림 11-2] 슬래그 혼입

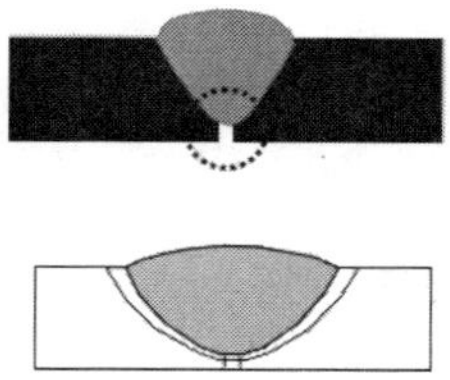

[그림 11-3] 용입 불량

(4) 용입 불량과 융합 불량

용입불량은 모재가 충분한 깊이로 녹지 못한 결함을 말하며 융합불량은 비드층간에 융합이 부족한 경우로서 강도를 해치게 된다. 이것은 홈의 형상이나 루트간격이 좁을 때, 전류가 너무 낮을 때 일어난다. 대개의 경우 슬래그섞임을 초래하며 또 충분한 이음의 강도를 갖지 못하므로 주의하여야 한다. 슬래그섞임이나 용입불량 또는 융합불량은 외관검사로는 알 수 없으나, 용접부의 강도를 떨어뜨리며 내부 노치로서 균열발생의 시초가 되어 파괴의 원인이 되므로 X선검사, 초음파탐사 등에 의해 조사할 필요가 있다.

(5) 언더컷(under cut)

용접 끝단에 생기는 모재가 파인 가는 홈을 말하는 것으로 용접전류가 높을 때, 운봉속도가 너무 빠를 때 생기기 쉽다. 수직자세나 필릿 용접에서는 언더컷이 생기기 쉬우므로 봉의 각도, 운봉속도 및 용접전류에 주의하지 않으면 안된다. 용접봉의 종류에 따라서도 발생되는 경우가 있으므로 용접봉의 선택에도 검토가 필요하다.

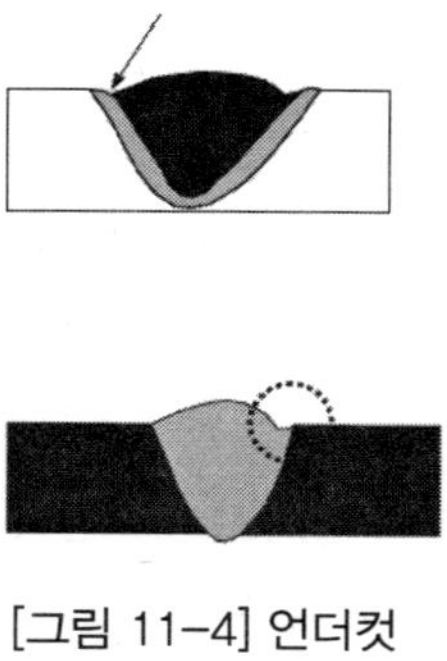

[그림 11-4] 언더컷

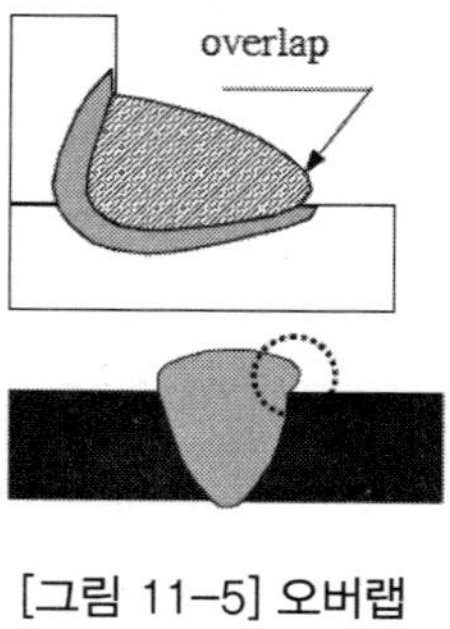

[그림 11-5] 오버랩

(6) 오버랩(over lap)

용융금속이 모재와 융합되지 못하고 표면에 덮쳐진 상태를 말한다. 이것의 원인은 언더컷이 생기는 경우와 반대로 용접전류가 너무 낮을 때 또는 용접속도가 너무 느릴 때 생기기 쉬우므로 적당한 용접조건과 운봉법에 주의하면 방지할 수 있다. 언더컷이나 오버랩은 다같이 이음표면에 노치상태를 만들게 되어 응력이 집중되고 균열이 일어나기 쉬우므로 외관검사를 통해 이러한 불량부분이 있으면 다시 손보도록 해야 한다.

(7) 용접균열(welding crack)

용접부에 생기는 결함 중에서도 가장 치명적인 것으로 아무리 작은 균열도 점점 성장하여 커지면서 마침내는 구조물의 파괴를 가져오는 무서운 것이므로 균열을 발견하면 반드시 그 부분을 파내고 다시 용접해야 한다. 균열의 종류로는 발생장소별로 용접금속(creater 균열), 열영향부 균열로 Root, Toe, underbead, 각변형 heel 등이 모재부에 세로, 가로균열 등이 있으며, 발생온도별로는 응고온도 500℃ 이상에서 발생하는 고운균열인 입계 micro균열, 크레이터 균열, 응고 균열(Solidification B Cracking), 액화 균열(liguation Cracking), 설퍼균열 등이 있으며 200~300℃, Ms이하에서 발생하는 저온균열인 가로, 세로(root)균열, Toe, 비드밑 균열, 층상균열, 지연균열(Delayed 균열), 각변형 힐, Lammellar tearing(상온), 재열균열(500~600℃) 등이 있다. 비드의 방향별로는 종균열(세로균열: longitudinal Cracking), 횡균열(가로균열:Transverse Cracking)이 있으며 Size 별로 micro 균열, macro 균열이 있고 조직별로는 입내균열, 입계균열, 이상계면 분리 균열 등이 있다.

(8) 선상조직(Ice flower st.)

선상조직이란 용접금속의 파단면에 서리모양의 미세한 주상정으로 보이는 원주상 즉 겨울의 서릿발 같은 형태의 조직을 말하며 부서지기 쉬운 파단면의 일종으로 냉각속도와 응고과정에서 주상정간에 생긴 SiO_2, Al_2O_3등 비금속 개재물과 수소 등이 원인이다. 비드의 시험, 크레이터, 용착력이 적은 제 1층 등 보통 급랭된 곳에 나타나기 쉬우며 예열 및 후열을 하고 건조시킨 저수소계 용접봉을 사용하면 방지할 수 있다.

다. 성질상 결함

용접에 의해 기계적 성질이나 화학적 성질이 불량해지는 결함이다. 예를 들면 기계적 성질 불량으로는 인장강도 부족, 연성, 경도부족, 피로강도 부족, 충격하중에 의한 파괴 등이 용접전보다 떨어지는 경우 등이며 화학적 성질불량으로는 화학성분의 변화나 내식성 불량 등이 있다.

4. 파괴시험법의 종류

가. 기계적 시험법

(1) 경도시험(Hardness Test)

경도(Hardness)란 재료표면에 특수한 압입자를 사용하여 중력이 작용하는 수직방향으로 일정하중을 가하거나 또는 무게가 일정한 해머(추)를 일정한 높이에서 낙하 시켰을때 재료표면의 변형에 대한 저항력을 수치로 나타내는 값으로서 재료의 단단한 정도를 파악하고자 시험하는 것이다. 경도시험의 방법에 따른 종류로는 일정하중에 의해 특정 압입자를 재료표면에 수직으로 압입시킨 압입하중의 값(P)을 압입자국의 표면적(A)으로 나누어 산출하는 압입식 경도가 있으며 여기에는 브리넬(Brinell) 경도, 로크웰(Rockwell) 경도, 비커즈(Vickers) 경도, 누프(Knoop) 경도 및 마이어(Meyer) 경도 등이 있다. 또한 일정 중량을 가진 해머를 일정한 높이에서 재료표면에 수직으로 낙하시킬 때 해머가 튀어오르는 반발높이에 의하여 측정하는 반발식 경도가 있으며 쇼어(Shore) 경도가 해당된다. 압입식과 반발식 경도는 주로 금속재료의 경도를 측정할 때 사용한다. 한편 보석, 유리, 석재 등의 광물질에 대한 경도시험은 일정한 중량을 가진 긁힘장치로 소재의 표면을 긁었을 때 생긴 긁힘자국의 폭에 의하여 경도를 산출하는 긋기(scratch)식 경도가 있으며 모오스(Mohs) 및 마텐스(Martens) 경도가 해당된다. 그 밖에 초음파를 이용한 초음파 경도, 진자 장치를 이용한 하버트(Harbert) 진자식 경도 및 전자식 반발경도인 에코팁(Equotip) 경도도 사용된다.

① 브리넬(Brinell) 경도(HB)

브리넬 경도는 1900년 스웨덴의 J. A. Brinell 이 고안한 시험기에 의해서 일정한 하중(3000kgf, 1000kgf, 500kgf, 250kgf)을 경(硬)한 강구(steel ball : 지름 10mm, 5mm, 2.5mm)로 된 압입자에 유압으로 작용시켜 시험재료의 표면을 누르는(20~30sec)압입식 경도이며, 시험하중(P kgf)을 시험편 표면에 나타난 자국의 표면적(A ㎟)으로 나눈 값이 브리넬 경도(HB 또는 BHN)가 된다. 즉 브리넬 경도는 시험후 시험편에 형성된 압입자국의 지름(d)을 브리넬 확대경(×20)으로 정확히 측정하고 다음과 같은 관계식에 의해서 산출할 수 있다.

$$HB = \frac{P}{A} = \frac{P}{\pi Dh} = \frac{2P}{\pi D(D - \sqrt{D^2 - d^2}} \quad (kgf/㎟) \tag{1.1}$$

P : 시험하중(kgf), A : 압입자국의 표면적(㎟), π : 3.14(원주율), D : 압입강구의 지름(mm)
h : 시험편 표면의 압입자국의 깊이(mm), d : 시험편 표면의 압입자국의 지름(mm)

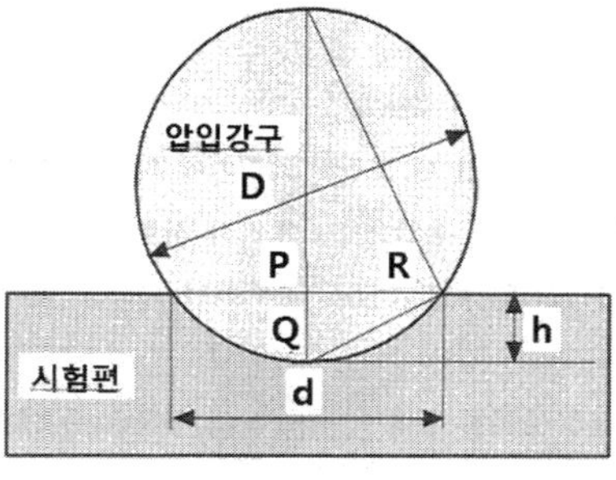

[그림 11-6] 브리넬 경도 압입자국

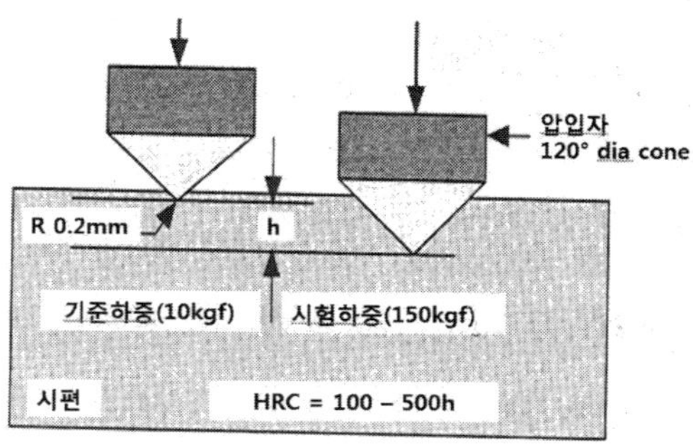

[그림 11-7] 로크웰 경도의 측정원리

② 로크웰(Rockwell) 경도(HR)

로크웰 경도는 1919년 미국인 S. P. Rockwell이 설계하고 Wilson사에서 제작하여 실용화한 시험기에 의해서 측정한 경도값이다. 시험재료에 따라서 압입자는 120° diamond cone(C 스케일), 지름1/16″(1.5875mm steel ball : B 스케일)을 사용한다. 기준하중은 10kgf이고 시험하중은 15kgf, 60kgf, 100kgf, 150kgf를 적용하며 기본 스케일은 B와 C이다. 시험하중에 의한 압입깊이와 기준하중에 의한 압입깊이의 차이를 h라고 할 때 HRB=130−500h, HRC=100−500h의 식으로 경도를 산출한다. 로크웰 경도는 측정이 쉽고 정밀도가 높으므로 철강 및 비철합금의 경도 측정에 널리 사용된다.

③ 비커즈(Vickers) 경도(HV)

비커즈 경도기는 1925년 R.L. Smith와 G.E. Standland가 처음 제안한 원리를 영국의 Vickers Armstrong Co.에서 제작한 것으로서 꼭지각이 136°인 정사각 뿔(pyramid) 형상의 다이아몬드 압입자를 시험편 표면에 수직으로 접촉시키고 일정한 압입하중을 가하여 정마름모꼴의 자국을 형성시킨 후 압입하중(P kgf)을 그 자국의 표면적(A mm^2)으로 나눈 값을 비커즈 경도(HV)로 하며 DPH 또는 VHN, VPH 등으로 나타내기도 한다.

비커즈 경도기에는 시험(압입)하중을 1~120kgf 적용하며 100배율의 계측현미경이 부착된 일반(보통) 경도기와 시험하중을 0.015~1kgf 적용하며 100~400배율의 현미경과 측정용 모니터가 구비된 미소(micro) 경도기가 있다. 그러나 시험방식 및 경도값을 산출하는 공식은 같으며 단지 미소 경도기에서 압입자를 누프 경도 측정용으로 교체하여 시험하고 누프 경도값(HK) 산출공식을 적용하면 누프 경도가 된다. 비커즈 경도(HV)값을 산출하는 공식은 다음과 같다.

$$HV = \frac{P}{A} = \frac{2\Psi n(\theta/2)}{d^2} = 1.8544 \times \frac{P}{d^2} \qquad (\mathrm{kgf/mm^2}) \tag{1.5}$$

P : 시험(압입)하중(kgf), A : 압입자국의 표면적(mm^2)

θ : pyramid형 압입자의 대면각도로서 136°, d : 압입자국의 대각선 길이(mm)

④ 누프(Knoop) 경도(HK)

누프 경도는 1939년 E. Knoop가 마이크로(micro) 비커즈 경도기에서 피라미드형 압입자의 꼭지각도를 136°에서 각각 172°30‘와 130°로 변형시키므로서 압입자국 대각선 길이의 비(比)를 7.11 : 1로 한 다이아몬드 압입자로 측정한 값이다. 누프 경도에서 마름모꼴 압입자국의 한 쪽 대각선의 길이를 다른 쪽 대각선의 길이보다 7.11배로 한 것은 비커즈 경도보다 압입자국에 대한 탄성회복의 영향을 감소시키기 위함이다. 누프 경도는 비커즈 경도기에서 압입자만 교체하여 측정하며 그림 1.13은 누프 경도의 압입자와 압입자국을 나타낸 것이다.

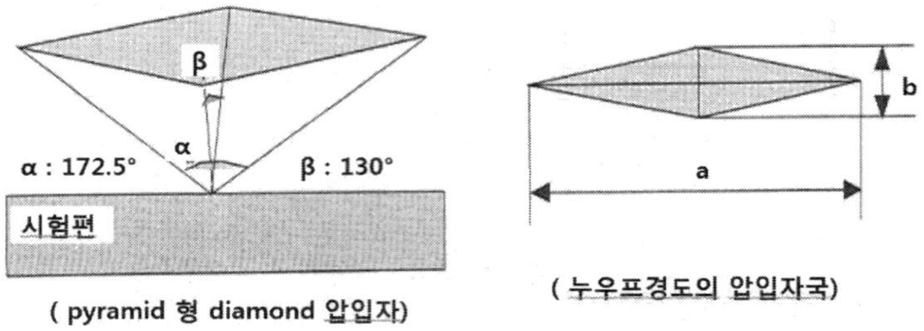

[그림 11-8] 누프 경도(HK)의 압입자와 압입자국

⑤ 쇼어(Shore) 경도(HS)

쇼어 경도는 1906년 A.F. Shore가 고안한 해머의 낙하식(반발식) 경도기에 의해서 측정하는 재료의 경도값이다. Shore는 꼭지각이 90°인 다이아몬드 원추를 부착시킨 2.36g의 해머(hammer)를 scale이 있는 유리관 속에 넣고 254mm 높이에서 재료 표면에 수직으로 낙하시킨 후 해머가 반발하여 최대로 튀어 올라갔을 때 air bulb를 눌러 유리관 내를 진공상태로 하고 해머의 끝에 해당하는 눈금의 수치를 읽어서 다음과 같은 식에 대입함으로써 경도를 산출한다.

$$HS = \frac{10000}{65} \times \frac{h_1}{h_0}$$

h_0 : 해머의 낙하높이, h_1 : 낙하 후 해머의 반발높이

⑥ 모오스(Mohs) 및 마르텐스(Martens) 경도(HM)

모오스(Mohs) 및 마르텐스(Martens) 경도(HM)는 긋기(scratch)경도라고도 하며 주로 광물질(보석, 돌 등)이나 요업재료(우리, 도자기, 콘크리트 등)의 경도를 측정하는데 사용된다.

1822년 F. Mohs는 광물의 경도를 비교하기 위해서 다이아몬드나 단단한 물질을 사용, 일정한 압력을 가하여 소재의 표면을 긋는 스컬리로미터(Sclerometer)로 다음 10개의 광물을 시험하고 긁힌자국의 폭이 큰 것부터 작은 순으로 광물을 나열함으로써 경도를 구분하였다. 모오스 경도가 가장 낮은 광물은 활석이고 경도가 가장 높은 것은 다이아몬드가 되며 그 순서는 표 11-3과 같다.

[표 11-3] 모오스(Mohs) 경도표

재료(광물)	활석	석고	방해석	형 석	인화석	정장석	수 정	루비	사파이어	금강석
경도 순위	1	2	3	4	5	6	7	8	9	10

(2) 인장시험 (Tensile test)

인장시험에서는 항복강도/내력, 최대인장강도, 연신율과 단면적 수축률로 나타내는 연성을 측정하는데 한 개의 시편이 사용된다. 시험용 시편은 표준 크기여야 하지만, 필요한 경우에는 크기의 변화가 허용된다. 그러나 연신율이 측정의 기준이 되는 길이 즉, 표점 거리와 파괴가 일어나게 되는 부위가 공차가 거의 없이 평행하도록 해주는 것이 필수적이다.

인장시험기는 기계식과 유압식이 있으며 기계식은 현재는 거의 사용되지 않고 있다. 유압식에는 Amsler형, Balding형, Olsen형, Mohr Federhaff형, Dillon형, Shimazu형 및 Instron형 등이 사용된다. 만능재료시험기는 인장시험기를 비롯하여 압축시험, 굽힘시험, 및 전단시험을 할 수 있어 재료시험 분야에서는 필수적인 장비이다. 인장시험용 시편의 규격에는 ASTM, SAE, ISO, BSS, DIN, JIS 및 KS 규격 등이 있으며 KS 규격은 한국공업규격(Korean Industrial Standard)으로서 KS B0801에는 1호~14호의 인장시편이 있고 14호는 다시 A, B, C 호로 분류된다. 우리나라에서 금속재료의 인장시험편으로 가장 많이 사용되는 규격은 봉재의 경우 KS 4호, 판재의 경우 KS 5호이며 재료의 종류 및 형상에 따라서 기타 여러 가지의 시험편이 사용된다. 또한 재료의 크기와 시험기의 용량에 따라서 축소된 규격(Subsize)의 시험편을 사용 할 수 있다. 그림 11-9는 KS 4호와 KS 5호의 인장시험편을 나타낸 것이다.

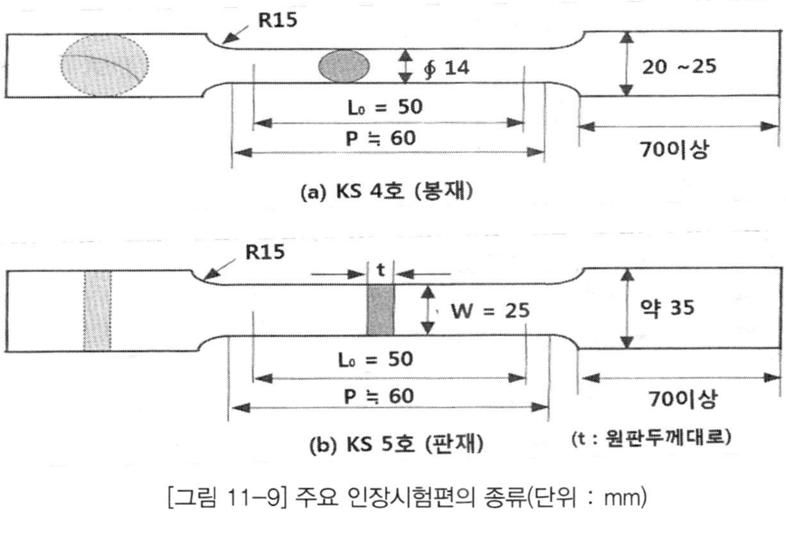

[그림 11-9] 주요 인장시험편의 종류(단위 : mm)

그림 11-10은 인장시험을 한 각종 금속재료의 stress(σ)-strain(ϵ) 선도를 나타낸 것으로서 고강도 재료는 시험곡선이 σ쪽으로, 저강도 재료는 ϵ쪽으로 기울어짐을 알 수 있다

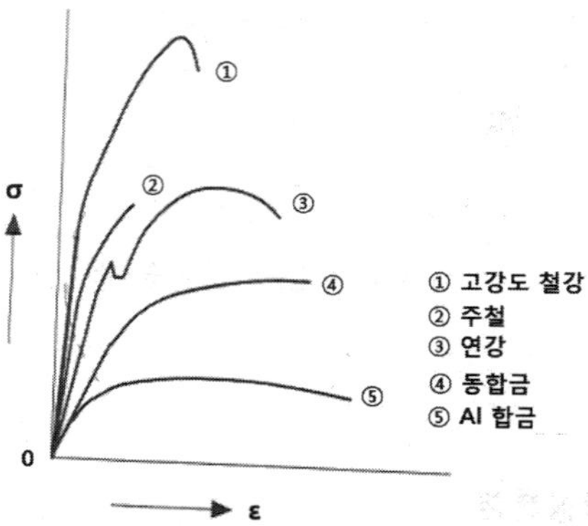

[그림 11-10] 각종 금속재료의 인장시험 응력-변형률 선도

(3) 압축시험 (Compression Test)

압축시험은 재료에 압축하중을 가할 때 재료의 항압력과 변형을 파악하는 시험으로서 주로 베어링 합금, 주철, 콘크리트와 같은 취성재료에 대해서 실시한다. 압축시험으로 얻을 수 있는 자료는 압축강도, 압축률, 단면변화율 및 전단저항력 등이다. 압축시험은 만능재료시험기(UTM)를 사용하거나 별도의 압축시험기를 이용하여 시험하며 UTM을 사용할 경우는 인장시험과 반대방향으로 하중을 작동시켜 시험한다.

(4) 굽힘시험(Bending Test)

굽힘시험은 재료에 굽힘모멘트가 작용할 때 재료의 변형저항력(굽힘강도)을 측정하는 시험으로서 탄성계수 및 탄성에너지를 결정하기 위한 굽힘저항시험과 재료의 전성과 연성 및 균열발생의 유무를 파악하기 위한 굴곡(항절)시험으로 분류된다. 굴곡시험은 굽힘 균열시험이라고도 하며 가공의 적성여부를 판단하기 위한 시험이다. 굽힘시험은 시험방식에 따라 2점 굽힘, 3점 굽힘 및 4점 굽힘시험이 적용되며 일반적으로 3점 굽힘시험을 실시한다.

굽힘시험은 만능재료시험기(UTM)를 이용하여 시험하며 두 개의 지점위에 시험편을 올려놓고 지점간 중심에서 누름쇠로 압축시험과 같은 방향으로 시험편에 하중을 가하여 굽힌다.

굽힘시험의 종류로는 연성시험, 표면 굽힘시험, 이면 굽힘시험, 측면 굽힘시험, 닉 굽힘시험(필릿용접 시험편), 스프링백 시험(항복:내력 시험) 등이 있다.

(5) 전단시험(Shearing Test)

전단시험은 재료의 전단력에 대한 저항성을 시험하는 것으로서 봉재, 각재, 판재 등을 나이프로 절단하거나 펀칭(punching)할 때 소요되는 전단응력을 산출한다. 전단시험은 만능재료시험기에 전단장치를 설치하여 시험할 수 있으며 시험편은 특정한 규격이 없고 판재 등의 원소재를 그대로 사용한다.

(6) 충격시험 (Impact Test)

충격시험은 일반적으로 시험편에 노치를 만들어 일회의 충격력(Single blow)을 가하여 재료가 파단될 때의 흡수되는 에너지를 측정하여 충격하중에 대한 재료의 저항력을 시험하는 것으로서 인성(toughness) 및 취성(brittleness)을 파악할 수 있으며, 시험온도를 -200℃~200℃ 범위에서 여러 온도별로 시험함으로써 재료의 연성화와 취성화를 구분하는 천이온도(transition temperature)를 결정할 수 있다. 충격시험기는 인장식, 압축식 및 굽힘식 시험기로 분류할 수 있다. 인장식 충격시험은 충격력에 의하여 인장형 시험편을 파단시켜 충격 흡수에너지, 충격값 및 연신율, 단면 수축률 등을 산출하며, 압축식 충격시험은 단조(forging) 또는 충격압축에 대한 재료의 변형저항을 비교한다. 한편 굽힘식 충격시험은 가장 많이 적용하는 방식으로서 충격 흡수에너지, 충격값을 산출하며 시험기의 종류는 다음과 같고 그중에서 샤르피 충격시험기가 주로 사용된다.

① 단일 충격시험기 : 샤르피(Charpy) 충격시험기, 아이조드(Izod) 충격시험기, 길레이(Guillery) 충격시험기, 올센(Olsen) 충격시험기
② 반복충격시험기 : 마쯔므라(Matzumura) 충격시험기

그림 11-11은 충격시험기를 나타낸 것이다.

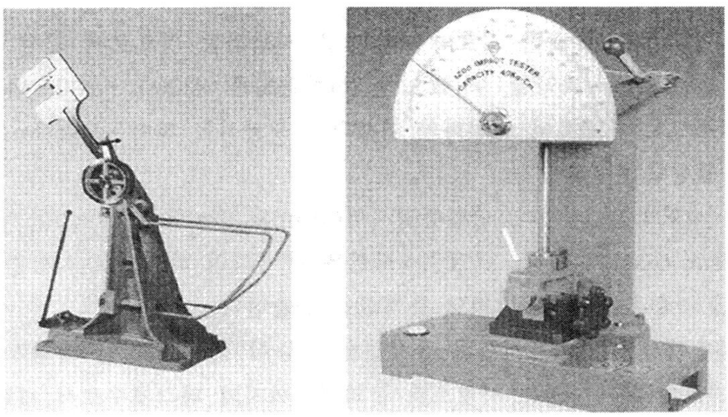

(a) Charpy type 충격시험기 (b) Izod type 충격시험기

[그림 11-11] 주요 충격 시험기

① 샤르피 충격 시험(Charp Impact test)

재료의 노치취성 시험법의 하나로써 여러가지 형상의 노치를 가진 시편을 순간적으로 금속에 충분히 변형할 여유를 주지 않고 파단시켜 파괴가 연성 파괴인가 취성 파괴인가를 판정하는 시험법이다. 2mm V 노치 표준 샤르피 시편이 많이 사용된다. 파단될 때까지의 에너지가 클수록 재료의 인성이 크다. 흡수 에너지를 충격추(Hammer)의 들어 올린 각 α_1과 반발각 α_2의 차에 의해서 다음과 같은

식으로 구할 수 있다.

$$\text{흡수 에너지 } E = Wh = WL(\cos\alpha_2 - \cos\alpha_1) \quad (kg - m)$$

이고 여기서 W는 추의 중량(kg), L은 추의 회전 중심에서 질량 중심까지의 거리이다.

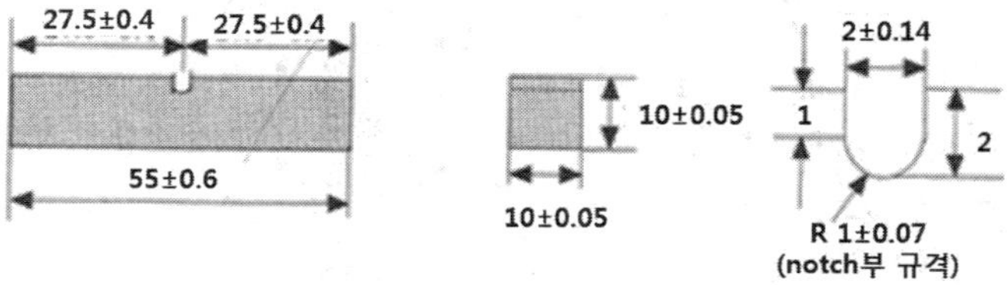

(a) 3호 충격시험편(Charpy type)

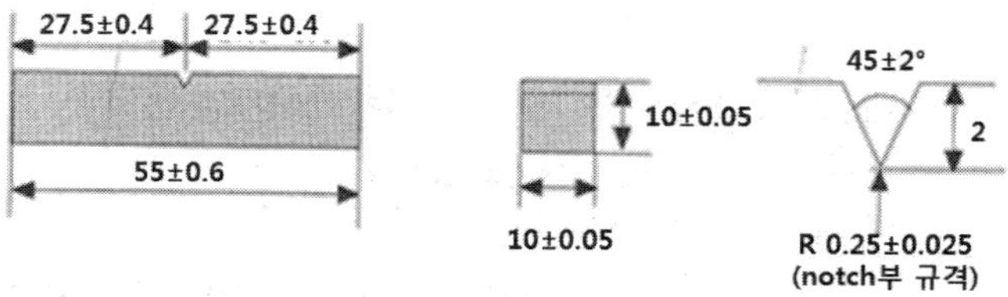

(b) 4호 충격시험편(Charpy type)

[그림 11-12] 충격 시험편의 규격(KS B 0809)(단위 : mm)

② 아이조드 충격 시험(Izod Impact test)

충격에 대한 강도를 측정하는 시험의 일종이며, 수직으로 고정된 시험편을 추(흔들이; pendulum)로 충격을 주어 이때 사용된 에너지의 크기에 의해서 재료의 노치 인성(Notch Toughness)을 조사하는 시험법이다.

(7) 피로 시험 (Fatigue Test)

피로시험은 반복적으로 작용되는 작은 응력(stress)에 의한 재료의 피로한도(fatigue limit)를 결정하는데 있으며 피로한도에 해당하는 응력을 그 재료의 피로강도라 한다. 일반적으로 철강재료의 피로한도(내구한도)는 응력의 반복 적용횟수가 $10^6 \sim 10^7$ 범위에 들 때를 말하며, 두랄루민(duralumin)과 같은 비철합금의 경우는 $10^7 \sim 10^8$ 범위로 한다.

각종 기계류나 구조물들에서 나타나는 피로파괴는 여러 가지 형태의 피로응력에 의해서 발생하므로 피로시험 방법과 그에 따른 시험기의 종류도 다양하다. 피로시험의 방법과 시험기의 종류는 아래 표와 같으며 시험기의 구동형식은 기계식, 유압식 및 전자식으로 분류할 수 있다. 피로 시험편의 일반적인 규격은 위 그림 11-13 (a)와 같으며 (b)는 반복회전 굽힘식 피로 시험기인 Ono식의 시험편이다. 피로파괴의 대표적인 파면형태는 그림 11-14에서 볼 수 있는 바와 같이 반복응력에 의해서 생성되는 줄무늬 또는 주름모양의 스트라이에션(striation) 파면이다. 그림 11-15는 봉재 또는 각재에서 파괴의 핵으로부터 피로파괴가 진행하는 상태를 나타낸 것으로서 striation pattern으로 내부로 균열이 전파(줄무늬 부분)하다가 남은 부분(회색 부분)이 하중을 지탱하기 어려울 때 일시적 파단이 나타난 것을 보여준다.

[표 11-4] 피로시험방법과 시험기의 종류

피로시험 방법		피로 시험기
반복 인장-압축식 피로시험		Schenk type, crank type, Haigh type, Losenhausen type
반복 굽힘식 피로시험	회전 굽힘식	Ono type, Wohler type, Foster type, Schenk pendulum type
	왕복 반복 굽힘식	Krouse plate type, Upton Lewis type
반복 비틀림 피로시험		Stromeyer type, Nishihara type, MAN type, Losenhausen type
반복 충격식 피로시험		Matzumura type

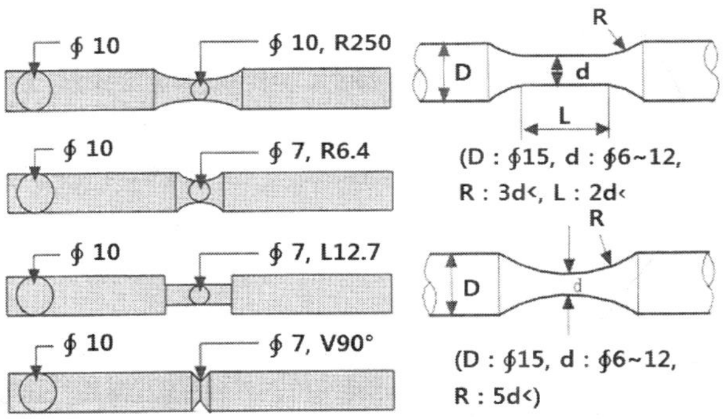

(a) 일반시험편 (b) Ono식 회전굽힘시험편

[그림 11-13] 피로 시험편의 규격

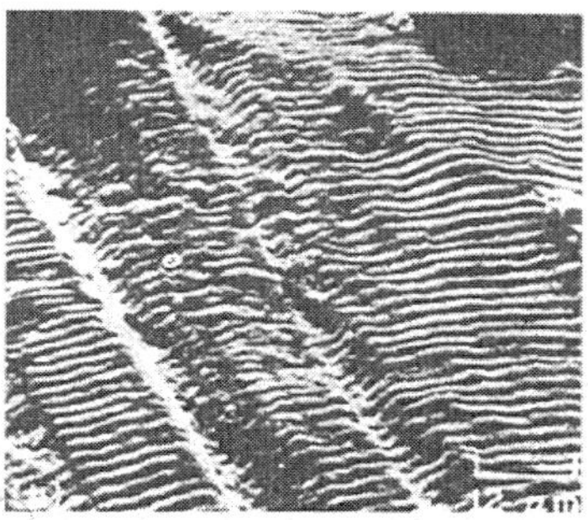

[그림 11-14] 피로파괴에 의한 striation 파면

[그림 11-15] 여러 가지 피로파괴의 진행과정

(8) 크리프시험 (Creep Test)

크리프 시험은 설정한 온도에서 시험재료에 일정하중을 가하여 시험편이 파단될 때까지의 장시간(t)에 따른 변형량(strain : ϵ)을 측정하는 시험으로서 재료의 크리프 속도(creep rate)를 산출할 수 있다. 크리프 시험은 Pb, Sn, Zn 등과 같이 용융점이 낮은 금속이나 합금은 상온에서 시험할 수 있으나 철강 등의 용융점이 높은 합금은 250℃ 이상 또는 450℃ 이상의 고온에서 시험한다. 특히 그 재료가 기계부품으로 가공, 조립되어 실제 사용될 때 발생하는 최고 온도에서 시험하는 경우가 많다. 그러므로 크리프 시험은 고온에서 재료의 변형기구를 해석하는 방법으로 널리 적용되고 있다.

(9) 비틀림 시험 (Torsion Test)

비틀림 시험은 시험편의 한쪽을 고정하고 다른 한쪽을 회전시켜 비틀림 모멘트를 가함으로서 비틀림에 대한 재료의 강성계수(전단탄성계수 : G)와 전단 저항력(비틀림 강도)를 산출하는데 목적이 있다. 비틀림 시험은 주로 축(shaft, axle)재료, drill 공구류와 같이 단면이 원형인 봉재(bar)에 대해서 실시하며, 시험으로부터 얻는 비틀림 모멘트(torque : T)와 비틀림 각도(θ)에 관련된 T-θ선도를 이용하여 강성계수, 비틀림 항복점 및 비틀림 강도 등의 기계적 성질을 산출한다. 그러나 강선(steel wire), 동(Cu)선 및 피아노선 등과 같이 가는 선은 비틀림 응력의 산출보다는 비틀림 각도를 측정하는데 적용한다.

(10) 마모시험 (Wear Test)

마모(wear) 또는 마멸은 2개 이상의 물체가 서로 접촉하면서 상대 운동을 할 때 그 접촉면이 마찰에 의하여 감소되는 현상을 말한다. 미국 ASM에서는 마모를 "재료 표면간의 상대적인 운동에 의해서 재료의 표면으로부터 물질의 이동이나 점진적인 손실"이라고 정의하고 있다.

마모의 종류는 발생기구(mechanism)에 따라 응착마모(adhesive wear), 연삭마모(adrasive wear), 표면 피로마모(surface-fatigue wear) 및 부식마모(corrosion wear)로 분류할 수 있으며 상대적인 운동으로는 미끄럼(sliding), 구름(rolling), 충격(impact), 진동(vibration) 및 흐름(flow) 등에 의한 마모가 있다.

(11) 에릭센시험 (Erichen Test)

에릭센 시험은 재료의 연성(ductility)을 파악하기 위한 시험이며 주로 연강판재, 동 및 알루미늄 판재 등을 가압 성형하여 그 변형능력을 시험하는 것으로서 cupping 시험, ductility 시험 또는 deep drawing 시험이라고도 한다.

(12) 균열선단개구 변위 측정/균열개구 변위 측정 시험 (CTOD/COD)

균열선단개구 변위측정 혹은 균열개구 변위측정 시험은 최근에 개발된 재료시험법의 하나로 같은 시험이다. 이 시험은 특히 용접과 자주 관련된 시험으로 재료의 균열전파에 대한 저항성에 대한 정보를 제공해 준다. 시편에는 기본적으로 규격화된 크기의 노치가 한쪽면에 만들어져 있다. 그리고 시편에 반복적인 인장응력을 가하여 노치의 첨단으로부터 피로균열이 전파되도록 한다. 이 때 시편에 굽힘응력을 가하여 균열의 첨단에 인장응력이 걸리도록 한다. 굽힘의 정도와 파괴에 이르게 하는 하중은 시편의 균열의 진전 특성에 관한 정보를 제공해 준다.

(13) 낙하시험

낙하 시험은 전기, 유압, 공기압력 장비들에 대해서 발생 할 수 있는 '떨어뜨림' 부주의에 대한 시뮬레이션을 하기 위해서 규격화 되어 있다. 낙하시험은 파손된 부품이 충격이나 낙하에 의해서 파손이 발생되었다는 지시가 있거나 파손된 부품이 표준 낙하시험을 견딜 만한 능력이 있는가를 알고자 할 때 시행된다.

(14) 내력시험

보통 내력시험은 부품 자체에 대해서 항복강도/내력을 알아내기 위해서 실시된다. 내력시험의 대상이 되는 부품 중의 하나는 체인 링크(chain link)나 체인(chain)이다. 내력시험은 파손 조사의 일부로써 요구되는 경우는 없고, 오직 제품에 규격의 일부로써 내력시험을 해야 하는 경우와 파손이 인장력 작용에 의한 경우일 때 내력시험으로 표준 인장시편을 사용하여 파손된 재료가 알맞은 항복/내력 조건하에 있었는가를 확실하게 알기 위해서 행해진다.

나. 금속학적 시험법

(1) 육안조직검사

용접 금속이나 모재를 깨뜨려 보아 파단된 면의 결정양상이나, 균열, 슬래그 섞임, 기공, 선상조직, 은점 등을 육안 관찰로서 검사하는 방법이다. 이 방법은 결함이 큰 것이나 대략적인 판별만으로 충분한 경우에 쓰이며 파면중에 은백색으로 빛나는 파면은 취성 파면이고, 쥐색의 치밀한 파면은 연성 파면이다.

① 파단면 검사

강재의 파단면을 육안으로 관찰하여 강재 종류, 탄소 함유량, 침탄 및 탈탄, 담금질 정도, 균열 발생의 원인(피로파괴), 내부결함 등을 파악할 수 있다.

② 육안 조직 검사

육안 조직검사는 강재의 표면 또는 단면을 연마하여 부식액(etchant)으로 부식(etching)시킨 다음 후처리하고 조직 및 불순물을 육안 또는 10배율 이내의 확대경으로 관찰하여 수지상 조직, 섬유조직,

재결정 조직, 담금질 조직, 백점, 편석, 슬래그, 담금질 불균일, P, S의 편석 등을 검사한다.

③ 황분포 검사(Sulfur Printing)

철강 내의 황화물의 분포를 관찰 할 때 사용하는 방법으로, 강에는 MnS와 FeS인 두 가지의 황화물이 존재하는데 이 두 가지의 황화물이 모두 검출된다. 시험법은 단조 또는 압연한 강재로부터 원칙적으로 가공 축과 직각방향으로 판상의 시편을 절취한 다음 연마포 1000번까지 연마를 한 후 2~5% 황산에 3~4분 동안 담갔다가 꺼내 물기를 닦아낸 후 감광지를 시험편에 밀착시킨 후 3분 정도 지나면 떼어내 물로 씻고, 사진 정착액에 5~10분 동안 담가 놓으면 인화지에 명암이 나타나는데 어둡게 보이는 부분이 황화물의 흔적이다.

④ 비금속 개재물 검사

강재에 함유된 비금속 개재물은 황화물, 산화물, 질화물 등으로서 제강, 조괴 과정에서 생성된다. 이러한 비금속 개재물은 강재의 사용시 피로파괴의 원인이 되며 품질을 저하시키므로 가능한 생성되지 않도록 해야 한다. 비금속 개재물은 종류에 따라 A, B, C계로 분류한다.

(2) 현미경 시험

재료의 조직이나 미소결함 등을 수십 또는 수백 배로 확대할 수 있는 현미경으로 정밀 관찰 할 수 있는 것이 현미경 시험이다. 이 현미경 시험을 통해 시편의 조직 뿐만 아니라 합금 성분의 분포와 편석 유무 등도 확인이 가능하다. 예전의 광학 현미경을 사용한 조직 검사에서 최근에는 전자빔을 이용한 TEM, SEM 등의 전자 현미경까지 사용되고 있다.

(3) 표면복제 시험법

이 검사 기법은 대상 설비나 재료에 대해 금속 조직 검사를 하고자 할 때 대상물을 파괴하지 않고 선정된 부위의 조직을 복제용 필름으로 복제하여 조직 검사를 할 수 있는 방법으로 일종의 조직샘플 채취방법으로 볼 수 있다. 표면복제 조직검사 기법은 세밀한 주의력, 집중력과 훈련된 기술을 필요로 하며, 주로 일반적인 비파괴 검사로는 발견할 수 없는 석유화학 플랜트 설비 중에서 고온에 장시간 노출되어 있는 설비의 안정성 평가, 균열, 파열로 인한 사고시 원인 규명, 재료의 열처리후 적정성 평가, 설비의 수명 평가, 균열 발생 가능성이 큰 설비의 이상 조짐 확인시 등에 사용한다.

다. 용접성 시험(weldability test)

각종 용접법에 따라 모재와 용접부가 완전히 결합하는 난이도를 나타내는 척도를 용접성이라 하고, 이 시험을 하는 것을 용접성 시험이라 한다. 시험은 용접부의 강도, 결함의 유무를 검사함으로써 모재와 용접봉과의 적합성 또는 용접방법의 적부를 판단한 종합 결과로서 용접성을 안다. 시험에는 모재시험, 노치 취성 시험(notch brittleness test), 용접 경화성 시험, 용접 연성 시험(weld ductility test), 용접 균열 시험(weld cracking test) 등이 널리 사용되고 있다.

(1) 노치취성 시험

노치취성 시험으로는 이중인장시험(double tension test), 엣소시험(ESSO test), 로버트손 시험(robertson test], 카안인열시험, 샤르피 충격시험, COD 시험, 노치인장시험, Deep nothch 시험 등이 있다.

① 이중인장시험(double tension test)

발생된 취성파괴가 재차 전파 또는 정지여부 검출(Notch 인성시험)이며, 보조하중으로 취성파괴를 정적방법으로 발생시켜 주하중에 의해 응력부위의 내부에 전파여부를 파악한다. 취성파괴의 발생을 용이토록 보조하중 주위를 냉각, 주하중부는 일정온도 유지하며, 보조하중부는 주하중부로부터 응력적으로 절연, 파괴가 정적으로 발생시키며 전파현상이 혼란되지 않는 장점을 가진다.

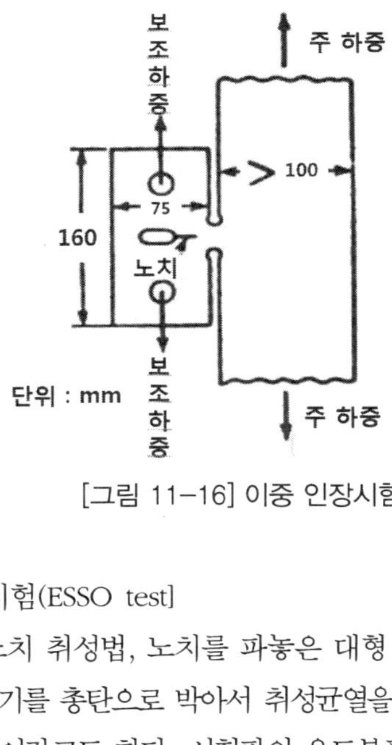

[그림 11-16] 이중 인장시험

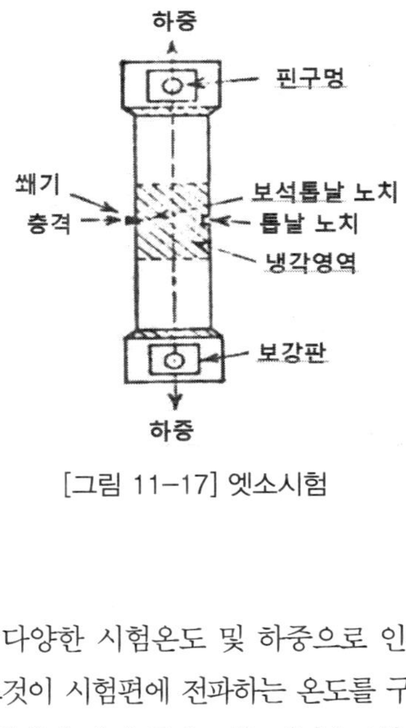

[그림 11-17] 엣소시험

② 엣소시험(ESSO test]

재료의 노치 취성법, 노치를 파놓은 대형 시험판을 다양한 시험온도 및 하중으로 인장한 상태로 한쪽에서 쐐기를 총탄으로 박아서 취성균열을 일으켜 그것이 시험편에 전파하는 온도를 구하는 시험으로 SOD시험이라고도 한다. 시험판의 온도분포를 주는 방법에 따라 등온도형, 평탄온도형, 온도구배형이 있다.

③ 로버트손 시험(robertson test]

노치 취성법, 좌측 노치를 액체질소로 냉각시키고 우측 가장자리를 가스불꽃으로 가열하여 거의 직선적인 온도구배를 일정 하중을 부과한 채로 좌측 노치부를 볼트총으로 충격을 주어 취성균열을 일으키게 한 후, 전파되는 균열의 정지온도를 구하여 취성파괴의 진행이 멈추는 성능을 검사하는 시험 방법이다.

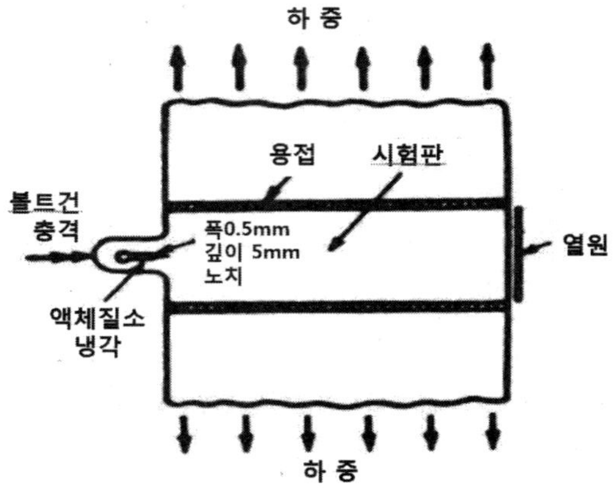

[그림 11-18] 로버트손 시험(robertson test)

(2) 용접 균열시험

시공상의 용접성을 확인하기 위한 시험으로 리하이 구속 균열시험, 피스코 균열시험(C형지그 구속 균열시험), 임플랜트 시험, 바텔 비드밑 균열시험, 철연식 슬릿형 구속 균열시험, CTS균열시험(겹치기 필릿용접 균열시험), 열영향부 최고 경도시험 등이 있다.

① 리하이 구속 균열시험(lehigh type cracking test)

구속형 맞대기용접 균열시험으로, 시편 주위에 슬릿을 만들고 슬릿길이를 변화시키면 구속도가 변하게 된다. 즉, 슬릿의 길이를 짧게 하면 구속도가 커진다. 따라서 균열이 발생되기 쉽게 된다. 시험편의 용접은 표면측에 1층 용접하고 균열의 측정은 용접절단면의 부식시험(Etching)에 의해 육안으로 관찰한다. 이 시험은 상당히 엄밀한 균열시험이며 보통은 루트로부터 비드의 중앙을 통과 하는 저온 구속균열을 검출할 수가 있다. 일본에서는 이를 좀 개량한 U형 홈구속 균열시험이 용접봉의 첫층 용착금속의 루트 균열시험에 많이 이용된다.

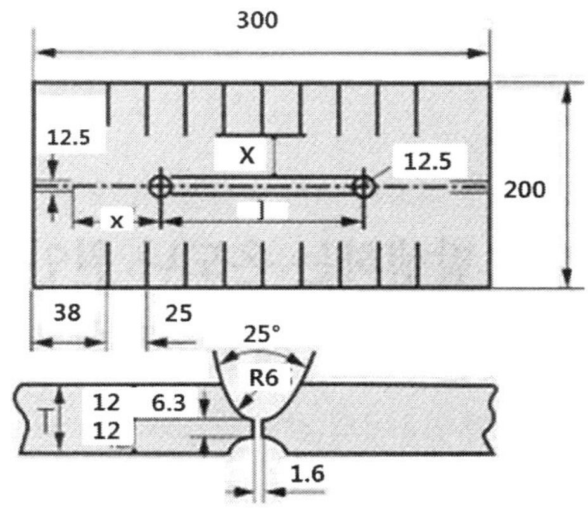

[그림 11-19] 리하이 구속 균열시험

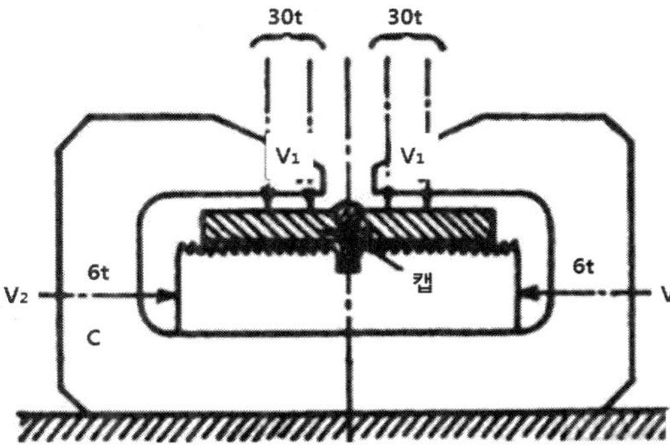

[그림 11-20] 피스코 균열시험

② 피스코 균열시험(C형지그 구속 균열시험)

C형 지그에 맞대기 시험편을 볼트로 강하게 조여서 비드를 만들고 냉각후에 파단하여 고온균열의 유무를 알아보는 균열시험이다. 시험편 두께 1~40mm, 길이 200mm, 나비 120mm의 판을 사용하며, 용접부를 길게 절단하여 제거하면 나머지 부분을 재시험한다.

③ 임플랜트 시험(implant test)

임플랜트형 용접 균열 시험은 H. Granjon에 의해 제안되어 국제 용접 학회(IIW)에서 강재의 용접 균열 감수성 평가 시험법으로 채택되고부터 세계적인 용접 균열 시험법으로 그 지위를 확보하게 되었다. 원형 Notch를 갖는 원형 시험편을 Backing Plate에 미리 가공해 둔 구멍에 삽입한 후 시험편 상단부에 용접 Bead가 통과하도록 Bead on Plate 용접을 실시한다. 이때 용접에 수반되는 용접 열 사이클로 인해 시험편 상단부에 용접 본드부 및 열영향부가 형성된다. 시험편에 하중을 부가하는 방법으로서는 용접부가 150℃로 냉각되었을 때를 부가하중 시점으로 하여 파단까지의 시간을 조사한다.

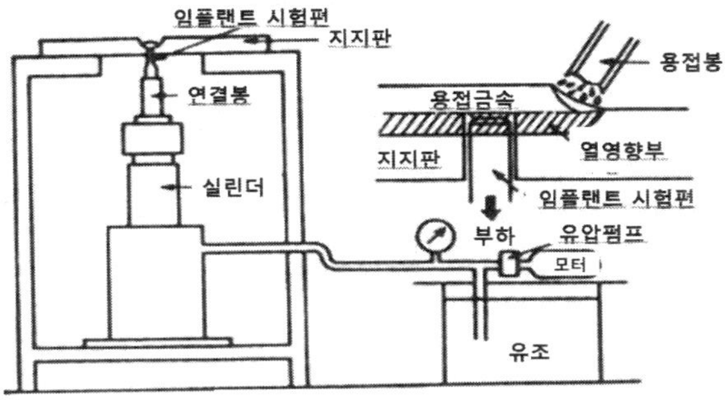

[그림 11-21] 임플랜트 시험 장치

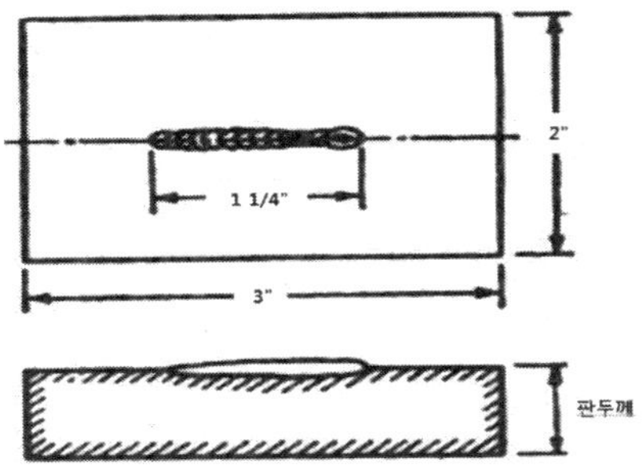

[그림 11-22] 바텔 비드 밑 균열시험

④ 바텔 비드밑 균열시험(battelle type underbead cracking test)

저합금강의 비드하균열시험에 사용되는 방법이며 미국의 바텔 연구소에서 개발한 균열시험방법으로 소형시험편 표면에 용접조건(E6010형, 직경 3.2mm 용접봉으로 100A, 24-26V, 250mm/min)으로 비드를 만들고 24시간 방치 후 절단하여 균열검사를 한다. 비드 길이에 대한 균열길이의 비를 %로 나타내며 보통 5개의 평균값을 취한다.

⑤ 철연식 슬릿형 구속 균열시험(tekken type cracking test)

일반적으로 일반 구조용 압연강재 혹은 이에 준하는 재료의 용접균열 상태를 조사하는 것으로 덱켄(Teckken) 방식이라고도 불린다. 이방법은 y자형으로 된 홈이 있는 시험편에 제1층 용접을 하고, 비드방향과 균열길이 또는 단면 내의 균열을 조사하는 것으로 슬릿의 가공은 가스 절단 또는 기계 가공으로 행하고, 용접은 하향 용접을 행한다. 이 시험법은 슬릿이 경사지게 들어가 있기 때문에 루트의 응력 집중이 크며, 매우 민감한 균열 시험방법이다. 좌측의 슬릿을 먼저 용접 하고 새로운 용접봉으로 우측의 슬릿을 용접하여 용접이 완료된 이후에 균열의 유무와 균열길이를 측정하고, 다음 식을 이용하여 균열율을 산출한다.

$$C = \frac{\Sigma\ l}{160} \times 100(\%)$$

C : 균열율
Σl : 균열의 전체길이 (mm)

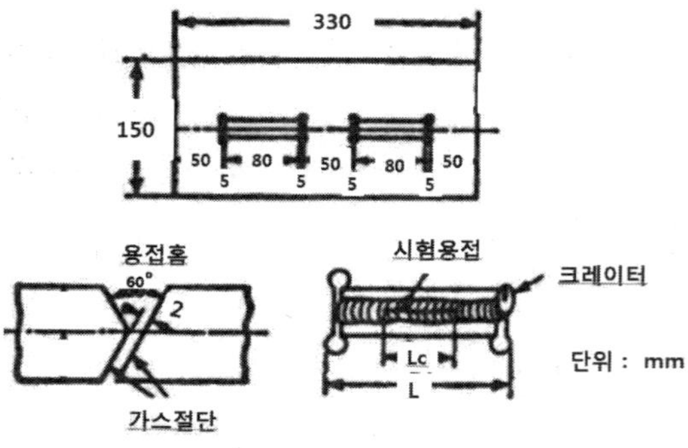

[그림 11-23] 철연식구속 균열시험

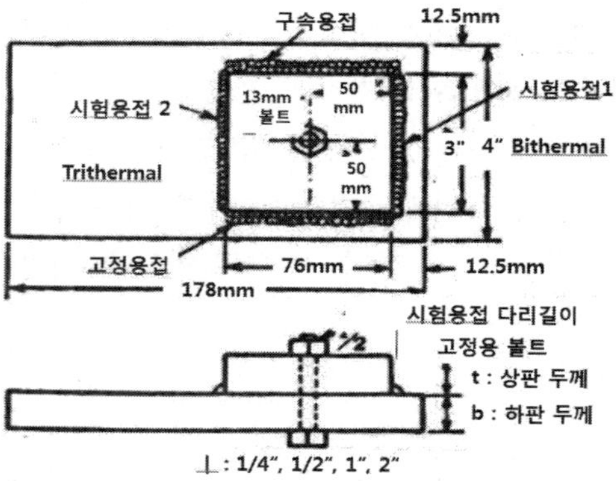

[그림 11-24] CTS 균열시험

⑥ CTS 균열시험(controlled thermal severity cracking test, 겹치기 필릿용접 균열시험)

시험편의 냉각속도가 다른 2개소에 필렛 시험비드를 만들고 냉각 속도가 다를 때 균열발생의 경향을 알아내는 시험이다. 균열시험의 시험방법은 판재의 절단단면과 판재 표면을 시험한다. 맞대기 용접과 필레 용접에서의 균열의 발생도를 동시에 파악 할 수 있다. 코트렐시험이라고도 한다.

⑦ 창틀구속 균열시험(window type restrained weld cracking test)

후판을 파용하여 실재 구조물의 용접부와 같은 구속이 큰 홈을 이용하여 다층용접을 해서 용접금속과 열영향부 균열검출을 하는 시험방법으로 시험판의 형상이 창틀과 비슷하여 윈도시험이라고도 한다. 고장력강 시험시 사용하며 시험방법은 표면을 용접한 후에 Root부를 떼어내고 뒷면 용접 다음에 칼라체크, X선 투과, 현미경 등으로 균열을 검출한다.

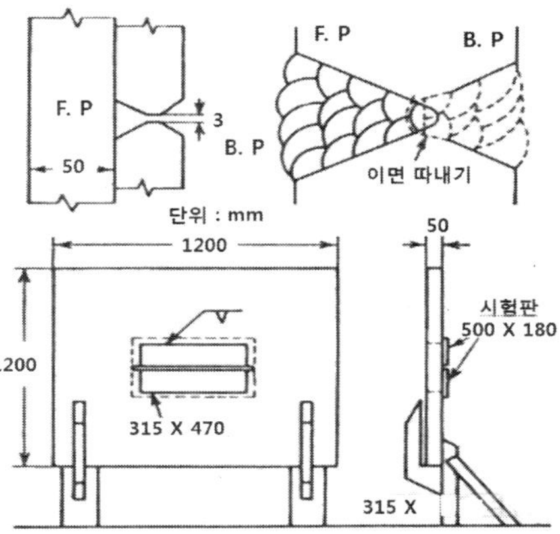

[그림 11-25] 창틀 구속 균열시험

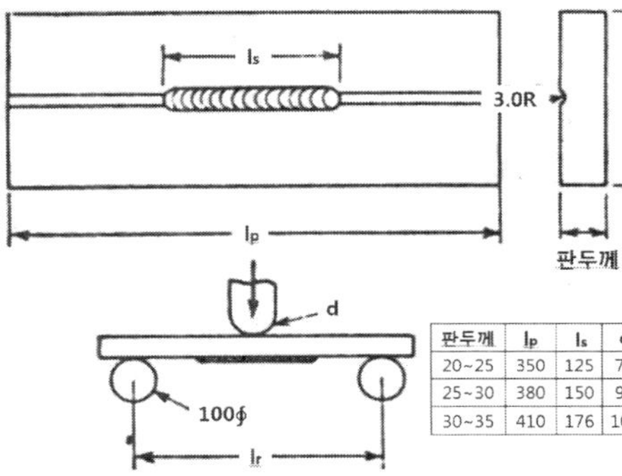

판두께	lp	ls	d	lr
20~25	350	125	75	140
25~30	380	150	90	165
30~35	410	176	105	190

[그림 11-26] 코머렐 균열시험

(3) 용접 연성시험(weld ductility test)

용접 연성시험 으로는 코머렐 시험, 세로비드 노치굽힘시험, T굽힘시험, 계열 열영향부 시험, 연속냉각 변태시험, IIW 최고경도시험 등이 있다.

① 코머렐 시험(세로비이드 굽힘시험, 오스트리아시험)

시험편 표면에 반원형 모양으로 홈가공 하고 그 위에 일정조건으로 용접비드를 만들어 정해진 지그를 사용해서 구부려 용접부의 연성을 시험하는 비드균열시험으로 용접부의 균열발생을 검사한다. 파단시까지 굽힘 각이 일정 규정값 이상을 요구한다.

② 세로비드 노치 굽힘시험(longitudinal bead weld notched bend test)

용접부의 연성을 조사하는 용접성 시험법의 하나로 203mm×76mm×(흑피판 두께)의 한쪽의 표면에 세로방향으로 비드를 만들고, 이와 직각으로 V형 노치를 만들어 굽히는 시험방법이다. 킨젤시험이라고도 한다. 노치의 깊이는 모재의 표면으로부터 1.27㎜이며, 노치의 밑바닥에는 용접금속, 열 영향부, 모재가 정렬되어 있으므로, 이 중에서 가장 노치 취성이 적은 부분에 최초의 균열이 발생되어 모재에 전달된다.

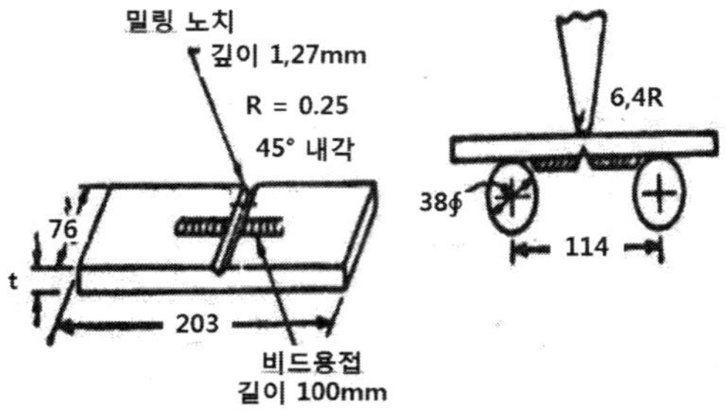

[그림 11-27] 세로비드 노치 굽힘시험

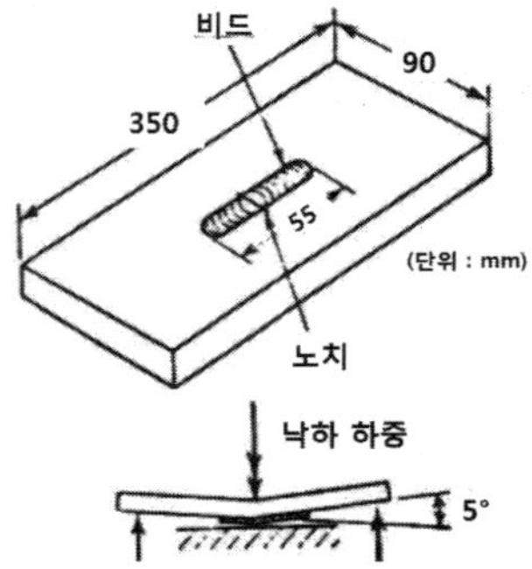

[그림 11-28] NRL낙중시험

(3) 기타 용접성 시험

기타 용접성을 확인하기 위한 시험으로는 낙중시험, 용접이음 인장시험, 용접이음 굽힘시험, 폭파시험, 수압시험 등이 있다.

① NRL낙중시험

시험편 표면에 굳고 부서지기 쉬운 비드를 제작하여 여기에 노치를 파고 반대쪽에서 무거운 추를 떨어뜨려 취성균열의 발생과 전파하는 형상에 따라 강재의 취성발생의 한계의 온도를 구한다. 이를 NDT온도라 한다.

라. 화학적 시험법

(1) 화학 분석법

용접부에 포함되어 있는 각 합금 성분을 알기 위한 금속 분석을 하는 것이다. 분석 방법에는 습식과 건식의 두 가지로 구분할 수 있으며, 신뢰도 면에서는 습식이 우세하다.

건식은 흔히 Electric Arc를 사용하여 금속 표면에서 발생하는 합금 원소의 Spectrum을 분석하는 방법이 가장 일반적이다. 그러나 건식방법은 탄소를 정확하게 측정하기 어려우며 특히 질소, 산소 등의 각종 가스 성분의 정확한 검출이 어려운 단점이 있다.

화학 분석을 통해 금속 성분은 물로 함유 불순물, 가스 조성의 종류와 양, 슬래그의 성분까지도 알 수 있으나 분포상태는 알 수 없다.

(2) 확산성 수소시험

용접부에 용해된 수소는 기공, 비드 균열, 은점, 선상 조직 등 결함의 큰 요인이 되므로, 용접 방법 또는 용접봉에 의해 용접 금속중에 용해되는 수소량의 측정은 중요한 용접시험법의 하나이다. 확산성 수소는 용접조건과 용접 후 열처리 상태에 따라 많은 차이를 보이므로 정확한 시험을 하기위해서는 많은 주의가 필요하다.

① 글리세린 치환법

이 방법은 시편(130x25x12)을 준비하고 시편의 중앙부에 길이 115mm의 용접을 실시한다.

용접이 끝난 다음 즉시 얼음물에 담가 급냉시켜 물기를 제거한 후에 3등분하여 준비된 45℃의 글리세린 속에 넣고 48시간 수소 포집기로 포집한다.

② 수은에 의한 법

글리세린 대신 수은 중에서 수소를 포집하는 방법이다. 이외에도 Ar Gas를 충진한 상태에서 수소를 포집하는 방법도 있다.

③ 진공 가열법

모재의 용접전 수소량을 알기 위해 진공중에서 800℃로 가열하여 수소를 포집하는 방법이 있으며 이것이 진공 가열법이다. 일반적으로 저수소계 용접봉의 용접 금속중 수소량은 0.1cc/g 이하로 제한되고 있다.

5. 비파괴 시험법의 종류

재료 또는 제품의 재질이나 형상치수에 변화를 주지 않고 그 재료 건전성을 조사하는 방법을 비파괴 검사(nondestructive testing or inspection) 약칭 NDT 또는 NDI라 하며 압축재, 주조품, 용접물에 널리 이용되고 있다. 비파괴 검사의 특징은 생산성을 향상시킬 수 있으며 구성 요소의 결함을 미리 확인함으로써 제작을 용이하게 하여 그 결함을 수정할 수 있다.

(1) 육안검사 (VT : Visual Testing)

시험체의 품질 활동에 의한 표면상태를 육안으로 확인하는 방법으로 여러 가지 비파괴검사법 중에서 가장 먼저 적용해야 할 검사법으로, 육안검사를 정의하면 재료, 제품 또는 구조물이 제작사양, 도면, 설계사양, 규격 등에 적합한지, 허용 한도 내에 포함되는지의 여부를 결정하는 검사 방법이다. 상기 품목들이 사용전 또는 사용 중에 검사하여 앞으로의 사용에 지장을 초래하거나, 초래할 가능성이 있는 결함의 유무를 찾아낼 때나 제품 또는 구조물이 파괴 또는 파손되어 그 원인 분석이나 앞으로의 예방 대책을 세울 때 사용한다.

육안검사로 나타난 균열, 기포, 크레이터 불량 등의 결함은 구태여 다른 비파괴검사를 하지 않아도 바로 시정해야 할 결함이며 또 뒤틀림, 치수부족, 외관불량 등도 이 단계에서 판단할 수 있다. 그러나 이 검사방법은 육안으로만 시행하기 때문에 표면결함만 검출할 수 있고 세밀하지 못하여 다른 검사방법에 앞서 1차적인 검사로 활용되며 검사를 할 경우는 10배 정도의 확대경을 이용하면 편리하다.

(2) 누설검사 (LT : Leaking Testing)

기체나 액체와 같은 유체가 시험체의 내부와 외부의 압력차에 의해 시험체의 결함을 통해 유체가 흘러들어 가거나 흘러나오는 성질을 이용하여 결함을 찾아내는 시험방법이다. 따라서 누설시험의 매체는 유체가 되며 액체 또는 기체가 주로 사용된다. 가장 일반적인 것은 정수압, 공기압에 의한 방법이며 이밖에 화학지시약, 할로겐 가스, 헬륨가스 등을 쓰는 방법이 있다. 가장 간단한 액체 정압시험은 시험용기 중의 압력을 외압보다 높게 하여 누설을 압력의 변화 또는 용기를 물이나 석유에 넣어 기포의 발생에 의하여 누설장소를 아는 방법이다. 이보다 감도를 향상시키기 위해서는 형광액체, 침투액, 방사능 가스 또는 액체 프레온, 암모니아 및 헬륨 등의 가스를 쓰는 방법이 있다. 누설검사는 탱크, 용기 등 용접부의 기밀, 수밀을 조사하는 목적으로 한다.

(3) 방사선투과 검사(RT : Radiographic Testing)

방사선 투과검사는 검사체를 X선 또는 γ선으로 투과하여 결함의 유무를 조사하는 방법이며 현재의 비파괴검사 중 가장 신뢰성이 있고 널리 쓰이는 방법이다. 자성의 유무, 두께의 대소, 형상, 표면상태의 양부에 불구하고 어떤 것에나 이용될 수 있으며 또한 투과두께 1~2%까지 크기의 결함을 확실하게 검출할 수 있다. 검사 결과를 필름으로 보존할 수 있는 잇점이 있으나 미세한 터짐이나 라미네이션 등의 검출은 곤란하다.

X선 및 감마선은 시험체를 투과하는 성질이 있는데, 투과하는 정도는 재료를 구성하는 원소와 두께에 따라 달라진다. 시험체 중에서 방사선의 흡수가 달라지면, 방사선 투과사진 상에서 농담이 되어 나타나며, 이것을 관찰함으로써 시험체 내부의 결함 유무를 탐지할 수 있다. 직접 필름에 감광시킨 직접촬영법이 작은 결함을 검출하는데 우수하며 필름으로 기록하여 보존할 수 있고 결함의 형상, 크기, 위치를 직관적으로 관찰 가능한 이점이 있어 널리 이용되고 있다. 결함중에서도 기공, 슬래그혼입, 개재물, 용입불량 등과 같이 방사선의 두께방향에 대한 두께차가 생기는 결함 즉 구상으로 된 결함은 작은 결함까지도 비교적 잘 검출되지만 균열 등과 같이 어느 정도의 면적을 가지고 있더라도 두께가 얇은 결함은 균열면에 평행에 가까운 방향으로 방사선이 입사될 경우에 검출이 가능하지만 15도 이상으로 기울게 입사하게 되면 두께차를 이루지 못하므로 결함의 검출이 어렵다. 예를 들어 용접부의 융합불량은 이와 같은 형태의 결함으로서 방사선의 조사방향이 맞지 않으면 검출되지 않는다. 그리고 방사선이 투과되지 않으면 결함은 검출할 수 없다. 방사선이 시험체 내에서 흡수되기 때문에 투과에 한계가 있고 에너지가 낮을수록 투과력이 약해진다. 특성상 압력용기, 선체, 파이프라인 및 기타 구조물의 용접부 검사에 많이 이용되며 주조품 검사에서도 주로 방사선투과시험을 적용한다. 단조품이나 압연품에 발생하는 결함은 결함의 성질로 볼 때, 방사선투과시험의 적용이 적합지 못하다. 시설물의 안전성을 확보하기 위한 사용 중에 발생하는 결함, 즉 피로균열이나 부식균열 같은 것도

자분탐상이나 침투탐상 및 초음파탐상법이 더 유용하다.

(4) 초음파 탐상검사(UT : Ultrasonic Testing)

초음파는 귀로 들을 수 있는 음파(주파수 20Hz~20kHz)보다 높은 주파수 성분을 갖는 음파(보통 0.5~15MHz)가 사용된다. 초음파의 속도는 공기 중에서는 340m/sec. 수중에서는 약 1,500m/sec. 강중에서는 약 5,900m/sec이므로 공기와 강의 경계면에서는 초음파는 대부분 반사된다. 즉 트랜스듀서에서 침투한 초음파는 일부는 결함에 반사되어 되돌아오거나 흐트러지고 나머지는 피검사물의 끝까지 갔다가 반사되어 돌아온다. 초음파 탐상 시험의 목적은 주로 내부결함의 검출, 두께측정, 재료열화 손상의 식별 등으로 분류된다. 이 중 특히 금속재료의 접합부 검사에서는 결함검출이 주목적이 된다. 초음파의 검사방법에는 불연속부에서 반사하는 초음파를 분석하여 검사하는 펄스반사법, 투과한 초음파를 분석하여 검사하는 투과법, 펄스반사법과 유사하지만 공진현상을 이용한 공진법이 있다. 초음파검사의 장점으로는 시험체가 두꺼워도 검사가 가능하고 불연속의 위치(위치 및 깊이)를 정확히 알 수 있으며, 검사 결과를 바로 알 수 있고, 균열 등의 면상결함의 검출에는 방사선투과검사보다 유리한 점이 있다. 단점으로는 결함의 종류를 식별하기 어렵고, 금속 조직의 영향을 많이 받으며 검사자의 기량에 의해 검사결과가 영향을 받고 기록의 보존이 어렵다.

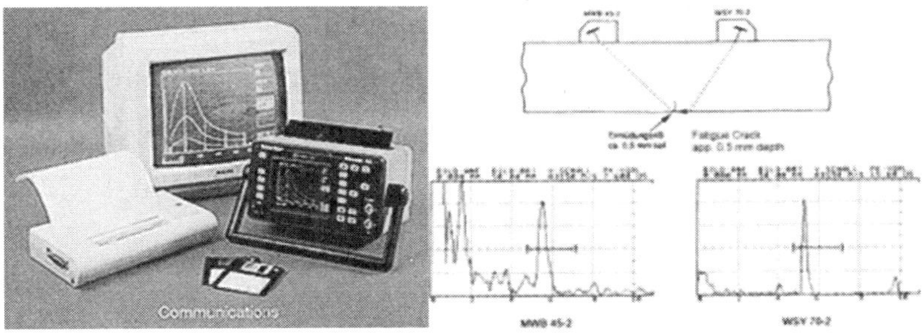

[그림 11-29] 초음파 탐상기와 시험파형 형상

(5) 자분탐상 검사(MT : Magenetic Particle Testing)

결함에 의하여 누설자속이 생기고 있는 장소에 자기의 전도성이 높은 미세한 자성체 분말을 산포하면 자극이 결합부에 응집된다. 표면으로 나타난 흠의 경우는 그 자분이 가느다란 선으로 밀집되어 내부 흠에 대해서는 자분집중이 폭 넓게 된다. 자분으로는 철분 및 탄화분 등이 쓰이며 검사면과의 대조성을 좋게 하기 위하여 백색, 적색, 갈색, 청색 등의 것이 시판되고 있다. 또한 형광을 발하는 자분도 쓰이며 이때는 어둠컴컴한 곳에서 블랙라이트를 비추어 검사한다. 자분은 건식법과 습식법의 두 가지가 있다. 자분의 크기는 0.3~5μ 정도이다. 자화방법으로는 원형자화(축통전법, 프로드법, 전류관통법)와 선형자화(코일법, 요크법, Cable)가 있으며 자기검사를 한 다음 적당한 방법으로 탈자해

두지 않으면 안된다. 이를 위해서는 교류자계 중에서 탈자하는 것이 보통이다. 장점으로는 미세한 표면균열 검출능력이 뛰어나고 시험체의 크기 및 형상 등의 영향이 적으며 비교적 쉽고 검사비용이 저렴하다는 점이다. 단점으로는 강자성체의 검사에 국한되며 전극식 장비 사용시 전기 접촉부에 아크 발생으로 시험체에 악영향을 미칠 수 있다.

(6) 액체침투 탐상검사(PT : Liquid Penetrant Testing)

시험대상의 재료에 관계없이 대부분 전체의 제품과 재료의 표면검사에 사용된다. 액체침투 탐상시험은 기공이 없는 고체재료에서 표면으로 개구된 상태로 존재하는 불연속을 탐지하는 비파괴 시험법이다. 결함은 크기, 형상, 재료의 내부구조 또는 화학조성은 물론 결함방향과도 상관없이 탐상될 수 있다. 액체 침투액은 표면으로 개구된 불연속으로 모세관 현상으로 빨려들어 간다. 이 때문에 이 탐상시험은 모든 형태의 균열, 겹침, 기공, 수축, 라미네이션과 유사한 불연속들의 탐지에 적합하다. 침투탐상검사의 종류로는 침투액의 종류에 따라 형광침투탐상감사와 염료침투탐상검사가 있다. 염료침투탐상제는 침투액(P), 현상제(D), 제거세정제(R)를 세트로 사용하고, 1) 전처리 ⇒ 2) 침투 ⇒ 3) 제거 ⇒ 4) 현상 ⇒ 5) 관찰 ⇒ 6) 후처리의 순으로 행한다.

(7) 와전류 탐상검사 (ET : Eddy Current Testing)

와류검사는 금속 내에 유기되는 와동전류(eddy Current)의 작용을 이용하는 검사방법으로, 금속표면 또는 표면에 가까운 내부의 결함(균열, 기공, 줄흠, 개재물, 표면비드, 언더컷, 겹침, 용입부족)은 물론 금속의화학성분, 현미경 조직 및 검사, 각종 재료의 선별에도 이용할 수 있는 매우 효과적인 비파괴 검사방법이다. 특히, 자기검사를 응용하지 못하는 비자성 금속재료에 편리하다.

제12장
용접 안전

제1절 | 안전 일반

1. 개 요

안전사고란 물적 또는 인적위험에 의해 발생되므로 안전을 사고의 위험이 없는 상태라 정의할 수 있다. 안전사고는 개인에게 육체적 고통과 경제적 부담이 뒤따르게 되고, 기업에게는 생산 능률의 저하로 막대한 손해를 가져오게 된다. 따라서 불완전한 행동이나 조건이 선행되어 작업을 저해하거나, 능률을 떨어지게 하고, 직접 또는 간접으로 인명 및 재산상 손실을 가져오는 재해를 사전에 차단하기 위한 각종 활동을 안전이라 한다.

2. 사고원인의 종류

가. 인적 사고 원인(불안전한 행동)

안전재해 발생의 인적 원인에는 선천적 원인과 후천적 원인이 있는데 선천적 원인으로는 신체적 기능인 내장, 골격, 근육, 지속력, 운동력의 5관에 이상이 있어 안전하게 작업을 할 수 없는 경우와 정신적으로 지능, 성격, 판단력 등에 이상이 있는 경우를 들 수 있다. 또 후천적 원인으로는 기능적인 능력, 기량이 부족한 경우와 사전 지식이 충분하지 못하여 위험에 대한 방호 방법이나 통제 방법을 모르는 경우이다.

(1) 후천적 원인

① 무지 : 기계의 취급 방법 및 성질 등을 알지 못하는 데서 일으키는 재해

② 과실 : 취급이나 조작 잘못 및 부주의에서 일으키는 재해

③ 미숙련 : 기능의 정도가 낮아 일으키는 재해
④ 난폭, 흥분 : 물건 취급시 난폭, 매사에 흥분하고 서둘러서 발생하는 재해
⑤ 고의 : 위험한 줄 알면서 작업명령 및 안전수칙을 지키지 않아 발생하는 재해
⑥ 기타 : 사물을 판단하는 능력이나 주의하는 습관이 부족한 데서 기인하는 재해

(2) 선천적 원인

① 체력의 부적응 : 체력의 한계를 넘어 작업 시에 일으키는 재해
② 신체의 결함 : 부자유스러운 손이나 난청이 원인이 되어 일으키는 재해
③ 질병 : 신체가 허약하여 병중 또는 병후에 주의력이 없어지므로 일으키는 재해
④ 음주 : 전날 술을 과음하고 덜 깬 상태에서 작업시 일으키는 재해
⑤ 수면 부족 : 수면이 부족하여 졸린 상태에서 작업시 일으키는 재해

나. 물적 사고 원인(불안전한 상태)

안전사고의 물적 원인에는 시설물의 불안전한 상태가 주원인이 되며, 이는 안전기준 미흡, 안전장치 불량, 안전교육, 시설물 자체의 강도, 조직, 구조 또는 작업장의 협소 등이 불량한 관계로 발생하는 사고를 말한다.

① 건물 : 구조, 환기, 작업장 통로의 불량 등에 의해서 일으키는 재해
② 시설 : 불안전한 기계 및 시설, 안전장치가 없거나 고장, 불량한 공구나 도구 등에 의해서 일으키는 재해
③ 취급품 : 불안전한 재료, 가공품, 제품 등에 의해서 일으키는 재해
④ 기타 : 정리 정돈의 불량, 작업 계획의 불량 등에 의해서 일으키는 재해

3. 작업복장과 안전 보호구

현장에서의 작업복장 및 보호구는 작업중 항시 사용하는 것(예 : 안전화, 안전모, 작업복 등), 작업중 필요한 때에 사용하는 것(예 : 보안경, 방독 마스크, 장갑 등) 등으로 구분되고, 재해로부터 작업자의 신체를 보호할 수 있도록 사용목적에 적합하여야 하며, 사용방법은 간편하고 견고하며 무게가 가벼워야 한다. 또한 고용노동부(한국산업안전공단)로부터 실시하는 성능 검정에 반드시 합격한 물품이라야 한다.

가. 작업복

① 작업 특성에 맞아야 하며 신체에 맞고 가벼운 것 일 것
② 실밥이 풀리거나 터진 것은 즉시 꿰매도록 할 것
③ 늘 깨끗이 하고 특히 기름이 묻는 작업복은 불이 붙기 쉬우므로 위험함
④ 더운 계절이나 고온 작업시에도 절대로 작업복을 벗지 말 것
⑤ 작업복의 단추는 반드시 채우고 반바지 착용을 금할 것

나. 작업모

① 기계의 주위에서 작업하는 경우 반드시 모자를 쓸 것
② 장발인 경우에는 모자로 머리카락을 완전히 감싸도록 할 것

다. 신발

① 작업 내용에 맞는 신발을 착용하며 샌들 등은 착용하지 말 것
② 맨발은 부상당하기 쉬우므로 절대로 금할 것

라. 장갑

손이 더러워지거나 부상당하는 것을 방지하기 위해 장갑을 착용하나 오히려 장갑을 착용함으로써 재해를 초래하는 경우가 많다. 장갑 착용을 금지시킬 필요가 있는 작업에는 작업자에게 반드시 주지시켜 절대 장갑을 끼어서는 안 된다.

마. 안전모

① 작업에 적합한 안전모를 사용할 것
② 머리상부와 안전모 내부의 상단간격은 25 [mm] 이상 유지하도록 조절하여 쓸 것
③ 턱 조리개는 반드시 조이도록 할 것
④ 안전모는 각 개인 전용으로 할 것

바. 보호 안경

① 방진 안경은 철분, 모래 등이 날리는 작업(연삭, 선반, 목공 기계 등)시 사용
② 차광 안경은 용접 작업과 같이 불티나 유해 광선이 발생하는 작업에 사용

사. 안전화

중량물 취급중 발위에 떨어뜨린다거나 못을 밟았다든가 등의 재해가 발생하고 있으므로 발등 및 발가락 등의 보호에 중요한 역할을 한다. 내유성, 내약품성 등이 있어야 하며 KS 규격에 합격한 규격품을 선정 사용해야 한다.

아. 구명 줄

전신주 등 높은 곳에서 작업시에는 신체를 고정하는 경우와 경사면에서 미끄러질 때 몸을 지탱해 주는 구명줄이 필요하며 강도가 충분해야 한다.

4. 작업 환경

불안전한 상태(환경)와 불안전한 행동은 사고를 유발시키게 된다. 생산 작업 현장은 생활 주변 환경과는 그 내용이 다르다. 즉 생산 공장은 생산을 위해 여러 가지 기계 설비가 운집해 있고 많은 에너지가 공급되고 있는 인위적인 환경이다.

가. 소음

일반적으로 듣는 사람에게 불쾌감을 주는 소리를 말하며, 데시벨(dB)이 높을 때에는 고막에 대한 에너지 전달이 과잉 상태로 되고 오랜 시간 되풀이되면 청각에 장해 현상을 주게 된다. 소음은 심리적으로 불쾌감을 줄 뿐만 아니라. 공동 작업인 경우에는 재해 유발의 원인이 될 수 있다. 공동 작업인 경우 소음으로 말미암아 지시를 오인하기 쉽고, 통일된 지시에 따라 행동할 수가 없어서 재해를 일으킬 우려가 있다.

나. 유해 물질(가스, 증기, 분진 등)

작업장은 자연 환경이 아니라 생산을 위한 인위적 환경이므로 이러한 생산 기계, 장치 등으로부터 유해한 가스, 증기, 분진 등이 발생하게 되며, 이와 같은 환경에서 작업을 계속하면 시간이 경과함에 따라서 인체에 만성적인 생리 기능 장해를 주거나 인명을 위협하게 되므로 작업 여건에 맞는 덕트, 배기 팬 등의 적당한 배기 장치를 반드시 설치하여야 한다.

다. 통행과 운반

① 통행로 위의 높이 2 [m] 이하에서는 장해물이 없을 것

② 기계와 다른 시설물과의 사이의 통행로 폭은 80 [cm] 이상으로 할 것

③ 뛰지 말 것이며 한눈을 팔거나 주머니에 손을 넣고 걷지 말 것
④ 통로가 아닌 곳을 걷지 말 것이며 좌측 통행규칙을 지킬 것
⑤ 높은 작업장 밑을 통과할 때 주의하며 작업자나 운반자에게 통행을 양보할 것
⑥ 운반차는 규정 속도를 지키고 운반시 시야를 가리지 않게 할 것
⑦ 통행로와 운반차, 기타 시설물에는 안전표지색을 이용한 안전표지를 할 것
⑧ 통행로에 설치된 계단은 다음 사항을 고려하여 설치할 것
- 경사는 심하지 않게 하여야 하며 견고한 구조로 할 것
- 각 계단의 간격과 넓이는 동일해야 하며 한곳 이상에 손잡이를 설치할 것
- 높이 5 [m]를 초과할 때에는 높이 5 [m] 마다 계단실을 설치할 것

라. 안전표지·색채

(1) 녹십자 표지

중량물 녹십자 표지는 우리나라에서 산업 안전의 상징으로 쓰이게 된 것은 1964년 노동부 예규 제 6호에 따른 것이다. 녹십자 표지는 산업안전관리에 대한 기업주의 각성을 촉구하고 근로자의 주의를 환기시키기 위하여 각 사업장의 위험한 장소나 근로자의 출입이 빈번한 장소에 녹십자 표지를 게시하도록 권장하고 있다.

(2) 안전표지 색채

① 빨강 : 방화, 금지, 정지, 고도의 위험
② 황적 : 위험, 항해, 항공의 보안시설
③ 노랑 : 주의(충돌, 추락, 걸려서 넘어지는 광고)
④ 녹색 : 안전, 피난, 위생 및 구호, 진행
⑤ 청색 : 지시, 주의(보호구 착용 등 안전위생을 위한 지시)
⑥ 자주 : 방사능
⑦ 흰색 : 통로, 정돈
⑧ 검정 : 위험 표지의 문자, 유도 표지의 화살표

(3) 기타 안전표지

안전을 환기시키기 위해서 작업장 내에 명칭과 사용 목적 및 규격을 통일시켜 게시한 안전표지들이다.

[그림 12-1] 각종 안전표지

5. 수공구류 안전수칙

가. 수공구 재해의 원인과 방지

수공구에 의한 재해는 사용 공구의 잘못된 선택, 점검의 소홀, 사용법의 미숙지 등에서 발생하고 있으며 재해를 방지하기 위해서는 아래와 같은 조치가 필요하다.

① 공구의 성능을 완전히 익힐 것
② 공구의 사용 목적에 따른 올바른 사용법을 익힐 것
③ 공구의 기본적 취급 방법을 익힐 것
④ 사용전에 작업에 적합성 여부 등을 확인할 것

나. 수공구 사용상의 유의사항

① 공구의 성능을 충분히 알고 있을 것
② 그 작업에 적합한 것인가, 또 정비 상태의 이상 여부를 충분히 점검할 것
③ 결함이 있는 것은 절대로 사용하지 말 것
④ 미끄러지지 않도록 기름을 잘 닦아 둘 것
⑤ 본래의 용도 이외는 절대로 사용하지 말 것
⑥ 올바른 방법으로 사용할 것
⑦ 반드시 지정된 장소에 보관할 것
⑧ 공구 상자, 공구 선반은 잘 정돈하고, 공구의 종류, 수량 등을 기록할 것
⑨ 사용 후에는 반드시 점검하며 고장난 공구는 즉시 수리를 의뢰하고 대치공구를 준비해 다음 작업에 지장이 없도록 할 것

6. 화재 및 폭발재해

가. 화재

중량물 화재 또는 연소는 어떤 물질이 산소와 결합하면서 열을 방출시키는 산화 반응을 말하며, 이러한 화재가 발생하기 위해서는 가연성 물질, 산소 그리고 점화원이 필수적으로 필요하게 되는데 이것을 화재의 구성 요소라 하며 이 세 가지 요인 중 한 가지만 제거해도 화재는 발생하지 않는다. 화재의 분류는 소화시 매우 중요한 역할을 하게 되는데, 우리나라에서는 대체적으로 미국의 규정에 따라 다음과 같이 분류하고 있다.

① A급 화재(일반 화재) : 연소후 재를 남기는 화재(종이, 목재, 석탄 등)
② B급 화재(유류 화재) : 액상 또는 기체상의 연료성 화재(휘발유, 벤젠 등)
③ C급 화재(전기 화재) : 전기 에너지가 발화원이 되는 화재로 전기 시설의 화재
④ D급 화재(금속 화재) : 금속 칼륨, 금속 나트륨, 유황, 탄산알루미늄 등의 화재
⑤ E급 화재(가스 화재) : 가연성 가스에 의해 발화원이 되는 화재

나. 소화기의 종류 및 용도

(1) 포말 소화기

내통에는 유산 알루미늄 용액을, 외통에는 탄산수소 나트륨(중조) 용액에다 기포 안정제를 섞어 넣어 이 두 용액이 혼합되면 이때 발생하는 CO_2가스의 압력에 의해 발포되며, 방사시간은 1분 정도이고, 방사거리는 10 [m] 이상이 된다. 목재, 섬유류 등의 일반 화재(A급 화재)나 소규모 유류화재에 사용한다.

(2) 분말 소화기

소화기에 사용되는 분말약제는 흡습성이 없고 유동성을 가지며, 화학적으로 처리된 탄산나트륨으로 구성되어 있고, 건조된 분말을 배출시키기 위해 탄산가스통을 부착시켜 놓았다가 탄산가스를 주용기 내에 방출시키면 그 압력에 의해서 분말약제가 노즐로 방출된다. 어떤 종류의 화재에도 사용이 가능하며, 특히 유류 화재(B급 화재) 또는 전기 화재(C급 화재)에 대해 소화력이 강하다.

(3) CO_2 가스 소화기

중량물 CO_2 가스를 상온에서 압축시켜 액화한 것이므로 고압으로 되어 방출되며, 소규모의 인화성 액체 화재나 불전도성 소화제를 필요로 하는 전기 화재의 초기 진화에 유효하다. [표 11-1]은 소화기의 종류와 용도를 나타낸 것이다.

[표 12-1] 소화기의 종류와 용도

소화기 종류	화재종류		
	A : 보통 화재	B : 기름 화재	C : 전기 화재
포말 소화기	적합	적합	부적합
분말 소화기	양호	적합	양호
CO_2 소화기	양호	양호	적합

다. 폭발

용접작업 시에는 주위의 기름, 나무조각, 도료, 걸레, 내장재, 전선 등과 같은 가연성 물질이나 폭발성 물질 또는 가연성 가스가 과열된 피용접물, 불꽃, 스파크, 아크 등에 의해 인화, 폭발, 화재를 일으킬 염려가 있으므로 작업 전에 이들 가연물을 멀리 치운다. 만약 이러한 조치가 안 될 경우에는 불꽃 비산방지조치를 하고 근처에 소화기를 준비하도록 하여야 한다. 탱크 및 배관 등의 용접수리 작업에서 내부에 인화성의 액체나 가연성 가스, 증기가 존재하면 폭발의 위험성이 대단히 높으므로 이들 내용물을 충분히 청소하고 위험한 물질들이 완전히 제거된 것을 확인한 후 작업에 착수하여야 한다.

라. 화상

가스용접 시에는 작업 중 화구에 불을 붙이는 순간 화염이 뻗어 나오면서 화상을 입을 수도 있고, 착화 취관의 조정을 잘못하여 손이 흔들려서 또는 취관으로부터 새어나온 아세틸렌이 작업 중 착화되어 화상을 입을 수 있다. 화상 방지 방법은 작업자가 화상의 요인 인자들에 대해 피부 노출이 안되도록 하고 적당한 보호구 사용하며 적당한 차광도를 가진 보호안경 착용, 가죽장갑, 가죽앞치마 등을 착용한다. 화상의 경중에 따라 4가지로 분류한다.

[표 12-2] 화상의 내용 및 처치방법

<table>
<tr><th>구분</th><th>내용</th><th>처치방법</th></tr>
<tr><td>1도화상</td><td>환부가 붉게 되고 따끔따끔 아픔을 느끼다가 얼마 않되 정상으로 돌아오거나 피부가 벗겨지면서 치유됨</td><td>통증이 감소될 때까지 찬물에 담그면 며칠이내 회복됨</td></tr>
<tr><td>2도화상</td><td>통증과 함께 피부가 부어오르고 더 나아가 물집이 생기며 표피가 벗겨지고 심한 통증이 동반</td><td>물집이 터지거나 벗겨지지 않는 한 멸균된 깨끗한 붕대로 덮고 즉시의사 의료 처치 받는다.</td></tr>
<tr><td>3도화상</td><td>피부가 붉게 되거나 표피가 벗겨져 속살이 보이며 속살은 뭉개지고 부풀은 흔적이 남으며, 통증이 심하다</td><td rowspan="2">마르고 깨끗한 붕대나 헝겊으로 덮고 붕대를 한 채 찬물 담그거나 냉찜질을 한다.
화상이 클 경우 쇼크 예방처치하고 의사의 의료 치료를 받는다.</td></tr>
<tr><td>4도화상</td><td>3도 화상의 꺼칠꺼칠한 모양의 정도보다 중하며 국소부위가 전부 탄화된 경우</td></tr>
</table>

제2절 | 용접작업 안전

1. 개 요

최근 용접기술의 발전 및 사용범위의 확대와 더불어 안전의 중요성이 부각되고 있으며, 용접 시 발생하는 위험성과 유해성이 작업자의 안전 측면에서 문제점으로 지적되고 있다. 따라서 용접환경에 대한 법적 규제가 점차 강화되고 있는 실정이다. 용접시 발생 가능한 유해 인자로는 감전, 아크광에 의한 시각장애, 용접 시 발생하는 용접매연 및 가스에 의한 공기오염에 따른 건강질환, 화재, 화상, 폭발에 의한 피해 및 소음에 의한 청각장해, 부적절하거나 몸에 피로를 유발하는 용접자세로 인해 발생하는 근골격계 계통의 질환 등과 같은 직접적인 인자들과 용접시 사용되는 압축가스나 가연성가스에 의한 인자, 용접부의 청정작업시 발생 가능한 인자 그리고 금속의 취급 시에 발생할 수 있는 일반인자 등 간접적인 인자들을 들 수 있다. 산업안전보건에 관련된 법규의 근간은 산업안전보건법이며, 산업안전보건법 시행령, 산업안전보건법 시행규칙, 산업안전기준에 관한규칙 및 산업보건기준에 관한 규칙 등으로 구성되어 있다. 진폐예방과 진폐 근로자의 보호 등에 관한 법률과 동법 시행령 및 시행규칙은 별도 계열의 법률로서 산업안전보건법과 더불어 운용되고 있다. 산업안전보건법 제15조 제2항, 동법 시행령 제12조 제1항에서는 아세틸렌 용접장치 또는 가스집합 용접장치를 사용하여 금속의 용접, 용단 또는 가열작업을 할 경우 또는 탱크 또는 환기가 극히 불량한 밀폐된 장소에서의 용접작업이나 습한 장소에서 실시하는 전기용접작업의 경우 안전관리자를 지정하여야 한다고 규정하고 있다. 안전관리자의 직무는 산업안전보건법 시행령 제13조에 정해져 있다. 2002년 신설된 산업안전보건법 제 24조 제1항에 의하면 단순 반복 작업 또는 인체에 과도한 부담을 주는 작업에 의한 건강장해를 예방하기 위해서 사업주는 노동부령으로 정한 보건상의 조치를 하도록 되어있다. 산업안전보건법 제33조 및 시행령 제27조에 의하면 기계기구에 대한 방호조치의 일환으로 아세틸렌 용접장치 또는 가스집합 용접장치의 경우에는 안전기, 교류아크용접기(자동용접기는 제외)의 경우에는 자동전격방지기를 부착하여 사용하는 것이 의무화되어 있다. 또한 산업안전보건법 시행규칙 제73조에 의하면, 아세틸렌 용접장치 또는 가스집합 용접장치의 경우 사업주는 매년 1회 이상 정기적으로 손상, 변형, 부식의 유무, 성능 및 방호장치의 이상유무에 대한 자체검사를 실시하도록 되어 있다.

2. 용접·용단시 화재

가. 용접·용단시 발생되는 비산불티의 특성

전기용접, 가스절단 등 용접 · 용단시에 비산되는 불티는 3000 [℃] 이상의 고온체로 작업시 수천개가 발생하여 비산되고 비산불티는 수평방향으로 약 11 [m]정도까지 흩어진다. 발화원이 될 수 있는 불티의 크기는 직경이 0.3~3 [mm] 정도로 산소의 압력, 절단속도, 절단기의 종류 및 방향, 풍속 등에 따라 불티의 양과 크기가 달라지며 축열에 의하여 상당시간 경과후에도 불꽃이 발생하여 화재 발생경향이 있으므로 비산되는 불티는 인접한 위험물질에 직접적인 점화원을 제공하여 화재 · 폭발로 인한 대형사고로 발전될 가능성이 높으므로 이에 대한 안전대책을 마련하여야 한다.

나. 안전작업수칙

① 가스용기는 열원으로부터 멀리 떨어져 세워서 보관하고 전도방지 조치를 한다.
② 용접작업중 화상을 입지 않도록 방화복이나 보호구를 착용한다.
③ 적절한 보안경을 착용한다.
④ 산소밸브는 기름이 묻지 않도록 한다.
⑤ 가스호스는 꼬이거나 손상되지 않도록 하고 용기에 감아서 사용하지 않는다.
⑥ 안전한 호스연결기구(호스클립, 호스밴드 등)만을 사용한다.
⑦ 검사받은 압력조정기를 사용하고 안전밸브 작동시에는 화재 · 폭발 등의 위험이 없도록 가스용기를 연결시킨다.
⑧ 가스호스의 길이는 최소 3 [m] 이상 되도록 한다.
⑨ 호스를 교체하고 처음 사용시 사용전에 호스내의 이물질을 깨끗이 불어낸다.
⑩ 토치와 호스연결부 사이에 역화방지를 위한 안전장치를 설치한다.

다. 안전작업방법

(1) 가스용접 작업시 준수사항

① 호스 등의 접속부는 호스밴드, 클립 등 조임기구를 사용하여 확실하게 조인다.
② 가스공급구의 밸브, 콕크에는 여기에 접속된 가스 등의 호스를 사용하는 자의 명찰을 부착하는 등 오조작을 방지하기 위한 조치를 한다.
③ 용단작업시 산소의 과잉방출로 인한 화상의 예방을 위하여 충분히 환기시킨다.
④ 작업을 중단하거나 작업장을 떠날 때에는 공급구의 밸브, 콕크를 잠근다.
⑤ 작업중지시는 가스호스를 해체하거나 환기가 충분한 장소로 이동한다.

(2) 가스용기 취급시 준수사항

① 위험장소, 통풍이 안되는 장소에 보관, 방치하지 않는다.
② 용기온도를 40 [℃] 이하로 유지한다.
③ 충격을 가하지 않도록 하고 충격에 대비하여 방호울 등을 설치한다.
④ 건설현장이나 설비공사시는 용기고정장치 또는 끌차를 사용한다.

⑤ 운반시 캡을 씌워 충격에 대비한다.
⑥ 사용시 용기의 마개 주위에 있는 유류, 먼지를 제거한다.
⑦ 밸브는 서서히 열어 갑자기 가스가 분출되지 않도록 하고 충격에 대비한다.
⑧ 사용중 용기와 사용전 용기를 명확히 구별하여 보관한다.
⑨ 용기의 부식, 마모, 변형상태 점검후 사용한다.

(3) 산소용기

① 산소용기의 밸브, 조정기 등에 기름이 묻지 않게 한다.
② 다른 가스에 사용한 조정기, 호스 등을 그대로 사용하지 않는다.
③ 산소용기속에 다른 가스를 혼합하지 않는다.
④ 산소는 가연성 가스이므로 특히 기름과 그리스에 접근시키지 않는다.
⑤ 산소와 아세틸렌 용기는 각각 별도로 저장한다.
⑥ 전도, 충격을 주지 않는다.
⑦ 크레인 등으로 운반할 때는 철재상자 등 견고한 상자에 넣어 운반한다.

(4) 아세틸렌용기

① 반드시 세워서 사용한다.
② 충격을 가하거나 전도되지 않도록 한다.
③ 압력조정기와 호스 등의 접속부에서 가스가 누출되는지 항상 점검하고, 유출 등의 여부를 조사할 때는 비눗물을 사용한다.
④ 불꽃과 화염 등의 접근을 막고, 사용하고 난 빈 용기는 즉시 반납한다.
⑤ 가스출구는 완전히 잠궈서 잔여 아세틸렌이 나오지 않도록 한다.
⑥ 고온장소 보관을 피한다.

(5) 가스집합 용접장치

① 화기사용설비에서 5 [m] 이상 떨어진 장소에 설치하고, 사용중인 것 외에는 전용 가스장치실에 설치한다.
② 배관에는 플랜지, 콕 등의 접합에 패킹을 사용하여 접합면을 상호 밀착하고, 주관과 분리관에는 안전기를 설치한다.
③ 용해 아세틸렌의 가스집합장치의 배관과 부속기구에는 구리 또는 구리 65 [%] 이상을 포함한 합금을 사용하지 않는다.

(6) 용접작업장의 안전조치

① 용접작업장에는 분말소화기와 같은 적절한 소화기를 비치한다.

② 아세틸렌용접장치는 취관마다 안전기를 설치한다.

③ 가스집합장치는 화기사용설비로부터 5 [m] 이상 떨어진 장소에 설치한다.

④ 도관에는 아세틸렌관과 산소관과의 혼동을 방지하기 위한 표시를 한다.

(7) 용접작업중 안전조치

① 흄 또는 분진이 발산되는 옥내작업장에는 국소배기장치를 설치한다.

② 용접시 발생하는 불꽃을 고려하여 인화물질과 충분한 이격거리를 확보한다.

③ 탱크내부 등 통풍이 불충분한 장소에서 용접시는 탱크내부의 산소농도를 측정하여 산소농도가 18 [%] 이상이 되도록 유지하거나, 호흡용 보호구를 착용한다.

(8) 위험물질 보관용기 등의 안전조치

① 위험물질을 보관하던 배관, 용기, 드럼에 대한 용접 · 용단 작업시는 내부에 폭발이나 화재위험물질이 없는 것을 확인하고 작업한다.

② 용기내에 폭발 및 인화성 가스가 체류시는 다음과 같은 방법으로 가스를 완전히 배출시킨 후 작업한다.

- 체류가스가 공기보다 가벼운 경우는 무거운 이산화탄소를 주입하여 배출한다.
- 체류가스가 공기보다 무거운 경우는 가벼운 질소를 주입하여 배출한다.
- 용기의 이동이 곤란한 경우는 용기내에 물을 채워 가스를 배출한다.

3. 폭발, 화재방지

인화성 가스의 공기중 농도가 폭발한계 이상이면 점화원에 의해 폭발하게 되는데, 폭발이 일어날 수 있는 가장 낮은 공기중 화학물질의 농도는 폭발하한이라 하며, 폭발할 수 있는 가장 높은 공기중 농도를 폭발상한이라 한다. 용접 작업시에는 주위의 가연물(기름, 나무조각, 도료, 걸레, 내장재, 전선 등), 폭발성 물질 또는 가연성 가스와 과열된 피용접물, 불꽃, 아크 등에 의해 인화, 폭발, 화재를 일으킬 염려가 있으므로 작업전에 이들 가연물을 멀리 격리하여야 한다. 만약 이러한 조치가 안될 경우에는 불꽃비산방지 조치, 기타 폭발화재 등이 일어나지 않도록 조치하고 근처에 소화기를 준비하도록 한다.

[표 12-3] 중요가스 공기중 폭발한계

가스의 종류	폭발 하한계 [V%]	폭발 상한계 [V%]
수소	4.0	74.5
프로판	2.1	9.5
아세틸렌	2.5	81.0
암모니아	15.0	28.0
부탄	1.8	8.4

드럼통, 탱크, 배관 등의 용접수리 작업시 내부에 인화성 액체나 가연성 가스, 증기가 존재하면 대단히 위험하므로 용접전에 최소한 다음과 같은 사항에 대하여 사전준비를 하도록 한다. 구조물내 모든 가연성 물질, 폐기물, 쓰레기 등의 제거 가열될 경우 가연성이나 독성물질을 발생할 수 있는 물질의 청소, 압력축적을 막기 위해 구조물내 환기, 용접부위에 국소적으로 물을 넣거나 불활성기체로 내부청소, 밀폐장소에서의 작업은 작업전에 공기질이 좋았더라도 유독성 오염물질의 누적, 불활성이나 질식성 가스로 인한 산소결핍, 산소과잉 발생으로 인한 폭발 가능성 등이 생길 수 있다. 따라서 최소한 다음 같은 조치가 취해져야 한다.

① 작업자가 밀폐공간에서 작업시 반드시 사전 허가를 받는 시스템을 확립한다.
② 밀폐공간에 연결되는 모든 파이프, 덕트, 전선 등은 작업에 지장을 주지 않는 한 연결을 끊거나 막아서 작업공간내로 유출되지 않도록 한다.
③ 작업중 지속적으로 환기가 이루어지도록 한다.
④ 가연성, 폭발성 기체나 유독가스의 존재여부 및 산소결핍 여부를 작업전에 반드시 점검하고, 필요시는 작업중 지속적으로 공기중 산소농도를 검사한다.
⑤ 용접에 필요한 가스실린더나 전기동력원은 외부의 안전한 곳에 배치한다.
⑥ 밀폐공간 외부에는 반드시 감시인 1명을 배치하여 눈이나 대화로 확인하고, 작업자의 입출입을 돕거나 구조활동에 참여한다.
⑦ 밀폐공간에 출입하는 작업자는 안전대, 생명줄 등 개인 보호장비를 갖춘다.

4. 전기재해 방지

대부분의 용접작업에서는 용융을 하기 위해 전기장치를 필요로 한다. 전원은 직류와 교류를 다 사용할 수 있다. 일반적으로 전류가 높고 용접봉의 직경이 큰 경우에 교류전원을 사용한다. 교류용접에서는 아크전압이 약 25 [volt]이다. 그러나 용접작업을 하지 않을 때와 변압기의 부하가 없을 때는 높은 전압이 생길 수 있다. OSHA에서는 부하가 없을 때의 최고전압을 80 [volt](수동용접/절단), 100

[volt](기계용접/절단)로 규정하고 있다. 직류용접에서의 전압은 다소 높은 편이나, 부하가 없을 경우의 전압은 100 [volt] 미만이다. 용접공이 전기쇼크를 받을 수 있는 요인으로는 용접장비가 부적합할 경우, 케이블 또는 용접 봉 홀더가 낡거나 손상되었을 경우, 보호장갑의 미착용시, 젖었을 경우 등이 있다. 다른 위험요소로는 ① 회로의 종류, ② 전압, ③ 전압이 신체를 통과하는 경로, ④ 전류의 level, ⑤ 접촉시간 등이 있다. 교류전원으로 인한 신체영향은 직류전원으로 인한 것의 2.5~4배 정도 된다. 전압이 높을수록 전류를 신체로 보내는 추진력이 커진다. 신체에 미치는 위험은 전류가 몸통(심장/폐/척추)을 통해 들어올 때가 사지(팔/손/다리)에서보다 크다. 60 [milliamp]의 전류가 몸통으로 흐르면 심장박동에 쇼크를 주어 심실세동(ventricular fibrillation)을 일으킨다. 전기쇼크가 1초 이상 지속될 경우 심장박동주기가 늘어나 세동에 충격을 주게 된다. 단시간 쇼크가 심장박동에 민감한 단계에 일어날 경우에도 세동이 일어난다.

가. 아크용접시의 감전사고

아크용접에서 감전사고 발생요소로는 용접봉 홀더, 용접봉의 와이어, 용접기의 리드단자, 용접용 케이블 등이 있다. 장비의 불완전한 접지, 닳거나 손상된 전선과 용접홀더, 안전장갑의 미흡 또는 습윤상태 등은 용접작업자에게 위험성을 가중시킨다. 기타 위험요인으로는 회로형태, 전압, 신체의 통전경로, 전류의 세기, 접촉시간 등이다. 특히, 몸이 땀으로 젖었을 때나 드럼, 보일러 등과 같이 주위가 철판으로 둘러싸인 좁은 장소에서 용접작업시는 감전위험이 증대되므로 주의하여야 한다. 전류가 인체에 미치는 영향은 아래 표와 같다.

[표 12-4] 전류가 인체에 미치는 영향

허용전류 [mA]	작 용
1	반응을 느낀다.
8	위험을 수반하지 않는다.
8-15	근육운동은 자유로우나 고통을 수반한 쇼크를 느낀다.
15-20	고통을 느끼고 가까운 근육이 저려서 움직이지 않는다.
20-50	고통을 느끼고 강한 근육수축이 일어나며 호흡이 곤란하다.
50-100	순간적으로 사망할 위험이 있다.
100-200	순간적으로 확실히 사망한다.

나. 감전재해의 예방

(1) 전기용접 작업시 주의사항

① 물 등 도전성이 높은 액체가 있는 습윤장소 또는 철판, 철골 위 등 도전성이 높은 장소에 사용하는 용접기에는 감전방지용 누전차단기를 설치한다.

② 습윤장소, 철골조, 밀폐된 좁은 장소 등에서 용접작업 시에는 자동전격방지기를 부착하고, 주기적 점검으로 항시 정상적인 기능이 유지되도록 한다.
③ 용접기의 모재측 배선은 모재의 대지전위를 상승시켜 감전위험성을 증가시키므로 모재나 정반을 접지한다.
④ 용접기 외부상자의 접지, 1차측 전로에 누전차단기 설치, 케이블 커넥터, 절연커버, 절연테이프 등을 사용한다. 기타 전기시설물의 설치는 전기담당자가 취급토록 조치한다.

(2) 감전예방 보호구 착용

용접중에는 아크열, 스패터 등에 의한 화상방지를 위해 용접용 가죽장갑을 쓰지만, 손이 땀에 젖으면 장갑이 수분을 흡수함에 따라 절연성이 떨어져 감전의 위험이 높다. 그래서 가죽을 실리콘 수지로 처리한 장갑을 사용하면 방수성도 좋고 절연저항이 높아져 안전하다.

(3) 절연형 홀더의 사용

용접봉 홀더의 접촉으로 인한 감전재해를 방지하기 위해 홀더는 용접봉을 물어 고정하여 주는 부분을 제외하고는 충전부가 전부 내열성 또는 내충격성의 절연물로 처리된 절연형 홀더(안전홀더)를 사용하지 않으면 안된다. 용접봉을 물어주는 부분의 선단 절연물은 아크열에 의해서 소손 및 열화로 인하여 쉽게 파손되며, 또 작업자가 슬래그 제거를 위해 모재를 두드리거나 하여 충전부가 노출되기 쉽다. 이들의 부품은 예비품을 준비하여 위험한 상태가 되었을 때는 즉시 교체하는 등의 조치를 취하는 것이 중요하다.

(4) 자동전격방지기의 사용

용접작업에서 용접봉에 접촉되어 일어나는 감전재해는 절연형 홀더를 사용해도 막을 수 없으므로, 용접기의 출력측 무부하 전압을 위험이 없는 전압까지 낮출 필요가 있다. 아크의 발생을 중지시키고 있을 때 용접기의 출력측 무부하 전압을 위험이 없는 전압까지 저하시키는 자동전격방지기는 용접봉에 접촉되어 일어나는 감전재해의 방지는 물론 용접기의 2차측 배선(홀더측 배선)이나 홀더의 절연불량시 이들에 접촉되어 일어나는 감전재해의 방지에도 효과가 좋다. 작업시작 전에 전격방지기가 확실하게 작동하고 있는가를 시험하여야 한다.

(5) 적절한 케이블 사용

용접기 2차측 회로의 배선은 일반적으로 캡타이어 케이블이나 용접용 케이블이 사용되고 있으나, 그 외부가 파손되어 심선이 노출되면 여기에 접촉되어 감전되는 사례가 있다. 외부표면 손상의 원인은 기계적인 것과 과전류로 인한 열손상에 의한 것 등이 있다. 통로 등을 가로질러 케이블이 지나갈 때에는 방호덮개를 설치하며, 외부가 파손된 경우에는 완전히 절연보수를 하거나 신품으로 교환하여 사용해야 한다.

(6) 작업정지시 전원차단

자동전격방지기가 부착된 용접기로 용접작업중 작업을 중지하고 작업장소를 떠날 경우에는 원칙적으로 용접기의 전원개폐기를 차단한다. 용접기가 있는 장소가 용접장소로부터 멀리 떨어져 있고, 작업 정지시간이 짧은 경우에는 용접봉을 홀더로부터 뽑아내고 홀더를 모재나 접지저항치가 작은 물체에 접촉하지 않도록 하는 조치를 강구한다.

다. 감전재해시 구급

(1) 사고발생시 응급처치요령

감전재해가 발생하면 우선 전원을 차단하고 피재자를 위험지역에서 신속히 대피시키고 2차 재해가 발생하지 않도록 조치하여야 한다. 그리고 재해상태를 신속, 정확하게 관찰한 다음 구명시기를 놓치지 않기 위해 불필요한 시간을 낭비해서는 안된다. 감전에 의하여 넘어진 사람에 대한 중요 관찰사항은 의식상태, 호흡상태, 맥박상태이며, 높은 곳에서 추락한 경우에는 출혈상태, 골절유무 등을 확인하고, 관찰결과 의식이 없거나 호흡 및 심장이 정지해 있거나 출혈을 많이 하였을 때는 관찰을 중지하고 곧 필요한 응급조치를 하여야 한다. 사고발생시 일반적인 응급처치요령은 다음과 같다.

- 인공호흡 등 기본적인 구급처치법을 평소에 훈련한다.
- 비상시 구급처치를 위해 구조용구가 있는 장소 등을 평소에 확인하여 둔다.
- 사고 발생시 연락방법을 정확하게 알아둔다.
- 침착하고 냉정하게, 신속히 재해자의 상태를 관찰하여 처치한다.
- 높은 곳에서 추락한 경우 출혈상태, 골절유무 등을 확인한다.
- 재해자를 함부로 움직이지 말고 편안한 자세를 취하게 한다.
- 호흡곤란시 인공호흡을 실시한다. 호흡정지시 최소 5분 이내에 실시토록 한다.
- 응급처치 후 신속히 병원으로 후송한다.

(2) 인공호흡(구강대 구강법)

감전쇼크로 인해 호흡정지시는 혈액중 산소함유량이 약 1분 이내에 감소되기 시작하여 산소결핍이 급격히 일어난다. 인체의 장기 중에는 뇌가 가장 산소결핍에 대한 저항력이 약하며, 호흡정지가 3 ~ 5분간 계속되면 그 기능이 장해를 받는다. 그러나 호흡정지상태인 사람을 1분 이내에 인공호흡을 시킬 경우 감전재해자의 95 [%] 이상을 소생시킬 수 있으나 늦어지면 소생률은 대단히 저하되므로 신속한 인공호흡이 필요하다.

(3) 전기화상 사고시 응급처치 요령

· 불이 붙은 곳은 물, 소화용 담요를 이용하여 소화하고, 급한 경우에는 피해자를 굴리면서 소화한다.
· 상처에 달라붙지 않은 의복은 모두 벗긴다.
· 화상부위를 세균감염으로부터 보호하기 위하여 화상용 붕대를 감는다.
· 화상을 사지에만 입었을 경우 통증이 줄어들도록 약 10분간 화상부위를 물에 담그거나 물을 뿌릴 수도 있다.
· 상처부위에 파우더, 향유, 기름 등을 바르지 않도록 한다.
· 진정 · 진통제는 의사의 처방에 의하지 않고는 사용하지 않는다.
· 의식을 잃은 환자에게는 물이나 차를 조금씩 먹이되 알콜은 삼가야 하며 구토증 환자에게는 물 · 차 등의 취식을 금한다.
· 피해자를 담요 등으로 감싸되 상처부위에 닿지 않도록 한다.

5. 추락재해 방지

용접작업시에는 추락에 의한 재해도 대단히 많으며, 그 대부분이 중상이나 사망이므로 고소작업시는 다음과 같이 주의하여야 한다.

① 복장을 단정히 하고 철골빔이나 비계위에서는 안전대를 착용한다.
② 아크용접기에는 자동전격방지장치를 부착한다.
③ 미끄러지기 쉬운 물건은 피하고, 눈, 비가 올 때는 특별히 주의한다.
④ 불안전한 발판을 사용하지 않는다.
⑤ 공구나 재료는 떨어뜨리지 않도록 매달아서 사용하고 안전한 장소에 보관한다.
⑥ 비계 등의 안전도를 확인하고 작업한다.
⑦ 안전모를 반드시 착용하고 벗겨지지 않도록 턱끈을 꼭 조인다.
⑧ 주위상황을 파악하고 위험한 행동이나 무리한 자세의 작업을 하지 않는다.

높은 곳에서 용접작업시는 추락, 도괴, 낙하 등 고소작업 특유의 위험이 항시 존재하므로 안전벨트와 안전모를 반드시 착용한다. 2 [m] 이상 높은 곳에서 작업시는 견고한 작업발판을 만들고 추락사고 방지를 위한 설비를 한다. 이때 용접불꽃의 낙하도 고려해야 한다.

6. 아크광선 재해

용접을 할 때 아크에서는 매우 밝은 빛이 발생한다. 이 빛은 가시광선, 자외선(Ultraviolet Radiation), 적외선이 혼합된 비이온화 방사선이다. 이들 방사선은 용접작업자 뿐만 아니라 주위의 근로자에게도 유해하다. 용접작업 중에 일어날 수 있는 비전리 방사선의 위험은 주로 화상(burn), 피부손상, 눈손상 등이다. 피부손상은 주로 UV에 의하며, 눈손상은 UV, 가시광선, 적외선에 의한다. 매우 강한 빛을 발하는 가시광선은 근육의 피로를 초래한다. 적외선은 눈에 영향을 끼친다. 용접시 헬멧이나 핸드실드를 사용하지 않으면 아크 빛이 직접 혹은 반사하여 눈에 들어와 전광성안염 또는 일반적으로 전안염이라고 하는 눈병이 생긴다. 급성인 것은 아크 빛을 받은지 4~8시간 후면 발병하며, 24~29시간만에 회복이 되나 이런 일이 자주 있으면 만성 결막염을 일으키게 되며 심하면 실명하는 때도 있다.

자외선은 눈에 가장 유해한 것이지만 눈에는 보이지 않고 느낄 수 없기 때문에 주의해야 한다. 자외선은 살균, 색소침착(suntan), 눈의 각막에서 흡수되어 각막을 손상시켜 “welder's flash” 또는 “arc eye”를 유발한다. 이 질병은 복사열에 의해 눈동자의 표면인 각막과 결막에 일종의 화상인 ‘각막미란’, ‘결막염’을 유발하게 된다. 이 경우 눈이 시리고 통증이 심해질 수 있고 심하면 눈뜨기가 힘들어진다. 이때 가능한 빨리 안과에 내원하여 약물치료를 받아야 감염, 염증 등의 합병증을 예방할 수 있다. 반복적으로 재발되고 방치 시 ‘각막혼탁’, ‘수포 각막병증’ 등 심각한 합병증을 유발하여 시력에 큰 장애가 생길 수 있다. 노출된 피부에 자외선이 조사되면 붉은 반점이 생기며, 이것을 결국 피부가 검게 되는 현상으로써 자외선에 의한 작용 중 가장 일반적인 것이다.

GTAW, GMAW, FCA 용접 등은 전류 밀도가 높아 피복 금속아크 용접에 비해 아크 빛이 강하다. 그러므로 피복 금속아크 용접 시보다 등급이 높은 차광 렌즈(No, 12~13번)를 사용해야 하며, GMA용접에서의 자외선은 특히 강하여 1 [m]가 넘는 거리에서도 공기중의 산소를 오존(O_3)으로 바꿀 수가 있다. 용접 아크의 유해 광선으로부터 눈을 보호하기 위해서는 좁은 장소에서 여러 사람이 용접할 때에는 작업중에 다른 사람에게 나쁜 영향을 끼치게 되므로 차광막을 사용한다.

적외선은 대부분 화학작용을 수반하지 않고, 망막과 안조직 등에 흡수되어 상당부분 열작용으로 전환 된다. 약할 때는 국부적으로 온도상승을 일으키지만 강할 때는 화상을 유발시킨다. 적외선에 과다하게 노출되면 안검록염, 각막염, 조절장해, 조기노안, 홍채위축, 백내장, 황반변형 등의 장해를 일으킨다.

7. 용접 흄(Fumes)

용접작업시 흄은 고체가 녹은 후 증발(volitilization)과 응축(condensation)을 통해 형성되는 작은 입자상 물질을 말한다. 용접흄은 금속, 금속 산화물과 모재, 전극, 플럭스 등에서 발생한 기타 다른 화합물로 이루어져 있다. 특히 흄을 발생시키는 단일 요인으로 가장 주요한 것은 사용하는 용가재(filler metal)의 종류이다.

흄은 모든 종류의 용접공정에서 발생하며, 그 발생량은 매우 다양하다. 용접흄에 의한 건강장해는 ① 발생되는 용접흄 총량과 ② 흄 속에 존재하는 특정 독성물질(특히 금속)의 종류 등 2가지 조건에 따라 결정된다. 특정 독성물질의 종류로는 크롬, 니켈, 카드뮴, 아연, 구리 등이며, 이들 금속은 발생량이 매우 적더라도 건강장해를 유발할 수 있다.

가. Fume 생성기구

용접흄은 다음의 4가지 생성기구들의 조합에 의해 생성된다고 할 수 있으며 각 생성기구가 흄 발생에 미치는 영향은 용접공정, 용접재료, 용접 조건, 보호가스 등 여러 가지 인자들에 의해 결정된다.

아크용접시 발생하는 높은 아크열은 용접봉과 모재를 용융시켜 줌과 동시에 용접봉의 용융된 팁(Molted Electrode Tip), 아크를 통해 이행중인 용융금속 그리고 용융지 등의 표면에서 금속증기와 플럭스를 구성하는 물질의 증기를 발생시킨다. 이렇게 발생된 고온의 증기는 높은 온도의 아크영역으로부터 방출되어 주위의 차가운 공기와 만나게 되면 급속 냉각에 따른 응축현상으로 인해 미세한 고체입자를 형성함과 동시에 공기 중의 산소와 반응하여 산화하게 된다. 이러한 입자들이 고온의 용접부로부터 상승하는 기류를 타고 연기 모양으로 상승하게 된다. 따라서 흄은 증발, 응축 그리고 산화에 의해 생성된다고 할 수 있다.

아크분위기에 산소가 존재하는 경우에 적용 가능한 생성기구로서 산소가 용융된 팁, 용적, 용융지의 표면에 있는 원소들과 반응하여 산화물들을 생성하게 되고 그 중 휘발성이 강한 산화물(SiO)에 의해 흄을 발생하게 된다. Si는 Mn과 Fe보다 높은 증기압을 갖는 SiO의 형태로 넓은 온도범위(1,500 [K] ~ 3,000 [K])에 걸쳐 존재하다가 증발, 응축, 산화 과정을 거쳐 SiO_2 흄을 생성하게 된다.

불소(Fluorine)를 함유하고 있는 Flux Coating, Flux Core 또는 플럭스를 포함하는 용접시 반응에 의해 생성된 불화물 흄의 발생을 들 수 있으며 마지막으로, Spatter로부터 증발된 원소들의 응축 및 산화에 의한 흄의 발생도 무시할 수 없다. 위에 설명한 흄 생성 기구들을 기반으로 흄 발생원들을 비교해 볼 때 다른 발생원들에 비해 가장 넓은 표면적을 가지고 있을 뿐만 아니라 과열의 정도도 가장 높은 용적이 가장 중요한 흄 발생원이라 할 수 있다.

나. Fume의 특성

(1) Fume 입자의 크기 및 형상

용접시 흄은 미세한 입자(1/수백 [㎛]~1/수십 [㎛])들로 발생되지만 발생 직후 1차입자들이 다수 응집하여 2차입자(0.01~10 [㎛])를 형성하게 되며 이것들이 용접자의 호흡영역에 존재하다가 호흡에 의해 체내에 흡입된다. 따라서 인체에 미치는 영향을 고려하는 경우 중요한 인자는 2차입자의 크기라 할 수 있다. 2차입자는 입자들 사이의 정전기력과 수분에 의한 흡착력에 의해 생성된다. 입자크기와 생성기구를 고려하면 정전기력의 크기는 용접재료에 관계없이 일정하다고 가정할 수 있다. 따라서 알카리 원소들인 Li, Na, K 등 흡착력에 영향을 미치는 성분들의 함량이 증가함에 따라 2차입자내 1차입자의 수가 증가한다. 용접흄은 호흡기를 통해 인체로 들어가는데 0.1~5 [㎛]의 크기를 가진 입자들이 호흡에 의해 인체 내에 가장 잘 흡수되며 5 [㎛] 이상의 입자는 상부기관지에 붙어 있다가 가래와 함께 배출되고 0.1 [㎛] 이하의 입자는 숨을 내쉴 때 호흡기를 통해 다시 배출된다. 따라서 용접흄이 가장 호흡에 이해 인체에 흡수되기 쉬운 크기를 가지고 있다. 흄을 포집하여 전자현미경으로 관찰하여 보면 플럭스계에 따라 다른 모양의 2차입자를 보여준다. 일루미나이트계의 경우 흄입자는 공모양의 미세입자가 연쇄모양으로 연결되어 2차입자를 형성하고 있으며 일반 저수소계의 경우는 1차입자가 빽빽하게 집합해 있을 뿐 연쇄모양은 볼 수 없다. 일반 저수소계의 용접봉을 사용하는 경우 금속열(metal fume fever)이 생기기 쉬운 것은 흄입자가 크게 성장하지 않기 때문에 폐까지 도달하기 쉬운 것이 그 원인이다.

(2) 용접흄(Fume)의 화학 조성

흄의 조성은 용접법, 용접재료(모재, 용접가스, 용접 Wire, 플럭스 등)의 조성, 용접조건, 도장이나 도금 등에 의한 모재표면의 피복상태, 그리고 세척 작업 시 발생 가능한 주위 분위기의 오염물질 등 여러 인자들에 의해 결정된다. [표 11-5]는 가장 널리 사용되는 강(steel)에 대해 용접법에 따라 발생할 수 있는 흄의 성분 원소별 조성범위를 보여주고 있으며, [표 11-6]은 이들 주성분 원소의 산업보건학적 중요 특성을 요약하였다. 크롬, 니켈, 망간, 구리의 함유량이 10 [%] 이하인 저합금강을 모재로 사용할 경우, 발생되는 흄은 크롬, 니켈과 같은 독성 금속의 성분은 상대적으로 낮지만, 장기간 반복적으로 노출될 경우 기관지 자극과 기침을 유발할 수 있다. 또한 저합금강을 이용하여 피복금속아크용접(SMAW)이나, 플럭스코어드아크용접(FCAW)의 경우 높은 전류를 이용하면 흄의 발생량이 매우 높아진다. 반면에 크롬, 니켈의 함유량이 높은 스테인레스강을 모재로 이용할 경우, 발생되는 흄은 크롬과 니켈을 다량 함유함으로써 매우 유해하다. 특히 수용성 6가 크롬의 경우 발암물질로 알려져 있다. 스테인레스강을 모재로 하여 SMAW, FCAW의 경우 발생되는 흄은 6가 크롬 성분을 갖는다. 가스금속아크용접(GMAW)의 경우 SMAW, FCAW보다는 흄 발생량이 적지만, 상대적으로 크롬과 니켈 성분을 다량 함유하고 있다. 하지만, 6가 크롬 성분은 매우 낮다.

[표 12-5] 용접법과 강(steel)의 종류에 따른 용접흄 성분비율

원소	용접법 / 강(steel)의 종류					
	SMAW/MS	FCAW/MS	GMAW/MS	SMAW/SS	FCAW/SS	GMAW/SS
Fe	20-40	35-45	45-50	5-20	8-10	35-50
Mn	5-15	5-15	10-15	2-12	8-25	1-20
Crt	0.01-0.05	0.1-0.3	0.1-0.3	0.5-7	2-5	8-25
Cr(VI)	-	-	-	0.5-5	1.5-4	0.2-1
Ni	-	-	-	0.1-5	0.1-6	2-6
Si	5-20	2-4	3-5	5-20	3-6	1-4
F	0-2* 14-18**	8-15	-	15-20	5-10	-
Ca	0.1-2*	2-15	-	0.2-1	0.1-1	-

	8-15**					
K	5-20	0-10	-	5-15	3-10	-
Na	3-15	0-10	-	5-15	3-10	-

[표 12-6] 용접시 발생가스에 의한 건강장해와 금속성분의 인체 영향

금속 성분	관련 용접과 건강장해
철(Fe)	철은 강의 주성분이며 용접 작업시 발생된 철이 산소와 결합하여 산화철을 형성하게 된다. 산화철 흄은 코,목,폐에 자극을 일으키며 장기간 노출시 폐에 축적되고 이는 X선으로 볼 수 있다. 이러한 상태를 산화철폐증이라고 하며 용접진폐증의 주된 형태이다.
크롬 (Cr)	스테인레스강과 고 합금강의 주요 성분이며 비중격천공을 일으키며 비수용성 6가 크롬에 과도하게 노출되며 피부자극 및 폐암의 증가와 관련된다고 알려져 있다. 스테인레스강에 대한 가스금속 아크 용접(Tig)흄 중 총 크롬의 함량은 약 8 ~ 25 [%]정도로 높으나 대부분 3가 크롬으로 존재하고 6가는 0.2 ~ 1 [%]에 불과하다. 스테인레스강에 대한 플럭스 코오드 아크용접(CO_2)흄 중 총 크롬의 함량은 약 2 ~ 5 [%] 정도로 낮은 수준이나 대부분 수용성 6가 크롬형태로 존재한다.
니켈(Ni)	니켈은 모넬(monel), 인코넬(inconel), 인콜리(incoloy)와 같은 합금과 스테인레스강 용접에 많이 이용되며 인체영향은 비중격천공, 피부염, 색소침착, 천식 등이 보고되고 있다. 정상적인 용접 작업에서는 유해한 정도의 농도까지 폭로되는 경우가 별로 없다.
알루미늄 (Al)	모든 용가제와 전극을 이용할 경우 공통적으로 발생하며, 0.1 - 1.44 [%] 정도의 알루미늄이 흄에 존재한다고 보고했다. 현재까지 알루미늄에 의한 급성, 만성적인 건강장해는 알려져 있지 않다.
망간(Mn)	망간은 대부분의 용접봉에 소량씩 함유되어 있으며, 인체 영향으로서는 금속열, 중추신경계장해(파킨스병)등이 대표적이며 국내에서는 용접작업자에 대한 망간 중독이 직업병으로 인정되기도 했다.
구리(Cu)	청동, 비철합금, 도금, 용접봉등에 함유되어 있으며 급성장해 로서는 코, 목의 자극 증상과 메스꺼움 금속열등을 유발한다.
카드뮴 (Cd)	카드뮴은 용접봉의 보호 코팅제로 이용되거나 몇 가지 합금의 성분으로 존재할 수 있다. 인체영향으로서는 단기간 고농도로 노출되면 폐부종의 지연반응과 호흡기계 자극을 일으키며, 저농도로 장기간 노출 시에는 폐기종, 신장장해 등을 유발 할 수 있으며 무엇보다도 전신 중독의 위험이 있다는 것이 제일 중요한 부분이다.
납(Pb)	납은 일부 비철합금과 페인트의 구성성분이다. 납이 포함되어 있는 페인트로 칠해진 금속이나 납이 포함된 합금에 용접을 하면 고농도의 납이 공기 중으로 발생 된다. 납에 만성적으로 노출되면 조혈장해, 신경, 비뇨기, 생식기의 손상을 가져오며 심한 경우에는 중추신경계나 신장 손상을 가져오고 빈혈이나 근육 마비가 일어난다.
아연(Zn)	아연은 납땜 용가재에 함유되어 있거나 아연으로 도장된 강판에 용접시 주로 발생되며 가장 중요한 건강장해는 금속열이다.
바나듐 (Ba)	바나듐은 몇 가지 합금강과 전극 피복제의 구성물질이며 급성장해로는 눈, 피부, 기관지 자극 등을 유발하고 만성장해로는 기관지염, 비염, 폐부종 및 폐렴 등을 유발한다.
몰리브덴 (Mo)	몰리브데늄은 보통 합금강에 낮은 농도로 함유되어있다. 고농도로 노출 시 눈, 코, 목 등의 자극과 호흡짧음 증상 등을 나타낸다.
주석 (Sn)	주석은 청동과 몇몇 납땜 합금에서 발견되며, 보통 납과 함께 사용된다. 무기주석 흄은 주석폐증(stannosis)으로 알려져 있는 양성 진폐증(pneumoconiosis)을 야기하는 것으로 알려져 있다.

다. Fume 발생에 영향을 미치는 인자

(1) 용접전류

일반적으로 용접전류가 증가함에 따라 흄 발생량이 증가한다. 용접전류의 증가는 용접봉의 용융된 끝부분의 온도를 상승시켜 그 표면에서 금속의 증발을 촉진시킨다. 그 증가하는 정도는 용접법이나 용접봉의 종류에 따라 다르다. 염기성과 일메나이트계 피복용접봉의 흄 발생량은 용접전류의 제곱에 비례하여 증가하며 루틸계 용접봉은 전류에 정비례하여 증가한다는 연구도 있다. 같은 전류에서 직경이 작은 용접봉이 큰 용접봉보다 더 많은 흄을 발생시킨다. 그 이유는 용접봉의 직경이 감소하면 단위 면적당 전류 즉, 전류밀도가 더 높아져서 용접봉 끝부분의 온도도 증가하기 때문이다.

(2) 아크전압

아크전압은 아크의 길이에 직접적으로 관계된다. 일반적으로 모든 아크용접에 있어서 용접법과 용접봉의 종류에 따라 정도의 차이는 있지만 아크전압이 증가함에 따라 흄의 발생량이 증가한다. 아크전압이 증가함에 따라 입열량이 증가하고 또한 아크의 길이가 길어지면 아크의 내부로 주위 공기의 혼입가능성이 증가할 뿐만 아니라 혼입된 산소와 이행중인 용적이 반응할 수 있는 시간도 길어지므로 흄 발생량이 증가하게 된다.

(3) 용적의 이행형태

용접전류의 변화는 Arc를 통한 용적의 이행형태를 변화시키며 이에 의해 흄 발생량이 영향을 받게 된다. 저전류 영역에서는 용융된 용접봉의 끝부분과 용융지 사이의 단락에 의해 용적이 이송되는 Short Circuit Transfer가 일어나며 전류가 증가함에 따라 용접봉의 끝부분에 생성된 용적이 아크를 통해 용융지로 이송하는 Globular Transfer Mode로 변화되며 더 높은 전류에서는 미세한 입자들이 아크를 통해 이송되는 Spray Transfer Mode가 된다. 이러한 용적의 이행형태가 흄의 발생 속도에 영향을 미친다. Short Circuit Transfer가 일어나는 영역에서는 전류가 증가함에 따라 흄 발생량이 서서히 증가하다가 Globular Transfer가 일어나는 천이전류에 도달하게 되면 급격한 증가를 보이게 되며 전류가 증가함에 따라 Spray Transfer가 나타나면 감소했다가 용접전류에 비례하여 다시 증가하게 된다.

(4) 전류의 종류와 극성

용접전류의 크기 뿐만 아니라 전류의 종류와 극성도 흄 발생량에 영향을 미친다. 일반적으로 직류용접과 비교하여 교류용접시 낮은 흄 발생량을 보여주며 그 이유는 교류용접시 시간에 대한 전류 크기 및 극성의 규칙적인 변화에 따른 아크온도의 감소 때문이다.

(5) 보호 가스

Gas Metal Arc 용접이나 경우에 따라서는 Flux Cored 용접의 경우도 보호가스를 사용한다. 이러한 경우 보호가스의 조성은 흄의 조성뿐만 아니라 발생량에도 영향을 미치게 된다. 산업용 보호가스에는 산소가 불순물로서 존재하며 용접시 아크영역으로 들어가게 된다. 보호가스의 유속이 너무 느린 경우는 보호가스의 기능인 주위 공기와의 차폐기능이 감소되고 너무 빠른 경우는 주위 공기가 혼입되어 흄 발생량에 영향을 미치게 되므로 적절하게 조절해 주어야 한다. TIG 용접과 같이 불활성가스만을 사용하는 용접의 경우에도 흄 발생속도가 가스의 종류에 따라 달라진다. 알곤보다 헬륨의 이온화에너지가 더 높기 때문에 같은 용접조건 하에서 헬륨아크의 온도가 더 높아지므로 흄 발생량도 증가하게 된다.

(6) 용접봉

TIG용접시 분당 흄 발생량은 수십 ㎍ 정도이지만 피복금속 아크용접(SMAW)의 경우는 수백 ㎎에 달한다. 따라서 이 사실만으로도 용접봉이 용접 흄의 주공급원이라는 것을 알 수 있다. 용착금속의 무게당 발생된 흄의 양의 비를 고려해 보면 피복 용접봉과 Self Shielded Flux Cored 용접봉 > Gas Shielded Flux Cored 용접봉 > Solid Wire의 순으로 흄이 적게 발생한다. 그리고 서브머지드 아크용접의 경우는 발생된 흄이 플럭스와 슬래그에 의해 포획되므로 가장 적은 양의 흄이 발생된다. 특히 피복금속 아크용접(SMAW)의 경우 용접봉, 피복제, 플럭스 등이 흄발생에 큰 영향을 미친다. 피복제나 플럭스의 주성분은 광석, 광물, 합금철 그리고 금속분말 등이며 또한 피복제는 칼륨, 나트륨, 규산염과 같은 접합제를 함유하고 있다. 이러한 성분들은 용접시 흄 발생에 복잡하게 영향을 미치며 고려해야 할 사항은 성분들의 휘발성, 화학반응에 의한 생성물의 휘발성, 성분에 따른 용접변수의 변화, 용적의 산화방지에 대한 슬래그의 효율 등이다. 일반적으로 피복제 종류에 따라 라임티타니아계에서는 낮고, 일메나이트계에서는 높다. 또한 용접봉의 지름이 클수록 발생량이 증가한다고 알려져 있다.

(7) 기타 인자

모재에 대한 용접봉의 각도가 수직으로부터 감소되면 보호가스의 차폐효과가 감소하여 용접봉의 용융된 끝부분이 주위 산소에 노출될 가능성이 증가하게 되므로 흄 발생량이 증가하게 된다. 용접조건 중 용접속도만이 흄 발생량에 큰 영향을 미치지 않는다. 그외 홈 가공의 형태, 용접 이음부의 형상, 용접기술 등 많은 인자들이 용접시 흄 발생량에 영향을 미친다.

라. 용접흄 방지대책

(1) 발생 감소화 방안

① 용접매연 발생량이 적은 용접공정의 선택

② 스패터를 최소화할 수 있는 용접조건의 설정
③ 작업 가능한 최소의 용접전류 및 아크전압을 선택
④ 전기적 특성 조절기능이 뛰어난 최신의 용접기 선택
⑤ 고순도의 용접봉 사용
⑥ 보호가스 내 산소량의 최적화
⑦ 보호가스 유량의 최적화
⑧ 주위 환경에 최소의 산소를 보장할 수 있는 플럭스의 선택
⑨ 유독성이 낮은 플럭스의 선택
⑩ 피복제에 첨가되는 점결제로 나트륨 사용금지

(2) 노출 최소화 방안

위의 방법을 사용하여 흄과 가스의 발생량을 최소화시켜도 작업자의 노출이 예상되는 곳에서는 노출을 최소화 시킬 수 있는 조치들이 취해져야 한다. 밀폐된 용접 작업장은 적절한 환기 및 배기장치가 필요하며, 방법은 국부 또는 전체 환기 방법이 있다. 무엇보다도 중요한 것은 작업장 내에 산소가 부족(18 [%] 이하)하면 작업자의 질식 우려가 있고, 환기시 과도한 산소공급(23 [%] 이상)으로 인한 화재 또는 폭발사고의 위험이 있으므로 주의 하여야 한다. 용접 흄 및 가스 노출 최소방안은 다음과 같다.

① 자동용접에 의한 작업자와 격리된 장소에서 용접작업
② 용접매연 발생 부위에 근접한 효율적인 국부 배기장치의 사용
③ 토치에 국부 배기장치의 접속 및 개인 방호장비의 사용
④ 작업장 내 공기를 희석시킬 수 있는 일반적인 환기장치의 사용
⑤ 다른 작업자들이 용접 흄에 노출되지 않도록 작업장 설계
⑥ 환기 및 배기 장치의 규칙적인 검사를 통한 유지 및 보수

8. 용접시 발생하는 가스영향

용접작업시 일산화탄소, 질산화물, 오존, 다양한 광화학물질, 할로겐화 탄수화물의 열분해산물 등이 화학반응 등에 의해 발생한다. 용접시 사용되는 연료가스(프로판, 아세틸렌, 수소)는 질식제이다. 이러한 가스의 lower explosive limits(LELs)는 매우 낮게 설정되어 있다(프로판 2.3 [%], 수소 4.1 [%], 아세틸렌 2.5 [%]). 산소는 가연성이 있으므로 고농도에서 위험하다. 시일드가스로 사용되는 아르곤, 질소, 헬륨, 이산화탄소는 제한된 공간에서 사용될 경우 산소결핍 현상을 유발할 수 있으므로 위험하다.

제13장 용접 자동화

1. 개 요

산업의 발전에서 과거에는 근로자의 저임금, 장시간 근로를 국제 경쟁력의 근원으로 하였으나 이제는 고부가가치의 상품을 생산할 수 있는 기술력을 축적하고 제반 작업공정을 기계화, 자동화시킴으로써 품질의 균일화와 생산성 향상을 이룩하고 작업 환경을 개선시켜야만 앞으로도 계속적으로 대외 경쟁력을 유지 할 수 있다. 용접의 자동화 즉 성력화는 공수의 절감, 작업의 간이화, 탈 기량, 품질향상과 안정화, 작업 환경의 개선이란 목적을 달성하기 위한 수단으로서 작업자의 동작을 기계동작으로 바꾼 것을 기계화라 하고, 기계화한 것에 지적 기능을 부여하여 기능 인력에 대한 의존도를 감소시킨 것을 자동화라 한다. 자동화는 기계화에서 시작되며 용접 자동화에는 기계화 용접이 포함된다. 간이 용접 자동화는 반자동 용접장비와 용접토치 이동용 주행장치를 조합시킨 단순 기계화 용접방법을 말하며 때로는 분리하지 않고 용접 자동화로 총칭하기도 한다.

2. 로봇 분류

로봇(Robot)이란 말의 어원은 1922년 체코슬로바키아의 희곡작가 카렐 챠펙(Karel Capek)의 희곡 "Rossum's Universal Robots"에서 유래되었다. 슬라브어로 Robota인데 그 의미는 일꾼(worker)이었다. 로봇의 정의를 국제표준 ISO8373에서는 로봇을 "자동화산업기기에 이용하기 위해 한 곳에 고정되어 있거나 움직이는 것이며, 자동으로 제어되고, 프로그래밍을 다시 하는 것이 가능하며, 여러가지 목적을 가지고 있고 세 개나 그 이상의 축 안에서 프로그램이 가능한 기계이다."라고 정의하고 있다. 상기의 정의에서 보는 바와 같이 로봇은 자동화 시스템의 4가지 기본요소인 메카니즘류, 액츄에이터류, 콘트롤러류, 센서류로 이루어진 전형적인 자동화 시스템이며, 대상물을 취급하기 위해 여러가지 기계장치를 프로그램에 의해 제어하는 다목적 작동기인 것이다.

로봇의 분류는 우선 용도에 따라 산업용 로봇, 의료용 로봇, 군사용 로봇, 연구용 로봇, 가정용 로봇 등으로 분류되나 여기에서는 제조업 등에 사용되는 산업용 로봇을 기준으로 다시 세분하여 분류하기로 한다. 여타 분야의 로봇도 이 분류법에 적용할 수 있을 것이다. 산업용로봇은 기본적인 분류기준으로 구동 방식, 기하학적 작업궤적에 따라 나눈다.

가. 구동방식(drive technologies)에 따른 분류

(1) 전기 구동 로봇(electric–drive robot)

구동 수단으로 전기 서보 모터(servo motors)나 스테핑 모터(stepping motor)를 사용하는 로봇을 말한다.

(2) 유압 구동 로봇(hydraulic–drive robot)

구동 수단으로 유압 장치(hydraulic equipments)를 사용하는 로봇을 말한다.

이외에도 공압이 사용되는데 압축공기의 압축성과 그로 인한 제어의 어려움 때문에 구동장치보다는 엔드 이펙트, 특히 그립퍼 등에 제한적으로 사용된다. 전기구동과 유압구동 방식의 상대적 특성은 [표 12-1]과 같다. 전기구동 모터에는 AC서보 모터, DC서보 모터, 스테핑 모터 등이 있다.

[표 13–1] 동력원 특징

구분 \ 종류	전기구동	유압구동
구 조	간단하다	복잡하다
가 격	저렴하다	고가이다
출 력	소출력이다	대출력이다
청 정 도	깨끗하다	오염이 있다
안 전 성	과부하에 약함	과부하에 강함
응 답 성	보통(저관성 서보 개발로 양호해 지고 있음)	좋음(토크-관성비가 크다)
기 타	정확도가 높다	정확도가 높다
	반복성이 좋다	잡음이 있다
	관리에 편하다	유지, 보수가 필요
	설계가 쉽다	설치에 넓은 면적 필요
	저속 구동	고속 구동

나. 기하학적 작업궤적(work-envelope geometries)에 따른 분류

기하학적 작업 궤적 즉, 엔드 이펙터의 작동 궤적에 따라 직각 좌표계(cartesionoorinte, rectangular-coordinate)로봇, 원통 좌표계(cylindrical-coordinate)로봇, 구면 좌표계(spherical-coordinate)로봇, SCARA(Selective Compliance Assembly Robot Arm)로봇, 다관절(articulated, revolute, anthro-pomorphic)로봇 등이 있다.

SCARA로봇을 수평 다관절 로봇이라 부르기도 하며, 특수한 경우의 원통 좌표계 로봇이며, 아티큐레이티드 로봇을 수직 다관절 로봇이라 부르기도 하며, 특수한 경우의 구면 좌표계 로봇이기도 하다. 또한 구면 좌표계 로봇을 극 좌표계 로봇이라 부르기도 한다.

(1) 직각 좌표계 로봇

직각 좌표계 로봇을 직교 로봇이라 부르기도 하며, 산업용 로봇중에서 가장 간단한 구조를 갖는 것으로 로봇의 구조적 동작특성이 직각 좌표계를 이루기 때문에 XY로봇이라고도 불리운다. 직각 좌표계 로봇은 각 축들이 직선운동만을 하기 때문에 로봇의 작업영역은 구성하는 자유도의 수에 따라 직선, 직사각형, 직육면체가 된다. 직각 좌표계 로봇은 그 구성에 있어 로봇몸체 부분과 로봇 제어기 부분으로 구성되어 있으며 제어기에는 티칭 펜던트를 달아 로봇을 제어할 수 있다.(그림 12-1 참조)

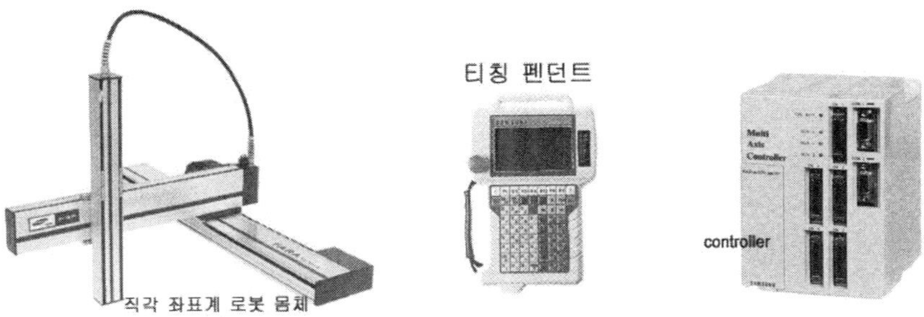

[그림 13-1] 직각 좌표계 로봇의 구성

로봇의 몸체와 제어기는 로봇에 전원을 공급하는 power cable과 서보 모터의 encoder 및 센서들과 통신을 주고받을 수 있는 signal cable로 연결되어 있다.

직교로봇의 특징을 간단히 살펴보면. 먼저 직교로봇의 장점은 직선운동을 기본으로 하기 때문에 작업영역 모든 위치에서 기구학과 동역학이 변하지 않기 때문에 균일한 제어특성을 가지고 있어 제어가 간단하다. 3축로봇의 경우 기구적으로 3개의 단축이 연결된 것처럼 제어기도 3개의 단축제어기를 사용한 것과 같다고 볼 수 있다. 그래서 동작범위에의 운동특성이 균일하게 나타난다. 위치에 따른 반복정도의 변화가 거의 무시할 만한 수준이다. 인간이 가장 익숙한 좌표계가 직교좌표계이기 때문에 로봇을 티칭할 때에도 또 응용시스템을 설계할 때에도 가장 쉽게 적용할 수 있다. 그러나 로봇 몸체가 차지하는 공간이 작업영역에 비해서 관절형의 조인트를 갖는 다른 종류의 로봇들 보다 상대적으로 크다는 단점을 갖고 있기도 하다. 직각 좌표계 로봇의 종류로는 전술한 바와 같이 1축(단축)의 module별로 생산되어 필요한 형태로의 로봇으로 조립이 될 수 있어서 여러 가지 형태의 조합형을 만들어 낼 수 있으나, 크게 분류를 한다면 1축(단축) 직교 로봇과 2축이상의 다축 직교 로봇으로 분류할 수 있다. 또한 이러한 직교 로봇들은 일반환경에서 사용되는 일반환경 직교 로봇과 반도체, LCD 등의 제조공정과 같은 크린룸 환경에서 사용되는 크린룸 직교로봇으로 구분할 수도 있다.

(2) 원통 좌표계 로봇

원통 좌표계 로봇은 엔드 이펙트의 동작 범위가 원통모양을 가지므로 원통좌표계 로봇이라 하며, 구조는 베이스에 필러(pillar)가 있고 필러에 연결된 암이 상하운동을 하고 암 자체는 암의 중심축 방향으로 직선운동을 하며, 암의 선단에 엔드 이펙트가 취부되어 있는 형식이다. 원통 좌표계 로봇은 신뢰성이 상대적으로 높아서 공작 대상물의 로딩과 언로딩에 많이 사용된다. 물론 팔레타이징(palletizing)의 로딩과 언로딩에도 특성이 좋다. 또한 기계와 기계사이, 콘베이어의 물품을 입·출력시키는 용도로도 사용된다. [그림 12-2]는 원통좌표계 로봇의 형상과 동작양태를 보여준다.

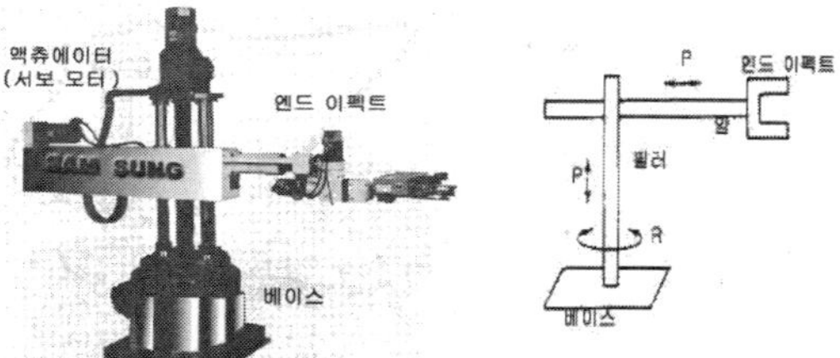

[그림 13-2] 원통 좌표계 로봇

(3) 극 좌표계 로봇

극 좌표계(spherical-coordinate) 로봇은 산업용 로봇의 최초 방식으로 오늘날에 광범위하게 사용되고 있다. 최초의 실용 산업용 로봇인 유니메이션사의 유니메이트도 이 방식이었다. 다만 이 로봇이 갖는 높은 강성과 신뢰성에도 불구하고 다관절 로봇에 비해 상대적으로 동작상의 유연성이 떨어진다. 또한 들어 직선운동을 할 때 복합제어(complex control) 또는 오프라인 제어(off-line)가 요구된다. 이 로봇의 작업영역은 부분적인 구면궤적을 갖으며 주로 스포트 용접, 팔레타이징(palletizing), 중량물의 취급에 사용된다.

(4) 다관절 로봇

다관절 로봇은 회전(revolute)로봇, 인간유사(anthropomorphic)로봇, 수평축 암결합(jointed-arm horizontal-axes)로봇 등으로 불리며, 국내에서는 SCARA 로봇과 상대적인 의미로 수직 다관절 로봇으로 불리기도 한다. 지면에 수직으로 서있는 회전 허리(waist)에 2~ 3개의 암이 수평축으로 연결되어 있다. 인간의 팔과 가장 많이 닮은 형상을 하고 있으며, 동작도 유사하다. 그러므로 엔드 이펙트의 동작도 가장 다양하게 구현할 수 있어 여러 가지 작업에 사용되고 있다. 예를 들면 도색(paint spraying), 심 용접(seam welding), 점 용접(spot welding), 접착 작업(gluing), 조립(assembly), 중량물 취급(heavy materials handling) 등이다. 이 로봇에서 직선 운동을 하기 위해서는 여러 개의 축들이 동시에 움직여야 하므로 극 좌표계 로봇에서와 마찬가지로 복합 제어 프로그램이 필요하다. 다관절 로봇은 극 좌표계 로봇의 특수한 경우라고 말할 수 있다. 일반적으로 로봇의 축에는 반드시 1개의 액츄에이터가 필요하며 제어의 용이성을 위해 1개의 축은 1자유도(Degrees of Freedom : DOF)를 가져야 한다. 인간의 신체중에는 동시에 2자유도 이상을 갖는 부분도 있으나 로봇에서는 아직 제어상의 어려움으로 인해 1축 1자유도가 일반적이다. 전술한 바와 같이 다관절 로봇은 다양한 작업에 유용한 작업 범위를 갖는다. 작업 범위 뿐만 아니라 엔드 이펙트의 운동이 매우 유연하여 인간이 해야 할 여러 작업에 인간을 대신하여 사용되고 있다. [그림 12-3]은 다관절 로봇의 작업 범위의 예를 보여준다.

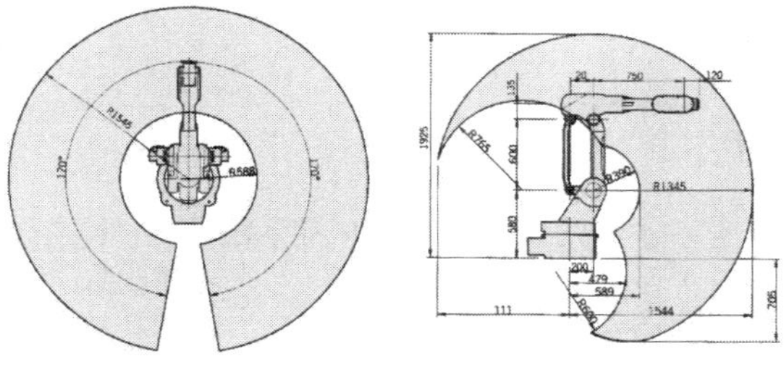

[그림 13-3] 다관절 로봇 작업범위 예

(5) 스카라 로봇(SCARA : Selective Compliance Assembly Robot Arm)

스카라 로봇은 다관절 로봇과 달리 조인트 부분의 축 중심선이 지면에 수직으로 되어있어 수직축 암결합(jointed-arm vertical-axis)로봇 또는 암들의 동작이 수평으로 이루어져 수평 다관절 로봇이라 부르기도 한다. 주로 전자품 조립에 사용하며 1979년 일본의 야마니시대학에서 최초로 개발하였으며, 직교 로봇에 비해 설치 면적에 대한 동작범위가 크고 동작속도가 빠르다는 특징을 갖고 있다. 스카라 로봇에 사용되는 모터는 대부분 AC서보 모터이며 인코더는 앱솔루트 인코더(absolute encoder)를 많이 사용한다. 이것은 DC서보 모터와는 달리 브러시(brush)의 교환이 없어 유지 관리가 편하고 모터 구동에 따른 분진의 발생이 적어 전자품 조립현장의 특성에 유리하기 때문이다. 또한 전원이 끊어졌을 때 원점 복귀를 할 필요가 없어 앱솔루트 인코더를 사용한다. [그림 12-4]은 스카라 로봇의 형상과 동작 양태를 보여준다.

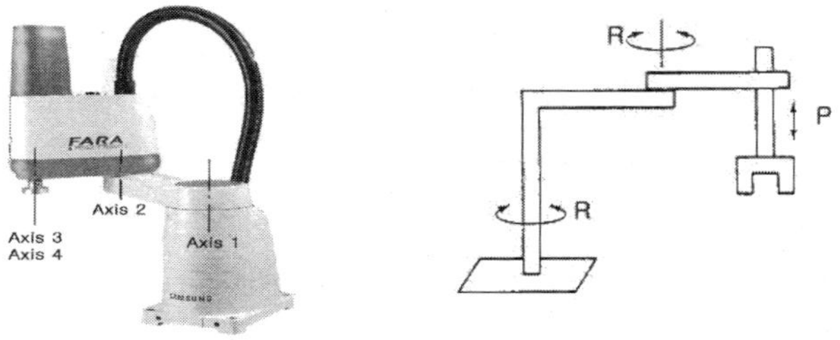

[그림 13-4] 스카라 로봇 형상과 동작양태

스카라 로봇에서의 티칭(teaching)방법에는 티칭 펜던트나 노트북 컴퓨터 등에서 엔드 이펙터를 목적 위치까지 이동시키는 원격 교시(remote teaching), 서보 오프(servo off)상태에서 링크를 손으로 직접 움직여 목적위치로 이동시키는 직접 교시(direct teaching), 프로그래밍 장치의 수치키를 사용하여 좌표 값을 입력하는 수동 데이터교시(manual dater teaching) 등의 3가지가 있다.

3. 용접자동화 종류

용접자동화의 종류로는 점용접 자동화, 아크용접 자동화, 레이저용접의 자동화 등이 있다.

[그림 13-5] 로봇 용접기 구성

가. 점용접 자동화

용접용 로봇은 과거 선진국의 경우 1970년대에 자동차의 차체 조립 라인의 점용접 부문부터 본격적으로 도입됐고, 다른 분야로 확장되어 현재에 이르고 있다. 자동차 생산라인에서 점용접은 가장 기본이 되는 접합공정이다. 자동차 부품에서부터 차체에 이르기까지 거의 모든 판재의 접합은 점용접을 통해서 이루어진다.

점용접 부문에 로봇을 도입하여 자동화 되었던 이유는 자동차 생산라인에서 점용접의 비중이 매우 커졌기 때문이다. 그리고 중간 수준의 정밀도만 있어도 구현이 가능했던 것도 중요한 이유였다. 용접을 제어하기 위한 매개 변수의 수도 5개 정도에 불과했고 이것을 정량화해 제어하는 것이 상대적으로 다른 부문에 비하여 쉬운 편이었다. 점용접을 위해서는 주로 공기압 또는 모터로 제어되는 Spot Gun이 필요하다. 얼마 전까지도 대부분의 Spot Gun은 공기압으로 제어됐으며, 매우 무겁고 컸다. 또 이것은 용접전류를 위한 변압기를 Spot Gun에서 멀리 떨어져 설치할 수 없었기 때문에 로봇에 부착해 사용되었다. 그렇기 때문에 점용접 로봇들은 큰 중량을 가지는 것이 보통이었다. 그러나 최근에는 용접기의 발달로 서버모터를 이용한 Servo Gun 등과 같이 보다 작고 가벼운 점용접용 로봇의 생산이 가능해진 상태이다.

[그림 13-6] 점로봇 용접기

나. 아크용접 자동화

아크용접은 용접토치의 자세제어나 위치결정 및 용접선의 궤적 정밀도에 높은 정밀성이 요구되고, 여러 용접조건의 설정이 어떤 일정한 규칙을 가지지 않아 로봇으로의 기술구현이 간단하지 않다. 또 위빙이나 용접 이상검출 등의 특수기능에도 고도의 기술이 요구되므로 그 보급 및 실용화가 더디게 진행되고 있다. 그러나 아크용접은 그 작업환경이 매우 열악하기 때문에 로봇을 이용한 자동화가 어느 분야보다 절실히 필요하다. 현재 대표적으로 자동차, 조선, 중장비 등의 업계에서 많은 아크용접라인이 설치 사용되고 있기는 하지만 여전히 다른 공정에 비해 자동화가 몹시 까다로운 생산공정인 까닭에, 자동화 라인임에도 불구하고 비교적 높은 불량률을 나타내고 있다. 최근에 개발돼 나온 로봇들은 아크용접에 필요한 수준의 정밀도를 갖춘 만큼 발달했고, 처리용량도 예전의 수치 계산용 컴퓨터 정도의 성능을 갖게 되었다. 이렇게 발전된 로봇을 기반으로 아크센서나 레이저 비전 센서 등을 통해 용접품질을 향상시키고자 하는 연구가 한창 진행되고 있다.

다. 레이저용접 자동화

레이저 용접은 기존의 다른 용접들보다 청결하고 조용한 작업환경과 빠른 속도로 인한 높은 생산성뿐만 아니라 많은 부가적인 장점을 가지고 있다. 그러나 아직 상대적으로 고가이고 사람이 직접 손으로는 작업 할 수 없을 정도의 고정밀도를 요구하기 때문에 레이저 자체가 상용화된 부문은 많지 않다. 아직 후판을 용접 할 수 있을 정도의 고출력 레이저는 상용화되지 못하고 있지만, 주로 자동차산업에서 사용되는 박판용접 등에 적용할 수 있을 정도의 레이저들은 많이 출시되고 있다.

레이저 용접은 대부분 전용 자동화기기를 사용해 용접을 수행하고, 특별히 꼭 필요한 경우에만 로봇을 사용하고 있다. 그렇지만 레이저 용접은 빠른 속도로 점용접이나 아크 용접의 영역으로 확장해 나가고 있으며, 레이저 용접에 로봇을 적용하기 위한 많은 연구들도 동시에 진행되고 있다.

4. 용접센서

용접용 로봇은 다른 용도의 로봇과 같은 기능 이외에 다양한 부가 기능을 필요로 한다. 그 대표적인 예로 용접기의 On/Off, 송급, 통전시간 등을 제어하기 위한 용접기와 인터페이스 기능 등을 꼽을 수 있다. 이에 따른 하드웨어로 용접 토치 및 심선 송급 장치, 용접용 건 등의 장비 및 기능이 필요하다. 로봇 대상작업은 복잡화, 고난이도재료, 두꺼운 판두께에 적용, 높은 용접 품질, 다품종 소량생산의 대응이 촉구되고 있다. 시스템의 준비 전환 작업의 간략화를 위해 주변 지그(jig)가 간소화되어 부재 셋팅의 불균일, 용접중 스트레인에 의한 오차가 용접선에 생기거나, 갭(gab)이 발생한다. 이러한 문제들의 해결을 위해서는 다음과 같은 다양한 센서의 적용이 필요하다. 또한 그로 인하여 센서(sensor)도 매우 빨리 발전하고 있다. 용접 센서의 종류에는 터치센서, 아크센서, 시각센서 등이 있다.

가. 터치 센서(Touch Sensor)

GMAW의 경우, 용접기 토치 또는 와이어에 (+)전극, 모재에 (-)전극을 연결하고 용접을 위한 회로를 구성한다. 터치 센서는 이와 같은 용접 회로에 병렬로 별도의 전압을 인가하여, 토치와 모재 사이에 폐회로(전류 흐름)가 구성되는 지의 여부를 판별하고, 일정 이상의 전류가 통전되면, 터치 신호를 발생하는 센서이다. 로봇제어기에서, 병렬로 이루어 진 통전 회로를 스위칭하여, 용접 모드와 센싱 모드를 구별하여 제어한다. 용접 토치의 돌출된 와이어(Stick Out)가 모재에 접촉 시에, 터치 센서는 통전 신호를 검출, 터치 신호를 발생한다. 현재의 로봇 위치에서 터치 신호를 검출할 때까지 토치를 이동하면, 결국 모재까지 이동한 결과로, 로봇의 끝단(End Effect)의 위치와 모재의 상대 거리를 계측할 수 있게 된다. 용접선 추적에는 적용이 불가능하나. 이를 이용하여, 용접 시작위치, 용접 종료 위치 등을 보정할 수 있다.

나. 아크센서(Arc Sensor)

GMAW의 경우, 용접기의 전원은 정전압특성(Constant Voltage Characteristic)곡선을 나타내, 용접 토치와 모재 사이의 거리가 변화하여도 아크의 크기는 일정하게 유지하고자 하는 특성이 나타나게 되므로 용접 와이어의 돌출 길이가 변화하게 된다. 용접이 이루어지는 폐회로에서 와이어의 돌출 길이 변화는 저항의 변호를 계측하여 토치와 모재 사이의 거리를 환산하는 기본 원리를 여러 가지로 응용한 센서이다.

필렛 용접부, 또는 V-개선 용접부 등의 용접에서 위빙하게 되면 아크센서 원리에 의해 용접토치를 용접부 중앙과의 위치 오차를 계산하여 토치의 위치를 용접부 중앙으로 이동하게 되고, 위치오차를 이용하여 토치와 모재간의 상하방향 오차보정도 동시에 가능하게 된다. 토치에 부가적인 장치가 불필요하고 실시간 계측이 가능하다.

다. 시각 센서(Vision Sensor)

카메라+카메라 또는 보조광원+카메라를 이용하고, 광 삼각법을 적용하면, 용접부의 3차원 위치를 계측할 수 있다. 용접선 추적용의 시각센서는 대개 보조광원인 레이저 띠(stripe)와 CCD카메라로 구성되어 있다. 레이저 띠를 모재에 투사하고, 이를 카메라로 촬영하게 되면, 레이저 띠가 레이저 평면과 모재 상에 동시에 존재한다는 조건과 센서의 기하학적 조건 등을 이용하여, 레이저 띠를 반사하는 모재 부분의 3차원 위치를 계산할 수 있다. 레이저 띠의 생성 방법에는 빔을 주사하는 방법과 실린더형 렌즈를 이용하는 방법 등이 있다.

시각 센서의 카메라에서 촬영되는 레이저 띠는 용접부 형태에 대한 3차원적 정보를 제공함으로, 용접부의 위치 및 오차, 갭의 크기 및 이의 변화 등을 용접과정 중에 계측할 수 있고, 또한 이를 처리하여 구동부에 오차 보정을 지령하면, 교시된 용접선을 보정, 실제 용접선을 추적할 수 있다. 시각 센서는 대개 토치의 전면에 부착되어, 계측 위치와 용접 위치는 다소의 차이가 있다.

라. 전용 접촉센싱 기능

용접 대상물의 위치가 로봇이 교시된 위치와 다른 곳에 있는 경우에 이를 바로 잡아주지 않으면 용접 상태가 불량하게 되거나 전혀 용접이 안 될 수도 있다. 이러한 문제를 극복하기 위해서 접촉 센싱이 사용되기도 한다. 이것은 용접 와이어 또는 용접 토치의 노즐에 수십 볼트 이상의 전압을 가한 후 통전여부를 확인하게 된다. 접촉 센싱을 2곳 이상 센싱하면 용접 점의 위치를 정확하게 파악할 수 있다. 이런 접촉 센싱은 용접 지그 등이 정확하지 않은 경우에 매우 편리한 기능이기는 하난, 작업 시간이 많이 걸려 생산성에 영향을 주게 되는 단점이 있으므로 반드시 필요한 공정에서만 사용해야 한다.

마. 전용 아크센싱

추적 기능 아크 센싱이란 위빙 용접을 하는 용접변수(주로 용접전류, 전압)를 실시간으로 분석하여 용접 토치의 중심점이 용접선으로부터 좌우로 얼마나 벗어났는지를 판별, 용접선을 자동으로 추적하는 방법이다. 아크 센싱에는 용접전류를 구하는 방법에 따라서 두 가지가 있다. 첫 번째는 용접기에서 로봇 제어기로 보내 주는 전류를 분석하는 방법이다.

두 번째는 외부 장치를 설치해서 용접전류를 직접 검출하는 방법이다. 외부 검출법에는 용접 전류량은 Hall-Sensor를 사용하여 검출하며, 이렇게 검출된 전류를 외부기기에서 분석, 이를 로봇 제어기로 전송하면 로봇은 전송되어진 정보에 따라서 용접선을 추적하게 된다. 따라서 외부 검출법은 추가 비용이 들지만, 이에 반해 내부 검출법은 원래 사용되는 정보를 활용하기 때문에 소프트웨어 개발비 이외의 추가 비용이 발생하지 않는다. 최근에는 위빙을 하지 않고도 센싱하는 방법이 개발됐고, 또 이를 사용하는 곳도 있다. 하지만 아크 센서는 박판에서 적용되기 힘들고, 특성상 용접선의 위치를 미리 알 수 없기 때문에 용접선의 변화가 심한 경우에는 안정적인 추적이 힘들게 된다.

바. 전용 레이저 비전 센서 추적기능

아크 센싱 기능은 매우 유용한 기능이기는 하지만 몇 가지 단점이 있다. 아크 센서를 적용하기 어려운 경우에도 효과적으로 사용할 수 있는 방법이 레이저 비젼 센서를 이용한 추적이다. 용접 토치 진행방향의 앞부분에 레이저 센서를 부착하면 레이저 평면이 용접 대상물에 조사되는데, 레이저와 용접 대상이 만나서 만들어지는 레이저 무늬의 형상을 분석하면 대상 용접물의 위치 및 갭 등의 용접 조건을 검색할 수 있다. 이러한 값을 기준으로, 용접선을 추적 할 수 있을 뿐만 아니라 전압, 전류, 속도 등의 용접 변수를 제어하는 것도 가능하다. 또 아크 센서와는 달리 시작점 및 종료 점을 미리 검색할 수 있다는 장점도 지니고 있다. 레이저 비전 센서는 그 적용 범위가 넓고 많은 보급이 이루어지진 못한 편이다. 하지만 레이저 및 부대 장비들의 가격 하락과 기술의 발전으로 앞으로 용접 자동화 분야에서도 더욱 사용이 증가될 것이다.

5. OLP (Off-Line Programming)

용접 대상물과 용접 로봇을 비롯한 용접 시스템의 3차원 시뮬레이션을 이용, 독립된 컴퓨터에서 모의 용접한 후에 문제점을 시정 혹은 매개변수들을 설정한 뒤 실제 용접에 적용하는 것이 OLP의 목적이다. 용접 대상물을 설계할 때 사용된 CAD 정보를 직접 이용하여 용접 정보를 입력하면, OPL은 이 정보를 바탕으로 시각적으로 시뮬레이션을 하고 해당 작업을 수행하기 위한 로봇 프로그램을 자동으로 생성하게 된다. 현재 사용되는 대부분의 로봇은 Play-Back 방식으로 용접 대상의 설계에 관계없이 현장에서 다시 작업자가 교시하는 방법을 사용하고 있다. 그러나 이 교시 과정은 많은 시간을 낭비하게 된다. 상용 OPL로는 IGRIP, ROBO CAD, WORK SPACE 등을 들 수 있다. 현재 많은 용접작업이 용접 로봇의 외부 축과 동시 동작을 필요로 하는 경우가 많다. 따라서 많은 용접 전용 로봇 메이커들은 이것을 위해서 회전 테이블이나 회전각 변화가 가능한 지그 등을 로봇과 같이 판매하고 있다. 이것은 로봇 제어기에서 같이 제어되고 프로그래밍이 된다. 제어기는 로봇과 외부 축을 동시에 제어하는데, 이러한 경우 로봇과 외부 축의 시간을 일정하게 맞추면서 작업하게 된다. 이것을 동기 제어라고 하는데, 주로 복잡한 작업물을 용접하는데 사용된다. 최근의 제어 기술, 소프트웨어 기술, 센서 기술의 진보에 의해 고도의 용접 작업을 숙련 용접공 대신 로봇이 수행토록 함으로써 생산성과 품질 및 안정성의 향상에 기여할 수 있게 되었다. 용접에 관한 많은 기능 이외에도 생산성을 높이기 위해 로봇의 동작을 고속화 하거나, 용접 품질을 향상시키기 위해 인간의 감각대신 센서를 사용하는 등 상황을 판단하는 지능화의 대응이 점점 더 요구되고 있다.

참 고 문 헌

1. 엄기원, 용접공학, 동명사, 1998
2. 티타늄 가공기술, 청문각, 2002
3. 특수용접, 한국산업인력공단, 2011
4. 용접일반, 한국산업인력공단, 2011
5. 대한용접 · 접합학회, 용접 · 접합편람 I, II, III, 2007
6. 대한용접학회, 용접 · 접합 용어사전, 명현문화사, 2001
7. 한국표준협회, KS D 7004 연강피복아크용접봉, 2014
8. 로보트공학, 문영사, 1998
9. 한국산업안전공단, 중대사고 사례(www.kosha.net), 2014

저자 약력

한준영 공학박사 (현) 한국폴리텍대학 인천캠퍼스
E-mail : jyhan@kopo.co.kr

민태국 공학박사 (현) 한국폴리텍대학 인천캠퍼스
E-mail : tgmin@kopo.co.kr

박명학 교수 (현) 한국폴리텍대학 인천캠퍼스
E-mail : mhpark@kopo.co.kr

저자와의
협의에 의해
인지 생략

기계계열 공학도와 기술자를 위한

최신 용접공학

2판 3쇄 2020년 2월 25일

저 자 한준영 / 민태국 / 박명학
발행인 송광헌
발행처 복두출판사
주 소 서울특별시 영등포구 경인로82길 3-4
센터플러스 807호
(우) 07371
전 화 02-2164-2580
FAX 02-2164-2584
등 록 1993. 11. 22. 제 10-902 호

정가 : 26,000원
ISBN : 979-11-5906-226-1 93550

한국과학기술출판협회 회원사